# 水土保持学导论

余新晓　张光辉　史志华　贾国栋　等　著

科　学　出　版　社

北　京

# 内 容 简 介

本书以土壤侵蚀和水土保持为核心，从学科研究的现状和发展趋势出发，立足国内外前沿发展动态，在传统学科基础上，重点总结了领域内最新的理论成果。内容涵盖了土壤侵蚀机理性研究、坡面侵蚀、流域侵蚀产沙、山地侵蚀灾害与治理、荒漠化防治等方面的新进展，分析了有关土壤侵蚀环境阈值、水土保持对区域径流输沙的影响、生态修复措施的水土保持效应、土壤侵蚀和面源污染等重大问题，明晰了我国目前水土保持生态建设的总体方略和技术体系。

本书可作为高等学校水土保持与荒漠化防治专业本科生和研究生的学习和科研参考书，也可供水文学、地学、生态学、环境学、土壤学等学科的科研和教学工作者参考，并可作为相关技术人员和行政人员的科学行动指南。

**图书在版编目（CIP）数据**

水土保持学导论 / 余新晓等著. —北京：科学出版社，2019.5
ISBN 978-7-03-059017-6

Ⅰ. ①水… Ⅱ. ①余… Ⅲ. ①水土保持 Ⅳ. ①S157

中国版本图书馆 CIP 数据核字（2018）第 227802 号

责任编辑：朱　丽　孙　曼 / 责任校对：杜子昂
责任印制：赵　博 / 封面设计：耕者设计工作室

科 学 出 版 社 出版
北京东黄城根北街 16 号
邮政编码：100717
http://www.sciencep.com

三河市春园印刷有限公司印刷
科学出版社发行　各地新华书店经销
\*
2019 年 5 月第 一 版　开本：787×1092　1/16
2025 年 5 月第二次印刷　印张：32
字数：735 000
**定价：150.00 元**
（如有印装质量问题，我社负责调换）

# 《水土保持学导论》主要编写人员

北京林业大学：余新晓　丁国栋　王云琦　信忠保　贾国栋　高广磊
　　　　　　　马　超　孙佳美　路伟伟　张秋芬　柳晓娜
北京师范大学：张光辉
华中农业大学：史志华　李朝霞　王　玲　王军光
中国科学院生态环境研究中心：卫　伟
中国科学院水利部水土保持研究所：方怒放
沈阳农业大学：苏芳莉
临沂大学：刘前进　张含玉

# 序

　　水是生命之源，土是生存之本。水土资源是生态环境良性演替的基本要素和物质基础，是人类社会存在和发展的基础。我国是世界上水土流失最严重的国家之一，全国水土流失面积达 294.91 万 $km^2$，约占国土面积的 30.7%。水土流失导致土地退化、江河湖库淤积、洪涝灾害加剧、生存环境恶化、生态系统功能削弱，严重威胁着我国生态安全、防洪安全、粮食安全和饮水安全。有效的水土保持不仅能控制土壤侵蚀速率低于其容许值、防治土壤养分流失和水体污染、维护和提高土地资源生产能力，还可减少江河和港湾等的泥沙淤积。因此，水土保持是水土资源合理利用和保护的源头和基础。水土保持学是一门综合性的交叉学科，既包括土壤侵蚀动力学机制与过程、水土流失与水土保持效益、水土保持措施防蚀机理等重大基础理论研究，也涉及林草植被快速恢复技术、面源污染控制与环境整治技术、农业技术措施等关键技术研究，极大地引起了生态学、地理科学、环境科学等相关领域研究者的兴趣。

　　该书是余新晓教授及国内水土保持学研究一线的中青年科学家多年研究成果的整合和总结。作为面向水土保持学等相关学科的研究生教学参考书，该书内容充实、观点新颖鲜明，解决了当前水土保持学研究中的一些重要科学问题，填补了目前该领域研究中的一些空白，对水土保持学的前沿知识和内容具有很好的展示作用。该书立足于水土保持学前沿问题，内容涵盖土壤侵蚀与水土保持发展趋势、坡面土壤侵蚀机理与过程、流域侵蚀产沙过程、多尺度土壤侵蚀环境阈值、风力侵蚀过程与机制、荒漠化防治、面源污染防控、山地侵蚀灾害防控、水土保持治理分区等重大基础理论和关键技术研究，这些均为水土保持领域的热点问题，引领了该学科的发展方向。这些研究不但在理论框架、知识集成方面做了很多开创性的工作，而且吸收了国内外先进的研究方法，在推动水土保持学研究方面进行了有益的探索，为我国生态环境建设提供了重要的理论指导和技术支撑。

　　书是我们的良师益友，该书不仅会成为水土保持学等相关学科研究生的一本非常好的学习参考书，还会为生态学、环境学、地学、资源科学等学科的科研和教学工作者提供有益参考。望该书可以为相关科研人员提供帮助，通过大家的工作实践，重现祖国的绿水青山。

　　是以为序。

中国科学院院士　邵明安

2018 年 6 月

# 前　　言

水土资源是人类赖以生存和发展的物质基础。水土保持对于保护、改良和合理利用水土资源，维护和提高土地生产力，发展生产，改善生态环境，整治国土，治理江河，减少洪水、干旱、风沙等自然灾害以及促进山区脱贫致富起到了积极的作用，具有非常重要的现实意义。随着社会的发展，水土流失引起的生态环境问题已成为制约我国经济社会发展的影响因子之一。面对社会发展的新形势和新的人才需求市场，水土保持行业的发展对水土保持人才的培养提出了新的要求，进而对水土保持学这门学科提出了更多的要求，也推动了水土保持学的纵深发展。

本书立足于水土保持学科前沿，组织国内外长期从事水土保持学科研和教学的一线中青年科技工作者对目前最新和最前沿的研究成果进行整理总结，系统地阐述了当今水土保持学最新的理论、方法和技术。全书共有 14 个水土保持领域前沿和热点专题，包括：土壤侵蚀与水土保持研究现状和发展趋势、土壤结构与侵蚀过程、土壤侵蚀阻力时空变化、坡面径流挟沙力、坡面植被覆盖与土壤侵蚀、流域侵蚀产沙与景观异质性、土壤侵蚀环境阈值、水土保持对区域径流输沙的影响、风力侵蚀过程与机制、荒漠化防治生态调控、生态修复措施的水土保持效应、土壤侵蚀与面源污染、山地侵蚀灾害与植被减灾、水土保持生态建设等。

水土保持学有许多重要理论和实践问题的研究尚在探索之中，随着研究的不断深入，必将对水土保持学学科理论体系的发展和应用起到积极推动作用。作者殷切期望本书的出版能引起有关人士对该研究领域的更多关注和支持，并希望能对从事水土保持及相关学科研究的专家学者有所裨益，共同将学科内重要的科学领域推向新的发展阶段。

本书可作为面向水土保持学等相关学科的研究生的教学参考书，本书研究资料的累积过程实际上就是作者从事水土保持教学和科研的过程，在此期间，先后得到李文华院士、刘昌明院士、王浩院士和邵明安院士等的指导，在此向他们表示衷心的感谢！同时，本书的出版得到了北京林业大学研究生教材出版项目（JCCB15074）和林果业生态环境功能提升协同创新中心项目（PXM2018_014207_000024）的大力支持，在此一并表示感谢。

鉴于水土保持学研究的复杂性及作者的知识和能力有限，书中难免有不妥之处，敬请读者不吝赐教。

余新晓

2018 年 6 月

# 目　　录

# 第1章 土壤侵蚀与水土保持研究现状和发展趋势

　　土壤侵蚀不仅导致土壤退化、土地生产力降低，影响农业生产和粮食安全，也给地区生态环境和社会经济发展带来严重影响。同时，侵蚀泥沙的搬运使土壤中碳、氮、磷的含量与组分产生变化，进而影响全球生源要素循环，甚至成为全球气候变化的驱动要素之一。因此，防治土壤侵蚀与改善生态环境已成为全球普遍关注的重大环境问题和影响人类生存发展的重要问题。本章以全球视野、长远眼光、系统思维看待土壤侵蚀问题，从土壤侵蚀和水土保持的基本概念及国内外基本现状出发，总结分析了土壤侵蚀和水土保持全球重点研究领域的研究现状和发展趋势，为水土保持学的发展指明了新的方向。

## 1.1 概　　述

### 1.1.1 水土保持与水土保持学

　　水土流失、土壤侵蚀是水土保持学和山区国土整治的常用概念。美国、英国、俄罗斯等多数国家基本上采用"土壤侵蚀"一词，其含义与"水土流失"基本一致，即由雨水和风等作用引起的土壤的分离、搬运和流失。我国多采用"水土流失"一词，有时也采用"土壤侵蚀"这一术语。

　　不同时期，人们对水土流失和土壤侵蚀两者的概念理解不同。辛树帜和蒋德麒（1982）、吴以敩（1990，1992）、孙建轩（1985，1991）等认为土壤侵蚀和水土流失是同义语，是指地表土壤及母质受外力作用发生的各种侵蚀、搬运和堆积过程。陈彰岑（1989）等认为水土流失指"水土"流入大江大河干支流的那一部分，只要"水土"不进入大江大河干支流就算没有流失，称之为"流而不失"。北京大学等（1978）、南京大学等（1980）、寿嘉华（1999）、王汉存（1992）和郭廷辅（1991）均认为水土流失属土壤侵蚀中的水力侵蚀范畴，除土壤、母质的流失外，还包括水的流失。陈道（1983）及安树青（1994）认为水土流失是指在自然或人为因素影响下造成的地表土壤中的水分和土壤同时流失的现象。水土保持学界老前辈关君蔚教授（1966）以及项玉章和祝瑞祥（1995）、何腾兵（1999）、夏卫兵（1994）、王礼先等（2004）、余新晓和毕华兴（2013）认为水土流失与土壤侵蚀是两个有区别的概念，前者是在水力、重力、风力等外营力作用下，水土资源和土地生产力遭受到的破坏和损失，包括土地表层侵蚀及水的损失，也称水土损失；后者则是指陆地表面在水力、风力、冻融和重力等外力作用下土壤、土壤母质及其他地面组成物质被破坏、剥蚀、转运和沉积的全部过程。水土流失包括水的流失和土的流失这两个相互渗透和依存的侧面。综上，可以认为土壤侵蚀是水土流失的本质，二者是同一事物、同一事件的不同表述，可视为同义语。

水土保持是与水土流失"孪生"的概念,二着相互依存。国外多使用"土壤保持"一词,有的也用"水土保持"这一术语,其含义较明确,即土壤侵蚀(或土壤流失、水土流失)的防治,核心是土壤的保持(即保土)。我国土壤学界老前辈陈恩凤先生(1957)也指出,"吾人初谓保土学,近又改称水土保持学,在学理上无甚异处,仅为名称之改进而已",即他认为水土保持就是保土(土壤保持)。何腾兵(1999)《水土保持与土壤耕作技术》中指出水土保持的对象是山丘区的水和土地两种自然资源,而不仅限于土地资源,因此,水土保持不等同于土壤保持。王礼先等(2004)主编的《中国水利百科全书·水土保持分册》中明确指出:水土保持的对象不只是土地资源,还包括水资源;保持的内涵不只是保护,还包括改良与合理利用,不能把水土保持理解为土壤保持、土壤保护,更不能将其等同于土壤侵蚀控制;水土保持是自然资源保育的主体。水土保持是防治水土流失,保护、改良与合理利用水土资源,维护和提高土地生产力,以利于充分发挥水土资源的生态效益、经济效益和社会效益,建立良好的生态环境事业。《中华人民共和国水土保持法》(以下简称《水土保持法》,1991 年 6 月 29 日发布,2010 年 12 月 25 日修订,2011 年 3 月 1 日施行)中所称的水土保持是指"对自然因素和人为活动造成水土流失所采取的预防和治理措施"。从中可以看出,水土保持至少包括四层含义:自然水土流失的预防、自然水土流失的治理、人为水土流失的预防、人为水土流失的治理。综上,可以认为,水土保持的任务主要包括两个方面:一是预防,即对原来有侵蚀可能而没有发生侵蚀的土地采取防止其发生侵蚀的措施;二是治理,即对原来就有侵蚀的土地采取治理侵蚀的措施,从根本上有效地控制土壤侵蚀。只有这样,才可能真正达到水土保持的根本目的,实现《水土保持法》的本质要求。

## 1.1.2 水土流失的现状及危害

### 1. 中国水土流失状况

1)水土流失面积、强度及其分布现状

根据《第一次全国水利普查水土保持情况公报》(水利部,2013 年 5 月),截至 2011 年 12 月 31 日,全国(未含香港、澳门特别行政区和台湾省)共有水土流失面积 294.91×10$^4$ km$^2$。按侵蚀类型划分,共有水蚀面积 129.32×10$^4$ km$^2$,占水土流失总面积的 43.85%;风蚀面积 165.59×10$^4$ km$^2$,占水土流失总面积的 56.15%。按侵蚀强度分类结果见表 1-1。

表 1-1  我国水土流失强度分级及其面积和所占比例

| 侵蚀强度 | 轻度 | 中度 | 强度 | 极强度 | 剧烈 | 合计 |
|---|---|---|---|---|---|---|
| 面积/(×10$^4$ km$^2$) | 138.36 | 56.89 | 38.68 | 29.67 | 31.31 | 294.91 |
| 百分比/% | 46.92 | 19.29 | 13.12 | 10.06 | 10.61 | 100 |

注:未含香港、澳门特别行政区和台湾省的数据。

从各省(自治区、直辖市)的水土流失分布看,水蚀主要集中在黄河中游地区的山西、陕西、甘肃、内蒙古、宁夏和长江上游的四川、重庆、贵州和云南等省(自治区、直辖市）；风蚀主要集中在西部地区的新疆、内蒙古、青海、甘肃和西藏5省（自治区）。

从各流域的水土流失分布看，长江、黄河、淮河、海滦河、松辽河、珠江、太湖七大流域水蚀总面积为 $96.73 \times 10^4$ km$^2$，占全国水蚀总面积的74.8%；风蚀面积为 $15.84 \times 10^4$ km$^2$，占全国风蚀总面积的9.6%。长江流域的水土流失面积最大；黄河流域水土流失面积次之，但流失面积占流域面积的比例最大，强度以上侵蚀面积及其占流域面积比例居七大流域之首，是我国水土流失最严重的流域。

从东部、中部、西部和东北4个经济区域的水土流失分布看，西部地区的水土流失最为严重，其次为中部，东北地区居第三，东部地区最轻微。我国西部地区水土流失面积为 $296.65 \times 10^4$ km$^2$，占全国水土流失总面积的83.1%，占该区土地总面积的44.1%。全国水蚀、风蚀的严重地区主要集中在西部地区，其风蚀面积占全国风蚀面积的近80%。其他几个区域的水土流失面积较小，流失面积占本区域土地总面积的比例由大到小依次是中部地区、东北地区、东部地区，分别是27.6%、22.4%、11.8%。

2）土壤侵蚀面积、强度及其分布的变化趋势

据第一次（1985～1986年）、第二次（1995～1996年）和第三次（2000～2001年）全国土壤侵蚀普查数据的统计，1985～2000年的15年间，全国水土流失总面积减少 $10.11 \times 10^4$ km$^2$，减少了2.8%，变化不大；不同类型的侵蚀变化不同，水蚀面积15年间共减少 $18.20 \times 10^4$ km$^2$，减少了10.1%，平均每年减少 $1.21 \times 10^4$ km$^2$，各级强度的面积均呈减少趋势；风蚀面积前10年平均每年增加 $0.306 \times 10^4$ km$^2$，后5年平均每年增加 $1.006 \times 10^4$ km$^2$，共增加 $8.09 \times 10^4$ km$^2$，增加了4.3%，各级强度的风蚀面积均呈增加趋势，特别是极强度和剧烈风蚀的面积增幅较大。

15年间，中国水土流失在东部、中部、西部和东北等区域的分布总体格局没有变化，但不同区域的变化差异明显。西部地区，水蚀总面积变化不大但强度下降，风蚀面积扩大且强度增加，水土流失严峻的状况没有改善；东部地区，水蚀和风蚀的面积均减少，总面积减少了36.2%，侵蚀强度降低，水土流失整体好转；中部地区，水蚀和风蚀的面积均有所减少，总面积减少了22.9%，水土流失状况有一定好转；东北地区，水蚀面积减少了25.7%，风蚀面积略微增加。

3）中国水土流失的主要特点

由于特殊的自然地理和社会经济条件，中国的水土流失具有以下特点。

（1）分布范围广、面积大。全国水土流失总面积为 $294.91 \times 10^4$ km$^2$，占普查总面积的31.12%，除上海市和港澳台地区，全国其他省（自治区、直辖市）均有不同程度的水土流失发生。从世界范围看，中国国土总面积约占全世界土地总面积的6.8%，而水土流失总面积约占全世界水土流失总面积的14.2%。

（2）侵蚀形式多样、类型复杂。水蚀、风蚀、冻融侵蚀及滑坡、泥石流等重力侵蚀特点各异，相互交错，成因复杂。西北黄土高原区、东北黑土漫岗区、南方红壤丘陵区、北方土石山区、南方石质山区以水蚀为主，伴随有大量的重力侵蚀；青藏高原以冻融侵蚀为主；西部干旱地区、风沙区和草原区风蚀非常严重；西北半干旱农牧交错带则是风蚀、水蚀共同作用区。

（3）土壤流失严重。中国每年土壤流失总量约为 $50\times10^8$ t，其中长江流域最多，为 $23.50\times10^3$ t；黄河流域次之，为 $15.81\times10^3$ t。水蚀区平均侵蚀强度约为 3800 t/(km²·a)，黄土高原的侵蚀强度最高，达 $15000\sim23000$ t/(km²·a)，侵蚀强度远远高于土壤容许流失量。从世界范围看，中国多年平均土壤流失量约占世界土壤流失量的 19.2%，土壤流失十分严重。

4）水土流失的危害

严重的水土流失，给中国经济社会的发展和人民群众的生产、生活带来了多方面的危害。

（1）耕地减少，土地退化严重。近 50 年来，中国因水土流失毁掉的耕地超过 $266.7\times10^4$ hm²，平均每年达 $6.7\times10^4$ hm²。由水土流失造成的退化、沙化、碱化草地面积约 $100\times10^4$ km²，占中国草原总面积的 50%。进入 20 世纪 90 年代，沙化土地每年扩展 2460 km²。

（2）泥沙淤积，洪涝灾害加剧。由于大量泥沙下泄，淤积在江、河、湖、库中，降低了水利设施的调蓄功能和天然河道的泄洪能力，加剧了下游的洪涝灾害。黄河年均约有 $4\times10^8$ t 泥沙淤积在下游河床，使河床每年抬高 $8\sim10$ cm，形成著名的"地上悬河"，增加了防洪的难度。1998 年长江发生全流域性特大洪水的原因之一就是中上游地区水土流失严重、生态环境恶化，加速了暴雨径流的汇集过程。

（3）影响水资源的有效利用，加剧了干旱的发展。黄河流域 3/5～3/4 的雨水资源消耗于水土流失和无效蒸发。为了减轻泥沙淤积造成的库容损失，部分黄河干支流水库不得不采用蓄清排浑的方式运行，使大量宝贵的水资源随着泥沙下泄。黄河下游每年需用 $200\times10^8$ m³ 的水冲沙入海，降低河床。

（4）生态恶化，加剧贫困程度。植被破坏，造成水源涵养能力减弱，土壤大量"石化""沙化"，沙尘暴加剧。同时，由于土层变薄，地力下降，群众贫困程度加剧。中国 90% 以上的贫困人口生活在水土流失严重地区。

2. 国外水土流失状况与水土保持发展概况

水土资源是人类赖以生存的宝贵资源。近年来，世界各国加速发展工农业生产和进行基本项目建设，同时不断破坏天然植被，水土流失日趋严重，流失面积和强度逐年增加。据统计，全球遭受土壤侵蚀的面积为 $1642\times10^4$ km²，其中水蚀面积 $1094\times10^4$ km²，风蚀面积 $548\times10^4$ km²（表 1-2）。

表 1-2 全球土壤侵蚀面积分布（$10^4$ km²）

| 侵蚀类型 | 地区 | | | | | | | |
|---|---|---|---|---|---|---|---|---|
| | 非洲 | 亚洲 | 南美洲 | 中美洲 | 北美洲 | 欧洲 | 大洋洲 | 总计 |
| 水蚀 | 227 | 441 | 13 | 46 | 60 | 114 | 83 | 1094 |
| 风蚀 | 186 | 222 | 42 | 35 | 35 | 42 | 16 | 548 |

资料来源：王礼先等，2004。

由于各国所处的自然环境及社会经济状况不同，土壤侵蚀发生和发展的动力存在差异，土壤侵蚀的表现形式也各具特点。由于世界各国科技文化发展水平的不均衡，以及水土流失危害程度的差异，形成了土壤侵蚀研究的不同特点。有关世界各国水土流失状况和水土保持发展概述如下。

1）美国

美国是水土流失研究最为先进的国家，也是世界上水土流失较严重的国家之一，水土流失遍布于 50 个州，尤其是西部 17 个州更为严重，年土壤侵蚀速率达 2500～3500 t/km²，个别地区年侵蚀速率超过 100000 t/km²。全美年均水土流失量约 50.0×10⁸ t（水蚀 40.0×10⁸ t，风蚀 10.0×10⁸ t），仅耕地就达 20.0×10⁸ t，占总流失量的 40%。流失的 50.0×10⁸ t 土壤，有 3/4 淤积在河道、洪水平原区和湖泊、水库，只有 1/4 输入海洋。美国每年因水土流失造成的经济损失达 30×10⁸～60×10⁸ 美元。

2）澳大利亚

澳大利亚人口密度稀疏，开发历史较短，但水土流失比较严重。从 1788 年英国第一批移民在悉尼建立居民区以来的 200 余年里，随着移民的剧增和墨尔本淘金热潮的兴起，连续一个时期无节制的毁林扩牧、毁草经农、过度放牧和不合理耕作，加上开矿破坏等原因，导致了水土流失的发生和发展。至今，有 50% 的可利用土地面积（约 3400 km²）发生了较为严重的水土流失，每年流失土壤约 9×10⁸ t，使农作物产量降低，牧场退化，大量泥沙输入河道、水库。

3）印度

印度水土流失面积达 1.75×10⁸ km²，占土地总面积的 53.4%。有 33% 的林地、86% 的退耕地、95% 的牧场、74% 的休闲地以及 58% 的农耕地都存在着严重的水土流失问题。水土流失地区年平均侵蚀模数达 2800 t/(km²·a)，在暴雨季节，土壤侵蚀量可高达 20000 t/km²。每年流失的土壤达 6×10⁹ t，约有 30% 进入水库。相当一部分水库的淤积率已超过原设计能力的 4～8 倍。印度的恒河每年有 1.45×10⁹ t 泥沙淤积于河道和孟加拉湾。

4）日本

日本是一个多山的岛国，有 1 亿多人，是世界人口密度较高的国家之一，地形陡峻，地质脆弱（有 40% 的土地为易崩坍的火山岩及第三纪层）。由于对山地的开发利用，以及地形、地质等因素的影响，每遇台风、暴雨、梅雨及融雪季节，水土流失都十分严重。水土流失主要表现为陡坡崩坍、滑坡、泥石流及洪水灾害等，其中水土流失灾害导致人民生命财产损失所占的比例约为 61%。日本每年流失的土壤总量达 3×10⁸ t，年平均侵蚀模数 170 t/(km²·a)。水土流失导致下游河川洪水泛滥，房屋倒塌，田园遭灾，铁路公路受损，危害人民生命财产安全，影响经济建设的发展。

5）俄罗斯

俄罗斯有 2/3 的农耕地（2.48×10⁶ km²）存在水土流失问题，每年约有 4800 km² 农地因流失严重，丧失生产力而弃耕。每年从农地上流失的土壤量约为 2.5×10⁹ t。

## 1.1.3　水土保持的研究历程

1. 中国水土保持的研究历程

1）中国水土保持的历史沿革

据现有史料记载，我国的水土流失治理可以追溯至西周（公元前 11 世纪～前 8 世纪）初期。商代人们采用区田法来防止坡地水土流失，此法颇像今日干旱地区农民应用的套种法和坑田法。西周初期，我国中原地区的农业生产已有了一定程度的发展，当时治理水土流失以平原和下湿地为主，主要是进行土地平整、防止冲刷，使溪流、河川的泥沙量降低，流水变清，对各种不同的土地规定了不同的用途。《逸周书》《孟子》《荀子》《周礼》对山林、沼泽设官禁令进行保护作了一系列的论述。例如，《荀子》中论述：认真执行池、沼、渊、川、泽的禁令，会使鱼鳖的出产极多，百姓吃用不完；采伐和养护安排适时，山林不会遭到破坏，百姓的木材也会富余。西周和春秋时期是我国农田建设和水土保持的初创阶段，在技术力量薄弱和地广人稀的环境中，人们既没有必要也没有可能耕种大量的土地，只是将山林、荒地、沼泽、低湿地、盐碱地等许多难以治理的土地安排不同的用途并加以保护，防止水土流失和水旱灾害。

春秋后期（公元前 3 世纪），随着人口的增加，人们扩大耕垦范围，除继续开垦平原沃土外，还耕垦丘陵坡地和江河湖泊附近低洼积水的土地，水土流失现象日益加重。水旱灾害与水土流失迫使人们注意，当时就有“土返其宅，水归其壑”（即土壤回到农田，流水纳入沟壑）的描述，这是历史上最早出现的具有水土保持内容的记载。

从秦统一六国到清道光二十年（1840 年）鸦片战争爆发，在这一时期内，我国开垦坡地、破坏山林的现象比较突出。一方面，封建王朝为了修建宫室、陵寝及镇压农民起义，大面积砍伐与毁坏森林；另一方面，交不出田租的农民被迫到丘陵山地开荒种地，滥伐滥垦，更加重了水土流失。这一时期黄河含沙量增加，致使下游河道淤积严重，黄河决口和改道的次数大增。随着山区耕地的大量开垦，农民针对坡耕地的水土流失，创造了区田、梯田等既能保持水土又能增加农作物产量的耕作技术。为防止农田冲刷，提高抗旱能力，出现了大量的山间坡塘。黄河上中游地区创造性地利用洪水、泥沙，发展了引洪漫地和打坝淤地技术。同时，山区造林和河岸防护林营造技术也有了很大的发展。

1840 年以后，帝国主义国家大肆侵入中国，掠夺式地开采矿山、建造铁路、建立工厂，产生了大量的弃土废渣，同时滥伐森林，使得我国东北、西南一些地区的自然生态环境遭到严重破坏。许多山区、风沙区的农民迫于生计，乱砍伐乱垦荒，促使水土流失进一步加剧。

1933 年我国正式成立黄河水利委员会，下设林垦组专职开展保水保土工作，并在黄河中游地区设立各种水保试验基地，开展水土保持科学试验研究。1940 年黄河水利委员会的一些科技人员针对治黄工作提出了防治泥沙的建议，并成立了林垦设计委员会，开展水土保持造林、种植保土植物、防护堤坝和梯田等措施的研究。同年，黄河水利委员会组织国内有关大学、科研院所在成都召开了一次防止土壤冲刷的科学研究会，首次提出“水土保持”一词并得到了世界的公认。同年 8 月林垦设计委员会正式改名为水土保持委员会。从此，“水土保持”一词作为专用术语开始使用。

新中国建立后，党和政府对水土保持工作十分重视。1952 年政务院发出《关于发动群众继续开展防旱、抗旱运动并大力推行水土保持工作的指示》，1956 年成立了国务院水土保持委员会，1957 年国务院发布了《中华人民共和国水土保持暂行纲要》，1964 年国务院制定了《关于黄河中游地区水土保持工作的决定》，1955～1982 年曾先后召开了 4 次全国水土保持工作会议。1982 年 6 月 30 日，国务院批准颁布了《水土保持工作条例》。1991 年 6 月 29 日，第七届全国人大常委会第 20 次会议通过了《水土保持法》。

特别是改革开放以来，我国开展了大规模的以水土保持为中心的生态环境建设，实施了黄河、长江等七大流域水土保持工程，建立了 27 个国家级水土保持重点治理区，在全国 1 万余条水土流失严重的小流域开展了山水田林路综合治理，还修建了上亿处蓄水保土工程。水土保持措施使得每年增产粮食 0.17 亿 t，增产果品 0.25 亿 t，每年减少土壤侵蚀超过 15 亿 t。通过治理开发，1000 多万人口已脱贫致富，生态环境和人民生活有了明显的改善。黄河中游经过治理，每年减少入黄泥沙 3 亿多吨。长江上游三峡库区经过重点治理，环境人口容量增加 30 人/km²，为库区移民安置创造了良好的条件。

2）近代中国土壤侵蚀治理演变

近代以来，我国土壤侵蚀治理通过借鉴国外相关研究并结合自身情况，不断发展和创新治理理念与技术模式（史志华等，2018）。经历了单一治理、综合整治、可持续发展、生态文明建设等治理理念的转变，这些理念的转变使治理的关注焦点发生了一系列变化（图 1-1）：从关注生产和经济到重视生态系统效益，从治理为主到预防为主，从强调现状治理到关注可持续发展，从生态治理上升到生态文明建设。理念的转变也促使治理措施经历了从坡面土壤侵蚀治理到小流域综合治理，再到区域生态经济协同发展与优化布局；从强调单一技术到综合技术集成；从植被覆盖率增加到结构改善和功能提升；从流域治理到生态景观优化配置，并注重资源-经济-社会的空间分异及其功能分区。

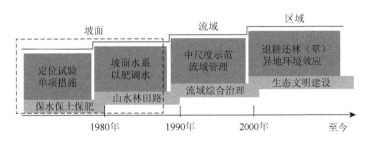

图 1-1　我国土壤侵蚀治理的发展历程与关键措施

（1）坡面治理（20 世纪 20～80 年代）。坡面是土壤侵蚀发生的基本单元。坡面土壤水蚀阻控技术可归结为土壤流失方程中土壤可蚀性、坡长、坡度、降雨侵蚀力、植被与作物管理、水土保持措施等因子的调整。形成了由旱作保墒、少耕免耕、等高耕作、垄作轮作、间作套作、砾石覆盖、秸秆还田等技术组成的水土保持农业技术体系；由梯田修筑、梯壁整治、地埂利用、地力恢复等技术构成的坡耕地综合整治技术体系；由拦水沟埂等坡面雨水集蓄、山坡截流沟等坡面径流排引、坡面水系优化布局等技术集成的坡面径流调控技术体系；由植被覆盖、作物残茬覆盖、生物结皮与耕作措施等相结合的土壤风蚀防治体系。

（2）流域综合治理（20 世纪 80 年代～21 世纪初）。流域作为水循环相对独立的自然单元，是土壤侵蚀防控的基本单元。这一阶段，土壤侵蚀治理的核心可归纳为对流域侵蚀—输移—产沙过程中关键环节的阻控。针对我国侵蚀最严重的黄土高原，朱显谟院士提出了 28 字治理方略："全部降水就地入渗拦蓄；米粮下川上塬，林果下沟上岔，草灌上坡下坬。"在流域尺度上，土壤侵蚀治理形成了由集雨抗旱造林、坡-沟系统植被对位配置、立陡边坡植被绿化、退化植被封禁修复等技术构成的植被恢复与构建技术体系；由农林复合经营、草-畜-沼-果经营、粮-饲兼用作物培育与种植等技术构成的生态农业技术体系；由沟头防护、沟道护岸、谷坊及以拦蓄调节泥沙和建设基本农田为目的的各类淤地坝等技术构成的治理工程技术体系。针对土壤侵蚀过程及径流泥沙携带的污染物质的迁移，形成了包括生态清洁型小流域构建、小型水利径流调控技术、湿地水质生物净化、农村社区废弃物处置与利用、农村环境整治与山水林田路立体绿化技术在内的环境综合整治技术。土壤风蚀阻控发展了修建防风林、退耕还草、水利设施配套等小流域综合治理模式，建立了一批不同土壤侵蚀类型区的综合治理试点小流域。

（3）区域协调管理（21世纪初至今）。随着我国经济社会的发展和综合国力的增强，国家对生态建设的重视程度不断提升，明确将生态文明建设列为全面建设小康社会的重要目标。土壤侵蚀治理与节约资源和环境保护的空间格局、产业结构、生产方式和生活方式相协调。国家全面加大对生态治理与保护的投入，先后实施了退耕还林、退牧还草、风沙防护林建设、生态移民、水土流失重点治理工程及坡耕地治理工程等一大批区域生态建设项目，不断扩大土壤侵蚀区治理的范围与规模。这些项目实施过程中强调水土流失防治与民生改善、资源开发与生态保护的协调，形成了地表径流调控、土壤肥力提升、植被可持续恢复、水土资源协调和景观结构优化为一体的治理技术体系，发展区域特色生态产业，形成兼顾生态功能提升与民生改善的区域水土流失综合治理模式与管理体系，保障了区域社会经济可持续发展。

**2. 国外水土保持的研究历程**

**1）美洲**

**a. 美国**

美国是世界上开展水土保持工作较早的国家，早在1914年就有了农牧区径流量及径流强度的资料积累。20世纪30年代开始系统研究，在一万多个试验小区年观测资料的基础上，于1965年提出了通用土壤流失方程（universal soil loss equation，USLE），主要用于估算某一区域一定时期内的平均侵蚀量，这个方程式已受到许多国家的重视。到60年代又根据多年土壤侵蚀研究资料，采用现代技术建立起侵蚀数学模型，并建立了土壤侵蚀影响土地生产力的计算公式（EPIC模型）。从80年代后期开始的水蚀预测项目（water erosion prediction project，WEPP）模型也于1989年9月正式推出了第一个预报模型——坡地剖面侵蚀模型，可以预报坡地纵剖面上土壤流失量的时空变化与该剖面整体或任何一点上的日均、月均与年均净流失量。WEPP模型的多级流域组合版尚在研究中。

除开展应用基础理论的研究外，美国还非常重视水土保持措施的研究，开展了许多具有实际应用价值的研究课题，如大力推行少耕法和免耕法，进行了梯田排水措施和沉沙措施的研究，对易崩塌河岸沟坡地段防护措施的研究，为防止排水沟及其他沟道的侵蚀将其变为草皮水道的研究等。美国水土保持研究的测试手段改进很快，到20世纪80年代初，科研过程中不论室内室外，都基本上实现了自动化，采用计算机处理、存储和运算所有的试验研究数据。在水土流失规律研究中，广泛采用人工模拟降雨装置，完全依靠天然降雨的试验小区很少。同时研制了许多先进的测流测沙仪器设备，建立了许多流域的数学模型，以进行水文泥沙侵蚀理论的研究。自20世纪70年代以来，遥感技术在水土保持研究中迅速得到应用，主要用于资源调查、土地分类与制图、用卫星云图估算降雨量等方面的工作，使工作效率大大提高。激光技术也被应用于水土保持工作，美国部分单位已采用带激光控制仪的平地机进行土地平整。

当前，美国水土保持研究的主要内容是：①扩大通用土壤流失方程的适用领域，并对其进行修订和评价；②在土壤侵蚀模型研究的基础上建立新的模型；③研究土壤结构剂、化学稳定剂及其在控制土壤侵蚀和水资源管理中的应用；④研究制定防治农田、城市、建筑工地和采矿区侵蚀的新措施；⑤以保护水源为宗旨，开展为达到限制水质污染要求规定的土壤允许侵蚀量的方法的研究等。

b. 加拿大

加拿大是工农业生产发达、科技进步、经济富裕的国家，森林面积占国土总面积的35%，是水土流失较轻的国家。但联邦政府却十分重视水土保持及其研究工作，机构健全、经费充足、测试手段先进，用五年时间进行了全国规模普查，绘制了全国土壤侵蚀图。值得提出的是，他们很重视原始资料的观测，对径流小区观测及资料整理全部采用现代化手段和仪器设备，用放射性元素装置观测土壤含水量、容量、密度和地下水位，使观测不必采样。计算用计算机进行，航卫片的解译和制图已普遍使用计算机，图像全部数字化。

加拿大水土保持采取防治并重的方针，制定法律，严格实施。对近8000 hm²有侵蚀现象的耕地采取免耕法、覆盖法和等高垄作法，使其水土流失明显减少。加拿大牧业比较发达，牧场管理先进，用电子计算机管理牧场，监测旱情，防止过度放牧，达到世界先进水平。

2）欧洲

a. 俄罗斯

俄罗斯的水土保持工作始于18世纪中叶。1753年M. B.罗蒙洛索夫首次提到暴雨引起溅蚀对农业生产的影响。进入19世纪，全国开展了土壤侵蚀调查，编绘了部分区域面蚀、沟蚀分布图。19世纪末，俄国土壤学家B. B.道库恰耶夫等一批学者，在侵蚀研究的基础上，提出了防治侵蚀和干旱的措施，其中在缓坡耕地修筑软垄以拦蓄融雪水又不妨碍耕作的措施，被推广到很多国家。1923年成立了世界第一个土壤保持试验站——诺沃西里试验站，从事侵蚀与防治的研究。20世纪50年代后，阿尔曼德、扎斯拉夫斯基深入研究侵蚀机理、面蚀和沟蚀的发展规律、不同侵蚀强度对土壤肥力的影响等，并完善了径流小区测验装置，创立了新的面蚀、沟蚀调查方法及成图方法，测定了改良土壤、植被覆盖及工程措施的综合效益。1967年以后，全国有200多个科研单位从事侵蚀及综合治理研究。这期间在侵蚀研究方法上有很大改进，制定了评定土壤侵蚀危险性的方法、侵蚀土壤制图方法、水土保持措施效益评价方法，使研究逐步规范化，研究的深度和广度均有长足的发展。

b. 奥地利

奥地利的国土总面积为8.4×10⁴ km²，其中2/3是山地。奥地利把小于100 km²、具有侵蚀地貌的小流域称为荒溪，全国有荒溪4000多条。1882～1883年连续发生的山洪及泥石流灾害，促使奥地利 1884 年通过了《荒溪治理法》。1977～1979 年，政府对荒溪治理投资达 $12.25 \times 10^8$ 先令。奥地利在百余年荒溪治理实践中，已总结出一套行之有效的荒溪治理森林-工程措施体系，包括：①规划经营措施；②森林植物措施；③工程措施；④法规性措施（如荒溪分类与危险区制图）。

c. 联邦德国

近百年来，随着山区的开发利用，联邦德国森林面积锐减，土壤侵蚀、雪崩、山洪及泥石流日趋严重。因此，联邦政府把小流域治理作为环境保护和国土整治的重要内容及改善人民生活的重要措施。1974 年组织各方面专家完成了山区小流域现状调查及危害分类工作，绘制了全部山区的高程图、年平均降雨量图、小流域治理措施分布图、山洪及泥石流危险性分布图、地质图等。这些详细资料为小流域治理提供了可靠的设计依据。

联邦德国水土保持研究的主要内容有：①土壤侵蚀分类及制图；②不同植被和耕作方法对坡耕地产流量与产沙量的影响等土壤侵蚀规律；③水土保持农业措施和林业措施；④褐煤矿区的土地整治工作。

3）非洲

近年来，非洲地区提出了转变观念，采取防治土地沙漠化的新战略。新战略将过去依靠举办项目来防治土地荒漠化的战略，转变为通过实施一个由国际资金资助的土地荒漠化治理项目，引导更大范围的土地使用者依靠自己的努力来实现土地荒漠化治理的策略。其核心观念是：只有农民自己才能有效地执行项目。为了实现这种战略转变，非洲地区开始注重培训项目官员和农民，有效地促进农民的参与和技术员与农民之间的合作，同时引进先进、简单、有效的农业技术和土地荒漠化防治技术。

4）亚洲

a. 印度

印度的水土保持工作始于 20 世纪 50 年代初。1954 年在原林业研究所下属的土壤保持中心和沙漠绿化研究站的基础上，成立了中央水土保持局，在第一和第二个五年计划期间，该局建立了一系列水土保持研究、示范和培训中心。这些中心在 1967 年后转归印度农业研究委员会管辖。1974 年农业研究委员会将这些中心联合，建立了中央水土保持研究和培训所，下设 7 个研究室、8 个研究中心，有针对性地开展以防治水土流失为中心的科学研究，主要为地区水土保持工作服务。

印度的水土保持结合生产实际，因地制宜地进行了大量的工作，取得了显著的成绩和丰富的经验。在基础理论方面：完成了印度土地资源分区和分带图及降雨分带图；绘制了全国等侵蚀线图；绘制了三张测算小流域最大流量的诺模图；确定了通用土壤流失方程在印度的各种参数。在应用研究方面：进行了水土保持区划，分别确定治理方向和重点治理内容，制定了治理措施，测定了不同土地利用类型的土壤流失量；制定了坡耕地的农业工程措施；确定了不同区域农地用来减少土壤流失、获得较高收成的作物混作、间作和带状种植方式等。

根据当前国际水土保持研究的发展趋势和印度的实际情况，该国水土保持科研工作今后将着重从以下几方面开展实验研究：①在一定的地力等级和农业气候区内，各种水土保持工程和生物措施的比较和经济合理性评价；②混农林（农林间作）的研究；③滑坡、开矿、路边侵蚀和山区洪流的治理方法；④各种测试设备的研制和测定方法；⑤水土保持的社会性、经济性研究。

b. 日本

日本在 1868 年明治维新以后，以关东山洪及泥石流为契机，在原有的"治山在于治水"传统思想的基础上，吸收欧洲荒溪治理经验，由储户北郎博士在 1928 年创立了具有日本特色的砂防工学，其范围较广，除水蚀、泥石流外，还包括滑坡和陡坡崩塌的防治等。日本政府在水土保持方面十分重视法制建设，早在 1874 年就制定了《砂防法》《森林法》《河川法》，合称治水"三法"。1947 年又制定了十年治水计划和砂防事业总体规划。1950 年以来颁布了《林业基本法》《防止滑塌法》《防止陡坡崩塌法》《治山治水紧急措施法》等法案，为水土保持工作提供了法律保障。

日本把砂防事业作为其 20 世纪 80 年代国土整治的重点及保护环境和水源的火车头。国家设立砂防部，地方设砂防科，全国有砂防协会，20 多所大专院校设置砂防工程讲座及学会。砂防以工程措施为主，在全国所有水土流失严重的地区，上游修谷坊，下游筑堤坝。施工前必须先规划设计，经批准后实施，施工已机械化。治山以生物措施为主，其口号是"治水先治山，治山先造林"。对已有森林管护相当严格，坚持依法护林，把具有水土保持作用的森林划为"保安林"，并成立保安林协会，进行专题研究，提出切实可行的森林保持水土的系统模型和参数，可以定量说明森林的保水功能和机理，具有广泛适用性。

日本的水土保持科研工作以应用技术和开发治理为主，基础理论研究只占 10%。该国把水蚀和泥石流视作全国性灾害，其科学研究和勘探工作主要解决以下问题：①观测研究严重的水蚀和泥石流发生与形成的过程；②预报上游发生泥石流的时间；③研究确定可能发生的土壤流失量。总的来说，研究成果显著，提出了著名的水沙分离理论，在防治泥石流的研究方面达到了国际先进水平。

5）大洋洲

a. 澳大利亚

从 1933 年起，全澳各州相继制定了《土壤保护法》、《森林法》及"风沙治理条例"等法律，经过多次修订，已成为指导土壤保持工作的准则。1946 年又建立了联邦土壤保持委员会，以协调各州与联邦政府间的土壤保持工作。此后，全澳各州引进和借鉴了美国水土保持科研成果、经验和治理措施，治理水土流失，并取得了很大成绩。澳大利亚的各种土壤保持措施非常讲究实效。从形式上看，基本上是以小流域为单元，因地制宜地布设各种工程措施、耕作措施和林草措施，进行综合治理。遇到较大的流域，由地方政府出面，组织土地所有者和有关部门统一规划，联合防治。

在水土保持科研方面，联邦科学与工业研究组织和各州的土壤保持研究部门都有紧密的联系，上下形成了一个稳定的科研体制。澳大利亚先后从欧美和日本引进了很多先进仪器设备，使科学研究逐步走向电子计算机系列化，先进遥感技术的应用也很普遍。水土保持研究的总任务有两大项：一是技术研究，即所谓的短期性研究；二是基础理论的研究，即所谓的长期性研究。其水土保持科研课题首先侧重于水土流失、土壤退化的防治和提高土地生产潜力措施的研究，其次是有关产量及经济效益预测方法的研究。

澳大利亚水土保持工作的一个成功经验是按小流域或地区编制土壤保持计划,强调治理与经营管理措施相结合,以达到土地理想的生产力为目的,从径流小区和小流域治理向更大范围的联合治理转变是将来的发展趋势。

b. 新西兰

新西兰在 1941 年就制定了《水土保持及河川治理条例》。全国水土保持领导机构是国家水土保持组织(NWASCO),其下设土壤保持和河流管理委员会及水资源委员会,还有工程和发展部下设的水利和土壤局。1952 年新西兰建立了土地生产潜力分类系统,1973 年后开展了全国性的土壤侵蚀及土地资源清查工作,1979 年该项工作完成并建立了全国约 $9 \times 10^4$ 个地块的土地资源(包括土壤侵蚀类型)的数据库。

### 1.1.4　水土保持学研究的基本内容

水土保持学重大基础理论研究如下:①土壤侵蚀动力学机制及其过程;②土壤侵蚀预测预报及评价模型研究;③土壤侵蚀区退化生态系统植被恢复机制及关键技术;④水土流失与水土保持效益、环境影响评价;⑤水土保持措施防蚀机理及适用性评价研究;⑥流域生态经济系统演变过程和水土保持措施配置;⑦区域水土流失治理标准与容许土壤流失量研究;⑧水土保持社会经济学研究;⑨水土保持生态效益补偿机制;⑩水土保持与全球气候变化的耦合关系及评价模型。

水土保持关键技术方面包括:①水土流失区林草植被快速恢复与生态修复关键技术;②降雨地表径流调控与高效利用技术;③水土流失区面源污染与环境整治技术;④生产建设项目与城市水土流失防治技术;⑤水土流失试验方法与动态监测技术;⑥坡耕地与侵蚀沟水土综合整治技术;⑦水土保持农业技术措施;⑧水土保持数字化技术;⑨水土保持新材料、新工艺、新技术。

## 1.2　土壤侵蚀研究的现状和发展趋势

土壤侵蚀的发生往往依赖于不同的时间和空间尺度,随着研究范围由小向大的扩张,其分离、搬运和堆积系统的层次不断提高,土壤侵蚀的宏观特征及分离搬运和堆积的整体行为也会以不同于低层次系统的全新性质表现出来。正是这种时空尺度效应带来的系统差异,使土壤侵蚀的过程机制、定量评价和模拟预测研究变得尤其困难。目前国内外普遍从坡面、小流域和区域(包括国家尺度)以及全球尺度来研究土壤侵蚀问题。

### 1.2.1　坡面土壤侵蚀机理研究

#### 1. 坡面土壤可蚀性因子分析

降雨是导致土壤流失的主要动力。我国土壤侵蚀程度最高的地区集中在降雨量为 1000～1600 mm 的区域,同一地区年降雨量与产流量、产沙量之间均呈正相关关系。在不同地区,年内暴雨次数的多少都对全年土壤侵蚀量有重大影响。降雨引起地表径流有一个临界值，称为侵蚀性降雨。Wischmeier 和 Smith（1978）根据降雨量大小确定美国侵蚀性降雨标准为 12.7 mm，我国因为地形地貌以及气候的复杂性，各地标准不一，在 8～13 mm。降雨强度是对土壤侵蚀影响最大的降雨因子，Ekern（1953）早在 1953 年就提出了坡面侵蚀量与降雨强度之间的关系模型；Wischmeier 和 Smith（1958）最早提出将 30 min 最大降雨强度用以表达侵蚀与降雨强度的关系；我国最优最大降雨强度的表达存在区域差异，例如，黄土高原区为 10 min 最大降雨强度，而南方红壤区为 60 min 最大降雨强度。目前，关于降雨因子和土壤侵蚀关系的研究已经相对成熟，但对于降雨与侵蚀关系的综合表达的研究相对薄弱，还需要进一步的推进。

　　植被具有改变降雨特性、土壤性质和地表径流的功能，因而是影响土壤侵蚀的重要因素。大量研究表明植被盖度与土壤侵蚀量之间存在着倒数或负指数等负相关关系。还有学者研究了有效盖度的问题，水建国等（2003）在红壤坡地的研究中发现，当植被盖度>60%时，年土壤侵蚀量在 200 t/km$^2$ 以下。虽然有效盖度临界值在不同的地区都有研究，但是差异较大，至今也没有得出一个较为系统的结论，植被盖度与土壤侵蚀之间的定量关系也尚未明确。枯枝落叶层作为植被因子的一个组成部分，具有截留降雨、减缓流速、改良土壤、增加入渗等功能。韩冰的研究表明，枯枝落叶层能有效降低径流和侵蚀，0.5～1.0 cm 厚的枯落物可降低 80%的溅蚀。植物根系作为植被的地下部分，其作用很容易被忽略。李勇等（1992）首次在我国开展了乔灌草根系与土壤抗冲性的定量关系研究。周正朝和上官周平（2006）进一步提出用单位土体根系表面积来表示土体抗冲性与植物根系的相关性。Gyssels 对谷物和草类的研究表明，根系密度与侵蚀速率的负指数相关，且在植物生长早期作用更明显。此外，不同的植被类型及植被结构对坡面侵蚀的控制作用并不一样，研究表明，植被高度与溅蚀量成正比，若没有林下植被则结果相反，复层林具有更好的水土保持效果。

　　土壤因子是影响侵蚀的内在因素。一般认为，坡面侵蚀程度取决于土壤的颗粒组成、团聚体稳定性以及前期土壤含水量等性质。Wischmeier 早在 1969 年就指出，美国农田的土壤侵蚀多出现在砂性和粉砂性的土壤上；我国学者李勇等（1990）在黄土高原地区的研究中也表明粗粉粒和砂粒土壤更易发生侵蚀。近年来，有学者开始通过研究降雨前后土壤颗粒组成的变化来分析土壤性质与坡面侵蚀的关系。张兴昌等（2000）对黄土丘陵区的黄绵土进行研究时发现，细粒土壤更易随水流失；李朝霞等（2005）指出南方红壤中不同母质土壤侵蚀泥沙的颗粒组成随着土壤结构的变化有所不同。土壤团聚体的稳定性也是重要的因子。一般认为砂性土团聚体容易分散，抗蚀性差，而黏性土的有机质含量高，团聚体稳定性较强，抗蚀性好，水稳性团聚体（water stable aggregate，WSA）被认为是反映土壤抗蚀性的最佳指标。此外，降雨前期土壤含水量通过影响土壤的初始产流状态、入渗速率及土壤团聚作用，对土壤侵蚀也产生了重大影响。总的来说，目前土壤因子对侵蚀影响的研究多处于定性阶段，基于过程机制的定量研究还需进一步推进。

　　地形决定地表物质和能量的形成和再分配，自然也影响土壤侵蚀过程。地形对土壤侵蚀影响最大的因素是坡度，许多学者的研究表明，土壤侵蚀并非随着坡度的增加而一直增加，而是有一个临界坡度，这是承雨面积与坡面流速、切应力、水力阻力等水力要素与坡面间关系叠加的综合效果。另一个重要的因子就是坡长。关于坡长与坡面土壤侵蚀的关系，前人做了很多研究，但所得的结论大不相同：第一种观点是，随着坡长增加，水体中的含沙量增加，水流能量多消耗于挟运泥沙，结果侵蚀反而减弱；第二种观点是，随着坡面长度增加，从上坡到下坡水深逐渐增加，侵蚀相应也增加；第三种观点是，侵蚀与坡长无关，认为由于下坡水量增加，侵蚀加强，水体含沙量也增加，水体能量主要被泥沙负荷所消耗，侵蚀减弱，二者抵消，侵蚀量从上坡到下坡不变。孔亚平等（2001）通过室内模拟试验，指出径流量与坡长呈线性关系，侵蚀量与坡长基本呈指数关系，同时，坡长对侵蚀形态的演化也有重要作用。总的来说，对地形因子的研究主要是坡长和坡度两方面，研究主要集中在小区尺度，而在较大范围或流域尺度以及较小尺度的微地貌的研究还很少。

目前土壤侵蚀过程描述趋向对植被截留、土壤入渗、地表产流、侵蚀输沙、搬运沉积等过程的物理定量表达。然而，技术手段限制导致薄层水流流速、流量等难以准确测定，水分入渗、蒸散等难以适时确定；坡面薄层流动力过程解析仍主要沿用河流泥沙运动学和明渠水力学等邻近学科的理论方法；风沙两相流的传输主要依赖于经典力学和流体力学在模拟环境下的解释。由此造成学科理论体系不完善，制约了本学科的发展。此外，关于人类活动对坡面土壤侵蚀的影响的定量评价研究也不成熟。

另外，我国地域辽阔，各地自然与人文背景差异巨大，造成侵蚀特征各异，增加了认识土壤侵蚀规律的难度，进而影响水土保持措施的优化布局。进一步加强土壤侵蚀过程与机理的研究，是有效治理土壤侵蚀的关键。研究重点主要包括：基于含沙水流的水动力学关键参数与临界条件，侵蚀形态发生演变过程的数值模拟；风沙流动力学特征及沙粒运动过程与机制，重力侵蚀与泥石流发生的力学机制与发生条件，高海拔寒区融水土壤侵蚀机理与过程模拟；水力-风力、水力-冻融、水力-重力等多重外力复合侵蚀过程与模拟；我国东北漫岗丘陵地区的长缓坡、西北黄土高原地区的陡坡、长江中上游山区的深切峡谷、西南喀斯特区的岩溶地貌等特殊环境下的侵蚀过程与机制；流域侵蚀产沙对景观要素及其时空格局的响应；侵蚀泥沙输移过程及水沙汇集的传递关系；坡面侵蚀与流域产沙间的非线性作用机制等。

2. 坡面侵蚀模型研究

土壤侵蚀模型是用来定量描述坡面侵蚀量的重要工具，19世纪末期，德国土壤学家就开始布设径流小区进行土壤侵蚀的观测和侵蚀因子的定量研究。随着社会经济的快速发展，生态环境逐渐恶化，水土流失、土壤侵蚀等问题越来越受到重视，大量的人力和物力投入土壤侵蚀定量研究中。目前国内外主要的土壤侵蚀模型可以分为两种，一种是经验统计模型，这类模型是在大量的实验基础上进行统计分析得出的；另一种是物理成因模型，土壤侵蚀方程是根据丰富全面的理论知识推导的，包括水文学、水力学、土壤学等多门学科知识，根据其基本理论推导出土壤侵蚀的数学方程，达到计算预测土壤侵蚀量的目的。

国外最著名的土壤侵蚀模型是美国农业部（USDA）提出的通用土壤流失方程（USLE），20世纪20年代美国注意到土壤侵蚀危害的严重性，开始进行全面的土壤侵蚀调查，并在土壤侵蚀严重的地区建立长期持续的水土保持试验站，设立径流小区，基于径流小区对影响土壤侵蚀的因子和各因子如何影响土壤侵蚀进行了研究，并建立 Musgrave 方程来预测土壤侵蚀。为了更全面地研究，美国农业部所属农业研究中心（Agriculture Research Service，ARS）于 1954 年成立了国家水土流失资料中心，主要负责统计收集全国的径流小区数据，1978 年 Wischmeier 和 Smith 对收集的全美 11000 个径流区的土壤侵蚀数据进行统计分析与研究，得出了经验型的通用土壤流失方程，其形式为

$$A = RKLSCP \qquad (1-1)$$

式中：$A$ 为土壤流失量；$R$ 为降雨侵蚀力因子；$K$ 为土壤可蚀性因子；$L$、$S$ 为地形因子（分别表示坡长、坡度）；$C$ 为植被因子；$P$ 为水土保持措施因子。

除美国外，土壤侵蚀模型在欧洲和非洲各国也进行了深入全面的研究。澳大利亚 Misra 和 Rose（1996）提出了次降雨侵蚀产沙土壤侵蚀物理模型 GUEST（Griffith University erosion system template），模型中考虑了有细沟和无细沟两种情况下的土壤侵蚀，与其他过程模拟不同的是，该模型还考虑了降雨和径流对新淤土层的二次分离、分散和搬运作用。欧洲建立的土壤侵蚀模型 EUROSEM（European soil erosion model）是次降雨分布式土壤侵蚀模型，考虑了多方面因素的影响，是现有物理成因模型中考虑土壤侵蚀影响因素最为详细的土壤侵蚀模型之一。

我国对于土壤侵蚀模型的研究始于 20 世纪 40 年代，根据坡面径流小区的实验得到了中国的坡面侵蚀经验公式，但是并未得到广泛的应用和实践验证（蔡强国和刘纪根，2003）。随后，在 20 世纪 80 年代我国引进 USLE，但是由于我国的耕地条件与国外相差甚远，坡耕地居多，因此原始的 USLE 在应用上有很多需要改进的地方，大量学者分别提出了其在不同地区的应用参数，用以计算坡面和流域的年土壤侵蚀量和次降雨土壤侵蚀量（表 1-3）。此外，符素华等（2001）建立了 CSLE——中国的土壤流失方程，确立了中国土壤侵蚀预测模型的基本形式，简单实用。

表 1-3　我国不同地区土壤侵蚀指标参数计算公式

| 指标参数 | 适用地区 | 计算公式 | 参考文献 |
|---|---|---|---|
| $R$ | 东北黑土地区 | $R = E_{60}I_{30}$ | 张宪奎等，1992 |
| | 西北黄土地区 | $R = E_{60}I_{10}$ | 王万忠等，1996 |
| | | $R = \sum EI_{10}$ | 贾志军，1991 |
| | | $R = PI_{30}$ | 江忠善等，1983 |
| | 南方红壤地区 | $R = \sum EI_{60}$或$R = 2.445E_{60}I_{60}$ | 吴素业，1992 |
| | | $R = \sum EI_{60}$ | 黄炎和，1993 |
| $K$ | 全国 | $100\,K = 2.1\,M^{1.14} \times 10^{-4}(12-a) + 3.25(b-2) + 2.5(c-3)$ | Wischmeier et al.，1971 |
| $LS$ | 黄土高原 | $LS = 1.07(h/20)^{0.28}(a/10)^{1.45}$ | 江忠善等，1983 |
| | 黄土丘陵 | $LS = 1.02(h/20)^{0.2}(a/8.75)^{13}$ | 牟金泽和孟庆枚，1983 |
| | 东北黑土区 | $LS = (h/20)^{0.18}(a/8.75)^{13}$ | 张宪奎等，1992 |
| | 闽东南地区 | $LS = 0.08\,h^{0.35}a^{0.66}$ | 黄炎和，1993 |
| | 南方红壤地区 | $LS = 0.0023 \times 1.1ah(1-10\cos\alpha)/\sin\alpha$ | 杨艳生，1986 |

注：$E$ 为降雨动能，$I_{30}$ 为最大 30 min 降雨强度，$M$ 为粉细沙质量分数（黏土含量），$a$ 为有机质含量，$b$ 为土壤结构编号，$c$ 为剖面渗透等级，$\alpha$ 为地面平均坡度，$h$ 为相对高度。

综合来看，国外对于土壤侵蚀模型的研究已经形成体系，并且相对成熟，我国对土壤侵蚀模型的研究起步较晚，且由于国外的地形条件和我国差异较大，很多国外的土壤侵蚀模型并不能照搬，要想研究出比较成熟的适应中国国情的土壤侵蚀模型还有很长的一段路要走。

### 1.2.2　流域土壤侵蚀过程研究

流域土壤侵蚀是在坡面侵蚀基础上，水沙从坡面继续向下输移，形成沟道并不断发育的过程。这个尺度内存在多种侵蚀类型的组合，侵蚀过程的交互作用明显，往往存在侵蚀、输移、产沙的复杂关系。因此坡面尺度上基于单因子的土壤侵蚀机理性研究很难在流域尺度上开展，产流产沙的过程机制是流域尺度研究的重点。国内外学者通常采用建立模型的方法，基于几何单元、侵蚀过程或者侵蚀组分划分方法对流域进行拆分建模。

#### 1. 流域及其侵蚀产沙

流域是指由分水线所包围的河流集水区。对于小流域面积大小的阈值定义，不同研究取值不同。Farvolden（1963）从地质同质性角度定义小流域面积为 $\leqslant 5\ km^2$，Pilgrim 等（1982）也采用这个定义。国内不少学者在研究相关问题时，常常以 $50\ km^2$ 或 $100\ km^2$ 为小流域面积阈值，通常是指降雨和地质地貌异质性不大的一个集水区。中尺度流域一般是指降雨强度差异较大、空间分布不均匀，径流以地表和沟道为主的积水区域。中尺度流域绝对面积阈值可以根据研究目的和研究区域的不同而有一定差异，一般取 $1000\ km^2$ 为上限，也有以 $5000\ km^2$ 为上限的。此外，也有一些研究是关于微型流域的，在 Abrahamsen 等（1978）以及 Jacks 和 Paces（1987）的研究中，把小于 $1\ hm^2$ 的集水区称为微型流域。Gellis 和 Walling（2011）把小于 $300\ km^2$ 的流域称为小流域，因为这个尺度方便管理、规划。可见流域尺度的划分不仅仅以面积阈值为唯一标准，归根结底是一个相对的、主观的定义，根据研究的方向、目标不同，可以以不同的阈值来划分流域。

在我国，小流域尺度侵蚀研究较坡面研究起步晚，但也取得了一些成果。由于小流域的特点为适合制图研究和模型模拟，国内的大部分研究也偏向于利用遥感技术，结合地理信息系统对流域侵蚀做模拟和评估。与坡面尺度土壤侵蚀相比，小流域单位面积平均土壤流失量会呈现出随流域集水面积的增大而依次递减的规律，有学者认为这种现象的产生可能是由于研究区域的扩大，水文对降雨过程的响应随流域面积的增大而减弱，有些区域是侵蚀区，有些区域则成了沉积区。傅伯杰等（1999）在黄土丘陵沟壑区，以羊圈沟流域为例从单一土地利用类型、坡面和小流域三个尺度层次，应用地理信息系统和野外采样相结合进行了研究，研究结果表明：与 1984 年相比，1996 年该流域林地增加了 42%，坡耕地减少了 43%，草地增加了 5%，综合土壤侵蚀量减少了约 24%。

蔡崇法等（2000）应用 USLE 模型与地理信息系统 IDRISI 做了预测小流域土壤侵蚀量的研究，结果认为占流域面积 67% 的区域土壤侵蚀微弱或轻度，这一区域对流域土壤侵蚀量的贡献率仅为 3%，而流域 80% 的泥沙来自仅占流域面积 20% 的极强度和剧烈侵蚀区域。于国强等（2009）为研究黄土高原小流域重力侵蚀机理，从力学稳定性角度出发，采用有限差分 FLAC 软件对黄土高原小流域概化模型进行了重力侵蚀机理研究，分析了流域重力侵蚀的发育过程。吴从林和张平仓（2002）研究证实：在流域坡面侵蚀中，降雨强度和径流量对侵蚀量的影响比较显著，坡度对坡面土壤侵蚀量的影响反而不显著。傅伯杰等（2002）在对土壤侵蚀模型 LISEM（Limburg soil erosion model）校正的基础上，模拟了陕北黄土丘陵沟壑区大南沟小流域 5 种土地利用方案的水土流失效应，旨在探讨土地利用变化对流域出口水土流失的影响，研究结果表明：流域出口的洪峰流速、径流总量和侵蚀总量的大小顺序为：1975 年＞1998 年＞25°退耕＞20°退耕＞15°退耕。张永光等（2008）对黑龙江鹤山农场两个小流域进行定位观测，研究了典型黑土区浅沟侵蚀特征及其季节差异，并对作物类型和耕作措施对浅沟侵蚀的影响进行了分析。研究表明：春季浅沟侵蚀受融雪、冻融影响显著，侵蚀较夏季严重；与春季相比，夏季浅沟长度变短、宽度变大、深度变浅，浅沟体积与长度的相关性较春季差，这与夏季暴雨历时短、降雨强度大及植被盖度大有关，耕作措施和作物类型影响浅沟侵蚀深度和浅沟分布，尤其在夏季比较明显。张信宝等（2005）以内江附近的小河沟流域为研究对象，使用数字高程模型（DEM）测量计算了沟谷发育的盆腔体积，推导了阶地绝对年龄，在此基础上估算了流域自然侵蚀速率；对小河沟流域内的松散堆积物体积也进行了估算，计算了流域的自然泥沙输移比为 0.997，接近 1。唐政洪等（2001）为研究黄土丘陵区小流域侵蚀产沙的规律，以羊道沟小流域为研究单元，研究了该小流域不同地形地貌的侵蚀状况，结果发现小流域侵蚀模数垂直分带的特征十分显著，从分水岭开始，一直到坡脚沟底，土壤侵蚀模数随着坡度的增加而增加得十分明显。

同时，降雨过程的随机性、景观要素的空间变异及其格局的复杂性，导致异质景观流域的物流和能流复杂多变。坡面侵蚀与流域产沙的关系，以及景观要素对流域侵蚀产沙的作用不是简单的线性叠加，而是高度非线性的复杂系统。但是，流域景观异质性引起的坡面侵蚀与流域产沙间的非线性变化规律和作用机制并不清楚。传统的流域侵蚀产沙研究往往是用概化方法来处理坡面侵蚀与流域产沙的关系，将流域划分为坡面和沟道分别进行探讨，且处理过程中多数采用线性水沙汇集的传递条件。"坡面＋沟道"描述的流域侵蚀产沙，不能系统地反映坡面侵蚀与流域产沙的耦合机制，科学研究与生产实践结合不够紧密。

### 2. 流域土壤侵蚀模型

模型是研究土壤侵蚀最主要的手段之一。土壤侵蚀模型一般分为经验模型和过程模型或物理模型。在坡面尺度上，主要有土壤侵蚀经验模型 USLE、RUSLE 和物理模型 WEPP、CREAMS、EPIC 等；在小流域和流域尺度上主要有 LISEM、AGNPS、EUROSEM、SEDEM 等；区域是小流域的组合，大的流域可以看成是区域，在区域尺度上既可以直接应用小尺度的土壤侵蚀模型来分析土地利用格局变化与土壤流失的关系，也可以通过经验模型评价土壤流失状况。

流域产流产沙过程非常复杂，其影响因素很多，包括气候因子（降雨量、降雨强度、蒸发等）、下垫面情况（土壤地质、地形、植被等）和人类活动等。从径流产生的具体表现形式来讲，除由地下水流出的基流外，主要可分为三种产流机制：霍顿坡面径流或超渗产流、饱和坡面径流或蓄满产流及地下暴雨径流（壤中径流）回归流。在径流形成过程中，通常将流域蓄渗到形成地面汇流及早期的表层流过程，称为产流过程，坡地汇流与河网汇流合称为流域汇流过程。产流过程中水以垂向运动为主，它构成降水在流域空间上的再分配过程，是构成不同产流机制和形成不同径流成分的基本过程。汇流过程中水以水平侧向运动为主，水平运行机制是构成降水过程在时空上再分配的过程，是构成流域汇流过程的基本机制。

20 世纪六七十年代是流域水文学蓬勃发展时期，涌现了大量的流域水文模型，Stanford 流域模型（SWM）、Sacramento 模型、Tank 模型、Boughton 模型、前期降雨指标（API）模型、新安江模型等是这一时期的典型代表。其后一段时间相对处于缓慢的发展阶段。随着科学技术的进步，模型的发展进入了流域水文模型即概念集总式"灰箱"模型的开发阶段，代表性模型有美国的 Stanford 流域模型和 HEC-1 模型、20 世纪 60 年代后期日本开发的 Tank 模型、我国 20 世纪 70 年代开发的新安江蓄满产流模型和陕北超渗产流模型等。流域水文模型是将整个流域作为研究单元，考虑流域蓄满产流、超渗产流及汇流等概念，并根据河川观测流量来率定模型参数，模拟流域产汇流过程。1969 年，Freeze 和 Harlan 提出了基于水动力学偏微分物理方程的分布式水文模型"蓝本"，发表了《一个具有物理基础数值模拟的水文响应模型的蓝图》的文章。

20 世纪 80 年代中期以来，流域水文模拟的研究方法发生了根本性的变化。随着计算机技术、地理信息系统和遥感技术的发展，分布式水文模型被广泛提出，考虑水文变量空间变异性的分布式流域水文模型的研究开始受到重视，Freeze 和 Harlan 提出的分布式水文模型"蓝本"到了实现，世界各地的水文学家开发了许多分布式或半分布式流域水文模型。这类模型从水循环过程的物理机制入手，将产汇流、土壤水运动、地下水运动及蒸发过程等联系起来，一起研究并考虑水文变量的空间变异性问题，通常又称为"白箱"模型。

20 世纪 90 年代以后，集总式模型自身的局限性不断涌现，水文模型的发展几乎处于停滞状态。在传统的集总式模型中，单元区域内的物理过程一般由几层垂直方向的蓄水体构成，水平方向则采用简单或概化后的汇流模型。因此，将下垫面条件本不均匀的流域硬性地作为一个空间均化的整体来处理，显然只能提供流域产汇流过程空间均化的结果，造成集总式流域水文模型的精度往往不能令人满意。

随着计算机技术、地理信息系统（geographic information system，GIS）技术、遥感（remote sensing，RS）技术、信息技术和通信技术的发展和普及，获取和描述流域下垫面空间分布信息的技术日渐完善，水文模拟技术发生了巨大的变革，分布式水文模型也因此获得了长足发展。而此时分布式水文模型的一个显著特点是同 DEM 相结合，这种基于 DEM 的分布式水文模型也被称作数字水文模型，是数字化时代的产物。基于栅格 DEM 的分布式水文模型主要有两种建模方式：①应用数值分析来建立相邻网格单元之间的时空关系，如欧洲水文系统模型 SHE 等。该类模型水文物理动力学机制突出，也是人们常指的具有物理基础的分布式水文模型。但它结构比较复杂、计算烦琐，当前还很难适用于较大的流域。②在每一个网格单元（或子流域）上应用传统的概念性模型来推求净雨量，再进行汇流演算，最后求得出口断面流量，如 SWAT（soil and water assessment tool）模型等。该类模型的结构与计算过程都比较简单，比较适用于较大的流域。

　　目前，对计算区域的空间离散主要有三种方法：①网格单元。包括规则网格和不规则网格两类，规则网格主要是指矩形网格，其中，正方形网格可以由栅格 DEM 直接得到，也最为方便。SHE 模型是最著名的基于规则网格的分布式模型，其他基于规则网格的模型有 Huggins 和 Monke 研制的 ANSWERS，Doe 研制的 CASC2D，Bronstert 与 Plate 研制的三维 HILLFLOW 等。②坡面单元。以坡面为单元的划分是沿着水流路线进行的，这样能够忽略临近坡面单元之间的旁侧水流交换，这种基于表面地形的坡面单元离散化方法是对水流方向的合理近似。杨大文等研制的 GBHM（geomorphology-based hydrological model）由矩形坡面单元组成汇流带进行全流域汇流演算。③子流域单元。将流域按自然子流域的形状进行离散，实际上是与 GIS 直接交互的有效方法，如 Arc/Info 可以在给定阈值情况下根据流域的 DEM 生成子流域。将自然子流域作为模型计算单元，最大的好处是单元内和单元之间的水文过程十分清晰。SWAT 模型的模拟单元即为子流域。SWAT 模型是由美国农业部农业研究中心 Jeff Amold 博士于 1994 年开发的。该模型开发的最初目的是预测在大流域复杂多变的土壤类型、土地利用方式和管理措施条件下，土地管理对水分、泥沙和化学物质的长期影响。SWAT 模型采用日为时间步长，可进行长时间连续计算，但不适合对单一洪水过程的详细计算。模型中对水文过程的模拟分为两部分，一部分是确定流向主河道的水量、泥沙量、营养成分及化学物质含量（杀虫剂负荷量）的各水文循环过程；另一部分是与汇流相关的各水文循环过程，即水分、泥沙等物质在河网中向流域出口的输移运动。除了水量，SWAT 模型还可以对河流及河床中化学物质的迁移转化进行模拟。SWAT 模型主要由气象、水文、土壤温度、植物生长、营养成分、杀虫剂、土地管理、河道汇流和水库汇流等部分组成。将对象区域划分为若干子流域，每个子流域又进一步划分为若干水文响应单元，地表径流是先对每一个水文响应单元分别进行计算，再通过汇流得到流域的总径流量。每个水文响应单元的土壤侵蚀和产沙量，采用改进通用土壤流失方程（RUSLE）中的径流量来计算。SWAT 模型采用 Windows 界面，是一个模型和 GIS 的综合型系统，模型中考虑了水和化学物质从地表到地下含水层再到河网的全部运动过程，可以用于数千平方英里（1 mi（英里）=1.609344 km）流域的水质水量模拟。

　　国外早在 20 世纪 70 年代就开始了分布式水文数学模型的研究。目前代表性的模型有 SHE 模型、IHDM 模型、SWAT 模型等。我国在分布式水文模型的研制方面则起步较晚，目前还没有比较成熟或者得到国际上普遍认可的分布式水文模型。同时，国外的模型也不太适用于中国的国情，许多模型在具体引用时还存在很多的问题。国内的土壤侵蚀模型大多以应用型研究或基于经验的概念模型为主。杨艳生和史德明（1994）根据 USLE 的评价思想，通过将 USLE 中的坡面指标引申为区域指标，对长江三峡地区的水土流失进行了宏观的研究，建立了该区的水土流失预测方程。周佩华（1988）最初应用区域宏观分区的方法，对中国的水土流失问题进行了趋势预测研究，建立了各子区的水土流失预测模型。尹国康和陈钦峦（1989）建立了黄土高原流域特性指标体系及产沙统计模型，通过流域地表综合性指数与年径流模数来推算出年产沙模数，以此计算宏观的流域产沙量。随着 GIS 技术的迅猛发展，侵蚀产沙研究也越来越多地与 GIS 结合，基于 GIS 技术，侵蚀产沙研究也得到了飞速发展。包为民和陈耀庭（1994）提出大流域水沙耦合模拟物理概念模型，并将其分为产流、汇流、产沙和汇沙四部分，1995 年又提出了小流域水沙耦合模拟概念模型。沈晓东和王腊春（1995）提出了一种 GIS 支持下的动态分布式降雨径流流域模型，实现了基于栅格的地面产流与河道汇流的数值模拟，能够模拟任意时刻任意栅格的径流量。江忠善等（1996）利用 ARC/INFO 软件，采用建立空间信息数据库和土壤侵蚀建模相结合的办法，建立沟间地侵蚀模型和沟谷地侵蚀模型，最后完成了流域侵蚀量的计算。蔡强国等（1998）建立了一个有一定物理基础的能表示侵蚀—输移—产沙过程的小流域次降雨侵蚀产沙模型。这些都是对土壤侵蚀模型进行的较早的探索性研究。国内影响力较大的土壤侵蚀模型主要有刘宝元等基于 USLE 改进的中国土壤流失方程 CSLE（Fu et al.，2005）、以赵人俊等为首开发的分布式新安江模型。

### 1.2.3　区域土壤侵蚀定量研究

土壤侵蚀定量评价和预报长期以来都是在坡面和小流域尺度上进行的，为全面认识土壤侵蚀的完整过程，评价土壤侵蚀和水土保持对环境的影响，探讨区域土壤侵蚀与全球气候变化之间的关系，自 20 世纪 90 年代以来，国内外学者对区域尺度土壤侵蚀研究给予了高度重视，有关国际研究计划和组织开展了一系列全球和区域尺度的土壤侵蚀调查和评价研究，如地中海荒漠化和土地利用（Mediterranean Desertification and Land Use，MEDALUS）研究、全球变化和陆地生态系统（Global Change and Terrestrial Ecosystems，GCTE）研究、欧洲科技协调委员会（European Cooperation in the Field of Scientific and Technical Research，COST）土壤侵蚀组、国际土壤标本和土壤信息中心（International Soil Reference and Information Centre，ISRIC）等。区域尺度土壤侵蚀研究是在较长的时段和较大的空间区域进行的，研究方法更加依赖土壤侵蚀实验研究与 GIS 技术的集成，研究成果能更直接地为水土保持宏观决策提供支持，又与全球变化研究相联系，所以区域土壤侵蚀研究已成为土壤侵蚀学科的前沿研究领域。

1. 国外区域土壤侵蚀定量研究

国外区域尺度土壤侵蚀研究可概括为三个方面，包括：全球和区域（包括国家尺度）土壤侵蚀调查、土壤侵蚀时空尺度特征和尺度效应、区域土壤侵蚀模型开发。

1）全球和区域土壤侵蚀调查

早在 20 世纪 50 年代苏联就绘制了全苏土壤侵蚀图。20 世纪 70 年代末 ISRIC 进行了全球土地退化制图，对风力侵蚀、水力侵蚀、物理退化和化学退化等四种土地退化类型进行研究，编制了全球土地退化图，并提出全球土壤侵蚀面积为 $16.42 \times 10^6 \text{ km}^2$。20 世纪 90 年代以来研究者开始将 GIS 技术与土壤侵蚀模型结合，进行区域尺度土壤侵蚀评价。Lu 等（2001）以 RUSLE 为基础，利用较低的分辨率（或较小比例尺）数据，在 GIS 支持下完成了澳大利亚大陆片蚀、细沟侵蚀的定量评价和制图。Batjes（1996）、Reich 等（2001），利用 0.5 经度×0.5 纬度网格的全球数据和 USLE（或 RUSLE）对全球尺度土壤侵蚀进行定量分析。进行土壤侵蚀调查制图的国家和地区还有法国、印度和欧盟等。这一方向的研究，主要关注了区域尺度土壤侵蚀宏观格局和发展趋势，但对区域土壤侵蚀的尺度效应较少注意。在区域土壤侵蚀调查方面富有特色的是美国农业部的土壤侵蚀抽样调查方法。该方法基于统计学原理在全国布设样点，利用 USLE 计算样点土壤流失量，经统计得到全美各类土壤侵蚀面积。样点数量从 1975 年的 41000 个发展到 1997 年的 800000 个。1977~1997 年每 5 年调查一次，2001 年后成为一个逐年调查的业务化运行系统，调查样点大约 200000 个。如果没有完善的基础数据、侵蚀预报模型和训练有素的工作人员，该方法将较难推广。

2）土壤侵蚀的时空尺度特征与尺度效应

基于对区域和全球尺度的土壤侵蚀调查和动态监测，研究者开始注意土壤侵蚀的时空尺度特征。GCTE 项目和 COST 有关研究计划的一系列研究表明，土壤侵蚀是一个与时空尺度相关的过程。该过程在空间上可以划分为 4 个尺度，包括微尺度、小区尺度、田间尺度、流域尺度。不同的尺度具有不同的主导性或者控制性过程。同时认为存在建立较大尺度（国家和全球）侵蚀模型的物理过程；通过辨识各种尺度下的侵蚀过程和主控因子，可以使多种尺度模型之间建立联系。国际上目前主要针对全球尺度土壤侵蚀定量评价研究，对尺度效应和尺度变换问题进行了探索。有关尺度问题的研究，在坡度因子的变换方面取得了较大进展，但对尺度效应原理的认识不够，也还没有提出比较全面而实用的尺度转换方法。

3）区域土壤侵蚀模型开发

GIS 技术的应用极大地方便了土壤侵蚀研究中的数据管理，研究者开始开发基于 RS 和 GIS 技术的区域土壤侵蚀模型。Kirkby 等（1998）在地中海土地利用变化研究项目中提出的土壤侵蚀模型 MEDALUS，以小流域（1~20 km²）为基本单元，详细描述了土壤侵蚀和径流泥沙输移过程，该模型可用于尺度达 5000 km² 的流域。法国进行的另外一项研究，提出了一个基于 250 m 分辨率 DEM、水平衡和泥沙运移规律、定量评价土壤侵蚀危险性的模型。该模型已在法国土壤侵蚀危险性评价中应用，并认为有可能被推广到全球尺度（1000 m 分辨率）。荷兰学者将土壤侵蚀过程概化为产流阶段和产沙阶段，基于土壤侵蚀过程和 GIS 技术，初步建立了一个区域分布式土壤侵蚀模型 SEMMED（地中海地区土壤侵蚀模型）。该模型可用来模拟区域尺度的土壤侵蚀过程，模拟结果以土壤侵蚀系列图方式输出。该研究对区域土壤侵蚀模型的开发是一个有益的尝试。

2. 我国区域土壤侵蚀定量研究

基于我国土壤侵蚀研究的现状，我国在区域土壤侵蚀研究方面与国际上有所差异，概括为三个方面，一是国家和区域土壤侵蚀调查和制图研究；二是区域土壤可蚀性因子研究；三是区域土壤侵蚀定量评价。这三个方面也是我国区域土壤侵蚀研究的三个发展阶段。

1）国家和区域土壤侵蚀调查和制图研究

早在 20 世纪 50 年代末，国内的研究学者就利用第一次黄土高原综合科学考察成果编制了黄土高原土壤侵蚀类型和分区图（徐涛，2005；黄秉维，1955）。20 世纪 60 年代，朱显谟利用已有土壤侵蚀调查资料编制了全国土壤侵蚀图，并于 90 年代进行了修编（朱显谟，1999）。另外，有学者根据水文观测数据编制了全国输沙模数图。20 世纪 80 年代和 90 年代末期，水利部先后两次组织进行了全国土壤侵蚀遥感调查，大体查清并公告了全国土壤侵蚀基本状况，分析认识了全国尺度的土壤侵蚀特征及其与环境条件的关系。目前对于大区域（省区和大流域）土壤侵蚀的调查，大多根据水利部技术规程，利用植被盖度和坡度等有限指标完成对土壤侵蚀强度等级评定，对调查分析方法的研究进展缓慢。

2）区域土壤可蚀性因子研究

区域土壤可蚀性因子的研究主要包括气候、水文、土壤、植被、地形等。章文波等（2003）和王万忠等（1996）利用气候数据计算并分析了全国范围内降雨侵蚀力的空间分布特征；刘宝元等（1993）、王万忠和焦菊英（2002）用水文数据分析了黄土高原水沙时空变化和治理前后侵蚀产沙强度的时空变化特征；还有很多学者利用大量的水文站长期数据，根据径流和泥沙平衡方程，通过水沙汇集计算，编制了全国范围径流和输沙模数系列图并对我国的径流、输沙时空动态进行了系统分析。关于土壤可蚀性因子，部分国内学者基于通用土壤流失方程进行因子的计算和制图，还有一部分学者根据对朱显谟先生提出的土壤抗侵蚀能力分区，即抗蚀性和抗冲性的认识，系统研究了全国主要土壤和母质类型的抗冲特性，并先后对全国和黄土高原土壤抗冲性指标进行实地测试和制图研究。有关地形因子的研究，一是根据侵蚀地貌学理论拟定替代指标，间接表示坡度的陡缓，如地形起伏度；二是对基于中低分辨率 DEM 提取的坡度进行变换，以使其能更好地反映地形的起伏，包括对坡度图谱的变换和对坡度表面的变换。区域植被因子主要是利用低空间分辨率的遥感图像，结合全国土地利用图等数据，提取植被指数，用以支持区域土壤侵蚀评价。

3）区域土壤侵蚀定量评价

定量评价应用最广泛的是水利部的土壤侵蚀分级分类标准。为了支持第二次全国土壤侵蚀遥感普查，研究提出了水土流失快速调查的方法。为了探索全国范围内土壤侵蚀定量评价方法，选用降雨侵蚀力、土壤抗冲性、地形起伏度为指标，在 GIS 支持下完成了全国潜在水土流失评价。在黄土高原土壤侵蚀制图研究中，建立了变权模糊数学模型，完成了对土壤侵蚀的评价和制图。在区域尺度上的定量评价方面，周佩华等（1988）的研究将中国划分为 7 个水土流失区，分区建立了统计模型，完成了各区域的水土流失趋势预测。该研究表明，在区域尺度上定量预测水土流失是必要的，也是可能的。卜兆宏等（2003）根据 USLE 的基本形式，通过实测方法取得适合我国的有关参数，开发了水土流失遥感定量快速监测方法，并在南方的福建、江西、江苏和北方的山东等地推广应用。在黄土高原，有学者利用统计方法建立了区域土壤侵蚀模型。该模型可实现对每个单元土壤侵蚀模数的计算并借助 GIS 完成土壤侵蚀制图（胡良军等，2001）。另有学者根据对土壤侵蚀机理的认识，基于对区域土壤可蚀性因子的研究、水文地貌关系正确的 DEM 和 GIS 空间分析功能的应用，对区域土壤侵蚀模型做出了新的尝试（徐涛，2005）。随着研究的深入，开始关注土壤侵蚀的尺度效应，认为土壤侵蚀空间变异是尺度转换的基础，尺度转换则是利用一种尺度上所获得的信息和知识来推测、认识另一种尺度上的侵蚀特征。研究者也提出了一些尺度转换的方法。但是总的来说，对尺度效应的表现和发生机理的认识还不够深刻，提出的尺度转换方法尚需要完善才能使用。

4）大尺度流域水文模型研究

土壤侵蚀和径流的产生与汇集，是同时发生的过程。因而大尺度流域（指大流域的支流，如黄河的延河流域）水文模型的研究对区域土壤侵蚀定量评价和模型开发，具有重要参考意义。近年来，考虑降水和径流过程时空变化、以 DEM 为基础、与 GIS 技术紧密结合的分布式水文模型得到了迅速发展，并在黄河流域探索将坡面、小流域、区域、全流域

4 个层次模型整合成一个完整的流域整体模型。大尺度水文模型研究的成果，如单元径流量估算方法，可以直接应用于土壤侵蚀模型。

### 1.2.4　土壤侵蚀和全球气候变化的关系

以全球变暖为主要特征的全球气候变化正改变着陆地生态系统的结构和功能，威胁着人类的生存与健康，受到世界各国政府和公众的普遍关注，而全球变暖主要是由全球碳循环改变和大气 $CO_2$ 浓度升高引起的。在土壤侵蚀和泥沙搬运过程中，土壤有机 C、N 的组分和含量发生较大变化，会影响到全球生源要素，尤其是 C、N、S、P 的循环，最终影响全球气候变化。保护土地生产能力并进而保证食物和生态安全，实现我国社会经济的持续发展，适应和预防全球气候变化带来的各种影响和争取环境外交主动权等，对土壤侵蚀与水土保持科学研究提出了新的要求。研究揭示区域性土壤侵蚀、水土保持与全球气候变化之间的关系，是土壤侵蚀与水土保持学科的重要前沿领域之一。目前，国际社会对土壤侵蚀给予了高度的关注。例如，全球气候变化研究正在执行的四大国际科学计划：世界气候研究计划（WCRP）、国际地圈生物圈计划（IGBP）、国际全球环境变化人文因素计划（IHDP）和国际生物多样性计划（DIVERSITAS），都把土壤侵蚀、水土保持及其环境效应作为重要研究内容。2008 年，在匈牙利布达佩斯召开的第 15 届国际土壤保持大会也将"水土保持、气候变化和环境敏感性"作为主要议题，会议尤其强调了全球气候变化背景下环境敏感地区的水土保持与管理。

1. 土壤侵蚀对碳循环的影响

1）土壤侵蚀对有机碳迁移的影响

土壤侵蚀对有机碳动态迁移的影响贯穿于整个土壤侵蚀过程中：土壤团聚体随土壤扰动被崩解破坏；土壤表层的有机碳受径流或风力输送被迁移；土壤深层有机碳随水分和温度变化被加速矿化；泥沙搬运或再分布过程中土壤有机碳被矿化；沉积区土壤再次发生团聚、固碳；大型泥沙沉积区（冲积平原、水库、海底等）对有机碳的深埋作用。前 4 个阶段会导致有机碳损失，部分释放到大气中，后 2 个阶段则有利于有机碳的积累。

研究表明，土壤侵蚀尤其是面蚀会优先运移有机碳，导致碳素在坡面泥沙中富集，其富集比最高能达到 50%。在黄土高原的研究结果表明，土壤流失所携带的大量黏粉粒是有机碳搬运的主要载体，含量最高可以超过 95%；同时，侵蚀强度与泥沙中有机碳含量呈对数递减关系，而与土壤有机碳流失程度呈明显线性关系。土壤有机碳在迁移过程中会被土壤微生物部分分解。Lal（2003，1995）认为，假如受土壤侵蚀影响而流失的有机碳中有 20%被氧化，那么每年将有 8 亿～12 亿 t 的碳素受侵蚀诱导而进入大气，土壤侵蚀的加剧是造成退化土地土壤碳素向大气释放的主要因素。Lal（2002）在研究中发现，中国因侵蚀而损失的土壤每年约 55 亿 t，约 1600 万 t 的土壤有机碳随之流失，并导致土壤每年向大气排放 3200 万～6400 万 t 的碳素。不仅如此，表层土壤流失后，原位土壤的呼吸作用也受到了影响。冯宏等（2008）在华南赤红壤丘陵坡地的研究表明，随着土壤侵蚀程度的加剧和植被的破坏，土壤微生物总数逐渐减少，土壤基础呼吸和土壤诱导呼吸都显著减弱。另外，有研究表明，土壤活性有机碳更易受到土壤侵蚀的影响。方华军等（2006）在我国东北黑土区典型漫岗坡耕地的研究中发现：土壤可溶性有机碳（DOC）在沿坡迁移的同时，向下淋溶也很显著；土壤侵蚀显著降低了侵蚀部位表层土壤易矿化碳（Min-C）、DOC 和土壤微生物生物量碳（MBC）的含量，沉积区 MBC 和 Min-C 含量均较高；进一步研究表明，尽管侵蚀物质的输入在一定程度上增加了沉积区表层土壤的微生物活性和土壤碳的矿化潜力，但上坡侵蚀下来的有机碳的归宿取决于沉积区的环境条件，常年处于氧化环境中的侵蚀碳可能被矿化而难以累积。Mertens 等（2007）也指出，水分运移状况是决定 DOC 在土体中空间流动变异性的主要因子。水蚀过程中，表层土壤 DOC 易被水分携带迁移，所以下渗和入沟（或进入河流）的比例较大，而当水分及所溶解的物质（或处于流动状态的水蚀产物）部分蒸发时，或者下渗的速度和土壤再沉积、团聚的速度比蒸发的速度慢时，其中的 DOC 就被氧化而释放。同时，DOC 的氧化受到地形地貌、水流速度等因素的综合影响。一般来讲，在水流速度快、坡度较陡、沉积区土壤大粒径级团聚体较多（砂土较多）、裸露地段受阳光照射较少等情况下，水蚀后土壤 DOC 以 $CO_2$ 的形式向上转移是较少的。

2）土壤侵蚀对生态系统间碳输运的影响

有研究指出，世界河流每年迁移到海洋中的泥沙量在 150 亿～200 亿 t，若以 10%的泥沙输移比来计算，估计陆地土壤侵蚀速率在 $7 \sim 11 \ t/(hm^2 \cdot a)$。在此基础上，许多学者提供了陆地向河流输运的碳通量的数据。Schlesinger 和 Melack（1981）指出，若按泥沙中有机碳含量为 2%～3%来计算，全世界河流每年向海洋输运的总碳量约为 3.7 亿 t。Christensen 等（1999）也指出，全球陆地生态系统每年有 50 亿～70 亿 t 的土壤有机碳因水蚀作用而流失。Lal（2003）则认为全球每年有 40 亿～60 亿 t 的碳素进入水体。方精云等（1996）根据碳输运的区段模型，计算出我国河流每年碳输运总量为 1.10 亿 t，占全球总量的 22%，其中在中国境内再分布的碳量为 3000 万 t，向境外输运的碳量为 1100 万 t，输运到海洋中的碳量为 7200 万 t。尽管不同学者根据不同的方法得到的数据不尽相同，但都表明每年因土壤侵蚀所损失的碳素是巨大的，从而对温室气体排放及全球气候变化产生了较大的影响。

3）土壤侵蚀对碳源、碳汇的影响

土壤侵蚀是加速还是减缓全球气候变暖，不同的学者立足于不同尺度，研究结果差异显著，甚至得出了相反的结论。以 Renwick 等为代表的沉积学家认为，自然界的土壤侵蚀过程有利于碳素吸存，并认为在全球尺度上，这种碳汇作用达到了 6 亿～15 亿 t/a；而以 Lal 等为代表的土壤学家却坚持相反的观点，他们认为，土壤侵蚀是一种碳源过程，并预计全球尺度上这种碳源作用将达到 10 亿 t/a，同时还伴随着甲烷和氧化亚氮的释放。

沉积学家的观点主要基于两方面的原因。第一，不同等级的土壤团聚体有不同的团聚机制，大团聚体（粒径＞0.25 mm）一般由植物根系和微生物菌丝连接起来，而微团聚体（粒径≤0.25 mm）一般由腐殖质、结晶氧化物和无定形铝硅酸盐等黏结剂结合而成，相对来说，大团聚体包裹的有机碳就更容易被矿化，从而以 $CO_2$ 等形式释放到大气中，而微团聚体则很难转移其所存储的有机碳。土壤侵蚀破坏了大团聚体，使其剥蚀、冲刷而粒径变小，从而使表层土壤大团聚体减少，微团聚体增加，使土壤表层的有机碳在低洼地带沉积下来或积淀到海底，或者被微团聚体包裹而难以释放，在一定程度上起着碳汇的作用。沉积区在进行重新分配和团聚作用时又吸附或胶结其他库中的碳素，而且对原来地区的土壤有机碳也具有一定的深埋效应。第二,在土壤侵蚀过程中,土壤表层有机碳被首先移除,造成原位土壤有机碳库的枯竭和土地退化,但在一定时间之后,由于侵蚀区植被的恢复,地上地下生物中固存大量的有机碳,进而使得土壤有机碳库也逐渐得到恢复,从整个生态系统的角度出发,这种侵蚀后土壤有机碳库的重新恢复也是一种碳汇作用。Meade 等(1990)指出,美国 90%的侵蚀沉积物被陆地捕获并埋藏起来。在此基础上,Stallard(1998)假设沉积物中含碳率为 1.5%,那么整个美国由于侵蚀沉积而形成的碳汇每年会达到 4.5 亿 t,因全球土壤沉积与埋藏而形成的碳汇每年将达到 10 亿 t,并指出这也许是对全球碳失汇问题一个合理的解释。Dymond(2010)通过模拟分析也发现,土壤侵蚀作用每年可为整个新西兰岛屿增加 320 万 t 的碳汇。

土壤学家的依据主要是土壤侵蚀会加速土壤有机碳的矿化速率(包括土壤原位矿化和异地矿化),具体则体现在以下 3 个方面。第一,土壤被侵蚀会造成土壤质量和土地生产力降低,从而降低水分和营养元素的可利用性,破坏土壤水分和营养平衡,加速有机碳的矿化。第二,侵蚀作用使得土壤颗粒分散,破坏了大团聚体,使得包裹在其中的有机碳暴露于微生物,使得随径流向下转移的有机碳(尤其是轻组有机碳)更容易被矿化分解。例如,Jacinthe 和 Lal(2001)估计有 20%~30%的土壤有机碳在侵蚀过程中被矿化而分解释放到大气中。第三,当被埋藏在土壤 20 cm 以下的有机碳被保护起来时,存在于耕作层的有机碳就更容易在气候变化因素及人为活动因素的影响下被矿化。

实际上,因侵蚀而产生的碳素既不会完全沉积下来,也不会在沉积之前完全被矿化,真正的情况是介于两种极端情况之间,在碳素运输和重新分布过程中,有一部分比例的土壤有机碳在沉积之前就已经被氧化,只是在具体情况中,这种比例的大小不同而已。Smith等(2001)认为,向上转移的有机碳的量甚微(侵蚀后土壤中有机碳被氧化或矿化而以 $CO_2$ 形式释放到大气),几乎可以忽略不计,而横向迁移至海洋的有机碳占 28.6%,异地沉积、再分配(或向下迁移)的有机碳量占 71.4%。Lal(1995)认为,向上转移的有机碳量占侵蚀损失量的 20.0%,流向海洋的有机碳量占 10.0%,异地沉积的有机碳量占70.0%。研究结论的悬殊,很可能是研究角度的不同和土壤有机碳组分的地域性差异等原因造成的。Yadav 和 Malanson(2009)采取建立模型的方法对美国伊利诺伊州南部大溪盆地不同土地利用方式下土壤侵蚀与沉积以及土壤有机碳的矿化速率进行了分析,结果表明:在土壤侵蚀过程中,有 11%~31%的侵蚀土壤在盆地中沉积下来,具体的比例取决于土地类型,而剩下的侵蚀土壤被转移至下游;同时,有 10%~50%的土壤有机碳在侵蚀过程中被氧化,具体的比例也取决于土地利用类型。因此,土壤侵蚀和沉积过程中有关土壤有机碳命运的争议主要集中于在土壤侵蚀产沙沉积过程中,由于土壤团聚体的解体,其中的有机碳暴露,这部分暴露的有机碳的矿化速率到底有多大这一问题上。

### 2. 气候变化下的土壤侵蚀演变

土壤侵蚀与气候变化的影响是相互的。相对于土壤侵蚀影响下土壤碳素的迁移转化而言,目前关于全球气候变化对土壤侵蚀影响的研究还相对片面和薄弱,主要集中在气候变化形势驱动下土壤侵蚀演变特性及其恢复技术等方面。

1)全球气温升高对土壤侵蚀的影响

目前气候变化背景下土壤侵蚀的响应研究主要集中在全球气温升高对土壤侵蚀的推

动作用。由于近地表温度的升高，近地表的风速也得到加快，从而降低了近地表的大气湿度，导致了地表径流和潜在蒸散的增加，以及土壤侵蚀严重化。Eybergen 和 Imeson（1989）在 1989 年就研究了对于气候状况敏感的关键过程，认为侵蚀过程中水、碳酸钙和有机质的输入与输出受到了气候变化的影响。Favis-Mortlock 和 Savabi（1996）研究表明，湿润的年份气温升高和二氧化碳浓度增加等气候因素变化使得英国土壤侵蚀加重。有模型预测，如果全球温度上升 2~3 ℃，则会引起土地覆被的变化，从而在一些地方引发严重的水土流失问题。

2）全球降水变化对土壤侵蚀的影响

20 世纪，全球气候变化引起了降雨量和降雨特征的显著变化，这种变化在 21 世纪还将继续。这些变化对土壤侵蚀、径流产生以及水土保持规划等都具有显著的影响。

在小尺度上，全球降水变化对土壤侵蚀的影响主要是通过影响土壤颗粒、土壤团聚体等形态实现的，土壤团聚体受土壤含水量、有机质含量等的影响有可能随着降水的变化而变化。在较大尺度上，全球降水变化带来的水分分配及频率异常波动，使原始土壤景观异质性格局被破坏，高山林线下降，林线以上以水蚀为主逐渐过渡到以水蚀和风蚀为主，土地退化，生态恢复愈加困难。降水变化会影响泥沙输移过程、水分入渗及地表径流，从而对水文过程产生影响，也会影响到土壤蒸发、土壤湿度和地下水的蓄存及地表径流。Favis-Monlock 和 Savabi（1996）采用水蚀预报模型（WEPP）研究了大气中 $CO_2$ 含量对蒸发率、水平衡及作物生物量的影响，并指出降水变化很可能导致土壤侵蚀量显著变化，但不同的地域由于温度和降雨变率的差异，对土壤侵蚀的影响方向和影响程度不尽相同。Pruski 等（2002）则通过 WEPP 模型模拟了未来降雨量和降雨特征改变时地表径流和土壤侵蚀量的变化情况，结果显示，在每年降雨时间改变结合日降雨量或降雨强度改变的条件下，年降雨量改变 10%或 20%的情况最符合实际情况。

未来气候变化背景下，黄土高原的土壤侵蚀量变化一直受到研究者的密切关注。景可等研究指出，黄河中游的侵蚀环境具有分带性、旋回性和周期性等特点，并预测在全球气候变暖的情况下，21 世纪中叶处于相对湿润期，综合考虑人类活动的各种影响，黄河中游地区的土壤侵蚀总量将趋于减少。随着气候的变化，全球土壤侵蚀的强度和范围都在不断增大，这一过程也会对土壤碳循环产生重要的影响，从而反过来又作用于全球气候。目前，有关全球气候变暖对土壤侵蚀的影响性研究大多数是促进性的，但关于土壤侵蚀对全球气候变化的敏感性、脆弱性和适应性等方面的研究在国内外都相对薄弱。

# 1.3 水土保持研究的现状和发展趋势

## 1.3.1 坡面水土保持径流调控

径流调控理论是水土保持的精髓。径流调控的内涵既包括坡面径流的科学调控，又包括坡面径流的开发利用。控制坡面径流是径流调控理论的核心，也是有效防治水土流失的关键。

### 1. 国内研究

我国地域辽阔，自然条件空间差异大，水土流失形式复杂、程度各异，因此，对治理水土流失所采取的措施多种多样，主要包括生物、工程和耕作措施。植被是最常用的水土保持生物措施，植被既能拦截降雨，减少降雨侵蚀力，也能改善土壤结构，增强土壤抗蚀性，起到调控径流的作用。径流调控开发利用体系的组成形式和内涵根据降雨量、降雨强度、径流来源、数量、运行规律和地形地貌以及当地生产发展状况的差异，也各有不同。

在干旱半干旱地区，降雨量少，水资源匮缺，径流调控开发利用体系以聚流蓄水为主。唐小娟等（2008）通过复合坡面人工模拟降雨径流冲刷试验，得出帕特草＋PAM（聚丙烯酰胺）的径流调控措施是最佳措施的结论，该措施具有提高土壤入渗能力、改善土壤团聚体和增强蓄水拦沙的功能，同时，他们还得出坡度对不同下垫面的影响要远远小于降雨强度影响的结论。高嵘（2005）以甘肃省定西市安定区的复兴流域为研究对象，通过布设径流小区进行径流泥沙观测和开展不同下垫面土壤入渗试验，确定了区域内径流泥沙产生的源地主要是荒坡和坡耕地，并据此建立了流域径流泥沙调控措施体系，包括由坡耕地修梯田和造林种草建设径流聚集工程、由荒坡造林种草建设径流聚集工程。唐小娟等（2008）利用人工降雨的模拟方法，以不同坡面径流调控措施的筛选与优化配置各种地表径流调控措施为主要研究内容，筛选出集成化、高效、低成本的坡面径流措施。马占东（2008）针对黄土高原地区水土流失与干旱缺水并存的情况，通过人工降雨试验，得出了种植帕特草和四翅滨藜具有明显减少地表径流和增强土壤防蚀能力作用的结论，而从对地表径流的调控能力来看，他认为种草比种灌木更好。王文龙等（2003）采用多坡段组合模型，运用人工模拟降雨试验方法，研究了黄土区坡面各垂直侵蚀带径流泥沙的空间分布特征及上坡来水来沙的加速侵蚀作用，结果表明，坡面径流量和产沙量随坡度、坡长和降雨强度变化呈正比例增长。刘昌明等（1997）通过分析黄土高原森林与年径流的关系指出，林区流域的降水量大但径流量小，径流系数也小。汤立群和陈国祥（1995）研究了水土保持措施对黄土地区的径流的影响，结果表明，水土保持措施使流域内径流不断受到拦蓄，进而使出口径流减少，而径流中地下径流部分则增加。解明曙等（1994）以甘肃省武都清水沟小流域为研究对象进行研究，推求出小流域产流和汇水特征值。袁建平等（2000）通过采用小流域正态整体模型试验研究了不同林草措施和不同工程措施等对小流域径流的影响。穆兴民等（1998，1999）采用小流域平行对比观测法，分析了黄土高原沟壑区水土保持对小流域地表径流的影响，研究认为，小流域综合治理对地表径流有显著的影响，就黄土高原沟壑区而言，与未治理的小流域相比，综合治理使小流域产洪次数减少，地表径流模数和径流系数减小，尤其以少雨年最显著。穆兴民等（2004）通过多重共线性分析法，建立了流域降水-水土保持-径流统计模型，并应用于佳芦河和秃尾河流域，其应用结果表明，水土保持使流域径流量平均减少 10%～22%。郑子成等（2004）在室内人工模拟降雨条件下，通过采用不同耕作措施人为造成不同地表的方法，从地表糙度方面定量研究了耕作措施对侵蚀产流的影响，其研究结果表明，增加地表糙度可减小径流量，进而减小侵蚀，并据此建立了相应的数学表达式。

在湿润半湿润地区和长江流域及其以南地区，年降雨量多，汛期降雨量大且多大暴雨，非汛期出现季节性干旱，这类地区的坡面径流调控一般以疏导为主，聚流为辅。付斌等（2009）通过在天然降雨径流小区动态监测降雨–径流过程中坡耕地的水土流失量，分析认为，横坡垄作＋秸秆覆盖＋揭膜农作措施对云南省红壤坡耕地水土流失具有调控作用。张志玲等（2008）对柳河流域径流和泥沙要素从 20 世纪中叶到 21 世纪初的年内分配及年际变化进行了时变过程分析，并研究径流量与泥沙输沙量的相关关联系数和关联度，结果表明，柳河流域径流量年内及年际分配均很不均匀，且随时间的推移具有更不均匀的发展趋势。左长清和马良（2004）针对南方广大红壤坡地果园因耕作不当而导致的水土流失开展了系列研究，他们通过翔实的观测数据认真分析了不同耕作措施的差异，找出了多种措施（分别是横坡耕作、顺坡耕作、果园清耕和裸露对照）的优劣，得出了增加植被、改进耕作有明显的保持水土作用，单纯的耕作措施仍不能杜绝水土流失，欲要从根本上控制，还应与其他措施配合的结论。

　　国内对水土保持耕作及工程措施的水环境效应也有研究，主要是研究这些措施对地表产流和土壤水入渗与蒸发等方面的影响。张金慧和高登宽（1999）探讨了水平梯田减水减沙的效应。袁建平和甘淑（1999）在安塞墩滩观测比较了水平梯田、隔坡梯田、对照小区绝对休闲地的径流发生时间、土壤水分含量和土壤储水量的变化，并比较了隔坡水平阶上降水的再分配过程。刘贤赵和康绍忠（1999）揭示了不同水土保持措施条件下的坡地水量转化系统，包括土壤水分入渗性能与过程及土壤水分再分布过程，以及水土保持措施对产流的影响。这些研究的结论基本可归纳为：各项水土保持措施均能不同程度地减水减沙；与坡地相比，多数水土保持工程措施均能使土壤含水量提高，为造林种草提供良好的土壤水分条件；就长期而言，人工植被使土壤含水量降低，有导致土壤干化的可能；各项水土保持措施，特别是有良好的枯枝落叶层的多年生林草植被能有效提高土壤水分入渗速率。

　　水土保持措施防蚀理论研究一直滞后于水土保持实践，难以满足指导生态环境整治的需求。以往研究多关注于植被的地上部分，植被地下部分作为控制土壤侵蚀的重要因素，由于具有隐蔽性，其作用机理仍不明确。植被重建过程中物种的选择和配置及其分布格局是影响防蚀效果的关键，但该方面一直是研究的难点。同时，水土保持措施防蚀效果还具有时空差异性，但此方面尚缺乏系统的研究，如梯田、谷坊和拦沙坝等的防蚀效果随降雨强度、立地条件及时间的变化规律仍不清楚。系统分析总结各地区水土保持措施，阐明各措施的防治机理，是进行水土保持措施设计和实施的理论基础。

　　2. 国外研究

　　国外关于水土保持径流调控措施的研究一直以机理性研究为主导。霍顿在 20 世纪 30 年代提出了传统的产流观念。霍顿观念的重要意义在于首次提出了产流的主导因素，概括了径流产生的基本条件，以及超渗地表径流的形成机制。霍顿观念在工程水文学领域的统治地位一直持续了大约 30 年，20 世纪 60 年代末，变动产流面积概念的形成与提出对超渗地表径流形成机制的统治地位发出了强有力的挑战。Hewlett 和 Hibbert 在 1972 年提出了暴雨径流形成的动态理论框架，随后以美国和欧洲的温带湿润区为主开展了大量的旨在探索暴雨径流形成机制的试验研究。之后近 20 年，国内外学者将水文与地貌学相结合研究坡面流和坡面动力过程,已取得了显著成果,特别是由 Kirkby(1978)主编的 *Hillslope Hydrology* 具有里程碑意义。国外研究中,随着经验型水土保持预报模型(USLE 等)逐渐被过程型模型所代替,坡面流及坡面过程的物理机制越来越受到重视。尤其在美国 WEPP 模型建立的过程中,Foster 和 Lal(1988)对坡面流形成及坡面侵蚀过程的水文和水力要素及其相关方面进行了深入研究。

目前,国外研究的发展方向主要侧重于大型水文模型的建立和推导。另外,土地利用和土地覆盖变化(land use and land cover change,LUCC)的研究也是当前全球变化研究的热点问题之一。由于 LUCC 在全球变化研究中的重要地位,全球范围内纷纷启动了相关的研究项目,1995 年,IGBP 和 IHDP 共同推出了一个详细的 LUCC 的研究计划,为世界各国的研究确定了方向。LUCC 对径流研究的影响主要集中在对年径流量的影响、对枯水径流量的影响、对洪水过程的影响等方面。试验流域观测统计分析和水文模型模拟方法是当前研究 LUCC 对水文水资源影响评价的主要方法。

## 1.3.2　水土流失面源污染控制

近年来,随着点源污染控制水平的提高,水土流失面源污染(或称非点源污染)已经成为水环境污染的主要来源。与点源污染相比,水土流失面源污染自身所具有的特征,使得农业面源污染的研究及监测、防治与管理工作比点源污染更为困难、复杂。当前水土流失面源污染吸引了世界范围内许多国家政府、国际组织、研究机构、环保部门和公众的广泛注意,人们对面源污染问题展开了较广泛而深入的研究,并取得了一些卓有成效的研究成果。

### 1. 水土流失面源污染影响因素

水土流失面源污染的防控与其影响因素密切相关。面源污染物的产生主要以水土流失为途径,因此影响水土流失的主要因素(自然因素和人为因素)对面源污染也有很大影响。自然因素包括降雨、坡度、下垫面条件、土壤初始含水率、植被覆盖率等,近地表土壤水文条件会对坡面的侵蚀过程产生显著影响,进而影响到面源污染物的迁移过程。人为因素主要指对土地的不合理利用等,尤其是施肥和农业耕作对面源污染有很大影响。

为防控水土流失面源污染,国内外学者对水土保持耕作法(少耕、免耕)、农地过度施肥、近地表土壤水分条件等影响污染物运移的机理进行了研究。水土保持措施能够吸收、过滤、迁移和转化土壤或水体中的一些有害物质,防治面源污染,优化流域或区域水环境。因此,研究不同水土保持措施在防控化肥、农药和有机肥等面源污染方面的作用,采取有效的水土保持措施控制水体污染,是面源污染水土保持控制技术研究的主要内容。

### 2. 水土流失面源污染防控措施

面源污染防控主要有三种途径:第一种是对污染源系统的控制,第二种是对污染物运移途径的控制,第三种是对污染汇系统的控制。水土保持措施对前两种控制途径均有重要影响,尤其是生物措施,通过提高植物覆盖度、改善土壤质地、增强土壤团粒结构、增加土壤微生物种类和数量、改善土壤水分条件等，对化肥、农药、重金属等污染物的植物吸收、微生物降解、化学降解等具有显著的正向促进作用，能减少污染源系统的污染物通量。此外，工程措施通过控制侵蚀和搬运过程来控制面源污染物的扩散，截断面源污染的污染链并减少污染量，主要表现在拦蓄径流和泥沙方面，从而减少吸附的营养盐和有毒元素等，达到净化径流水质、保护水体功能的目的。

美国环境保护局（USEPA）提出的"最佳管理措施"（best management practices，BMPs）是目前普遍认为值得采用的面源污染防治体系。它是指任何能够减少或预防水资源污染的方法、措施或操作程序，其工程措施既包括修建沉沙池、渗滤池和集水设施等传统的工程措施，也包括建设湿地、植被缓冲区和水陆交错带等新兴的生态工程措施。杨爱民（2007）认为水土保持生物措施、工程措施（除传统的水土保持工程措施外，还包括兼具拦截径流和净化水质功能的小型人工湿地措施等）和农业技术措施（除水土保持耕作技术外，还包括合理施肥技术等）都对面源污染的防控具有重要作用。

我国学者采用设置径流小区进行天然降雨观测和人工模拟降雨试验等方法，对生物毯、生物带、秸秆覆盖、鱼鳞坑、梯田、台地等不同水土保持措施防治面源污染的效果进行了研究。此外，生态清洁型小流域建设是防治流域内水土流失和面源污染的主要措施。例如，2006 年北京市综合治理后的小流域比未治理的小流域平均削减总氮 34.5%、总磷 20.8%，小流域出口的水质达到地表水Ⅲ类标准以上。目前我国对于水土流失面源污染防控的试验研究多以小区尺度的观测分析为主，在流域尺度中对水土保持措施的减流抗蚀效应研究得较多，而对于面源污染防控还有待进一步深入研究。

### 3. 水土流失与面源污染模型化研究

水土流失与面源污染负荷定量化研究是流域污染环境治理的基础工作，而利用土壤侵蚀模型、水质模型、水文模型和有关污染模型来估算和模拟污染负荷，是对面源污染规律进行评价研究的基本方法。水土流失面源污染的实质在于水土流失，因此修正后的水土流失预测预报模型可用于面源污染监测。根据模型原理和模拟过程，面源污染模型通常可分为经验模型或黑箱模型、物理模型或过程模型、概念模型、随机模型等。20 世纪五六十年代，以美国农业部为首的机构开发了一些有关水土流失和面源污染的经验统计模型，包括 SCS 曲线代码和通用土壤流失方程（USLE）。20 世纪 70 年代初，出现了直接模拟面源污染发生、发展及影响的数学模型，例如，美国农业部农业研究局研发的 CREAMS 模型奠定了非点源污染模型发展的里程碑。20 世纪 80 年代以来，学者们开始将 RS、GIS 与一些经验统计模型进行集成，尤其是随着"3S"技术的迅猛发展，分布式参数机理模型的空间数据输入效率、模拟输出显示和模型运行效率都大大提高，AGNPS 与稍后改进的 AnnAGNPS、ANSWERS、SWAT 等模型相继产生并在国内外得到了广泛应用。模型化也是我国面源污染研究的主要方向，但目前多为引用国外模型或加以修正。例如，USLE 在 2000 年全国因水土流失引发的氮磷流失量匡算中得到应用，经验证后得出吸附态氮素和磷素的流失总量分别为 104.22 万 t、34.65 万 t；AnnAGNPS 模型在福建省九龙江典型小流域、GIS 技术在汉江中下游、SWAT 模型在黑河流域、RUSLE 在江苏省方便流域等均有实例应用。目前，从水土流失面源污染的 3 个环节——降雨径流、水土流失及污染物迁移等过程出发，研究面源污染的实质和特征并进行预测预报，已成为水土流失面源污染重要的研究方向。

### 1.3.3　城市水土保持

自从人类进入文明时代以来，就开始了城市化进程，但从人口的迅速汇聚和对生态前所未有的破坏性而言，城市化可从工业文明算起。城市化的建设进程引发了严重的水土流失，最引人注目的是 20 世纪 70 年代香港地区建设斜坡失稳引起的城市水土流失及其防治问题。80 年代我国台湾及东南亚等地区和新兴国家迅速城市化，也提出了城市化的水土保持问题。在 1996 年第 9 届国际水土保持工作会议（德国）上，专家才正式提出应重视城市化过程中的土地退化和水土流失问题。1995 年，水利部在深圳市召开了首次沿海城市水土保持工作座谈会，面对深圳市乃至珠江三角洲等沿海发达地区出现的触目惊心的城市水土流失危害，首次提出了城市水土保持问题。深圳市从 1995 年开始编制全国第一份城市水土保持规划以来，先后大规模开展了以控制泥沙为重点的开发闲置地的水土流失治理工作和以改善背景山体生态景观为重点的裸露山体缺口整治工作，不断探索创新城市水土保持管理模式和技术体系，在国内外研究的基础上，也对城市水土保持的理论问题做了一些探讨。

#### 1. 城市水土保持理论研究

1）城市生态学理论

1997 年，著名生态学家 E. P. Odum 在《生态学：科学和社会的桥梁》中，定义生态学是一门联结生命、环境和人类社会的有关可持续发展的系统科学。城市生态学包括景观生态学（landscape ecology）、恢复生态学（restoration ecology）、人居生态学（built ecology）、生命支持系统生态学（life support system ecology）等（吴长文，1995）。景观生态学，是从人的美学价值的角度出发，以大尺度研究生态学的外在形态，包括生物和非生物要素，镶嵌体、廊道、基质及其空间关系构成的特定组合形式。对控制景观生态过程起关键作用的一些局部、点和空间关系，构成了景观生态安全格局。城市水土保持生态的景观格局应包括：维护和强化城市背景山体与城市建筑群山水格局的连续性；维护、恢复城市河道和海岸线的自然形态；保护和恢复城市规划区的湿地系统；山地防护林（生态风景林）体系与城市绿地系统相结合的生态保护与改善措施；将裸露山体缺口改造成城市公园，使其成为城市区绿色基质；严格管理农业用地保护区并作为城市田园的有机组成部分。恢复生态学或称退化生态系统的恢复与重建研究，已引起国内外科学家的广泛关注。深圳市的开发区水土流失治理和裸露山体缺口治理的生态修复与重建的大量实践，是恢复生态学在城市水土保持中的成功探索。人居生态学研究将城市住宅、交通、基础设施及消费过程与自然生态系统融为一体，为城市居民提供适宜的人居环境，并最大限度地减少环境等影响的生态学措施。生命支持系统生态学，研究城市发展的区域生命支持系统的网络关联、景观格局、风水过程、生态秩序、生态基础设施及生态服务功能等。

2）水土生态保持理论

在城市建设不断发展背景下，随着对生态环境的重视和保护力度的加强，关于水土与生态方面的论著层出不穷，孙发政（2017）提出了水土生态保持理论。水土生态保持是研究植被破坏、生态失调、水土流失产生的原因、规律和水土生态保持基本原理的一门学问，据以制定规划、加强监管和运用综合技术措施，保护、修复生态，防止水土流失，维护和提高土地生产力，充分发挥水土生态资源的效益，改善生产条件，维护和建立人类生产、生活和居住的良好生态环境的应用技术科学。这里所说的水土生态保持根据水土流失产生的原因及土地利用性质的不同，可划分为四大类型：生态型、自然型、生产型、建设型。与城市建设密切相关的是建设型水土生态保持，是指房地产、高速公路、矿山石场等开发建设项目的水土保持，其特征为土地扰动面积大、生态景观破坏严重、水土流失敏感部位多、易产生恶性水土流失。此类型可造成生态破碎，植被破坏严重，在采取工程措施防治水土流失的同时，应着力恢复植被和生态景观，把生物措施作为防治水土流失的重中之重。通过水土生态保持理论的观点，对水土保持与生态之间的联系有了更深入的理解，对扩大水土保持领域有积极的引领和指导作用。

3）景观水土保持学理论

在城市水土保持的发展过程中，水土保持与生态、景观等学科是相互交叉的，在不同的学科领域内互相借鉴，吸收其他学科的优点。在此背景下，何防等（2013）提出了景观水土保持学理论。景观水土保持学是研究水土和人、社会、文化内在联系的学科，以市域和乡域地表为研究对象，通过人工干预，合理梳理水、土元素的空间秩序和布局方式，创造合理的城市自然和人文基底，并协调人、社会、文化与水土之间的关系。景观水土保持学的研究对象为大尺度区域的地表，所涵盖和涉及的领域较广，因此必然会具有学科交叉的特点，景观水土保持学对"水土"的研究应该融入以上学科关于"水土"的理解，并根据具体的需求构建一个完整的适用于各学科的综合的水土理论体系，最终成为上述各个学科关于"水土"领域研究的前沿理论。景观水土保持学理论的提出使水土保持从传统意义的范畴延展到人居环境的领域，融合了水土保持、生态、景观等学科的专业知识，从更高层面指出了理论研究的方向，将对城市水土保持的发展起到重大指导作用。

4）低影响开发理念

传统的雨水处理技术是以"排"为主，排放模式多以管道渠道、水池、泵站等为主，难以解决快速发展的城市带来的多重水问题。同时，面临当今水资源短缺的问题，雨水的排放同样造成了水资源的浪费。20 世纪 90 年代由美国马里兰州的乔治王子郡（Prince George's County）提出了低影响开发（low impact development，LID）理念，该理念的核心在于维持场地开发前后水文特征不变，即可通过渗透、储存等方式尽可能地减少雨水外排。低影响开发理念强调雨水是一种资源，不能随项目的开发直接任意排放。与传统利用管道（渠）排放的雨水系统不同，低影响开发理念不仅强调采用小型、分散、低成本且具有景观功能的雨水措施控制径流总量和污染物水平，而且强调在规划设计阶段到项目实施阶段的源头就要系统地考虑应用低影响开发的理念和措施，以实现维持场地原有水文条件的总体目标。从我国城市发展看，低影响开发技术和传统技术的结合是缓解我国城市水涝、控制径流污染、保护水源、高效利用雨水资源、改善城市景观和生态环境的经济有效的途径。

2. 城市水土保持措施研究

控制地面硬化、增加绿化、降低地表径流是从源头减少雨洪的一种方式。德国在 20 世纪 90 年代开始实施将 80%的地面改为透水地面的计划，人行道、步行街、自行车道、郊区步行路、露天停车场、房舍周边、庭院和街巷地面、特殊车道以及公共广场等都铺设了透水地面。德国弗莱堡市彻底拆除了城市所有的硬化地面，改铺透水地面，使得城市地下水位逐渐回升，城市植被也不再依赖人工浇灌。德国采用的透水措施主要有：用透水性地砖铺装人行道、自行车道、步行街地面，连接处由透水性填充材料拼接；用孔型混凝土砖铺设停车场、自行车存放场，砖孔中填土绿化；用细碎石或卵石铺设不宜长草的路面，以保持地面的透水性；用孔型砖加碎石铺地面，使雨水渗入地下。美国采用的保持雨水资源的措施主要有生物渗透系统、渗透排水沟、植物过滤带、绿色屋顶等。我国制定的《开发建设项目水土保持技术规范》（GB 50433—2008）中提出了控制城市硬化面积、综合利用地表径流、采取降水蓄渗措施、涵养水源的要求。《国务院办公厅关于做好城市排水防涝设施建设工作的通知》（国办发〔2013〕23 号）明确要求，新建城区硬化地面中可渗透地面面积比例不宜低于 40%。北京市《新建建设工程雨水控制与利用技术要点（暂行）》规定，公共停车场、人行道、步行街、自行车道和建设工程的外部庭院的透水铺装率应不小于 70%。《北京市房地产建设项目水土保持方案技术导则》规定了硬化地面控制率应不大于 30%、雨洪利用率应不小于 90%。

布设雨水集蓄和入渗设施能够使雨洪资源化，变害为利。日本在 20 世纪 80 年代开始兴建滞洪和储蓄雨水的蓄洪池，建设了大量渗井、渗沟、渗池等，小型多样，大多建在地下，以充分利用地下空间，蓄存的雨水可用于喷洒路面、浇灌绿地等。美国在许多城市建造了由屋顶蓄水池、井、草地、透水地面等组成的雨水集蓄回灌系统，收集的雨水可直接或经处理后用于冲厕、洗车、浇绿地、消防和回灌地下；加利福尼亚州富雷斯诺市兴建了"渗漏区"地下回灌系统，年回灌水量占全市年用水量的 20%。德国是欧洲极力主张广泛进行雨水利用的国家之一，《屋面雨水利用设施标准》（DIN1989）的颁布实施，标志着该国的城市雨水利用技术进入了标准化、产业化阶段，并开发出了许多具有收集、过滤、储存、提升、渗透、控制、监测等功能的成套设备和系列定型产品，建成了许多雨水利用工程。德国的生态小区雨水利用系统，通过精心设计，依靠水生植物系统或土壤的自然净化作用，将雨水利用与景观设计相结合，综合了屋顶花园、水景、渗透、中水回用等技术，建成了许多花园式建筑。我国以往布设的排水沟，无论是明渠式还是管道式，大多是不透水的，雨水被大量外排，既加大了城市市政排水的压力，也流失了大量水资源。深圳市研究应用了透水入渗式排水沟，小雨、小水量时可直接入渗地下，涵养水源，大雨、大水量时才外排。一些科研机构研发了透水下渗式排水管道，对削减径流、增加地下水及城市防洪具有良好效果。

建设下凹式绿地，能够兼顾生态功能和滞洪功能。研究表明，下凹式绿地对拦蓄雨水径流、补充城市地下水、削减洪峰流量、滞后汇流和洪峰都有显著功效。在地势较低地段建设的运动场、公园、生态带等，遇大雨时可作为临时蓄积雨水设施，就地、就近调蓄雨洪，滞缓洪水，削减洪峰流量，延缓洪水外排时间，减轻市政排水管网压力。北京市《新建建设工程雨水控制与利用技术要点（暂行）》规定，凡涉及绿地率指标要求的建设工程，绿地中至少应有 50%作为用于滞留雨水的下凹式绿地。在现代西方国家，绿地与道路之间不设道牙石，降雨时地表径流能顺势流入绿地，被土壤吸收。

加强施工场地临时防护措施，能有效防止扬尘和泥浆污染。我国制定的《开发建设项目水土保持技术规范》（GB 50433—2008）提出了合理安排施工时序和进度，遇大雨和大风时减少施工；控制土石方施工，防止城市管网淤积等要求。城市建设项目活动范围相对集中，技术和人员均有保障，应全面落实临时防护措施。施工场地要用彩钢板、草袋临时拦挡，密目网、防尘网临时苫盖，平时要洒水降尘等，在场地内设多级沉沙池、排水沟，将泥浆沉淀，防止降雨时泥土随雨洪进入市政排水管网。北京市经济技术开发区相关文件规定，建设项目施工期土地临时覆盖率应≥70%、卡口沉沙池外排水含沙量应≤70 mg/L 等量化控制指标；房地产等生产建设项目水土保持指导性施工组织安排要科学合理，减少施工场地的裸露面积和裸露时间，按照"大风不起扬沙、降雨不排泥浆"的基本要求控制施工场地；对施工场地面积大于 10000 m²、施工时段大于一个雨季（风季）的项目，推行 24 h 视频监测与监控，当扬沙量、排沙量超过标准时自动报警，适时停工整治。

## 1.3.4　干旱区水土保持

干旱区气候干旱、降水稀少、风大沙多、水资源短缺，也是我国生态环境最为严酷和脆弱的地区。在人类活动和气候变化的影响下，生态环境退化日益严重，尤其是荒漠化的迅速发展，不仅危及当地人民的生存发展，也对我国生态安全和社会经济发展构成严重威胁。绿洲化和荒漠化是干旱区生态环境转变的两个方向。绿洲化是干旱区人与自然因素共同作用所导致的由荒漠向绿洲转变的过程；荒漠化是干旱区、半干旱区和亚湿润干旱区由气候变化和人类活动等多种因素造成的土地退化。荒漠化和绿洲化都是在气候变化的背景下，通过人类活动，主要是在水土资源利用方面，改变了干旱区水、土、气、生过程及其相互作用的结果。目前，干旱区绿洲化、荒漠化的研究受到前所未有的重视，已成为国际气候系统及全球变化、土地退化与区域可持续发展等研究和实践中最活跃的领域之一。

1. 国际研究进展与趋势

1）荒漠化研究的基本内容

绿洲是干旱荒漠地带的一种独具特色的生态景观。全球绿洲面积虽仅占干旱区总面积的 4%左右，但却养育了干旱区 95%以上的人口，创造了干旱区璀璨的古代文明。研究者很早就认识到长期以来，在人类活动和气候变化的影响下，水文过程、生物过程、土地变化和大气过程及其相互作用决定了绿洲化的演变。Aranbaev 等（1977）的研究结果表明，长期耕作导致了绿洲特殊的灌溉系统和古老绿洲土壤的形成。M. K. Grave 和 L. M. Grave（1983）对中亚干旱区灌溉渠道对绿洲–荒漠生态的影响的研究表明，人工渠系的影响主要集中在渠道交汇处、灌溉农田及排水点一带。Pannkov 等（1994）对苏联南部戈壁绿洲的研究表明，自然绿洲只形成于具有弱化度的地表水地带，当人工绿洲扩大时，由于水资源利用不当，其他一些地区就可能出现盐渍化，风蚀过程也得到加强。

对风蚀过程的荒漠化（沙漠化）研究已有 100 多年。20 世纪初，美国对其中西部地区的大规模农业开发，导致风蚀荒漠化迅速发展，沙尘暴频繁发生，引起了政府和学者们的关注，美国农业部专门成立了水土保持局，开始系统地研究土壤风蚀。苏联在 20 世纪 30 年代修筑中亚铁路过程中，启动了铁路沿线的风沙危害防治研究。20 世纪 60 年代末到 70 年代初，非洲萨赫勒（Sahel）地区持续大旱，荒漠化迅速发展，经济停滞，导致这一地区的政局动荡，引起了各方高度重视。联合国于 1975 年通过了"向荒漠化进行斗争行动计划"（第 3337 号决议），1977 年召开了"世界荒漠化大会"（UNCD）。之后，各国相继加强了对荒漠化的研究。其中，美国的研究多集中在土壤侵蚀过程，并在风沙动力学研究方面取得了较快进展，但由于缺乏对土壤风蚀物理过程和机制的深入研究，众多风蚀理论与方案往往彼此出现分歧，简单地推广基于某一地域的数据的风蚀模型可能导致很大的误差。苏联的研究工作主要集中于铁路的工程和生物防沙及沙漠化农田改造上，并在植被的恢复演替过程和沙地水循环过程的研究中取得了较为丰富的成果；欧美国家及以色列、日本等国在非洲、中东、南美洲等地区也做了很多有益的工作，其中"沙漠化物理过程""沙漠化生态农业"等研究就颇具代表性；非洲的研究则集中于土地沙漠化的防治和如何提高旱地的生产力。同时，以 1994 年《联合国防治荒漠化公约》（UNCCD）签署生效为新的起点，联合国环境规划署（UNEP）、联合国开发计划署（UNDP）、联合国粮食及农业组织（FAO）等国际组织实施了一系列防治荒漠化行动计划，通过大量的实地调查、遥感动态监测和系统研究，总体上查明了全球荒漠化的分布、发展动态，进一步认识了各种荒漠化影响因素的作用。纵观国际荒漠化研究的进展，宏观研究和特征研究较多，对于荒漠化微观的内在过程研究较少。特别是从水、土、气、生多过程对荒漠化过程进行全面的综合研究，还鲜有报道。

荒漠化的另一个主要过程是盐渍化。国外早在 20 世纪初期，就开展了盐渍化土地的地理分布、形成过程、类型及其发生学特性等方面的研究。从其研究内容的发展过程看，初期主要集中于农田盐渍化的成因和农田土壤中盐分的累积过程的研究。随着研究的深入，人们开始更加关注土壤中水盐运动规律、土壤盐渍化与农田水量平衡的关系、作物蒸散耗水对土壤盐渍化的影响等。由于农业生产的需求，盐渍化的防治、盐碱地的改良和咸水灌溉等问题也一直是科学家们关注的焦点之一。近年来，盐渍化对生态环境影响的研究也受到了普遍关注，如盐渍化对物种多样性的危害、地表盐分聚集对下垫面和大气环境的影响、含盐粉尘对人类健康的影响等有了更多的报道。纵观国外盐渍化研究动态，关于农田盐渍化研究主要集中于干旱、半干旱地区，并以农田盐渍化防治与改良的技术和机理为主。对于盐渍化的水、土、气、生过程研究，主要集中于盐渍化的水文过程，而各个过程之间的相互作用机理研究较少。

　2）干旱区水文过程研究

"陆地生态系统-大气过程集成"是国际地圈生物圈计划（IGBP）中关注陆地-大气相互作用的一项新的国际计划，是当前全球变化研究的重要内容。其中，气候变化对陆地生态系统的影响及其反馈一直是该计划研究的焦点问题之一。围绕干旱区绿洲化、荒漠化过程和格局的机制研究，已成为陆表过程研究的前沿和热点。例如，由联合国防治荒漠化公约秘书处组织的荒漠化防治国家行动计划（NPCD）、欧洲荒漠化威胁地区的试验研究计划（EFEDA）、半干旱区陆面-大气研究计划（SALSA）以及黑河地区地-气相互作用观测试验研究国际计划（HEIFE）等。其中针对美国西南部半干旱区水资源管理的需求开展的半干旱区陆面大气计划，将水平衡和生态系统复杂性列为主要科学问题，在观测技术、方法等方面取得了明显进展。国际地圈生物圈计划的核心项目"水文循环的生物圈"（BAHC）专门侧重于水文循环与地圈、生物圈和全球变化交互作用的研究，为评估全球变化对淡水资源的影响、人类对生物圈的影响、保护环境和资源可持续利用，提供了科学的基础依据。

进入 21 世纪，引领地球系统科学前沿与发展的地球系统科学联盟（ESSP），更是全面将全球水、土、气、生的各大计划进行联合，实施了全球水系统计划（GWSP）。GWSP 将气候变化和人类活动对区域水循环与水安全的影响列为重点内容，且注重水、土、气、生各过程间的交互与反馈作用。上述国际计划的特点是以水为纽带的区域尺度综合过程研究，把流域作为开展具体研究的基本计算单元。绿洲化、荒漠化是干旱区最核心的生态过程，开展流域水文过程与绿洲化、荒漠化的相互作用及综合模拟，是国际地球科学研究的热点之一。

3）干旱区地表过程研究

随着人类赖以生存的地球环境日益恶化，环境问题越来越受到各国政府的高度重视，也推动了陆表过程研究中与水文、生态、气候及相关学科，特别是与人文和社会经济学科的交叉研究。尤其是自 1992 年联合国环境与发展大会（UNCED）以来，考虑到人与自然关系的环境效应综合评价研究备受关注。1996 年联合国可持续发展委员会提出驱动力-状态-响应模型，将人类活动对环境的影响更全面地纳入评价指标框架内；2001 年联合国的"千年生态系统评估"标志着区域生态环境评估进入了一个全新的发展阶段，全球尺度的土地利用和土地覆盖变化（LUCC）及其环境效应评估研究成为热点。

自然环境与社会经济的协调发展，是资源高效利用、经济稳定发展、环境良好的一种稳定有序的状态。目前的研究主要集中在资源利用的多目标优化模拟方面。例如，在水资源和能源的合理开发利用与野生动植物的保护等方面，一些兼顾经济发展的多目标优化模型及实证分析相继出现。但这些研究更多地以生态环境为出发点去审视经济目标的合理性，并且只关注单一资源的优化配置，缺乏对生态环境与社会经济多目标平衡机制的综合研究。

Schlesinger 等（1990）在 *Science* 上发表的荒漠化的生物学反馈研究，揭示了荒漠化过程中人为活动和气候变化导致的水文过程变化往往会引起植被和土壤资源格局的改变，阐明了干旱区不同尺度植被和土壤异质性规律及其与荒漠化的关系，促进了荒漠化研究中以生物过程为主线、与其他学科交叉的研究。Reynolds 等（2007）分析总结了荒漠化、环境与社会变化以及消除贫穷等方面的进展、经验和教训，提出了集成土地退化、生物多样性、安全、贫穷和文化保护等方面的干旱区开发范式。

在人们不断获取新知的进程中，也引出了一系列亟待解决的问题，气候变化与人类活动对生态系统和环境影响的量化研究成为新的研究热点，并相继出现了一些国际研究计划，如全新世晚期以来人类对陆地生态系统的影响（HITE）和 BIOME300、BIOME6000 等研究计划。Goldewijk 和 Ramankutty（2004）利用农用地、税收、土地测量的历史统计档案，以及不同的空间分析技术，重建了全球过去 300 年来的土地利用和土地覆盖变化。

在干旱区，绿洲化与荒漠化是陆表过程的两个主导过程，人类活动与气候变化对绿洲化与荒漠化过程的影响，成为各国政府、科学家普遍关注的全球性问题。但迄今，关于这方面的量化分析研究还比较薄弱。

4）荒漠化定位观测和模拟

美国国家科学基金会支持的长期生态研究计划（long term ecological research，LTER）把生态过程和陆表过程的长期定位研究作为核心任务，该计划于 1980 年启动，至今在理论研究、开发技术和服务社会方面，都取得了举世瞩目的成就。该计划的发展分为 3 个阶段，每一阶段大约为 10 年。在其发展的第一个阶段，以研究站所代表的生态系统为研究对象，主要开展了生态系统的过程与格局方面的研究并系统采集和存储了有关数据；在1990~2000 年的第二个发展阶段中，其研究工作的重点是开展跨站的联网研究和人类活动对生态系统的影响研究，以揭示生态系统过程与格局在较大空间尺度上的特征；按照规划，美国长期生态研究计划的发展进入第三个阶段后，其工作的重点是开展综合研究、进行生态预测和更好地为社会发展服务，同时加强生物多样性的研究和信息学的发展。欧洲实验与典型流域网络计划（European net work of experimental and representative basins，ERB）也是通过长期的监测来模拟土-气相互作用、地表径流的产生和水流路径，以及小流域尺度上的水质和水文生物地球化学行为。已实施的"美国国家生态观测网络（NEON）同位素网络监测计划"，拟通过同位素的长期监测来综合时间和空间上的生态过程，指示关键生态过程的存在和进行程度，记录生物对地球环境条件变化的响应，示踪关键元素和物质的来源及运动。

无论是美国的 LTER 还是欧洲的 ERB，都试图成为一个"合作研究实验室"，即发展成为一个连接从单个研究站到多个研究站的生态研究，再到网络及系统层次的生态研究的无缝综合连接体，以加强计划内部和其他领域学者间的交流与合作，力推大尺度的模拟集成研究。因此，注重长期定位观测基础上的模拟研究已经成为陆表过程研究的一个趋势。

**2. 国内研究进展与趋势**

1）干旱区陆面过程研究

我国已相继开展了以黑河野外观测试验（HEIFE）和第二次青藏高原气象科学试验（TIBEX）为代表的多个大型研究项目。研究表明，西北地区大范围植被变化能影响地表温度、流场、夏季风的强度及降水分布，植被扩大有利于季风偏强偏北，使我国大部地区降水增多。也有研究认为，西部沙漠地区植被变化只能改变环流系统的强弱，下垫面为草原时，试验区的上升气流增强，从而削弱了高原与沙漠间的热力环流。同时，地表温度上升，上层空气湿度增大，地形性热力环流减弱，使得高原上降水减少，华北地区降水略有增多。研究还表明，区域气候对地表特征的响应程度与植被变化的空间尺度密切相关。根据植被变化对我国区域气候影响方面的部分研究结果可知，近 10 年的模拟研究中，时间步长普遍较短，大部分不满 1 年，这对研究植被变化的气候响应还远远不够长。耦合的陆面模式主要是 BATS（生物圈大气传递图式）和 SSiB（简化的简单生物圈模式）两种，这是近年来才发展起来的较复杂的陆面过程方案。另外，研究的关键区集中在几个较大的气候敏感区，模拟结果可比性较差，但普遍认为植被退化不仅导致退化区温度升高，还可减弱东亚夏季风环流，进而影响我国降水分布。到目前，还缺乏干旱区强烈发生的地表过程对我国气候变化重大影响的深入研究。

　　2）干旱区生物过程研究

　　国内对干旱区荒漠化的生物过程研究起始于 20 世纪 50 年代，中国科学院兰州沙漠研究所沙坡头沙漠试验研究站在成立初期，就开始了沙漠植被与土壤水分关系的研究。1963 年，陈昌笃也对沙地植被的演替过程进行过研究。黄兆华利用不同生长型的植物的盖度与防治风沙侵蚀的关系，对毛乌素沙地进行了沙漠化等级划分。20 世纪 80 年代以后，生物过程与环境变化的关系研究明显增加。这一时期，水分、养分循环对植物生长发育、养分水分转化效率与生产力的关系、养分循环与水分循环的相互作用、植物水分代谢生理与环境的关系、沙地植被演替的驱动机制等研究很多。近年来，随着人们对环境退化的重视，干旱区植被退化过程和机理、植物对环境恶化的响应和适应研究受到特别关注。国家“973”计划、国家重大基金项目指南中，都有一些关于生态系统受损过程及退化植被恢复机理方面的研究。归纳起来，干旱区生物过程的研究主要集中于 5 个方面：①$H_2O$、N、C 的生物过程和生态系统过程的研究，包括不同尺度的水分、养分循环和碳循环及其与水、土、气、生要素的关系；②生物多样性和生产力的形成过程及其驱动机制；③植物个体、种群和群落对环境变化的响应和适应；④植被的退化过程和恢复机理；⑤水、土、气、生的耦合效应与生态系统功能过程。中国科学院临泽内陆河流域综合研究站、新疆阿克苏绿洲农田生态系统国家野外科学观测研究站针对绿洲水平衡、水循环、绿洲生态水文过程开展了长期的观测试验，为认识绿洲化过程的机理奠定了基础。

　　3）干旱区农田盐渍化研究

　　我国农田盐渍化研究起始于 20 世纪 50 年代，源于开发大型灌区、扩大灌溉面积过程中，曾导致大面积土壤出现过严重的次生盐渍化，引发了对农田盐渍化的研究。20 世纪 60 年代开始，盐碱地改良技术研究得到了迅速发展。同期，在宁夏、甘肃、内蒙古、新疆等省（区）开展了咸水灌溉的试验和生产实践。80 年代以来，加强了盐渍土水盐运动规律及其机制、土壤盐分变化对环境过程的响应、内陆河流域水盐平衡过程、土壤水盐与生物分布规律之间的关系、绿洲内部各生态系统水分分配及其与盐分积累的关系、植物蒸散耗水对土壤水盐运移规律和土壤盐分表聚过程的影响、土壤盐分变化对作物的影响及其适应等多方面的研究。总体来看，对于盐渍化过程的研究主要集中于水文过程，与其相关的其他生态过程研究和各过程之间的相互作用机理研究还需进一步加强。

　　4）荒漠化侵蚀过程研究

　　我国早在 20 世纪 50 年代就开展了有关荒漠化侵蚀过程的研究。例如，朱震达早期进行的风蚀-风积研究，通过对风沙流的结构、风力与沙丘表面吹蚀堆积之间的数量关系的分析，阐明了沙丘形成发育与形态变化的机制。以他为首的科研队伍利用航空像片及野外考察资料，编制出了全国 1∶200 万、1∶400 万及重点地区 1∶50 万的沙漠基本类型图，提供了中国沙漠、戈壁和风蚀劣地的基本面貌。到 20 世纪 80 年代，他指出应重视原非沙漠地区由人为过度的经济活动所造成地表出现以风沙侵蚀活动为主要标志的类似沙漠景观的土地退化过程，即“沙漠化过程”。他的研究结果表明，自 20 世纪 50 年代以来，我国的沙漠化在持续和加速发展中，并划分出 20 世纪 80 年代初中国沙漠化土地的类型为：

严重发展的占沙漠化土地面积的 10.4%，强烈发展的占 17.9%，中度发展的占 24.4%，轻微发展的占 47.3%；他还出版了专著《中国北方地区的沙漠化过程及其治理区划》，编制了中国北方沙漠化系列地图。在随后的研究中，还建立了动态更新的沙漠化数据库。同时，通过开展黄土高原土壤侵蚀和水土流失防治研究、干旱区沙漠化和盐渍化防治研究等工作，大大推进了土地退化的研究深度。

5）干旱区水文过程研究

国内对干旱区水文过程的研究已有很大进展。程国栋等在观测分析的基础上，将土壤-植被-大气系统的热水耦合模型（SHAW 模型）成功移植到我国干旱区黑河流域的研究中，建立了山区流域基于地理信息系统的分布参数水文模型，阐明了山区森林涵养水源的土壤-植被系统能量水分平衡特征。李香云等（2003）利用长期水文观测资料分析了在流域水文过程中人类活动对塔里木河等流域的干扰。王根绪等（2005）以河西走廊中部的马营河流域为例，选择年径流量、基流量、最大洪峰流量以及流域典型的春季和秋季汛期流量为径流过程参量，基于流域降水和径流各参量的变化趋势分析和显著的统计回归关系分析，区别了气候变化对径流过程的影响。王帅等（2008）从提高水分利用效率（WUE）的角度，就干旱区降雨截留、水分入渗和土壤蒸发等若干水文过程的影响因素及其机理的研究进展进行了评述。

瞄准国际前沿，逐步突破单一水文模型的发展模式，以水循环为纽带，基于水与气候、生态、社会、经济之间相互作用与反馈机制的研究，发展耦合集成陆表水文与生态过程的分布式模拟系统成为一种新的趋势。例如，夏军等（2003）将时变增益非线性水文系统（TVGM）与 DEM 结合，开发了分布式时变增益水文模型，能够定量识别气候变化和人类活动对径流过程的影响，已应用到中国北方典型干旱流域水安全研究中；刘昌明等（1997）在"973"黄河项目支持下，提出了模块化结构的流域分布式水循环模拟系统（HIMS），能够耦合集成与水相关的多种过程模块，提供面向不同用户的定制模型功能，已应用到黄河流域；王浩等将分布式水文模型（WEP-L）和集总式水资源调配模型（WARM）相结合，建立了综合考虑自然与社会水循环的流域二元模型，已应用到黄河和黑河等流域。以上研究成果，为干旱区流域水文与生态过程综合研究提供了很好的经验和基础。干旱区生态环境脆弱，绿洲化、荒漠化与流域水文关系复杂，迫切需要选择典型流域针对干旱区最为关键的流域水文过程与主要陆表过程（绿洲化与荒漠化）之间的相互作用机制进行多尺度深入研究，研制适应干旱区地理环境特点的分布式流域水文过程模型，揭示变化环境下绿洲化与荒漠化的水文变量阈值，为干旱区水土资源开发、生态与环境保护及调控提供科学依据。

6）干旱区环境效应评价

干旱区绿洲化、荒漠化变化趋势及其环境效应的研究已有大量报道，包括植被变化、土地利用变化、气候变化、径流变化及其变化的原因，以及上述变化对生态系统服务功能和生态安全的影响。主要结论有：生态水文过程是联系系统内各子系统的主线；绿洲及绿洲荒漠过渡带是研究地表过程和环境演变的切入点；不合理的资源利用方式改变了自然地理过程，导致过渡带内植被盖度大幅度下降，连续的生态屏障断裂，区内荒漠化趋势明显。

尽管对干旱区绿洲化、荒漠化变化趋势及其环境效应的研究取得了长足进展,但也存在以下问题亟待解决:①基于遥感、GIS 的空间机理模型的应用弱于统计学模型的应用;②对宏观系统的规律性研究弱于对微观系统的案例研究;③对时间演化规律的研究弱于对空间分异特征的研究;④对过程和机理及趋势的研究弱于对过去和现在变化过程的研究。因此,今后干旱区主要地表过程及其环境效应的研究,应广泛借助空间模型以及遥感和GIS 等手段,加强干旱区地表过程机理研究,并基于典型案例研究,开展高山冰雪-山地涵养林-平原绿洲-河流尾闾湖泊构成的内陆生态系统的综合研究,构建地表过程变化与环境效应的综合评估模型,预测主要地表过程及区域整体环境的演变趋势,并综合评估该趋势的环境效应。

## 1.3.5　水土保持和全球气候变化的关系

水土保持的出发点不是减缓全球气候变化,但是它的发展和过程却深刻地改变着地表覆被和结构、土地利用方式和陆地生态系统的经营措施等,从而对碳素或温室气体在不同库间的循环产生干扰,进而影响全球气候的变化。相对于植被生物量碳库,土壤中累积形成的是一种更理想的稳定碳库,水土保持植被恢复对土壤有机碳蓄积的影响比对植被生物量碳库的影响更受到关注(Dawen et al.,2003)。

1. 水土保持措施对土壤有机碳的影响

水土保持措施(工程措施、植物措施和耕作措施)及其合理有效配置能使退化的土壤重新吸存有机碳,同时减少 $CO_2$ 向大气中的释放,成为缓解大气中 $CO_2$ 浓度上升的有效手段之一。

淤地坝是我国黄土高原地区广泛分布的以防洪拦沙、淤地造田为主要目的的水土保持工程措施。李勇等(2003)研究指出,淤地坝工程可能在增加陆地有机碳储存方面起一定作用,1957~2000 年碾庄沟流域淤地坝共储存有机碳 17.3 万 t,流域有机碳储存强度提高了 0.13~5.03 t/(hm²·a),到 2002 年底,黄土高原地区淤地坝工程共增加有机碳储量 1.2 亿 t,占 1994~1998 年全国人工造林工程增加有机碳储量的 17.1%,是美国年沉积泥沙有机碳储量(4000 万 t/a)的 3 倍。与之类似的是,有研究指出,人工水库中大量的沉积泥沙可能是一个重要的碳吸收汇。

"坡改梯"是水土保持工程措施的一种重要类型。戴全厚等(2008)的研究表明,坡耕地改造为梯田后,土壤碳库中总有机碳与活性有机碳含量都随改造年限的增加而显著增加,碳库管理指数总体呈现逐渐增加的趋势;"坡改梯"后不仅能够减少土壤有机碳随坡面径流的损失,梯田上快速恢复的植被也有利于向土壤返还有机碳。在水土保持耕作措施中,免耕(或深翻等保护性耕作措施)也是一种重要的有利于土壤有机碳积累的形式。Wood 和Edwards(1992)研究发现,与翻耕耕作相比,保护性耕作 10 年后土壤有机碳储量增加2.8 g/(kg·a)。逢蕾和黄高宝(2006)、张洁等(2007)在黄土高原旱地及李琳等(2006)对北方土石山区的研究中都表明,免耕可以增加土壤有机碳含量。分析原因,主要是地表保存残茬覆盖,可以降低雨滴溅蚀和土壤流失,从而减少有机碳随坡面径流损失的机会;

地表秸秆覆盖增加了有机碳向土壤返还的机会,有利于土壤有机碳的产生和积累(江忠善等,1983);免耕等保护性耕作措施可以减少对土壤结构的破坏,抑制土壤呼吸。

### 2. 植被恢复对土壤有机碳的影响

退化土壤和生态系统的恢复具有很大的碳吸存潜力,是增加碳吸存的一种重要策略(Lal,2004)。Lal(1999)认为,生态恢复能使侵蚀退化土壤吸收 60%～75%从土壤损失的有机碳,并认为全球范围内退化土壤的碳吸存潜力可达到 3.0 亿～8.0 亿 t/a。2009 年,在澳大利亚召开的第 19 届国际恢复生态学大会也重点关注了地球逐渐降低的生物多样性和退化生态系统的问题,强调通过生态恢复来降低全球变化的不利影响,甚至改变全球变化。

#### 1) 对土壤有机碳含量的影响

在植被恢复过程中,不仅可以通过植物凋落物分解和根系分泌物直接向土壤输入有机碳,还可以通过促进土壤团聚体的形成来固存有机碳,因为有机碳对土壤黏粒的分散-絮凝和大团聚体的稳定性有显著影响。谢锦升等(2002)、周国模和姜培坤(2004)、陆树华等(2006)在我国南方红壤区的研究都表明,侵蚀型红壤植被恢复后,土壤理化性质得到了改善,有机碳总量与不同类型有机碳含量都有所增加。黄荣珍等(2010)的研究也表明,人工生态修复显著增加了植被碳库和土壤碳库的有机碳储量,同时采用竹节沟措施的人工林也对土壤有机碳积累具有促进作用。植被恢复不仅影响土壤有机碳含量,也影响有机碳在土壤剖面中的分布和质量。植被恢复后,表层土壤中轻组有机碳的含量和比例升高,植被恢复对土壤有机碳的影响同时存在着较强的表聚效应,其中对 0～20 cm 土层影响最大,对 40 cm 以下土层影响较小。

#### 2) 对土壤呼吸的影响

一般情况下,土壤呼吸是土壤有机碳输出的主要形式。在植被恢复过程中,土壤呼吸速率一般会有所增加。土壤有机碳是土壤呼吸的重要基质,植被变化调控土壤呼吸速率的主要机制是通过调控供给土壤微生物所需的有机物质实现的。最近,在我国中亚热带山区进行的研究认为,首先,区域尺度内植被恢复过程中植被生产力的增加是导致土壤呼吸速率升高的主导因素,打破了土壤呼吸"温度决定论"的传统观点;然后,土壤有机碳库组成的差异也会影响有机碳与土壤呼吸的关系,因为轻组有机碳、可溶性有机碳等活性有机碳更容易被微生物利用,而植被恢复一般会导致土壤活性有机碳含量增加。另外,植被恢复也能通过改善土壤微生物群落的组成和结构、最强微生物活性来促进土壤呼吸作用,加强土壤有机碳释放。

#### 3) 对侵蚀劣地土壤有机碳积累的影响

一般来说,土壤有机碳库的最终有机碳含量是进入土壤的植物残体量及其在土壤微生物作用下分解损失量二者之间平衡的结果;但是,对于存在水土流失的侵蚀型土壤来说,土壤有机碳动态与土壤有机碳积累就必须考虑因坡面径流而损失的有机碳,因此,在存在水土流失的情况下,植被恢复对土壤有机碳积累的贡献会因土壤侵蚀而减弱,国际上相关研究也证明了这一点。例如,Jackson 等(2002)基于对全球 2700 多个土壤剖面的分析,得出在较为湿润的地区,乔、灌木入侵引起的地上生物量增加有可能被土壤有机碳的流失所抵消的结论。黄荣珍等（2010）在我国南方红壤区的研究表明，由于侵蚀严重，修复为马尾松（*Pinus massoniana* Lamb.）林和湿地松（*Pinus elliottii* Engelm.）林后，0～80 cm土层的有机碳储量分别为 49 t/hm$^2$ 和 83 t/hm$^2$，比处于相同纬度的地带性植物群落的土壤有机碳储量（95～124 t/hm$^2$）都低，也低于一些学者估算的我国森林土壤的平均有机碳储量（116 t/hm$^2$）以及世界土壤的平均有机碳储量（189 t/hm$^2$）。杨玉盛等（2007）研究也表明，在我国中亚热带山区退化土地进行植被恢复时，土壤碳吸存潜力比同纬度其他地区要低，这主要与本区的降水和地貌条件有关，即本区山多坡陡，自然生态环境具有潜在的脆弱性，随坡面径流损失的有机碳占有较大比例；同理，当森林转变为其他土地利用方式后，由于土壤侵蚀造成有机碳损失以及经营措施对表层土壤的扰动引起土壤有机质的加速分解，土壤有机碳（尤其是表层土壤有机碳）损失的幅度会更大。

（余新晓，张秋芬，柳晓娜）

## 参 考 文 献

安树青. 1994. 生态学词典. 哈尔滨：东北林业大学出版社：264.

包为民，陈耀庭. 1994. 中大流域水沙耦合模拟物理概念模型. 水科学进展，5（4）：287-292.

北京大学，南京大学，上海师大，等. 1978. 地貌学. 北京：人民教育出版社：179-181.

卜兆宏，唐万龙，杨林章，等. 2003. 水土流失定量遥感方法新进展及其在太湖流域的应用. 土壤学报，40（1）：1-9.

蔡崇法，丁树文，史志华，等. 2000. 应用 USLE 模型与地理信息系统 IDRISI 预测小流域土壤侵蚀量的研究. 水土保持学报，14（2）：19-24.

蔡强国，刘纪根. 2003. 关于我国土壤侵蚀模型研究进展. 地理科学进展，22（3）：242-250.

蔡强国，王贵平，陈永宗. 1998. 黄土高原小流域侵蚀产沙过程与模拟. 北京：科学出版社.

陈道. 1983. 经济大辞典·农业经济卷. 上海：上海辞书出版社.

陈恩凤. 1957. 水土保持概论. 北京：商务印书馆：1-6.

陈彰岑. 1989. 试论开发黄土高原水土流失区的有关战略问题. 中国水土保持，（11）：5-8.

戴全厚，刘国彬，薛萐，等. 2008. 侵蚀环境坡耕地改造对土壤活性有机碳与碳库管理指数的影响. 水土保持通报，28（4）：17-21.

方华军，杨学明，张晓平，等. 2006. 坡耕地黑土活性有机碳空间分布及生物有效性. 水土保持学报，20（2）：59-63.

方精云，刘国华，徐嵩龄. 1996. 中国陆地生态系统的碳循环及其全球意义//王庚辰，温玉璞. 温室气体浓度和排放监测及相关过程. 北京：中国环境科学出版社：129-139.

冯宏，郭彦彪，韦翔华，等. 2008. 赤红壤丘陵坡地不同侵蚀部位土壤养分和微生物特征变异性研究. 水土保持学报，22（6）：149-152＋201.

符素华，张卫国，刘宝元，等. 2001. 北京山区小流域土壤侵蚀模型. 水土保持研究，（4）：114-120.

付斌，胡万里，屈明，等. 2009. 不同农作措施对云南红壤坡耕地径流调控研究. 水土保持学报，23（1）：17-20.

傅伯杰，陈利顶，马克明. 1999. 黄土丘陵区小流域土地利用变化对生态环境的影响. 地理学报，54（3）：241-246.

傅伯杰，邱扬，王军，等. 2002. 黄土丘陵小流域土地利用变化对水土流失的影响. 地理学报，57（6）：717-722.

高嶙. 2005. 复兴流域径流泥沙调控措施体系研究. 中国水土保持，（7）：16-17.

关君蔚. 1966. 水土保持原理. 北京：中国林业出版社.

郭廷辅. 1991. 水土保持及其综合治理. 长春：吉林科学技术出版社：1-33.

何昉，夏兵，梁仕然. 2013. 景观水保学——城市水土保持的理论探索//中国水土保持学会. 中国首届城市水土保持学术研讨会论文集. 北京：中国水利水电出版社：27-30.

何腾兵. 1999. 水土保持与土壤耕作技术. 贵阳：贵州科技出版社：1-17.

胡良军, 李锐, 杨勤科. 2001. 基于 GIS 的区域水土流失评价研究. 土壤学报, 38 (2): 167-175.

黄秉维. 编制黄河中游流域土壤侵蚀分区图的经验教训. 科学通报, 1955, (12): 15-21.

黄荣珍, 樊后保, 李凤, 等. 2010. 人工修复措施对严重退化红壤固碳效益的影响. 水土保持通报, 30 (2): 60-64.

黄炎和, 卢程隆. 1993. 通用土壤流失方程在我国的应用研究进展. 福建农学院学报, 22 (1): 73-77.

贾志军, 王小平, 李俊义, 等. 1991. 晋西黄土高原降雨侵蚀力研究. 中国水土保持, (1): 43-46.

江忠善, 宋文经, 李秀英, 等. 1983. 黄土地区天然降雨雨滴特性研究. 中国水土保持, (3): 32-36.

江忠善, 王志强, 刘志. 1996. 黄土丘陵区小流域土壤侵蚀空间变化定量研究. 水土保持学报, (1): 1-9.

孔亚平, 张科利, 唐丽丽. 2001. 坡长对侵蚀产沙过程影响的模拟研究. 水土保持学报, 15 (2): 17-24.

李朝霞, 王天巍, 史志华, 等. 2005. 降雨过程中红壤表土结构变化与侵蚀产沙关系. 水土保持学报, 19 (1): 1-4.

李琳, 李素娟, 张海林, 等. 2006. 保护性耕作下土壤碳库管理指数的研究. 水土保持学报, 20 (3): 106-109.

李香云, 罗岩, 王立新. 2003. 近 50a 人类活动对西北干旱区水文过程干扰研究——以塔里木河流域为例. 郑州大学学报 (工学版), 24 (4): 93-98.

李勇, 白玲玉. 2003. 黄土高原淤地坝对陆地碳贮存的贡献. 水土保持学报, 17 (2): 1-4.

李勇, 徐晓琴, 朱显谟. 1992. 黄土高原植物根系提高土壤抗冲性机制初步研究. 中国科学 B 辑, (3): 255.

李勇, 朱显谟, 田积莹, 等. 1990. 黄土高原土壤抗冲性机理初步研究. 科学通报, (5): 390-393.

刘宝元, 唐克丽, 焦菊英, 等. 1993. 黄河水沙时空图谱. 北京: 科学出版社.

刘昌明. 1997. 土壤-植物-大气系统水分运行的界面过程研究. 地理学报, (4): 366-373.

刘贤赵, 康绍忠. 1999. 降雨入渗和产流问题研究的若干进展及评述. 水土保持通报, 19 (2): 57-62.

陆树华, 李先琨, 吕仕洪, 等. 2006. 桂林红壤侵蚀区植被恢复过程的土壤理化性质变化. 广西科学, 13 (1): 52-57.

马占东. 2008. 几种水土保持措施调控地表径流试验研究. 山西水土保持科技, (1): 16-18.

牟金泽, 孟庆枚. 1983. 降雨侵蚀土壤流失预报方程的初步研究. 中国水土保持, (6): 23-26.

穆兴民, 李靖, 王飞, 等. 2004. 基于水土保持的流域降水-径流统计模型及其应用. 水利学报, 35 (5): 122-128.

穆兴民, 王文龙, 徐学选. 1999. 黄土高塬沟壑区水土保持对小流域地表径流的影响. 水利学报, (2): 73-77.

穆兴民, 徐学选, 王文龙. 1998. 黄土高原沟壑区小流域水土流失治理对径流的效应. 干旱区资源与环境, 12 (4): 119-126.

南京大学, 中山大学, 北京大学, 等. 1980. 土壤学基础与土壤地理学. 北京: 高等教育出版社: 307-313.

逄蕾, 黄高宝. 2006. 不同耕作措施对旱地土壤有机碳转化的影响. 水土保持学报, 20 (3): 110-113.

沈晓东, 王腊春. 1995. 基于栅格数据的流域降雨径流模型. 地理学报, (3): 264-271.

史志华, 王玲, 刘前进, 等. 2018. 土壤侵蚀: 从综合治理到生态调控. 中国科学院院刊, 33 (2): 198-205.

寿嘉华. 1999. 国土资源知识 800 问. 北京: 地质出版社: 40-129.

水建国, 叶元林, 王建红, 等. 2003. 中国红壤丘陵区水土流失规律与土壤允许侵蚀量的研究. 水土保持学报, 36 (2): 179-183.

孙发政. 2017. 水土生态的理论与实践. 中国水土保持, (12): 14-17.

孙建轩. 1985. 水土保持词语浅释. 北京: 水利电力出版社: 1-23.

孙建轩. 1991. 水土保持技术问答. 北京: 水利电力出版社: 1-41.

汤立群, 陈国祥. 1995. 水利水保措施对黄土地区产流模式的影响研究. 人民黄河, (1): 19-23.

唐小娟, 金彦兆, 高建恩. 2008. 复合坡度下雨水高效集蓄利用模式研究. 灌溉排水学报, 27 (6): 74-76.

唐政洪, 蔡强国, 许峰, 等. 2001. 基于 GIS 的农林复合经营的侵蚀控制模拟研究. 水土保持研究, 8 (4): 170-174.

王根绪, 张钰, 刘桂民, 等. 2005. 马营河流域 1967～2000 年土地利用变化对河流径流的影响. 中国科学: 地球科学, 35 (7): 671-681.

王汉存. 1992. 水土保持原理. 北京: 水利电力出版社: 1-51.

王礼先, 孙保平, 余新晓, 等. 2004. 中国水利百科全书·水土保持分册. 北京: 中国水利水电出版社.

王帅, 陈海滨, 邱国玉. 2008. 干旱区若干水文过程研究进展. 水资源与水工程学报, 19 (3): 32-37.

王万忠, 焦菊英. 2002. 黄土高原侵蚀产沙强度的时空变化特征. 地理学报, 57 (2): 210-217.

王万忠, 焦菊英, 郝小品. 1996. 中国降雨侵蚀力 $R$ 值的计算与分布 (Ⅱ). 土壤侵蚀与水土保持学报, 2 (1): 29-39.

王文龙, 雷阿林, 李占斌, 等. 2003. 黄土区不同地貌部位径流泥沙空间分布试验研究. 农业工程学报, 19 (4): 40-43.

吴长文. 1995. 城市化进程中的水土保持问题. 中国水土保持,（12）：38-40.

吴从林, 张平仓. 2002. 三峡库区王家桥小流域土壤侵蚀因子初步研究. 长江流域资源与环境, 11（2）：165-170.

吴素业. 1992. 安徽大别山区降雨侵蚀力指标的研究. 中国水土保持,（2）：36-37.

吴以敩. 1990. 略论水土保持学科特殊性及治理措施分类. 中国水土保持,（12）：47-51.

吴以敩. 1992. 略论水土保持型生态农业问题. 中国水土保持,（12）：56-58.

夏军, 孙雪涛, 谈戈. 2003. 中国西部流域水循环研究进展与展望. 地球科学进展, 18（1）：58-67.

夏卫兵. 1994. 略谈水土流失与土壤侵蚀. 中国水土保持,（4）：48-49.

项亚章, 祝瑞祥. 1995. 英汉水土保持辞典. 北京：水利电力出版社：111.

谢锦升, 杨玉盛, 陈光水, 等. 2002. 严重侵蚀红壤封禁管理后土壤性质的变化. 森林与环境学报, 22（3）：236-239.

解明曙, 张洪江, 王玉杰. 1994. 坡面水土保持措施影响流域产汇流特性值计算与分析. 北京林业大学学报, 16（4）：8-18.

辛树帜, 蒋德麒. 1982. 中国水土保持概论. 北京：农业出版社：1.

徐涛. 2005. 基于 GIS 的区域水土流失模型研究. 杨凌：中国科学院水利部水土保持研究所.

杨爱民. 2007. 水土保持措施防治非点源污染的作用机制. 中国水土保持科学, 5（6）：98-101.

杨艳生. 1986. 多层次、二型模糊（Fuzzy）综合评判在土壤侵蚀研究中的应用. 土壤,（2）：101-106, 91.

杨艳生, 史德明. 1994. 长江三峡区土壤侵蚀研究. 南京：东南大学出版社：18-41.

杨玉盛, 谢锦升, 盛浩, 等. 2007. 中亚热带山区土地利用变化对土壤有机碳储量和质量的影响. 地理学报, 62（11）：1123-1131.

尹国康, 陈钦峦. 1989. 黄土高原小流域特性指标与产沙统计模式. 地理学报,（1）：32-46.

于国强, 李占斌, 李鹏, 等. 2009. 黄土高原小流域重力侵蚀数值模拟. 农业工程学报, 25（12）：74-79.

余新晓, 毕华兴. 2013. 水土保持学. 北京：中国林业出版社：2.

袁建平, 甘淑. 1999. 影响坡地降雨产流历时的因子分析. 山地学报, 17（3）：259-264.

袁建平, 蒋定生, 甘淑. 2000. 不同治理度下小流域正态整体模型试验——林草措施对小流域径流泥沙的影响. 自然资源学报,（1）：91-96.

张洁, 姚宇卿, 金轲, 等. 2007. 保护性耕作对坡耕地土壤微生物量碳、氮的影响. 水土保持学报, 21（4）：126-129.

张金慧, 高登宽. 1999. 水平梯田是山坡地保持水土的重要措施. 陕西农业科学,（3）：38-40.

张宪奎, 许靖华, 邓育江, 等. 1992. 黑龙江省土壤流失方程的研究. 水土保持通报, 12（4）：9-18.

张信宝. 2005. 有关湖泊沉积 $^{137}$Cs 深度分布资料解译的探讨. 山地学报, 23（3）：294-299.

张兴昌, 刘国彬, 刘文兆. 2000. 不同土壤颗粒组成在水蚀过程中的流失规律. 西北农业学报, 9（3）：55-58.

张永光, 伍永秋, 汪言在, 刘宝元. 2008. 典型黑土区小流域浅沟侵蚀季节差异分析. 地理研究,（1）：145-154.

张志玲, 范昊明, 郭成久, 等. 2008. 柳河流域径流、泥沙时变过程研究. 水土保持研究, 15（1）：362-363.

章文波, 谢云, 刘宝元. 2003. 中国降雨侵蚀力空间变化特征. 山地学报, 21（1）：33-40.

郑子成, 吴发启, 何淑勤. 2004. 耕作措施对产流作用的研究. 土壤, 36（3）：327-330.

周国模, 姜培坤. 2004. 不同植被恢复对侵蚀型红壤活性碳库的影响. 水土保持学报, 18（6）：68-70.

周佩华, 李银锄, 黄义端, 等. 1988. 2000 年中国水土流失趋势预测及其防治对策. 水土保持研究,（1）：57-71.

周正朝, 上官周平. 2006. 子午岭次生林植被演替过程的土壤抗冲性. 生态学报, 26（10）：3270-3275.

朱显谟. 1999. 1:1, 500 万中国土壤侵蚀图//中国科学院地理研究所. 中华人民共和国自然地图集. 北京：中国地图出版社.

左长清, 马良. 2004. 红壤坡地果园不同耕作措施的水土保持效应研究. 水土保持学报, 18（3）：12-15.

Abrahamsen G, Stuanes A, Bjor K. 1978. Interaction between simulated rain and barren rock surface. Water Air and Soil Pollution, 11：57-73.

Aranbaev M P. 1977. The effect of soil cover structure and minerals nutrition levels on biological productivity of agriculture ecosystem in irrigation zone of Soviet Central Asia. Agriculture Ecosystem Research（in Russian）, 2：150-165.

Batjes N H. 1996. Global assessment of land vulnerability to water erosion on a one half degree by one half degree grid. Land Degradation & Development, 7（4）：353-365.

Christensen T R, Jonasson S, Callaghan T V, et al. 1999. On the potential $CO_2$ release from tundra soils in a changing climate. Applied Soil Ecology, 11（2-3）：127-134.

Dawen Y，Kanae S，Oki T，et al. 2003. Global potential soil erosion with reference to land use and climate changes. Hydrological Processes，17：2913-2928.

Dymond J R. 2010. Soil erosion in New Zealand is a net sink on $CO_2$. Earth Surface Process and Landforms，35（6）：1763-1772.

Ekern P C. 1953. Problems of raindrop impact erosion. Agriculture Engineering，34：23-25.

Eybergen F A，Imeson A C. 1989. Geomorphologic processes and climate change. Catena，16：306-319.

Farvolden R N. 1963. Geologic controls on groundwater storage and base flow. Journal of Hydrology，1：219-249.

Favis-Mortlock D T，Savabi M R. 1996. Shifts in rates and spatial distributions of soil erosion and deposition under climate change//Anderson M G，Brooks S M. Advances in Hill Slope Processes. Chichester：Wiley：529-560.

Foster G R，Lal R. 1988. Modeling soil erosion and sediment yield//Lal R. Soil Erosion Research Methods. Ankeny：Soil and Water Conservation Society：97-117.

Fu B J，Zhao W W，Chen L D，et al. 2005. Assessment of soil erosion at large watershed scale using RUSLE and GIS：A case study in the Loess Plateau of China. Land Degradation & Development，16（1）：73-85.

Gellis A C，Walling D E .2011. Sediment source fingerprinting（tracing）and sediment budgets as tools in targeting river and watershed restoration programs. Journal of Endovascular Therapy：An Official Journal of the International Society of Endovascular Specialists，194（3）：263-291.

Goldewijk K K，Ramankutty N. 2004. Land cover change over the last three centuries due to human activities：The availability of new global data sets. Geojournal，61（4）：335-344.

Grave M K，Grave L M. 1983. Effect of large Central Asia irrigation canal on desert ecology. Problems of Desert Development，（4）：25-30.

Jacinthe P，Lal R. 2001. A mass balance approach to assess carbon dioxide evolution during erosional events. Land Degradation & Development，12：329-339.

Jacks G，Paces T. 1987. Chemical changes in acid runoff along its pathway through granitic minicatchments in Stormyra Basin，Sweden//Moldan B，Paces T. Geomon International Workshop on Geochemistry and Monitoring in Representative Basins，Prague：65-67.

Jackson R B，Banner J L，Jobbágy E G，et al. 2002. Ecosystem carbon loss with woody plant invasion of grasslands. Nature，418（6898）：623-626.

Kirkby M J. 1978. Hillslope Hydrology. Chichester：Wiley.

Kirkby M J，Abrahart R，McMahon M D，et al. 1998. MEDALUS soil erosion models for global change .Geomorphology，24（1）：35-49.

Kirkby M J，Imeson A C，Bergkamp G，et al. 1996. Scaling up processes and models from the field plot to the watershed and regional areas. Journal of Soil & Water Conservation，51（5）：391-396.

Lal R. 1995. Global soil erosion by water and carbon dynamics//Lal R，Kimble J M，Leevine E，et al. Soils and Global Change. Boca Raton：Lewis Publishers.

Lal R. 2002. Soil carbon sequestration in China through agricultural intensification，and restoration of degraded and desertified ecosystems. Land Degradation & Development，13（6）：469-478.

Lal R. 2003. Soil erosion and the global carbon budget. Environment International，29（4）：437-450.

Lal R. 2004. Soil carbon sequestration impacts on global climate change and food security. Science，304（5677）：1623-1627.

Lu H，Gallant J，Prosser I P，et al. 2001. Prediction of Sheet and Rill Erosion Over the Australian Continent，Incorporating Monthly Soil Loss Distribution. Canberra：CSIRO Land and Water Technical Report.

Meade R H，Yuzyk T R，Day T J. 1990. Movement and storage of sediment in rivers of the United States and Canada //Wolman M G，Riggs H C. Surface Water Hydrology，Geology of North America. Boulder，Colorado：Geological Society of America：255-280.

Mertens J，Vanderborght J，Kasteel R，et al. 2007. Vadose Zone processes and chemical transport-dissolved organic carbon fluxes under bare soil. Journal of Environmental Quality，36：597-606.

Misra R K，Rose C W. 1996. Application and sensitivity analysis of process-based erosion model GUEST. European Journal of Soil

Science，47（4）：593-604.

Pannkov E I，Kuzmina Z M，Treshinkin S E. 1994. The water availability effect on the soil and vegetation cover of Southern Gobioases. Water Resource（in Russian），21（3）：358-364.

Pilgrim D H，Cordery I，Baron B C. 1982. Effects of catchment size on runoff relationships. Journal of Hydrology，58：205-221.

Pruski F F，Nearing M A. 2002. Runoff and soil-loss responses to changes in precipitation：A computer simulation study. Journal of Soil and Water Conservation January，57（1）：7-16.

Reich P，Eswaran H，Beinroth F. 2001. Global dimensions of vulnerability to wind and water erosion//Stott D E，Mohtar R H，Steihardt G C. Sustaining the Global Farm. Selected Papers from the 10th International Soil Conservation Organization Meeting. West Lafayette，IN.

Reynolds J F，Smith D M，Lam bin E F，et al. 2007. Global desertification：Building a science for dry land development. Sciences，316（11）：847-251.

Schlesinger W H，Melack J M. 1981. Transport of organic carbon in the world's rivers. Tellus，33（2）：172-187.

Schlesinger W H，Reynolds J F，Cunningham G L，et al. 1990. Biological feedbacks in global desertification. Sciences，247：1043-1048.

Smith S V，Renwick W H，Buddemeier R W，et al. 2001.Budgets of soil erosion and deposition for sediments and sedimentary organic carbon across the conterminous United States. Global Biogeochemical Cycles，15（3）：697-707.

Stallard R F. 1998. Terrestrial sedimentation and the carbon cycle：Coupling weathering and erosion to carbon burial. Global Biogeochemical Cycles，12（2）：231-257.

Wischmeier W H，Johnson C B，Cross B V. 1971. A soil erodibility nomograph for farmland and construction sites. Journal of Soil and Water Conservation，26（5）：189-194.

Wischmeier W H，Mannering J V. 1969. Relation of soil properties to its erodibility. Soil Science Society of American Proceedings，33：131-137.

Wischmeier W H，Smith D D. 1958. Rainfall energy and its relationship to soil loss. Transactions American Geophysical Union，39：285-291.

Wischmeier W H，Smith D D. 1978. Predicting rainfall erosion losses：A guide to conservation planning. USDA Agricultural Handbook：537.

Wood C W，Edwards J H. 1992. Agroecosystem management effects on soil carbon and nitrogen. Agriculture Ecosystems & Environment，39（3-4）：123-138.

Yadav V，Malanson G P. 2009. Modeling impacts of erosion and deposition on soil organic carbon in the Big Creek Basin of southern Illinois. Geomorphology，106：304-314.

# 第 2 章　土壤结构与侵蚀过程

土壤结构是土壤固相颗粒（包括团聚体）的大小及其空间排列的形式。土壤团聚体是土壤颗粒在外力作用下形成的重要结构单元，与土壤结构稳定性密切相关，土壤侵蚀过程正是土壤团聚体被破坏及其产物被雨滴或薄层水流搬运、堆积的过程，而且土壤结构稳定性与土壤抵抗降雨溅蚀能力、入渗与土壤结皮形成、径流的发生发展与泥沙的颗粒特性之间存在密切的关系。因此，土壤结构的好坏直接反映了土壤抵抗侵蚀的能力，是土壤可蚀性的重要评价因子。本章从土壤结构和团聚体的概念出发，重点阐述了土壤结构和坡面侵蚀过程之间的关系，揭示了土壤侵蚀过程中泥沙的分选与搬运机制。

## 2.1　土　壤　结　构

### 2.1.1　土壤结构与土壤结构类型

土壤结构是土壤中不同颗粒的排列、组合形式，在长期的物理、化学和生物作用下，土壤在各个土壤发生层形成了不同类型的结构体。

土壤结构根据土壤结构体的形态和大小等外部性质划分为不同的类型，按其形状可分为块状、片状和柱状三大类型；按其大小、发育程度和稳定性等，可分为团粒、团块、块状、棱块状、棱柱状、柱状和片状等结构。

块状结构结构体：沿长、宽、高三轴平衡发育，即水平轴和垂直轴相近，界面平滑或弯曲，彼此能吻合，形状不规则，界面与棱角不明显的一种土壤结构。按结构体的大小可以分为大块状（直径＞10 cm）和小块状（直径 5～10 cm）结构。比小块状小的土块称为碎块状结构（直径 0.5～5 cm），更小则为碎屑状结构。此类结构体多出现在有机质缺乏而耕性不良的黏质土壤中，一般表土中大多为大块状结构和块状结构，心土和底土中大多为块状结构和碎块状结构。

棱（角）块状结构结构体：呈块状或多面体状，表面平滑，多数棱角明显、尖削，与周围团聚体的表面凹凸契合的块状结构。具有同块状结构相似，但在各方向以平直或弧形的表面呈锐棱角相交的土壤结构。

粒状结构结构体：沿长、宽、高三轴平衡发育，形状大致规则，具有平滑或弯曲的表面，形似球状的土壤结构，是土粒在有机-无机胶体和钙离子作用下胶结而成的多级团聚体。

片状结构结构体：沿水平轴发育，有水平发育节理平面的土壤结构。土粒排列成片状，结构体的横轴大于纵轴，多出现于老耕地的犁底层和冲积性土壤中；表层发生结壳或板结的情况下，也可出现片状结构。根据结构体的大小可划分为板状结构（直径＞3 mm）和片状结构（直径＜3 mm）。

棱柱状结构结构体：沿垂直轴发育，表面平滑，棱角尖锐，横断面略呈三角形的土壤结构。土粒黏结成柱状体，纵轴大于横轴，棱柱状结构多出现于土壤下层。根据结构体的大小可划分为大棱柱状结构（直径＞5 cm）、棱柱状结构（直径 3～5 cm）和小棱柱状结构（直径＜3 cm）。

团粒结构结构体：直径为 0.25～10 mm 的粒状结构。直径＜0.25 mm 时称为微团粒结构。团粒内有毛细管孔隙和非毛细管孔隙，具有多孔性、水稳性和机械稳定性。团粒结构是土壤肥力的基础，有团粒结构的土壤，既能保水又能保肥，对作物能同时提供足够的水分、养分和空气，是一种理想的土壤结构。

土壤结构体结构稳定性包括力稳性、生物学稳定性和水稳性。结构体的力稳性也称机械稳定性，指土壤结构体抵抗机械压碎的能力。结构体的力稳性越高，在耕作过程中农机具对它的破坏就越小。力稳性与结构体内部土粒间的黏结力有关，试验证明，施用人工合成的结构改良剂能够增强轻质土壤土粒间的黏结力，提高结构体的力稳性。结构体大多是由有机质和矿物土粒相互结合而成，随着有机质被微生物分解，结构体逐步解体。形成结构体的有机质种类很多，抵抗微生物分解的能力各不相同，因而不同的结构体抵抗微生物破坏的稳定性有差异。一般由人工合成的结构改良剂所形成的结构体，其生物学稳定性强于由腐殖质形成的结构体。另外，结构体的生物学稳定性也和有机质与矿物质之间的结合力有关。对于同类有机质，凡结合紧密的，其生物学稳定性就较高。有的结构体浸水后极易分散，称为非水稳性结构体；有的浸水后不易分散，具有相当程度的稳定性，称为水稳性结构体，不易因降雨或灌溉而遭破坏。良好的土壤结构性实质上是具有良好的孔隙性，即孔隙的数量（总孔隙度）大且大小孔隙的分配和分布适当，有利于土壤水、肥、气、热状况调节和植物根系活动。

## 2.1.2　土壤团聚体与土壤微团聚体

土壤团聚体是指土粒经各种作用形成的直径为 0.25～10 mm 的结构单位。它主要分布在表土层或耕层中，易受耕作、施肥等人为因素的影响而极不稳定。

土壤微团聚体是指土壤单粒通过凝聚和胶结作用形成的直径小于 0.25 mm 的结构单位，又称微结构。20 世纪 70 年代，扫描电子显微镜等一些高分辨率观测仪器的问世及其在土壤学中的应用，使土壤微团聚体研究向微观方向发展，不仅能区分各级大小微团聚体的性质、含量和分布，还能鉴别由黏土片不同排列所形成的各种微结构的形态及其对土壤理化性质的影响。同时，应用微团聚体组成和机械组成资料，不仅能判断两者间的内在联系，还能计算出土壤结构系数、分散系数和团聚度等有用的物理参数。土壤微团聚体的含量和分布对土壤一系列物理性质都有重要影响。

## 2.2　土壤团聚体与土壤侵蚀

土壤侵蚀是随着土壤团聚体的破坏而发生的。Ellison（1944）在研究了结皮形成过程后，认为侵蚀是随着土壤团聚体分裂成许多小的颗粒而开始的，这些小颗粒由于溅蚀而在土表迁移造成土壤侵蚀。Evans 认为雨滴打击土坡表面而发生溅蚀，溅蚀的结果是使土壤分散或移动，堵塞地表孔隙，降低了土壤入渗速率，如果降雨速率大于入渗速率，就会出现地表径流，大部分地表出现片蚀。径流流速的增加，提高了水流切入土坡的能力，从而形成细沟侵蚀等。从土壤结构破坏过程的角度来说，土壤侵蚀是降雨过程中，发生在土表的雨滴和径流对土壤结构（包括团聚体、土块和土壤单粒）进行剪切破坏，然后被径流携带走的过程，如图 2-1 所示。

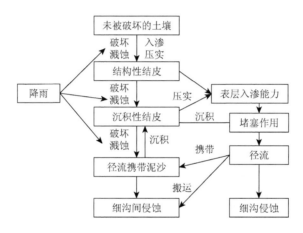

图 2-1　坡面土壤侵蚀过程示意图

根据这一过程可知，在降雨过程中雨滴打击及所产生的径流会产生一系列的连续作用：雨滴打击土壤表面，土壤颗粒被剥离、搬运和沉积，其结果是导致土壤表面封闭，形成土壤结皮。土壤形成紧实层或结皮是土壤侵蚀中较为普遍的现象，是土壤侵蚀的早期作用过程，影响着土壤的可蚀率和径流率。结皮和侵蚀都涉及土粒的剥离和运移过程，虽然大多数土壤侵蚀模型还没有考虑结皮对土壤侵蚀的影响，但学者们对土壤封闭和结皮的现象越来越感兴趣，越来越意识到土壤封闭和结皮对土壤侵蚀模型的重要性。一些新概念已经开始引进，并对土壤的剥离和运移已勾画出清晰的轮廓。因此，研究坡面侵蚀过程中土壤表面结构破坏、土壤紧实层或结皮的形成对于发展新的土壤侵蚀预测模型有重要意义。

### 2.2.1　土壤团聚体的形成机制

土壤团聚体的形成途径主要包括：①单粒经过凝聚和复合等作用形成复粒，复粒进一步胶结形成团聚体，这个过程可逆；②大土块或土体经过各种外力作用，主要包括干湿交替、冻融交替、根系压力、耕耘及土壤动物活动而崩解成不同大小的团聚体。土壤团聚作用就是不同大小的单粒、复粒被不同的有机无机物质胶结的过程。通常认为，胶结物质有无机黏结剂和有机黏结剂两类。无机黏结剂主要包括黏粒、多价阳离子（如 $Ca^{2+}$、$Fe^{3+}$、$Al^{3+}$）、铁铝氧化物和氢氧化物、碳酸钙、碳酸镁和石膏。有机黏结剂主要可分为瞬时的、暂时的和持久的 3 类。

早期研究认为黏粒间的结合主要基于颗粒结合的几何关系和水膜理论。Emerson（1967）把彼此靠得很近的平行黏土晶体称为黏团，认为有机质主要通过形成并加强黏团之间，以及石英颗粒与黏团之间的键合来稳定团聚体。东欧土壤学家提出了团聚体的多级形成学说，西方土壤学者提出了土壤团聚体形成的黏团学说。Edwards 和 Bremer（1967）提出了一个以有机无机复合体为基础的团聚体形成模式。Quirk 和 Aylmore（1971）把蒙脱石中平行排列的各铝硅酸盐层称为膨润土，其有晶体内膨胀；把伊利石和具有固定晶格的其他黏土的平行排列的晶体称为黏团，其只有晶体间膨胀。已有几种模式用来描述各个矿物颗粒相互连接形成水稳性团聚体的方式。Edward 和 Bremner（1967）提出大团聚体（粒径大于 250 μm）由黏粒-多价金属-有机质（C-P-OM）复合体组成，其中，黏粒则通过多价金属与腐殖化的有机质键合。C-P-OM 和 $(C-P-OM)_x$ 的颗粒（粒径都小于 2 μm）一起形成粒径小于 250 μm 的微团聚体。也可能存在 C-P-C 和 OM-P-OM 键，甚至氧化铝或氧化铁或氢键形成的团聚体。近年来，土壤团聚体结构形成机制研究进展缓慢，一般认为土壤团聚体形成最重要的机制是黏粒或羟基聚合物表面和有机聚合物配位基团（即羧基）之间的多价阳离子桥键合。

## 2.2.2　土壤团聚体的破坏机制

在解释土壤面蚀和溅蚀中，许多研究者发现土壤中水稳性团聚体的百分含量是最重要的土壤性质，与土壤可蚀性密切相关。国内外的许多学者对土壤结皮进行了研究，发现土壤团聚体的破坏和分散是土壤结皮形成的前奏，加强土壤团聚体的稳定性则可减缓地表产流和侵蚀。因此，土壤团聚体形成和破坏机制的研究成为土壤科学研究的热点。但由于土壤团聚作用中有机胶体与黏粒的相互复合是一个复杂的物理化学过程，因而土壤团聚体形成和破坏机制的研究也成为土壤科学研究的难点。

土壤团聚体破坏机制主要有消散、黏粒分散和黏粒膨胀。Emerson 和 Greenland（1990）在全面回顾总结团聚体的形成和稳定机制后，提出了团聚体破坏的两个过程：消散和分散。他们认为土壤大团聚体瓦解成微团聚体是团聚体破坏的第一步，主要是物理过程；黏粒分散是第二步，以化学过程为主。Panabokke 和 Quirk（1957）比较了两种壤土和三种黏土团聚体的稳定性，认为消散作用在不同质地的土壤中起因不同。对于黏土，膨胀程度不同是引起土壤消散的主要原因；而在壤土中，闭蓄空气爆破是引起土壤消散的主要原因。土壤团聚体的破坏强度和破坏后的颗粒大小与外界破坏力机制密切相关。团聚体的破碎原因较多，降雨侵蚀过程中土壤团聚体被破坏的原因有如下几种：雨滴打击使团聚体破碎；雨水湿润土壤使团聚体被破坏；径流携带搬运过程使团聚体被破坏。其中前两个破坏作用基本上是同时发生的，是土壤侵蚀的初始阶段，对其后的产流及侵蚀泥沙有极大影响。

Le Bissonnais（1996）对前期研究进行总结后，系统地分析了团聚体在降雨过程中被破坏的机制：①消散作用（slaking），它是土壤快速润湿时，团聚体内的闭蓄空气压缩爆破所引起的团聚体崩解。团聚体的消散与土壤的湿润速度有关，土壤不需要任何振荡作用就会发生消散，且消散的效果取决于闭蓄空气体积大小和湿润速度的快慢。消散后形成的土壤颗粒主要是微团聚体，且微团聚体的粒径随黏粒含量的增加而增大，这可能是由于游离黏粒和粗骨颗粒间黏粒胶结的抵抗力随黏粒含量的增加而增加。②团聚体内黏土不均匀膨胀收缩导致的微小裂隙作用（swelling），该作用产生条件同消散作用，但是作用的物理过程不同，对团聚体破坏效果随着黏粒的含量增加而增强，破碎后形成的颗粒较大。③雨滴打击引起的机械破碎（mechanical breakdown），这种作用通常是和其他机理共同作用。在湿土中，雨滴打击造成的土壤破碎占主要地位。雨滴击溅产生的土壤颗粒一般很小。④物理-化学分散（physico-chemical dispersion），即土壤湿润后因胶粒间引力减弱而产生的物理化学弥散。消散作用和不均匀膨胀收缩导致的微小裂隙作用取决于土壤再湿润速度及初始水分条件，机械破碎取决于降雨动能，物理-化学分散取决于土壤溶液的组成，特别是交换性钠（exchangeable sodium percentage，ESP）的含量。

## 2.2.3　土壤团聚体稳定性研究方法

团聚体稳定性测定取决于两大因素，即胶结物质的作用力和外力的性质。由于任何测定团聚体稳定性的方法都必须向团聚体施加外力，而且这些外力将造成团聚体破碎成较小的团聚体或者土壤颗粒，施加外力的种类和程度不同，团聚体破碎后颗粒的粒径分布也不尽相同。因此土壤团聚体稳定性的测定没有一个公认的标准方法，也就有了各种不同的团聚体稳定性测定方法。大多数情况下对土壤团聚体的研究是湿润程度和不同能量等级机械干扰的组合。而根据土壤团聚体的等级团聚理论，土壤中的团聚作用因团聚体的粒级不同而不同，因此不同大小团聚体的稳定性机制不同，大团聚体（粒径>0.25 mm）在湿润条件下或低能量机械破坏下很容易破碎，而微团聚体（粒径<0.25 mm）稳定性则相对高一些。因此，在不同尺度下研究团聚体稳定性是很有必要的。下面列举一些常用的研究大团聚体（粒径>0.25 mm）和微团聚体稳定性的方法。

湿筛法：是指 1936 年 Yoder 提出的湿筛法及后人在此基础上的各种改进方法，使用最普遍。该法将土壤团聚体直接浸没于水中，用水力振荡破坏团聚体以获得稳定性团聚体的量。基本上包括了团聚体破碎的所有机制，多用于衡量全土壤样品的团聚体稳定性。湿筛法研究结果显示，土壤团聚体与土壤侵蚀之间存在较强的负相关关系，该法至今在国内应用还较广。但是由于该法包含了所有的破碎机制，很难分析对于特定条件的土壤，其团聚体破碎的主要机制，且团聚体的处理条件，尤其是湿筛前土壤湿润程度对测定结果影响很大。

单雨滴法：一般是将团聚体放置在已知孔径的筛面上，控制水滴大小和高度，固定水龙头用水滴击打团聚体，统计使团聚体破碎所需能量。该方法源于 1944 年，McCalla 提出计算恒高和直径的雨滴打碎某一粒径的团聚体所用的雨滴数。20 世纪 80 年代，很多学者对雨滴对土壤团聚体的分散作用进行了研究。Nearing 和 Bradford（1985）研究了单个雨滴溅蚀对土壤的分散及土壤力学性质的影响。Bradford 等（1986）随后又研究了单个雨滴溅蚀对土壤表面结皮的影响。这些研究认为雨滴冲击是无覆盖保护地区土壤分散的主要来源，是土壤结皮形成的主要原因，且在薄层水流对泥沙的输移中，雨滴冲击也起着重要作用。该方法操作较方便，但是一般对于用于击溅的团聚体的选择上存在较大的偶然性，需多次重复操作来减少取样误差，而且众多的研究未能从破坏团聚体所需能量与土壤表面颗粒流失之间找出简单的关系。

LB 法：该方法是由 Le Bissonnais 提出的，主要是依据降雨过程中团聚体破碎的基本机制设计了实验。他验证该方法时发现空气爆破对土壤团聚体的破坏最大，可能是侵蚀过程中破坏团聚体的主要作用力。该方法将土壤团聚体破坏的机制分为四种：①快速湿润导致团聚体内部闭蓄空气爆破引起的团聚体破坏（消散作用）；②慢速湿润过程中由于土壤的干湿交替而引起的团聚体膨胀不均匀破坏（不均匀胀缩作用）；③机械作用力引起的团聚体破坏（机械破坏作用）；④物理-化学分散法。为了避免不同破坏机制的交叉作用，该方法中的几个操作需要用到乙醇。乙醇的性质和乙醇与土壤间的反应对实验有两个重要的作用：一是乙醇可以改变土壤表面张力、黏性和接触角度，所以当团聚体浸没到乙醇中时，消散作用大大降低；二是在乙醇和其他一些有机溶剂中浸湿过的团聚体在干燥过程中不会再团聚起来。在乙醇中做过前处理的团聚体再浸泡到水中时，不仅湿润的速度会降低，而且膨胀的程度也会降低，因此能区分和独立研究团聚体破碎机制。在这四种机制中，快速湿润处理强调的是湿润破碎机制的消散作用，是干燥土壤在快速湿润条件下（如夏天暴雨和灌溉）团聚体破碎的性状，一般取决于土壤初始的水分条件，团聚体破碎较严重。慢速湿润是模拟下小雨时团聚体经过毛管逐步湿润的过程，这个过程对团聚体的破坏一般很小，取决于土壤中黏土矿物类型及其性质。机械破碎作用主要是外在机械作用对团聚体类比雨滴对团聚体的打击破坏作用，作用过程中施加的能量必须克服特定的土壤强度。由于每一个处理对应着特定的条件（初始含水量、湿润速度和施加能量），因此采用每一种结果或综合结果来描绘对应的田间状况或气候条件也是可行的。在各种处理中，土壤团聚体的稳定性可能不同，表明土壤在不同的气候条件下的表现不同。而且因为临界效应的存在，可能对一组土壤只有一种处理方式能良好区分土壤团聚体的稳定性。

微形态法：土壤微形态法是应用偏光电镜或扫描电镜等显微镜法来代替肉眼研究土壤团聚体的方法，即运用偏光电镜等技术手段研究土壤团聚体在不同处理条件下的垒结状况、孔隙度等的变化，以及侵蚀条件下土壤团聚体的破坏过程。除了采用系列切片、偏光显微镜或电镜与图像处理方法测定土壤团粒孔隙特征和结构形态外，近些年也发展了利用同步辐射微 CT（SRμ-CT）测定供试土壤团粒的微观结构，获得土壤团粒微观结构定量化数据。

微团聚体测定方法主要是通过水分散法测定微团聚体在浸水条件下的结构性能和分

散程度。一般微团聚体稳定性的测定往往与化学分散法结合，通过计算结构系数、分散率等来反映微团聚体稳定性。

由于团聚体稳定性研究方法的不同，衍生出一系列描述团聚体分布及稳定性的参数。比较常用的一些参数有团聚体的中值直径（$d_{50}$）；平均重量直径（mean weight diameter，MWD）；平均重量直径变化（ΔMWD），即土壤干筛和湿筛所得 MWD 的差值；几何平均直径（geometric mean diameter，GMD）；粒径＞0.25 mm 的水稳性团聚体的百分含量；团聚体的破坏率等。此外还有一些描述微团聚体稳定性的参数如分散率（dispersion ratio，DR）等。

随着分形理论的发展，近几年来，运用各种分形模型计算土壤颗粒、团聚体和孔隙度的分形维数来表征土壤质地和结构组成及其均匀程度，已成为定量描述土壤结构特征的新方法。土壤作为一种由不同颗粒组成，具有不规则形状和自相似结构的多孔介质，是具有一定分形特征的系统。传统的土壤质地和结构是以土壤粒级分布分析为基础，结合相应的分类标准而确定的。由于土壤体系的复杂性，包括土壤颗粒表面特性等某些土壤性质难以用常规方法进行定量化，因此，土粒组合比例关系或质地类型的定量化描述具有重要的现实意义。土壤按粒径分布的分形维数表征了颗粒的粒径大小和数量，土壤颗粒的粒径越小，细粒含量越高，其分形维数就越大。土壤按粒径分布的分形维数也反映了颗粒组成的均匀程度，土壤质地越不均匀，分形维数越大。土壤颗粒在单一粒级分布的集中程度对分形维数的数值会产生重要的影响，单一粒级的颗粒含量越高，分形维数越大。文献报道，土壤水稳性团聚体的分形维数与土壤中粒径＞0.25 mm 的水稳性团聚体之间有显著的正相关关系，与表征团聚体的各项指标之间都存在良好的相关关系，可以作为土壤结构评价的综合性定量指标。团聚体的分形维数与土壤容重、孔隙度之间也存在密切关系，研究者认为随着土壤团聚体的分形维数的变化，土壤的物理性质如容重、孔隙状况、土壤通气度及土壤含蓄水分和供应水分的能力也发生变化。有些研究认为，团聚体的分形维数能更好地反映土壤的抗蚀能力。土壤分形维数是反映土壤结构几何形状的参数，而且土壤粒径及团聚体的分形维数不仅可以用于表达土壤颗粒和团聚体的结构状况，还可以此为基础推导土壤的水分特征曲线。佟金等（1994）研究了土壤颗粒分形维数对固体表面黏附行为的影响，结果表明分形维数高的土壤与固体表面黏附力大，与固体表面发生明显黏附的起始含水量提高，发生明显黏附的含水量区间增宽。骆东奇等研究了不同母质发育紫色土壤团粒结构的分形特征，认为分形维数能客观地表征土壤团粒结构的水稳性团聚体含量及不同粒径的重量分布，是一个较理想的土壤物理肥力指标。

## 2.2.4　土壤团聚体稳定性影响因素

土壤颗粒是土壤结构的基础物质，土壤结构的形成还需要通过各种胶结物质来实现。土壤团聚体的团聚及稳定性也取决于土壤中的胶结物质。由于土壤类型的不同，土壤中起胶结作用的物质也不同（表 2-1）。

表 2-1　土壤类型和团聚影响因子

| 土壤类型 | 团聚因子 | 参考文献 |
| --- | --- | --- |
| 淋溶土（alfisol） | 有机质 | Dalal and Bridge，1996；Oades and Waters，1991 |
| 火山灰土（andisol） | 水铝英石、非晶型黏土矿物 | Torn et al.，1997 |
| 干旱土（aridisol） | 土壤无机物、碳酸盐和风化的黏土矿物 | Boix-Fayos et al.，1998；Boettinger and Southard，1995 |
| 新成土（entisoil） | 有机质 | Dalal and Bridge，1996 |
| 始成土（inceptisol） | 无定形黏土矿物 | Dalal and Bridge，1996 |
| 氧化土（oxisol） | 铁铝的三价氧化物、非晶型铝水化氧化物、植物根系 | Oades and Waters，1991；Dalal and Bridge，1996 |
| 灰土（spodosol） | 有机-金属复合体 | De Coninck，1980 |
| 老成土（ultisol） | 有机质、非晶型二三氧化物 | Dalal and Bridge，1996；Zhang and Horn，2001 |
| 变性土（vertisol） | 黏粒级成分的桥接 | Leinweber，1999；Dalal and Bridge，1996 |

### 1. 有机质对土壤团聚体稳定性的影响

关于有机质在保持土壤团聚体稳定性中的作用，迄今已有很多研究。有机质是团聚体中一种重要的团聚因子，它对团聚体稳定性的影响主要表现在两方面：①有机质通过有机聚合体对矿质土粒的连接和植物根系与菌丝对土粒的缠绕，增加了团聚体间的连接；②有机质降低了团聚体的可湿性，减慢了其湿润的速度，因而降低了因消散而破坏的土粒的量。

Tisdall 和 Oades（1982）研究了土壤中有机质和水稳性团聚体的关系，依据有机质的年龄和变质作用，把稳定团聚体中的有机胶结剂分成三大类：①瞬变性胶结剂。这类有机质能被微生物快速分解，主要是微生物产生的和来自植物的多糖。②临时性胶结剂。临时性胶结剂有根系和菌丝，特别是水孢性丛枝状菌根菌丝。这类胶结剂有可能与形成的比较晚的大团聚体缔合。③持久性胶结剂。持久性胶结剂由芳香胡敏物质与无定形的铁、铝和硅酸盐缔合而成，形成大的有机-矿质体，其中的有机质含量占土壤有机质总量的52%～98%。他们认为土壤中大团聚体（粒径>250 μm）的稳定性在很大程度上取决于植物的根和菌丝，而小团聚体则是有机-无机复合体起主要作用。

在 Luk（1979）的研究中，水稳性团粒的百分含量在有机质含量低的土壤中与有机质含量呈正相关关系，在有机质含量高的土壤中呈负相关关系。Roth 和 Eggert（1994）认为土壤有机质、黏土的量及其矿物学性质影响团聚体的性质及表面结皮。Baver（1993）报道了有机质和胶体黏粒与土壤团聚体的相互影响，这可能是有机质含量高的土壤团聚体间静电排斥增强的缘故。Dong 等（1983）认为，在团聚化程度达到基本水平的情况下，有机质通过范德瓦耳斯力、氢键和库仑引力与黏粒和多价阳离子形成牢固的复合体，从而提高稳定性。De Kimpe 等研究发现，土壤有机质与干、湿筛分析结果没有显著关系。造成结果不一的原因，可能是采用了不适当的筛分方法。Chenu 等（2000）认为土壤有机质可以通过降低土壤的可湿性、增强内聚力来提高团聚体的稳定性。Neufeldt 和

Ayarza（1999）对湿筛后的团聚体进行分析的结果表明，在黏土和壤土中，多糖是团聚体主要的黏结物。Boix-Fayos 等（2001）对半干旱到半湿润的地区土壤进行了研究，认为微团聚体的水稳性与黏粒含量呈正相关关系，而大团聚体的稳定性则与土壤有机质密切相关，且当土壤中有机质的含量大于 5%或 6%时，有机质含量与团聚体稳定性呈正相关关系。

Tiessenh 和 Paul 认为侵蚀会有选择地带走较轻的土粒，而这部分土粒则趋向于含有最不稳定的土壤有机质。Unger（1997）认为土壤有机质和水稳性团聚体强烈影响土壤的表面状况，包括表面的封闭、结皮和强度，水的渗透、蒸发与传导以及土表的通气状况。

### 2. 二三氧化物对团聚体稳定性的影响

铁、铝和锰的氢氧化物或水合氧化物，在许多土壤中可作为水稳性团聚体的良好胶结剂。关于铁、铝氧化物胶结的原理主要有以下观点：铁、铝氧化物通过阳离子间的桥接以及形成有机-金属复合物来提高土壤结构的稳定性；铁、铝氧化物可以通过降低土壤的临界凝结浓度、黏粒分散性和膨胀性使黏土矿物稳定；在低 pH 时，铁铝氧化物淀积在黏土矿物表面，形成稳定结构。同时在土壤胶结过程中，铁氧化物在基质颗粒间逐渐结晶。这种基质颗粒间的结晶状共生物非常稳定，难以分散。土壤团聚体中含有的 $Al^{3+}$ 和 $Fe^{3+}$ 的高阳离子交换量（CEC）黏粒可以提高有机碳结合稳定性。Oades 和 Waters（1991），Barral 等（1998）认为在有机质和黏粒含量都很低的酸性土壤中，$Al^{3+}$ 和 $Fe^{3+}$ 完全控制了土壤的团聚过程。Barral 等（1998）还认为在有机质含量较高的土壤中，无定形 $Fe^{3+}$ 能与土壤有机质形成细的稳定性颗粒。

Arca 和 Weed（1966）发现，在黏粒和游离氧化铁含量不等但黏土矿物类似的土壤中，氧化铁含量与水稳性团聚体间有极显著的相关性。Kemper 和 Koch（1966）发现，美国西部 519 个土样中团聚体稳定性与游离氧化铁含量之间有显著相关性，但团聚作用与游离氧化铝含量之间无相关性。Krishna-Murti 和 Richards（1974）发现 59 种印度土壤中水稳性团聚作用与黏粒-氧化铁相互作用之间有显著相关性。Deshpande 等（1964）研究的结论是大团聚体和微团聚体的稳定性都与铁含量无关，他认为土壤有机质是增强微团聚体稳定性最重要的组分而不是氧化铁，因为除去土壤氧化铁后土壤比表面积虽减小，但土壤物理特性、渗透性、团聚体稳定性、机械分散或膨胀变化很小。Rhoton 等（1998）研究了 Memphis 地区的铁氧化物与土壤可蚀性的关系，认为该区 $Fe_2O_3$ 与土壤有机碳和黏粒成分相比，对土壤可蚀性的影响更大。

人们常采用氧化物含量与土壤稳定性之间的相关分析及比较除去和增加氧化物前后土壤结构的稳定性，来衡量铁、铝氧化物的影响。Giovanini 和 Szqui（1976）选用乙酰丙酮作浸提剂，在不扰动土壤中有机质的条件下，提取了土壤团聚体中的铁、铝成分后发现，虽然土壤团聚体的各粒级分布未发生变化，但其水稳性却降低了。Schahabi 等将合成的晶质氧化铁和无定形氧化铁加到游离氧化铁含量较少、稳定性较差的土壤中后发现，当加入的无定形氧化铁的量达到 2%时，团聚体的稳定性显著升高。Jose 和 Anderson（1997）的研究也从另一个角度证实了铁、铝氧化物对团聚体的胶结作用，他们研究了团聚性及团聚体粒径分布对可溶性铁、铝的作用，发现用草酸铵浸提的未经分散的大团聚体中铁、铝的量比分散过的团聚体要低 15%～20%。胡国成和章明奎（2002）通过对 DCB（连二亚硫酸钠-柠檬酸钠-碳酸氢钠）处理前和处理后的土壤进行分离得到的各级矿物组成的变化分析，进一步从矿物学角度证实了氧化铁对土粒的强胶结作用。

在红壤中，这种胶结作用尤为明显。这些氧化物和氢氧化物往往呈胶膜状态包被在土粒表面。当它们由溶胶转变为凝胶时，会把土粒胶结在一起。凝胶经干燥脱水，所形成的结构体具有相当好的水稳性。特别是在含 10%以上二三氧化物的土壤中，氢氧化铁、氢氧化铝能将土壤颗粒黏结成粒径大于 100 μm 的水稳性团聚体。红壤的结构稳定性较强，是因为在红壤的结构组成中以膨胀性较小的高岭石为主，并具有大量胶结力强的水合氧化物。

氢氧化铁和氢氧化铝在稳定团聚体方面可能同样有效。当土壤和黏粒中含有比表面积很大的氢氧化铝时，就能产生稳定的团聚体。因为氢氧化铝是难以分散的，即使土壤中含有相当比例的交换性钠离子时也是如此。因此，在一定情况下也可以认为，高铁的水合氧化物在稳定团聚体方面不如氢氧化铝重要。为了证明氢氧化铝的重要性，Kubota（1975）把金属铝溶于 $AlCl_3$ 溶液中以制备氢氧化铝，用来处理蒙脱石黏土和埃洛石黏土。黏土泥浆经风干形成的团聚体放在不同的溶液中处理，其稳定性都增加。

### 3. 其他土壤性质对团聚体稳定性的影响

尽管铁、铝被认为是土壤团聚体的主要胶结物，但还有一些研究检验了土壤中其他化学物质对土壤的胶结作用。Castro 和 Logan（1991）研究了施用石灰对供试的三种土壤团聚体稳定性及溅蚀和水蚀的影响，结果发现该措施对溅蚀没有显著影响，对土壤侵蚀的影响则与有机质的减少相关，可能是由于钙离子的絮凝作用只是促使黏粒的团聚，还不能认为已形成团粒。Keren 等（1983）认为交换性钠离子对团聚体稳定性影响很大。$Na^+$ 有很强的分散性，可以直接导致团聚体破碎。Le Bissonnais（1996）认为阳离子的大小和电价影响团聚体稳定性，多价阳离子会导致絮凝，单价阳离子会导致分散。Cecconi 等（1963）发现 K 饱和的土壤较 Ca 饱和的土壤有更大的团聚体和更强的团聚体稳定性，表明交换性钾离子对土壤的渗透性有促进作用。

在所有的土壤原始颗粒中，黏粒的团聚作用是最重要的。尽管团聚体的稳定性往往随着土壤黏粒含量的增加而提高，实际上单独的黏粒基本上没有作用。但是当与有机物或者无机物相互作用时，黏粒基本上可以影响所有其他的土壤性质。黏粒之所以有这样的作用，是因为它们有巨大的比表面积和永久负电荷。土壤中只要含有 20%以上的黏粒成分，黏粒的特性如黏着力、收缩-膨胀性、渗透性以及团聚性就可以起到作用。Horn 等（1994）认为只要黏粒含量达到 15%，土壤就可以形成团聚体。

目前有不少研究者将目光放到土壤中的黏土矿物与土壤结构、土壤团聚体的关系上。Igwe 等（1999）研究了尼日利亚土壤团聚体稳定性与当地土壤化学性质、矿物性质的关系，发现含有蒙脱石的土壤团聚体稳定性比以高岭石为主的土壤要低得多。Jose 和 Sharon（1997）的研究表明在富氧化物的土壤中晶型氧化物所起到的团聚作用很小，真正扮演重要角色的是非晶型氧化铁铝。黏土矿物影响土壤矿物表面积、阳离子交换量（CEC）、电荷密度、分散性和膨胀性。黏粒、有机碳和团聚体之间的相互作用受到土壤 pH、CEC、阳离子（$Na^+$、$Ca^{2+}$、$Mg^{2+}$）的影响，而这些性质均受到土壤矿物的类型和数量的影响。

　　综上所述，团聚体稳定性及团聚体破碎后颗粒的大小直接影响土壤侵蚀量，而团聚体稳定性在很大程度上受其团聚机制的影响。在团聚过程中，土壤的化学性质如矿物学性质、黏粒含量及表面性质、有机胶结剂种类和数量、无机胶结剂的种类和数量都会导致其团聚机制的差异，以及受团聚机制影响的团聚体稳定性的不同。因此，研究侵蚀过程中土壤化学性质的变化，探讨侵蚀的化学机理对于土壤退化及水土保持工作有较大的指导意义。

## 2.3　土壤结构与坡面侵蚀过程

### 2.3.1　团聚体稳定性与土壤可蚀性的关系

　　土壤团聚体作为土壤结构的基本单元，是影响坡面侵蚀过程的重要因素，国内外众多学者通过测定不同的团聚体特征值，与坡面侵蚀过程参数建立了定量关系，在这些关系中，通常将土壤水稳性团聚体的数量和稳定性作为衡量和制约土壤抗蚀性和抗冲性的重要因子。郭培才和王佑民（1989）通过对不同土壤剖面（0～10 cm、20～30 cm、40～50 cm）层次的草地、林地、农地的采样分析，得出水稳性团聚体含量是反映土壤抗蚀性的最佳指标，按其含量将土壤抗蚀性分为 5 个等级。有关土壤性质对土壤侵蚀的影响的研究很多，但是由于研究方法、土壤类型、气候条件及土壤耕作管理措施的不同，土壤性质对土壤侵蚀的影响的表现不同。几乎所有的土壤性质都对土壤侵蚀有影响，但是正如 Lal 和 Couper（1990）指出的，任何单独的、可简单测定的土壤性质都不能代表土壤的可蚀性。在实际的研究中，某些土壤性质，如土壤团聚性、结持性和抗剪强度主导着土壤对侵蚀的敏感性，而其他的土壤性质对土壤侵蚀仅有一些间接作用。

　　Ellison（1944）在研究结皮形成过程后认为，侵蚀是随着土壤团聚体分裂成许多小的颗粒而开始的，这些小颗粒由于溅蚀而在土表迁移造成土壤侵蚀。田积莹和黄义端（1964）对子午岭地区不同植被下 8 个土壤剖面的土壤物理性质进行了研究，分析了土壤的团聚体总量、粒径为 1～10 mm 团聚体量、团聚状况、团聚度、团聚体分散度以及分散率和侵蚀率，认为这些物理性质可作为评价土壤抗侵蚀性能的指标。Moore 和 Singer（1990）研究了土壤结皮的形成对土壤侵蚀的影响，发现团聚体的稳定性会随着连续性的击穿能量及含水量的增大而降低，团聚体被破坏与压实，土壤颗粒从大的团聚体表面破裂出来，使土壤的抗蚀性能发生变化。Young（1980）、Bryan（2000）等均提出土壤团聚度及团聚体的稳定性是决定和影响可蚀性的最重要的土壤物理性质。Barthès 和 Roose（2002）应用人工模拟降雨，对土壤稳定性和土壤侵蚀进行研究后发现，30 min 径流深度和土壤流失量与粒径＞0.2 mm 稳定性团聚体的量成反比；在径流小区，3 年的径流强度和土壤流失量与表土团聚体的稳定性成反比，尤其是大团聚体的稳定性。实验结果表明，在降雨频繁的地区，团聚体的稳定性与土壤侵蚀和径流密切相关，是土壤对径流和侵蚀敏感性的有效指示因子。实际上，水稳性大团聚体很明显可以阻止土壤分散成易被搬运的细小颗粒。而且，团聚体分散破坏的速率也决定着土壤结皮的速率，而这与细沟侵蚀的发生也有密切关系。李勇等（1990）、杨玉盛等（1996）分别对黄土高原和南方红壤的研究结果都表明，土壤团聚体与土壤抗蚀性间有密切关系。

### 2.3.2　溅蚀过程中的团聚体破坏

Terry 等（1998）把降雨溅蚀分为五个步骤：①团聚体破碎；②跃出；③飞溅；④溅蚀跳跃；⑤溅蚀蠕动。土壤颗粒从土壤中分离的过程中，必须克服自身的重力，所以只有小土壤颗粒才能通过溅蚀被分离。Tisdall 和 Oades（1982），Oades 和 Waters（1991）等提出了土壤团聚层级模型。根据团聚层级模型，大团聚体的破碎过程是逐级破碎：大团聚体（粒径＞2 mm）首先破碎成较小的团聚体，然后较小的团聚体再进一步破碎成更小的团聚体或土壤颗粒。在大的降雨强度下，在降雨开始阶段（大约 1 mm 降雨量），消散是团聚体破碎的主导机制，之后不均匀膨胀和机械打击破碎成为团聚体破碎的主要机制。此外，Li 等（2005）分别在八个取样点对第四纪黏土发育红壤团聚体和泥质页岩发育红壤团聚体的稳定性进行了研究（图 2-2），发现随着累积降雨量的增大，土壤的平均重量直径（MWD）都呈现显著减小的趋势，尤其泥质页岩发育的红壤团聚体降雨前期的减小速度非常快，这意味着红壤团聚体在降雨的作用下逐渐消散，颗粒变小，这是红壤团聚体破碎的主要机制。

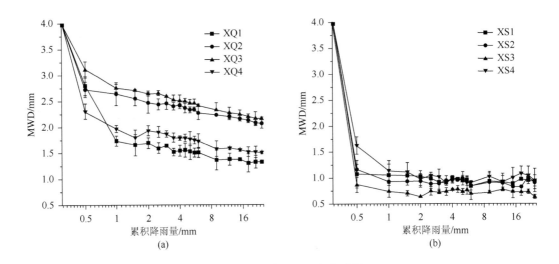

图 2-2　团聚体 MWD 变化过程

（a）第四纪黏土发育红壤团聚体；（b）泥质页岩发育红壤团聚体

大团聚体的溅蚀分离峰表现出延迟效应，即在降雨过程中大团聚体溅蚀最大值出现的时间总是晚于小团聚体，且延迟效应随团聚体粒径的增大而增强。团聚体在破碎过程中也遵循这一规律：大团聚体先破碎成小团聚体，小团聚体再进一步破碎成更小的团聚体或土壤颗粒（图 2-3）。因为只有小的团聚体或土壤颗粒才能被雨滴搬运，所以随着团聚体粒径的增加，团聚体破碎成能够被搬运的小团聚体的过程和时间就越长。因此，大团聚体的溅蚀呈现出延迟效应，并且团聚体粒径越大延迟效应越明显。在降雨开始阶段大团聚体溅蚀量小于小团聚体。在同样的时间内，大团聚体溅蚀分离率低于小团聚体。

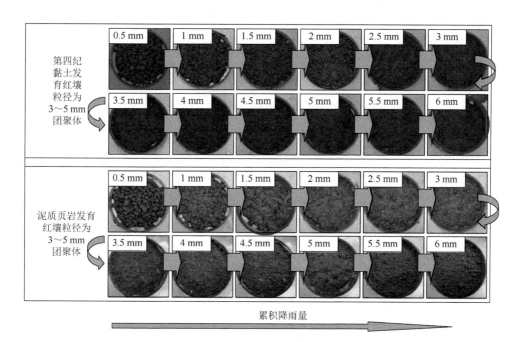

图 2-3　模拟降雨条件下不同母质红壤团聚体的破碎过程

目前已有大量的方法来测定团聚体的水稳性，如传统的湿筛法、LB 法。这些方法的测定过程均包括了团聚体的湿润过程和随后的机械振荡过程，通过这些过程模拟团聚体在自然降雨条件下的破碎机理。因此，团聚体水稳性被广泛用于土壤抗水蚀能力的预测。然而机械振荡过程中作用于团聚体的机械能量无法量化，因此导致了团聚体水稳性也只能应用于与其测定过程相似的环境领域。此外，这些方法需要包括称量、湿筛、烘干、称量、计算等步骤，不仅复杂，而且耗时，对某些特殊设备的要求也限制了这些方法的广泛应用。团聚体是土壤结构的基本单元。在一定的压力作用下，团聚体会沿着裂隙破碎开来。抗张强度被定义为引起团聚体张力破碎的临界压力。因此，团聚体抗张强度越弱，意味着团聚体含有更多的裂隙或孔隙。另外，如前面所讨论的，消散是降雨过程中团聚体破碎的主要机理。消散由团聚体快速湿润过程中闭蓄空气的"爆破"引起，而闭蓄空气的爆破作用依赖于团聚体内部闭蓄空气的"体积"。而团聚体中的这些裂隙正是团聚体内部空气的存在场所，所以抗张强度越弱的团聚体内部可容纳闭蓄空气的体积越大，随着消散作用的破坏，团聚体的稳定性降低。因此，团聚体的抗张强度与团聚体消散破碎后的平均重量直径（MWD）存在密切关系（图 2-4）。

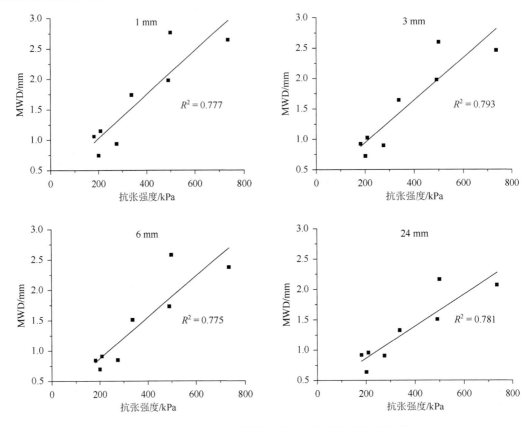

图 2-4 抗张强度与不同降雨量下平均重量直径的关系

抗张强度从微观结构上解释了团聚体的破碎机理，目前已经被广泛应用于土壤耕作和风蚀等领域的研究。抗张强度是研究单团聚体的非常有效的参数，与湿筛法相比，抗张强度测定法简单迅速，可以适用于尺寸相差非常大的不同团聚体，并且是非常敏感的土壤结构指标。而且，抗张强度不仅能定量地测定团聚体破碎的临界张力，也可以测定团聚体破碎所需的临界能量。此外，研究者也发展了通过杠杆法简易测定抗张强度的方法，大大降低了抗张强度对测试设备的要求。

### 2.3.3 坡面侵蚀对土壤结构的响应

#### 1. 坡面产流对土壤结构破坏的响应

土壤侵蚀是在雨滴击溅下随着表土团聚体的破碎开始的。土壤团聚体在不同外界应力作用下的破碎强度和破碎后的颗粒大小影响到土壤分离与搬运、水分入渗和地表径流等。首先，团聚体破碎成小的、易被搬运的颗粒，为径流输沙提供了物质基础。其次，团聚体破碎和分散是土壤结皮形成的前奏，结皮的形成能显著地减小土壤入渗能力，加剧地表径流和土壤侵蚀。在径流形成前，雨滴对土壤打击造成土粒分散、发生溅蚀的同时夯实地表，初步形成土壤结皮，从而导致径流形成，径流对土粒的冲刷、搬运，使土壤结皮趋于稳定，冲蚀继续增加达到最高并趋于稳定，溅蚀则减少到最低并趋于稳定。降雨初期，雨滴打击破坏土壤表层团聚体，分散的颗粒填充土壤表面的孔隙，土壤表面被压实，形成了容重较大的土壤结皮。而土壤结皮的形成过程，是表层土壤的结构逐渐被破坏，土壤孔隙状况和紧实度被改变的一个过程，即土壤结皮的形成能显著减小水分垂直入渗，促进地表径流的发生。

　　侵蚀过程中径流发生过程与土壤结构变化紧密联系。依照土壤表面结构变化的几个阶段，许多学者将径流发生划分为三个阶段：降雨起始点到初始产流点；初始产流点到径流稳定状态的出现；径流的稳定阶段。在径流发生的三个阶段中，第一阶段，雨滴冲击的物理分散、压实和土粒的搬运是结构破坏、土壤结皮形成的主要机制；第二阶段，由水流引起的分散携带和土粒的沉积作用逐渐取得主导地位；第三阶段，土壤结构（如结皮）的均衡是主要特点。李朝霞等（2005）在对泥质页岩红壤、第四纪黏土红壤和花岗岩红壤的研究中发现，泥质页岩红壤结构极不稳定，在雨滴打击下能很快形成致密坚固土壤结皮；第四纪黏土红壤团聚体较为稳定，降雨 30 min 后才形成土壤结皮，且土壤结皮易被破坏（图 2-5）。

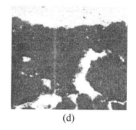

　　(a)　　　　　　　　　(b)　　　　　　　　　(c)　　　　　　　　　(d)

图 2-5　第四纪黏土红壤不同降雨历时表土微形态 [$t = 3$ min（a），8 min（b），14 min（c），26 min（d）]

　　团聚体稳定性比较差的土壤，侵蚀前期雨滴打击土壤团聚体形成大量分散细颗粒，击溅及片流作用很容易将表土颗粒携带下来，这些细颗粒被径流搬运，形成产沙高峰。但是随着降雨时间的延长，产沙率急剧下降。这可能是由于侵蚀材料的耗竭和土壤表面形成致密坚固的结皮。

　　虽然学界对于土壤结皮促进地表径流这一观点有一致的意见，但就其对土壤侵蚀强弱程度的变化的影响还存在分歧。一部分学者认为土壤表面结皮的存在导致坡面土壤侵蚀量增加，而部分研究得出相反的结论。蔡强国等（1989）研究表明在降雨历时相同的条件下，前期土壤表面有结皮坡面的径流量和产沙量较无结皮坡面都有显著增加。程琴娟等（2005，2007）认为土壤表面结皮使径流量增加，可以增强径流携带物质的搬运能力，使径流侵蚀力的增大远远大于土壤抗蚀力的增大，最终导致侵蚀产沙速率增大。唐泽军等（2004）提出土壤表面结皮增加的径流量必然改变径流的动力学特征，使径流对土壤的剪应力增加。通过计算结皮坡面土壤侵蚀结皮效应率，得出完全结皮坡面的土壤侵蚀结皮效应率要高出未完全结皮坡面的土壤侵蚀结皮效应率。另外，吴发启和范文波（2005）研究发现土壤表面结皮的存在使产流时间提早，并且结皮土壤的径流峰值总是早于非结皮土壤，且峰值高，但是由于土壤表面结皮在一定程度上提高了土壤抗蚀性，产沙量相对于无结皮土壤较小。

### 2. 坡面侵蚀产沙对土壤结构破坏的响应

表土团聚体对沟间侵蚀和细沟侵蚀中消散的抵抗力可理解为团聚体稳定性和径流、侵蚀之间的关系。土壤表面结皮会减少入渗量，产生径流增加侵蚀量，但同时它又能减少分散，稳固土壤表皮，减少侵蚀量，因此最终侵蚀量取决于土壤分散和迁移量的平衡。团聚体崩解除形成结皮外，还产生微团聚体和微小颗粒，而后者易于迁移和击溅从而形成细沟侵蚀。许多研究表明，细沟侵蚀是土粒分离、迁移、沉积和再分离、再沉积的综合过程。分选作用主要依赖于流速，而这与颗粒大小紧密相关。因此，测定团聚体稳定性的同时应给出产出物的粒径分布。Le Bissonnais（1996）认为团聚体崩解产生的粒径分布对土壤表面结皮的敏感性及土壤侵蚀有显著影响。

Hairsine 和 Rose（1991）认为结皮与侵蚀过程有很多一致的地方，侵蚀率在很大程度上受团聚体破碎过程的影响。Farres（1987）也强调，侵蚀量不仅受团聚体破碎的影响，还受破碎后颗粒尺寸的影响。Le Bissonnais（1996）、Le Bissonnais 和 Arrouays（1997）认为土壤侵蚀主要源自土壤团聚体的破坏及其产物被雨滴或薄层水流的搬运，他们从土壤团聚体的破坏机理出发，提出了多种处理方法来测定土壤团聚体稳定性，用平均重量直径来衡量土壤可蚀性和土壤表面结皮的敏感性。Barthès 和 Roose（2002）通过天然降雨观测结合人工模拟降雨试验，在不同尺度上（$1\ \mathrm{m}^2 \sim 1\ \mathrm{hm}^2$）证明团聚体稳定性与侵蚀量呈显著负相关关系。Valmis 等（2005）和 Dimoyiannis（2006）通过小区天然降雨观测，以团聚体稳定性特征参数替代可蚀性参数，建立了预测性能较好的侵蚀模型：

$$D_{\mathrm{i}} = 0.628\beta S_{\mathrm{t}}^{1.3}\mathrm{e}^{0.0967I_{30}} \quad \text{或} \quad D_{\mathrm{i}} = 0.638\beta EI_{30}\tan\theta \tag{2-1}$$

式中：$D_{\mathrm{i}}$ 为侵蚀率，$\mathrm{kg/m}^2$；$\beta$ 为团聚体特征参数（Valmis 等，1988）；$I_{30}$ 为最大 30 min 降雨强度，$\mathrm{mm/h}$；$S_{\mathrm{t}}$ 为坡度正切值；$E$ 为降雨动能，$\mathrm{J/m}^2$；$\theta$ 为坡度。

闫峰陵等基于团聚体破碎理论，通过控制湿润速度、初始粒径和降雨特征等条件，研究了降雨条件下红壤表土团聚体的破坏过程、结果和机理，探讨了团聚体稳定性及不同破碎机制对坡面侵蚀过程的影响，通过比较团聚体稳定性表征参数与坡面侵蚀过程相关性程度，提出针对侵蚀机理的红壤团聚体稳定性特征新指标——$K_{\mathrm{a}}$，以 Horton 入渗模型和 WEPP 细沟间侵蚀模型为框架，建立了侵蚀预测方程，结果显示新建立方程能较为准确地预测红壤坡面入渗量和侵蚀量。

估算侵蚀率有的采用经验模型，如改进的通用土壤流失方程（RUSLE）、水蚀预测模型（WEPP）和欧洲土壤侵蚀模型（EUROSEM），但常因缺乏充分的数据库来修正模型而应用不广，也产生了土壤侵蚀量是否精确的问题。另外，尽管通用土壤流失方程的提出是近 40 年来水土保持学科研究的重大成果，并在实践中得到修改完善，但其本质上仍是一个经验公式，把 $R$、$K$、$L$、$S$、$C$、$P$ 简单相乘也是主观的，加上土壤的复杂性和变异性，不能非常满意地应用于不同变化的状况。土壤可蚀性影响着入渗、导水率、表面结皮和侵蚀。估算土壤可蚀性的方法便是测定与土壤可蚀性显著相关的土壤内在性质。从土壤团聚体稳定性来研究土壤侵蚀，是一种简单易行的方法，属基础研究，它对于认识土壤侵蚀机理和合理地进行土壤侵蚀防治，制定或评价合理的土地管理规划均有极为重要的意义。

### 3. 不同结构团聚体在坡面水流中的输移搬运特征

土壤团聚体对坡面侵蚀过程的影响除抗击溅分散和抗坡面径流冲刷等造成侵蚀产沙和泥沙起动外,还包括泥沙在坡面径流传输过程中单粒、复粒及团聚体自身形态转化特征。团聚体之间的碰撞会进一步加速其自身的剥蚀和分解,特别是在水流流速增大时尤为显著。不同粒径团聚体颗粒在坡面水流中通过滚动和蠕动的方式运移。还有部分学者仅仅选取与团聚体几何形态相似的物质(如油漆包裹的团聚体颗粒、碎砖、碎煤粉等),研究其在坡面流中的输移过程和输移形态,这些研究者并未考虑团聚体自身在输移过程中的破坏特点,其理论分析与坡面侵蚀发生的实际过程差别较大。

坡面侵蚀发育过程中,土壤颗粒运动形式、输移距离与沉积位置等不仅取决于水流运动,还和土壤颗粒本身的性质有关,其中最重要的是泥沙粒径特性(不均匀性、不规则性等)。现有研究认为:侵蚀过程中,泥沙的粒径分布主要依赖于土壤团聚性的好坏和土壤团聚体的破碎程度;团粒性质好的土壤对雨滴击溅、径流剪切的抵抗力更强,其团聚体稳定性更高,侵蚀过程中形成沉积性结皮比例更低,构成结皮的泥沙粒径更大。Legout 等在比较土壤团聚体和侵蚀泥沙粒径组成的基础上,将泥沙粒径划分为 16 个等级,建立了基于团聚体稳定性和累积降雨量的模型,对侵蚀泥沙粒径进行预测。可见,土壤团聚体稳定性与坡面侵蚀泥沙粒径存在必然的关系。

### 4. 团聚体在坡面不同运移距离中的形态变化

团聚体在坡面水流运移中的剥蚀破坏特征与河流中砾石的运移剥蚀规律相似。河流中砾石的剥蚀规律遵循 Steinberg 方程:

$$P = P_0 e^{-\alpha x} \tag{2-2}$$

式中:$P_0$ 和 $P$ 分别为最初砾石质量与运移 $x$(m)距离剥蚀后剩下的质量;$\alpha$ 为团聚体剥蚀系数,为与砾石硬度、流速、粒径大小等相关的常数。

Wang 等(2012)将上述方程中各砾石的相关参数用团聚体在坡面水流内运移不同距离后的团聚体剥蚀程度 $W_r/W_i$ 代替,所得团聚体剥蚀系数 $\alpha$ 并非常数,三种粒径团聚体在运移不同距离后所得的 $\alpha$ 不同(图 2-6)。Steinberg 方程认为 $\alpha$ 为常数,其前提假设是砾石在河流中的剥蚀破坏发生在整个运移过程,即认为运移砾石在整个剥蚀过程与河床底面接触,而供试的三种粒径团聚体质量与砾石有较大差别,且在坡面水流内不同运移过程中随着距离的延伸,伴随有滚动、跳跃及悬浮等不同运动形态,故三种粒径团聚体的剥蚀系数 $\alpha$ 在不同运移距离时不同。

根据 $\alpha$ 变化关系将团聚体在运移过程中的剥蚀破坏划分为两个阶段:转运过程初期,团聚体由不规则形状逐渐剥蚀变圆,不断释放细小物质,剥蚀破坏速度较大,表现出 $\alpha$ 增加的趋势;随后,剥蚀变圆后的团聚体形状规则,且质量减小,碰撞坡面的概率减小,剥蚀破坏速度降低,表现为 $\alpha$ 的下降。此外,泥质页岩发育红壤团聚体自身稳定性较弱,对机械破碎的敏感程度较高,转运过程中剥蚀变圆迅速,所需距离较短(36 m、54 m);第四纪黏土发育红壤团聚体初始粒径、形状虽与泥质页岩发育红壤相似,但自身稳定性较强,运移过程中剥蚀破坏程度较小,团聚体剥蚀变圆的过程缓慢,所需距离较长(72 m)。

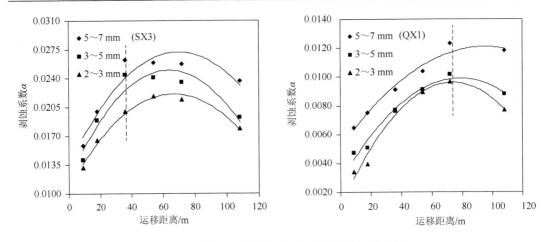

图 2-6 坡面不同运移距离中各粒径团聚体剥蚀系数 α

### 5. 水动力学参数对团聚体搬运破坏的影响

简单的水动力学参数预测土壤分离（或泥沙颗粒运输）速率模型有一个共同的经验特征，即通过将所得的水力指标与土壤流失量建立良好的统计相关性来实现。控制土壤分离（或泥沙颗粒运输）能力的主要水动力学参数有坡度、流速、水深、水流剪切力（shear stress）、水流功率（stream power）、阻力系数等。王军光等（2012a）的研究结果表明，流量和坡度对两种红壤团聚体的剥蚀影响都是极显著的（$p<0.001$）。在坡度为 8.8%～17.6%时，红壤团聚体运移一定距离后的 $W_r/W_i$ 值均随流量的增大呈现幂函数形式增加，表现为团聚体剥蚀程度下降；而在较陡坡度（26.8%～46.6%）下的 $W_r/W_i$ 值随流量变化规律有所不同，在大流量（1.0～1.2 L/s）条件下 $W_r/W_i$ 值均有不同程度的下降，表现为团聚体剥蚀程度的加剧。其原因为在小坡度范围内，尽管流量不断增加，但此时一定粒径的团聚体在水流中的运动形态主要以悬浮为主，与坡面底部碰撞概率较小，因此表现为团聚体的剥蚀程度下降；而在大坡度范围内，随着流量的增加，由于坡度较陡，运动形态中伴有滚动、跳跃及悬浮等多种形态，团聚体与坡面底部碰撞概率较大，此时表现为团聚体的剥蚀程度增加。

径流水深也是坡面水流最基本的水力学参数。初始粒径一定的团聚体（5～7 mm），由于自身质量较小，径流水深的变化会直接导致团聚体在坡面运移过程中运动形态的变化，从而影响团聚体的剥蚀破坏程度，研究得出团聚体的剥蚀程度随着径流水深的增加而降低。分析原因为初始粒径一定的团聚体在运移过程中的运动形态随径流水深的增加逐渐发生变化，其运动形态由以滚动形态为主转变为以悬浮、跳跃形态为主，从而进一步影响到团聚体与底面碰撞概率及剥蚀程度的大小。

水流在流动过程中必然会受到阻力的作用，Darcy-Weisbach 阻力系数 $f$ 反映了坡面流在流动过程中所受阻力的大小。已有研究表明，在流量、坡度等水力条件相同的情况下，阻力系数越大，水流克服阻力所消耗的能量越多，则水流用于土壤分离和泥沙输移的能量越少。随着阻力系数的增大，两种红壤团聚体的 $W_r/W_i$ 值呈幂函数形式减小，团聚体剥蚀程度随阻力系数的增加而增加。可见，随着阻力系数增大，即使水流用于侵蚀的能量降低，但对粗泥沙颗粒（团聚体）自身的剥蚀破坏程度却呈增加趋势。在团聚体结构状况典型的红壤区域，该结果对于更加全面地分析阻力系数与坡面侵蚀间的关系有指导意义。

国外较多模型中涉及水动力学参数与径流中土壤分离能力（soil detachment capacity）的关系，而水动力学参数与粗泥沙颗粒（团聚体）在坡面径流运移过程中的剥蚀破坏关系研究较少。目前常用的水动力学参数为水流剪切力、水流功率及单位水流功率（unit stream power）三种形式。王军光等（2012b）研究表明，两种供试红壤团聚体的 $W_r/W_i$ 值均随着水流剪切力、水流功率及单位水流功率的增加呈现幂函数的减少趋势，即说明坡面水流内团聚体剥蚀程度随着三种水动力学参数的增加而呈幂函数增加，初步得出单位水流功率是描述坡面水流内团聚体剥蚀破坏程度较好的水动力学参数。

### 6. 搬运破坏后团聚体与自身稳定性分析

当团聚体被湿润时，团聚体稳定性受到不同破碎机制的影响。Wang 等（2013）在试验过程中，通过乙醇预湿润前处理消除了消散作用对团聚体自身破坏的影响，研究表明，坡面水流内不同运移距离团聚体的剥蚀破坏主要与机械破碎作用有关。LB 法得到的相对机械破碎指数（RMI）综合反映了坡面水流中径流剪切外应力作用（无降雨条件下）的团聚体敏感程度，且值越大，表明团聚体对机械破碎作用的敏感程度越高。研究结果表明，不同运移距离时团聚体剥蚀程度 $W_r/W_i$ 与相对机械破碎指数 RMI 均达到显著性相关（$p<0.05$）。Wang 等（2013）利用团聚体相对机械破碎指数 RMI 和坡面运移距离 $x$ 相结合，得出坡面水流中不同运移距离的 $W_r/W_i$ 的预测方程：

$$W_r / W_i(\%) = -70.50\text{RMI} + 222.31x^{-0.29}(R^2 = 0.87, p < 0.001, n = 60) \tag{2-3}$$

由决定系数 $R^2$ 及显著性概率 $p$ 可知，新建立方程能较为准确地预测坡面水流在不同运移距离时红壤团聚体的剥蚀破坏程度（图 2-7）。

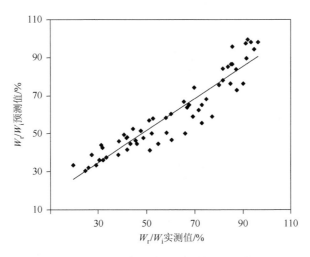

图 2-7 $W_r/W_i$ 实测值与预测值对比分析

### 7. 团聚体在坡面水流搬运破坏后的粒径粒形分析

团聚体运移过程中剥蚀破坏后的粒径分布依赖于对自身机械破碎敏感性的强弱，由于供试红壤团聚体对机械破碎的敏感性不同，因此，同运移距离内各红壤间剥蚀破坏后的 MWD 差异明显。初始对机械破碎敏感性较弱的团聚体，一定运移距离内剥蚀破坏程度较低，大颗粒团聚体含量相对较多，剥蚀破坏后的 MWD 相应较大。剥蚀破坏后所有粒径＞5 mm 的团聚体含量均随着运移距离的增加而逐渐减少，而所有 1～2 mm、0.5～1 mm、0.25～0.5 mm 团聚体含量则随着运移距离的增加而逐渐增加。此现象表明，一定粒径的团聚体在剥蚀破坏过程中，大颗粒团聚体剥蚀破坏迅速，随着运移距离的增加，颗粒粒径迅速减小，但粒径变小后的较小团聚体剥蚀变慢，随着运移距离的增加，整体表现为小颗粒团聚体逐渐富集的过程，不同红壤间粒径随着运移距离的增加的变化规律并不一致。

Wang 等（2014）用 EyeTech 激光粒度粒形仪测定剥蚀破坏后粒径＜0.25 mm 团聚体，分别用平均费雷特直径（average Feret diameter）和形状因子（circularity，Cir）测定的 $D_{50}$ 表示颗粒粒径和粒形的变化。研究表明，所有供试团聚体的平均费雷特直径 $D_{50}$ 值均随运移距离的增加呈现先增大后减小的趋势，此现象与所得出大团聚体剥蚀破坏分为两个阶段的规律有关，即第一阶段团聚体剥蚀破坏迅速，释放的细小物质较多，且剥蚀掉的粒径＜0.25 mm 细小颗粒未被进一步破坏，表现为微团聚体（0.0385～0.25 mm）的平均费雷特直径 $D_{50}$ 值的增加；而当大颗粒团聚体逐渐剥蚀变圆后，剥蚀破坏速度降低，释放细小物质较少，粒径＜0.25 mm 的细小颗粒被进一步破坏，表现为微团聚体的平均费雷特直径 $D_{50}$ 值降低的趋势。

目前对团聚体在坡面侵蚀过程中遭破坏后颗粒粒形变化的研究较少，Wang 等（2014）研究发现所有供试团聚体的形状因子 $D_{50}$ 值均随运移距离的增加呈现对数函数增加的趋势，即随着运移距离的增加，剥蚀后微团聚体颗粒形状逐渐接近球形。不同运移距离后微团聚体的形状因子（Cir）与初始团聚体相对机械破碎指数（RMI）两者之间呈显著的负相关关系，表明对机械破碎程度敏感性较弱的团聚体，在一定运移距离剥蚀破坏后微团聚体颗粒形状更接近球形。将 Cir 与 RMI、运移距离（$x$）进行多元回归分析，可得三者间定量关系如式（2-4）所示，新建立方程能较为准确地预测坡面水流不同运移距离剥蚀破坏后微团聚体颗粒形状。

$$\text{Cir} = 0.055\ln x - 0.3500\text{RMI} + 0.4121(R^2 = 0.72, p < 0.001, n = 60) \qquad (2\text{-}4)$$

## 2.4　土壤侵蚀过程与泥沙分选

在坡面土壤水蚀过程中，泥沙的运动形式及其搬运和沉积状态不仅取决于坡面径流水动力学特征，还与泥沙的颗粒大小、密度等性质相关。泥沙颗粒性质的差异和坡面径流的不平衡输沙导致侵蚀泥沙具有分选性：大颗粒易沉积，小颗粒易被优先搬运。随着对侵蚀机理的认识逐步深入，侵蚀泥沙的分选特征及其搬运机制成为研究热点和前沿，如 WEPP、

EUROSEM、GUEST 等机理模型将泥沙颗粒大小与水动力学参数结合来判断泥沙的搬运和沉积状态。侵蚀泥沙由土壤原生颗粒（包括黏粒、粉粒和砂粒）和团聚体组成，坡面水蚀过程中降雨、土壤、覆盖、耕作等因素都会影响泥沙分选，但从力学角度可归结为水的侵蚀力和土壤自身抗侵蚀力之间的相互作用，其他影响因子可通过这两种作用力表现出来。降雨径流为水蚀的发生和发展提供了能量和载体，是泥沙分选的驱动因素；土壤结构可反映土壤自身抗侵蚀力，是影响泥沙分选的关键因子。

## 2.4.1　侵蚀泥沙分选与雨滴的关系

降雨侵蚀驱动下，当雨滴或径流能量达到分离土壤颗粒的临界能量时，坡面泥沙颗粒分离、搬运机制可分为以下四种：①雨滴击溅分离并搬运土壤颗粒；②雨滴击溅分离土壤颗粒，并由受雨滴扰动的径流搬运土壤颗粒；③雨滴击溅分离土壤颗粒，径流搬运土壤颗粒；④径流分离土粒，同时径流搬运土壤颗粒。雨滴击溅作用能使表土团聚体破碎，或者从表土团聚体表面上剥离土壤颗粒。通常认为，薄层水流的流速很小不足以产生紊流，因此，如果没有雨滴的击溅作用，薄层水流的剪切力无法使土壤颗粒从土壤表面分离。雨滴动能是反映雨滴溅蚀效果的重要指标，雨滴动能的存在使得雨滴能够破坏土壤颗粒之间的黏结力从而使土壤颗粒发生分离，并且能够短距离地搬运被分离的土壤颗粒。坡面薄层水流形成初期，水流深度很小，雨滴能够穿过薄层水流继续分散土壤颗粒，继而分离的土壤颗粒会不断地被坡面径流搬运，且存在使土壤颗粒发生剥离的临界雨滴动能。当径流产生后，雨滴动能随径流深度的增加而减小。

土壤颗粒在侵蚀搬运的过程中会表现出不同的粒径分布，侵蚀泥沙颗粒粒径分布也会相应地反映出侵蚀过程的变化。细颗粒将以与径流一样的速度通过悬移的形式被径流搬运，大颗粒则受雨滴的作用以跃移或滚动的方式被搬运。土壤颗粒每一次以跃移或滚动的形式移动，都是受雨滴击溅的作用，而移动的距离则取决于土壤颗粒的大小和密度、雨滴的直径和速度，以及径流深度和流速。随着雨滴击溅，发生移动的土壤颗粒虽然移动的距离非常有限，但它使得土表形成了松散的土壤颗粒层，当径流产生后，土壤颗粒更容易被径流搬运迁移。另外，松散的土壤颗粒层在一定程度上也降低了下层土壤被分离搬运的概率，导致侵蚀泥沙中细颗粒含量减少，取而代之的是来自松散土壤颗粒层的较粗的土壤颗粒。

侵蚀泥沙颗粒粒径分布随降雨强度的变化表现为，低降雨强度时，侵蚀泥沙颗粒普遍比供试土壤颗粒细，高降雨强度时，侵蚀泥沙颗粒粒径分布与供试土壤颗粒粒径分布类似；随着坡长和降雨强度的增加，侵蚀泥沙颗粒大小由细到粗，最后与供试土壤颗粒相似。降雨动能通过影响侵蚀过程进而影响侵蚀泥沙的粒径分布情况，存在使侵蚀泥沙中团粒发生破坏的临界降雨动能，当大于临界降雨动能时，降雨动能越大，团粒破碎越严重，因此侵蚀泥沙中细颗粒富集现象越明显。不同降雨动能下，分散前泥沙颗粒粒径的中数值差异显著（$p < 0.05$），且分散前侵蚀泥沙颗粒粒径中数值都比分散后侵蚀泥沙颗粒粒径中数值大，这说明侵蚀泥沙中含有团粒，也正面论证了研究分散前后泥沙颗粒粒径分布的必要性。泥沙中含有团粒，假如采用分散后泥沙颗粒粒径分布数据来研究泥沙的

搬运机制，则极有可能得出错误的结论，因为大部分黏粒会以团粒的形式搬运。相同粒径下，分散前泥沙颗粒含量和分散后颗粒含量的比值（$E/U$）能指示不同粒级泥沙在被径流搬运时的状态。当 $E/U$ 等于 1 时，表示泥沙以单粒的形式被搬运；当 $E/U$ 不等于 1 时，表示泥沙以团粒的形式被搬运。当降雨动能较低时，相对于粗粉粒而言，黏粒、细粉粒和砂粒更倾向于以团粒的形式被搬运。降雨动能越大，各级颗粒的 $E/U$ 值越接近 1，说明泥沙越倾向于以单粒的形式被搬运，这是因为降雨动能越大越易导致泥沙中更多的团粒被破坏成单粒。团粒破碎导致细颗粒的富集，尤其是黏粒的富集，土壤养分及污染物质等易被黏粒吸附，这对于研究农业面源污染意义重大。研究表明，降雨动能对团聚体的破坏作用仅在降雨开始的前几分钟明显。团聚体被击碎后，细颗粒被释放并随着降雨入渗聚集在土壤剖面 0.1～0.5 mm 处，阻塞土壤空隙，导致坡面径流产生。坡面径流产生后，雨滴穿透径流分离土壤颗粒并将其搬运到下游。此外，雨滴将扰动径流，从而相应地增加径流的侵蚀搬运能力。当径流深度足以吸收所有雨滴能量时，雨滴对团粒的破碎作用几乎可以忽略不计。各粒级颗粒的 $E/U$ 值随着降雨历时推移而接近 1，即随着降雨的进行，越来越多的泥沙以单粒的形式被搬运，这说明除了降雨击打会造成团聚体的破碎外，在搬运过程中，径流的剥离作用也会造成团粒不同程度的破碎。

也有研究表明，降雨强度和降雨动能对侵蚀泥沙颗粒组成的影响并不明显，主要受到土壤内在性质的影响。侵蚀泥沙中通常表现为粉粒富集，即粉粒是最易被侵蚀的土壤颗粒。同时，当泥沙颗粒较粗时，侵蚀过程中泥沙的分离率将随着粒径的增大而减小；然而，当泥沙颗粒较细时（粒径小于 400 μm），由于细小颗粒易形成团粒，侵蚀过程中泥沙的分离率将随着粒径的减小而减小。因此，土壤中黏粒或砂粒含量越高越不易被侵蚀，而粉粒含量越高越容易被侵蚀。但是也有研究表明，土壤中的粉粒含量越高，土壤颗粒间的黏结性越差，在侵蚀过程中越容易在土表面形成结皮，进而增大地表径流，促进土壤颗粒的分离和搬运。由此可见，土壤质地对侵蚀泥沙颗粒特征的影响仍然不确定，还需要进一步研究。在整个降雨过程中，与原状土壤相比，初始侵蚀阶段泥沙中黏粒和粉粒较多，并随着降雨历时推移逐渐变粗，最终与原状土壤颗粒分布相似。此外，雨滴击溅作用以及表土颗粒的移动还受到土壤入渗情况的影响，而土壤结皮是影响土壤入渗情况的主要因素之一。土壤结皮的形成主要包括两种途径：①由雨滴击溅作用导致的土壤团聚体的物理性分散；②受土壤交换性钠含量（ESP）和径流中电解质浓度影响的土壤团聚体的化学性分散，即团聚体分散后产生的细小的土粒阻塞土壤空隙从而造成土壤结皮的产生。由此可以推测，影响土壤结皮的众多因素也极可能对侵蚀泥沙颗粒分布造成影响。

## 2.4.2　侵蚀泥沙分选与径流的关系

当径流深度大于雨滴直径的三倍时，降雨动能迅速减弱，其对土壤颗粒的分离能力可忽略不计。此时径流对土壤颗粒的分离作用占主导，当径流剪切力超过土壤颗粒起动所需要的临界剪切力时，径流对土壤颗粒的分离能力随径流深度的增加而增大。径流对土壤颗粒的分离、搬运能力随着降雨强度和坡长的增加而增加。根据泥沙的来源情况，可将土壤水蚀进一步细分为细沟侵蚀和细沟间侵蚀。通常认为，细沟间侵蚀导致侵蚀泥沙中黏粒和粉粒富集,主要是因为薄层水流的搬运能力弱,不足以搬运粗颗粒,或部分粗颗粒在运移过程中发生了沉积。相比之下,细沟侵蚀泥沙的分选性较差,甚至当细沟内股流超过某一临界剪切力时其侵蚀泥沙不具分选性。造成上述差异的原因是,股流较薄层水流而言,具有更大的搬运能力,能同时搬运细颗粒和粗颗粒进而导致泥沙分选性差。细沟产生后侵蚀泥沙中的粗颗粒明显增多,主要是由细沟内股流与细沟间薄层水流对泥沙颗粒分离、搬运机制差异引起的,并且侵蚀泥沙浓度及其颗粒分布随降雨历时发生变化。侵蚀初期,泥沙中富含黏粒和粉粒,随着时间的推移,泥沙颗粒越来越粗,最终与供试土壤颗粒分布类似。但也有研究表明,细沟侵蚀泥沙中黏粒含量更高,主要是由于细沟内股流搬运能力较细沟间薄层水流的搬运能力强,使更多的团粒被搬运移动,且股流流速大,引起其剪切力增大,破坏了团粒间的黏结力,进而释放出黏粒。然而,以上研究结论均来源于单独的细沟侵蚀研究或细沟间侵蚀研究,但在自然环境下“细沟”和“细沟间”是同时存在的,细沟间区域被分离的泥沙颗粒会被薄层水流搬运到细沟内,进而被股流搬运到异地。因此,在细沟产生后,侵蚀泥沙颗粒的分布特征更为复杂。

对于“细沟间-细沟”侵蚀系统,由于细沟间侵蚀和细沟侵蚀的侵蚀机制不同,侵蚀泥沙颗粒分布情况将取决于细沟间侵蚀占主导还是细沟侵蚀占主导。粗颗粒以及大的团粒具有更快的沉降速度,因而与薄层水流相比更易被细沟内股流搬运,并且,股流具有更大的径流深度,将在一定程度上减少团粒被雨滴击溅破坏。研究表明,细沟产生前,侵蚀泥沙中 90%的颗粒为细颗粒,随着细沟发育趋于稳定,侵蚀泥沙中粗颗粒含量显著增加。然而,Shi 等(2014)的研究结果显示,细沟产生后侵蚀泥沙颗粒粒径分布变化并不那么明显,即使侵蚀泥沙颗粒粒径的中数值在细沟产生后有所增大,可能是因为在该试验中,细沟的面积相对于整个侵蚀界面而言还较小,即虽然有细沟产生,细沟间侵蚀还是占主导地位,因而泥沙粒径分布主要还是受到细沟间侵蚀的影响。与细沟内股流相比,细沟间薄层水流的流速和径流深度都较小,这一方面导致更少的粗颗粒被搬运,另一方面也导致更多的团粒在搬运过程中被雨滴击溅破碎成细颗粒。因此,细沟产生后粗颗粒虽然有所增加,但细颗粒也同时增加并由此降低了粗颗粒增加的幅度。

此外,泥沙搬运可分为两种条件,“供给限制”(supply-limiting 或 entrainment-limiting 或 detachment-limiting)和“运移限制”(transport-limiting):当坡长一定时,若泥沙浓度随降雨历时推移而减小,即径流的分离能力较弱,坡面没有足够的可供径流搬运的土壤颗粒,泥沙浓度受到径流分离能力的限制,这种情况称为“供给限制”;当泥沙浓度不随降雨历时发生变化但随着坡长增加而增大时,即坡面有足够的可供径流搬运的土壤颗粒但径流的搬运能力较弱,泥沙浓度受到径流搬运能力的限制,这种情况称为“运移限制”。粒径不同的泥沙颗粒的搬运条件存在差异,侵蚀泥沙中砂粒含量随着降雨历时的推移几乎不变,搬运条件表现为“运移限制”;黏粒和粉粒含量随着降雨历时推移而减少,搬运条件表现为“供给限制”。由此可知,粗颗粒和细颗粒的搬运过程不一样,因此在建立物理过程模型时,不能仅考虑侵蚀总量,还应着重考虑侵蚀泥沙颗粒组成情况。

当搬运条件为“供给限制”时,即径流搬运能力足以搬运所有被雨滴击溅分离的土壤颗粒,侵蚀泥沙中粗颗粒含量较多;当搬运条件为“运移限制”时,径流搬运能力不足以搬运所有被雨滴击溅分离的土壤颗粒,较粗的土粒将沉积在表土,侵蚀泥沙表现为细颗粒富集。坡度越小侵蚀泥沙中细颗粒含量越高，是因为径流流速小，搬运能力低，且土粒暴露在雨滴下的时间更长，泥沙中的团粒被雨滴击溅破碎成细颗粒。此外，当上方有含沙水流汇入时，与无上方来水相比，侵蚀泥沙中黏粒含量增加，粉粒含量减少，但受含沙水流搬运能力的影响，细沟侵蚀泥沙中黏粒含量随上方来水含沙浓度的减小而呈增加趋势。

### 2.4.3　侵蚀泥沙颗粒与降雨径流耦合作用的关系

雨滴打击会造成径流紊动，影响径流切应力和挟沙能力，从而影响整个侵蚀过程。研究表明，仅在薄层水流动力作用下，黄土的侵蚀量与地表坡度呈幂函数关系，递增速率随降雨强度、地表坡度的增加而增加；在雨滴击溅与薄层水流侵蚀动力的共同作用下，侵蚀量与地表坡度呈二次抛物线型关系。雨滴扰动下薄层水流的侵蚀能力约是单独降雨或单独径流侵蚀能力的两倍。雨滴溅蚀对土壤颗粒分离搬运的作用受到径流深度的影响，径流对雨滴能量的消耗会相应地减小其侵蚀力。降雨侵蚀下黏粒、粉粒、砂粒分离和搬运的临界条件如图 2-8 所示。

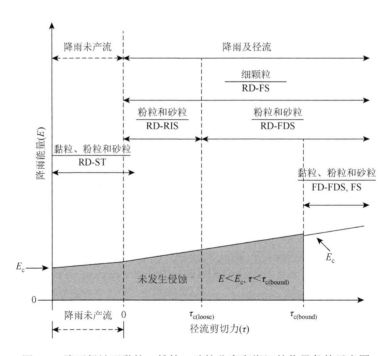

图 2-8　降雨侵蚀下黏粒、粉粒、砂粒分离和搬运的临界条件示意图

RD. 雨滴分离作用；FD. 径流分离作用；FS. 悬移搬运；RIS. 雨滴引起跃移搬运；FDS. 径流引起跃移搬运；ST. 击溅搬运；$E_c$. 引起分离的临界雨滴能量；$\tau_{c(loose)}$. 引起跃移的临界径流剪切力；$\tau_{c(bound)}$. 引起分离的临界径流剪切力

相对于单独降雨作用或单独径流作用的侵蚀，雨滴击溅和径流冲刷耦合作用下侵蚀泥沙颗粒的分选性更强。雨滴击溅对团聚体的破碎和剥蚀会导致侵蚀泥沙中细颗粒的富集，这种富集现象在雨滴击溅和径流冲刷耦合作用下表现得更明显。然而，雨滴击溅和径流冲

刷的耦合作用会受到土壤性质的影响，既可表现为正面交互作用也可表现为负面交互作用，并且这两个过程的耦合作用随着径流切应力的改变而改变。

此外，在暴雨条件下，植被覆盖良好的地区，泥沙会受到植被的截留，进而引起其空间分布上的差异。土壤条件和降雨特性都会影响到侵蚀—搬运—沉积过程泥沙中团粒的含量，侵蚀泥沙中团粒含量越少，即大部分侵蚀泥沙都以土壤单粒形式存在，沉积泥沙的分选性就越强，沉积泥沙中细小颗粒的含量越低。侵蚀泥沙粒径中数值随降雨动能（决定土壤颗粒的分离以及团聚体的分散）和水流功率（决定搬运泥沙的能力）而变化，当地表裸露时，泥沙粒径中数值与降雨动能和径流系数均呈正相关关系。植被覆盖情况良好时，植被能减少约 50% 的降雨能量及 75% 的径流能量，从而有效地减少了侵蚀过程中团聚体的破碎及大颗粒的搬运量，在降雨强度大时上述效果更为明显。

## 2.4.4　侵蚀泥沙分选与土壤团聚体的关系

团聚体稳定性及粒径分布不仅影响着土壤的孔隙分布，还决定着孔隙数量搭配和形态特征对外界应力的敏感性，而土壤孔隙特征（如孔隙度、孔径分布、连接度等）又影响水分在土表及土体内的运移方式与途径，与地表径流和渗透性之间具有密切关系，进而影响侵蚀泥沙的迁移。土壤团聚体稳定性与侵蚀泥沙颗粒分布之间存在必然关系：侵蚀过程中，细颗粒泥沙容易被搬运，且搬运距离较远，团聚体稳定性好的土壤对侵蚀力（雨滴打击、径流剪切）的抵抗力更强，在侵蚀过程中较难破碎，形成的泥沙颗粒较粗。土壤团聚体稳定性越好，侵蚀泥沙颗粒越粗。粒径为 20～200 μm 的土壤颗粒最容易被侵蚀，因为粒径大于 200 μm 的土壤颗粒由于自身较重，径流携带困难不易发生移动，而粒径小于 20 μm 的土壤颗粒通常是以团聚体的形式存在，即细颗粒团聚成较大的粗颗粒，也不易发生移动。团聚体稳定性强的土壤，其侵蚀泥沙中不仅包含了单粒还包含了大量团粒，侵蚀泥沙颗粒将表现为双峰分布，且团聚体稳定性越强双峰分布现象越明显。例如，红壤团聚体稳定性强于黑土，其侵蚀泥沙颗粒双峰分布现象相对于黑土更明显；团聚体稳定性弱的土壤，如砂粒含量很高但黏粒和粉粒含量很低的粗骨土，其侵蚀泥沙几乎都是由单粒组成，侵蚀泥沙颗粒将表现为单峰分布。

侵蚀过程中，雨滴的击溅作用和径流的扰动作用都可能导致稳定性较弱的团粒破碎成更小的团粒，这些更小的团粒具有更强的稳定性。并且，与由雨滴击溅分离的团粒相比，由径流分离的团粒粒径更大，稳定性更差，更容易被进一步破碎。研究表明，溅蚀的泥沙颗粒比冲蚀的泥沙颗粒粗，但也有研究表明二者泥沙颗粒大小没有本质区别。不同的研究结论主要是由于受到降雨特性和土壤团聚体稳定性差异的影响。当降雨产生的径流小时，径流的搬运能力低，不足以搬运溅蚀分离出的大颗粒，侵蚀泥沙表现为细颗粒富集。此外，泥沙中的团粒在径流搬运的过程中也会发生破碎，且土壤团聚体稳定性越差，其侵蚀泥沙中的团粒越容易在搬运过程中发生破碎，此时溅蚀的土粒粒径就会比冲蚀的大。但当径流系数大，团聚体稳定性强时，溅蚀分离出的大颗粒能被径流搬运，冲蚀的泥沙中将含有较多的大颗粒，此时溅蚀的土粒粒径与冲蚀的相似。

　　研究表明，侵蚀泥沙颗粒比供试土壤中的颗粒更细，但也有研究表明，侵蚀泥沙颗粒比原始供试土壤中的颗粒粗，或二者相近。侵蚀泥沙颗粒组成受到侵蚀土壤原始颗粒组成及团聚体稳定性的影响。侵蚀过程中，粗颗粒由于具有更大的质量不易被分离搬运，所以侵蚀泥沙中通常表现为细颗粒富集，其中，粉粒最易发生富集，即粉粒是最易被侵蚀的土壤颗粒。Young（1980）认为粒径小于 0.02 mm 的颗粒常以团聚体的形式存在，而粒径大于 0.2 mm 的颗粒质量较大，均不易被径流携带，因此侵蚀泥沙中粒径为 0.02～0.2 mm 的颗粒发生富集。同时，当泥沙颗粒较粗时，侵蚀过程中泥沙的分离率将随着粒径的增大而减小；然而，当泥沙颗粒较细时，由于细小颗粒易形成团粒，侵蚀过程中泥沙的分离率将随着粒径的减小而减小。因此，土壤中黏粒或砂粒含量越高越不易被侵蚀，而粉粒含量越高越容易被侵蚀。但是也有研究表明，土壤中的粉粒含量越高，土壤颗粒间的黏结性越差，在侵蚀过程中越容易在土表形成结皮，进而增大地表径流，促进土粒的分离和搬运。上述不同结果主要源于土壤团聚体稳定性的差异，相同外力作用下，团聚体稳定性强的土壤，侵蚀泥沙中包含更多的小团聚体或微团聚体；反之，团聚体在搬运过程中易破碎，泥沙颗粒组成则接近于土壤机械组成。从土壤自身抗侵蚀力的角度看，土壤团聚体破碎特征也是影响泥沙分选的关键因子。

　　团聚体破碎机制会影响团聚体的破碎程度，进而影响到破坏后土壤颗粒分布特征。水蚀过程中团聚体破碎机制包括消散作用、机械破坏、矿物非均匀膨胀裂解等。消散作用破坏力大，使大团聚体破碎成微团聚体；机械破坏力随降雨历时增加而累积，甚至使团聚体破碎成单粒；矿物非均匀膨胀裂解破坏力较小，使大团聚体破碎成小团聚体或微团聚体。国外学者根据各降雨阶段团聚体破碎机制的贡献不同，建立了基于团聚体破碎机制的侵蚀泥沙粒径分布预测模型。国内学者利用快速湿润、预湿振荡、缓慢湿润定量研究消散、机械破坏、矿物非均匀膨胀裂解对红壤、黑土、黄绵土等土壤团聚体的破碎效果，发现破碎后团聚体的平均重量直径（MWD）均为快速湿润＜预湿振荡＜缓慢湿润。并且，降雨过程中雨滴击溅和径流剥蚀造成团粒在搬运过程中的破碎也会影响泥沙颗粒组成。粟钙土侵蚀泥沙中的团粒在薄层水流的剥蚀作用下，由大团粒变为小团粒，剥蚀释放的细颗粒悬浮在径流中，随着运移距离的增加，团粒逐渐被剥蚀变圆，成为球形或椭圆形，其与侵蚀床面碰撞的概率也相应减小，此时团粒达到稳定状态。对亚热带地区红壤的研究发现，侵蚀泥沙颗粒粒径分布主要受土壤母质和降雨侵蚀力的影响，相同母质红壤产生的侵蚀泥沙颗粒组成相似，团聚体稳定性高的土壤，其侵蚀泥沙颗粒包含大量团聚体，而团聚体稳定性较差的土壤，其侵蚀泥沙颗粒中粒径小于 0.02 mm 的颗粒发生明显富集。紫色土坡地侵蚀泥沙颗粒组成中，粒径小于 0.02 mm 的颗粒也发生明显的富集。

　　国内外研究结果表明，侵蚀泥沙颗粒组成变化很大，例如，侵蚀泥沙中有可能是粒径为 20～200 μm 的颗粒发生富集，也可能是粒径为 4.3～13.2 μm 的颗粒发生富集，也可能是粒径小于 20 μm 的颗粒发生富集，这种矛盾的结果主要源于不同初始条件下土壤团聚体的破碎机制差异。降雨条件下由机械外力和消散作用引起团聚体破碎程度及其颗粒分布显著不同。由上述研究可知，能够引起团聚体破碎机制差异的因素，如土壤前期含水量、土壤性质、侵蚀外力等，都将有可能导致侵蚀泥沙颗粒分布发生变化。

## 2.4.5　侵蚀泥沙搬运机制

泥沙起动后,在水流上举力的作用下在侵蚀界面被抬升,与速度较高的水流相遇,被水流挟带前进。但泥沙颗粒比水重,它又会落回到床面,并对床面上的泥沙产生一定的冲击作用,作用的大小取决于颗粒的跳跃高度和水流速度,若沙粒跳跃较低,由于水流临底处流速较小,泥沙自水流中取得的动量也较小,在落回床面以后就不会再继续跳动;若泥沙跳跃较高,自水流中取得的动量较大,则落于床面以后还能重新跳起。泥沙颗粒按其运动形式的不同,可以分为悬移质、跃移质、接触质及层移质四种,其中跃移质、接触质及层移质又统称为推移质。当泥沙颗粒被水流中的漩涡带入离床面更高的流区时,这种悬浮在水中,并沿水流方向与水流以同样的速度前进的泥沙称为悬移质;在水流中随着水流漩涡动能波动发生跳跃式运动的泥沙称为跃移质。已有研究结果表明,侵蚀泥沙中含有大量粒径较大的泥沙颗粒,根据 Shields 曲线的泥沙起动条件,它们不可能以悬移和跃移的方式在坡面运动,只能是作为接触质或层移质。然而,由于坡面薄层水流雷诺数(Re)很小,径流拖曳力也较小;加上土壤结构体的存在,黏性较强,土壤颗粒无法像河床泥沙一样产生成层土粒运动的现象,因此,不具备发生层移运动的条件。而当水流拖曳力大于坡面土粒与坡面之间的摩擦力时,土粒可以在坡面上发生滑动或滚动而输出坡面,即作为接触质被搬运。

不同粒级的泥沙颗粒会以不同的运动方式被搬运。粒径<31 μm 的泥沙颗粒通常以悬移的方式被搬运,粒径在 31~211 μm 之间的泥沙颗粒通常以跃移的方式被搬运,而粒径>211 μm 的颗粒通常作为接触质被搬运。然而,也有研究表明,以悬移方式运动的泥沙颗粒粒径不会超过 20 μm,并且当粒径范围超过 125~250 μm 时,泥沙颗粒将从跃移运动变为接触运动。假设具有最低搬运率的土壤颗粒粒级,可作为划分不同搬运机制在不同粒级颗粒上作用的界限,这个界限会随着径流能量的不同而发生改变:在一定范围内,水流功率越大,作为界限的颗粒粒径越大。当水流功率较低时(<0.1 W/m²),土壤颗粒只以悬移和跃移的方式被搬运;当水流功率超过临界值(0.1~0.15 W/m²)时,部分泥沙颗粒将以滚动的方式被搬运。随着水流功率增大,以滚动方式搬运的土粒数量增多,并且,侵蚀过程中这两种搬运机制的相对贡献率还受到土壤类型尤其是土壤颗粒密度的影响。由此可见,泥沙运动方式在一定条件下是可以改变的,具体以哪种方式运动受到水力特性及土壤性质的影响。侵蚀泥沙搬运机制在时空上的变化对其颗粒组成影响深远。侵蚀泥沙颗粒呈双峰分布是由于悬移、跃移和接触等不同的泥沙搬运机制,各自侧重作用于不同粒径级别的颗粒(图 2-9):粒径较小的颗粒的峰值是悬移/跃移搬运造成的,而粒径较大的颗粒的峰值是滚动搬运造成的。在陡坡条件下,粗颗粒(包括单粒和团粒)沿下坡方向的重力分力大,极易发生滚动搬运。土壤中粗颗粒含量越多,侵蚀过程中泥沙以滚动形式被搬运的概率越大。细沟产生后,滚动搬运机制的相对贡献率也有所增加,因为细沟内股流相比细沟间薄层水流具有更大的能量,可使更多粗颗粒发生滚动。

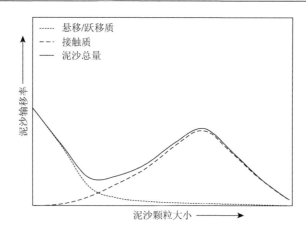

图 2-9　泥沙颗粒大小与搬运机制的关系

　　土壤侵蚀总量是悬移质、跃移质和接触质三者的总和（图 2-9），通常认为侵蚀泥沙中悬移质和跃移质占比很高，因此侵蚀预测模型中常常忽略接触质，然而研究发现，接触质在侵蚀泥沙总量中所占的比例会随着水流功率的增大而增加，这种情况下若不考虑接触质，模型预测就会存在较大的误差。例如，作为许多侵蚀机理模型的基础的 Hairsine-Rose 方程，在泥沙浓度的预测值和观测值结果间存在显著差异，主要原因是该方程假设跃移质为泥沙在坡面搬运的唯一机制。因此，探明侵蚀泥沙的搬运机制，尤其是接触质在陡坡侵蚀泥沙中的变化规律，是提高侵蚀模型预测精度的重要途径之一。

（李朝霞，王军光，王　玲，史志华）

## 参 考 文 献

程琴娟，蔡强国，李家永. 2005. 表土结皮发育过程及其侵蚀响应研究进展. 地理科学进展，（4）：114-122.

程琴娟，蔡强国，廖义善. 2007. 土壤表面特性与坡度对产流产沙的影响. 水土保持学报，（2）：9-11, 15.

郭培才，王佑民. 1989. 黄土高原沙棘林地土壤抗蚀性及其指标的研究. 西北林学院学报，4（1）：80-86.

胡国成，章明奎. 2002. 氧化铁对土粒强胶结作用的矿物学证据. 土壤通报，33（1）：25-27.

李朝霞，王天巍，史志华，等. 2005. 降雨过程中土壤表土结构变化与侵蚀产沙关系. 水土保持学报，（1）：1-4, 9.

李勇，吴钦孝，朱显谟，等. 1990. 黄土高原植物根系提高土壤抗冲性能的研究：Ⅰ. 油松人工林根系对土壤抗冲性的增效研究. 水土保持学报，4（1）：1-5, 10.

唐泽军，雷廷武，张晴雯，等. 2004. 雨滴溅蚀和结皮效应对土壤侵蚀影响的试验研究. 土壤学报，（4）：632-635.

田积莹，黄义端. 1964. 子午岭连家砭地区土壤物理性质与土壤抗侵蚀性能指标的初步研究. 土壤学报，12（3）：278-296.

佟金，任露泉，陈秉聪，等. 1994. 土壤颗粒尺寸分布分维及对黏附行为的影响. 农业工程学报，10（3）：27-33.

王军光，李朝霞，蔡崇法，等. 2012a. 坡面流水力学参数对团聚体剥蚀程度的定量影响. 水科学进展，23（4）：502-508.

王军光，李朝霞，蔡崇法，等. 2012b. 坡面水流中不同层次红壤团聚体剥蚀程度研究. 农业工程学报，28（19）：78-84.

吴发启，范文波. 2005. 土壤结皮对降雨入渗和产流产沙的影响. 中国水土保持科学.（2）：97-101.

杨玉盛，何宗明，林光耀，等. 1996. 不同治理模式对严重退化红壤抗蚀性影响的研究. 土壤侵蚀与水土保持学报，2（2）：32-37.

Arca M N，Weed S B. 1966. Soil aggregation and porosity in relation to contents of free iron oxide and clay. Soil Science，101：167-170.

Barral M T，Arias M，Guerif J. 1998. Effect of iron and organic matter on the porosity and structural stability of soil aggregate. Soil and Tillage Research，46：261-272.

Barthès B，Roose E. 2002. Aggregate stability as an indicator of soil susceptibility to runoff and erosion：validation at several levels. Catena，47：133-149.

Baver L D. 1993. Some factors effecting erosion. Agriculture engineering，14：51-52.

Boettinger J L，Southard R J. 1995. Phyllosilicate distribution and origin in Aridisols on a granitic pediment，Western Mojave Desert. Soil Science Society of America Journal，59（4）：1189-1198.

Boix-Fayos C，Calvo-Cases A，Imeson A C，et al. 1998. Spatial and short-term temporal variations in runoff，soil aggregation and other soil properties along a Mediterranean climatological gradient. Catena，33（2）：123-138.

Boix-Fayos C，Imesion A，Soriano-Solo M D. 2001. Influence of soil properties on the aggregation of some Mediterranean soils and the use of aggregate size and stability as land degradation indicators. Catena，44：47-67.

Bradford J M. 1986. Interrill soil erosion processes：Ⅰ. Effect of surface sealing on infiltration，runoff，and soil splash detachment. Soil Science Society of America Journal，50：1547-1552.

Castro C，Logan T J. 1991. Liming effects on the stability and erodibility of some Brazilian Oxisols. Soil Science Society of America Journal，55：1407-1413.

Cecconi S，Salazrand A，Martelli M. 1963. The effect of different cations on the structural stability of some soils. Agrochemica，7：185-204.

Chenu C，Le Bissonnais Y，Arrouays D. 2000. Organic matter influence on clay wettability and soil aggregate stability. Soil Science Society of America Journal，64：1479-1486.

Dalal R C，Bridge B J. 1996. Aggregation and organic matter storage in sub-humid and semi-arid soils. Structure and Organic Matter Storage in Agricultural Soils：263-307.

De Coninck F. 1980. Major mechanisms in formation of spodic horizons. Geoderma，24（2）：101-128.

Deshpande T L，Greenland D J，Quirk J P. 1964. Role of iron oxides in the bonding of soil particles. Nature，201：107-108.

Dimoyiannis D，Valmis S，Danalatos N G. 2006. Interrill erosion on cultivated Greek soils：Modelling sediment delivery. Earth Surface Processes and Landforms，31（8）：940-949.

Dong A，Chesters G，Simsiman G V. 1983. Soil dispersibility. Soil Science，136（4）：208-212.

Edwards A P，Bremner J M. 1967. Microaggregates in soils. Journal of Soil Science，18（1）：64-73.

Ellison W D. 1994. Study of rain drop erosion. Agriculture Engineering，25：131-136.

Emerson W W. 1967. Classification of soil aggregates based on their coherence in water. Soil Research，5（1）：47-57.

Emerson W W，Greenland D J. 1990. Soil aggregates—formation and stability//De Boodt M F，Hayes M H B，Herbillon A. Soil Colloids and Their Associations in Aggregates. New York：Plenum Press：485-511.

Farres P J. 1987. The dynamics of rainsplash erosion and the role of soil aggregate stability. Catena，14：119-130.

Hairsine P B，Rose C W. 1991. Rainfall detachment and deposition：Sediment transport in the absence of flow-driven processes. Soil Science Society of America Journal，55：320-324.

Horn R，Taubner H，Wuttke M，et al. 1994. Soil physical properties related to soil structure. Soil Tillage Research，30：187-216.

Igwe C A，Akamigbo F O R，Mbagwu J S C. 1999. Chemical and mineralogical properties of soils in southeastern Nigeria in relation to aggregate stability. Geoderma，92：111-123.

Jose M L，Anderson S J. 1997. Aggregation and aggregate size effect on extractable iron and aluminum in two hapludox. Soil Science Society of America Journal，61：965-970.

Kemper W D，Koch E J. 1966. Aggregate stability of soils from western U S and Canada. Soil Science，146：317-325.

Keren R，Shainberg I，Frenkel H，et al. 1983. The effect of exchangeable sodium and gypsum on surface runoff from loess soils. Soil Science Society of America Journal，47：1001-1004.

Krishna-Murti G S R，Richards S J. 1974. Some effects of sesquioxides on soil structure. Indian Journal of Agronomy，19：141-147.

Kubota T. 1975. Role of hydroxyaluminiumions in the interparticle bonding of layer-aluminosilicate clays. Soil Science and Plant Nutrition，21（1）：1-12.

Lal R，Couper D C. 1990. A ten year watershed management study on agronomic productivity of different cropping systems in sub-humid regions of western Nigeria. Topics in Applied Resource Management in the Tropics，2：61-81.

Le Bissonnais Y. 1996. Aggregate stability and assessment of soil crustability and erodibility：Ⅰ. Theory and methodology. European Journal of Soil Science，47：425-435.

Le Bissonnais Y，Arrouays D. 1997. Aggregate stability and assessment of soil crustability and erodibility：Ⅱ. Application to humic loamy soils with various organic carbon contents. European Journal of Soil Science，48（1）：39-48.

Li Z X，Cai C F，Shi Z H，et al. 2005. Aggregate stability and its relationship with some chemical properties of red soils in subtropical China. Pedosphere，15：129-136.

Luk S H. 1979. Effect on soil properties on erosion by wash and splash. Earth Surface Processes，4：241-255.

Moore D C，Singer M J. 1990. Crust formation effects on soil erosion processes. Soil Science Society of America Journal，54：1117-1123.

Nearing M A，Bradford J M. 1985. Single water drop splash detachment and mechanical properties of soil. Soil Science Society of America Journal，49：547-548.

Neufeldt H，Ayarza M A. 1999. Distribution of water stable aggregate and aggregating agents in cerrado oxisols. Geoderma，93：85-99.

Oades J M，Waters A J. 1991. Aggregate hierarchy in soils. Australian Journal of Soil Resources，29：815-828.

Panabokke C R，Quirk J P. 1957. Effect of initial water content on stability of soil aggregates in water. Soil Science，83：185-195.

Quirk J P，Aylmore L A G. 1971. Domains and quasi-crystalline regions in clay systems. Soil Science Society of America Journal，35（4）：652-654.

Rhoton F E，Römkens M J M，Lindbo D L. 1998. Iron oxides erodibility interactions for soils of the Memphis catena. Soil Science Society of America Journal，62（6）：1693-1703.

Roth C H，Eggert T. 1994. Mechanisms of aggregate breakdown involved in surface sealing，runoff generation and sediment concentration on loess soils. Soil and Tillage Research，32：253-268.

Shi Z H，Yan F L，Li L，et al. 2010. Interrill erosion from disturbed and undisturbed samples in relation to topsoil aggregate stability in red soils from subtropical China. Catena，81（3）：240-248.

Tisdall J M，Oades J M. 1982. Organic matter and water-stable aggregates in soils. Soil Science，33：141-163.

Torn M S，Trumbore S E，Chadwick O A，et al. 1997. Mineral control of soil organic carbon storage and turnover. Nature，389（6647）：170-173.

Unger P W. 1997. Aggregate and organic carbon concentration interrelationships of a Torrertic Paleustoll. Soil and Tillage Research，42（1）：95-113.

Valmis S，Dimoyiannis D，DanalatosN G. 2005. Assessing interrill erosion rate from soil aggregate instability index，rainfall intensity and slope angle on cultivated soils in central Greece. Soil and Tillage Research，80：139-147.

Valmis S，Kerkides P，Aggelides S. 1988. Soil aggregate instability index and statistical determination of oscillation time in water. Soil Science Society of America Journal，59：1188-1191.

Wang J G，Li Z X，Cai C F，et al. 2012. Predicting physical equations of soil detachment by simulated concentrated flow in ultisols (subtropical China). Earth Surface Processes & Landforms，37（6）：633-641.

Wang J G，Li Z X，Cai C F，et al. 2013. Effects of stability，transport distance and two hydraulic parameters on aggregate abrasion of ultisols in overland flow. Soil and Tillage Research，126：134-142.

Wang J G，Li Z X，Cai C F，et al. 2014. Particle size and shape variation of ultisol aggregates affected by abrasion under different transport distances in overland flow. Catena，123：153-162.

Wischmeier W H，Mannering J V. 1969. Relation of soil properties to its erodibility. Soil Science Society of American Proceedings，33：131-137.

Yoder R E. 1936. A direct method of aggregate analysis of soils and a study of the physical nature of erosion losses. Agronomy Journal，28：337-351.

Young R A. 1980. Characteristics of eroded sediment. Transactions of the ASAE，23：1139-1146.

Zhang B，Horn R. 2001. Mechanisms of aggregate stabilization in Ultisols from subtropical China. Geoderma，99（1）：123-145.

# 第3章　土壤侵蚀阻力时空变化

土壤侵蚀是侵蚀动力和土壤侵蚀阻力综合作用的结果，无论是侵蚀动力还是土壤侵蚀阻力，均随着土壤侵蚀类型或侵蚀过程的不同而有所差异。本章涉及的侵蚀动力为坡面薄层径流，而土壤侵蚀类型为细沟侵蚀，其侵蚀阻力由细沟可蚀性和土壤临界剪切力两个参数表达。本章重点介绍了土壤分离能力测定的方法及其不确定性、土壤侵蚀阻力参数的获取、土壤侵蚀阻力的时间变化和空间变化及其影响因素等内容。

## 3.1　土壤分离能力测定及其不确定性

### 3.1.1　土壤分离过程

土壤侵蚀包括土壤分离（soil detachment）、泥沙输移（sediment transport）和泥沙沉积（sediment deposition）三个子过程，研究它们发生的气候、地形、土壤、植被等临界条件，明确它们发展过程的水动力学机理，探明各过程间的耦合作用与机制，是建立土壤侵蚀过程模型的基础，也是进一步提升已有模型预测精度的关键。

在降雨击溅（raindrop impact）和径流冲刷（runoff scouring）作用下，土壤颗粒或团聚体脱离土体，离开原始位置的过程为土壤分离过程，它为后续的侵蚀过程提供了松散的无黏性泥沙储备（张光辉，2001）。被分离的泥沙颗粒被坡面径流（细沟间薄层径流和细沟股流）输移的过程为泥沙输移过程，其作用是把被分离的泥沙颗粒从坡面上部向下部或流域的上游向下游输移，在特定的坡面径流水动力学特性和泥沙特性条件下，泥沙输移过程受坡面径流挟沙力控制（Zhang et al.，2003）。当径流实际输沙率小于挟沙力时，坡面径流在输移泥沙的同时仍具有多余的能量，因此会继续分离土壤，使得径流输沙率持续增大并达到挟沙力，当径流水动力学特性及下垫面条件不发生变化时，径流处于既不分离土壤又不会发生泥沙沉积的动态平衡状态。当径流的能量减小时，如土壤入渗性能沿坡面或流域的空间变异导致的径流流量减小、地形变化引起坡度下降或土地利用类型变化引起地表糙率增大，坡面径流流速减小，其挟沙力相应下降，则出现径流实际输沙率大于挟沙力，那么多余的泥沙即刻返回土壤表面，该过程即为泥沙沉积过程。

土壤分离过程的驱动力包括降雨击溅和径流冲刷两个方面。前者直接与降雨动能、土壤性质、植被覆盖以及地表积水深度密切相关。降雨动能是雨滴质量和终点速度（terminal velocity）的函数，它们与雨滴直径密切相关，直径较大的雨滴具有较大的雨滴质量和终点速度。随着降雨强度的增大，雨滴直径随之增大，天然降雨的雨滴直径介于 1～7 mm 之间，因而可以直接用降雨强度估算降雨动能的大小。在过去的 50 多年里，对雨滴大小及其分布、终点速度、降雨动能、雨滴打击角度、土壤性质、结皮发育、植被覆盖及其动态变化、雨滴击溅与坡面径流作用的相对大小、径流深度和输沙率对土壤分离的影响等诸多方面，开展了系统深入的研究，为全面理解降雨击溅引起的土壤分离过程与动力机制、构建降雨击溅引起的土壤分离过程模型，奠定了坚实的基础，且国内外刊物已经发表了大量研究性和综述性文章，这里不再赘述。

由径流冲刷引起的土壤分离过程，主要受坡面径流水动力学特性和土壤近地表特性的综合影响。前者包括坡面径流的流态（层流或紊流、缓流或急流）、流量（或单宽流量）、坡度、径流深度、径流平均流速以及综合性水动力学参数——水流剪切力、水流功率和单位水流功率。土壤近地表特性主要包括植被茎秆、枯落物、生物结皮、根系系统及土壤理化性质，植被茎秆的直径、排列方式以及密度均会对坡面径流的过水断面面积、径流深度及水力半径产生显著影响，从而引起坡面径流侵蚀动力发生相应的变化。枯落物既可以覆盖于地表，也可以通过不同的途径混合于表层土壤中，前者会增大地表糙率、抑制径流流动，引起坡面径流侵蚀动力下降；后者会增大土壤抗蚀能力，降低土壤分离速率。生物结皮（biological soil crust）对土壤分离过程的影响与其类型、盖度、生物量及其对表层土壤理化性质的影响等方面密切相关。根系系统可以通过物理捆绑作用（binding effect）和化学吸附作用（chemisorption effect）影响土壤分离过程，影响的大小取决于根系密度、直径及结构（须根系和直根系）等根系特性。与土壤分离过程相关的土壤理化性质主要包括土壤类型、质地、容重、黏结力、阳离子交换量及土壤有机质含量等。

土壤分离过程用土壤分离速率定量表达，它是指单位时间单位面积上由坡面径流分离的土壤质量 $[kg/(m^2 \cdot s)]$。土壤侵蚀是一个典型的耗能过程，对于特定的坡面径流而言，其能量为恒定值，因此，用于泥沙输移的能量增大，则用于土壤分离的能量相应减小，即土壤分离和泥沙输移之间存在着明显的耦合机制。为了准确量化土壤分离能力的大小，通常将含沙量为0时（即清水）坡面径流的土壤分离速率定义为土壤分离能力，从而消除了含沙量或输沙率的影响，其单位仍为 $kg/(m^2 \cdot s)$。

## 3.1.2　土壤分离能力测定

坡面径流小区是研究土壤侵蚀规律、诊断影响因素、评价水土保持效益的基础平台，可以准确反映土壤侵蚀发生时气候、土壤、植被、近地表特性的真实情况，确保了监测结果的真实性和可靠性。坡面径流小区的大小、形状和处理与监测目的密切相关，小到几平方米，大到几百平方米、一个完整的坡面，甚至整个集水区。小区内的处理可以是清耕裸露处理，也可以布设各种适合在小区内布设的水土保持措施。但根据土壤分离能力的定义，坡面径流小区不可以用于土壤分离能力的测定，主要原因有以下几个方面。

无论哪种径流小区，都是通过次降雨径流泥沙的观测，从总体上反映径流小区内土壤侵蚀的平均状况，小区内的侵蚀类型可能是细沟间侵蚀，也可能包括细沟侵蚀，甚至浅沟侵蚀，由于集流装置收集的泥沙是从小区内流失的所有泥沙，因而无法区分细沟间侵蚀和细沟侵蚀的泥沙比例，因此，不能利用坡面径流小区的监测结果直接反推由径流冲刷引起的土壤分离能力。

　　土壤侵蚀过程受控于土壤分离或泥沙输移,在不同情况下存在差异或发生转变,极端的情况是当降雨发生在出露的基岩上时,无论降雨强度有多大,降雨动能有多高,也都不可能导致坚硬的基岩被分离,此时即为典型的土壤分离控制着侵蚀过程;反言之,如果降雨发生在浩瀚的沙漠,受其强大入渗能力的影响,基本不会产生地面径流,径流挟沙力不足,尽管由雨滴击溅产生了很多松散的泥沙颗粒,但仍然无法被径流输移,离开原始位置,此时即为典型的泥沙输移控制着侵蚀过程。地形由缓变陡,侵蚀过程可能由泥沙输移控制转变为土壤分离控制。降雨过程中降雨强度随时间的变化,土壤质地和坡面土地利用类型的空间变化,都会引起地面径流流量或深度的相应响应,侵蚀过程可能出现土壤分离控制和泥沙输移控制的交替。由于无法辨析坡面径流小区内土壤侵蚀的控制过程,因而不能利用坡面径流小区监测的泥沙数据,直接反演土壤分离能力。

　　土壤分离与泥沙输移之间可能相互影响,很多研究结果表明土壤分离与泥沙输移间存在着线性耦合机制,土壤分离速率随着输沙率的增大而线性减小,当输沙率为 0 时土壤分离速率最大(即为土壤分离能力),当输沙率达到挟沙力时土壤分离速率为 0。因此,测定土壤分离能力时必须隔离泥沙输移对土壤分离过程的影响,技术途径就是用长度足够小的土样测定土壤分离能力,这样处理的目的是保证冲刷土样的径流含沙量或输沙率为 0。从理论上讲,测定土壤分离能力的土样长度越小越好,但事实上由于边壁效应(土样总是用一定的容器采集,存在边壁)的影响,存在着一个最佳的土样长度,此时测定的土壤分离能力最大,与其物理含义相对应。

　　室内变坡试验水槽(图 3-1)是研究土壤侵蚀机理常用的试验设施,与野外径流小区相比,试验水槽具有容易安装、试验条件可控、试验数据质量稳定、可重复性高等优点。变坡试验水槽也是测定土壤分离能力的基本设施,一般由供水水池、水泵、分流箱、流量计、水管、变坡试验水槽、沉沙池等部分组成。变坡试验水槽在压力装置或滑轮装置的作用下可以调整坡度,为了保证水流比较平稳,一般在变坡试验水槽的上端设置一个消能池,水流从底部进入,以溢流的形式进入水槽,初速度为 0,然后在重力作用下开始加速,当重力等于下垫面的阻力时,水流趋于稳定。加速区的长度与下垫面糙率、径流流量和坡度相关,但在大部分情况下,加速区长度不超过 2 m。为了获得径流的水动力学特性,需要测定径流的流速,流速测定不应该在加速区内进行。流速测量可以采用不同的方法,常用的有染色法和盐溶液示踪法,当采用染色法时,受人类眼睛反应时间的限制和染色剂扩散的双重影响,测流区的长度不宜过短,也不宜过长,以 2 m 左右为宜。在测流区尾部可以设置放样室,其形状与土样采集器一致,尺寸上稍微大于土样采集器,可以保证将土样放置在土样室内。为了避免水槽尾部对水流的影响,土样室以下的试验水槽还应该有一定的长度,因此,用于土壤分离能力测定的试验水槽长度以大于 4 m 或 4.5 m 为宜,试验水槽过短,无法准确测定径流的水动力学特性,因而无法准确获得土壤分离能力测定时的水动力学条件。同时为了保证水流流动畅通,水槽宽度不宜太小,尤其是水流宽深比不应小于10,否则水槽边壁效应会比较明显,影响土壤分离能力测定的结果。为了保证试验水槽底部及边壁的糙率与试验土样的糙率接近,且试验过程中糙率保持稳定,可以将试验土样用油漆粘在水槽底部和边壁上。

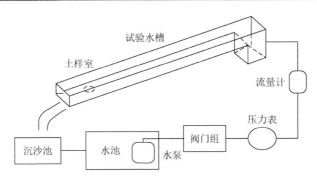

图 3-1    变坡试验水槽示意图

根据研究目的的不同,可以采用扰动土和原状土进行土壤分离能力的测定。一般而言,如果是研究土壤分离过程的动力学机理,也就是探讨土壤分离能力与径流水动力学参数间的定量关系时,可以采用扰动土进行测定。此时将采集的土样过 2 mm 筛,剔除砾石和根系、植物枝条等杂物,然后将土样用微型喷壶喷洒到一定的含水量,按照设计的土壤容重将土样装填进土样盒内,因为含水量和土样盒质量已知,土样盒内干土的质量也就已知。如果研究目的是测定某种典型土壤的土壤分离能力、土壤分离能力的时空变化等,都需要采集原状土样。选择比较平整的地面,用采样器采集原状土样,同时测定土壤含水量,将土样总质量减去土壤水的质量及采样器的质量,即可得到土壤干重。为了消除含水量对土壤分离能力的影响,无论是扰动土样还是原状土样,均需要在试验前进行饱和。饱和土样时需要依次增加水位高度,通过毛管上升水缓慢饱和土样。饱和土样的时间与土壤质地密切相关,土壤质地越黏重,达到饱和的时间就越长,对于黏粒含量比较少的黄土而言,8 h 就可以使得土样达到饱和。将饱和后的土样进行排水,使土样含水量在试验前全部达到田间持水量,随后开始土壤分离能力测定。

试验时将试验水槽调整至设计坡度,调整流量至设计流量,用染色法或盐溶液示踪法测定流速(罗榕婷等,2010),为了获得较为准确的水动力学参数,必须多次测定径流流速。以染色法为例,测定流速时,在流速稳定区选择一断面,在断面上多点施放染色剂,监测染色径流流过测流区所用的时间,将多点测定的结果进行平均,得到径流平均表面最大流速 $V_{\mathrm{s}}$,然后乘以修正系数得到平均流速:

$$V_{\mathrm{m}} = \alpha V_{\mathrm{s}} \tag{3-1}$$

式中:$V_{\mathrm{m}}$ 为平均流速(m/s);$\alpha$ 为修正系数;$V_{\mathrm{s}}$ 为表面最大流速(m/s)。修正系数的大小取决于径流的流态,虽然近年来有不少研究探求更为精准的修正系数,但目前更多的研究均选用霍顿提出的半理论半经验系数,即层流($Re < 500$)取 0.67、过渡流($500 < Re < 2000$)取 0.70、紊流($Re > 2000$)取 0.80。在已知流量、水槽宽度和流速的情况下,可以直接推求径流深度:

$$H = \frac{Q}{BV_{\mathrm{m}}} \tag{3-2}$$

式中:$H$ 为径流深度(m);$Q$ 为径流流量(m³/s);$B$ 为水槽宽度(m)。进而可以计算水流剪切力:

$$\tau=\rho gRJ \approx \rho gHS \tag{3-3}$$

式中：$\tau$ 为水流剪切力（Pa）；$\rho$ 为径流密度（$kg/m^3$）；$g$ 为重力加速度（$m/s^2$）；$R$ 为水力半径（m）；$J$ 为波能比降（m/m）。在试验水槽内，水力半径和波能比降可直接用径流深度和水槽坡度 $S$（m/m）替代。

测定完流速后，将前期饱和并排水后的土样放置在土样室内，开始径流冲刷试验，不同土壤或同一土壤不同土地利用类型下的土样，其抗蚀能力存在明显差异，被径流分离的难易程度有显著区别（Knapen et al.，2007）。无论何种土壤，随着冲刷时间的延长，部分土样总会被径流分离，脱离开土样并被径流输移出水槽，土样表面高度随之下降，当土样表面高度下降到一定程度后，就会对径流的流动产生明显的影响。因此，为了更为准确地测定土壤分离能力，目前大多都是规定土样冲刷深度，常用的冲刷深度为 2 cm，当土样冲刷深度达到该深度时，即刻将土样从土样室中取出，进行下一个样品的冲刷试验。为了提高测定结果的精度，在任何一个流量和坡度的组合条件下，都会重复冲刷几个样品，将其平均结果作为土壤分离能力。当某组样品冲刷完毕后，改变坡度或者流量，在其他水动力学条件下继续冲刷其他的土样。将冲刷后的土样在 105 ℃条件下烘干至恒重，称其干重，则可以用下式计算土壤分离能力：

$$D_c = \frac{W_b - W_e}{At} \tag{3-4}$$

式中：$D_c$ 为土壤分离能力 [$kg/(m^2 \cdot s)$]；$W_b$ 为冲刷前土样干重（kg）；$W_e$ 为冲刷后土样干重（kg）；$A$ 为土样横截面积（$m^2$）；$t$ 为冲刷时间（s）。

### 3.1.3　土壤分离能力测定的不确定性

土壤分离能力的测定存在很多不确定性，本节主要从水槽的下垫面类型及水槽大小、土样代表性、土样长度、土样初始含水量、土样冲刷时间等几个方面论述（张光辉，2017a）。

试验水槽可以分为侵蚀动床和侵蚀定床，前者在试验过程中下垫面条件不断发生变化，使得水槽内土壤的水文过程与侵蚀过程存在显著的动态变化，而后者是将试验土壤粘在水槽底部和边壁，试验过程中水槽糙率保持稳定，同时由于水槽底部不会被侵蚀，能够保证径流到达试验段时含沙量为 0 和试验过程中坡面径流侵蚀动力稳定，具备测定土壤分离能力的基本条件。水槽下垫面稳定，为径流深度的测定提供了便利条件，进而为计算水流剪切力、水流功率和单位水流功率等综合性水动力学参数创造了条件。国内外测定土壤分离能力试验水槽的大小变化幅度很大，水槽长度变化幅度在 0.5～22 m 之间、宽度变化幅度在 0.05～0.8 m 之间，前面已经论述了要获得比较稳定的径流水动力学条件，水槽必须足够长，同时必须足够宽，以保证水流稳定畅通。

土壤性质，无论是物理性质还是化学性质，均具有显著的时空变化特征，主要取决于成土环境与土壤发育程度、风化速度、干湿交替、冻融循环、土壤侵蚀、土地利用类型与强度、农事活动、生态工程建设、水土保持等过程与活动。为了使采集的土样具有代表性，采样器的面积必须足够大，土样采集的周期不宜过长，同时为了提升土样的代表性，每个水动力学条件下要重复取多个土样，以消除土壤理化性质时空变异对土壤分离能力测定结果的影响。

土样长度是影响土壤分离能力测定的重要因素之一，前面已经谈到，土壤分离和泥沙输移间存在着耦合机制，随着输沙量的增大径流能量趋于减小，因此随着土样长度的增大，测定的土壤分离能力趋于减小。从理论上讲测定土壤分离能力的土样长度应该趋于 0，但实际测定土壤分离能力时，总是要用采样器进行土样的采集，而采样器的边壁总会约束土壤，同时会对径流的动力学特性产生影响，土样长度越短影响的强度越大，因此，土壤分离能力随土样长度的减小应该呈倒二次抛物线变化趋势，并存在一个测定土壤分离能力的最佳土样长度，国际上主流的研究，其土样长度在 10～37 cm 之间变化。虽然从理论上讲，测定土壤分离能力应该存在最佳土样长度，但目前国际上还没有形成规范和标准，势必增大土壤分离能力测定的不确定性，增大不同试验测定结果比较、对比的难度。

土样初始含水量也是影响土壤分离能力的重要因素之一。随着含水量的增大，土壤的内摩擦力减小，黏结力降低，在同样的水动力学条件下更容易被分离。在自然界侵蚀过程中，土壤分离发生时土壤处于饱和状态或近饱和状态，因此，大部分学者认为测定土壤分离能力时，土样应该处于饱和状态或充分湿润，否则在冲刷过程中，由于土壤的快速湿润，部分土壤团聚体会在消散作用的驱动下崩解，导致土壤物理结皮的形成，进而影响土壤分离能力的测定。目前对初始含水量大体上有两种处理方法，部分学者采用微型喷壶对土样表面喷洒一定的水量来控制初始含水量，这种方法无法使土样充分饱和，同时无法保证土壤水分的空间均匀性，因此更多的学者对土样按照传统的方法进行饱和，提高土壤分离能力测定的稳定性，减少测定误差。

冲刷时间是计算土壤分离能力的必要参数，也是影响土壤分离能力测定的关键因素之一（张光辉，2017a）。土壤冲刷时间与土壤抗蚀能力相关，从试验技术角度来讲，也与土样冲刷深度密切相关。由于测定土壤分离能力的土样总是放置在采样器内，在径流冲刷过程中，土样上端（水槽来水方向）冲刷的速度明显大于下端，若冲刷时间过短，则仅有少量土壤被分离，计算的土壤分离能力误差较大；若冲刷时间过长，土样上端冲刷深度过大，则土样上端会形成明显的漩涡，显著影响坡面径流的流速分布、动能和冲刷能力，导致计算的土壤分离能力偏小。相关研究发现，在不同流量和坡度条件下，土壤分离速率均随着冲刷时间的延长呈幂函数减小。国际上存在三种确定冲刷时间的方法：特定冲刷时间（如 20 s）、特定冲刷时间段内（如 20 s）最大土壤分离速率对应的时间、初始时间（对土壤分离速率随时间的变化进行拟合并外延至时间无限小），但发现三种方法计算得到的土壤分离能力差异显著。目前的研究中，基本都以土样冲刷深度为 2 cm，作为测定冲刷时间的基本条件。但这一标准仍然缺乏理论基础的支持，试验过程中对土样冲刷深度的人为判断会不可避免地引起测定误差。

## 3.1.4　土壤侵蚀阻力

土壤侵蚀阻力（soil resistance to flowing water erosion）是指土壤抵抗侵蚀的能力，对于细沟侵蚀而言，可以用细沟可蚀性（rill erodibility）和土壤临界剪切力（critical shear stress）定量表征。在很多土壤侵蚀过程模型中（Foster and Meyer，1972），如 WEPP（water erosion prediction project）模型，以水流剪切力为横坐标，以实测的土壤分离能力为纵坐标，进行线性拟合，拟合直线的斜率即为细沟可蚀性，而拟合直线在横坐标轴上的截距，即为土壤临界剪切力（图 3-2），其数学表达式为

$$D_c = K_r(\tau - \tau_c) \tag{3-5}$$

式中：$K_r$ 为细沟可蚀性（s/m）；$\tau_c$ 为土壤临界剪切力（Pa）。

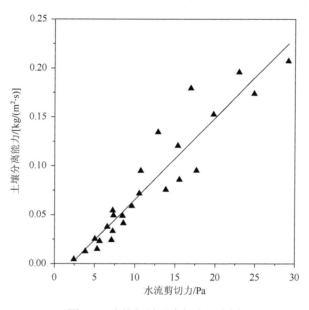

图 3-2　土壤侵蚀阻力拟合示意图

土壤侵蚀阻力反映了土壤内在特性对土壤侵蚀的阻抗能力，与土壤的理化性质密切相关。土壤侵蚀阻力越大，则土壤越不容易被分离，细沟可蚀性越小，土壤临界剪切力越大；反过来，土壤侵蚀阻力越小，则土壤越容易被侵蚀，细沟可蚀性越大，土壤临界剪切力越小。与土壤分离能力不同，土壤分离能力的大小与试验时坡面径流的水动力学条件密切相关，侵蚀动力越大则测定的土壤分离能力越大，侵蚀动力越小则测定的土壤分离能力越小，而土壤侵蚀阻力的大小与测定土壤分离能力时坡面径流的水动力学条件没有直接关系，仅与土壤属性相关，因此，在比较不同土壤、同一土壤不同土地利用类型的抗蚀能力时，尽量用土壤侵蚀阻力进行比较，避免用土壤分离能力进行直接比较。

## 3.2　土壤侵蚀阻力季节变化

### 3.2.1　黄土高原典型土地利用类型土壤分离能力季节变化

农耕地是黄土高原侵蚀泥沙的主要策源地，受农事活动、干湿交替、土壤物理结皮发育、土壤硬化过程及作物根系生长等多种因素的综合影响，农耕地的土壤分离能力可能存在显著的季节变化特征。因此，在陕西省延安市安塞区纸坊沟小流域（109°19′23″E、36°51′30″N），选择 5 种典型的土地利用类型，系统地研究了土壤分离能力的季节变化特征及其驱动机制。

1. 研究区概况

研究区位于黄土高原中部，属于典型的黄土丘陵沟壑区，位于典型的半干旱大陆性季风气候区，年均气温 8.8 ℃，年均降水量 505 mm，降水主要集中在 6～9 月，占全年降水量的 70% 以上，多以短历时暴雨形式出现，极易产生严重的水土流失。流域地形破碎，梁峁起伏，高程变幅为 1068～1309 m，沟壑纵横，沟壑密度高达 8.06 km/km²。地带性黑垆土因长期的强烈侵蚀而流失殆尽，目前的土壤以典型的黄绵土为主，零星分布有三趾马红黄土。该流域处于暖温带落叶阔叶林向干旱草原过渡的森林草原带，但天然植被基本全部遭到人为破坏，目前多为次生植被，主要植被类型有刺槐、柠条、沙棘、铁杆蒿、长芒草等。

2. 样地选择

流域内土地利用类型比较单一，农地、草地、灌木地、荒坡地和林地面积占到流域面积的 80% 左右，因此本节选择上述 5 种典型的土地利用类型，研究土壤分离能力的季节变化特征。根据种植面积的大小，选择了谷子、大豆、玉米和马铃薯 4 块农地作为研究对象，表 3-1 给出了各样地的农事活动情况。2006 年春季升温较快，各种作物的播种日期稍有提前，其中谷子、大豆和玉米均在 4 月中下旬播种，而马铃薯在 5 月中旬播种。谷子、大豆和玉米均采用了行播，耕具的扰动深度约为 20 cm，马铃薯采用典型的点播，行间距约为 25 cm。谷子、玉米和马铃薯在不同时期分别进行了两次锄草，而大豆仅在 6 月下旬锄草 1 次，扰动深度约为 5 cm。谷子、大豆和马铃薯均在 8 月收获，而玉米在 10 月初收获，各种作物的收获方式也存在显著差异，其中谷子、大豆和玉米均采用刈割，而马铃薯采用人工挖掘方式。不同的收获方式对地面的扰动差异显著，与刈割相比，马铃薯的人工挖掘对地面扰动非常大，导致大部分地表比较松散，很容易被侵蚀。受降雨击溅作用的影响，作物生长期内部分时段地表发育有土壤物理结皮，但各作物间稍有差异。

表 3-1　农地农事活动情况

| 作物类型 | 播种日期 | 播种方式 | 第一次锄草日期 | 第二次锄草日期 | 收获日期 | 收获方式 |
|---|---|---|---|---|---|---|
| 谷子 | 04-23 | 行播 | 06-12 | 07-13 | 08-21 | 刈割 |
| 大豆 | 04-23 | 行播 | 06-21 | — | 08-27 | 刈割 |
| 玉米 | 04-16 | 行播 | 05-20 | 06-22 | 10-02 | 刈割 |
| 马铃薯 | 05-13 | 点播 | 05-21 | 06-14 | 08-10 | 人工挖掘 |

草地为 9 年生的沙打旺，伴生有少量蒿类，除了秋季收获种子以外，没有其他人类扰动。灌木为 12 年生的沙棘，伴生有部分杂草。荒坡地位于坡度较大的沟坡上，生有部分蒿类和胡枝子等杂草。林地为 31 年生的刺槐，近地表生有蒿类等杂草。除了采集土壤样品外，灌木、荒坡及林地内没有其他人类活动的扰动。

3. 土样采集及土壤分离能力测定

土壤为典型的黄绵土，属粉壤土。土壤黏结力用荷兰生产的便携式黏结力仪测定，每个样地重复测定 10 次，取其平均值。测定黏结力时先用微型喷壶喷洒地表，让其饱和或充分湿润，然后将黏结力仪垂直插入地表并旋转黏结力仪的手柄，当黏结力仪的扭矩足够大时，土壤会被横向破坏，此时黏结力仪刻度盘上的读数即为土壤黏结力。各样地土样采集过程基本相同，选择作物、灌木或树木之间比较平整的地方，小心剪去地表杂草，采样器为直径 9.8 cm、高 5 cm 的圆形不锈钢环，采样时一边将采样器向下按、一边用剖面刀将周边多余的土壤削去，当地表与采样器上环齐平时，将采样器连同土样一起挖出，削去采样器下部多余的土壤，上下加棉布垫后盖上盖子，用胶带纸包扎并编号后运回试验站备用。采样后用土壤水分测定仪在样点周边随机选择 4 个点测定土壤水分，取其平均值，用于计算土壤样品干重。为了防止土样水分蒸发影响土壤分离能力的测定结果，运回试验站的土样要尽快称量。为了测定各样地的根系密度，每个样地另外采集 5 个样品，用水洗法过 1 mm 筛收集根系，在 65 ℃条件下烘干至恒重，用于计算根系质量密度。各样地土壤属性见表 3-2。

表 3-2 各样地土壤属性

| 样地 | 黏粒含量/% | | 中值直径/mm | | 黏结力/Pa | | 土壤容重/(kg/m³) | |
| --- | --- | --- | --- | --- | --- | --- | --- | --- |
| | 均值 | 标准差 | 均值 | 标准差 | 均值 | 标准差 | 均值 | 标准差 |
| 谷子地 | 3.38 | 0.04 | 46.21 | 0.10 | 55419 | 9860 | 1130 | 45 |
| 大豆地 | 5.51 | 0.01 | 37.53 | 0.02 | 58800 | 8691 | 1081 | 48 |
| 玉米地 | 4.15 | 0.10 | 44.87 | 0.13 | 55860 | 10902 | 1057 | 93 |
| 马铃薯地 | 4.10 | 0.06 | 44.08 | 0.27 | 48771 | 14997 | 1096 | 48 |
| 草地 | 4.21 | 0.01 | 40.39 | 0.18 | 52617 | 6015 | 1024 | 46 |
| 灌木地 | 1.62 | 0.10 | 55.43 | 0.77 | 47557 | 8672 | 974 | 62 |
| 荒坡地 | 2.93 | 0.06 | 49.05 | 0.05 | 54060 | 10580 | 949 | 62 |
| 林地 | 3.28 | 0.16 | 45.50 | 1.20 | 74551 | 9841 | 1008 | 75 |

土壤分离能力在长 4.0 m、宽 0.35 m 的变坡试验水槽内进行测定，水槽坡度可以在 0°～25°范围内调整，根据试验需求将试验水槽的坡度固定为 26.8%（15°），而流量设置为 1 L/s，流量设置参考了本地标准小区内典型降雨的产流特征，为了保证试验过程中水槽底部糙率稳定，用油漆将过 2 mm 筛子的农地土壤粘在水槽上。坡面径流流速用染色法测定，重复 12 次，删除最大值和最小值后取其平均值，根据试验过程中的水温计算水流运动黏滞系数，由单宽流量和运动黏滞系数估算水流流态，选择合理的修正系数计算水流平均流速，然后根据径流流量、水槽宽度及平均流速反推径流深度，进一步计算水流剪切力，本试验的水流剪切力为 11.6 Pa。

测定土壤分离能力时用微型喷壶将土样表面充分湿润，放在试验水槽底部的土样室内进行冲刷，冲刷时间由冲刷深度控制，为了标准化，土样冲刷深度全部控制为 2 cm，土壤分离能力由土样冲刷前后的干重变化除以土样面积及冲刷时间获得，具体见式（3-4），重复 10 次。土壤分离能力的测定从 4 月中旬开始，10 月初结束，每次测定大概间隔 2 周时间，如遇到阴雨天气则顺延。整个测定期，农地共测定了 12 次，其他 4 种土地利用类型共测定了 11 次。共冲刷了 920 个土样，每次测定土壤分离能力时，同时测定土壤黏结力、土壤水分、土壤容重和根系密度等其他参数。

### 4. 土壤分离能力季节变化特征

图 3-3 给出了不同土地利用类型条件下土壤分离能力的季节变化特征。从图中可以清楚地看出，每种土地利用类型下，土壤分离能力均具有明显的季节波动，不同土地利用类型下土壤分离能力的季节变化存在一定的差异，特别是农地更是如此，换言之，土地利用类型显著影响土壤分离能力的季节变化。对于农地而言，4 月初土壤分离能力较小，受耕作或播种的影响，土壤疏松，抗侵蚀性能很弱，土壤分离能力迅速增大（马铃薯除外），5 月初到 6 月中旬达到了整个测定期的最大值。随后受重力和降雨击溅的共同影响，土壤硬化过程导致土壤逐渐趋于紧实，土壤分离能力逐渐减小，最小值出现在收获前的 9 月初或 9 月中旬。8 月中下旬或 9 月初，受收获的影响，土壤分离能力再次增大。在一个生长期内，除 8 月出现了一次微小的峰值外，草地的土壤分离能力呈持续下降趋势。与草地相比，灌木地的土壤分离能力波动较大，从 4 月初到 7 月灌木地的土壤分离能力呈波动性上升趋势，7 月下旬至 8 月初呈明显的低谷，8 月中旬迅速增大，尔后持续下降。与其他几种土地利用类型相比，林地的土壤分离能力相对比较稳定，在整个测定期内没有明显的波动。荒坡地的土壤分离能力从 4 月初到 7 月呈波动性增大趋势，随后迅速减小，然后再次增大，在 8 月中旬达到第二个峰值，随后再次减小。从图 3-3 还可以看出，从整体而言，农地土壤分离能力的季节变化明显大于其他几种土地利用类型，这一特点也可以从表 3-3 中得以明确的验证，究其原因，可能与农地强烈的人类农事活动的扰动有关（后面章节详细分析）。

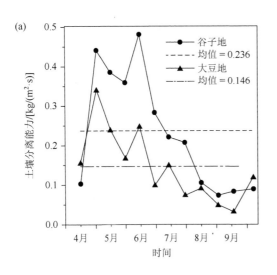

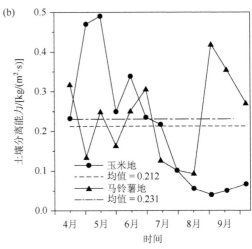

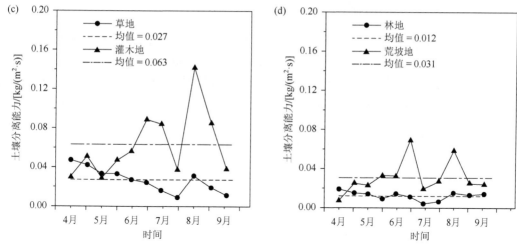

图 3-3　不同土地利用类型条件下土壤分离能力季节变化

**表 3-3　不同土地利用类型条件下土壤分离能力的统计特征值**

| 土地利用类型 | 最小值/[kg/(m²·s)] | 最大值/[kg/(m²·s)] | 均值/[kg/(m²·s)] | 标准差/[kg/(m²·s)] | 变异系数 |
|---|---|---|---|---|---|
| 谷子地 | 0.073 | 0.481 | 0.236 | 0.150 | 0.636 |
| 大豆地 | 0.032 | 0.340 | 0.146 | 0.091 | 0.623 |
| 玉米地 | 0.039 | 0.490 | 0.212 | 0.159 | 0.750 |
| 马铃薯地 | 0.092 | 0.417 | 0.231 | 0.107 | 0.463 |
| 草地 | 0.009 | 0.047 | 0.027 | 0.012 | 0.444 |
| 灌木地 | 0.028 | 0.142 | 0.063 | 0.035 | 0.556 |
| 荒坡地 | 0.007 | 0.069 | 0.031 | 0.018 | 0.581 |
| 林地 | 0.004 | 0.019 | 0.012 | 0.004 | 0.333 |

不同土地利用类型条件下测定的土壤分离能力最小值在 0.004～0.092 kg/(m²·s)之间变化，而其最大值在 0.190～0.490 kg/(m²·s)之间变化，最大值与最小值之比为 2.2～12.6。农地的土壤分离能力显著大于其他 4 种土地利用类型，农地的土壤分离能力均值为 0.206 kg/(m²·s)，分别是灌木、草地、荒坡及林地的 3.3 倍、7.6 倍、6.6 倍和 17.2 倍。上述结果再次表明，农地是黄土高原土壤侵蚀最严重的土地利用类型，是黄土高原侵蚀泥沙的策源地，是该区水土保持的重点所在。在 4 种农地中，谷子地的土壤分离能力均值最大，之后依次为马铃薯地、玉米地和大豆地。农地土壤分离能力的标准差明显大于非农地，而变异系数则相差并不大，表明各种土地利用类型土壤分离能力的季节变异比较接近。成对 $t$ 检验的结果表明，大部分情况下不同土地利用类型间土壤分离能力的季节变化差异显著，农地与非农地间更是如此。对于 4 种农地而言，马铃薯地的土壤分离能力的季节变化与其他 3 种作物没有明显的差异，玉米地与谷子地之间也没有显著的差异。对于其他 4 种非农地而言，草地和荒坡之间也不存在显著差异。

**5. 影响因素**

影响土壤分离能力季节变化的因素很多，主要包括气候季节波动、土壤干湿交替、土壤结皮形成与发育、农事活动强度及方式、作物（植物）生长发育、作物残茬或植物枯落物覆盖与分解、植物根系系统的类型、分布与分解等。本部分研究中，影响土壤分离能力季节变化的关键因素分别为：农事活动、土壤硬化及植物根系生长发育。

　　农事活动是引起农地土壤分离能力季节变化的首要因素（图 3-4），无论是耕作、播种、锄草、施肥还是收获，都会对地表产生扰动，导致地表疏松多孔，土壤抗蚀性能降低，在同样的水动力学条件下，测定的土壤分离能力则偏高。农事活动对土壤分离能力的影响取决于农事活动对地表扰动的面积和强度，扰动面积越大、扰动强度越强则土壤分离能力变化幅度越大。黄土高原多采用畜力耕作，耕作层深度在 20 cm 左右，耕作后的土壤非常疏松，有利于降雨入渗、维持墒情，但土壤结构遭到破坏，土壤黏结力下降，抗蚀能力明显下降。采用行播的谷子、大豆和玉米，对地表的扰动面积和强度明显大于点播的马铃薯，这是谷子、大豆、玉米播种期出现土壤分离能力峰值的根本原因。锄草也会引起地表扰动，从而引起土壤分离能力的波动，施肥对于土壤分离能力的影响也是类似。收获方式不同对土壤分离能力的影响也就不同，采用刈割的谷子、大豆和玉米对地表的扰动较小，因此土壤分离能力的波动就不是十分显著，而采用人工挖掘的马铃薯，很大部分地表被翻动，因而土壤分离能力呈显著的增加趋势。

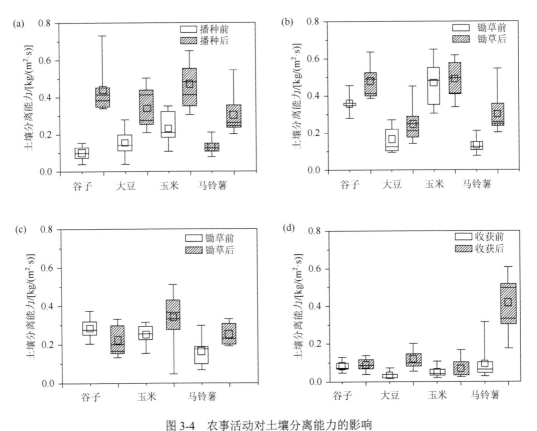

图 3-4　农事活动对土壤分离能力的影响

（a）播种；（b）第一次锄草；（c）第二次锄草；（d）收获

　　农事活动引起土壤的疏松，随着时间的推移，受重力和降雨雨滴打击作用的共同影响，土体沉降，土壤容重增大，土壤颗粒间或团聚体间的黏结力逐渐增强，土壤抗蚀能力得以强化，该过程为典型的土壤硬化过程。黄土高原降雨集中，且多以短历时暴雨为主，雨滴动能较大，加上黄土的点棱结构，湿陷性强，耕作扰动后土壤硬化过程明显，其结果是土壤分离能力的下降（图 3-5）。对实验数据的分析表明，土壤分离能力大体上随着土壤容重和黏结力的增大呈线性函数下降趋势。

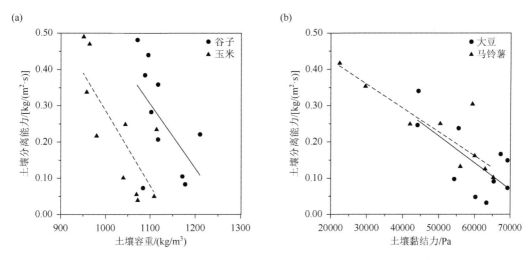

图 3-5　土壤容重（a）和土壤黏结力（b）对土壤分离能力的影响

　　根系系统具有强大的水土保持功能，根系的生长发育会挤压、穿插土壤形成裂隙，根系的死亡分解会形成大孔隙，同时会增加土壤有机质含量，改善土壤结构，增加毛管孔隙，促进土壤入渗性能，从而影响坡面水文过程，对侵蚀动力产生显著的影响。根系系统的网络结构会捆绑、缠绕土壤颗粒，形成稳定的土壤结构，特别是直径较小的须根系，其作用更为强大。根系系统分泌的化学物质可以将部分土壤颗粒吸附在根系周围，根系分解引起的有机质含量的增大会促进土壤团聚体的发育，提升土壤颗粒间的胶结作用，强化土壤的抗蚀能力。

　　就土壤分离过程而言，尤其是对于一年生的作物，根系主要是通过其物理捆绑作用影响土壤分离能力，随着根系密度的增大，土壤分离能力均呈下降趋势。根系的作用与根系的类型、结构密切相关，一般而言，须根系的作用要大于直根系，原因是须根系与土壤的接触面积更大。对于本节研究中草地和灌木地，土壤分离能力随着根系密度的增大呈显著的线性函数下降趋势，但对于林地和荒坡而言，其作用并不是十分明显，原因有待进一步研究（图 3-6）。

　　农事活动、土壤硬化及植物根系生长发育导致的土壤分离能力季节变化，势必会引起土壤侵蚀阻力的季节变化，因而进一步研究土壤侵蚀阻力的季节变化，对理解土壤侵蚀季节变化规律具有重要意义。

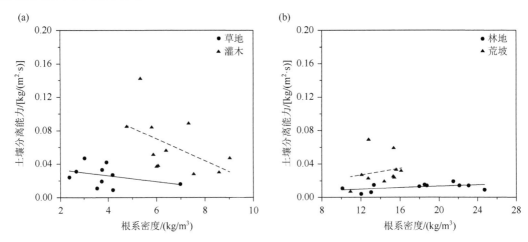

图 3-6　根系密度对土壤分离能力的影响

（a）草地和灌木；（b）林地和荒坡

### 3.2.2　黄土高原典型农地细沟可蚀性季节变化

1. 研究区和研究方法

试验在陕西省延安市安塞区中国科学院水利部水土保持研究所安塞水土保持综合试验站墩山上进行，试验区的气候、地形、土壤、植被及土地利用类型与纸坊沟比较类似，土壤是粉壤质黄绵土，黏粒含量为 4.28%，粉粒含量为 54.13%，砂粒含量为 41.59%，研究区高程变化在 1068～1309 m 之间。选择的农地仍然是本地主要粮食作物玉米、谷子、大豆和马铃薯用地。2012 年 4 月初对试验地进行统一翻耕，深度为 20～25 cm，然后构建 4 个面积为 20 m×14 m 的小区，分别种植玉米、谷子、大豆和马铃薯，行间距全部为 50 cm。4 种作物的播种期分别为 4 月 30 日、4 月 30 日、4 月 30 日和 5 月 23 日，玉米、谷子和大豆分别于 6 月 1 日和 7 月 1 日进行了第一次和第二次锄草，而马铃薯在整个生长期一直没有锄草。前三种作物于 9 月 29 日收获，而马铃薯于 9 月 28 日收获，谷子和大豆采用了刈割法，对地面的扰动相对较小，而玉米和马铃薯采用了人工挖掘，60%～70% 的地表被完全扰动。作物生长期内，地表有土壤结皮发育，特别是在作物生长的后期更为明显，可能会影响试验结果。

利用圆形不锈钢环在 4 种农地中采集原状土样，土样采集方法与上述测定土壤分离能力的采样方法相同。采集的土样利用变坡试验水槽冲刷，测定土壤分离能力，再以水流剪切力为横坐标，实测土壤分离能力为纵坐标，线性拟合获得土壤侵蚀阻力（细沟可蚀性和土壤临界剪切力）。试验水槽的规格与上述水槽相同，利用流量和坡度的不同组合，获得 6 个不同的水流剪切力（5.71 Pa、8.60 Pa、10.75 Pa、13.06 Pa、15.36 Pa、17.18 Pa），每种作物每个水流剪切力下重复测定 5 个土样，换言之，每种作物每期需要测定 30 个土样。试验从 2012 年 4 月初开始，到 9 月下旬结束，每次测定间隔 20 天左右，4 种作物均测定了 11 次，共测定了 1540 个原状土样。

在采集土样的同时，分别用便携式黏结力仪、烘干称量法、湿筛法和水洗法测定土壤黏结力、初始土壤含水量和土壤容重、水稳性团聚体比例及根系密度，每期测量分别重复

10 次、5 次、5 次、3 次和 5 次。对收集的根系在 65 ℃条件下烘干至恒重，计算根系密度，同时用软件对其扫描，计算根系直径和比表面积。表 3-4 给出了 4 种作物测定期土壤黏结力、土壤容重和根系密度的测定值。

**表 3-4　不同作物土壤黏结力、土壤容重及根系密度测定值**

| 作物 | 土壤黏结力 | | | 土壤容重 | | | 根系密度 | | |
|---|---|---|---|---|---|---|---|---|---|
| | 均值/(kPa) | 标准差/(kPa) | 变异系数 | 均值/(kg/m³) | 标准差/(kg/m³) | 变异系数 | 均值/(kg/m³) | 标准差/(kg/m³) | 变异系数 |
| 玉米 | 8.48 | 3.93 | 0.46 | 1.13 | 0.07 | 0.06 | 0.63 | 0.33 | 0.52 |
| 谷子 | 9.38 | 3.73 | 0.40 | 1.13 | 0.05 | 0.04 | 0.08 | 0.05 | 0.63 |
| 大豆 | 9.48 | 3.97 | 0.42 | 1.09 | 0.05 | 0.05 | 0.11 | 0.08 | 0.73 |
| 马铃薯 | 8.20 | 4.20 | 0.51 | 1.09 | 0.09 | 0.08 | 0.06 | 0.05 | 0.83 |

**2. 细沟可蚀性季节变化**

与土壤分离能力比较类似，受农事活动扰动的影响，细沟可蚀性也存在显著的季节变化特征（图 3-7）。4 种作物细沟可蚀性的季节变化特征比较相似，4 月初作物播种前，细沟可蚀性较低，4 月下旬的耕作及播种导致细沟可蚀性显著增大，达到测定期内的最大值，然后在降雨雨滴打击及重力的综合作用下，土壤逐渐沉降，土壤容重和黏结力持续增大，同时受作物根系系统生长发育的影响，细沟可蚀性持续下降。6 月初和 7 月初的锄草分别导致玉米、谷子和大豆地的细沟可蚀性出现了一定的波动，然后继续下降，到 9 月下旬达到了最小值。随后因收获的扰动，4 种作物的细沟可蚀性均出现了不同程度的增大，其中刈割方式收获的谷子和大豆，细沟可蚀性增大的幅度较小，而以人工挖掘收获的玉米和马铃薯，细沟可蚀性增大非常明显。这说明在作物的生长季，农地细沟可蚀性的季节变化主要受农事活动的影响，农事活动的影响程度取决于其对地面扰动的强度，扰动越大，则细沟可蚀性的变幅加大，反之亦然。

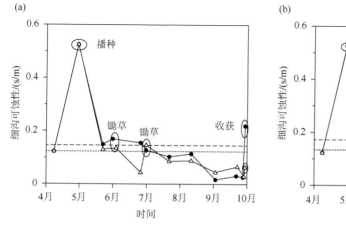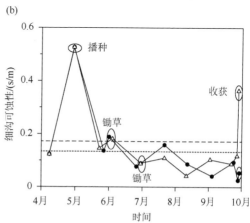

图 3-7　农地细沟可蚀性季节变化

（a）—●—玉米、—△—谷子；（b）—●—大豆、—△—马铃薯

虽然4种作物播种前均进行了相同强度的耕作，但不同作物细沟可蚀性的季节变化也存在一定的差异（图3-7），整个测定期玉米地的细沟可蚀性均值为0.146 s/m，而谷子地、大豆地和马铃薯地的细沟可蚀性均值分别为0.123 s/m、0.133 s/m和0.171 s/m，4种作物中马铃薯地和玉米地的细沟可蚀性均值明显大于谷子和大豆地，这一差异主要由作物收获方式的差异引起，特别是马铃薯更是如此（Yu et al.，2014）。

3. 影响因素

细沟可蚀性的季节变化与土壤性质的季节变化密切相关（图3-8），在整个作物生长季，土壤黏结力和土壤容重的季节变化特征刚好与细沟可蚀性相反，耕作、播种及收获等农事活动均导致土壤黏结力和容重减小，而土壤硬化过程引起土壤黏结力和容重的持续增大，使得土壤的抗蚀能力不断增大，土壤侵蚀阻力随之增大。在整个作物生长期，土壤水分呈波动性上升趋势，这一变化趋势与黄土高原土壤水分由降水补给且降水集中分布引起，土壤水分波动引起的干湿交替，很容易引起土壤结皮的发育，也会引起土壤裂隙的形成，前者会降低细沟可蚀性，而后者会增加细沟可蚀性，综合结果取决于二者影响的相对大小。在整个作物生长季，虽然不同作物间存在一定的差异，但土壤水稳性团聚体的比例持续增大，水稳性团聚体结构稳定，不易被雨滴打碎，也不易被径流分散，水稳性团聚体比例的增大可提升土壤整体结构的稳定性，是土壤黏结力增大的根本原因，也是耕作后细沟可蚀性持续下降的重要原因。土壤属性的季节变化是农事活动、土壤硬化、结皮发育、作物根系生长等因素综合作用的结果。

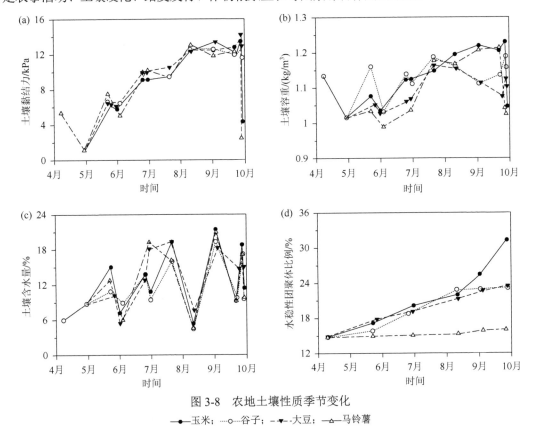

图3-8　农地土壤性质季节变化

——●——玉米；……○……谷子；— ▼ —大豆；—△—马铃薯

农事活动显著影响细沟可蚀性,耕作导致玉米地、谷子地和大豆地的细沟可蚀性增大了 4.3 倍,而马铃薯地增大了 1.3 倍。两次锄草活动也引起细沟可蚀性的明显波动,收获扰动地表,引起土壤疏松,抗蚀性能下降,土壤细沟可蚀性显著增大,特别是以人工挖掘方式收获的马铃薯和玉米更是如此。农事活动引起土壤结构的破坏,进而导致土壤抗蚀性能的下降,是农地土壤侵蚀强烈,以及农地是黄土高原侵蚀泥沙主要策源地的根本性原因,降低农事活动对土壤扰动的面积和强度,是农地水土保持的关键所在。

耕作后土壤的硬化过程是引起农地细沟可蚀性季节变化的重要因素,硬化过程主要受降雨特性、农事活动的强度、土壤干湿交替、作物根系的生长发育等因素影响,硬化的结果是土壤容重和黏结力的增大,导致土壤抗蚀性能增大,土壤更不容易被侵蚀,细沟可蚀性下降(图 3-9)。

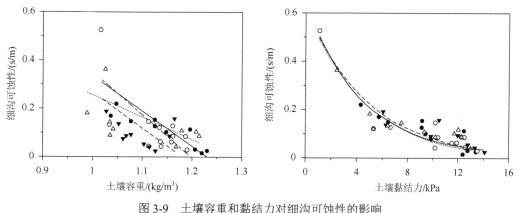

图 3-9  土壤容重和黏结力对细沟可蚀性的影响

——玉米;·······○谷子;——▼——大豆;——△——马铃薯

作物生长期土壤水稳性团聚体比例的变化(图 3-8),势必会引起细沟可蚀性的响应,数据分析表明随着土壤水稳性团聚体比例的增大,不同作物地的细沟可蚀性均呈指数函数下降(图 3-10)。如上所述,作物根系会通过不同途径影响土壤侵蚀过程,因而会对细沟可

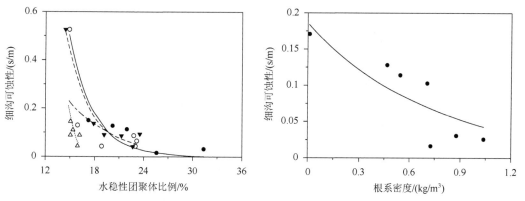

图 3-10  水稳性团聚体比例和根系密度对细沟可蚀性的影响

——玉米;·······○谷子;——▼——大豆;——△——马铃薯

蚀性产生显著影响，在整个作物生长期，作物根系密度的持续增大，势必会引起细沟可蚀性的变化。值得注意的是，本部分研究中作物的根系密度相对较小，仅在 $0.06 \sim 0.63\ kg/m^3$ 之间变化（表 3-4），这可能与种植密度偏低有很大关系。随着作物根系密度的增大，细沟可蚀性也呈指数函数下降（图 3-10），但与农事活动相比，根系系统的影响相对较小。

### 3.2.3　北京地区典型草地土壤侵蚀阻力季节变化

#### 1. 研究区和研究方法

实验在北京师范大学房山综合试验基地进行，位于 $115°25'E$、$39°35'N$，属典型的温带季风气候，年均降水量 600 mm，但年内分布不均，集中分布于夏季，土壤为典型的褐土，黏粒含量为 16.3%，粉粒含量为 47.0%，砂粒含量为 36.7%，有机质含量为 0.8%，土壤容重为 $1210\ kg/m^3$。研究的草地为一年生的柳枝稷和无芒雀麦，于 2010 年 6 月种植，密度分别为 $1150\ g/m^2$ 和 $600\ g/m^2$。实验期为 2011 年 4 月~10 月，其间降雨量为 514.4 mm，实验期两种草地长势良好，土样采集从 4 月 12 日开始，10 月 28 日结束，每次间隔时间为 2 周，共进行了 10 次测定。为了分析草地根系对土壤侵蚀阻力的影响，在附近的裸地小区也同时取样。每次从每个小区采集 35 个土样，土样的大小和上述实验相同，其中 30 个用于土壤分离能力测定，另外 5 个用于土壤含水量的确定。取样方法和过程与上述实验相同。

土壤分离能力的测定也在变坡实验水槽内进行，水槽长 5 m、宽 0.4 m，坡度可以在 0~60% 之间根据实验需求调整。流量用阀门组控制，水深用重庆华正水文仪器有限公司生产的数字型水位计测定，流速用染色法测定并根据水流流态进行校正，无论是水深还是流速，均进行多次测定取其平均值，然后进一步计算水流剪切力等水动力学参数。实验水深在 3.57~5.52 mm 之间变化，水槽宽度与水深的比值为 73~112，因此水槽的边壁效应可以忽略不计。通过流量和坡度的不同组合，获得 6 个不同的水流剪切力，分别为 6.53 Pa、9.55 Pa、14.4 Pa、16.3 Pa、19.3 Pa 和 23.4 Pa。

水动力学参数测定完毕后，进行土壤分离能力的测定，测定方法如前，仍然由冲刷深度控制土样的冲刷时间。每个水流剪切力下均重复测定 5 个样品，取其平均值计算土壤分离能力。监测期共冲刷了 $3 \times 10 \times 6 \times 5 = 900$ 个土样。冲刷土样时，在水槽出口处安装 1 mm 孔径的筛子，冲刷后的土样烘干称量后，用水洗法收集土样中的根系，进一步计算土样根系密度。

利用测定的土壤分离能力，进一步经过线性回归确定细沟可蚀性和临界剪切力。用成对 $t$ 检验分析不同处理间土壤侵蚀阻力的差异性，用简单的回归分析确定细沟可蚀性与根系密度间的关系，用非线性回归确定细沟可蚀性与根系密度及裸地细沟可蚀性间的关系。

#### 2. 土壤侵蚀阻力季节变化

图 3-11 给出了两种草地及裸地的细沟可蚀性的季节变化。由图可知，在整个测定期内，无论是柳枝稷草地和无芒雀麦草地的细沟可蚀性，还是裸地的细沟可蚀性均存在明

显的季节波动，表 3-5 给出了测定期内不同草地及裸地细沟可蚀性的统计特征值。由表可见，测定期内裸地的细沟可蚀性远大于两种草地，其均值分别是柳枝稷草地和无芒雀麦草地的 13.2 倍和 19.6 倍，充分说明裸地的侵蚀阻力远小于草地，更容易被侵蚀。柳枝稷草地的细沟可蚀性均值也明显大于无芒雀麦草地，说明仅从抵抗径流冲刷的角度而言，无芒雀麦保持水土的功能要优于柳枝稷，这可能与其根系密度及根系结构有关。就标准差而言，裸地细沟可蚀性的标准差远大于两种草地，表明在整个测定期裸地细沟可蚀性的变化幅度更大，侵蚀阻力的波动更剧烈。整个监测期内，无芒雀麦草地细沟可蚀性的时间变异性最大，最大值和最小值的比值为 26，变异系数达到 1.17，而裸地细沟可蚀性的时间变异性最小，最大值和最小值的比值为 7.5，变异系数为 0.43，远小于柳枝稷草地。当然，变异系数只是表示了变异的相对大小，从变化的剧烈程度而言，仍然是裸地的变化幅度更明显（Zhang et al.，2014）。

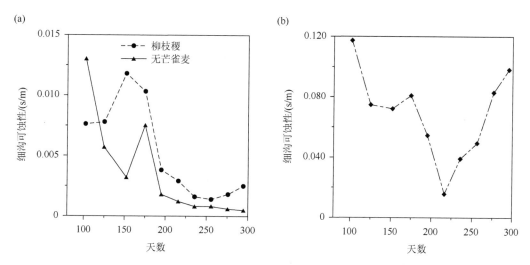

图 3-11　草地（a）及裸地（b）细沟可蚀性季节变化

**表 3-5　草地及裸地细沟可蚀性统计特征值（s/m）**

| 土地利用类型 | 最小值 | 最大值 | 均值 | 标准差 |
|---|---|---|---|---|
| 柳枝稷草地 | 0.0014 | 0.0118 | 0.0052 | 0.0039 |
| 无芒雀麦草地 | 0.0005 | 0.0130 | 0.0035 | 0.0041 |
| 裸地 | 0.0156 | 0.1172 | 0.0685 | 0.0296 |

在整个监测期内，不同土地利用类型细沟可蚀性的季节变化存在显著差异（图 3-11）。4 月中旬，柳枝稷草地的细沟可蚀性相对较低，但随后在 5 月迅速增大，至 6 月达到了最大值，随后出现持续的下降，至 9 月中旬达到了最小值，尔后又出现了轻微的增大，但幅度并不明显。与柳枝稷草地有所不同，4 月中旬，无芒雀麦草地的细沟可蚀性最大，5 月至 6 月迅速下降，随后 6 月中旬又出现了一次明显增大，然后迅速减小，7 月以后无芒雀麦草地的细沟可蚀性呈持续的缓慢下降趋势，10 月下旬达到了最小值。与无芒雀麦草地

比较类似，4 月中旬裸地的细沟可蚀性是监测期内的最大值，5 月初呈快速减小趋势，6 月到 7 月初之间变化较小，但存在一定的波动，随后迅速下降，至 8 月初达到了最小值，随后迅速增大，至 10 月下旬，达到了仅次于峰值的第二高值。

### 3. 影响因素

细沟可蚀性的季节变化受到如草地根系生长、土壤干湿交替、土壤结皮发育及土壤硬化等多种因素的影响。草地和裸地间细沟可蚀性季节变化的差异，可能主要与根系生长和土壤结皮的发育有关，由于受草地冠层的保护作用，草地内基本上没有土壤结皮的发育，而裸地的情况则截然不同，在整个监测期内，尤其是雨季，地表发育有明显的厚度达 3～5 mm 的土壤结皮，土壤结皮的存在会导致表土变得更为紧实，具有强化土壤侵蚀阻力的功能。土壤结皮的发育受到降雨的影响，降雨的季节波动自然会导致土壤结皮发育状况的季节波动，在降雨期土壤结皮发育，在干旱期土壤结皮会逐渐破坏，土壤表层会出现明显的裂隙，降低土壤侵蚀阻力。

对于两种草地而言，细沟可蚀性的季节变化主要受根系生长状况的影响，在整个监测期，两种草地的根系密度均呈增大趋势，因此导致细沟可蚀性整体上呈下降趋势，数据分析表明，细沟可蚀性随着根系密度的增大呈指数函数下降（图 3-12）：

$$柳枝稷草地：\quad K_{rsw} = 0.020e^{-0.255RD} \tag{3-6}$$

$$无芒雀麦草地：\quad K_{rsm} = 0.057e^{-0.998RD} \tag{3-7}$$

式中：$K_{rsw}$ 和 $K_{rsm}$ 分别为柳枝稷草地和无芒雀麦草地的细沟可蚀性（s/m）；RD 为根系密度（kg/m$^3$）。式（3-6）和式（3-7）的决定系数分别为 0.820 和 0.833。

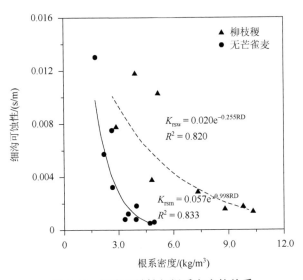

图 3-12　细沟可蚀性与根系密度的关系

从图 3-12 及式（3-6）和式（3-7）可以看出，无芒雀麦根系提升土壤侵蚀阻力的作用明显大于柳枝稷，如前所述，这一差异可能主要是由根系结构的差异引起的。前期研究表明，根系直径会显著影响根系抑制侵蚀的能力，根系直径越小，同等根系密度条件下根系与土壤的接触面积就越大，则根系控制侵蚀的作用就越明显。比较柳枝稷和无芒雀麦的根系直径发现，前者的平均直径为 0.42 mm，而后者的平均直径为 0.10 mm，柳枝稷根系的平均直径是无芒雀麦根系平均直径的 4 倍多，因此在同等根系密度条件下，无芒雀麦对细沟可蚀性的影响就更大。

　　草地和裸地间细沟可蚀性主要由根系的生长引起，那么可否利用根系密度将草地的细沟可蚀性进行调整，换言之，可否根据根系密度建立草地和裸地细沟可蚀性间的定量关系。为了解决这一问题，图 3-13 给出了草地的细沟可蚀性（$K_{rg}$）与裸地的细沟可蚀性比值和根系密度间的关系曲线，从图中可以看出，无论是柳枝稷草地还是无芒雀麦草地，其细沟可蚀性与裸地的细沟可蚀性的比值均随着根系密度的增大而呈指数函数下降。

$$柳枝稷草地：\quad K_{rsw} = K_{rbs}e^{-0.671RD} \tag{3-8}$$

$$无芒雀麦草地：\quad K_{rsm} = K_{rbs}e^{-1.030RD} \tag{3-9}$$

式中：$K_{rbs}$ 为裸地的细沟可侵蚀性（s/m）。式（3-8）和式（3-9）的决定系数分别为 0.92 和 0.99。式（3-8）和式（3-9）与图 3-13 说明可以用根系密度建立草地和裸地细沟可蚀性的定量关系，但不同草种间的拟合方程存在明显差异，还需要增加另外的表征草地根系特性的参数来改善拟合方程，建立更为确定的定量关系，从而可以通过裸地或耕地的细沟可蚀性和根系特征参数估算草地的细沟可蚀性，为草地侵蚀过程模型的构建奠定基础。

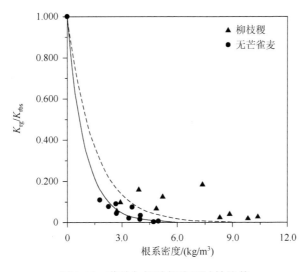

图 3-13　草地与裸地细沟可蚀性比值

## 3.3　小流域尺度土壤侵蚀阻力空间变化

　　土壤侵蚀阻力是土壤属性的函数，而土壤属性具有典型的空间异质性。土壤属性的空间变异势必会导致土壤侵蚀阻力的空间变化，本节从小流域尺度分析了土壤侵蚀阻力的空间变化及其影响因素。

### 3.3.1 典型地貌部位

黄土高原地形破碎，不同地貌单元的立地条件差异显著，进而影响土壤属性、利用方式与强度以及植被生长状况，从而可能对土壤侵蚀阻力产生影响，导致不同地貌部位土壤侵蚀阻力的空间变化（Li et al.，2015；Geng et al.，2017a）。

1. 研究区和研究方法

实验在陕西省延安市安塞区纸坊沟小流域进行，流域的基本情况如前面所述。对于黄土高原丘陵沟壑区的小流域，根据地形条件可以将流域分为沟缘线以上的沟间地和沟缘线以下的沟谷地。沟间地由梁峁组成，坡度较缓，是黄土高原农耕地的主要组成部分。根据坡度的大小，可以将沟间地进一步划分为梁峁坡上部、梁峁坡中部和梁峁坡下部。沟谷地可以进一步划分为沟坡和谷底。

根据黄土高原丘陵沟壑区地貌特征，在纸坊沟小流域从上到下选取了 6 个地貌部位：坡面顶部、坡面上部、坡面中部、坡面下部、切沟底部和沟谷底部进行采样。坡面顶部一般坡度很小，而坡面上部的坡度变化在 5%～21%之间，坡长较短。坡面中部的坡度较大，介于 21%～47%之间，坡长在几十米范围内。坡面下部的坡度在 32%～70%之间，坡长在几米到几十米之间变化。切沟底部的坡度较大，通常在 70%以上。沟谷底部相对比较平缓，坡度在 3%～9%之间，坡长一般在几十米范围内。

由于小流域草地分布广泛，选取处于相同或相近演替阶段的草地作为采样点。因流域内地形支离破碎，且土地利用斑块化比较严重，无法找到一个完整的拥有以上 6 种地貌单元且属于同一土地利用类型的坡面，因此，在详细的野外调查基础上，选择了 18 个采样点，每个地貌单元有 3 个重复。每个地貌单元的海拔、坡度和土壤类型尽量保持一致，同时，由于生物结皮具有强大的抑制土壤分离的作用，因而在采样的过程中尽量选取没有生物结皮生长的地点采样。各采样点的基本信息见表 3-6。

表 3-6　不同地貌部位采样点基本信息

| 采样点 | 海拔/m | 坡向/(°) | 植被盖度/% | 植被类型 |
| --- | --- | --- | --- | --- |
| 坡面顶部 1 | 1118 | 0 | 10 | 长芒草、芨芨草 |
| 坡面顶部 2 | 1270 | 0 | 13 | 长芒草、艾蒿 |
| 坡面顶部 3 | 1276 | 0 | 15 | 长芒草、芨芨草 |
| 坡面上部 1 | 1203 | 15 | 15 | 长芒草、艾蒿 |
| 坡面上部 2 | 1264 | 200 | 15 | 长芒草、米口袋 |
| 坡面上部 3 | 1339 | 140 | 15 | 米口袋、长芒草 |
| 坡面中部 1 | 1265 | 310 | 25 | 长芒草、茵陈蒿 |
| 坡面中部 2 | 1211 | 23 | 40 | 茵陈蒿、长芒草 |
| 坡面中部 3 | 1206 | 235 | 15 | 长芒草、茵陈蒿 |

| 采样点 | 海拔/m | 坡向/(°) | 植被盖度/% | 植被类型 |
|---|---|---|---|---|
| 坡面下部 1 | 1264 | 315 | 40 | 长芒草、茵陈蒿 |
| 坡面下部 2 | 1248 | 270 | 40 | 茵陈蒿、长芒草 |
| 坡面下部 3 | 1273 | 210 | 19 | 长芒草、茵陈蒿 |
| 切沟底部 1 | 1174 | 140 | 75 | 长芒草、艾蒿 |
| 切沟底部 2 | 1190 | 0 | 78 | 早熟禾、艾蒿 |
| 切沟底部 3 | 1270 | 240 | 81 | 早熟禾、艾蒿 |
| 沟谷底部 1 | 1196 | 0 | 95 | 华扁穗草、艾蒿 |
| 沟谷底部 2 | 1166 | 0 | 90 | 华扁穗草、艾蒿 |
| 沟谷底部 3 | 1187 | 0 | 78 | 早熟禾、艾蒿 |

各个采样点的采样方法和采样过程相同，如前面所述。每个采样点采集 30 个土样，共采集 540 个土样，经称量、饱和、排水后，用于土壤分离能力测定。土壤分离能力的测定是在安装在安塞试验站内的 4 m 长的变坡水槽内进行，采用流量和坡度的不同组合，共得到 6 个不同大小的水流剪切力（侵蚀动力），分别为 4.61 Pa、7.33 Pa、9.83 Pa、10.56 Pa、12.82 Pa 和 14.85 Pa。实验时间仍然用土样冲刷深度（2 cm）控制，冲刷完后烘干称量、计算土壤分离能力、估算土壤侵蚀阻力。同时在各样点采样或现场测定土壤机械组成、容重、黏结力、水稳性团聚体比例、有机质含量及根系密度等相关参数。数据记录见表 3-7。

**表 3-7　不同地貌部位土壤侵蚀阻力、土壤理化性质及根系密度测定统计特征值**

| 参数 | 最小值 | 最大值 | 均值 | 标准差 | 变异系数 |
|---|---|---|---|---|---|
| 细沟可蚀性/(s/m) | 0.0005 | 0.21 | 0.09 | 0.068 | 0.76 |
| 临界剪切力/Pa | 1.08 | 6.70 | 4.83 | 1.48 | 0.31 |
| 黏粒含量/% | 9.14 | 12.76 | 11.00 | 1.01 | 0.09 |
| 粉粒含量/% | 51.34 | 59.73 | 56.05 | 2.80 | 0.05 |
| 砂粒含量/% | 27.73 | 38.47 | 32.95 | 3.45 | 0.10 |
| 中值直径/μm | 30.73 | 37.63 | 33.91 | 2.09 | 0.06 |
| 土壤容重/(kg/m³) | 1101 | 1421 | 1247 | 92.36 | 0.07 |
| 土壤黏结力/kPa | 9.86 | 15.44 | 12.35 | 1.66 | 0.13 |
| 水稳性团聚体比例 | 0.40 | 0.76 | 0.58 | 0.12 | 0.21 |
| 有机质含量/% | 0.73 | 2.76 | 1.28 | 4.96 | 3.88 |
| 根系密度/(kg/m³) | 0.34 | 6.37 | 2.00 | 2.03 | 1.02 |

## 2. 不同地貌部位细沟可蚀性的空间变化特征

不同地貌部位的细沟可蚀性变化幅度较大，介于 0.0005～0.21 s/m 之间，均值为 0.09 s/m。细沟可蚀性的最小值和最大值分别出现在沟谷底部和坡面顶部，细沟可蚀性的变异系数为 0.76，属于中等变异，由土壤理化性质及根系密度的空间变异引起。

图 3-14 给出了不同地貌部位的细沟可侵蚀性的均值。从图中可以看出，随着海拔的降低，从坡面顶部到坡面上部、坡面中部、坡面下部、切沟底部、沟谷底部，细沟可蚀性呈明显的下降趋势，换言之，土壤侵蚀阻力呈增加趋势。坡面顶部的细沟可蚀性分别是其他 5 个地貌部位细沟可蚀性的 133 倍、125 倍、51 倍、37 倍和 19 倍。统计结果表明，坡面顶部和坡面上部的细沟可蚀性无显著差异，坡面下部与切沟底部、切沟底部与沟谷底部间也无显著性差异，其他各地貌部位间均呈显著性差异。

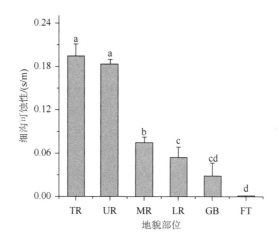

图 3-14　不同地貌部位的细沟可蚀性

TR. 坡面顶部；UR. 坡面上部；MR. 坡面中部；LR. 坡面下部；GB. 切沟底部；
FT. 沟谷底部；a、b、c、d 不同字母表示差异性显著

如前面所述，植物类型是影响土壤侵蚀阻力的重要因素，本实验的采样点除地貌部位不同以外，草种也存在明显差异，以长芒草、早熟禾和华扁穗草为主要类型，计算的平均细沟可蚀性如图 3-15 所示。由图可知，草种显著影响细沟可蚀性，长芒草地的细沟可蚀性显著大于早熟禾地和华扁穗草地，前者分别是后两者的 11 倍和 83 倍。这一差异主要由根系统的差异引起，监测数据显示，三种草的根系密度呈相反的变化趋势。

土壤临界剪切力在 1.1～6.7 Pa 之间变化，平均值为 4.8 Pa。从表 3-7 可以看出，不同地貌部位土壤临界剪切力的变异系数为 0.31，展示出中等程度的空间变异，但如图 3-16 所示，不同地貌部位间的土壤临界剪切力没有明显的变化趋势，6 个不同地貌部位的临界剪切力没有显著性差异，其中坡面顶部、坡面上部、坡面中部和坡面下部的临界剪切力非常接近，从坡面下部到切沟底部、沟谷底部，临界剪切力总体呈下降趋势，但下降趋势并

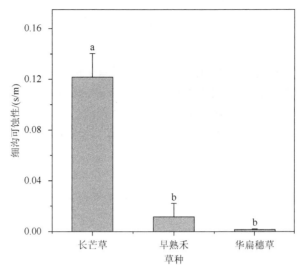

图 3-15　不同草种的细沟可蚀性

不同字母表示差异性显著

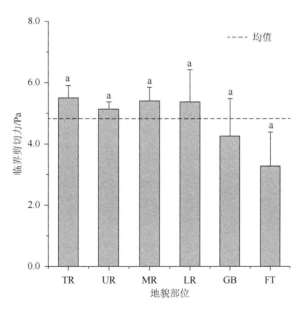

图 3-16　不同地貌部位的临界剪切力

TR. 坡面顶部；UR. 坡面上部；MR. 坡面中部；LR. 坡面下部；GB. 切沟底部；FT. 沟谷底部

不显著。土壤临界剪切力也是反映土壤侵蚀阻力的重要参数，多数学者认为，土壤临界剪切力随着细沟可蚀性的增大而减小，反之亦然，也就是从理论上讲临界剪切力随地貌部位的变化趋势应该和细沟可蚀性随地貌部位的变化趋势刚好相反，但本实验的结果并非如此。造成这种结果的原因可能在于，一方面用水流剪切力和实测土壤分离能力线性回归获取临界剪切力的方法缺乏合理性，另一方面影响临界剪切力和细沟可蚀性的因素及其机制存在差异。

3. 影响因素

土壤侵蚀阻力随地貌部位的变化，主要由土壤理化性质及根系密度随地貌部位的变化引起。受长期强烈侵蚀和黄土高原土壤侵蚀垂直分带特征的综合影响，不同地貌部位的土壤属性发生了明显的变化。从坡面顶部到沟谷底部，土壤黏粒含量呈明显的增大趋势，而砂粒含量及中值直径呈明显的减小趋势［图 3-17（a）、（b）、（c）］，回归分析结果也显示，黏粒含量与海拔间呈明显的正相关关系，而中值直径与海拔间呈负相关关系。黄土高原的土壤侵蚀类型及动力机制存在明显的垂直分带性，从坡顶到下坡，依次会出现溅蚀、片蚀、细沟侵蚀和切沟侵蚀，径流的深度和流量也随着坡长的增大而逐渐增大，从而导致坡面上部的径流挟沙力较小，土壤侵蚀过程属于典型的泥沙输移控制，因此，泥沙输移的分选性较强，径流优先输移粒径较小的黏粒。而到了坡面下部，随着径流深度和流量的增大，径流挟沙力迅速增大，土壤侵蚀过程转变为土壤分离控制，泥沙输移的分选性较弱，所有侵蚀泥沙均可以被径流输移。到了切沟底部或沟谷底部，由于坡度

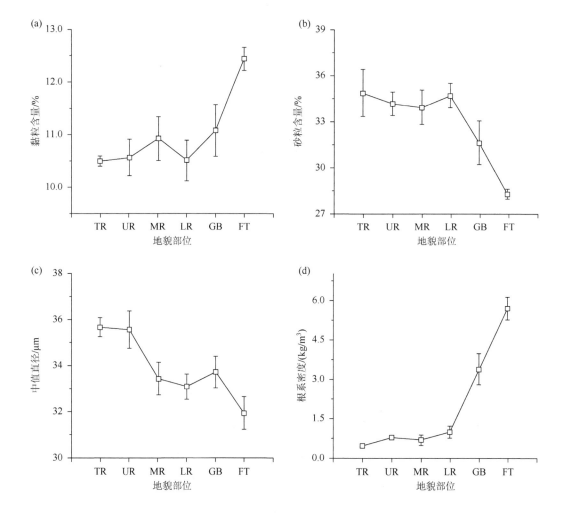

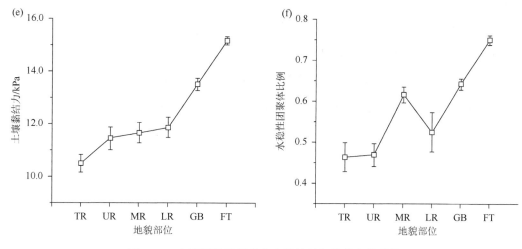

图 3-17　土壤属性及根系密度随地貌部位的变化趋势

的迅速降低，径流挟沙力也随着下降，侵蚀机制再次发生变化，由泥沙输移控制，富含黏粒的泥沙沉积，从而出现了上述土壤粒径随地貌部位的变化呈现趋势性变化的结果。

黄土高原干旱和半干旱的气候决定了土壤水分是植被生长的限制性因素，流域内植被的分布和生长状况与土壤水分密切相关。受径流汇流过程和蒸发作用的共同影响，从坡面顶部到坡面下部，再到切沟底部和沟谷底部，土壤水分整体呈增加趋势，植物生长状况出现相应的响应，从坡面顶部到坡面下部，再到沟谷底部，植被根系密度呈明显的增大趋势 [图 3-17（d）]，特别是切沟底部和沟谷底部更是如此。如前面所述，植被根系具有强大的抑制侵蚀功能，自然会导致土壤侵蚀阻力的增大、细沟可蚀性的下降。

土壤黏结力是土壤结构的综合反映，随着土壤胶结作用的增大而增大，而其胶结作用又受到土壤质地及有机质含量的影响。不同地貌部位土壤侵蚀的差异及植物生长特性的不同，自然会导致土壤结构的不同，进一步影响到土壤黏结力。随着地貌部位的变化，土壤黏结力出现明显的响应，从坡面顶部到坡面下部，土壤黏结力呈缓慢增大趋势，再到切沟底部和沟谷底部，土壤黏结力呈迅速增大趋势 [图 3-17（e）]。土壤黏结力随地貌部位的变化趋势，与根系密度随地貌部位的变化趋势非常接近，表明土壤黏结力与根系密度之间具有非常紧密的相关关系。土壤黏结力的增大势必会引起土壤侵蚀阻力的增大，细沟可蚀性趋于减小，而临界剪切力趋于增大。

水稳性团聚体是反映土壤结构稳定性的指标，水稳性团聚体越多，则土壤遇水后越稳定，土壤分离和团聚体分散作用趋于减弱。从坡面顶部到坡面下部，水稳性团聚体呈波动性增大趋势，从坡面下部到切沟底部再到沟谷底部，水稳性团聚体比例呈快速增大趋势 [图 3-17（f）]。上述水稳性团聚体的变化趋势也会导致土壤侵蚀阻力发生相应的变化，细沟可蚀性从坡面顶部到沟谷顶部呈减小趋势。

进一步分析发现，细沟可蚀性（$K_r$）随着土壤中值直径（$d_{50}$, mm）的增大呈线性函数增大趋势 [图 3-18（a）]，虽然点距比较分散，但线性趋势比较明显：

$$K_r = -0.71 + 0.023d_{50} \qquad R^2 = 0.35 \qquad\qquad （3\text{-}10）$$

细沟可蚀性随着土壤黏结力（Coh，kPa）的增大呈显著的线性函数减小趋势［图3-18（b）］：

$$K_r = 0.55 - 0.04\text{Coh} \qquad R^2 = 0.60 \qquad\qquad （3\text{-}11）$$

而随水稳性团聚体比例（WSA）的增大，细沟可蚀性呈显著的指数函数减小趋势［图 3-18（c）］：

$$K_r = 1.32e^{-4.92\text{WSA}} \qquad R^2 = 0.56 \qquad\qquad （3\text{-}12）$$

随着根系密度（RMD，kg/m$^3$）的增大，细沟可蚀性也呈显著的指数函数减小趋势［图 3-18（d）］：

$$K_r = 0.20e^{-0.892\text{RMD}} \qquad R^2 = 0.77 \qquad\qquad （3\text{-}13）$$

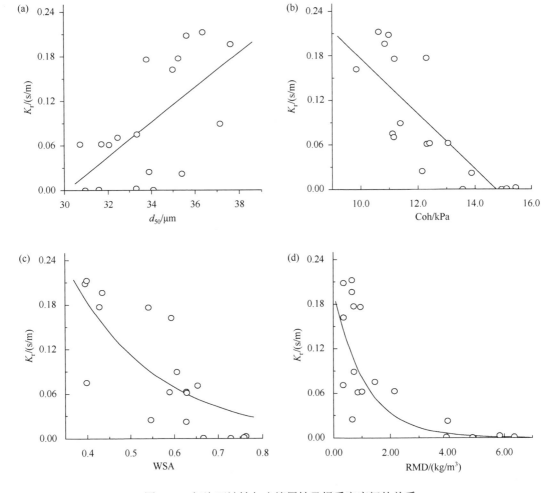

图 3-18　细沟可蚀性与土壤属性及根系密度间的关系

综合式（3-10）~式（3-13），可以得到黄土高原丘陵沟壑区不同地貌部位细沟可蚀性的模拟方程：

$$K_r = 0.0022(1.95d_{50} - 39.74)(17.33 - \text{Coh})e^{-2.5\text{WSA}-0.4\text{RMD}} \qquad R^2 = 0.79 \qquad (3\text{-}14)$$

从总体效果来看，式（3-14）的模拟效果较好，模型效率系数达到了0.84。

数据分析结果表明，不同地貌部位的土壤临界剪切力与土壤黏结力、根系密度及黏粒含量之间呈显著的负相关关系，这一结果仍然和我们的常识或者一般学者的认知存在差异。一般而言，随着土壤黏结力和根系密度的增大，土壤抗蚀性能增强，土壤更不容易被侵蚀，侵蚀阻力增大，即土壤临界剪切力应该随着上述参数的增大而增大。而本部分研究中负相关的结果，再次说明目前广泛使用的估算土壤临界剪切力的方法可能存在较大缺陷，需要进一步深入系统地研究。

## 3.3.2　土地利用类型

土地利用类型是影响土壤侵蚀的重要因素，它会显著影响土壤属性、根系系统和农事活动，从而可能会显著影响土壤侵蚀阻力特征。因此，本节重点研究了黄土高原丘陵沟壑区典型土地利用类型对细沟可蚀性的影响及其机制。

### 1. 研究区和研究方法

实验在陕西省延安市安塞区纸坊沟小流域内进行，黄土丘陵沟壑区的土地利用类型相对单一，农地、果园、灌木、林地、草地、荒坡和道路的面积占到流域面积的90%以上，也是流域侵蚀泥沙的主要来源区。因此，选择上述7种典型土地利用类型研究土地利用类型对土壤侵蚀阻力的影响，根据流域内植被的分布情况，随机地选择了24个黄绵土样地；流域内分布有少量的三趾马红黄土，但由于面积小，土地利用类型比较简单，根据植被生长状况，随机选取了6个三趾马红黄土样地（表3-8）。除了农地和果园以外，其他土地利用类型下都没有农事活动对地表的扰动。农地有正常的耕作、播种、锄草和收获活动，果园存在锄草及收获，灌木和林地内均有杂草生长，道路为没有覆盖的用于生产的田间土路。

表 3-8　不同土地利用类型和土壤类型条件下各样地基本信息

| 样地代码 | 土壤类型 | 土地利用类型 | 主要植被 | 盖度/% | 高程/m | 坡度/% |
|---|---|---|---|---|---|---|
| RCC | | 农地 | 大豆 | 60 | 1203 | 5.2 |
| ROA | | 果园 | 苹果 | 47 | 1198 | 22.5 |
| ROJ | | | 枣树 | 32 | 1165 | 37.5 |
| RSS | 红黄土 | 灌木 | 沙棘 | 78 | 1188 | 40.7 |
| RGA | | 草地 | 铁杆蒿 | 95 | 1164 | 17.4 |
| RGB | | | 白羊草 | 99 | 1161 | 37.5 |
| YCC | 黄绵土 | 农地 | 玉米 | 71 | 1126 | 5.2 |
| YCM | | | 谷子 | 60 | 1269 | 7.0 |

续表

| 样地代码 | 土壤类型 | 土地利用类型 | 主要植被 | 盖度/% | 高程/m | 坡度/% |
|---|---|---|---|---|---|---|
| YCP | | 农地 | 马铃薯 | 23 | 1321 | 5.2 |
| YCS | | | 大豆 | 70 | 1222 | 8.7 |
| YOA | | 果园 | 苹果 | 50 | 1202 | 8.7 |
| YOH | | | 山楂 | 38 | 1233 | 17.4 |
| YOJ | | | 枣树 | 30 | 1195 | 7.0 |
| YOW | | | 核桃 | 44 | 1222 | 24.2 |
| YSK | | 灌木 | 柠条 | 90 | 1259 | 22.5 |
| YSSB | | | 沙棘 | 90 | 1251 | 32.6 |
| YSSD | | | 白刺花 | 85 | 1114 | 46.9 |
| YWB | | 林地 | 刺槐 | 65 | 1118 | 30.9 |
| YWC | 黄绵土 | | 油松 | 53 | 1138 | 19.1 |
| YWS | | | 杨树 | 62 | 1124 | 46.9 |
| YGAA | | 草地 | 沙打旺 | 95 | 1235 | 25.9 |
| YGAC | | | 茵陈蒿 | 56 | 1208 | 12.2 |
| YGAS | | | 铁杆蒿 | 80 | 1276 | 20.8 |
| YGBI | | | 白羊草 | 90 | 1278 | 12.2 |
| YGCL | | | 披针叶苔草 | 90 | 1320 | 20.8 |
| YGSB | | | 长芒草 | 77 | 1253 | 13.9 |
| YGSV | | | 狗尾草 | 90 | 1174 | 10.5 |
| YWaAA | | 荒坡 | 沙打旺 + 铁杆蒿 | 66 | 1201 | 34.2 |
| YWabs | | | 白羊草 + 狗尾草 | 93 | 1186 | 20.8 |
| YR | | 道路 | — | 0 | 1167 | 8.7 |

土样的采集过程与上述实验相同，同时采样或现场测定土壤机械组成、容重、黏结力、水稳性团聚体及有机质含量。土壤分离实验在长 4 m、宽 0.35 m 的水槽内进行，通过坡度和流量的不同组合，共获得 6 个不同水流剪切力，每个水流剪切力下重复冲刷 4 个土样，共采集并冲刷了 720 个土样。土样冲刷的同时测定根系密度。

2. 土地利用类型对细沟可蚀性的影响

土壤类型显著影响土壤侵蚀阻力，测试的土壤包括了黄土高原广泛分布的黄绵土和少量零星分布的三趾马红黄土，大部分情况下，黄绵土的细沟可蚀性显著大于红黄土的细沟可蚀性，黄绵土的玉米地、枣树地、铁杆蒿地和白羊草地的细沟可蚀性分别是红黄土的 1.4～6.9 倍（图 3-19）。就均值而言，黄绵土的细沟可蚀性是红黄土的 1.5 倍。上述差异主要由土壤性质的差异引起，表明黄绵土抵抗侵蚀的能力明显小于红黄土，侵蚀阻力较小，细沟可蚀性较大，在同样的坡面径流条件下，黄绵土的侵蚀就会明显剧烈。两种土壤苹果地侵蚀阻力差异的原因可能与果园管理有关，为了提高苹果产量，每年均会在苹果地实施锄草等农事管理活动，从而削弱了土壤类型对细沟可蚀性的影响。对于沙棘地而言，黄绵土沙棘地的根系密度是红黄土的 1.6 倍，导致黄绵土沙棘地的细沟可蚀性稍微低于红黄土（图3-19）。

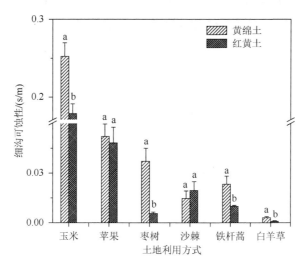

图 3-19　典型土壤类型和土地利用方式下细沟可蚀性比较

　　对于红黄土而言，除了沙棘和白羊草以外，其他 4 种土地利用类型下的细沟可蚀性差异显著，实测的细沟可蚀性在 0.006～0.180 s/m 之间，农地（玉米）的细沟可蚀性最大，分别是果园、灌木和草地的 7 倍、9 倍和 35 倍，这一结果再次直接说明土地利用类型是影响土壤侵蚀的重要因素，同时表明退耕还林还草工程是控制土壤侵蚀、提高土壤侵蚀阻力的有效手段。

　　与红黄土相似，土地利用类型显著影响黄绵土的细沟可蚀性。就均值而言，农地的细沟可蚀性最大（0.25 s/m），之后依次为道路（0.14 s/m）、果园（0.027 s/m）、灌木（0.022 s/m）、林地（0.0095 s/m）、草地（0.0087 s/m）和荒坡（0.0059 s/m）。在上述土地利用类型中，农地的土壤侵蚀阻力最小，而荒坡的土壤侵蚀阻力最大，表明在黄土高原丘陵沟壑区，植被的自然恢复是控制严重水土流失的有效方式，至少对于径流冲刷引起的土壤分离过程而言，荒坡最为有效，当然这一结果与荒坡样点的植被生长比较良好有密切关系，例如，白羊草＋狗尾草的根系密度达到了 3.3 kg/m³。

　　在 4 种农地中，马铃薯地的细沟可蚀性最大，之后依次为大豆地、玉米地和谷子地，如前面所述，这一差异自然是由不同作物的根系结构以及农事活动扰动的强度差异引起的。在 4 种果园中，苹果地和枣树地的细沟可蚀性显著大于山楂地和核桃地，这一差异由果园管理引起，无论是苹果地还是枣树地，均存在锄草等管理措施，因为它们是当地主要的经济林，管理比较精细，而山楂地和核桃地不是当地的主要经济林，管理比较粗放，对地表的扰动程度自然低于苹果地和枣树地，因此，细沟可蚀性与其他土地利用类型间呈显著差异。

　　对于灌木而言，柠条因长势较好，杂草生长较少，因此，其细沟可蚀性是沙棘和白刺花的 2.5 倍和 2.9 倍。对于林地而言，油松地的细沟可蚀性最小，与刺槐地和杨树地的细沟可蚀性差异显著，这一差异可能和植被根系特征及退耕年限有关，油松地、杨树地和油松地的退耕年限分别为 7 年、18 年和 38 年，随着退耕年限的延长，林下植物的群落结构、生物量、枯落物含量及根系密度均显著增大，从而对土壤理化性质产生显著影响，进而影响土壤侵蚀阻力。对于草地而言，细沟可蚀性从茵陈蒿的 0.002 s/m，逐渐增大到铁杆蒿的 0.023 s/m。两种荒坡地的细沟可蚀性也是差异显著（Zhang et al.，2009b）。

### 3. 影响因素及其机制

小流域不同土壤类型和土地利用类型下，细沟可蚀性的差异主要由土壤理化性质、耕作措施及植被根系的多少及其结构引起。分析数据发现，随着土壤粉粒含量的增大，细沟可蚀性呈显著的幂函数增大趋势（图 3-20），与前面研究中不同地貌部位的结果有所不同，本小节研究的结果是细沟可蚀性与黏粒和砂粒含量间没有任何显著的相关关系，出现这样的结果可能与黏粒及砂粒含量变化幅度较小有关。

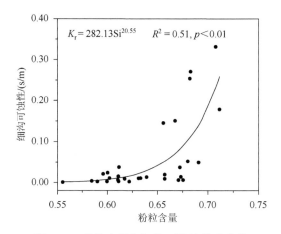

图 3-20　粉粒含量和细沟可蚀性关系曲线

土壤黏结力显著影响土壤侵蚀阻力，细沟可蚀性随土壤黏结力的增大呈显著的幂函数减小趋势（图 3-21），这一结果与前面研究中不同地貌部位的结果比较相似。虽然不同土

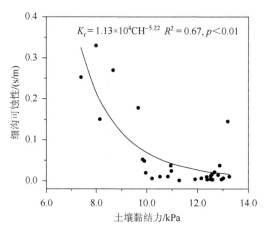

图 3-21　土壤黏结力与细沟可蚀性关系曲线

壤类型和土地利用类型下的土壤容重存在一定的差异,但数据分析表明,土壤容重与细沟可蚀性间没有显著的相关关系。与不同地貌部位的研究结果比较类似,细沟可侵蚀性随水稳性团聚体比例和根系密的增大均呈显著的幂函数减小趋势(图 3-22 和图 3-23)。

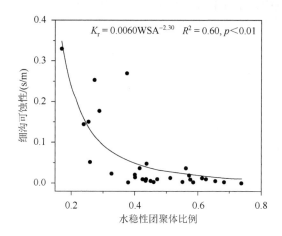

图 3-22　水稳性团聚体比例与细沟可蚀性关系曲线

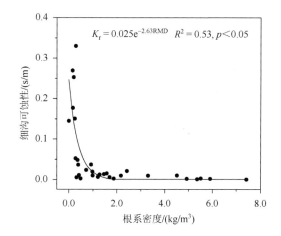

图 3-23　根系密度与细沟可蚀性关系曲线

　　直接测定细沟可蚀性比较困难,且费时费力,因此,基于容易测定的土壤理化性质、根系特征等相关参数,建立细沟可蚀性的模拟方程具有重要的意义。对本实验的全部数据进行系统分析后发现,可以用土壤粉粒含量(Si)、黏结力(CH,kPa)、水稳性团聚体比例(WSA)及根系密度(RMD,kg/m³),较好地模拟不同土地利用类型下的细沟可蚀性:

$$K_r = 8.74Si^{0.49}CH^{-2.13}WSA^{-1.14}e^{-2.95RMD} \qquad R^2 = 0.87 \qquad (3\text{-}15)$$

　　式(3-15)的决定系数和模型效率系数均为 0.87,表明模拟效果比较理想。比较式(3-15)和式(3-14)可以发现,两式在系数、变量、结构及指数方面均存在明显的差异,充分说明目前对于细沟可蚀性模拟的研究仍然处于初期阶段,在今后的工作中需要开展大量的相关研究,建立更为普适性的细沟可蚀性模拟方程。

上述研究结果说明，在小流域尺度上，土壤侵蚀阻力的空间变化，主要受局地的土壤性质（类型、黏结力、水稳性团聚体）、农事活动的扰动强度（土地利用类型、耕作、播种、施肥、锄草及收获）和植物群落特征（类型、结构、退耕年限和模式）等因素的综合影响。在土壤类型相对固定的条件下，调整土地利用类型、改善土壤理化性质、强化根系系统的物理捆绑及化学吸附功能，是提升土壤侵蚀阻力、降低土壤侵蚀的根本所在。

# 3.4　区域尺度土壤侵蚀阻力空间变化

在区域尺度上，气候、地形、土壤、植被和土地利用类型等影响土壤侵蚀的因素，均存在显著的空间变异性，这些因素的空间变异是否会引起土壤侵蚀阻力发生相应的空间变异？其影响因素是区域尺度的宏观变量，还是与小流域尺度类似的局地变量？影响的机制又是什么？为了回答这些问题，本节从黄土高原南北样线和东部水蚀两个尺度分析了区域尺度土壤侵蚀阻力的空间变化及其影响因素。

## 3.4.1　黄土高原样线

### 1. 研究区和研究方法

受气候、地形、土壤、植被和土地利用类型的综合影响，黄土高原是我国甚至全球土壤侵蚀最严重的区域之一，研究黄土高原地区土壤侵蚀阻力的空间变化规律及其影响机制，对于揭示土壤侵蚀动力过程、建立适合于该区的土壤侵蚀过程模型及水土保持措施的宏观配置等诸多方面，具有重要的理论和实践意义（Geng et al., 2015）。

为了研究黄土高原土壤侵蚀阻力的空间变化特征，从南到北选择了 7 个监测点，依次为陕西省宜君、富县、延安、子长、子洲、榆林和内蒙古自治区的鄂尔多斯（图 3-24），

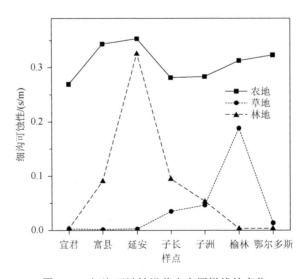

图 3-24　细沟可蚀性沿黄土高原样线的变化

除榆林和鄂尔多斯的间距为 164 km 以外，其他各监测点的间距接近于 60 km，样线全长 508 km。年均降水量从南端宜君的 591 mm，逐渐减小到鄂尔多斯的 368 mm，从而使得样线从南到北依次经过了 3 个植被带，分别为森林带（年均降水量＞550 mm）、森林-草原带（450 mm＜年均降水量＜550 mm）和草原带（300 mm＜年均降水量＜450 mm）。年均气温从宜君的 10.3 ℃，逐渐下降到鄂尔多斯的 7.2 ℃。各监测点地理位置、土地利用类型及主要植物类型等基本信息见表 3-9。各样地海拔变化在 937～1433 m 之间，农地作物全为玉米，草地以早熟禾为主，林地以刺槐为主，植被盖度变化幅度较大，特别是林地的盖度从南到北变化幅度很大，从宜君的 95%减小到鄂尔多斯的 14%。各样点的坡度、坡向、退耕年限及前期利用方式基本一致。

表 3-9　黄土高原样线各监测点基本信息

| 监测点 | 土地利用类型 | 东经 | 北纬 | 海拔/m | 年均气温/℃ | 年均降水量/mm | 盖度/% | 主要植物类型 |
|---|---|---|---|---|---|---|---|---|
| 宜君 | 农地 | 109°09′19.0″ | 35°23′06.9″ | 1026 | 10.3 | 591 | 78 | 玉米 |
| | 草地 | 109°09′32.1″ | 35°29′56.1″ | 1043 | 10.3 | 591 | 95 | 早熟禾 |
| | 林地 | 109°09′19.0″ | 35°23′06.9″ | 1094 | 10.3 | 591 | 95 | 刺槐 |
| 富县 | 农地 | 109°19′00.2″ | 36°04′41.8″ | 1006 | 10.2 | 542 | 78 | 玉米 |
| | 草地 | 109°18′36.1″ | 36°05′10.7″ | 1085 | 10.2 | 542 | 87 | 米口袋 |
| | 林地 | 109°20′50.7″ | 36°03′21.0″ | 978 | 10.2 | 542 | 80 | 刺槐 |
| 延安 | 农地 | 109°25′32.8″ | 36°28′54.7″ | 1113 | 9.9 | 514 | 82 | 玉米 |
| | 草地 | 109°25′12.0″ | 36°28′13.8″ | 1140 | 9.9 | 514 | 89 | 芨芨草 |
| | 林地 | 109°24′14.4″ | 36°28′48.9″ | 1210 | 9.9 | 514 | 74 | 刺槐 |
| 子长 | 农地 | 109°37′31.8″ | 36°07′32.4″ | 1079 | 9.6 | 437 | 86 | 玉米 |
| | 草地 | 109°37′07.4″ | 36°13′20.7″ | 1319 | 9.6 | 437 | 91 | 早熟禾 |
| | 林地 | 109°37′21.9″ | 36°07′19.5″ | 1027 | 9.6 | 734 | 29 | 刺槐 |
| 子洲 | 农地 | 109°50′18.0″ | 37°36′30.0″ | 937 | 9.3 | 411 | 83 | 玉米 |
| | 草地 | 109°51′09.0″ | 37°36′29.0″ | 1057 | 9.3 | 411 | 87 | 早熟禾 |
| | 林地 | 109°51′08.0″ | 37°36′31.0″ | 1037 | 9.3 | 411 | 69 | 刺槐 |
| 榆林 | 农地 | 109°51′26.0″ | 38°10′56.0″ | 1190 | 8.8 | 383 | 78 | 玉米 |
| | 草地 | 109°49′36.0″ | 38°11′52.0″ | 1127 | 8.8 | 383 | 47 | 北莎草 |
| | 林地 | 109°51′23.0″ | 38°11′06.0″ | 1197 | 8.8 | 383 | 17 | 刺槐 |
| 鄂尔多斯 | 农地 | 109°56′20.0″ | 39°52′45.0″ | 1421 | 7.2 | 368 | 81 | 玉米 |
| | 草地 | 109°56′23.0″ | 39°52′42.0″ | 1433 | 7.2 | 368 | 74 | 早熟禾 |
| | 林地 | 109°56′20.0″ | 39°52′44.0″ | 1416 | 7.2 | 368 | 14 | 小叶杨 |

监测点的土壤机械组成存在一定的差异，宜君农地样点土壤属于粉黏壤土，榆林和鄂尔多斯的农地属于砂壤土，榆林的草地和林地属于壤土，鄂尔多斯的草地属于壤土，其他各监测点的土壤质地均属于粉壤土。土壤的中值直径在 7.17～82.19 μm 之间变化，土壤

黏结力在 8.27～15.05 kPa 之间变化，团聚体稳定性在 0.24～4.49 mm 之间变化，土壤有机质含量在 0.3%～2.1%之间变化，根系密度在 0～4.0 kg/m³ 之间变化。

在各监测点不同土地利用类型下，采集原状土样，采样方法如前面研究所述。将采集的土样全部运送回安塞试验站进行径流冲刷试验，通过径流流量和坡度的不同组合，设置 6 个不同的水流剪切力（5.23 Pa、7.96 Pa、10.72 Pa、12.30 Pa、14.60 Pa 和 16.51 Pa），每个径流剪切力下重复冲刷 5 个土样，平均值作为该样点土地利用类型和水流剪切力条件下的土壤分离能力。以测定的土壤分离能力，基于水流剪切力进行线性拟合，得到细沟可蚀性和土壤临界剪切力。表 3-10 给出了 7 个监测样地、不同土地利用类型下的土壤分离能力、细沟可侵蚀性和临界剪切力的统计特征值。

表 3-10　黄土高原样线各样点土壤侵蚀阻力统计特征值

| 土地利用类型 | 参数 | 最小值 | 最大值 | 均值 | 标准差 | 变异系数 |
|---|---|---|---|---|---|---|
| 农地 | 分离能力/[kg/(m²·s)] | 1.933 | 3.954 | 2.998 | 0.709 | 0.237 |
|  | 细沟可蚀性/(s/m) | 0.269 | 0.352 | 0.309 | 0.032 | 0.104 |
|  | 临界剪切力/Pa | 0.140 | 4.990 | 2.165 | 2.091 | 0.966 |
| 草地 | 分离能力/[kg/(m²·s)] | 0.008 | 1.754 | 0.458 | 0.602 | 1.314 |
|  | 细沟可蚀性/(s/m) | 0.001 | 0.187 | 0.041 | 0.067 | 1.634 |
|  | 临界剪切力/Pa | 4.320 | 6.700 | 5.880 | 0.806 | 0.137 |
| 林地 | 分离能力/[kg/(m²·s)] | 0.004 | 0.909 | 0.313 | 0.319 | 1.019 |
|  | 细沟可蚀性/(s/m) | 0.002 | 0.325 | 0.081 | 0.115 | 1.420 |
|  | 临界剪切力/Pa | 3.140 | 6.960 | 5.700 | 1.284 | 0.225 |

### 2. 黄土高原样线细沟可蚀性变化

从表 3-10 可以看出，土地利用类型显著影响土壤分离过程，农地、草地和林地实测土壤分离能力分别于 1.933～3.954 kg/(m²·s)、0.008～1.754 kg/(m²·s)、0.004～0.909 kg/(m²·s) 之间变化，最大值分别是最小值的 2.1 倍、219.3 倍和 227.3 倍。农地土壤分离能力显著大于草地和林地，7 个监测点土壤分离能力均值分别是草地和林地的 6.55 倍和 9.58 倍。从变异系数来看，农地土壤分离能力属于中等空间变异，而草地和林地的土壤分离能力属于强空间变异。这一差异可能主要与农地强烈的农事活动扰动有关，受频繁的强烈的耕作、播种、收获等农事活动的影响，土壤性质及植被等地带性因素对土壤分离能力的影响被弱化。

土壤侵蚀阻力（细沟可蚀性和临界剪切力）受土地利用类型的显著影响（表 3-10），农地的细沟可蚀性明显大于草地和林地，分别是后者的 7.5 倍和 3.8 倍。而农地的临界剪切力明显小于草地和林地，分别是后者的 37% 和 38%。与土壤分离能力类似，农地的细沟可蚀性属于中等空间变异，而草地和林地的细沟可蚀性为强空间变异。但土壤临界剪切力的空间变异有所不同，三种土地利用类型下均属于中等空间变异。

图 3-24 给出了不同土地利用类型下细沟可蚀性沿样线的空间变化趋势。对于农地而

言，从南到北，细沟可蚀性出现了波动性变化，最南端的宜君最低，从南到北迅速增大，到延安达到了最大值，然后回落，子长和子洲的细沟可蚀性比较接近，随后再次缓慢上升。总体来看，农地细沟可蚀性沿黄土高原样线的变化比较凌乱，没有明显的趋势。究其原因应该和农地的强烈人类扰动密切相关，强烈的农事活动消除了土壤、植被等区域因素对细沟可蚀性的影响。

从南到北，草地的细沟可蚀性呈现了一定的变化趋势，从宜君到延安，细沟可蚀性相对比较稳定，随后出现缓慢的增大，从子洲到榆林，草地的细沟可蚀性快速增大，尔后又快速下降。对于林地，南边宜君的细沟可蚀性也较小，从南到北，快速增大，到延安达到最大值，从延安到子长快速下降，从子长到榆林缓慢下降，榆林到鄂尔多斯之间，林地的细沟可蚀性相对比较稳定。

总体来看，土壤临界剪切力沿黄土高原的样线，从南到北没有明显的趋势性变化规律，无论是农地，还是草地和林地，都是如此。

### 3. 影响因素与机制

统计分析结果表明，土壤分离能力、细沟可蚀性和土壤临界剪切力与各监测点的纬度、经度、高程、年均降水量、年均气温及植被带之间没有显著的相关关系，说明在本小节研究的样线范围内（南北 508 km），土壤侵蚀阻力不受上述区域宏观变量的控制。

细沟可蚀性与土壤黏结力、团聚体稳定性、根系密度之间呈显著的负相关关系，土壤临界剪切力与粉粒含量、土壤黏结力及团聚体稳定性之间呈显著的正相关关系。细沟可蚀性随土壤黏结力（Coh，kPa）的增大呈线性函数下降：

$$K_r = -0.046\text{Coh} + 0.706 \qquad R^2 = 0.62 \qquad (3\text{-}16)$$

随土壤团聚体稳定性（AS，mm）的增大，细沟可蚀性呈指数函数减小：

$$K_r = 0.348\text{e}^{-0.612\text{AS}} \qquad R^2 = 0.349 \qquad (3\text{-}17)$$

与前面的研究成果类似，在区域尺度上，细沟可蚀性也随根系密度（RMD，kg/m³）的增大呈指数函数减小：

$$K_r = 0.315\text{e}^{-1.29\text{RMD}} \qquad R^2 = 0.79 \qquad (3\text{-}18)$$

简单从决定系数的大小来看，根系密度、土壤黏结力与细沟可蚀性间的关系更为紧密，是影响细沟可蚀性空间变化的关键因素。

回归分析结果表明，土壤临界剪切力随土壤黏结力（Coh，kPa）的增大呈线性函数增大（图 3-25），而随着团聚体稳定性（AS，mm）的增大呈对数函数增大（图 3-26）。

在土壤侵蚀过程模型（Nearing et al.，1989）中，需要根据农地的细沟可蚀性和临界剪切力，建立草地和林地的修正系数，进而估算草地和林地的细沟可蚀性和临界剪切力，对于本样线研究的各个样点而言，草地和林地细沟可蚀性的修正系数可以表达为

$$K_{radj} = 0.943\left[1.372 - 1.601\left(\frac{\text{Coh}_{gw} - \text{Coh}_c}{\text{Coh}_c}\right)\right]\text{e}^{-0.810\text{RMD}} \qquad R^2 = 0.70 \qquad (3\text{-}19)$$

式中：$K_{radj}$ 为草地和林地细沟可蚀性修正系数；$\text{Coh}_{gw}$ 为草地和林地的土壤黏结力（kPa）；$\text{Coh}_c$ 为农地土壤黏结力（kPa）；RMD 为草地和林地的根系密度（kg/m³）。

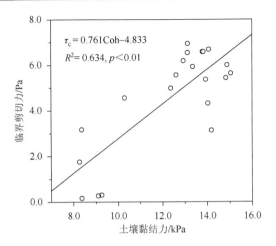

图 3-25　临界剪切力与土壤黏结力关系曲线

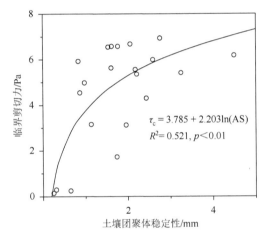

图 3-26　临界剪切力与土壤团聚体稳定性关系曲线

对于草地和林地，土壤临界剪切力修正系数可以表达为

$$\tau_{cadj} = 0.053 + 5.419 \left( \frac{AS_{gw} - AS_c}{AS_c} \right) \qquad R^2 = 0.57 \qquad （3\text{-}20）$$

式中：$\tau_{cadj}$ 为草地和林地土壤临界剪切力修正系数；$AS_{gw}$ 为草地和林地的土壤团聚体稳定性（mm）；$AS_c$ 为农地土壤团聚体稳定性（mm）。

## 3.4.2　东部水蚀区农地

中国是水土流失最为严重的国家之一，水土流失面积达 357 万 $km^2$，占国土面积的 37%。在过去 50 年，因强烈的水土流失年均损失耕地面积 670 $km^2$，肥沃表土的大量流失势必会导致土地荒漠化、石漠化，在我国，34% 的退化土地由土壤侵蚀引起，每年流失的侵蚀泥沙达 50 亿 t，占全球侵蚀泥沙的 8%。因此，研究土壤侵蚀过程、机理、环境效应及水土流失综合治理，具有重大的战略意义。

1. 研究区和研究方法

根据侵蚀营力不同，可以将我国划分为水力侵蚀区、风力侵蚀区和冻融侵蚀区，其中水力侵蚀区分布于我国东部，面积为 454 万 km²，是我国农业、工业的核心区域，人口达到 11.5 亿。根据气候、地形、土壤、植被等影响因素的区域分异特征，可以将东部水蚀区进一步划分为 6 个二级区，分别为西北黄土高原区（III$_1$）、东北低山丘陵和漫岗丘陵区（III$_2$）、北方山地丘陵区（III$_3$）、南方山地丘陵区（III$_4$）、四川盆地及周围山地丘陵区（III$_5$）和云贵高原区（III$_6$）。

东部水蚀区侵蚀泥沙主要来源于陡坡耕地（21 万 km²），受农事活动的强烈扰动和不合理的土地利用类型的影响，长江和黄河的中上游地区大部分陡坡耕地的土壤侵蚀模数大于 5000 t/(km²·a)，因此，陡坡耕地的水土保持是我国水蚀区的重点所在，对其侵蚀机理的研究具有重大意义（Geng et al.，2017a；Zhang et al.，2009c）。

基于我国 1:4000000 土壤图和第二次土壤普查土壤质地数据，在东部水蚀区选择了 36 个采样点，虽然根据第二次土壤普查结果，采样点包括了 12 个不同土壤质地，但取样后实测土壤数据显示，采样点仅包括 6 个不同的土壤质地。对于每一个采样点，选择一个代表当地主要坡耕地（坡面坡度、土壤和作物类型）的坡面，每个样地的坡耕地均经过前年冬季或当年春季的耕作。采样时，将地表的残茬清除，按"S"形 6 点采集表层 20 cm 的土样，每个样地采集约 100 kg，运回北京师范大学房山综合试验基地，经风干后用于土壤理化性质和土壤分离能力测定。采样从 2015 年 3 月开始，5 月结束，历时 3 个月。

测定的土壤物理指标包括土壤机械组成、中值直径、土壤电导率，以此确定土壤机械组成，并计算土壤几何粒径和美国通用土壤流失方程中的优势粒径。土壤化学指标包括 pH、阳离子（Na$^+$、K$^+$、Mg$^{2+}$、Ca$^{2+}$、Al$^{3+}$、Fe$^{3+}$）含量、阳离子交换量（CEC）、可交换钠百分比（ESP）以及土壤有机质含量。测定方法均采用常规方法，重复 3 次。

土壤分离能力测定在长 5 m、宽 0.4 m 的变坡试验水槽内进行，对土样过 2 mm 的土壤筛，剔除砾石、残茬和作物根系等，对土壤进行湿润，使其含水量达到 15%，便于装填土样。为了确定土壤特性对土壤侵蚀阻力的影响，所有土样均采用相同的土壤容重（1300 kg/m³）。变换流量和坡度，共组合得到 9 个不同的水流剪切力（3.35 Pa、4.43 Pa、5.17 Pa、5.43 Pa、6.65 Pa、7.65 Pa、7.99 Pa、9.89 Pa 和 11.51 Pa），每个水流剪切力下重复冲刷 5 个土样，共冲刷了 1620 个土样。冲刷时间以土样冲刷深度控制，土壤分离能力是土样冲刷前后质量差除以土样面积和冲刷时间。

2. 东部水蚀区土壤侵蚀阻力空间变化

各样点细沟可蚀性在 0.0005～0.826 s/m 之间变化，均值为 0.223 s/m（图 3-27），与项目组早期对扰动土细沟可蚀性测定的结果比较接近。因为是扰动土，所以拟合的细沟可蚀性明显大于前面非农地的细沟可蚀性。在 36 个采样点中，江西宜丰的细沟可蚀性最小，而宁夏中卫的细沟可蚀性最大，后者是前者的 1181 倍，表明在东部水蚀区，农耕地的细沟可蚀性变化幅度非常大，空间变异系数为 1.20，说明细沟可蚀性具有强空间变异性。

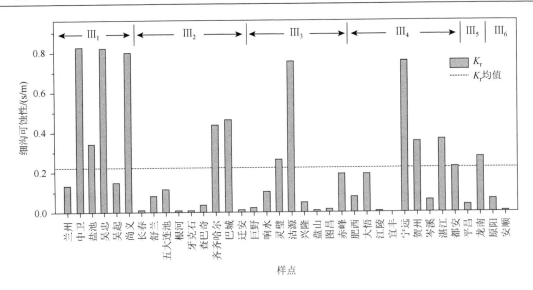

图 3-27  东部水蚀区各采样点细沟可蚀性

在水力侵蚀的 6 个二级分区中（图 3-28），西北黄土高原区细沟可蚀性最大（0.511 s/m），之后依次为南方山地丘陵区（0.226 s/m）、北方山地丘陵区（0.174 s/m）、四川盆地及周围山地丘陵区（0.157 s/m）、东北低山丘陵和漫岗丘陵区（0.127 s/m）和云贵高原区（0.033 s/m）。这一结果说明，不同二级分区土壤侵蚀阻力差异悬殊，西北黄土高原区发育的黄土和风沙土抵抗径流冲刷的能力最差，这也是该区土壤侵蚀严重的关键原因之一。南方山地丘陵区的细沟可蚀性约为西北黄土高原区的一半，说明该区发育的土壤（红壤）侵蚀阻力也比较小，很容易发生径流冲刷。云贵高原区的细沟可蚀性约为西北黄土高原区的 1/16，也远小于其他 4 个二级分区，说明云贵高原区的土壤抵抗径流

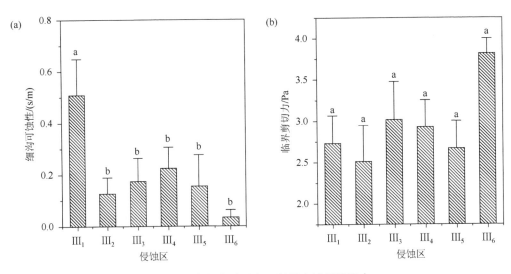

图 3-28  东部水蚀区各二级区土壤侵蚀阻力
（a）细沟可蚀性；（b）临界剪切力

冲刷的能力很强，土壤侵蚀阻力最大，这一结果与众多坡面径流小区的监测结果比较一致，在西南喀斯特地区，坡面径流小区监测的侵蚀模数一般在几十 t/(km²·a)，远小于其他地区。

统计分析结果表明，西北黄土高原区细沟可蚀性显著大于其他 5 个二级分区，其他各个分区的细沟可蚀性之间没有显著性差异。与其他几个分区相比，分布于西北黄土高原区的土壤，有机质含量普遍较低，同时砂粒含量较高，导致土壤颗粒间胶结程度较低，团聚体发育程度低，因此，抵抗土壤侵蚀的阻力就小，细沟可蚀性明显偏大。其他 5 个分区的土壤，或者有机质含量比较高，或者黏粒含量比较高，土壤黏结力大，团聚体较为发育，因而土壤抗蚀能力强，细沟可蚀性较低。

就 6 种不同的土壤质地而言（图 3-29），壤土的细沟可蚀性最大（0.821 s/m），之后依次为砂壤土（0.679 s/m）、壤砂土（0.618 s/m）、粉黏土（0.434 s/m）、粉黏壤土（0.113 s/m）和粉壤土（0.108 s/m）。这一结果与课题组在北京地区的研究结果有所差异，造成这一差异的原因主要在于，在北京地区的研究采集的是原状土壤，而本小节研究采集的是扰动土，模拟的是新耕农地的细沟可蚀性，众所周知，原状土和扰动土在土壤结构及稳定性方面存在显著差异，必然会导致土壤侵蚀阻力出现差异。

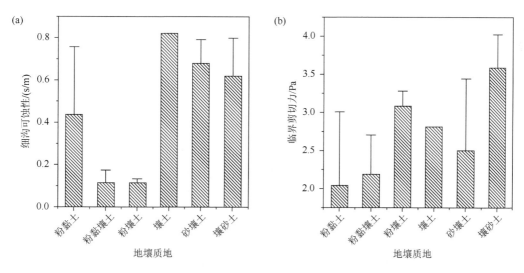

图 3-29　东部水蚀区不同质地土壤的侵蚀阻力

（a）细沟可蚀性；（b）临界剪切力

各采样点土壤临界剪切力在 0.43～4.75 Pa 之间变化，均值为 2.84 Pa（图 3-30）。松软的淋溶土临界剪切力最小，而水稻土的临界剪切力最大，但没有明显的空间变化趋势。36 个采样点临界剪切力的变异系数为 0.38，显示为中等程度的空间变异。西北黄土高原区、东北低山丘陵和漫岗丘陵区、北方山地丘陵区、南方山地丘陵区、四川盆地及周围山地丘陵区和云贵高原区土壤临界剪切力的均值分别为：2.73 Pa、2.51 Pa、3.01 Pa、2.962 Pa、2.67 Pa 和 3.81 Pa（图 3-28），统计分析发现各二级分区的土壤临界剪切力间无显著差异。不同质地土壤的临界剪切力存在一定的差异（图 3-29），壤砂土最大（3.59 Pa），之后依次为粉壤土（3.08 Pa）、壤土（2.81 Pa）、砂壤土（2.50 Pa）、粉黏壤土（2.18 Pa）和粉黏土（2.04 Pa）。

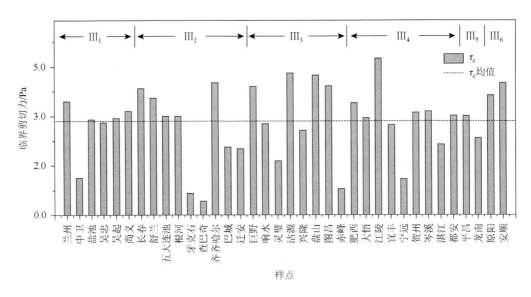

图 3-30　东部水蚀区各采样点土壤临界剪切力

### 3. 东部水蚀区土壤侵蚀阻力影响因素

回归分析结果发现，土壤类型或土壤质地显著影响土壤侵蚀阻力，细沟可蚀性与粉粒含量、优势粒径间呈显著的负相关关系，而与砂粒含量、中值直径及几何粒径之间呈显著的正相关关系。很多学者认为，黏粒含量越高，土壤的胶结作用越强烈，则土壤侵蚀阻力越大，细沟可蚀性越小，然而，本小节研究的结果表明对于新耕的农地而言（扰动土），黏粒含量与细沟可蚀性间的关系并不明显，原因有二：一方面，黏粒抑制土壤侵蚀的功能可能会被黏粒与土壤稳定性间复杂的交互作用所掩盖；另一方面，本小节研究采用扰动土，土样装填完毕后即开始径流冲刷试验，时间太短，黏粒无法形成有效的稳定结构来抑制土壤分离，当土壤粒径小于 20 μm 时，土壤颗粒可以形成稳定结构，抑制土壤侵蚀，细沟可蚀性趋于减小，而当土壤粒径大于 20 μm 时，土壤易于侵蚀，细沟可蚀性趋于增大。

对于本实验，细沟可蚀性随着粉粒含量的增大呈线性函数减小，而随着砂粒含量的增大呈线性函数增大（图 3-31）。细沟可蚀性随着中值直径增大而迅速增大，随着优势粒径的增大呈幂函数减小，随着几何粒径的增大呈对数函数增大（图 3-31）。土壤化学性质也显著影响细沟可蚀性，细沟可蚀性与阳离子交换量和有机质含量间呈负相关关系，而与可交换钠百分比之间呈显著的正相关关系。细沟可蚀性随着阳离子交换量的增大呈指数函数减小（图 3-32），因为很多阳离子均会促进土壤团聚体的形成，引起土壤侵蚀阻力增大，细沟可蚀性减小。随着钠离子含量的增大，土壤稳定性下降，因而随着可交换钠百分比的增大，细沟可蚀性增大。随着土壤有机质含量的增大，细沟可蚀性呈幂函数减小，当有机质含量小于 0.2%时，细沟可蚀性迅速减小，当有机质含量大于 0.2%时，细沟可蚀性的下降相对比较缓慢（图 3-32）。细沟可蚀性与电导率、pH、交换性钠、钙、镁、铝和铁离子等阳离子之间没有显著的相关关系。

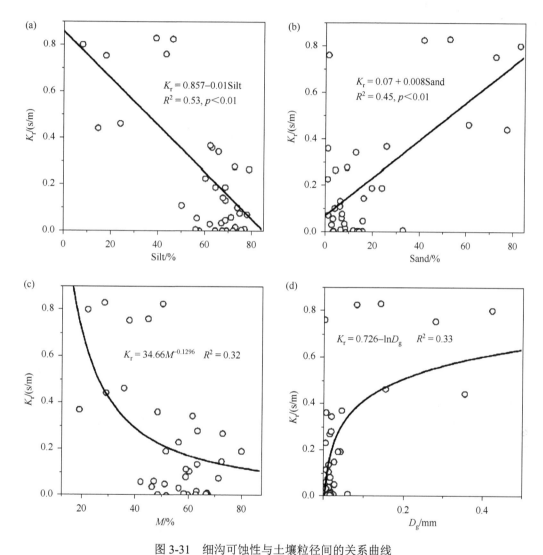

图 3-31　细沟可蚀性与土壤粒径间的关系曲线

（a）粉粒含量（Silt）；（b）砂粒含量（Sand）；（c）优势粒径含量（$M$）；（d）几何粒径（$D_g$）

对于东部水蚀区的新耕农地，可用粉粒含量（Silt，%）、砂粒含量（Sand，%）、几何粒径（$D_g$，mm）、阳离子交换量（CEC，cmol/kg）和有机质含量（SOM，g/kg）进行有效的模拟：

$$K_r = 0.003(19.966 - 3.963\text{Silt} + 7.287\text{Sand} - 125.976\ln D_g)\ e^{-0.078\text{CEC}}\text{SOM}^{-0.534} \qquad R^2 = 0.70$$

$$(3\text{-}21)$$

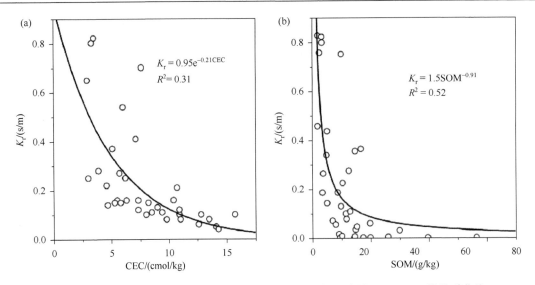

图 3-32　细沟可蚀性与阳离子交换量 CEC（a）和有机质含量 SOM（b）的关系曲线

（张光辉）

# 参 考 文 献

罗榕婷，张光辉，沈瑞昌，等. 2010. 染色法测量坡面流流速的最佳测流区长度研究. 水文，30（3）：5-9.

张光辉. 2001. 坡面水蚀过程水动力学研究进展. 水科学进展，12（3）：395-402.

张光辉. 2002. 冲刷时间对土壤分离速率定量影响的实验模拟. 水土保持学报，16（2）：1-4.

张光辉. 2017a. 土壤分离能力测定的不确定性分析. 水土保持学报，31（2）：1-6.

张光辉. 2017b. 退耕驱动的近地表特性变化对土壤侵蚀的潜在影响. 中国水土保持科学，15（4）：143-154.

Foster G R，Meyer L D. 1972. A closed-form soil erosion equation for upland areas. Colorado：Symposium of Sedimentation，12.1-12.7.

Geng R，Zhang G H，Li Z W，et al. 2015. Spatial variation in soil resistance to flowing water erosion along a regional transect in the Loess Plateau. Earth Surface Processes and Landforms，40：2049-2058.

Geng R，Zhang G H，Ma Q H，et al. 2017a. Effects of landscape positions on soil resistance to rill erosion in a small catchment on the Loess Plateau. Biosystems Engineering，160：95-108.

Geng R，Zhang G H，Ma Q H，et al. 2017b. Soil Resistance to runoff on steep croplands in Eastern China. Catena，152：18-28.

Knapen A，Poesen J，Govers G，et al. 2007. Resistance of soils to concentrated flow erosion：A review. Earth-Science Review，80：75-109.

Li Z W，Zhang G H，Geng R，et al. 2015. Rill erodibility as influenced by soil and land use in a small watershed of the Loess Plateau，China. Biosystems Engineering，129：248-257.

Nearing M A，Foster G R，Lane L J，et al. 1989. A process-based soil erosion model for USDA—Water erosion prediction project technology. Transactions of the ASAE，32：1587-1593.

Yu Y C，Zhang G H，Geng R，et al. 2014. Temporal variation in soil rill erodibility to concentrated flow detachment under four typical croplands in the Loess Plateau of China. Journal of Soil and Water Conservation，69（4）：352-363.

Zhang G H，Liu Y M，Han Y F，et al. 2009a. Sediment transport and soil detachment on steep slopes：Ⅰ. Transport capacity estimation. Soil Science Society of America Journal，73（4）：1291-1297.

Zhang G H，Liu Y M，Han Y F，et al. 2009b. Sediment transport and soil detachment on steep slopes：Ⅱ. Sediment feedback relationship. Soil Science Society of America Journal，73（4）：1298-1304.

Zhang G H，Tang K M，Zhang X C. 2009c. Temporal variation in soil detachment under different land uses in the Loess Plateau of China. Earth Surface Processes and Landforms，34：1302-1309.

Zhang G H，Liu B Y，Liu G B，et al. 2003. Detachment of undisturbed soil by shallow flow. Soil Science Society of America Journal，67：713-719.

Zhang G H，Tang K M，Sun Z L，et al. 2014. Temporal variation in rill erodibility for two types of grasslands. Soil Research，52（8）：781-788.

# 第4章 坡面径流挟沙力

土壤侵蚀包括土壤分离、泥沙输移和泥沙沉积过程，泥沙输移是被雨滴击溅和径流冲刷分离的松散的泥沙颗粒，由坡面径流将其从上坡向下坡、从上游向下游输移的过程。泥沙输移过程受坡面径流挟沙力控制，它是坡面径流水动力学特性、泥沙特性及下垫面状况的函数。本章重点介绍了挟沙力概念与特征、影响因素、测定方法、坡面径流水动力学特性对挟沙力的影响、泥沙直径对挟沙力的影响、典型挟沙力方程在陡坡的适应性评价及基于 WEPP 模型的挟沙力方程改进等内容。

## 4.1 挟沙力概念及其特征

系统研究土壤侵蚀动力过程与时空变化特征，构建流域分布式土壤侵蚀过程模型，是当前土壤侵蚀学科研究的重点与前沿。泥沙输移是土壤侵蚀的基本过程之一，受控于坡面径流挟沙力。虽然在过去 30 多年里，国际上开展了大量的缓坡坡面径流挟沙力研究，取得了丰富的研究成果，构建了众多各具特色的坡面径流挟沙力方程，有力地促进了土壤侵蚀过程模型的研发进程，但我国对坡面径流挟沙力的研究相对滞后、相对薄弱，很多概念都比较模糊，因此，本节对坡面径流挟沙力的基本概念、影响因素及其测定方法进行了系统分析和总结，对于开展陡坡坡面径流挟沙力研究具有重要的理论和现实意义。

### 4.1.1 坡面径流挟沙力的概念

土壤侵蚀包括土壤分离、泥沙输移和泥沙沉积三个子过程。从物理本质上讲，土壤分离子过程是在雨滴击溅和径流冲刷作用下，将有结构的具有一定稳定性的土壤变成单个的松散的泥沙颗粒（包括团聚体）（Zhang et al.，2009a）。泥沙输移子过程是坡面径流驱动的泥沙颗粒运动，是泥沙从上坡向下坡、从上游向下游运动的过程。而泥沙沉积子过程是在重力和浮力的综合作用下，运动的泥沙转变为静止泥沙的过程。无论是土壤分离，还是泥沙输移和泥沙沉积过程都需要消耗能量，但主导动力及其作用机制明显不同。土壤分离过程的主导动力是雨滴和坡面径流的动能，泥沙输移过程的关键动力是坡面径流的动能，泥沙沉积过程的核心驱动力是重力（Zhang et al.，2010）。与土壤分离过程相比，泥沙输移和泥沙沉积过程的研究非常薄弱，已严重制约了流域土壤侵蚀过程模型的研发及其预报精度的进一步提升。

泥沙输移过程的核心是坡面径流挟沙力（也称输沙能力），它是指在特定水动力学条件下坡面径流可以输移泥沙的最大输沙率，常用单位为 kg/(m·s)（段红东等，2001）。输沙率是指单位时间内通过某个过水断面的泥沙量，是含沙量与流量的乘积。与钱宁

2003 年所著《河流动力学》中水流挟沙力的含义及其单位存在明显的差异。在《河流动力学》中指出，常采用含沙量表征水流挟沙力，即单位体积浑水所含泥沙的质量，常用单位为 $kg/m^3$。从研究和使用的便利程度而言，采用含沙量的概念可能更直接、更简单，因为它消除了流量对挟沙力的影响，建议在将来的研究中尽量采用含沙量的概念。在土壤侵蚀过程模型构建时，也需要对其他过程变量及其单位做相应的调整，使得模型控制方程中各个变量的单位相互协调。然而，在没有调整以前，为了和国际上相关研究成果进行直接比较，本章仍然采用了传统的国际上广泛采用的输沙率的概念和单位。

　　坡面径流挟沙力是土壤侵蚀过程模型输入的核心参数，基于能量守恒原理和物质连续方程，许多土壤侵蚀过程模型假定如下。当坡面径流实际输沙率小于挟沙力时，表明径流尚具有多余的能量，径流将继续分离土壤，更多的泥沙被径流输移，实际输沙率持续增大并逐渐接近挟沙力，当坡面径流水动力学特性（流量、坡度等）及下垫面条件（糙率等）相对稳定时，坡面径流处于既不分离又不沉积的动态平衡状态。当坡面径流的水动力学特性发生变化，径流能量趋于减小时（如坡面坡度变缓或下垫面糙率增大等），此时径流的实际输沙率大于径流挟沙力，则部分泥沙发生沉积返回土壤表面，实际输沙率再次接近挟沙力，沉积过程结束（张光辉，2001）。其过程如图 4-1 所示。

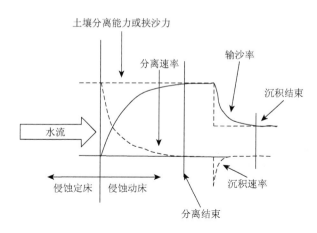

图 4-1　土壤侵蚀过程示意图

　　在实际坡面侵蚀过程中，受降雨、地形、土壤、植被、土地利用、土壤物理结皮形成、细沟发育、枯落物覆盖、砾石出露等多种因素时空变异的综合影响，坡面径流挟沙力具有强烈的时空变异特征，导致坡面径流挟沙力的野外测定非常困难，这是部分国际著名土壤侵蚀学者认为不存在坡面径流挟沙力的根本原因，也是坡面径流挟沙力研究相对滞后的关键所在（Nearing et al.，1989）。但坡面径流挟沙力的存在与否和其测定的难度及其时空多变性没有直接关系，物质连续方程和能量守恒方程是构建流域土壤侵蚀过程模型的控制方程，也是研究土壤侵蚀过程及其水动力学机理的基础，因此，在特定的水动力条件下，坡面径流输移泥沙的能力存在上限，即存在坡面径流挟沙力的概念，应加强坡面径流挟沙力测量方法的研究，提高研究成果的可靠性和可比性，促进坡面径流挟沙力的相关研究。

### 4.1.2　坡面径流挟沙力的影响因素

坡面径流的水动力学特性和泥沙特性是影响坡面径流挟沙力的主要因素。

**1. 坡面径流水动力学特性**

坡面径流属于典型的薄层水流，径流深度一般在几毫米范围内（细沟间），在侵蚀细沟内径流深度也就几厘米的尺度（张光辉，2002）。坡面径流的流态目前尚没有定论，大部分研究结果认为坡面径流属于过渡流，在侵蚀细沟内属于紊流。径流流路沿坡面会发生显著的变化，受雨滴打击及下垫面凹凸不平、砾石覆盖、枯落物覆盖等因素的多重影响，坡面径流的流态和流路具有显著的时空变异特征。同时随着坡长的增大，上坡汇水面积增大，导致径流深度及流量沿程增大，紊动性和流速迅速增大。随着坡面径流紊动性的加剧，径流质点垂直方向的脉冲运动加强，更多的侵蚀泥沙会被径流起动并输移，挟沙力随之增大（Prosser and Rustomji，2000）。反过来，坡面径流的流态对含沙量的响应明显，表征坡面径流流态的雷诺数和弗劳德数，均会随着含沙量（或输沙率）的增大而呈幂函数减小。前者是水流运动黏滞系数随着含沙量增大而迅速增大的结果，而后者是含沙量增大、径流流速减小和径流深度增大的共同结果。在野外条件下，虽然径流流量比较容易测量，但水流运动黏滞系数随着含沙量的增大而迅速增大，其定量关系尚不确定，国内常用沙玉清给出的相关公式或者费翔俊提出的分段函数（沙玉清，1965；费详俊，1982），估算含沙量对水流运动黏滞系数的影响，但不同算法的结果差异明显，从而限制了用坡面径流的流态（如雷诺数）模拟挟沙力的可能。

无论在室内还是室外，坡面径流流量和坡度均可直接测量，且相互独立，因此是模拟坡面径流挟沙力最常用的水动力学参数。例如，在 20 世纪 80 年代初期建立的 ANSWERS（areal nonpoint source watershed environment response simulation）模型（Beasley and Huggins，1982），就用单宽流量和坡度的分段幂函数模拟坡面径流挟沙力，其方程被目前全球应用十分广泛的 SWAT 模型直接采用。随着流量或坡度的增大，坡面径流挟沙力呈幂函数或线性函数增大，但更多的研究成果认为，可以用流量和坡度的幂函数模拟坡面径流挟沙力，流量和坡度的指数在 0.9～1.8 之间变化，均值接近 1.4。当坡度较缓时，坡度对挟沙力的影响相对较小，但随着坡度的增大其影响逐渐增大并接近流量。

坡面径流流速受径流流态、流量、径流深度、坡度、地表糙率、流路、土地利用、植被生长、枯落物覆盖及输沙率等因素的综合影响，是模拟土壤侵蚀过程常用的水动力学参数。无论是层流还是紊流，在侵蚀定床上，坡面径流流速是流量和坡度的函数，随着流量和坡度的增大呈幂函数增大。但在野外条件下，坡面径流的流速变化比较复杂，尤其在侵蚀细沟中更是如此。大量研究成果表明，在侵蚀细沟内流速仅为流量的函数，坡度对流速的影响非常微弱，究其原因是随着坡度的增大，流速随之增大，但侵蚀也同步加强，下垫面糙率增大，水流阻力增大，流速减小，也就是说流速随坡度增大的趋势被阻力增大引起的流速减小抵消，因此，坡面径流流速变成了流量的单一函数（Bagnold，1980）。在次降雨过程中，径流流量受降雨强度与历时、土壤入渗性能与前期含水量、坡度与坡型、植被生长与发育、砾石含量与大小、土壤结皮发育、生物结皮的组成与盖度等多种因素的影响，而坡度则受地形条件的控制。随着坡面径流流速的增大，挟沙力呈线性或幂函数增大。因在野外条件下，流量复杂多变，因此坡面径流挟沙力的试验多在室内控制条件下进行，如何将室内侵蚀定床上得到的挟沙力研究成果应用于野外，特别是坡度较大的侵蚀细沟内，仍是亟待深入研究的重要议题之一。

水流剪切力、水流功率及单位水流功率是由流量、径流深度、坡度及流速等单个水动力学参数集成的综合性水动力学参数，虽然三个参数的物理含义、计算方法及单位都存在明显差异，但均被用于坡面径流挟沙力的模拟。虽然许多研究结果表明，表征能量的水流功率更能准确模拟坡面径流挟沙力，但基于比利时鲁汶大学国际著名土壤侵蚀学者 Govers 于 20 世纪 80~90 年代的相关研究成果（Govers，1990），欧洲的 EUROSEM（European soil erosion model）和 LISEM（Limberg soil erosion model）模型（De Roo et al.，1996）中，均采用单位水流功率模拟坡面径流挟沙力。而在美国，众多挟沙力方程均采用表征力的水流剪切力模拟坡面径流挟沙力，究竟哪个综合性水动力学参数可以更好地模拟坡面径流挟沙力，或者各个综合性水动力学参数模拟坡面径流挟沙力的适用范围与条件，目前均不清楚，仍需进一步深入系统地研究（Wang et al.，2015；Wu et al.，2016）。

### 2. 泥沙特性

坡面径流挟沙力不仅与坡面径流的水动力学特性密切相关，也与被输移泥沙的特性直接相关，主要包括泥沙粒径、密度、形状和级配等。

泥沙粒径和密度是坡面径流挟沙力方程中考虑最多的泥沙特性，随着泥沙粒径的增大，泥沙更不容易被径流输移，起动流速（或临界流速）呈幂函数增大（Zhang et al.，2011a）。同时随着泥沙粒径的增大，泥沙的沉降速度增大，挟沙力随之呈幂函数下降（Zhang et al.，2011b）。当泥沙粒径处于某个特定范围内时，沉积的泥沙可能会将凹凸不平的下垫面填平，导致下垫面糙率下降，阻力减小，流速增大，即河流动力学中所谓的"减阻"现象，此时含沙水流的流速不但不会随着输沙率的增大而减小，反而出现流速随输沙率的增大而增大的现象，引起坡面径流挟沙力的突变。当泥沙粒径足够小时，泥沙颗粒之间可能产生电化学作用，导致絮凝现象的出现，使得泥沙的沉降速度明显减小，挟沙力偏大。因此，泥沙粒径和挟沙力间的关系十分复杂，需要在不同条件下开展更多的试验，得到更为普适的研究成果。

泥沙密度可能显著影响坡面径流挟沙力，对于团聚体不太发育的土壤而言（如西北地区广泛分布的风沙土），侵蚀泥沙中团聚体含量比较少，此时泥沙密度相对比较稳定，可以用土壤单粒的密度替代泥沙颗粒的密度（如 2650 kg/m³），不会对挟沙力的计算产生显著的影响。但对于团聚体非常发育的土壤而言（如南方地区广泛分布的红壤），侵蚀泥沙中团聚体的比例很大，同时侵蚀泥沙中的团聚体大小也存在差异，其直径可能随着输移距离的增大，受侵蚀泥沙颗粒之间以及与下垫面之间碰撞等因素的影响而发生变化。因团聚体的密度明显小于同等直径的单个泥沙颗粒（黏粒、粉粒或砂粒），所以在计算坡面径流挟沙力时务必考虑泥沙密度的影响。虽然大部分学者认为挟沙力随着泥沙密度的增大而减小，但也有部分学者认为挟沙力随着泥沙密度的增大而增大。产生这种差异的原因有以下几方面：①实验过程中泥沙密度的变化范围太小，无法准确量化泥沙密度对挟沙力的影响；②泥沙中团聚体含量与密度随实验次数的增多而发生了相应的变化；③随着含沙量的增大，浑水密度也在增大，相应地，浑水的浮力也在增大，从而对泥沙输移和挟沙力产生影响。

侵蚀泥沙的形状可能差异较大，与被侵蚀土壤的性质密切相关，可以用形状系数表示，球形的形状系数最大（为 1）。不同形状的泥沙可能会相互交叉、镶嵌或遮挡，而且不同形状的泥沙可能在径流运动方向上的横截面积差异显著，从而形成不同的阻力特性，进而对泥沙输移过程产生影响，但目前相关的研究较少，定量化成果不多。在澳大利亚的GUEST（Griffith University erosion system template）模型中，部分考虑了泥沙间相互遮挡对泥沙输移过程的影响（Misra and Rose，1996）。在野外条件下，侵蚀泥沙的级配跨度很大，与基岩性质及风化程度、侵蚀土壤的类型、团聚体的发育程度、大小及其稳定性密切相关。体积较大的泥沙不容易起动，同时会阻挡流路，消耗径流能量，其后很容易出现泥沙沉积现象，导致挟沙力下降。与泥沙形状比较类似，目前相关研究较少，量化泥沙级配对挟沙力的影响为时尚早。

### 3. 挟沙力的时空多变性

影响坡面径流挟沙力的坡面径流水动力学特性及泥沙特性，均具有强烈的时空变异特征，从而导致坡面径流挟沙力具有明显的时空变异特征。降雨、土壤、植被等因素的时空变异以及地形条件、土地利用的空间变化，是引起坡面径流水动力学特性变化的关键（张光辉，2018）。任何降雨都存在降雨中心，对流形成的短历时暴雨更是如此，从暴雨中心向外面平均降雨量逐渐减小；在次降雨过程中，降雨强度也是复杂多变的，可能存在一个峰值，也可能出现几个峰值，峰值的出现时间也是比较随机。决定入渗性能的土壤类型或质地的空间变异以及其他土壤性质的时空多变性（耕作、播种等农事活动、土壤硬化过程、土壤结皮发育、土壤水分含量及其垂向分布、植被生产发育等），加上径流的沿程补给、坡度与坡型变化及细沟的形成与发育，都会导致坡面径流水动力学特性具有显著的时空变异特征。降雨结束，坡面径流还会持续一段时间，泥沙输移过程伴随着径流的消退过程尚未结束，但此时无论是径流深度、流速还是其能量，均随时间的延长逐渐减小，挟沙力随之下降。

对于呈明显层状分布的土壤（如分布于东北地区的典型黑土）、土壤层较薄的石质山地（如华北），长期严重的土壤侵蚀会导致土壤机械组成发生显著变化，土壤粗化是很多地区遭受长期严重侵蚀的必然结果，北方的荒漠化和西南的石漠化便是典型实例。在冻融作用明显的高纬度地区或青藏高原地区，土壤属性存在明显的季节变化。在南方侵蚀剧烈的花岗岩或紫色土分布区，风化作用强烈，侵蚀泥沙的粒径、形状都存在季节或多年变化特征。这些因素的时空变化，均会导致坡面径流挟沙力发生相应的变化。

受上述原因的综合影响，在野外条件下坡面径流挟沙力复杂多变，直接测量十分困难，因此，在室内控制条件下，对泥沙输移过程及其影响因素进行合理的、有效的分解，是测定坡面径流挟沙力的有效途径。

### 4.1.3　坡面径流挟沙力的确定方法

确定坡面径流挟沙力的方法可以大致分为河流挟沙力方程修正法、推理法、模型模拟法及测量法 4 种方法。

#### 1. 河流挟沙力方程修正法

该方法是基于研究比较成熟、应用比较广泛的河流挟沙力方程,利用实测的坡面径流挟沙力数据对其进行必要的修正,进而建立坡面径流挟沙力方程。美国新一代土壤侵蚀过程模型——WEPP,就是利用这种方法构建了其挟沙力方程。20 世纪 80 年代,美国农业部相关实验室开展了大量的坡面径流挟沙力室内模拟试验,发现河流挟沙力方程——Yalin 公式可以较好地模拟坡面径流挟沙力,对该公式进行了一系列简化后建立了 WEPP 模型的挟沙力方程。具体过程见后面章节。

该方法虽然可以有效地利用和借鉴河流动力学的相关研究成果与经验,但模型修正的结果依赖于坡面径流挟沙力实测数据的多少及质量,只有当实测数据足够多且质量较好时,才可以取得比较理想的结果。一般情况下,河流动力学、水力学或农田水利专业相关的学者更喜欢使用这种方法。

#### 2. 推理法

该方法是建立在土壤分离与泥沙输移线性耦合假设的基础上,即当输沙率为 0 时土壤分离速率最大,为最大土壤分离能力,随着输沙率的增大,土壤分离速率线性减小,当输沙率达到挟沙力时,土壤分离速率为 0。

基于上述原理,在侵蚀细沟内采用径流冲刷试验时,输沙率(含沙量)应随着沟长的增大而逐渐减小,当输沙率达到挟沙力时则出现了既不分离又不沉积的动态平衡状态,此时的输沙率即为挟沙力。由于某个断面的输沙率(或含沙量)是断面以上全部细沟或汇水区域土壤分离的累积结果,因此,输沙率(或含沙量)增长速率随细沟长度的衰减并不是线性函数,而呈典型的指数函数分布:

$$c = A(1 - e^{-\beta x})^B \qquad (4\text{-}1)$$

式中:$c$ 为含沙量(kg/m$^3$);$\beta$ 为衰减系数;$x$ 为沟长(m);$A$ 和 $B$ 为系数。也就是说,随着沟长的增大,含沙量逐渐增大,但增大的幅度逐渐减小,最后逐渐逼近挟沙力 $A$(Finkner et al.,1989)。

在实际试验过程中,在放水流量稳定的侵蚀细沟内的不同位置处采集径流泥沙样品,通过烘干称量法确定含沙量,再利用上式进行拟合,得到式中的拟合系数 $A$ 值,即为出现挟沙力时对应的含沙量,再乘以单宽流量即可得到挟沙力。

为了拟合得到更为准确的挟沙力,测定含沙量的细沟(或水槽)必须足够长,雷廷武等(2008)以含沙量变化幅度为 5%作为临界值,确定了不同坡度与流量条件下的有效沟长或临界沟长,其变化在 5.5~12.7 m 之间。从整体趋势来看,坡度和流量越大,达到挟沙力所需的有效沟长就越短。换言之,要获得较大坡度和流量范围内的挟沙力,试验水槽长度或细沟长度不能小于 13 m。

从理论上讲，该方法具有一定的合理性，但前提是土壤分离与泥沙输移间必须符合线性耦合机制，在充分供沙条件下（也就是土壤分离过程产生的侵蚀泥沙足够多），上述线性耦合机制确实存在。但在实际的侵蚀过程中，地形条件、坡面径流水动力学条件的时空变异，会导致土壤侵蚀过程发生变化，或者由分离过程控制，或者由输移过程控制，一旦侵蚀过程由土壤分离过程控制，如坡陡沟深的黄土高原丘陵沟壑区，则无法通过该方法确定挟沙力（Hessel and Jetten，2007；张光辉，2017）。利用推理法确定挟沙力时，试验水槽或侵蚀细沟沟长必须足够长（不小于 13 m），否则含沙量无法趋于稳定，严重影响挟沙力的估算精度。同时细沟内径流深度很浅，水沙混合样品的采集比较困难，含沙量测定的精度受到限制，在很大程度上也会影响挟沙力的确定结果。

3. 模型模拟法

该方法是利用经过有效率定的分布式土壤侵蚀过程模型，以次降雨坡面或小流域输沙率监测数据为基础，在保持模型中其他算法不变的条件下，通过变换模型中的挟沙力方程，进而比较模型模拟输沙率与实测输沙率的接近程度，评价不同挟沙力方程的适用性（Guy et al.，2009）。

荷兰学者 Hessel 和 Jetten（2007）在黄土高原丘陵沟壑区安塞大南沟小流域，利用实测的降雨、地形、土壤、植被、土地利用及产流产沙数据，对 LISEM 模型进行了校正，尔后利用流域出口处输沙率数据，评价了 8 个国际上较为流行的坡面径流挟沙力方程在黄土高原丘陵沟壑区的适用性。结果表明，由于黄土高原地形破碎、坡陡沟深，大部分挟沙力方程对坡度非常敏感，显著高估了坡面径流挟沙力。在 8 个评估的挟沙力方程中，Govers 方程对坡度的依赖性相对较低，模拟效果最佳，推荐用于黄土高原丘陵沟壑区坡面径流挟沙力模拟。

该方法的思路比较清楚，但评价结果在很大程度上依赖于模型率定和校正的结果。对于任何一个土壤侵蚀过程模型，尤其是分布式土壤侵蚀过程模型，都需要考虑降水、截留、入渗、填洼、产流和汇流等水文过程及其时空分布特征，同时需要考虑细沟间侵蚀、细沟侵蚀及泥沙的输移和沉积过程，模拟效果与流域地形条件、土壤类型与空间分布、植被生长与群落结构及土地利用类型等多种因素密切相关，模型的率定和校正需要大量的实测资料，若没有丰富的高质量的实测数据作为基础，则评价结果缺乏可信度和说服力。同时该方法不可能用于较大的流域，若要获得精准的模拟效果，LISEM 模型的计算网格需要划分到 10 m×10 m，时间间隔为 5 s，如此精细的空间分辨率及时间步长，无法满足模型在较大空间尺度上的有效运行。

4. 测量法

如前所述，在野外条件下，坡面径流挟沙力具有显著的时空变异特征，因此，坡面径流挟沙力的测量，一般在室内变坡试验水槽内进行。无论野外条件下挟沙力如何多变，对于任何一个断面，其挟沙力仍然是坡面径流水动力学特性和泥沙特性的函数，因而可以在特定的流量和坡度条件下，通过人工加沙的方式直接测定挟沙力。由于侵蚀动床的下垫面条件（形态、糙率等）随时都会发生变化，从而导致坡面径流挟沙力发生相应的变化，因此，利用侵蚀定床测定挟沙力是比较合理的选择。为了使下垫面的糙率相似，可以用油漆将测试泥沙或土壤颗粒分多次粘在变坡水槽底部和边壁，以保证试验过程中下垫面和边壁糙率保持稳定。

采用试验直接测定坡面径流挟沙力时，为了保证坡面径流水动力学特性沿程稳定，建议采用径流冲刷试验，同时变坡试验水槽必须足够长（不小于 5 m），以保证坡面径流能够达到稳定状态。其原因是，一般水槽都是以溢流形式为水槽供水，径流流出溢流槽时的初速度为 0，在重力作用下沿水槽开始加速，加速区的长度一般小于 2 m，如果采用传统的染色法测定流速，则测流区长度需要 2 m，所以水槽的整体长度不应该小于 5 m。在设计的流量和坡度条件下，通过人工加沙方式测定坡面径流挟沙力。

目前采用的加沙方法大致可以分为双水槽法、泥浆泵法和加沙漏斗法 3 种。在 20 世纪 80 年代，美国农业部的相关实验室就开始使用双水槽法测定挟沙力，它是在测定挟沙力的水槽上端连接一个坡度更陡的水槽，上端水槽内装填比较松散的土壤或者泥沙，采用人工模拟降雨或者径流冲刷的方式给下端的第二个水槽供应含沙水流，因第二个水槽坡度较小，在适当的条件下可以达到挟沙力，通过下端水槽末端输沙率的测定，即可确定挟沙力，但该方法的供沙速率不稳定，影响挟沙力测定的精度。主要原因有以下两个方面：一方面，人工模拟降雨的强度及其空间均匀性很难达到精准控制的水平，从而引起径流量和含沙量的波动；另一方面，随着降雨或径流冲刷时间的延长，上端水槽的下垫面情况会因侵蚀的影响而发生变化，导致输送到下端水槽的侵蚀泥沙出现差异。

泥浆泵法是采用泥浆泵将在较大容器中混合均匀的含沙水流，直接输送进试验水槽，进而测定挟沙力。由于含沙量太大，泥沙容易在水管、分流箱内沉积，堵塞水路，因此，该方法只能研究小坡度和小流量下的坡面径流挟沙力。

加沙漏斗法是在试验水槽上端的上方安装一加沙漏斗，试验前将测试土壤或泥沙装进漏斗内，具体供沙的方式稍有差异（张光辉，2001）。20 世纪 90 年代美国学者在研究缓坡层流挟沙力时，采用的方法是在漏斗底部设置大小和数量不等的小孔，利用机械振动的方式为水槽供沙，供沙速率是漏斗底部小孔数目和孔径的函数。作者在 2001 年研究输沙率对坡面径流水动力学特性影响时，研制了自控型加沙漏斗。具体的做法是在漏斗底部设置一开口，安装由步进电机带动的扇叶，通过步进电机调整扇叶转动的速度，即可得到不同的供沙速率。设备率定的结果表明，步进电机的转速和供沙速率间具有显著的相关关系，随着时间的延长，供沙速率没有明显的波动，比较稳定。目前也有少量研究直接用传输带给水槽供沙，但作者认为这种方法并不精细，不适合坡面径流挟沙力的研究。由于从漏斗中掉落到水槽中的泥沙比较集中，很容易在供沙口下方水槽内形成"土坝"或"泥坝"，因此在试验过程中需要用细小的铁棒横向搅动，消除"土坝"或"泥坝"对坡面径流水动力学特性及挟沙力的影响。对于较细的泥沙或土壤颗粒，这种现象比较严重，如何减少横向扰动对测定结果的影响，仍需继续深入研究。

无论是哪种供沙方式，都必须人工判断水槽内水流输沙率是否处于或接近挟沙力，目前常用的方法是根据水槽底部出现轻微的泥沙沉积，且大致处于不冲不淤状态来判断，这种方法存在很大的人为主观性，为了避免不同实验者人为判断带来的误差，作者采用了二次供沙方式，以保证径流的输沙率达到挟沙力。试验时，在主要由漏斗供沙的同时，在水槽下端的底部开挖一定面积的方形坑，试验前装填测试土壤或泥沙，顶端与水槽底部平齐。在测定坡面径流水动力学特性或者调节漏斗供沙速率时，用铁皮或者其他类似的覆盖物将其盖住，防止径流将方形坑内的泥沙带走，当判断水槽底部的泥沙已经处于不淤不冲的状态时，去掉方形坑上的覆盖物。根据土壤侵蚀原理，如果径流输沙已经达到挟沙力，则含沙水流不再继续分离方形坑内的土壤或泥沙，如果没有达到挟沙力，则径流继续分离土壤或泥沙使得输沙率达到挟沙力。试验稳定后，在水槽出口处收集多个水沙样，记录取样时间，烘干称量后计算得到挟沙力。与前面的几种方法相比，加沙漏斗法的测定结果比较准确，虽然试验过程耗时费力，但仍然是目前测定坡面径流挟沙力的最佳选择。

## 4.2　坡面径流水动力学特性对挟沙力的影响

坡面径流是泥沙输移的动力和载体，因此，坡面径流的水动力学特性直接影响挟沙力。受自然条件的影响，欧美的相关研究主要集中在缓坡上，我国土壤侵蚀主要发生在陡坡，因而研究陡坡条件下坡面径流水动力学特性对挟沙力的影响，对于阐明陡坡土壤侵蚀机理、建立陡坡条件下的土壤侵蚀过程模型具有重要意义。

### 4.2.1　试验材料和试验方法

试验在北京师范大学房山综合试验基地人工模拟降雨大厅内进行，试验泥沙为采自附近河流的泥沙，粒径在 20～2000 μm（8.2% 20～100 μm、22.1% 100～200 μm、37.8% 200～360 μm、23.8% 360～550 μm、8.2% 550～2000 μm）之间变化，中值直径为 280 μm，平均泥沙密度为 2400 kg/m³。采集的泥沙经风干后过 2 mm 的筛子备用。

挟沙力在长 5 m、宽 0.4 m 的变坡试验水槽内测定，水槽的坡度可以在 0%～60% 之间调整，为了获得稳定的、与测试泥沙类似的糙率，将试验泥沙用油漆粘在水槽底部和边壁上，保证试验过程中水槽底部及边壁糙率的相对稳定，径流流量由一系列安装在分流箱上的阀门组控制，用量筒在水槽出口处直接测量。在为水槽供给泥沙前，将水槽坡度和流量调整到设计值，待水流稳定后用重庆华正水文仪器有限公司生产的精度为 0.3 mm 的数字水位计测定径流深度，测定断面在距离水槽下端出口 0.6 m，在每个流量和坡度组合条件下，均沿断面均匀测定 12 个径流深度，删除一个最大值和一个最小值，将剩余的 10 个径流深度值平均，得到该流量和坡度条件下的平均径流深度。

表 4-1 给出了本试验在不同流量和坡度条件下的径流深度，从表中可以清楚地看出，在试验条件下径流深度是流量和坡度的函数，随着流量增大而增大，随着坡度增大而减小，整体在 0.9～5.7 mm 之间变化，属于典型的坡面径流。径流的流速用传统的染色法测定，在距离水槽出口 2.6 m 的断面上，多点测定高锰酸钾溶液流过 2 m 长测流区所用的时间，本试验监测的是染色水流前锋到达监测点的时间，全断面测定 12 次，删除最大值和最小

值，将剩余的 10 次平均，获得该坡度和流量条件下的水面最大流速。试验过程中监测水温，计算水流运动黏滞系数，以单宽流量除以水流运动黏滞系数，得到雷诺数，判断径流流态，本试验条件下径流全部属于紊流，因此将水面最大流速乘以 0.8，获得径流平均流速，进一步计算水流剪切力、水流功率和单位水流功率。

**表 4-1　不同流量和坡度条件下的径流深度（mm）**

| 流量/(×10⁻³ m²/s) | 坡度/% | | | | | | | |
|---|---|---|---|---|---|---|---|---|
| | 8.8 | 17.6 | 22.2 | 26.8 | 31.5 | 36.4 | 41.4 | 46.6 |
| 0.625 | 1.4 | 1.2 | 1.2 | 1.1 | 1.1 | 1.0 | 1.0 | 0.9 |
| 1.250 | 2.5 | 2.0 | 1.8 | 1.7 | 1.7 | 1.6 | 1.5 | 1.4 |
| 1.875 | 3.2 | 2.6 | 2.4 | 2.2 | 2.1 | 2.0 | 1.9 | 1.8 |
| 2.500 | 3.8 | 3.1 | 2.8 | 2.7 | 2.5 | 2.3 | 2.3 | 2.1 |
| 3.125 | 4.3 | 3.5 | 3.2 | 3.0 | 2.8 | 2.7 | 2.5 | 2.4 |
| 3.750 | 4.8 | 3.8 | 3.5 | 3.3 | 3.1 | 2.9 | 2.8 | 2.7 |
| 4.375 | 5.3 | 4.1 | 3.8 | 3.5 | 3.3 | 3.2 | 3.0 | 2.8 |
| 5.000 | 5.7 | 4.5 | 4.1 | 3.8 | 3.6 | 3.4 | 3.1 | 3.0 |

挟沙力的测定采用前面叙述的测量法，具体来讲，为了使水流达到挟沙力，用两个泥沙源同时给径流提供泥沙，泥沙主要由安装在水槽上端 0.5 m 处、容积约为 1 m³ 的供沙漏斗供给，供沙速率由扇叶的旋转速度控制，而扇叶的旋转速度又由步进电机带动，步进电机的旋转速度由手持式仪表盘控制，试验前对步进电机的转速和供沙速率间的关系进行精准的率定，试验过程中通过调节步进电机的转速即可调节漏斗的供沙速率。第二个供沙源是位于水槽底部、距离水槽出口 0.5 m 处的一个 20 cm 宽的方形坑，坑内装填有试验泥沙，其基本原理前面已经论述，这里不再赘述。为了防止泥沙在漏斗下方的水槽内沉积，试验过程中用铁杆对其进行左右搅动。具体试验过程参见前面的相关论述。

每个流量和坡度条件下，采集 5 个径流和泥沙样品，同时记录采样时间。利用烘干称量法测定泥沙的质量，进一步计算径流挟沙力：

$$T_c = \frac{W}{Bt} \tag{4-2}$$

式中：$T_c$ 为挟沙力[kg/(m·s)]；$W$ 为泥沙质量（kg）；$B$ 为水槽宽度（m）；$t$ 为采样时间（s）。将 5 个样品的测定值进行平均，得到该流量和坡度组合条件下的径流挟沙力。

本试验共设计了 8 个流量（分别为 0.625×10⁻³ m²/s、1.250×10⁻³ m²/s、1.875× 10⁻³ m²/s、2.500×10⁻³ m²/s、3.125×10⁻³ m²/s、3.750×10⁻³ m²/s、4.375×10⁻³ m²/s 和 5.000× 10⁻³ m²/s）、8 个坡度（分别为 8.8%、17.6%、22.2%、26.8%、31.5%、36.4%、41.4%和 46.6%），试验采样全组合，共进行了 64 组试验。

## 4.2.2　流量、坡度和流速对挟沙力的影响

坡面径流挟沙力随着流量和坡度的增大均呈幂函数增大（图 4-2），进一步分析数据

发现，当水流剪切力处于同等水平时，流量对挟沙力的影响大于坡度，当流量等于 $4.375 \times 10^{-3}$ m²/s、坡度为 8.8%时，水流剪切力为 4.54 Pa，实测的挟沙力为 1.5 kg/(m·s)，而当流量等于 $1.25 \times 10^{-3}$ m²/s、坡度为 26.8%时，水流剪切力也等于 4.54 Pa，但实测的挟沙力仅为 0.97 kg/(m·s)。随着坡度的增大，坡度对挟沙力的影响逐渐增大。例如，当流量等于 $3.750 \times 10^{-3}$ m²/s、坡度为 46.6%时，水流剪切力等于 12.14 Pa，实测挟沙力为 6.84 kg/(m·s)。而当流量等于 $4.375 \times 10^{-3}$ m²/s、坡度为 41.4%时，水流剪切力等于 12.01 Pa，实测挟沙力为 7.14 kg/(m·s)，与 6.84 kg/(m·s)比较接近，充分表明坡度的影响在随着坡度的增大而增大。

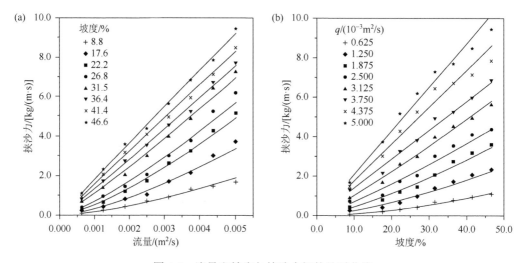

图 4-2　流量和坡度与挟沙力间的关系曲线

（a）流量；（b）坡度

泥沙输移过程中受到水流剪切力和重力的双重影响，无论是前者还是后者，均受坡度的控制，随着坡度的增大，泥沙颗粒重力在坡面上的分力增大，在泥沙颗粒与下垫面阻力相对比较稳定的条件下，泥沙的稳定性随着坡度的增大而下降，当坡度大于泥沙的休止角时，即便没有径流的影响，松散的泥沙颗粒也会沿着坡面下滑，这可能是坡度对挟沙力的影响随着坡度的增大而增大的根本原因。同时从图 4-2 中可以清楚地发现，当坡度处于 26.8%～36.4%之间时，实测的挟沙力出现了明显的波动，这种明显的波动到底是由试验的随机误差引起，还是必然的结果，目前还不可知。

对全部数据进行多元非线性回归分析发现，坡面径流挟沙力可以用单宽流量和坡度的幂函数进行有效模拟：

$$T_c = 19831 q^{1.237} S^{1.227} \qquad R^2 = 0.98 \qquad (4\text{-}3)$$

式中：$T_c$ 为挟沙力[kg/(m·s)]；$q$ 为单宽流量（m²/s）；$S$ 为坡度（m/m）。

从整体趋势来看，式（4-3）的模拟效果比较理想，决定系数为 0.98，模型效率系数达到了 0.96，但模拟值稍微大于实测值（图 4-3），特别是当挟沙力大于 8.0 kg/(m·s)时，模拟值明显大于实测值。单宽流量的指数（1.237）和坡度的指数（1.227）均在前人报道的 0.9～1.8 的范围内，但都小于前人报道的均值 1.4。这一差异可能由试验的坡度范围及泥沙粒径的差异引起，本试验的坡度范围远远大于国际上研究坡面径流挟沙力时采用的坡度范围，一般而言，国际上研究坡面径流挟沙力的坡度不会大于 20%，而本试验研究的坡度达到了 46.6%，远远超出这一范围。如上面所述，坡度对挟沙力的影响与坡度的范围有关，随着坡度的增大，坡度对挟沙力的影响在逐渐增大，从而使得坡度的指数有别于国际上报道的均值。泥沙颗粒是影响挟沙力的重要因素，测试的泥沙粒径不同，自然会获得不同的挟沙力方程。同时，本试验中采用侵蚀定床测定坡面径流挟沙力，试验过程中下垫面的糙率保持稳定，没有考虑自然条件下形态阻力对坡面径流水动力学特性及挟沙力的影响，因此，拟合方程的指数略有差异可以理解。单宽流量的指数（1.237）略大于坡度的指数（1.227），再次说明在整个试验坡度范围内，流量对挟沙力的影响仍然略大于坡度。

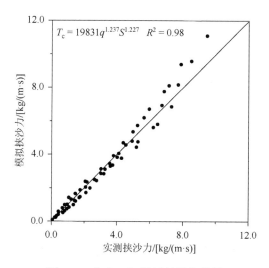

图 4-3　式（4-3）模拟结果比较图

　　流速受流量、坡度、下垫面糙率的综合影响，也是影响坡面径流挟沙力的重要水动力学参数。对试验数据分析发现，挟沙力随着流速的增大呈线性函数增大（图 4-4）：

$$T_c = 7.834V - 4.554 \qquad R^2 = 0.96 \tag{4-4}$$

式中：$V$ 为平均流速（m/s）。式（4-4）的模拟效果也比较理想，决定系数为 0.96，模型效率系数为 0.95。从式（4-4）可以看出，坡面径流输沙具有层流特征，只有当流速达到一定的起动流速时，坡面径流才具有输移泥沙的功能。对于本试验而言，起动流速为 0.58 m/s，换言之，对于本试验中值直径为 0.28 mm 的泥沙而言，只有当平均流速达到 0.58 m/s 以后，坡面径流才可以输移泥沙。如前所述，很多研究成果表明在野外的侵蚀细沟内，流速仅为流量的函数，而在本试验中，因下垫面为侵蚀定床，因而流速是流量和坡度的函数（图 4-5）。这种差异可能会导致室内确定的流速与挟沙力间的关系，在野外侵蚀细沟内并不适用，但具体情况如何，还需进一步研究。

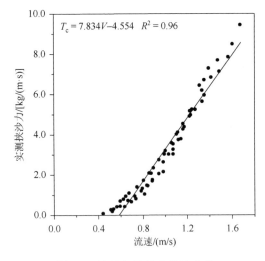

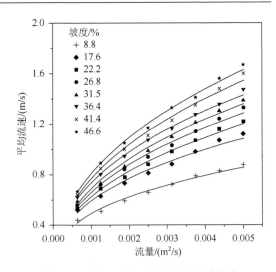

图 4-4　流速与挟沙力关系曲线　　　　　　　图 4-5　流速与流量和坡度的关系曲线

### 4.2.3　水流剪切力、水流功率和单位水流功率对挟沙力的影响

随着水流剪切力的增大，坡面径流挟沙力增大（图 4-6），回归分析表明水流剪切力与挟沙力间呈显著的幂函数关系：

$$T_c = 0.054\tau^{1.982} \qquad R^2 = 0.98 \qquad\qquad （4-5）$$

式中：$\tau$ 为水流剪切力（Pa）。式（4-5）的模拟效果比较理想，决定系数为 0.98，模型效率系数为 0.97，表明水流剪切力与坡面径流挟沙力之间具有非常紧密的相关关系，同时表明可以用水流剪切力进行坡面径流挟沙力的准确模拟。但与 WEPP 模型的挟沙力方程相比，水流剪切力的指数为 1.982，非常接近于 2，远大于 WEPP 模型中的 1.5，

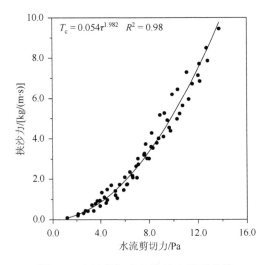

图 4-6　水流剪切力与挟沙力关系曲线

这一差异可能由本试验的坡度范围引起，同时可能与试验条件为侵蚀定床有一定的联系。

水流功率表征了坡面径流的能量，常被用于坡面径流挟沙力的模拟。其表达式为

$$\omega = \tau V = \gamma HSV \tag{4-6}$$

式中：$\omega$ 为水流功率（$kg/m^3$）；$\tau$ 为水流剪切力（Pa）。其他符号意义同前。对于本试验而言，随着水流功率的增大，坡面径流挟沙力呈线性函数增大（图 4-7）：

$$T_c = 0.437(\omega - 0.698) \qquad R^2 = 0.98 \tag{4-7}$$

式（4-7）对挟沙力的模拟效果比较理想，决定系数为 0.98，模型效率系数也为 0.98，说明表征能量的水流功率可以很好地模拟坡面径流挟沙力。与水流剪切力比较类似，水流要输移泥沙，水流功率必须大于某一临界值，对于本试验而言，其值为 0.698 $kg/m^3$。从模型的决定系数和效率系数判断，水流功率和水流剪切力对坡面径流挟沙力的模拟效果比较接近。

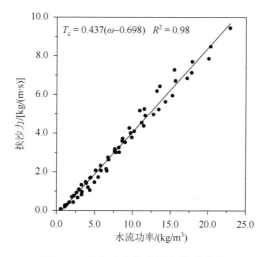

图 4-7　水流功率与挟沙力关系曲线

除了水流剪切力和水流功率外，单位水流功率也经常用于挟沙力的模拟（栾莉莉等，2016），其数学表达式为

$$P = VS \tag{4-8}$$

式中：$P$ 为单位水流功率（m/s）。对于本试验数据而言，坡面径流挟沙力随着单位水流功率的增大呈线性函数增大（图 4-8）：

$$T_c = 12.07P - 0.34 \qquad R^2 = 0.77 \tag{4-9}$$

与水流剪切力和水流功率相比，单位水流功率对坡面径流挟沙力的模拟效果相对较差，模型决定系数和效率系数均为 0.77，从图 4-8 也可以清楚地看到，数据点比较散乱地分布于 1:1 线的两边，说明单位水流功率并不适合陡坡坡面径流挟沙力的模拟。在建立流域土壤侵蚀过程模型时，要充分注意。

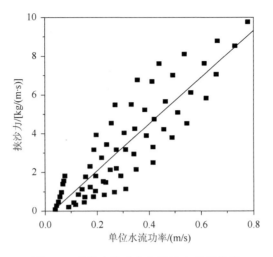

图 4-8　单位水流功率与挟沙力关系曲线

## 4.3　泥沙直径对挟沙力的影响

除坡面径流水动力学特性以外,坡面径流挟沙力还与泥沙特性密切相关,主要包括泥沙直径、密度、形状、团聚体含量等。本节重点研究了泥沙直径对坡面径流挟沙力的影响,建立了泥沙直径及坡面径流水动力学特性与挟沙力间的定量关系,为量化泥沙特性对挟沙力的影响的典型基础。

### 4.3.1　试验材料和试验方法

试验也在北京师范大学房山综合试验基地人工模拟降雨大厅内进行,试验水槽和试验方法与 4.2 节中的相同,这里不再赘述。为了分析泥沙直径对坡面径流挟沙力的影响,对 4.2 节试验的泥沙进行分组,粒径范围分别为 0.02~0.15 mm、0.15~0.25 mm、0.25~0.59 mm、0.59~0.85 mm 和 0.85~2.00 mm,中值直径 $d_{50}$ 分别为 0.10 mm、0.22 mm、0.41 mm、0.69 mm 和 1.16 mm。各组泥沙的级配如图 4-9 所示,泥沙密度分别为 2588 kg/m³、2608 kg/m³、2645 kg/m³、2650 kg/m³ 和 2650 kg/m³。

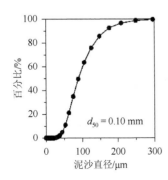 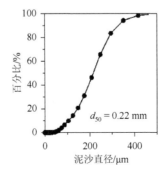 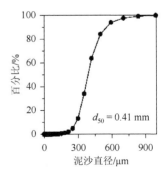

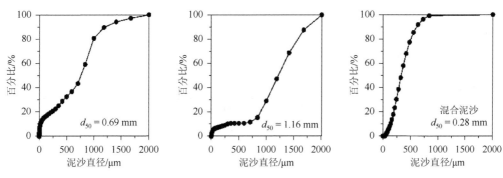

图 4-9　不同直径及混合泥沙级配

试验设计 5 个流量，分别为 $0.66 \times 10^{-3}$ m²/s、$1.32 \times 10^{-3}$ m²/s、$2.63 \times 10^{-3}$ m²/s、$3.95 \times 10^{-3}$ m²/s 和 $5.26 \times 10^{-3}$ m²/s，设计 5 个坡度，分别为 8.7%、17.4%、25.9%、34.2% 和 42.3%，试验采用全组合，共进行 5（流量）×5（坡度）×5（泥沙直径）= 125 个试验。试验过程中测定径流深度、流速等坡面径流水动力学参数，并计算水流剪切力、水流功率和单位水流功率等综合性参数（表 4-2）。虽然本次试验的坡度与 4.2 节中的试验坡度一致（均为 5°、10°、15°、20° 和 25°），但算法采用了国际上常用的正弦函数，所以从表中看百分数坡度稍有不同。

表 4-2　泥沙直径对挟沙力影响试验的水动力学参数

| 水动力学参数 | 流量/(×10⁻³ m²/s) | 坡度/% | | | | |
|---|---|---|---|---|---|---|
| | | 8.7 | 17.4 | 25.9 | 34.2 | 42.3 |
| 径流深度/mm | 0.66 | 1.81 | 1.71 | 1.58 | 1.39 | 1.28 |
| | 1.32 | 2.87 | 2.76 | 2.24 | 2.11 | 1.86 |
| | 2.63 | 4.10 | 3.72 | 3.17 | 2.87 | 2.14 |
| | 3.95 | 5.11 | 4.53 | 3.99 | 3.87 | 3.59 |
| | 5.26 | 6.04 | 5.27 | 4.69 | 4.19 | 4.02 |
| 流速/(m/s) | 0.66 | 0.36 | 0.39 | 0.42 | 0.48 | 0.51 |
| | 1.32 | 0.46 | 0.48 | 0.59 | 0.62 | 0.71 |
| | 2.63 | 0.64 | 0.71 | 0.83 | 0.92 | 1.23 |
| | 3.95 | 0.77 | 0.87 | 0.99 | 1.02 | 1.10 |
| | 5.26 | 0.87 | 1.00 | 1.12 | 1.26 | 1.31 |
| 水流剪切力/Pa | 0.66 | 1.54 | 2.88 | 3.97 | 4.61 | 5.28 |
| | 1.32 | 2.41 | 4.63 | 5.61 | 6.99 | 7.63 |
| | 2.63 | 3.43 | 6.22 | 7.91 | 9.47 | 8.76 |
| | 3.95 | 4.25 | 7.53 | 9.90 | 12.72 | 14.60 |
| | 5.26 | 5.00 | 8.72 | 11.61 | 13.73 | 16.31 |
| 水流功率/(kg/m³) | 0.66 | 0.56 | 1.11 | 1.66 | 2.19 | 2.71 |
| | 1.32 | 1.07 | 2.21 | 3.30 | 4.36 | 5.40 |
| | 2.63 | 2.20 | 4.39 | 6.57 | 8.69 | 10.78 |
| | 3.95 | 3.28 | 6.56 | 9.81 | 12.97 | 16.05 |

续表

| 水动力学参数 | 流量/(×10⁻³ m²/s) | 坡度/% | | | | |
|---|---|---|---|---|---|---|
| | | 8.7 | 17.4 | 25.9 | 34.2 | 42.3 |
| 水流功率/(kg/m³) | 5.26 | 4.36 | 8.72 | 13.03 | 17.26 | 21.35 |
| 单位水流功率/(m/s) | 0.66 | 0.03 | 0.07 | 0.14 | 0.16 | 0.22 |
| | 1.32 | 0.04 | 0.08 | 0.15 | 0.21 | 0.30 |
| | 2.63 | 0.06 | 0.12 | 0.22 | 0.31 | 0.52 |
| | 3.95 | 0.07 | 0.15 | 0.26 | 0.35 | 0.46 |
| | 5.26 | 0.08 | 0.17 | 0.29 | 0.43 | 0.55 |

试验径流深度在 1.28~6.04 mm 之间变化，流速在 0.36~1.31 m/s 之间变化，水流剪切力在 1.54~16.31 Pa 之间变化，水流功率在 0.56~21.35 kg/m³ 之间变化，而单位水流功率在 0.03~0.55 m/s 之间变化。试验同样采用双沙源供沙，每个流量、坡度和直径条件下均采集 5 个水沙混合样，采样时间在 5~20 s 之间变化，流量较小时采样时间较长，而流量较大时采样时间较短。每组试验一般不超过 5 min。将采集的水沙混合样品，经过 4 h 的静置沉淀后，利用烘干称量法测定泥沙质量，进一步计算挟沙力 [式（4-2）]，将 5 个样品的计算值进行平均得到该处理下的挟沙力。

### 4.3.2　流量、坡度和流速对不同直径泥沙挟沙力的影响

坡面径流挟沙力随着泥沙直径的增大而减小，中值直径为 0.10 mm 的挟沙力均值分别是中值直径为 0.22 mm、0.41 mm、0.69 mm 和 1.16 mm 的挟沙力均值的 1.09 倍、1.30 倍、1.55 倍和 1.92 倍。对于不同直径的泥沙，挟沙力均随着流量和坡度的增大而增大，在特定的泥沙中值直径条件下，挟沙力均随着流量和坡度的增大呈幂函数增大（表 4-3），决定系数均大于 0.95，说明对于给定的泥沙直径，流量和坡度的幂函数可以较好地模拟坡面径流挟沙力。当泥沙中值直径从 0.10 mm 增大到 1.16 mm，单宽流量的回归指数从 1.17 增大到 1.33，无论是拟合方程的系数还是坡度的指数，均随着泥沙中值直径的增大呈增大趋势，但趋势并不是特别明显。

**表 4-3　不同泥沙中值直径下挟沙力与流量和坡度的回归关系**

| 中值直径/mm | 回归方程 | $R^2$ | $n$ |
|---|---|---|---|
| 0.10 | $T_c = 22594.36q^{1.168}S^{1.446}$ | 0.95 | 22 |
| 0.22 | $T_c = 45909.80q^{1.270}S^{1.666}$ | 0.98 | 24 |
| 0.41 | $T_c = 34593.94q^{1.243}S^{1.732}$ | 0.99 | 25 |
| 0.69 | $T_c = 36643.76q^{1.295}S^{1.673}$ | 0.99 | 25 |
| 1.16 | $T_c = 35399.73q^{1.333}S^{1.622}$ | 0.99 | 25 |

多元非线性回归结果表明，挟沙力可以用单宽流量、坡度和泥沙中值直径的幂函数进行模拟［图 4-10（a）］：

$$T_c = 2382.32q^{1.269}S^{1.637}d_{50}^{-0.345} \qquad R^2 = 0.98 \qquad\qquad (4-10)$$

式中：$T_c$ 为挟沙力[kg/(m·s)]；$q$ 为单宽流量（m²/s）；$S$ 为坡度（m/m）；$d_{50}$ 为泥沙中值直径（m）。式（4-10）的决定系数为 0.98，模型效率系数也为 0.98，说明式（4-10）对坡面径流挟沙力的模拟效果较为理想。但仔细分析图 4-10 可以发现，当挟沙力小于 7 kg/(m·s)时，模拟的挟沙力与实测的挟沙力比较接近，数据点较为均匀地分布在 1∶1 线两侧，相对误差变化在−47.1%～46.5%之间，均值为 1.4%。但当挟沙力大于 7 kg/(m·s)时，预测的挟沙力明显大于实测的挟沙力。模拟的绝对误差随着挟沙力的增大而增大［图 4-10（b）］，特别是当挟沙力大于 7.0 kg/(m·s)以后更是如此。虽然这与一般的认知相同，即测量值越大绝对误差也就越大，但这一结果与陡坡、大流量下水动力学参数以及高挟沙力时的测定误差不无关系，坡面径流的流态、深度、流速、阻力特征都会随着输沙率的增大而发生变化，整体表现为随着输沙率的增大，径流黏滞性增大、雷诺数减小、径流紊动性下降、流速减小、阻力增大，势必会影响挟沙力。而本试验所用的水动力学参数都是清水条件下的参数，在高挟沙力条件下输沙的影响会更为明显，因此，偏差会大。

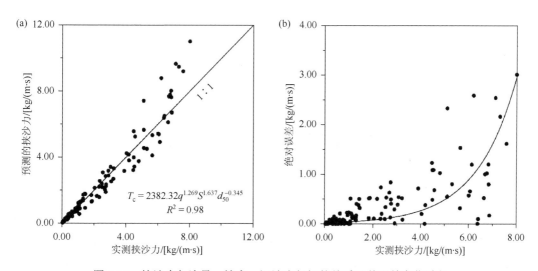

图 4-10　挟沙力与流量、坡度、泥沙直径间的关系及其误差变化过程

对于不同直径的泥沙，流速显著影响挟沙力，挟沙力随着流速的增大呈线性函数增大（表 4-4）。除了直径最小的泥沙外，回归方程的系数随着泥沙直径的增大而减小。起动流速随着泥沙直径的增大呈幂函数增大（图 4-11）：

$$V_{thr} = 0.976d_{50}^{0.100} \qquad R^2 = 0.93 \qquad\qquad (4-11)$$

式中：$V_{thr}$ 为起动流速（m/s）；$d_{50}$ 为中值直径（m）。这一结果表明泥沙起动的最小流速或能量与泥沙直径密切相关，泥沙直径越大则起动需要的流速或能量就越大，这一结果与传统的河流动力学的相关结果比较一致。

表 4-4　不同直径泥沙条件下挟沙力与流速的关系

| 中值直径/mm | 拟合方程 | 起动流速/(m/s) | $R^2$ | $n$ |
|---|---|---|---|---|
| 0.10 | $T_c = 7.034V - 2.661$ | 0.378 | 0.81 | 22 |
| 0.22 | $T_c = 7.935V - 3.412$ | 0.430 | 0.80 | 24 |
| 0.41 | $T_c = 7.758V - 3.570$ | 0.460 | 0.80 | 25 |
| 0.69 | $T_c = 7.108V - 3.385$ | 0.476 | 0.79 | 25 |
| 1.16 | $T_c = 6.117V - 2.948$ | 0.482 | 0.74 | 25 |

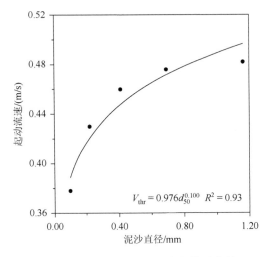

图 4-11　起动流速与泥沙直径关系曲线

### 4.3.3　综合性水动力学参数对不同直径泥沙挟沙力的影响

很多研究成果表明，水流剪切力与坡面径流挟沙力密切相关，对于不同直径的泥沙而言，挟沙力也随着水流剪切力的增大呈幂函数增大（表 4-5），不同泥沙中值直径下拟合方程的决定系数均大于 0.95。拟合方程的系数随着泥沙直径的增大从 0.044 减小到 0.012，而水流剪切力的指数从 2.065 增大到 2.320。与 4.2 节中混合泥沙相比，其中值直径为 0.28 mm，与水流剪切力幂函数关系的拟合指数为 1.982，与本试验中值直径为 0.10 mm 的 2.065 比较接近，明显小于中值直径为 0.22 mm 的 2.294。这一差异说明不同大小的泥沙在坡面输移过程中存在着明显的相互影响，其影响过程和动力机制仍需研究。

表 4-5　不同直径泥沙条件下挟沙力与水流剪切力的关系

| 中值直径/mm | 拟合方程 | $R^2$ | $n$ |
|---|---|---|---|
| 0.10 | $T_c = 0.044\tau^{2.065}$ | 0.95 | 22 |
| 0.22 | $T_c = 0.022\tau^{2.294}$ | 0.97 | 24 |
| 0.41 | $T_c = 0.018\tau^{2.309}$ | 0.97 | 25 |

续表

| 中值直径/mm | 拟合方程 | $R^2$ | $n$ |
|---|---|---|---|
| 0.69 | $T_c = 0.015\tau^{2.314}$ | 0.97 | 25 |
| 1.16 | $T_c = 0.012\tau^{2.320}$ | 0.97 | 25 |

对于不同直径的泥沙，挟沙力随着水流功率的增大呈幂函数增大（表 4-6），不同泥沙直径下拟合方程的决定系数均大于 0.94，表明对不同直径泥沙颗粒而言，水流功率均与挟沙力密切相关，随着泥沙直径的增大，拟合方程的系数从 0.283 减小到 0.095，而回归方程中水流功率的指数随着泥沙直径的增大从 1.266 增大到 1.441。与水流剪切力相比，拟合方程的决定系数没有明显的变化，表明水流功率对不同直径泥沙挟沙力的模拟效果与水流剪切力比较接近。与 4.2 节混合泥沙的试验结果相比，最佳的拟合方程形式发生了变化，前者为线性，而表 4-6 中全为幂函数，同样表明泥沙输移过程中存在着大小泥沙颗粒之间的相互作用，影响坡面径流挟沙力。

**表 4-6　不同直径泥沙条件下挟沙力与水流功率的关系**

| 中值直径/mm | 拟合方程 | $R^2$ | $n$ |
|---|---|---|---|
| 0.10 | $T_c = 0.283\omega^{1.266}$ | 0.94 | 22 |
| 0.22 | $T_c = 0.178\omega^{1.413}$ | 0.96 | 24 |
| 0.41 | $T_c = 0.141\omega^{1.423}$ | 0.96 | 25 |
| 0.69 | $T_c = 0.117\omega^{1.435}$ | 0.97 | 25 |
| 1.16 | $T_c = 0.095\omega^{1.441}$ | 0.96 | 25 |

对于不同直径的泥沙颗粒，挟沙力随着单位水流功率的增大呈幂函数增大（表 4-7），各直径拟合方程的决定系数在 0.76～0.89 之间变化，无论是拟合方程的系数，还是单位水流功率的指数，都和泥沙直径之间没有直接的关系。与水流剪切力和水流功率相比，单位水流功率的模拟效果明显偏差。这一结果与混合泥沙的研究结果一致，再次表明，用单位水流功率模拟坡面径流挟沙力存在着较大的误差，建议优先采用水流剪切力或水流功率进行陡坡挟沙力的模拟。

**表 4-7　不同直径泥沙条件下挟沙力与单位水流功率的关系**

| 中值直径/mm | 拟合方程 | $R^2$ | $n$ |
|---|---|---|---|
| 0.10 | $T_c = 20.648P^{1.317}$ | 0.76 | 22 |
| 0.22 | $T_c = 25.893P^{1.555}$ | 0.85 | 24 |
| 0.41 | $T_c = 23.388P^{1.615}$ | 0.89 | 25 |
| 0.69 | $T_c = 19.231P^{1.601}$ | 0.87 | 25 |
| 1.16 | $T_c = 15.311P^{1.581}$ | 0.84 | 25 |

## 4.4　典型挟沙力方程在陡坡的适用性评价

在过去的 30 多年内,基于土壤侵蚀机理的研究成果,国际上建立了很多缓坡径流挟沙力方程,有力地促进了土壤侵蚀过程模型的构建和发展,然而,坡度是影响土壤侵蚀的重要因素,随着坡度的增大,坡面水文过程、坡面径流的水力学特性及土壤侵蚀过程均会发生显著的变化,势必会引起坡面径流的泥沙输移过程的变化,即坡面径流挟沙力的改变,因此,有必要对缓坡坡面径流挟沙力方程在陡坡进行适用性评价,分析其误差来源,为陡坡坡面径流挟沙力方程的构建提供理论和技术支持。

### 4.4.1　数据来源与研究方法

本节采用的数据来源于 4.2 节混合沙挟沙力试验(试验过程见 4.2 节),共 8 个流量和 8 个坡度条件下的 64 个挟沙力数据,泥沙中值直径为 0.28 mm,泥沙密度为 2400 kg/m$^3$。评价的挟沙力方程包括亚林公式(Yalin,1963)、ANSWERS 模型、WEPP 模型和 Govers 方程(Govers,1990)。

亚林公式是由亚林于 1963 年建立的计算河流水流挟沙力的公式,但 20 世纪 80 年代初期的很多研究成果表明,亚林公式可以较为准确地模拟坡面径流的挟沙力,基于此,很多土壤侵蚀过程模型均采用了亚林公式或其修订形式计算坡面径流挟沙力,公式的形式比较复杂,考虑因素比较全面,具体为

$$\frac{T_c}{\mathrm{SG}d\sqrt{\rho\tau}} = 0.635\delta\left[1-\frac{1}{\beta}(1+\beta)\right] \tag{4-12}$$

$$\delta = \frac{Y}{Y_c}-1 \qquad (当 Y < Y_c 时,\ \delta=0) \tag{4-13}$$

$$\beta = 2.45(\mathrm{SG})^{0.4}Y_c^{0.5}\delta \tag{4-14}$$

$$Y = \frac{RS}{(\mathrm{SG}-1)gH} \tag{4-15}$$

式中:$T_c$ 为挟沙力[kg/(m·s)];SG 为泥沙相对密度(无量纲);$d$ 为泥沙直径(m);$g$ 为重力加速度(m/s$^2$);$\rho$ 为水流密度(kg/m$^3$);$\tau$ 为水流剪切力(Pa);$R$ 为水力半径(m),在坡面径流条件下可以用径流深度替换;$S$ 为坡度(m/m);$H$ 为径流深度(mm);$Y$ 为无量纲水流剪切力;$Y_c$ 为希尔兹无量纲临界水流剪切力;$\delta$ 和 $\beta$ 为无量纲的计算过程参数。

1982 年,Beasley 和 Huggins 在总结相关研究成果的基础上,建立了 ANSWERS 模型的挟沙力方程,该方程是目前在全球应用非常广泛的 SWAT 模型的核心模块,方程的具体形式为

$$\begin{aligned} T_c &= 146Sq^{0.5} \qquad & q \leqslant 0.046 \\ T_c &= 14600Sq^2 \qquad & q > 0.046 \end{aligned} \tag{4-16}$$

式中:$T_c$ 为挟沙力[kg/(m·min)];$q$ 为单宽流速(m$^2$/min);$S$ 为坡度(m/m)。

WEPP 模型是由美国农业部于 1995 年研发的新一代土壤侵蚀过程模型,是目前全球

考虑过程最为全面，也是最为复杂的坡面土壤侵蚀模型，代表了国际上土壤侵蚀过程模型研究的最新进展（Nearing，1989）。其挟沙力方程是在亚林公式的基础上经过一系列简化得到的，具体形式为

$$T_c = K_t \tau^{3/2} \tag{4-17}$$

式中：$T_c$ 为挟沙力[kg/(m·s)]；$K_t$ 为无量纲的泥沙输移系数，反映了泥沙特性对挟沙力的影响；$\tau$ 为水流剪切力（Pa）。

Govers 方程是比利时鲁汶大学 Govers 教授，根据他在 20 世纪 80～90 年代变坡试验水槽内的一系列试验建立的坡面径流挟沙力方程，并用于欧洲土壤侵蚀模型 EUROSEM（Morhan et al.，1998）和荷兰的 LISEM 模型（De Roo et al.，1996）中，方程的具体形式为

$$T_c = q \gamma_s m (P - P_c)^n \tag{4-18}$$

式中：$T_c$ 为挟沙力[kg/(m·s)]；$q$ 为单宽流量（$m^2/s$）；$\gamma_s$ 为泥沙密度（$kg/m^3$）；$P$ 为单位水流功率（m/s）；$P_c$ 为临界单位水流功率（m/s）；$m$ 和 $n$ 为与泥沙中值直径相关的系数和指数，由下式计算：

$$
\begin{aligned}
m &= \left( \frac{d_{50} + 5}{0.32} \right)^{-0.6} \\
n &= \left( \frac{d_{50} + 5}{300} \right)^{0.25}
\end{aligned}
\tag{4-19}
$$

式中：$d_{50}$ 为泥沙中值直径（μm）。

为了系统分析上述模型在陡坡地的适用性，本节采用下面几个评价指标：

$$\text{RRMSE} = \frac{\sqrt{(1/n) \sum_{i=1}^{n} (O_i - P_i)^2}}{O_m} \tag{4-20}$$

式中：RRMSE 为相对均方根误差；$O_i$ 为实测值；$P_i$ 为预测值；$O_m$ 为实测值的均值；$n$ 为实测值的个数。均方根误差反映了实测值和预测值之间的接近程度，预测值越接近实测值，则均方根误差越小，表明模型预测结果越理想；反过来，预测值与实测值偏离越大，则均方根误差越大，模型预测结果越差。

$$\text{RE} = \frac{P_i - O_i}{O_i} \times 100 \tag{4-21}$$

式中：RE 为相对误差（%）。相对误差越小则说明预测值与实测值越接近，预测结果越好，反之则预测效果越差。当然，在利用相对误差时，也需要根据数据的实际情况而定，对于特别小的观测值，使用相对误差评价可能并不能反映真实情况。例如，观测流量为 0.1 $m^3/s$，而预测值为 0.05 $m^3/s$，则相对误差高达 50%，但事实上预测误差仅为 0.05 $m^3/s$。因此，将相对误差运用于相对较大的数值时才可以说明真实的问题。对于特别小的数据，建议使用绝对误差进行评价。

$$\text{NSE} = \frac{\sum_{i=1}^{n} (O_i - O_m)^2 (P_i - O_i)^2}{\sum_{i=1}^{n} (O_i - O_m)^2} \tag{4-22}$$

式中：NSE 为纳希模型效率系数。纳希模型效率是广泛采用的评价模型预测精度的指标，该值可在$-\infty \sim 1$之间变化，当模型效率系数为负数时，模型预测的结果比实测值的均值反映实测值的情况更差，模型基本没有任何模拟功能；当模型效率系数大于 0，且越接近 1 时，模型预测效果越好，此时实测值与预测值散点图中的数据点都会集中分布在 1∶1 直线附近。

$$R^2 = \frac{\left[\sum_{i=1}^{n}(O_i - O_m)(P_i - P_m)\right]^2}{\sum_{i=1}^{n}(O_i - O_m)^2 \sum_{i=1}^{n}(P_i - P_m)^2} \qquad (4-23)$$

式中：$R^2$ 为决定系数；$P_m$ 为预测值的均值。决定系数是最常用的表征模型模拟效果的指标，在 0～1 之间变化，决定系数越大，说明实测值和预测值之间的相关性越紧密，越小则表明它们之间的关系越松散。但决定系数仅表征了预测值和实测值之间的相关性，并不表示它们之间的接近程度，两组数据之间可能会出现假相关，若两组变量之间确实存在物理成因关系，决定系数很大，但模型效率系数很低，表明模型存在着系统误差，可以通过模型系数或者指数的调整，对模型进行修正。

### 4.4.2　典型挟沙力方程在陡坡的适用性

1. 亚林公式

根据泥沙直径范围选择的希尔兹无量纲临界水流剪切力在 0.050～0.054 之间变化，因此，在模型评价的时候采用其均值 0.052。如图 4-12（a）所示，亚林公式显著高估了陡坡坡面径流挟沙力，相对均方根误差为 1.05，相对误差在 46.5%～264.9%之间变化，平均为108.9%，模型效率系数为$-0.93$，说明亚林公式的模拟结果比较差。但决定系数高达 0.97，表明亚林公式模拟的挟沙力与实测值之间具有很好的相关性，不过方程存在系统偏差，可以进行修正。

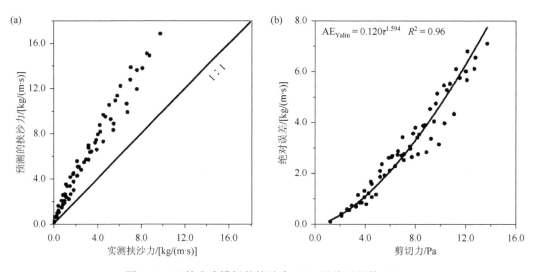

图 4-12　亚林公式模拟的挟沙力（a）及绝对误差（b）

亚林公式模拟挟沙力的绝对误差随着水流剪切力的增大呈幂函数增大［图 4-12（b）］，而水流剪切力是径流深度和坡度的函数，表明亚林公式模拟的结果随着径流深度和坡度的增大而增大。亚林公式是建立在河流条件下的挟沙力公式，河流的水流深度远大于坡面径流的深度，下垫面条件对水流的影响相对很小，而本研究的径流深度在几个毫米范围内，属于典型的坡面薄层水流，水流深度的差异自然会导致亚林公式模拟效果变差。同时，河流的坡度一般在千分之几，而本研究的试验范围高达 46.6%，属于典型的陡坡，因此亚林公式预测的挟沙力自然与坡度高度敏感。

综上所述，建立在河流水流条件下的亚林公式，无法有效模拟陡坡坡面径流挟沙力，但模拟值与实测值之间高度相关，说明模型存在系统偏差，若用于陡坡挟沙力的模拟，需要进行必要的修正。

### 2. ANSWERS 模型

ANSWERS 模型模拟的挟沙力与实测挟沙力比较接近［图 4-13（a）］，但模拟值均值是实测挟沙力均值的 80%，说明 ANSWERS 模型模拟的挟沙力数值整体上小于实测值。相对均方根误差为 0.29，相对误差在–80%～14%之间变化，均值为–20%，模型效率系数高达 0.86，表明该模型对陡坡挟沙力具有较强的模拟能力，决定系数高达 0.94，说明模拟值与实测值之间具有很高的相关性。但仔细分析图 4-13（a）可以发现，当挟沙力介于 0～7 kg/(m·s)时，预测的挟沙力均小于实测挟沙力，而当挟沙力大于 7 kg/(m·s)时，预测值与实测值非常接近，基本上处于 1∶1 直线上。

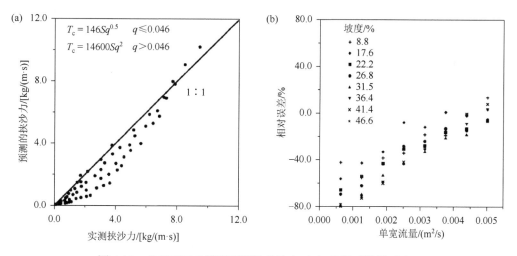

图 4-13　ANSWERS 模型预测的挟沙力（a）及相对误差（b）

进一步分析发现，ANSWERS 模型预测值的相对误差，随着单宽流量的增大呈线性函数减小［图 4-13（b）］，且与坡度之间存在一定的相关性，坡度越小相对误差越小，坡度越大则相对误差越大。建立 ANSWERS 模型挟沙力方程的数据，既有河流挟沙力数据，也有坡面径流挟沙力数据，而本研究的数据全为陡坡坡面径流挟沙力数据，因而模拟误差随着流量的增大和坡度的减小而减小。

　　总体来看，虽然 ANSWERS 模型的挟沙力方程模拟的陡坡挟沙力存在一定的偏差，但整体模拟效果还是比较良好的，当坡度相对较缓时，该模型可以用于坡面径流挟沙力的模拟。

### 3. WEPP 模型

　　WEPP 模型的挟沙力方程显著低估了陡坡坡面径流挟沙力 [图 4-14（a）]，模拟挟沙力的相对均方根误差为 0.84，相对误差在 −75.3%～42.8% 之间变化，均值为 −64.5%，平均绝对误差为 2.22 kg/(m·s)，稍小于亚林公式的 2.98 kg/(m·s)，平均误差为 −6.48 kg/(m·s)，模型效率系数为 −0.24，虽然与亚林公式相比，WEPP 模型挟沙力方程的模型效率系数有了很大的提高，但仍然为负值，表明 WEPP 模型的挟沙力公式无法模拟陡坡坡面径流挟沙力。与亚林公式类似，模拟值与实测值之间的相关性很高，决定系数达到了 0.97，表明 WEPP 模型挟沙力方程在陡坡的模拟结果存在系统偏差，需要进一步修正。

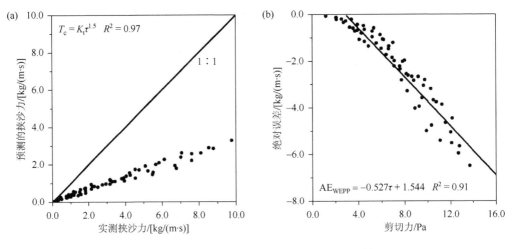

图 4-14　WEPP 模型预测的挟沙力（a）及绝对误差（b）

　　数据分析发现，WEPP 模型挟沙力方程模拟的挟沙力，其绝对误差随着水流剪切力的增大呈显著的线性函数增大 [图 4-14（b）]，如前所述，水流剪切力是径流深度和坡度的函数，也就是说，WEPP 模型挟沙力方程模拟的陡坡挟沙力随着径流深度和坡度的增大而增大。

　　总体而言，WEPP 模型挟沙力方程显著低估了陡坡坡面径流挟沙力，模型效率系数为负值，而决定系数高达 0.97，表明在陡坡条件下，WEPP 模型挟沙力方程存在着显著的系统误差，也需要进一步修正。

### 4. Govers 方程

　　Govers 方程高估了陡坡坡面径流挟沙力 [图 4-15（a）]，方程预测挟沙力的均值是实测挟沙力均值的 1.17 倍，相对均方根误差为 0.24，相对误差在 −35%～59% 之间变化，平均为 17%，与 ANSWERS 模型相比，Govers 方程对陡坡挟沙力的模拟效果稍差，模型效率系数为 0.70，但决定系数高达 0.96。当挟沙力小于 4 kg/(m·s)时，Govers 方程模拟的挟沙力与实测值非常吻合，但当挟沙力大于 4 kg/(m·s)，特别是大于 6 kg/(m·s)时，方程预测值明显大于实测值。Govers 方程建立的坡度上限为 18%，而本试验的坡度达到 47%，远远超出 Govers 方程建立的原始坡度，前面试验的分析表明，挟沙力随着坡度的增大在迅速增大，从这一结果可以推理出，在缓坡条件下（对应的挟沙力也比较小），Govers 方程可以进行坡面径流挟沙力的有效模拟。

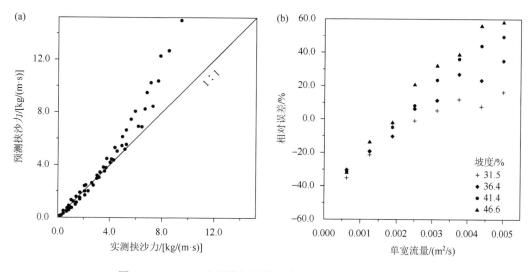

图 4-15　Govers 方程模拟的挟沙力（a）及相对误差（b）

数据的进一步分析发现，Govers 方程模拟挟沙力的相对误差与坡度和流量密切相关 [图 4-15（b）]，当坡度较小时（<26.8%），相对误差较小，且与流量之间没有明显的相关关系，但当坡度大于 26.8%时，相对误差和流量之间具有明显的相关性，随着流量的增大，相对误差从负变正，随着坡度的增大，相对误差的变化幅度也随着增大。例如，当坡度为 31.5%时，相对误差的变化范围为–35%～16%，而当坡度为 46.6%时，相对误差的变化范围为–32%～59%。4 个小坡度相对误差的均值为 13.2%，而 4 个大坡度相对误差的均值为 22.9%，后者是前者的 1.7 倍，这一结果再次说明 Govers 方程在缓坡上具有很好的模拟坡面径流挟沙力的功能，而在陡坡上其模拟效果较差，坡度是影响该方程模拟效果的主要因素。

## 4.5　基于 WEPP 模型的挟沙力方程修订

WEPP 模型是土壤侵蚀过程模型研发的典范，泥沙输移是其重要的组成部分，而坡面径流挟沙力是泥沙输移过程的核心。本节主要利用试验数据对 WEPP 模型的挟沙力方程进行修订，提升其对陡坡挟沙力模拟的能力。

### 4.5.1　WEPP 模型挟沙力方程的缺点

WEPP 模型是目前全球范围内考虑过程最为全面的土壤侵蚀过程模型，功能强大，但其挟沙力方程是在亚林公式的基础上简化得到的，挟沙力是泥沙输移系数 $K_t$ 和水流剪切力 $\tau$ 的 1.5 次方的乘积 [式（4-17）]，模型建立的数据基础是河流水流挟沙力和缓坡坡面径流挟沙力，对于陡坡坡面径流而言，其缺点比较明显，主要表现在以下几个方面。

（1）方程的系数和自变量相关，物理意义不明确。

在 WEPP 模型的挟沙力方程中，泥沙输移系数 $K_t$ 反映了泥沙特性对坡面径流挟沙力的影响，而水流剪切力 $\tau$ 反映了坡面径流水动力学条件对挟沙力的影响，从物理机制上来讲，前者和后者之间应该相互独立，因为它们反映了不同的物理过程。但事实上分析 WEPP 模型中泥沙输移系数和水流剪切力的关系发现，泥沙输移系数 $K_t$ 随着水流剪切力 $\tau$ 的增大呈幂函数增大（图 4-16）：

$$K_t = 0.025\tau^{0.364} \qquad R^2 = 0.97 \qquad (4\text{-}24)$$

式（4-24）说明在 WEPP 模型的挟沙力方程中，对挟沙力的作用考虑不足，部分作用被附加到泥沙输移系数上，从而使得泥沙输移系数失去了它本身代表的物理过程和含义。结合式（4-17）和式（4-24），WEPP 模型的挟沙力方程可以改写为

$$T_c = K_t\tau^{3/2} = 0.025\tau^{0.364}\tau^{3/2} = 0.025\tau^{1.864} \qquad (4\text{-}25)$$

式（4-25）表明，若要使泥沙输移系数独立于水流剪切力，具有其本身的物理含义，则水流剪切力的指数应该大于原始方程中的 1.5。

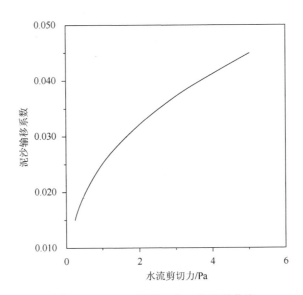

图 4-16　WEPP 模型 $K_t$ 与 $\tau$ 的关系曲线

（2）泥沙传输系数的获取困难，影响模型的运行。

虽然 WEPP 模型的挟沙力方程形式简单，但模型中没有给出泥沙输移系数 $K_t$ 的获取

方法，没有建立泥沙输移系数与泥沙特性间的定量关系，无法直接用泥沙特性（如粒径）计算泥沙输移系数，进一步计算坡面径流挟沙力（Zhang et al.，2008）。这为模型的运行带来了困难，为了获取泥沙输移系数，WEPP 模型采用了一种间接的方法：

$$K_t = \frac{T_{c0}}{\tau_0^{3/2}} \tag{4-26}$$

式中：$T_{c0}$ 为利用代表性坡面的水流剪切力 $\tau_0$，按亚林公式计算的挟沙力；$\tau_0$ 为代表性坡面的水流剪切力，它是代表性直线性坡面下端水流剪切力与实际坡面下端水流剪切力的平均值。但无论是直线性坡面还是实际坡面，在流域尺度上都会发生变化，另外，水流剪切力也会随着径流深度发生变化。因此，从应用的角度来讲，无法获得泥沙输移系数，从而影响坡面径流挟沙力的计算。最简单也是最直接的方法就是直接建立泥沙特性和泥沙输移系数间的函数关系，直接用泥沙特性计算泥沙输移系数，再进行挟沙力的计算。

（3）误差大，影响模型精度。

如前面所述，WEPP 模型挟沙力方程显著低估了陡坡坡面径流挟沙力，平均误差达到 65%，绝对误差随着水流剪切力的增大呈线性函数增大，模型效率系数为 –0.24，说明 WEPP 模型的挟沙力方程对陡坡挟沙力的模拟误差大，无法满足对陡坡土壤侵蚀过程的模拟。但评价结果同时表明，模拟与实测挟沙力间的决定系数高达 0.97，说明模拟值和实测值之间具有系统偏差，因而可以对原始挟沙力方程进行修订，实现对陡坡坡面径流挟沙力的模拟。

## 4.5.2　数据和研究方法

本节使用的数据包括两部分，第一部分为单粒径坡面径流挟沙力数据，第二部分为多粒径坡面径流挟沙力数据。前者是中值直径为 0.28 mm、8 个流量、8 个坡度条件下的 64 组试验数据，而后者是中值直径分别为 0.10 mm、0.22 mm、0.41 mm、0.69 mm 和 1.16 mm，5 个流量、5 个坡度条件下的 125 组试验数据，为了叙述方便，这里把前者称为试验数据 1，而把后者称为试验数据 2。

修订过程与方法大体思路是：利用单粒径泥沙挟沙力试验数据，按照式（4-26）的形式反推陡坡泥沙输移系数，分析陡坡条件下泥沙输移系数与水流剪切力的关系，确定它们之间是否存在相关关系；利用单粒径泥沙挟沙力试验数据，直接建立水流剪切力与挟沙力间的幂函数关系，用新的幂函数形式反推泥沙输移系数；利用以上两组泥沙输移系数的最大值、最小值、均值、标准差等统计特征值判断 WEPP 模型挟沙力方程与新建方程的合理性；在此基础上，构建泥沙粒径中值直径 $d_{50}$ 与泥沙输移系数 $K_t$ 间的函数关系，建立 WEPP 模型挟沙力方程的修订公式。

利用多粒径泥沙挟沙力试验数据，按照新建的挟沙力方程反推不同泥沙粒径下的泥沙输移系数，判断泥沙输移系数是否与水流剪切力之间存在相关关系；将不同水流剪切力下的泥沙输移系数平均，得到不同泥沙粒径条件下的平均泥沙输移系数，进一步建立泥沙输移系数与泥沙中值直径间的函数关系，从而得到基于泥沙中值直径的坡面径流挟沙力方程，并用试验数据 1 进行方程预测精度评价，使用的评价参数包括平均绝对误差 MAE、相对均方根误差 RRMSE、平均误差 ME、相对误差 RE、模型效率系数 NSE 和决定系数 $R^2$。评价的数据仅包括与试验 2 水动力学条件相同的 25 组数据。

在此基础上，利用成对 $t$ 检验，分析模型模拟值与实测值间的差异，用表征水流能量的水流功率替换反映的水流剪切力，按照上述思路重新构建基于水流功率的多粒径 WEPP 模型挟沙力方程的修订公式。

### 4.5.3　单粒径 WEPP 模型挟沙力方程修订

利用单粒径泥沙实测挟沙力数据，按照式（4-26）计算的泥沙输移系数 $K_t$ 也随着水流剪切力的增大呈幂函数增大[图 4-17（a）]，说明在本试验的坡度范围内（8.8%～46.6%），泥沙输移系数仍然是自变量水流剪切力的函数，即水流剪切力对挟沙力的部分影响包含在泥沙输移系数 $K_t$ 中，从而表明 WEPP 模型的挟沙力方程的结构存在问题，水流剪切力的指数 3/2 偏低，导致泥沙输移系数和水流剪切力之间存在函数关系。若要使泥沙输移系数独立于水流剪切力，则需要增大水流剪切力的指数。

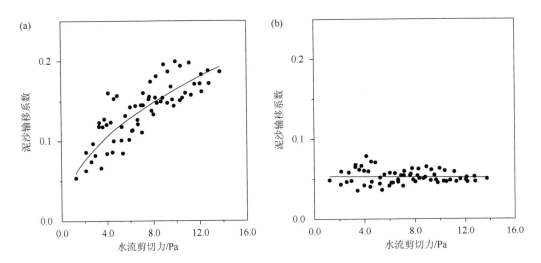

图 4-17　水流剪切力与泥沙输移系数关系曲线

（a）$K_t = T_c/\tau^{3/2}$；（b）$K_t = T_c/\tau^{4/2}$

如式（4-5）所示，对于中值直径为 0.28 mm 的泥沙，挟沙力与水流剪切力间具有显著的幂函数关系，可以对原方程按下式进行转换：

$$T_c = 0.054\tau^{1.982} \approx 0.054\tau^{4/2} \tag{4-27}$$

以式（4-27）为基础，按照式（4-26）的思路重新计算泥沙输移系数 $K_t$，即

$$K_t = \frac{T_c}{\tau^{4/2}} \tag{4-28}$$

图 4-17（b）给出了式（4-28）计算的结果，由图中可以清楚地看出，当将水流剪切力的指数由原来的 3/2 替换为拟合的 4/2 时，重新计算的泥沙输移系数不再随着水流剪切

力的增大而增大，而是趋向于一稳定值 0.053，两组泥沙输移系数的统计特征值（表 4-8）清楚地表明，式（4-28）计算的泥沙输移系数远比 WEPP 模型原始挟沙力方程计算的泥沙输移系数稳定，前者的变化幅度为 0.04，而后者的变化幅度为 0.015，前者的标准差仅为后者的 1/4。

表 4-8　单粒径式（4-26）和式（4-28）计算泥沙输移系数统计特征值比较

| $K_t = T_c/\tau^x$ | 最小值 | 最大值 | 均值 | 标准差 | $n$ |
|---|---|---|---|---|---|
| $x = 3/2$ | 0.05 | 0.20 | 0.14 | 0.04 | 64 |
| $x = 4/2$ | 0.04 | 0.08 | 0.05 | 0.01 | 64 |

以上说明对于粒径为 0.28 mm 的泥沙，WEPP 模型的挟沙力方程可以修订为

$$T_c = 0.053\tau^{4/2} \tag{4-29}$$

式（4-29）中的系数 0.053，代表了本试验 0.28 mm 泥沙的输移系数，从理论上讲它应该随着泥沙粒径的变化而变化，但其函数关系需要通过多粒径泥沙挟沙力试验数据来确定。

## 4.5.4　多粒径 WEPP 模型挟沙力方程修订

以试验数据 2 为基础，分别利用式（4-26）和式（4-28）计算了各个粒径泥沙的输移系数，结果见表 4-9。从表中数据可以看出，无论是哪种泥沙粒径，当将水流剪切力的指数从 3/2 替换为 4/2 时，计算的泥沙输移系数均趋向于更为稳定。当水流剪切力的指数为 3/2 时，计算的泥沙输移系数的最小值、最大值、均值和标准差分别在 0.020~0.035、0.118~0.198、0.063~0.126 和 0.032~0.045 之间变化，而当水流剪切力的指数为 4/2 时，相应的变化范围分别为 0.012~0.029、0.039~0.080、0.027~0.049 和 0.07~0.013，前者远大于后者。这说明对于不同粒径的泥沙而言，当水流剪切力的指数为 4/2 时，泥沙输移系数更为稳定，均趋向于稳定值，更独立于自变量水流剪切力，因此，可以用水流剪切力的 4/2 次方模拟陡坡坡面径流挟沙力。

表 4-9　多粒径式（4-26）和式（4-28）计算泥沙输移系数统计特征值比较

| 中值直径/mm | $K_t = T_c/\tau^x$ | 最小值 | 最大值 | 均值 | 标准差 | $n$ |
|---|---|---|---|---|---|---|
| 0.10 | $x = 3/2$ | 0.035 | 0.197 | 0.126 | 0.038 | 25 |
| | $x = 4/2$ | 0.028 | 0.080 | 0.049 | 0.013 | 25 |
| 0.22 | $x = 3/2$ | 0.029 | 0.197 | 0.107 | 0.044 | 25 |
| | $x = 4/2$ | 0.019 | 0.067 | 0.040 | 0.011 | 25 |
| 0.41 | $x = 3/2$ | 0.026 | 0.198 | 0.089 | 0.045 | 25 |
| | $x = 4/2$ | 0.017 | 0.067 | 0.033 | 0.011 | 25 |
| 0.69 | $x = 3/2$ | 0.026 | 0.162 | 0.076 | 0.039 | 25 |
| | $x = 4/2$ | 0.013 | 0.055 | 0.027 | 0.009 | 25 |
| 1.16 | $x = 3/2$ | 0.020 | 0.118 | 0.063 | 0.032 | 25 |
| | $x = 4/2$ | 0.012 | 0.039 | 0.023 | 0.007 | 25 |

将各粒径条件下计算的泥沙输移系数进行平均，并分析其与泥沙粒径间的关系后发现，随着泥沙中值直径（$d_{50}$，mm）的增大，泥沙输移系数 $K_t$ 呈幂函数减小（图 4-18）：

$$K_t = 0.024 d_{50}^{-0.313} \qquad R^2 = 0.99 \qquad （4\text{-}30）$$

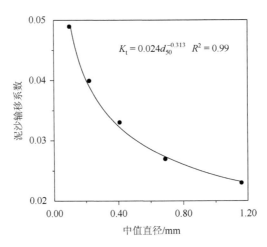

图 4-18　泥沙输移系数与中值直径的关系图

用式（4-30）替换式（4-29）中的常数项得

$$T_c = 0.024 d_{50}^{-0.313} \tau^{4/2} \qquad （4\text{-}31）$$

对于不同地区的侵蚀泥沙而言，不同粒径的泥沙所占的比例存在差异，可以根据多次侵蚀泥沙监测资料确定，因此，对于混合泥沙而言，可以根据不同粒径泥沙的百分比对泥沙输移系数进行加权计算，得到侵蚀泥沙的泥沙输移系数，进一步计算挟沙力，即

$$T_c = 0.024 \sum_{i=1}^{n} d_{50i}^{-0.313} P_i \tau^{4/2} \qquad （4\text{-}32）$$

式中：$T_c$ 为坡面径流挟沙力[kg/(m·s)]；$n$ 为泥沙粒径分级数；$d_{50i}$ 为某个粒径泥沙的中值直径（mm）；$P_i$ 为某个粒径泥沙在总泥沙中所占的比例（小数）；$\tau$ 为水流剪切力（Pa）。

采用试验数据 1 中与试验 2 水动力学条件（坡度和流量）相同的 25 组数据，对式（4-32）的模拟效果进行了评价，试验 2 的泥沙由试验 1 的泥沙分组而来，中值直径为 0.10 mm、0.22 mm、0.41 mm、0.69 mm 和 1.16 mm 的泥沙分别占 17%、16%、53%、13% 和 1%，计算的结果表明式（4-32）计算的挟沙力与实测值较为接近（图 4-19），平均绝对误差为 0.52 kg/(m·s)，相对均方根误差为 0.27，平均误差为 2.04 kg/(m·s)，相对误差的均值为 −9.26%，模型效率系数为 0.90，决定系数为 0.95，与原始的 WEPP 模型的挟沙力方程相比，相对均方根误差和相对误差有了显著的减小，而模型效率系数由原来的−0.24 增大到 0.90，表明式（4-32）具有较好地模拟陡坡坡面径流挟沙力的功能。仔细观测图 4-19 可以发现，式（4-32）模拟的挟沙力略小于实测值，很多模拟点都处于 1∶1 直线的右下方，这一点从图中拟合的线性方程的系数（0.886）就可以看出来，说明与原始的 WEPP 模型挟沙力方程相比，式（4-32）的模拟精度有了巨大的提升，但仍然有进一步改进的空间和需求。

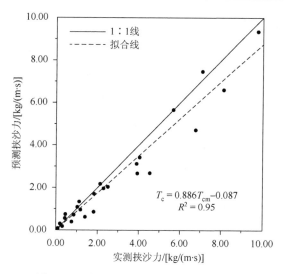

图 4-19　式（4-32）预测值与实测值比较

### 4.5.5　基于水流功率 WEPP 模型挟沙力方程修订

成对 $t$ 检验的结果表明，对于 64 组试验数据（试验数据 1），式（4-32）计算的挟沙力与实测值之间存在显著差异，因此，需要进一步修订。水流功率是常用的模拟土壤侵蚀过程的综合性水动力学参数，表征了具有一定高度的坡面径流流动过程中的势能损失。很多研究成果表明，水流功率具有较强的模拟土壤分离能力的功能，前面的研究结果也表明水流功率与坡面径流挟沙力间具有显著的相关关系，那么用水流功率替换水流剪切力，是否能够提升坡面径流挟沙力的模拟精度？对式（4-32）进行进一步改进，从而开展了基于水流功率 WEPP 模型挟沙力方程的修订。

前面的研究成果表明，挟沙力与水流功率之间呈显著的线性函数关系，对于中值直径为 0.28 mm 的混合沙而言（试验 1）：

$$T_c = 0.437(\omega - 0.698) \qquad R^2 = 0.98 \qquad (4\text{-}33)$$

因 WEPP 模型中挟沙力与水流剪切力间为幂函数关系，因此，对 64 组挟沙力试验数据进行了幂函数拟合，得

$$T_c = 0.234\omega^{1.234} \qquad R^2 = 0.98 \qquad (4\text{-}34)$$

式（4-34）的决定系数为 0.98，模型效率系数为 0.97，表明水流功率的幂函数也可以很好地模拟陡坡坡面径流挟沙力，但仔细分析水流功率与挟沙力间的关系曲线可以发现，当挟沙力大于 12 kg/(m·s) 时，式（4-34）的模拟值明显低于实测值（图 4-20）。

式（4-34）中水流功率的指数非常接近 5/4，因此，将式（4-34）中 1.234 替换为 5/4，重新进行非线性拟合，得

$$T_c = 0.213\omega^{5/4} \qquad R^2 = 0.98 \qquad (4\text{-}35)$$

式（4-35）的决定系数为 0.98，模型效率系数也为 0.97，表明对方程进行轻微的调整并没有影响其对挟沙力的拟合效果。根据 WEPP 模型中泥沙输移系数的算法，分别对式（4-33）和式（4-35）进行转换：

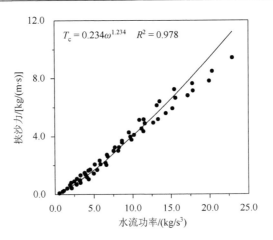

图 4-20 水流功率与挟沙力的幂函数关系

$$K_t = \frac{T_c}{0.437(\omega - 0.698)} \qquad (4\text{-}36)$$

$$K_t = \frac{T_c}{0.213\omega^{5/4}} \qquad (4\text{-}37)$$

利用试验数据 1，分别采用式（4-36）和式（4-37）计算得到 64 个不同的泥沙输移系数（图 4-21），由图可知，随着水流功率的增大，无论是线性函数还是幂函数，计算的泥沙输移系数均出现了不同程度的波动，线性函数计算的结果出现了一个负值。表 4-10 给出了两种方程计算结果的统计特征值，相对于线性函数而言，幂函数计算的泥沙输移系数，无论是最小值、最大值，还是均值，都明显偏小，标准差仅为线性函数的一半左右，线性函数的变异系数略小于幂函数。根据泥沙输移系数的物理含义可知，泥沙输移系数的波动越小越好，说明越独立于自变量水流功率，因此，可以选择线性函数［式（4-33）或式（4-36）］进一步改进 WEPP 模型的挟沙力方程。

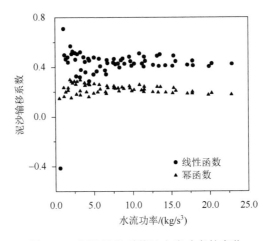

图 4-21 泥沙输移系数随水流功率的变化

表 4-10　式（4-36）和式（4-37）计算的泥沙输移系数统计特征值

| 函数 | 最小值 | 最大值 | 均值 | 标准差 | 变异系数 | $n$ |
|---|---|---|---|---|---|---|
| 线性函数 | 0.259 | 0.713 | 0.442 | 0.067 | 0.152 | 63 |
| 幂函数 | 0.157 | 0.308 | 0.230 | 0.036 | 0.155 | 64 |

对于 5 种不同粒径、不同坡度和流量的挟沙力数据（试验数据 2），采用线性函数计算不同泥沙粒径 0.10 mm、0.22 mm、0.41 mm、0.69 mm 和 1.16 mm 的泥沙输移系数均值分别为 0.468、0.465、0.436、0.406 和 0.358，对应的临界水流功率分别为 0.134 kg/s³、0.610 kg/s³、1.026 kg/s³、1.400 kg/s³ 和 1.626 kg/s³，很明显随着泥沙粒径的增大，泥沙输移系数减小。对泥沙输移系数和中值直径进行简单的回归分析发现，泥沙输移系数随着泥沙中值直径的增大呈线性函数减小（图 4-22）：

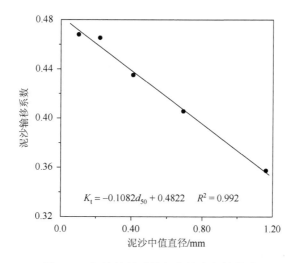

图 4-22　泥沙输移系数与中值直径的关系

$$K_t = -0.1082d_{50} + 0.4822 \qquad R^2 = 0.99 \qquad （4-38）$$

式中：$d_{50}$ 为泥沙中值直径（mm）。式（4-38）的决定系数高达 0.99，模型效率系数也高达 0.99，说明泥沙粒径和泥沙输移系数间具有高度的线性相关关系。临界水流功率随着泥沙粒径的增大呈明显的减小趋势，说明随着泥沙粒径的增大，需要消耗更多的水流能量驱动泥沙的起动。非线性回归结果表明，随着泥沙粒径的增大，临界水流功率呈幂函数增大（图 4-23）：

$$\omega_c = 1.7064 - 2.0576 \times 0.0633^{d_{50}} \qquad R^2 = 0.99 \qquad （4-39）$$

式中：$\omega_c$ 为泥沙起动的临界水流功率（kg/s³）；$d_{50}$ 为泥沙中值直径（mm）。

将式（4-33）、式（4-38）和式（4-39）联立得

$$\begin{aligned} T_c &= K_t(\omega - \omega_c) = K_t(d_{50})(\omega - \omega_c(d_{50})) \\ &= (0.4822 - 0.1082d_{50})(\omega - 1.7064 - 2.0576 \times 0.0633^{d_{50}}) \end{aligned} \qquad （4-40）$$

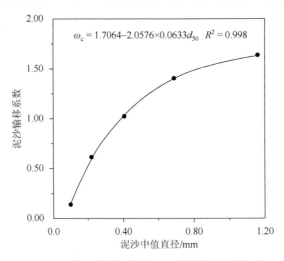

图 4-23　临界水流功率与泥沙中值直径的关系

对于实际的侵蚀泥沙，根据侵蚀泥沙中不同粒径泥沙的分组及其百分比，可以计算不同泥沙粒径条件下的陡坡坡面径流挟沙力：

$$T_c = K_t(\omega - \omega_c) = \sum_{i=1}^{n}(K_t(d_{50i})P_i)(\omega - \sum_{i=1}^{n}(\omega_c(d_{50i})P_i))$$

$$= \sum_{i=1}^{n}((0.4822 - 0.1082d_{50i})P_i)(\omega - \sum_{i=1}^{n}(1.7064 - 2.0576 \times 0.0633^{d_{50i}})P_i)$$

（4-41）

式中：$T_c$ 为挟沙力[kg/(m·s)]；$n$ 为泥沙粒径分级数目；$d_{50i}$ 为 $i$ 级粒径的中值直径（mm）；$P_i$ 为 $i$ 级泥沙的百分含量（小数）。

为了评价式（4-41）模拟陡坡坡面径流挟沙力的精度，利用试验数据 1 的泥沙特性计算各粒径泥沙对应的泥沙输移系数和临界水流功率（表 4-11），利用式（4-41）计算挟沙力，再和实测值进行比较，分析其模拟精度。

表 4-11　不同粒径泥沙的百分比、泥沙输移系数及临界水流功率

| 泥沙中值直径 $d_{50}$/mm | 0.10 | 0.22 | 0.41 | 0.69 | 1.16 |
|---|---|---|---|---|---|
| 百分比 | 0.17 | 0.16 | 0.53 | 0.13 | 0.01 |
| 泥沙输移系数 | 0.47 | 0.46 | 0.44 | 0.41 | 0.36 |
| 临界水流功率/(kg/s³) | 0.16 | 0.59 | 1.04 | 1.40 | 1.62 |

对于 64 组试验数据而言，由式（4-32）计算的挟沙力平均绝对误差、相对均方根误差、平均误差、平均相对误差、模型效率系数和决定系数分别为：1.05 kg/(m·s)、0.42、−2.98 kg/(m·s)、−32.35%、0.69 和 0.97，而由式（4-41）计算的挟沙力的相应值分别为：0.25 kg/(m·s)、0.31、0.57 kg/(m·s)、−2.91%、0.98 和 0.98，表明式（4-41）计算的挟沙力与实测值更为接近，特别是模型效率系数从原来的 0.69 提升到 0.98。计算值和实测值散点均匀地分布在 1∶1 直线两侧（图 4-24），表明用表征能量的水流功率替换水流剪切力，可以大幅度地提升 WEPP 模型挟沙力方程对陡坡坡面径流挟沙力的模拟精度。

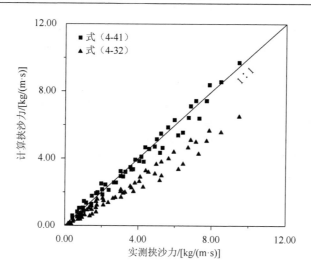

图 4-24　式（4-32）与式（4-41）计算挟沙力与实测值比较

（张光辉）

# 参 考 文 献

段红东，何华松，朱辰华. 2001. 河流输沙力学. 郑州：黄河水利出版社.

费详俊. 1982. 高浓度浑水的粘滞系数（刚度系数）. 水利学报，（3）：57-63.

雷廷武，张晴雯，闫丽娟. 2008. 细沟侵蚀物理模型. 北京：科学出版社.

栾莉莉，张光辉，王莉莉，等. 2016. 基于水流功率的坡面流挟沙力模拟. 泥沙研究，（2）：61-67.

钱宁. 2003. 泥沙运动力学. 北京：科学出版社.

沙玉清. 1965. 泥沙运动学引论. 北京：中国工业出版社.

张光辉. 2001. 坡面水蚀过程水动力学研究进展. 水科学进展，12（3）：395-402.

张光辉. 2002. 坡面薄层流水动力学特性的实验研究. 水科学进展，13（2）：159-165.

张光辉. 2017. 土壤分离能力测定的不确定性分析. 水土保持学报，31（2）：1-6.

张光辉. 2018. 对坡面径流挟沙研究的几点认识. 水科学进展，29（2）：151-158.

张光辉，卫海燕，刘宝元. 2001. 自控型供沙漏斗的研制. 水土保持通报，21（1）：63-65.

Bagnold R A. 1980. An empirical correlation of bedload transport rates in flumes and natural rivers. Proceedings of the Royal Society of London，372（1751）：453-473.

Beasley D B，Huggins L F. 1982. ANSWERS（Areal Nonpoint Source Watershed Environment Response Simulation）：User's Manual. West Lafayette：Purdue University.

De Roo A P，Wesseling C G，Ritsema C J. 1996. LISEM：A single-eventphysically based hydrological and soil erosion model for drainage basins：I. Theory，input and output. Hydrological Processes，10：1107-1117.

Finkner S C，Nearing M A，Foster G R，et al. 1989. A simplified equation for modeling sediment transport capacity. Transactions of the ASAE，32：1545-1550.

Govers G. 1990. Empirical relationships for the transport capacity of overland flow. Iahs Publication，189：45-63.

Guy B T，Dickenson W T，Sohraba T M，et al. 2009. Development of an empirical model for calculating sediment transport capacity in shallow overland flows：Model calibration. Biosystem Engineering，103：245-255.

Hessel R，Jetten V. 2007. Suitability of transport equations in modeling soil erosion for a small Loess Plateau catchment. Engineering Geology，91（1）：56-71.

Misra R K，Rose C W. 1996. Application and sensitivity analysis of process-based erosion model GUEST. European Journal of Soil

Science，47（4）：593-604.

Morhan R P，Quiton J N，Smith R E，et al. 1998. The European Soil Erosion Model（EUROSEM）：Documentation and User Guide. Version 3.6. London：Cranfield University：89.

Nearing M A，Foster G R，Lane L J，et al. 1989. A process-based soil erosion model for USDA—Water Erosion Prediction Project technology. Transactions of the American Society of Agricultural Engineers，32（5）：1587-1593.

Prosser I P，Rustomji P. 2000. Sediment transport capacity relations for overland flow. Progress in Physical Geography，24：179-193.

Roscoe R. 1952. The viscosity of suspensions of rigid spheres. British Journal of Applied Physics，3：267-269.

Wang Z L，Yang X，Liu J，et al. 2015. Sediment transport capacity and its response to hydraulic parameters in experimental rill flow on steep slope. Journal of Soil and Water Conservation，70（1）：36-44.

Wu B，Wang Z L，Shen N，et al. 2016. Modelling sediment transport capacity of rill flow for loess sediments on steep slopes. Catena，147：453-462.

Yalin Y S. 1963. An expression for bed-load transportation. Journal of Hydraulics Division，American Society of Civil Engineers，89：221-250.

Zhang G H，Liu Y M，Han Y F，et al. 2009a. Sediment transport and soil detachment on steep slopes：I. Transport capacity estimation. Soil Science Society of America Journal，73（4）：1291-1297.

Zhang G H，Liu Y M，Han Y F，et al. 2009b. Sediment transport and soil detachment on steep slopes：II. Sediment feedback relationship. Soil Science Society of America Journal，73（4）：1298-1304.

Zhang G H，Liu B Y，Zhang X C. 2008. Applicability of WEPP sediment transport capacity equation to steep slopes. Transactions of the American Society of Agricultural and Biological Engineers，51（5）：1675-1681.

Zhang G H，Shen R C，Luo R T，et al. 2010. Effects of sediment load on hydraulics of overland flow on steep slopes. Earth Surface Processes and Landforms，35：1811-1819.

Zhang G H，Wang L L，Li G，et al. 2011a. Relationship between sediment size and transport coefficient on steep slopes. Transactions of the American Society of Agricultural and Biological Engineers，54（3）：869-874.

Zhang G H，Wang L L，Tang K M，et al. 2011b. Effects of sediment size on transport capacity of overland flow on steep slopes. Hydrological Sciences Journal，56（7）：1289-1299.

# 第5章  坡面植被覆盖与土壤侵蚀

坡面是发生土壤侵蚀的基本单元,坡面降雨径流侵蚀过程包括降雨击溅、径流和细沟冲刷引起的土壤分离、泥沙输移和沉积等子过程。适宜的坡面覆盖措施能够有效阻止土壤颗粒的输移过程,防治土壤退化。森林植被具有涵养水源的巨大功能,特别是森林土壤的蓄水功能是防止水土流失的有效途径,而坡面是侵蚀产沙的最小单元,因此,研究坡面植被保护土壤的功能,对有效防止坡面土壤侵蚀具有重大意义。华北土石山区土层瘠薄,土壤中砾石含量较高,易发生土壤侵蚀。在实际水土流失治理中,植被作为重要的覆盖措施,能够有效保持土壤特性,缓解土壤侵蚀的发生。

## 5.1  植被覆盖对径流过程的影响

### 5.1.1  植被覆盖对降雨-径流再分配

森林冠层是地球关键带的最上层,能够在降雨进入土壤圈前对其进行有效的分配。林冠层首先对降雨进行分区,一部分降雨被林冠截留,称为截留降雨,大部分截留降雨在降雨后的数小时内蒸发,少量的顺着树干到达地表及其根系,称为树干茎流(杨茂瑞,1992)。大部分的降雨透过林冠层到达地表,称为穿透降雨。研究表明,穿透降雨占总降雨量的比例最大,占总降雨量的 60%~95%(贺淑霞等,2011),是到达地面能被植物利用的主要水资源,其次为林冠截留降雨,占总降雨量的 9%~25%。而在降雨量较小的地区,林冠能够截留更大比例的降雨,占总降雨量的 40%~50%(王文等,2010)。林冠截留的降雨在一定程度上对植物生长无效,因为截留降雨很快就会蒸发到大气当中。树干茎流占总降雨量的比重最小,只占总降雨量的 0%~4%。虽然树干茎流占的比重最小,但是树干茎流对森林根系水分和养分补给有十分重要的作用。

森林植被对降雨有显著的分配与拦截效应,会影响地表有效水资源量。其中林冠特征,如冠幅、叶面积指数、郁闭度等均对林冠截留量有重要影响(史宇,2011)。除森林特征以外,气象因素也对林冠截留影响较大,降雨量与林冠截留量有良好的正相关关系,林冠截留量随降雨量的增大而增大(孔繁智等,1990)。降雨强度也对截留量有影响,较小的降雨强度能够增大林冠截留降雨量的比例。气象因子也会对树干茎流量有影响,研究表明,总降雨量与树干茎流量呈正相关关系。同时,树干和树枝特性如树干粗糙度、树皮结构、树枝角度均会参与树干茎流的路径决定(张振明等,2005)。

森林林冠截留降雨功能显著,同时森林产生的枯落物也具有拦截降雨的功能,是森林生态系统的第二作用层(薛立等,2005)。枯落物本身具有储蓄降雨的功能,其蓄水能力也会影响拦截降雨能力,枯落物也能够暂时地拦截降雨,这些降雨会加速枯落物的分解过程(赵艳云等,2007)。

地表水通过土壤孔隙入渗到地下水层是一个重要的土壤储蓄水分过程,是研究水文过程的重要部分(马雪华,1987)。土壤最重要的功能是储蓄水分,从而削减洪峰,影响径流汇水过程,因此研究人员称土壤为水库。土壤中储蓄的水分是估算森林的水源涵养及其洪水调蓄功能的重要指标。

土壤水分入渗过程是降水与地表径流进入地下水库的必要过程,入渗水分同时是植被生长的重要水分补充。土壤入渗不只是水分的垂直运动,水分同时会沿孔隙的水平方向向四周扩散,被称为土壤入渗的二维运动。随着对土壤入渗过程的重要性的认识,多种适用于土壤入渗速率观测的方法应运而生,包括双环法、环刀法,工程学家逐渐根据入渗的特性,发明了渗透仪等先进仪器应用于入渗的观测。根据入渗速率的大小,入渗过程一般分为快速深润期、渗漏期和稳渗期(Dunkerley,2002)。基于土壤入渗过程的复杂性,土壤入渗的难度加重,入渗模型成为最主要的工具,能够准确预测与估算土壤入渗量。根据模型建立和计算机理可以将模型分为两种类型,一种为经验模型,经验模型采用黑箱原理,通过大量的数据观测与相关分析得到最适合土壤入渗计算的模型,此类模型主要有Kostiakov经典模型(Souchère et al.,1999)、Horton入渗模型等(Horton,1945)。另一种模型为物理模型,该类模型基于入渗过程来计算土壤入渗量,需要细化入渗的各个过程从而得到最终结果,经典的物理模型主要包括 Green-Ampt 模型(Jhorar et al.,2004)、Smith-Parlang 模型等。

影响土壤入渗速率及过程的因素有很多,研究不同因素对土壤入渗能力的改变是国内外学者近年来的研究重点。Helalia(1993)研究了土壤特性与土壤入渗的相互关系,研究表明,土壤的物理特性对土壤入渗速率有决定性作用,较粗的土壤质地、较大的土壤孔隙度和较多的土壤团聚体能够增大土壤入渗速率(Robichaud,2000),反之则会减小土壤入渗速率。除此之外,土壤容重、含水量等因素也对土壤入渗能力有影响。森林植被等其他植物覆被对土壤入渗速率的影响主要是由于植物的根系能有效改良土壤特性,增大土壤孔隙度(Sarr et al.,2001),并且根系附近的微生物生长也能起到改良土壤物理特性的作用(Dunne et al.,1991)。坡度、坡位、坡向等地形因子也会影响土壤结构,从而改变土壤物理特性,影响土壤入渗能力。降雨因子也被认为是影响土壤入渗能力的重要因子,其中包括降雨类型、雨滴特性、降雨强度等因子(Aken and Yen,1984;Rubin,1966)。Harden和 Scruggs(2003)等研究均证实了森林土壤具有更高的入渗能力。不同森林类型及密度等条件下土壤物理性质的差别同时代表着土壤蓄水能力的差别。通过对我国不同气候条件下森林蓄水能力的比较研究发现,我国南部的热带以及亚热带地区,气候炎热,降水较多,森林以阔叶林为主,该地区森林的土壤入渗及其蓄水能力较好。北方气候湿冷,以常绿针叶林为主,其土壤入渗能力相对较差。同时热带地区的阔叶林能够产生丰富的枯落物,经过长时间的分解与腐殖化,枯落物也能改善土壤的物理特性,从而增强土壤的入渗能力(朱显谟,1982)。

## 5.1.2 坡面植被对产流时间的延缓效应

植被会影响坡面产流和汇流条件,从而影响坡面产流过程。植被的影响主要是从地上部分和地下部分两方面对降雨再分配以及坡面土壤水分分配的影响，除此之外植被能够产生枯落物，枯落物落到地面以后能够有效地保护土壤表面颗粒，防止降雨雨滴对土壤表面的破坏，减少降雨对地表土壤的扰动，减弱土壤侵蚀。同时枯落物具有一定的吸水能力，能够吸附部分降雨，从而影响坡面产流和汇流过程。本实验在设置六种植被覆盖的同时，采集了与坡面大小相同的原状枯落物，并进行不同坡度和降雨强度条件下的坡面土壤侵蚀过程模拟，记录各实验条件下坡面产流的时间，研究结果见表 5-1。

表 5-1　不同植被枯落物坡面产流时间

| 坡度/(°) | 降雨强度/(mm/h) | 油松/min | 侧柏/min | 栓皮栎/min | 构树/min | 荆条/min | 酸枣/min |
|---|---|---|---|---|---|---|---|
| 10 | 30 | 12.03 | 7.07 | 5.87 | 3.67 | 5.17 | 12.42 |
| 10 | 60 | 1.83 | 2.75 | 1.67 | 2.65 | 3.43 | 3.08 |
| 10 | 90 | 1.08 | 2.02 | 1.03 | 2.25 | 2.10 | 1.17 |
| 15 | 30 | 3.43 | 7.02 | 2.43 | 2.50 | 2.13 | 2.52 |
| 15 | 60 | 2.43 | 1.72 | 1.20 | 2.27 | 1.48 | 1.47 |
| 15 | 90 | 1.23 | 1.13 | 1.10 | 1.03 | 0.93 | 1.40 |
| 20 | 30 | 2.85 | 3.45 | 2.52 | 2.87 | 2.05 | 2.27 |
| 20 | 60 | 2.03 | 1.75 | 1.65 | 1.50 | 1.13 | 2.10 |
| 20 | 90 | 1.30 | 1.12 | 1.10 | 1.18 | 0.65 | 0.88 |

　　由表 5-1 能看出不同植被条件下的坡面产流时间，油松、侧柏、栓皮栎、构树、荆条、酸枣在各实验条件（坡度：10°、15°和 20°；降雨强度：30 mm/h、60 mm/h 和 90 mm/h）整体平均产流时间分别为 3.13 min、3.11 min、2.06 min、2.21 min、2.12 min、3.03 min，平均产流时间最长的是油松覆盖坡面，其次为侧柏覆盖坡面和酸枣覆盖坡面，再次为构树覆盖坡面和荆条覆盖坡面，平均产流时间最短的是栓皮栎覆盖坡面，这体现了不同植被对坡面产流时间的影响，同时能够影响整个产流产沙过程，油松覆盖对坡面产流产沙过程影响最大，栓皮栎覆盖对坡面产流产沙时间影响最小。

　　在坡度和植被条件相同时，降雨强度分别为 30 mm/h、60 mm/h 和 90 mm/h 时，油松覆盖坡面平均产流时间分别为 4.98 min、2.36 min 和 2.06 min；侧柏覆盖坡面平均产流时间分别为 3.95 min、3.29 min 和 2.11 min；栓皮栎覆盖坡面平均产流时间分别为 2.86 min、1.58 min 和 1.76 min；构树覆盖坡面平均产流时间分别为 2.86 min、1.93 min 和 1.85 min；荆条覆盖坡面平均产流时间分别为 3.57 min、1.51 min 和 1.75 min；酸枣覆盖坡面平均产流时间分别为 5.56 min、1.80 min 和 1.28 min；对比不同降雨强度条件下植被覆盖坡面产流时间，其中只有栓皮栎覆盖坡面当降雨强度从 30 mm/h 增大到 60 mm/h 时，坡面产流时间缩短，当降雨强度从 60 mm/h 增大到 90 mm/h 时，坡面产流时间有微弱的增大趋势；而油松、侧柏、构树、荆条和酸枣覆盖坡面当降雨强度从 30 mm/h 增大到 60 mm/h，再从 60 mm/h 增大到 90 mm/h 时，坡面产流时间逐渐缩短，产流更快。

在降雨强度和植被条件相同时，坡度分别为10°、15°和20°时，油松覆盖坡面平均产流时间分别为 6.10 min、2.10 min 和 1.20 min；侧柏覆盖坡面平均产流时间分别为5.85 min、2.07 min 和 1.42 min；栓皮栎覆盖坡面平均产流时间分别为 3.61 min、1.51 min和 1.08 min；构树覆盖坡面平均产流时间分别为 3.01 min、2.14 min 和 1.49 min；荆条覆盖坡面平均产流时间分别为 3.12 min、2.01 min 和 1.23 min；酸枣覆盖坡面平均产流时间分别为 5.74 min、2.22 min 和 1.15 min。对比不同坡度条件下植被覆盖坡面产流时间，各个植被覆盖坡面均随着坡度的增加而减小，坡度越大，坡面产流越快，坡度增加能加快径流的产生。

由表 5-2 能看出不同植被条件下枯落物引起的坡面产流时间差，油松、侧柏、栓皮栎、构树、荆条、酸枣在各实验条件（坡度：10°、15°和20°；降雨强度：30 mm/h、60 mm/h和 90 mm/h），有枯落物的坡面能够平均延长产流时间 1.09 min、1.92 min、0.50 min、0.85 min、0.89 min、1.45 min，对比各树种枯落物，酸枣枯落物延迟产流作用最强，其次为侧柏枯落物和油松枯落物，再次为荆条枯落物和构树枯落物，最差的是栓皮栎枯落物。

表 5-2　不同植被枯落物引起的坡面产流时间差

| 坡度/(°) | 降雨强度/(mm/h) | 油松/min | 侧柏/min | 栓皮栎/min | 构树/min | 荆条/min | 酸枣/min |
|---|---|---|---|---|---|---|---|
| 10 | 30 | 3.17 | 4.97 | 2.25 | 0.32 | 1.85 | 8.33 |
| 10 | 60 | 0.40 | 2.23 | 0.47 | 1.58 | 1.77 | 1.07 |
| 10 | 90 | 0.32 | 0.52 | 0.43 | 1.28 | 1.07 | 0.50 |
| 15 | 30 | 1.58 | 5.55 | 0.18 | 0.48 | 0.95 | 0.48 |
| 15 | 60 | 1.53 | 0.73 | 0.07 | 1.25 | 0.57 | 0.70 |
| 15 | 90 | 0.45 | 0.42 | 0.42 | 0.30 | 0.37 | 0.53 |
| 20 | 30 | 1.43 | 1.85 | 0.28 | 1.52 | 0.77 | 0.30 |
| 20 | 60 | 0.42 | 0.30 | 0.23 | 0.72 | 0.52 | 0.88 |
| 20 | 90 | 0.53 | 0.72 | 0.17 | 0.20 | 0.18 | 0.25 |

枯落物覆盖能够有效延长产流时间，这是枯落物对侵蚀过程产生影响的重要原因，通过其有效的蓄水能力，能够延缓径流的产生，改变降雨过程的径流曲线。枯落物对坡面产流时间的影响在降雨强度较小时尤为明显，特别是当降雨强度为 30 mm/h 时，250 g 枯落物覆盖坡面产流时间为 7 min，而当降雨强度增大到 60 mm/h 时，其产流时间为 1 min，当降雨强度增大到 90 mm/h 时，产流时间减少到 0.5 min，但是仍然比较少枯落物覆盖坡面产流时间长。因此在实际生活中，当单场降雨量较小时，充足的枯落物覆盖是有效防止产流产沙的有效措施。

降雨强度和坡度对产流时间也有影响，随着降雨强度的增大，产流时间逐渐变短，随着坡度的增大，产流时间也逐渐变短，因此意味着产流变快，坡面会更容易产流。产流时间与实验条件有良好的线性相关关系，因此对各个实验条件下的产流时间（Ct）与枯落物量（$w$）逐一拟合分析，分析得到的相关关系见表 5-3。

表 5-3　坡面产流时间与枯落物量相关分析结果

| 降雨强度/(mm/h) | 坡度/(°) | 相关关系 | $R^2$ |
|---|---|---|---|
| 30 | 10 | Ct = 2.0 w + 125.8 | 0.96 |
| | 15 | Ct = 1.9 w + 121.3 | 0.97 |
| | 20 | Ct = 1.2 w + 111.2 | 0.81 |
| 60 | 10 | Ct = 0.2 w + 64.6 | 0.98 |
| | 15 | Ct = 0.3 w + 58.5 | 0.97 |
| | 20 | Ct = 0.2 w + 50.8 | 0.91 |
| 90 | 10 | Ct = 0.1 w + 45.4 | 0.99 |
| | 15 | Ct = 0.1 w + 45.1 | 0.97 |
| | 20 | Ct = 0.1 w + 39.0 | 0.99 |

表 5-3 中各个实验条件下坡面产流时间与枯落物量呈显著的直线相关关系（$\alpha<0.05$），并且其决定系数均大于 0.8。同时根据实验坡度（$S$）、降雨强度（$R$）以及枯落物量能够进行多元产流时间估计，得到以下公式：

$$Ct = 26318S^{-0.4}R^{-1.6}w^{0.4} \qquad R^2 = 0.92 \qquad (5\text{-}1)$$

多元分析结果显示，产流时间随坡度和降雨强度的增大而呈指数函数减小，即坡面产流更快。产流时间随枯落物量的增大呈指数函数增大，即产流更慢。根据指数函数中的系数能够看出，降雨强度和枯落物量对产流时间影响较大，而坡度对其影响较小。降雨强度对产流时间的影响主要是受降雨量的影响，枯落物的蓄水能力是其发挥作用的主要渠道，当降雨量较大时，枯落物很快达到其最大蓄水量，因此降雨很快会入渗到土壤当中，当降雨量达到最大的土壤蓄水能力后，坡面随即产生径流。枯落物除了其自身良好的蓄水能力外，还能够拦截降雨，减弱雨滴对地表土壤颗粒的击溅，从而防止土壤表面在降雨过程中的临时结皮现象，增大土壤入渗能力，从而延缓产流时间。

## 5.1.3　植被坡面径流产生过程

在一定的地形地貌基础上，植被与降雨是决定坡面产流产沙量的主要因素，而这些因素的各因子均会作用于坡地产流产沙，增加了影响机制的复杂性。森林植被的生态水文过程包括林冠截留、枯落物截留、土壤水分运动、植被蒸腾、枯落物蒸发、土壤蒸发和地表径流等，阐述了森林植被系统的各个功能层次之间的水分分配和运动过程。林冠层是降雨进入森林所接触到的第一个作用层，也是对森林水分物质循环影响最大的一个作用层次，在很大程度上影响坡面径流的产生与汇集过程。为研究不同类型植被对坡面产流过程的影响，本实验研究了油松、侧柏、栓皮栎、构树、荆条、酸枣生长坡面在不同坡度和降雨强度下的坡面产流过程。

采用人工模拟降雨的实验手段，研究了油松、侧柏、栓皮栎、构树、荆条、酸枣覆盖坡面在 10°、15°和 20°的坡度下，30 mm/h、60 mm/h 和 90 mm/h 的降雨强度下的产流过程，坡面有原状枯落物覆盖，降水历时 60 min，油松、侧柏、栓皮栎、构树、荆条、酸枣覆盖坡面在不同坡度和降雨强度下的坡面产流过程见图 5-1～图 5-6。

图 5-1 所示为油松植被覆盖的原状坡面在降雨强度为 30 mm/h、60 mm/h 和 90 mm/h，搭配 10°、15°和 20°坡度条件下坡面的产流过程，图中各实验条件下坡面产流过程较为相似，都呈现出先持续增大，随后达到一个相对稳定的产流率直到降雨结束。随着降雨强度的增大，坡面产流率达到稳定所需的时间逐渐缩短，稳定产流率也逐渐增大，降雨强度为影响坡面稳定产流率的主要因素。在 30 mm/h 降雨强度条件下，10°、15°和 20°坡面的产流率最后分别稳定到 205 mL/(min·m²)、210 mL/(min·m²) 和 250 mL/(min·m²)左右；在 60 mm/h 降雨强度条件下，10°、15°和 20°坡面的产流率最后分别稳定到 680 mL/(min·m²)、800 mL/(min·m²) 和 880 mL/(min·m²)左右；在 90 mm/h 降雨强度条件下，10°、15°和 20°坡面的产流率最后分别稳定到 1480 mL/(min·m²)、1560 mL/(min·m²) 和 1630 mL/(min·m²)左右。当实验坡度变大时，对应的场降雨过程产流率也有较小程度的增大，尤其是在降雨强度为 30 mm/h 的条件下，随着降雨强度增大到 90 mm/h，稳定产流率随坡度的变化逐渐明显。

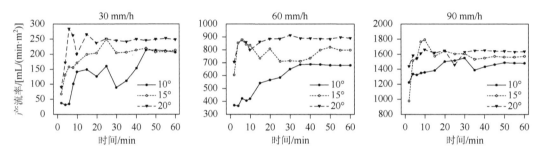

图 5-1　油松覆盖坡面在不同实验条件下径流过程

图 5-2 所示为侧柏植被覆盖的原状坡面在降雨强度为 30 mm/h、60 mm/h 和 90 mm/h，搭配 10°、15°和 20°坡度条件下坡面的产流过程，图中各实验条件下坡面产流过程较为相似，都呈现先持续增大，随后达到一个相对稳定的产流率直到降雨结束。随着降雨强度的增大，坡面产流率达到稳定所需的时间逐渐缩短，稳定产流率也逐渐增大。在 30 mm/h 降雨强度条件下，10°、15°和 20°坡面的产流率最后分别稳定到 200 mL/(min·m²)、300 mL/(min·m²) 和 420 mL/(min·m²)左右；在 60 mm/h 降雨强度条件下，10°、15°和 20°坡面的产流率最后分别稳定到 940 mL/(min·m²)、960 mL/(min·m²)和 1010 mL/(min·m²)左右；在 90 mm/h 降雨强度

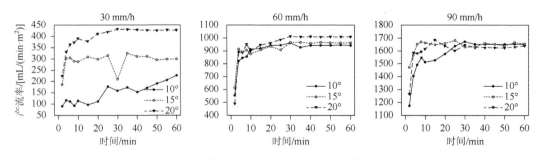

图 5-2　侧柏覆盖坡面在不同实验条件下径流过程

条件下，10°、15°和 20°坡面的产流率最后分别稳定到 1650 mL/(min·m²)、1660 mL/(min·m²) 和 1640 mL/(min·m²)左右。当提高实验坡度进行降雨实验时，其对应的产流率也有微弱的增大，尤其是在降雨强度为 90 mm/h 条件下，这是由于坡度越大，坡面承雨面积越小，从而影响坡面产流率。

图 5-3 所示为栓皮栎植被覆盖的原状坡面在降雨强度为 30 mm/h、60 mm/h 和 90 mm/h，搭配 10°、15°和 20°坡度条件下坡面的产流过程，图中各实验条件下坡面产流过程较为相似，都呈现先持续增大，随后达到一个相对稳定的产流率直到降雨结束。随着降雨强度的增大，坡面产流率达到稳定所需的时间逐渐缩短，稳定产流率也逐渐增大。在 30 mm/h 降雨强度条件下，10°、15°和 20°坡面的产流率最后分别稳定到 240 mL/(min·m²)、280 mL/(min·m²) 和 340 mL/(min·m²)左右；在 60 mm/h 降雨强度条件下，10°、15°和 20°坡面的产流率最后分别稳定到 610 mL/(min·m²)、780 mL/(min·m²)和 870 mL/(min·m²)左右；在 90 mm/h 降雨强度条件下，10°、15°和 20°坡面的产流率最后分别稳定到 1240 mL/(min·m²)、1370 mL/(min·m²) 和 1500 mL/(min·m²)左右。随着坡度的增大，稳定产流率有一定的增大，但是增大量不明显。

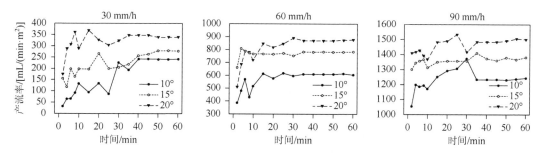

图 5-3　栓皮栎覆盖坡面在不同实验条件下径流过程

图 5-4 所示为构树植被覆盖的原状坡面在降雨强度为 30 mm/h、60 mm/h 和 90 mm/h，搭配 10°、15°和 20°坡度条件下坡面的产流过程，图中各实验条件下坡面产流过程较为相似，都呈现先持续增大，随后达到一个相对稳定的产流率直到降雨结束。随着降雨强度的增大，坡面产流率达到稳定所需的时间逐渐缩短，在降雨强度为 30 mm/h 时，坡面在产流后 20 min 左右达到稳定产流率，但是在降雨强度为 90 mm/h 时，坡面在产流 5 min 左右坡面产流率即能达到稳定，稳定产流率也逐渐增大。在 30 mm/h 降雨强度条件下，10°、15°和 20°坡面的产流率最后分别稳定到 390 mL/(min·m²)、520 mL/(min·m²)和 510 mL/(min·m²)左右；在 60 mm/h 降雨强度条件下，10°、15°和 20° 坡面的产流率最后分别稳定到 640 mL/(min·m²)、680 mL/(min·m²)和 710 mL/(min·m²)左右；在 90 mm/h 降雨强度条件下，10°、15°和 20°坡面的产流率最后分别稳定到 1220 mL/(min·m²)、1225 mL/(min·m²) 和 1210 mL/(min·m²)左右。降雨强度为 30 mm/h 时，随着坡度的增大稳定产流率有一定的增大，但是从 15°增大到 20°时，稳定产流率变化不明显；当降雨强度为 60 mm/h 和 90 mm/h 时，坡度从 10°逐渐增大到 20°，坡面稳定产流率基本无增加。

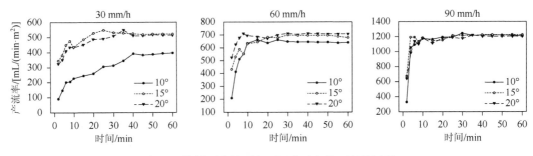

图 5-4　构树覆盖坡面在不同实验条件下径流过程

　　图 5-5 所示为荆条植被覆盖的原状坡面在降雨强度为 30 mm/h、60 mm/h 和 90 mm/h，搭配 10°、15°和 20°坡度条件下坡面的产流过程，图中各实验条件下坡面产流过程较为相似，都呈现先持续增大，随后达到一个相对稳定的产流率直到降雨结束。随着降雨强度的增大，坡面产流率达到稳定所需的时间逐渐缩短，在降雨强度为 30 mm/h 时，坡面在产流后 20～30 min 达到稳定产流率，当降雨强度增大到 60 mm/h 时，坡面在产流 10 min 左右达到稳定产流率，但是当降雨强度为 90 mm/h 时，坡面在产流 5 min 左右坡面产流率即能达到稳定，稳定产流率也逐渐增大。在 30 mm/h 降雨强度条件下，10°、15°和 20°坡面的产流率最后分别稳定到 490 mL/(min·m²)、580 mL/(min·m²)和 560 mL/(min·m²)左右；在 60 mm/h 降雨强度条件下，10°、15°和 20°坡面的产流率最后分别稳定到 800 mL/(min·m²)、840 mL/(min·m²)和 760 mL/(min·m²)左右；在 90 mm/h 降雨强度条件下，10°、15°和 20°坡面的产流率最后分别稳定到 1320 mL/(min·m²)、1380 mL/(min·m²)和 1370 mL/(min·m²)左右。当降雨强度为 30 mm/h 时，随着坡度的增大，稳定产流率有一定的增大，但是从 15°增大到 20°时，稳定产流率变化不明显；当降雨强度为 60 mm/h 和 90 mm/h 时，坡度从 10°逐渐增大到 20°，坡面稳定产流率基本无增加。

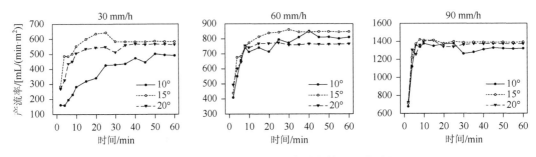

图 5-5　荆条覆盖坡面在不同实验条件下径流过程

　　图 5-6 所示为酸枣植被覆盖的原状坡面在降雨强度为 30 mm/h、60 mm/h 和 90 mm/h，搭配 10°、15°和 20°坡度条件下坡面的产流过程，图中各实验条件下坡面产流过程较为相似，都呈现先持续增大，随后达到一个相对稳定的产流率直到降雨结束。随着降雨强度的增大，坡面产流率达到稳定所需的时间逐渐缩短，在降雨强度为 30 mm/h 时，坡面在产流后 30 min 左右达到稳定产流率，当降雨强度增大到 60 mm/h 和 90 mm/h 时，坡面在产流后 10 min 左右达到稳定产流率，稳定产流率也逐渐增大。在 30 mm/h 降雨强度条

件下，10°、15°和 20°坡面的产流率最后分别稳定到 270 mL/(min·m²)、250 mL/(min·m²)和 300 mL/(min·m²)左右；在 60 mm/h 降雨强度条件下，10°、15°和 20°坡面的产流率最后分别稳定到 770 mL/(min·m²)、830 mL/(min·m²)和 780 mL/(min·m²)左右；在 90 mm/h 降雨强度条件下，10°、15°和 20°坡面的产流率最后分别稳定到 1520 mL/(min·m²)、1600 mL/(min·m²)和 1620 mL/(min·m²)左右，随着坡度的增大，坡面产流率有一定的增加，当坡度从 10°增加到 15°时，坡面稳定产流率增大，但当坡度从 15°增大到 20°时，由于坡面的承雨面积减小，坡面稳定产流率基本无变化。

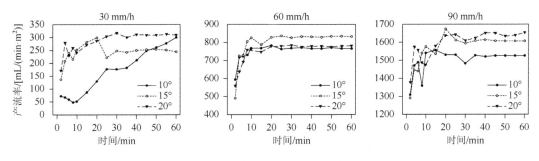

图 5-6　酸枣覆盖坡面在不同实验条件下的径流过程

不同植被由于树种差异，不同种植被覆盖的原状坡面总产流量也有差异，图 5-7 显示的为不同种树种植被在实验坡度为 10°、15°和 20°时，对应实验降雨强度为 30 mm/h、60 mm/h、90 mm/h 时，整个 60 min 降雨历时的总产流量。

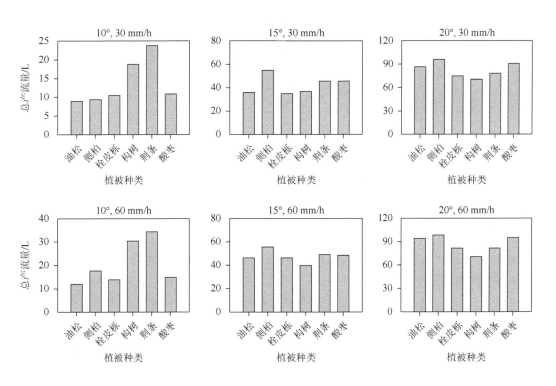

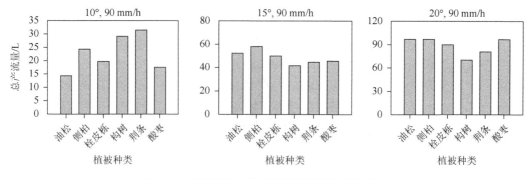

图 5-7　不同实验条件下植被原状坡面总径流量

图 5-7 中各行为相同的降雨强度条件，对比不同降雨强度条件下各植被覆盖坡面的总产流量。随着降雨强度的增大，坡面总产流量增加。

图 5-7 中各列为相同坡度条件，对比不同坡度条件下坡面总产流量。在坡度为 10°时，各树种坡面总产流量差异较大，荆条植被覆盖坡面总产流量最大，随着坡度的增加，各植被覆盖坡面总产流量显著增大，在坡度为 15°时，各植被覆盖坡面总产流量差异减小，当坡度增大到 20°时，各植被覆盖坡面总产流量差异最小。

有原状枯落物坡面总产流量显著小于对应植被覆盖的裸露坡面，针对这一问题，课题组对各坡面植被枯落物的作用进行了研究，计算了各实验条件（降雨强度：30 mm/h、60 mm/h、90 mm/h；坡度 10°、15°、20°）下各植被枯落物相比于裸露坡面的总径流量减少率，计算结果见表 5-4。

表 5-4　各覆盖有原状枯落物坡面比裸露坡面总径流量减少率

| 坡度/(°) | 降雨强度/(mm/h) | 油松/% | 侧柏/% | 栓皮栎/% | 构树/% | 荆条/% | 酸枣/% |
|---|---|---|---|---|---|---|---|
|  | 30 | 17.97 | 11.60 | 18.60 | 19.30 | 29.25 | 37.34 |
| 10 | 60 | 27.19 | 8.76 | 29.53 | 12.45 | 14.68 | 4.00 |
|  | 90 | 9.37 | 0.58 | 17.59 | 15.03 | 18.66 | 3.23 |
|  | 30 | 3.18 | 33.01 | 6.17 | 17.51 | 13.87 | 13.38 |
| 15 | 60 | 5.72 | 13.23 | 5.37 | 14.18 | 8.34 | 4.84 |
|  | 90 | 3.12 | 0.51 | 11.10 | 18.90 | 15.81 | 1.94 |
|  | 30 | 9.92 | 10.66 | 21.93 | 3.53 | 25.86 | 10.35 |
| 20 | 60 | 1.70 | 5.45 | 7.07 | 6.62 | 17.48 | 9.10 |
|  | 90 | 4.00 | 2.01 | 10.45 | 14.52 | 11.49 | 1.05 |

由表 5-4 可知，6 种植被枯落物均具有显著的减少径流作用，油松、侧柏、栓皮栎、构树、荆条和酸枣坡面枯落物的平均径流减少率分别为 9.13%、9.53%、14.20%、13.56%、17.27% 和 9.47%，6 种植被中减少率最大的是荆条植被枯落物，其次为栓皮栎植被枯落物和构树植被枯落物，再次为侧柏植被枯落物和酸枣植被枯落物，减少率最小的为油松植被枯落物。

对比各实验条件，随着坡度的增大，径流减少率减小，植被及其枯落物对坡面径流的减少作用减弱，油松、栓皮栎、构树、荆条及酸枣的径流减少率均在坡度为 10°时最大，其中侧柏植被枯落物的径流减少率在坡度为 15°时最大。随着降雨强度的增加,径流减少率变化无明显规律,其中侧柏和酸枣植被枯落物径流减少率随降雨强度的增大而减小,其他植被变化规律不明显。

坡面产流过程是决定土壤侵蚀程度的重要过程。将本节研究中的枯落物覆盖坡面产流过程的监测结果绘制于图 5-8,该图不仅能体现不同枯落物覆盖量对坡面径流过程的影响,也体现了降雨强度和坡度条件对坡面径流过程的影响。

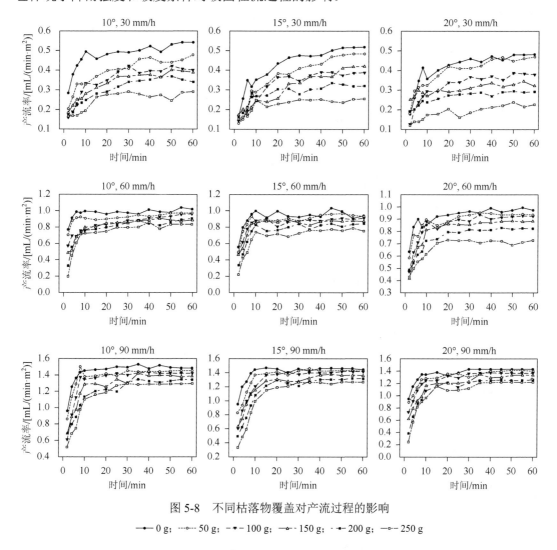

图 5-8 不同枯落物覆盖对产流过程的影响

—●— 0 g;  ····○···· 50 g;  — ▼— 100 g;  —△— 150 g;  ·····■···· 200 g;  —□— 250 g

场降雨的产流率随降雨历时变化趋势非常相似,均呈现在刚开始产流率最低,随着降雨的进行,产流率逐渐增大,在一定时间后,产流量逐渐稳定,这是由于土壤达到饱和的状态,入渗过程稳定,超渗产流,在土壤饱和入渗稳定的条件下,坡面产流量也会达到稳定状态。但是降雨强度、坡度、覆盖等实验条件对产流达到稳定状态所需时间有显著影响。由图 5-8 可以看出,随着降雨强度的增大,产流率过程曲线会更快达到稳定状态,同时,降雨量是影响稳定产流率的重要因子,枯落物覆盖也是影响该曲线的重要因子。随着枯落物覆盖量的增大，产流率达到稳定需要更长的时间，其稳定产流率值也会减小。坡面枯落物量从 0 g 增大到最大量 250 g，在降雨强度条件为 30 mm/h、60 mm/h 和 90 mm/h 时，其稳定产流率分别增大 0.2 L/(min·m²)、0.3 L/(min·m²) 和 0.4 L/(min·m²)。枯落物量对产流率的影响也随着降雨强度的增大有逐渐增大的趋势。产生此结果的原因是枯落物对降雨过程中的地表结皮过程以及降雨水分入渗过程的影响。

除去降雨强度和枯落物覆盖量对产流率的影响，坡度也会影响坡面的产流过程。坡度的增大会引起枯落物覆盖坡面产流率的增大。在本小节研究中，坡度实验条件为 10°、15° 和 20°，随着坡度的增大，裸露坡面产流率在实验降雨强度为 30 mm/h、60 mm/h 和 90 mm/h 时，产流率分别增大 0.1 L/(min·m²) 左右。而当坡面有最大量 250 g 枯落物覆盖时，其增大量会增大，但是增大程度不大，仍为 0.1 L/(min·m²) 左右，因此坡度对产流率的影响小于枯落物覆盖和降雨强度的影响。这是由于在小尺度降雨侵蚀实验过程中，坡度的增大会影响坡面承雨面积，到达坡面的降雨量会减少，因此其产流过程即为由降雨强度增大带来的降雨量增大与由坡度增大带来的降雨量减少之间的平衡作用。

枯落物是森林生态系统的重要产物，在降雨过程中，枯落物对地表土壤有很好的保护作用，并且枯落物有很好的蓄水功能，降雨穿过林冠后还有可能被地表枯落物拦截并储蓄在枯落物内部，在降雨结束后的几个小时内蒸发到大气中。因此本小节在实验前按照实验设计称取适量的枯落物，降雨结束后，坡面的所有枯落物被收集起来称量，用于计算枯落物的持水能力和持水率，计算结果示于表 5-5 与表 5-6。

表 5-5 不同实验条件降雨后枯落物的质量（g）

| 坡度/(°) | 降雨强度/(mm/h) | 枯落物覆盖量/g | | | | |
| --- | --- | --- | --- | --- | --- | --- |
| | | 50 | 100 | 150 | 200 | 250 |
| 10 | 30 | 57.8 | 111.2 | 199.8 | 246.6 | 364.6 |
| | 60 | 53.0 | 118.7 | 185.4 | 246.7 | 328.4 |
| | 90 | 59.8 | 124.5 | 200.5 | 254.4 | 326.3 |
| 15 | 30 | 56.8 | 121.8 | 166.5 | 238.1 | 342.9 |
| | 60 | 54.2 | 105.4 | 194.8 | 271.8 | 317.3 |
| | 90 | 59.6 | 118.5 | 204.6 | 226.5 | 368.5 |
| 20 | 30 | 58.1 | 117.9 | 188.4 | 240.9 | 332.1 |
| | 60 | 52.2 | 106.7 | 178.4 | 261.8 | 329.9 |
| | 90 | 53.5 | 113.1 | 195.7 | 253.2 | 338.4 |

表 5-6 不同实验条件降雨引起的枯落物持水率（%）

| 坡度/(°) | 降雨强度/(mm/h) | 枯落物覆盖量/g | | | | |
| --- | --- | --- | --- | --- | --- | --- |
| | | 50 | 100 | 150 | 200 | 250 |
| 10 | 30 | 115.6 | 111.2 | 133.2 | 123.3 | 145.8 |
| | 60 | 106.0 | 118.7 | 123.6 | 123.4 | 131.4 |
| | 90 | 119.6 | 124.5 | 133.7 | 127.2 | 130.5 |
| 15 | 30 | 113.6 | 121.8 | 111.0 | 119.1 | 137.2 |

| 坡度/(°) | 降雨强度/(mm/h) | 枯落物覆盖量/g | | | | |
|---|---|---|---|---|---|---|
| | | 50 | 100 | 150 | 200 | 250 |
| 15 | 60 | 108.4 | 105.4 | 129.8 | 135.9 | 126.9 |
| | 90 | 119.2 | 118.5 | 136.4 | 113.25 | 147.4 |
| 20 | 30 | 116.2 | 117.9 | 125.6 | 120.5 | 132.8 |
| | 60 | 104.4 | 106.7 | 118.9 | 130.9 | 132.0 |
| | 90 | 107.0 | 113.1 | 130.4 | 126.6 | 135.4 |

　　表 5-5 与表 5-6 具有对应关系,表 5-6 中的持水率即根据表 5-5 中的降雨后枯落物持水后的质量计算得来,相对于其持水质量,能够很好地表达枯落物的持水能力。枯落物持水率主要受枯落物种类与分解程度影响,本小节研究中的持水率结果显示,不同质量的枯落物持水量虽然有很大差异,但是其持水率基本无明显差异,并不受外界实验条件的影响。本实验中的枯落物覆盖量梯度分别设计为 50 g、100 g、150 g、200 g 和 250 g,其整体平均持水率分别为 112%、115%、127%、124%和 136%。同时根据浸水实验,本小节的研究对象为栓皮栎枯落物,其最大持水率为 260%,对比其实际持水率发现本小节 60 min 的降雨历时并不能达到枯落物的最大持水率,因此继续降雨枯落物的持水量能够继续增大,从而发挥更好的减流作用。

## 5.2　植被坡面径流水动力学特性

### 5.2.1　径流水动力学特性的影响因素

　　坡面径流流态研究是坡面径流水动力学研究最重要的研究内容,流态关系到径流对土壤颗粒的扰动程度。流态判定是评估预测径流侵蚀力的主要因子,这是由于相对于层流,紊态径流会对土壤表面产生更大的扰动,因此会引起土壤侵蚀的增大。用于径流流态判定的最主要的因子是雷诺数与弗劳德数。

　　但是在降雨过程中,由于雨滴的打击作用,径流流态也会发生较大的改变,再加上覆被、地表条件的干扰,流态会更加难以判断。因此目前关于土壤侵蚀过程中坡面径流流态的判定有很多不同的研究结果发表。一部分的研究结果显示,降雨条件下坡面径流流态以层流与缓流为主,这些研究所对应的实验条件为相对较低的降雨强度和坡度,并伴有覆盖,因此根据雷诺数与弗劳德数计算,其流态属于层流与缓流。也有很多研究结果显示,降雨过程中坡面径流为紊流或急流,这个结果由来自张宽地等的研究结果证实。但是由于降雨径流过程的复杂性,单纯地由雷诺数与弗劳德数来计算显示出一定的短板,流态判定应当根据实际的观测给予更细致的解释,即使雷诺数与弗劳德数显示其为层流,该流态的径流在雨滴与植被的作用下,也会有一定的紊流流态,这种情况被称为"伪层流"。

　　早在 1934 年,Horton 即提出混合流的说法,认为在雨滴和坡面阻力干扰条件下,虽然其流态为层流，但是在扰动较强的区域会有紊流流态出现，因此径流会同时具有层流和紊流两种流态存在（Emmett，1978）。在此研究基础上，研究证明了径流中存在多种流态。在对一个坡面不同位置进行流态判定时，径流深度被认为是重要因子，当径流深度较大时，径流紊动程度增大，径流流态为紊流，当径流深度较小时，径流流态主要为层流。而吴长文和王礼先（1995）认为径流中携带的泥沙是影响径流流态的主要因子，因此会造成由计算的雷诺数和弗劳德数不能准确地判定流态。鉴于侵蚀过程中雷诺数对于判定流态的不确定性，新的雷诺数计算方法顺势提出——紊流雷诺数，从而可以较为准确地判定坡面径流流态。

在进行流态判定以及雷诺数、紊流雷诺数、弗劳德数计算时，流速是定量化过程中最重要的因子，甚至在坡面水流太薄时，可以使用流速对水深进行反推计算，从而增加判定流态的因子。在进行小尺度观测研究时，流速测量是最为必要的过程，一般采用染色剂法、流量法、示踪法等来进行观测，同时一些先进的光学仪器以及电解质也被用来检测流速。这些方法各有利弊，染色剂法一般应用于坡面研究，而电解质和光学仪器测量主要是在径流泥沙含量较低时利用，泥沙悬移质会影响其测量精度，因此在实际应用时，要根据实际情况选择适宜的流速测量方法，从而得到准确可靠的流速数据（Luk and Merz，1992）。但是由于各个测量方法的特性，在进行数据整理和模型运作时，发现测量的流速有整体的误差，因此需要利用经验系数来校正数据。各个方法的经验系数也因其测量误差的特点而有差异，主要取决于流态和泥沙含量，在径流流态为层流时，经验系数在 0.5～0.7 之间（Emmett，1970），而紊流流态的径流流速经验系数在 0.6～0.8 之间（Luk and Merz，1992），针对实际情况的经验系数需要进一步的探索。在长期观测和大尺度研究中，实际测量流速难度系数增大，因此众多学者试图采用计算的方法得到径流实际流速，这些公式主要是基于流量和坡度进行的数学反推（张科利和唐克丽，2000）。

在进行流态分析中可以发现，坡面阻力是一个重要因子，一方面，阻力系数能够影响泥沙和径流的运动，另一方面，阻力也影响径流流态，因此对阻力系数规律的分析是土壤侵蚀研究的重要组成部分。文献中研究阻力特性时，常用 Darcy-Weisbach 阻力系数、谢才系数和 Manning 糙度系数来表征阻力特性。其中最为常用的是 Darcy-Weisbach 阻力系数，该系数由于计算合理，被广泛应用到科学研究中。Darcy-Weisbach 阻力系数计算时主要是基于径流流速、径流深度，因此需要详细的流速数据，此方法也较适用于坡面覆盖条件较为简单的情况下，在坡面覆盖较好时，可以采用阻力叠加法来计算总阻力系数。阻力系数主要由颗粒阻力、形态阻力、波阻力以及降雨阻力组成，在计算时可以分别计算各项阻力的大小，最后进行加和计算，可得到最后的阻力结果。

对阻力特性的研究主要有两方面，一方面是根据实际阻力特性来预测坡面土壤侵蚀量，研究表明，阻力系数与土壤侵蚀量呈现显著的负相关关系，即坡面阻力系数越大，土壤侵蚀量越小，这一结果在文献中也有体现，数据统计分析显示土壤侵蚀量随阻力系数的增大呈对数减小。另一方面是确定阻力系数与其他水动力学参数的关系，研究表明，阻力系数和雷诺数呈显著的负相关关系，雷诺数随阻力系数的增大而减小。弗劳德数也被发现与阻力系数呈现显著的负相关关系，弗劳德数随阻力系数的增大而减小（Roels，1984）。坡度的大小会影响弗劳德数和阻力系数之间的相关关系。阻力系数与径流单宽流量也有很好的相关关系，单宽流量随阻力系数的增大呈幂函数减小。坡度和流量是影响阻力系数的主要因素（张光辉，2002）。

土壤侵蚀即为坡面产生的径流在流动过程中对土壤颗粒的剥离与搬运过程，是径流对土壤颗粒做功的过程，因此可以利用物理学原理，通过分析径流功率、势能和剪切力等物理特性来预测土壤侵蚀量。在实际分析中，剪切力常被用来衡量径流对土壤颗粒的作用力的大小，早在 1965 年，Lyle 和 Smerdon 通过研究就发现径流剪切力与土壤侵蚀分离过程有密不可分的关系，剪切力是影响土壤颗粒剥离的主要驱动力。Foster 和 Meyer 于 1984 年首次提出径流剪切力的计算公式，径流剪切力主要通过临界剪切力的相对关系来计算。随后基于该剪切力计算公式，李占斌等（2002）、王军光等（2011）均通过实验研究证明了剪切力与土壤侵蚀量之间显著的正相关关系，随着径流剪切力的增大，会有更大的剥蚀力作用于土壤颗粒，从而带来更严重的土壤侵蚀。径流功率最常用来衡量径流在坡面流过过程中具有的势能。来自李占斌等（2002）、王瑄等（2007）、王军光等（2011）的研究均证明径流功率与土壤侵蚀量有显著的正相关关系，随着径流功率的增大，径流具有的势能增大，会带来更严重的土壤侵蚀。这些研究中，径流功率与土壤侵蚀量的相关关系一般为线性关系，因此可以通过相关方程求得能够引起土壤侵蚀的临界剪切力和临界径流功率，即当土壤侵蚀量为 0 时的径流剪切力和径流功率，当径流剪切力和径流功率大于对应临界值时，径流能够引起土壤侵蚀的发生。

## 5.2.2 植被坡面径流流速特征

油松、侧柏、栓皮栎、构树、荆条和酸枣植被覆盖的有原状枯落物坡面在不同实验条件下（降雨强度 30 mm/h、60 mm/h、90 mm/h；坡度 10°、15°、20°），60 min 降雨过程中的径流流速变化如图 5-9～图 5-14 所示。

图 5-9 所示为油松植被及其原状枯落物覆盖坡面在 30 mm/h、60 mm/h、90 mm/h 降雨强度下，以及搭配组合 10°、15°、20°的坡度条件下的径流流速变化过程。结果表明，油松覆盖坡面在不同降雨强度和坡度条件下具有相似的变化趋势，即随着产流开始径流流速逐渐增大，随后逐渐达到相对稳定的状态。坡面径流流速随坡度的增大有增大趋势，在 30 mm/h 的降雨强度下，径流流速随坡度的增大较为明显，在 60 mm/h 和 90 mm/h 的降雨强度下，坡面径流流速增大趋势减小。

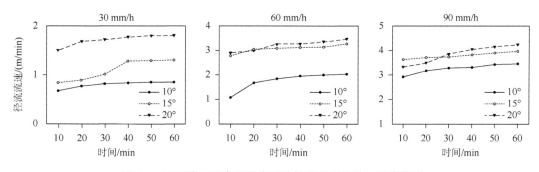

图 5-9 不同降雨强度和坡度下油松覆盖原状坡面径流流速

图 5-10 所示为侧柏植被及其原状枯落物覆盖坡面在 30 mm/h、60 mm/h、90 mm/h 降雨强度下，以及搭配组合 10°、15°、20°的坡度条件下的径流流速变化过程。结果表明，侧柏覆盖坡面在不同降雨强度和坡度条件下具有相似的变化趋势，即随着产流开始径流流速逐渐增大，随后逐渐达到相对稳定的状态。坡面径流流速随坡度的增大有增大趋势，在 30 mm/h 的降雨强度下，径流流速随坡度的增大量较小，在 60 mm/h 和 90 mm/h 的降雨强度下，坡面径流流速增大趋势较为明显。

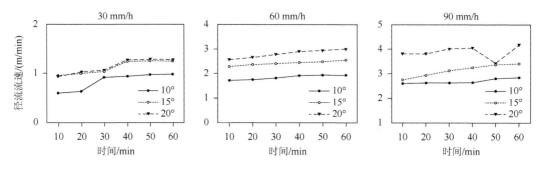

图 5-10　不同降雨强度和坡度下侧柏覆盖原状坡面径流流速

图 5-11 所示为栓皮栎植被及其原状枯落物覆盖坡面在 30 mm/h、60 mm/h、90 mm/h 降雨强度下，以及搭配组合 10°、15°、20°的坡度条件下的径流流速变化过程。结果表明，栓皮栎覆盖坡面在不同降雨强度和坡度条件下具有相似的变化趋势，即随着产流开始径流流速逐渐增大，随后逐渐达到相对稳定的状态。坡面径流流速随坡度的增大有增大趋势，在 60 mm/h 的降雨强度下，径流流速随坡度的增大量较小，在 30 mm/h 和 90 mm/h 的降雨强度下，坡面径流流速增大趋势较为明显。

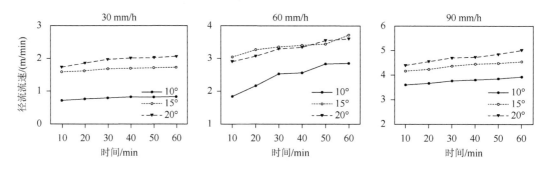

图 5-11　不同降雨强度和坡度下栓皮栎覆盖原状坡面径流流速

图 5-12 所示为构树植被及其原状枯落物覆盖坡面在 30 mm/h、60 mm/h、90 mm/h 降雨强度下，以及搭配组合 10°、15°、20°的坡度条件下的径流流速变化过程。结果表明，构树覆盖坡面在不同降雨强度和坡度条件下具有相似的变化趋势，即随着产流开始径流流速逐渐增大，随后逐渐达到相对稳定的状态。坡面径流流速随坡度的增大有明显增大趋势。

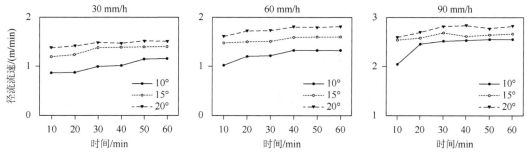

图 5-12　不同降雨强度和坡度下构树覆盖原状坡面径流流速

图 5-13 所示为荆条植被及其原状枯落物覆盖坡面在 30 mm/h、60 mm/h、90 mm/h 降雨强度下，以及搭配组合 10°、15°、20°的坡度条件下的径流流速变化过程。结果表明，荆条覆盖坡面在不同降雨强度和坡度条件下具有相似的变化趋势，即随着产流开始径流流速逐渐增大，随后逐渐达到相对稳定的状态。坡面径流流速随坡度的增大有增大趋势，在 60 mm/h 的降雨强度下，径流流速随坡度的增大量较大，在 30 mm/h 和 90 mm/h 的降雨强度下，坡面径流流速增大趋势较小。

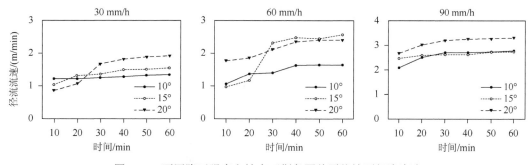

图 5-13　不同降雨强度和坡度下荆条覆盖原状坡面径流流速

图 5-14 所示为酸枣植被及其原状枯落物覆盖坡面在 30 mm/h、60 mm/h、90 mm/h 降雨强度下，以及搭配组合 10°、15°、20°的坡度条件下的径流流速变化过程。结果表明，酸枣覆盖坡面在不同降雨强度和坡度条件下具有相似的变化趋势，即随着产流开始径流流速逐渐增大，随后逐渐达到相对稳定的状态。坡面径流流速随坡度的增大有明显的增大趋势。

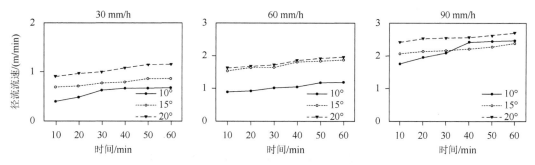

图 5-14　不同降雨强度和坡度下酸枣覆盖原状坡面径流流速

图 5-15 所示为不同植被覆盖坡面平均径流流速。由图可以看出，在无枯落物覆盖的植被坡面，坡面平均径流流速大小顺序为：构树＞荆条＞油松＞侧柏＞栓皮栎＞酸枣，在有枯落物覆盖的植被坡面，坡面径流平均流速大小顺序为：栓皮栎＞油松＞侧柏＞荆条＞构树＞酸枣。计算各植被枯落物对坡面径流流速的减小率，其中构树枯落物对径流流速的减少最多，减少率为 69.64%，其次为荆条和酸枣枯落物，对径流流速的减少率分别为 65.39%和 61.24%；再次为侧柏和油松枯落物，对径流流速的减少率分别为 55.24%和 49.89%，最后为栓皮栎枯落物，对径流流速的减少率为 37.74%。

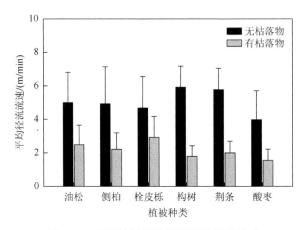

图 5-15　不同植被覆盖坡面平均径流流速

对比不同实验条件下径流流速的大小，结果显示，降雨强度和实验坡度的增大均能显著地提高径流流速，而枯落物覆盖量的增大会减小径流流速，包括初始径流流速和相对稳定的径流流速。当设置降雨强度分别为 30 mm/h、60 mm/h 和 90 mm/h 时，坡面最终相对稳定的径流流速分别为 3.3 cm/s、4.4 cm/s 和 6.0 cm/s，因此降雨强度能够显著地提高坡面径流的流速。由于本部分研究中设置的因子均对径流流速有显著影响，因此采用 SPSS 软件对径流流速（$v$）以及其影响因子［实验坡度（$S$）、降雨强度（$R$）、枯落物覆盖量（$w$）］进行多元回归分析，得到的回归方程如下：

$$v = 2.2R^{0.6}S^{0.2}w^{-0.3} \qquad R^2 = 0.93 \qquad (5\text{-}2)$$

由多元回归分析结果可以看出，径流流速受降雨强度、实验坡度和枯落物覆盖量的指数式影响，其中降雨强度和实验坡度的增大会引起对应坡面径流流速指数式增大，而枯落物覆盖量的增加会带来坡面径流流速的指数式减小，并且影响因子与流速的相关性显著。

## 5.2.3　植被坡面径流流态判定

### 1. 雷诺数判定

雷诺数是衡量径流紊动状态以及判定径流流态的重要因子，其值由径流的惯性力和黏滞力决定。计算公式如下：

$$Re = \frac{hv}{\alpha} \tag{5-3}$$

式中：$Re$ 为雷诺数，无量纲；$h$ 为径流深度（m）；$v$ 为径流流速（m/s）；$\alpha$ 为水力学运动黏滞系数（$m^2/s$）。

油松、侧柏、栓皮栎、构树、荆条和酸枣植被覆盖的有枯落物坡面在不同实验条件下（降雨强度 30 mm/h、60 mm/h、90 mm/h；坡度 10°、15°、20°），60 min 降雨过程中的径流雷诺数变化如图 5-16～图 5-21 所示。

图 5-16 所示为油松覆盖的有枯落物坡面径流雷诺数变化趋势，由图可以看出，各实验条件下的坡面径流雷诺数变化趋势相似，均为在降雨前期逐渐增大，随后趋于稳定，不同实验条件下径流雷诺数达到稳定的时间也不同。在相同坡度条件下，径流雷诺数随降雨强度的增大而显著增大，而在相同降雨强度条件下，30 mm/h 和 60 mm/h 的降雨强度下，径流雷诺数随坡度的增大显著增大，而当降雨强度增大到 90 mm/h 后，径流雷诺数反而随着降雨强度的增大而减小。

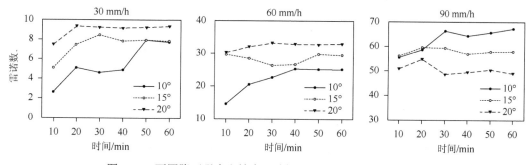

图 5-16　不同降雨强度和坡度下油松覆盖原状坡面径流雷诺数

图 5-17 所示为侧柏覆盖的有枯落物坡面径流雷诺数变化趋势，由图可以看出，各实验条件下坡面径流雷诺数变化趋势相似，均为在降雨前期逐渐增大，随后趋于稳定，不同实验条件下径流雷诺数达到稳定的时间也不同。当降雨强度增大到 90 mm/h 后，径流雷诺数整体变化趋势不明显。在相同坡度条件下，径流雷诺数随降雨强度的增大而显著增大，而在相同降雨强度条件下，30 mm/h 和 60 mm/h 的降雨强度下，径流雷诺数随坡度的增大显著增大，而当降雨强度增大到 90 mm/h 后，径流雷诺数反而随着降雨强度的增大而减小。

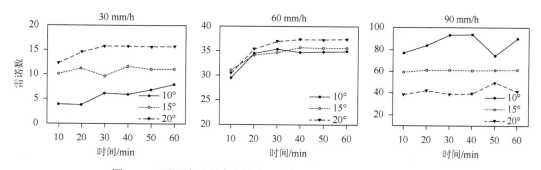

图 5-17　不同降雨强度和坡度下侧柏覆盖原状坡面径流雷诺数

　　图 5-18 所示为栓皮栎覆盖的有枯落物坡面径流雷诺数变化趋势，由图可以看出，各实验条件下坡面径流雷诺数变化趋势相似，均为在降雨前期逐渐增大，随后趋于稳定，不同实验条件下径流雷诺数达到稳定的时间也不同。在相同坡度条件下，径流雷诺数随降雨强度的增大而显著增大，而在相同降雨强度条件下，30 mm/h 和 60 mm/h 的降雨强度下，径流雷诺数随坡度的增大显著增大，而当降雨强度增大到 90 mm/h 后，径流雷诺数反而随着降雨强度的增大而减小。

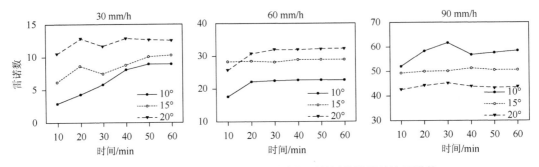

图 5-18　不同降雨强度和坡度下栓皮栎覆盖原状坡面径流雷诺数

　　图 5-19 所示为构树覆盖的有枯落物坡面径流雷诺数变化趋势，由图可以看出，各实验条件下坡面径流雷诺数变化趋势相似，在降雨初期，径流雷诺数随着产流逐渐变大，在达到最大值后逐渐平衡，呈现相对稳定的状态。当实验坡度一定时，径流雷诺数随降雨强度的增大而显著增大，而在相同降雨强度条件下，30 mm/h 和 60 mm/h 的降雨强度下，径流雷诺数随坡度的增大显著增大，而当降雨强度增大到 90 mm/h 后，径流雷诺数反而随着降雨强度的增大而减小。

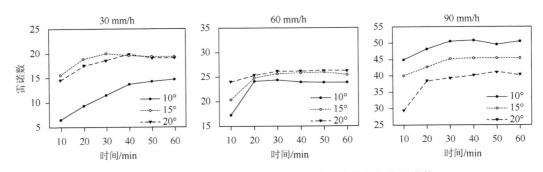

图 5-19　不同降雨强度和坡度下构树覆盖原状坡面径流雷诺数

　　图 5-20 所示为荆条覆盖的有枯落物坡面径流雷诺数变化趋势，由图可以看出，各实验条件下坡面径流雷诺数变化趋势相似，在降雨初期，径流雷诺数随着产流逐渐变大，在达到最大值后逐渐平衡，呈现相对稳定的状态。当实验坡度一定时，径流雷诺数随降雨强度的增大而显著增大，而在相同降雨强度条件下，30 mm/h 和 60 mm/h 的降雨强度下，在坡面坡度为 15°时，雷诺数最大，而当降雨强度增大到 90 mm/h 后，径流雷诺数反而随着降雨强度的增大而减小。

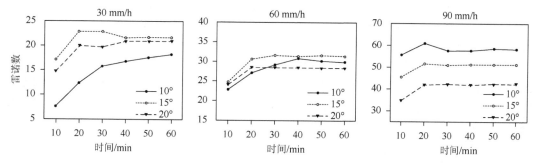

图 5-20　不同降雨强度和坡度下荆条覆盖原状坡面径流雷诺数

图 5-21 所示为酸枣覆盖的有枯落物坡面径流雷诺数变化趋势，由图可以看出，各实验条件下坡面径流雷诺数变化趋势相似，在降雨初期，径流雷诺数随着产流逐渐变大，在达到最大值后逐渐平衡，呈现相对稳定的状态。当实验坡度一定时，径流雷诺数随降雨强度的增大而显著增大，而在相同降雨强度条件下，坡面径流雷诺数随坡度变化不规律。

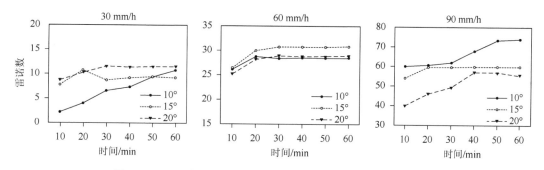

图 5-21　不同降雨强度和坡度下酸枣覆盖原状坡面径流雷诺数

图 5-22 所示为不同植被覆盖坡面的平均径流雷诺数，由图可以看出，在无枯落物覆盖的植被坡面，坡面平均径流雷诺数大小顺序为：荆条＞侧柏＞栓皮栎＞酸枣＞油松＞构

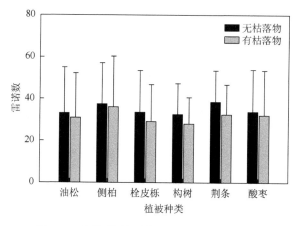

图 5-22　不同植被覆盖坡面平均径流雷诺数

树。在有枯落物覆盖的植被坡面，坡面径流平均雷诺数大小顺序为：侧柏＞荆条＞酸枣＞油松＞栓皮栎＞构树。有枯落物覆盖能明显减小雷诺数，计算各植被枯落物对坡面径流雷诺数的减小率，其中荆条枯落物对径流雷诺数减小最多，减小率为 15.94%，其次为构树和栓皮栎枯落物，对径流雷诺数的减小率分别为 13.97% 和 13.46%；再次为油松和酸枣枯落物，对径流雷诺数的减小率分别为 7.46% 和 4.70%，最后为侧柏枯落物，对径流雷诺数的减小率为 3.66%。

2. 弗劳德数判定

弗劳德数也是衡量径流紊动状态以及判定径流流态的重要因子，其值由径流惯性力和重力决定，能够判定一定实验条件下的径流流态，并划分其对土壤的干扰程度。计算公式为

$$Fr = \frac{v}{\sqrt{gh}} \tag{5-4}$$

式中：$Fr$ 为弗劳德数，无量纲；$v$ 为径流的流速（m/s）；$g$ 为重力加速度（m/s²）；$h$ 为径流深度（m）。

油松、侧柏、栓皮栎、构树、荆条和酸枣植被覆盖的有枯落物坡面在不同实验条件下（降雨强度 30 mm/h、60 mm/h、90 mm/h；坡度 10°、15°、20°），60 min 降雨过程中的径流弗劳德数变化如图 5-23～图 5-28 所示。结果表明，在各个降雨强度和实验坡度条件下，随着实验条件的变化，弗劳德数的值有明显变化，但是整场降雨过程中变化趋势较为相似，径流弗劳德数在不同降雨强度下变化规律不相同。

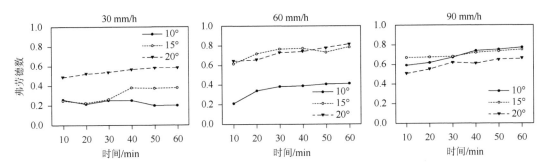

图 5-23　油松覆盖坡面在不同实验条件下径流弗劳德数

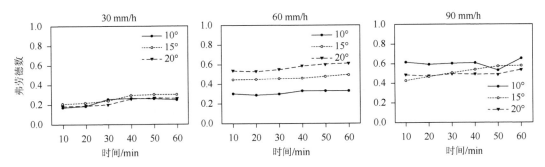

图 5-24　侧柏覆盖坡面在不同实验条件下径流弗劳德数

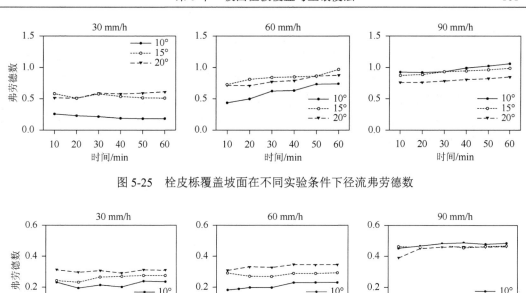

图 5-25　栓皮栎覆盖坡面在不同实验条件下径流弗劳德数

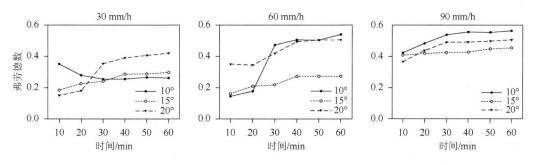

图 5-26　构树覆盖坡面在不同实验条件下径流弗劳德数

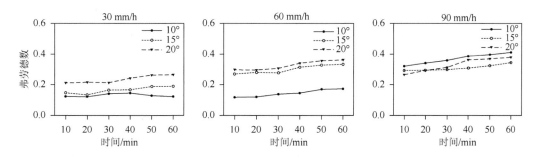

图 5-27　荆条覆盖坡面在不同实验条件下径流弗劳德数

图 5-28　酸枣覆盖坡面在不同实验条件下径流弗劳德数

图 5-29 所示为不同植被覆盖坡面平均径流弗劳德数，由图可以看出，在无枯落物覆盖的植被坡面，坡面平均径流弗劳德数大小顺序为：构树＞荆条＞油松＞栓皮栎＞侧柏＞

酸枣,在有枯落物覆盖的植被坡面,坡面径流平均弗劳德数大小顺序为:栓皮栎>油松>侧柏>荆条>构树>酸枣。有枯落物覆盖能明显减小弗劳德数,计算各植被枯落物对坡面径流弗劳德数的减小率,其中构树枯落物对径流弗劳德数减小最多,减小率为 82.43%,其次为荆条和酸枣枯落物,对径流弗劳德数的减小率分别为 77.78%和 75.08%;再次为侧柏和油松枯落物,对径流弗劳德数的减小率分别为 69.22%和 63.63%,最后为栓皮栎枯落物,对径流弗劳德数的减小率为 47.68%。

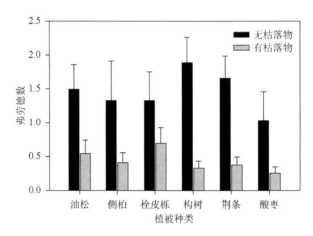

图 5-29 不同植被覆盖坡面平均径流弗劳德数

根据实验观测数据以及常数的值采用式(5-4)计算枯落物覆盖坡面径流弗劳德数,并将结果列于表 5-7 中。

表 5-7 枯落物覆盖坡面在不同实验条件下的径流弗劳德数

| 坡度/(°) | 降雨强度/(mm/h) | 枯落物覆盖量/g | | | | |
|---|---|---|---|---|---|---|
| | | 0 | 50 | 100 | 150 | 200 |
| | 30 | 0.38 | 0.31 | 0.25 | 0.23 | 0.17 |
| 10 | 60 | 0.45 | 0.37 | 0.36 | 0.26 | 0.19 |
| | 90 | 0.55 | 0.38 | 0.36 | 0.31 | 0.20 |
| | 30 | 0.42 | 0.35 | 0.26 | 0.25 | 0.16 |
| 15 | 60 | 0.47 | 0.41 | 0.33 | 0.26 | 0.17 |
| | 90 | 0.69 | 0.49 | 0.48 | 0.35 | 0.25 |
| | 30 | 0.47 | 0.38 | 0.32 | 0.28 | 0.19 |
| 20 | 60 | 0.54 | 0.44 | 0.45 | 0.33 | 0.22 |
| | 90 | 0.75 | 0.57 | 0.48 | 0.41 | 0.25 |

结果显示,在本小节研究中的实验条件下枯落物覆盖坡面径流弗劳德数在 0.2~0.8 范围内,整体均小于 1,说明径流是流态范围内的缓流。

降雨强度、实验坡度以及坡面布设的枯落物覆盖条件均会对坡面径流的弗劳德数有影响。其中降雨强度和实验坡度条件的增大均会引起径流弗劳德数的显著增大，从而提高径流挟沙力，并对土壤表面有更严重的扰动。而枯落物覆盖措施则能起到减小径流弗劳德数的作用，在本部分研究中，当坡面覆盖有 50 g 的枯落物时，实验得到的径流弗劳德数相比于无枯落物覆盖坡面减小了 0.11。而随着枯落物覆盖量的增大，其减小径流弗劳德数的效果逐渐明显，100 g 枯落物覆盖能减小 0.16 的径流弗劳德数，而 150 g 和 200 g 的枯落物覆盖则分别能使径流弗劳德数减小 0.23 和 0.32。枯落物对径流弗劳德数的影响十分显著。

### 5.2.4　植被坡面径流剪切力分布

土壤侵蚀是径流对土壤颗粒的剪切与搬运过程，由于径流的运动会直接对土壤颗粒产生沿坡面向下的剪切力，因此剪切力是影响颗粒运动的关键因子。在本节中采用式（5-5）进行剪切力计算，从而进行不同覆被条件对剪切力的影响程度研究。

$$\tau = \gamma R J \tag{5-5}$$

式中：$\tau$ 为计算的径流剪切力（N/m²）；$\gamma$ 为径流容重（N/m³）；$R$ 为该坡面形状下的水力半径（m）；$J$ 为水力坡度。

计算油松、侧柏、栓皮栎、构树、荆条和酸枣及其原状枯落物覆盖坡面在各降雨强度和坡度实验条件下的径流剪切力，计算结果如图 5-30 所示。在各个实验条件下，坡面径流剪切力变化趋势相似，径流剪切力在整个降雨过程中整体呈下降趋势，在降雨初期，有些实验条件下径流剪切力有显著的增强趋势，而后若提高降雨强度，则能显著提高坡面径流剪切力。随着实验坡度的增大径流剪切力也逐渐增大。

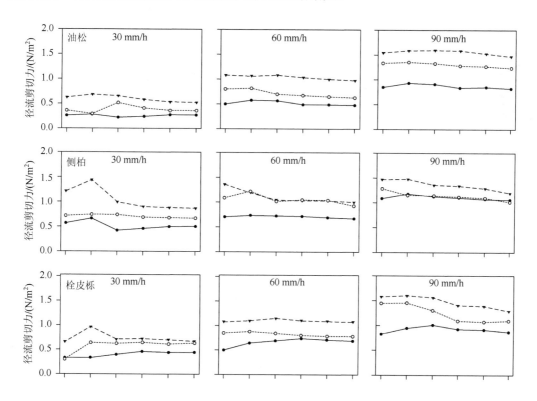

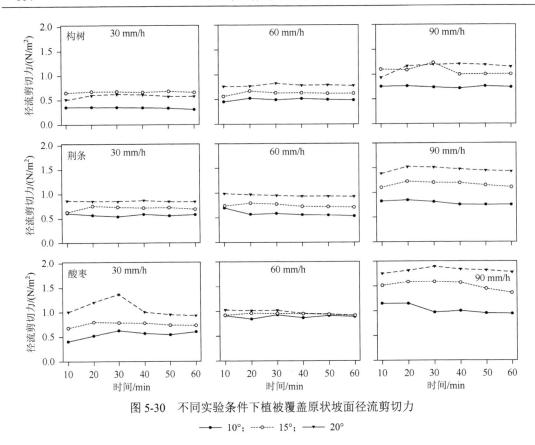

图 5-30  不同实验条件下植被覆盖原状坡面径流剪切力

——●—— 10°；······○······ 15°；----▼---- 20°

坡面的侵蚀过程即为径流对土壤颗粒的运移过程，因此径流剪切力与坡面产沙率密切相关，本小节中对各实验条件下的坡面产沙率与剪切力进行了相关分析，分析结果如图 5-31 所示。

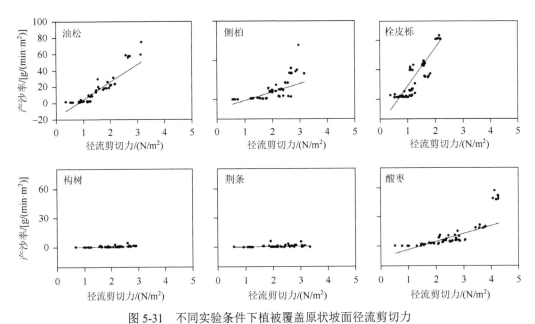

图 5-31  不同实验条件下植被覆盖原状坡面径流剪切力

从图 5-31 能够看出，在不同植被覆盖的坡面，其对应实验条件下的径流剪切力与产沙率有良好的线性相关关系，将其相关方程整理列入表 5-8 中。

表 5-8　植被覆盖坡面径流产沙率和与径流剪切力的相关方程

| 植被种类 | 拟合方程 | 决定系数 $R^2$ | 临界剪切力/(N/m²) |
|---|---|---|---|
| 油松 | $y = 26.04x - 22.49$ | 0.87 | 0.86 |
| 侧柏 | $y = 12.27x - 14.38$ | 0.52 | 1.17 |
| 栓皮栎 | $y = 36.19x - 24.71$ | 0.75 | 0.68 |
| 构树 | $y = 0.66x - 0.64$ | 0.52 | 0.97 |
| 荆条 | $y = 0.62x - 0.28$ | 0.54 | 0.45 |
| 酸枣 | $y = 13.07x - 21.30$ | 0.69 | 1.55 |

从相关性分析来看，不同植被条件下的坡面产沙率与径流剪切力呈良好的线性关系，并根据相关方程求得各植被条件下坡面径流临界剪切力，其中酸枣覆盖坡面临界剪切力最大，其次为侧柏和构树覆盖坡面，再次为油松和栓皮栎覆盖坡面，最后为荆条覆盖坡面。

图 5-32 所示为不同植被覆盖坡面的平均径流剪切力，由图可以看出，在无枯落物覆盖的植被坡面，坡面平均径流剪切力大小顺序为：酸枣＞侧柏＞栓皮栎＞荆条＞油松＞构树，在有枯落物覆盖的植被坡面，坡面平均径流剪切力大小顺序为：酸枣＞荆条＞构树＞侧柏＞油松＞栓皮栎。其中构树枯落物对径流剪切力增大最多，平均增大至无枯落物覆盖时的 2.87 倍，其次为荆条和酸枣枯落物，对径流剪切力增大程度分别为 2.49 倍和 2.36 倍，再次为侧柏和油松枯落物，对径流剪切力增大程度分别为 2.04 倍和 1.82 倍，最后为栓皮栎枯落物，对径流剪切力增大程度为 1.60 倍。

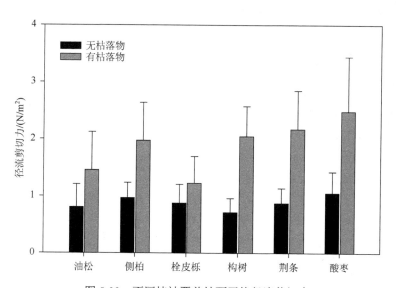

图 5-32　不同植被覆盖坡面平均径流剪切力

根据径流剪切力计算公式来计算枯落物覆盖坡面在不同实验条件下的坡面径流剪切力，计算结果见表 5-9。

表 5-9　不同实验条件下枯落物覆盖坡面径流剪切力（N/m$^2$）

| 坡度/(°) | 降雨强度/(mm/h) | 枯落物覆盖量/g | | | | |
|---|---|---|---|---|---|---|
| | | 0 | 50 | 100 | 150 | 200 |
| 10 | 30 | 0.88 | 0.92 | 0.97 | 0.98 | 1.11 |
| | 60 | 1.21 | 1.30 | 1.24 | 1.41 | 1.64 |
| | 90 | 1.42 | 1.64 | 1.62 | 1.66 | 2.12 |
| 15 | 30 | 1.32 | 1.36 | 1.55 | 1.52 | 1.83 |
| | 60 | 1.86 | 1.90 | 2.14 | 2.28 | 2.79 |
| | 90 | 1.92 | 2.21 | 2.11 | 2.44 | 2.94 |
| 20 | 30 | 1.67 | 1.80 | 1.89 | 1.99 | 2.42 |
| | 60 | 2.37 | 2.52 | 2.36 | 2.72 | 3.26 |
| | 90 | 2.52 | 2.78 | 2.99 | 3.12 | 4.05 |

枯落物覆盖程度与降雨强度条件和坡度条件均会影响坡面径流剪切力的大小。首先分析实验坡度对径流剪切力的影响，随着坡度的增大，径流剪切力显著增大。当实验坡度从 10°调整到 15°，在保持其他实验条件不变的前提下，平均径流剪切力提高了 0.67 N/m$^2$；当实验坡度从 15°调整到 20°，在保持其他实验条件不变的前提下，平均径流剪切力提高了 0.55 N/m$^2$。坡度对径流剪切力的影响主要体现在径流的重力分力上，随着坡度的增大，其沿坡面向下的重力分力也随之增大，因此会增大对土壤颗粒的作用力。

同时，降雨强度条件和枯落物覆盖程度也是影响坡面径流剪切力的因素。降雨强度的增大会显著提高坡面径流的剪切力。本小节研究中，当降雨强度设置为 30 mm/h 时，保持降雨强度和枯落物覆盖量不变，实验坡度从 10°提高至 20°后，0 g 枯落物覆盖坡面径流剪切力平均增大 0.8 N/m$^2$，而枯落物覆盖坡面径流剪切力增大了 0.9～1.3 N/m$^2$；当降雨强度设置为 60 mm/h 时，保持降雨强度和枯落物覆盖量不变，实验坡度从 10°提高至 20°后，0 g 枯落物覆盖坡面径流剪切力平均增大 1.2 N/m$^2$，而枯落物覆盖坡面径流剪切力增大了 1.1～1.7 N/m$^2$；当降雨强度设置为 90 mm/h 时，保持降雨强度和枯落物覆盖量不变，实验坡度从 10°提高至 20°后，0 g 枯落物覆盖坡面径流剪切力平均增大 1.1 N/m$^2$，而枯落物覆盖坡面径流剪切力增大了 1.1～1.9 N/m$^2$。

枯落物覆盖量的增大也会增大坡面径流的剪切力，但是枯落物又具有很好的减少土壤侵蚀的作用，这是由于枯落物能够促进土壤颗粒的沉积，从而防止土壤颗粒被径流携带出坡面。可见，径流的剪切力与侵蚀量密切相关，因此本小节进行了径流剪切力与产沙率的相关关系研究，相关研究结果如图 5-33 所示。

在枯落物覆盖坡面，径流剪切力和产沙率有很好的相关关系，二者呈线性相关，随着剪切力的增大，产沙率显著增大，将对应实验条件下的相关方程示于表 5-10 中。

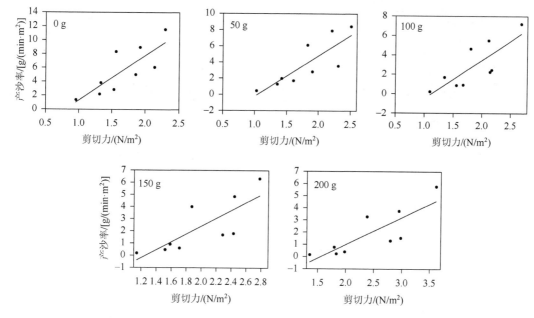

图 5-33　不同枯落物覆盖量条件下径流剪切力与产沙率的关系

**表 5-10　枯落物覆盖坡面产沙率和径流剪切力相关方程**

| 枯落物覆盖量/g | 相关方程 | 临界剪切力/(N/m²) | $R^2$ |
|---|---|---|---|
| 0 | Dr = 4.62$\tau$−2.22 | 0.48 | 0.53 |
| 50 | Dr = 3.61$\tau$−2.81 | 0.78 | 0.55 |
| 100 | Dr = 2.79$\tau$−2.38 | 0.85 | 0.52 |
| 150 | Dr = 2.22$\tau$−2.16 | 0.97 | 0.48 |
| 200 | Dr = 1.62$\tau$−2.10 | 1.30 | 0.56 |

　　根据产沙率和径流剪切力的相关方程能够计算得到各个枯落物覆盖量条件下坡面的临界剪切力，即能够产沙的最小剪切力。0 g 枯落物覆盖条件下其值为 0.48 N/m²，若坡面有枯落物覆盖能够显著地增大其临界剪切力的值，增大幅度在 0.3～0.8 N/m² 之间，因此枯落物覆盖增大了土壤表面的抗侵蚀能力。

## 5.2.5　植被坡面径流侵蚀功率

　　径流携带与输送泥沙的过程是径流对土壤颗粒做功的过程，因此可以看作功率消耗过程，在本小节中采用式（5-6）计算各个实验条件下坡面径流的功率大小。

$$\omega = \tau v \tag{5-6}$$

式中：$\omega$ 为径流功率[N/(m·s)]；$\tau$ 为径流剪切力（N/m²）；$v$ 为径流流速（m/s）。

　　计算油松、侧柏、栓皮栎、构树、荆条和酸枣及其原状枯落物覆盖坡面在各降雨强度和坡度实验条件下的径流功率，计算结果如图 5-34 所示。

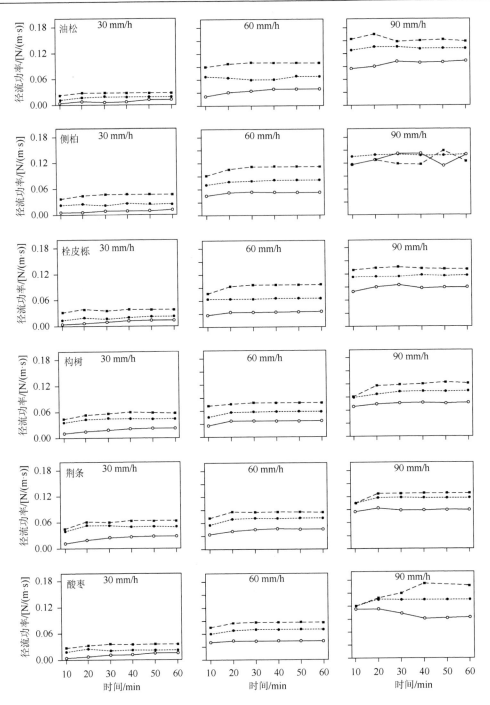

图 5-34 不同实验条件下植被覆盖坡面径流功率

—○— 10°；·•· 15°；- ■- 20°

由图 5-34 可以看出，不同覆盖坡面在各降雨强度和坡度条件下，坡面径流功率变化趋势相似。在降雨初期，径流功率随降雨历时有一定的增大趋势，当降雨进行到 20 min

左右时，达到较高值，随后逐渐小幅度下降，随着降雨强度的增大，径流功率有显著的增大，随着坡度的增大径流功率也逐渐增大。

各覆被条件的有枯落物坡面径流功率与坡面产沙率的相关关系如图 5-35 所示。

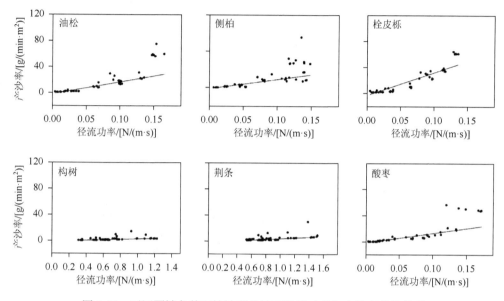

图 5-35　不同覆被条件下植被覆盖坡面径流功率与产沙率相关关系

从图 5-35 可以看出，坡面径流功率与产沙率呈现较好的线性相关关系，相关关系方程见表 5-11，并根据相关方程求得坡面临界径流功率。对比 6 种覆被条件，其中荆条和构树覆盖坡面临界功率最大，其次为酸枣和侧柏覆盖坡面，临界径流功率最小的为油松和栓皮栎覆盖坡面。

表 5-11　径流输沙率与径流功率相关性分析

| 植被种类 | 拟合方程 | 决定系数 $R^2$ | 临界径流功率/［N/(m·s)］ |
| --- | --- | --- | --- |
| 油松 | $y = 322.0x - 6.89$ | 0.75 | 0.021 |
| 侧柏 | $y = 177.9x - 4.23$ | 0.54 | 0.024 |
| 栓皮栎 | $y = 432.8x - 8.71$ | 0.86 | 0.020 |
| 构树 | $y = 4.80x - 0.61$ | 0.50 | 0.127 |
| 荆条 | $y = 8.49x - 3.20$ | 0.52 | 0.377 |
| 酸枣 | $y = 254.2x - 6.99$ | 0.67 | 0.027 |

图 5-36 所示为不同植被覆盖坡面平均径流功率，由图可以看出，在无枯落物覆盖的植被坡面，坡面平均径流功率大小顺序为：荆条＞侧柏＞栓皮栎＞酸枣＞油松＞构树，在有枯落物覆盖的植被坡面，坡面平均径流功率大小顺序为：侧柏＞荆条＞酸枣＞油松＞栓皮栎＞构树。有枯落物覆盖能明显减小径流功率，计算各植被枯落物对坡面径流功率的减

小率，其中荆条枯落物对径流功率减小最多，减小率为 17.56%，其次为构树和栓皮栎枯落物，对径流功率减小率分别为 14.82%和 14.80%，再次为油松和侧柏枯落物，对径流功率减小率分别为 8.33%和 8.12%，最后为酸枣枯落物，对径流功率减小率为 6.72%。

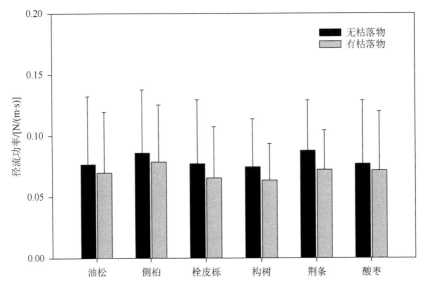

图 5-36 不同植被覆盖坡面有无枯落物坡面径流功率

根据式（5-6）计算枯落物覆盖坡面径流功率，并分析径流功率与对应实验条件下的坡面产沙率的相关关系，分析结果如图 5-37 所示。

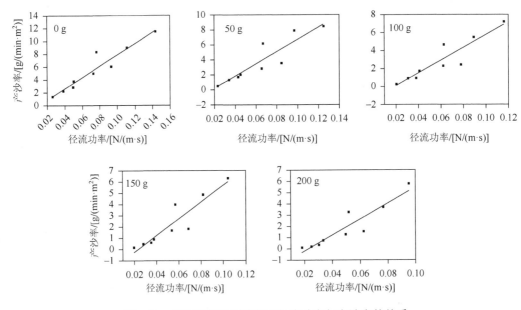

图 5-37 不同枯落物覆盖量下径流功率与产沙率的关系

从图 5-37 能够看出，枯落物覆盖坡面条件下，坡面径流功率与产沙率有良好的线性相关关系，将其对应的相关方程示于表 5-12。

**表 5-12　枯落物覆盖坡面径流功率与产沙率的相关方程**

| 枯落物覆盖量/g | 相关方程 | 临界径流功率/[N/(m·s)] | 决定系数 |
| --- | --- | --- | --- |
| 0 | $Dr = 74.3\omega - 0.1$ | 0.0003 | 0.84 |
| 50 | $Dr = 68.6\omega - 0.8$ | 0.0115 | 0.75 |
| 100 | $Dr = 60.5\omega - 0.9$ | 0.0142 | 0.78 |
| 150 | $Dr = 60.9\omega - 1.1$ | 0.0176 | 0.77 |
| 200 | $Dr = 60.2\omega - 1.1$ | 0.0190 | 0.80 |

# 5.3　植被覆盖对坡面侵蚀过程的影响

## 5.3.1　植被的土壤侵蚀防控机理

除了截留水域和促进土壤水分入渗，森林植被还是一种有效的水土保持措施，能够有效地减缓坡面径流，从而减弱土壤侵蚀程度。在实际生活中，森林植被也是一种常见的土壤侵蚀防治措施。但森林覆盖在发挥水土保持作用过程中存在双临界现象，即过低的森林覆盖不足以起到水土保持作用，但当森林覆盖超过某一阈值后，其水土保持作用上升不再明显。华北土石山区森林覆盖度至少超过 12%～15% 才能起到水土保持作用，若要起到显著的水土保持作用，森林覆盖度需达到 60%～70%。国外也有类似发现，当森林覆盖度低于 30% 时，森林不足以起到有效的水土保持作用，此时森林土壤系统存在退化的危险；当森林覆盖度超过 50%～65% 后，才能起到显著的水土保持作用。目前，对华北土石山区森林覆盖阈值的研究大多是从大空间尺度出发，采用统计方法进行分析得到的初步认识，缺乏实地观测和实验数据支撑，对径流输沙与森林间相互作用机理认识不足。森林覆盖度太低不足以起到有效的水土保持作用，而将生态恢复的森林覆盖目标定得过高，不仅增大了生态工程建设的经济成本，还过多地消耗了水资源，使生态建设成果不具有可持续性。森林覆盖双阈值的确定对于流域治理、生态恢复的目标确定具有重要的指导意义，急需开展基于野外观测和实验的阈值判定研究，增进森林发挥水土保持作用的机理的认识。

枯落物是由植物落下的茎、枝条、叶、树皮等原状、半分解和完全分解森林凋落物组成的生物层。枯落物层是森林植被中的重要生态水文作用层，不仅能够拦截与储蓄穿透降雨，减弱坡面径流侵蚀力，还能够阻止地表土壤颗粒的移动，增加土壤的抗蚀性，减弱雨滴动能，从而减少土壤侵蚀。

枯落物持水量是决定其蓄积量的主要因子，国内外众多研究人员针对枯落物持水性能进行了研究，主要是通过野外采样结合室内枯落物浸水实验，得出不同枯落物的持水曲线及其最大持水量。研究结果表明，枯落物持水量随时间延长呈对数函数增长，最后达到最大持水量，最大持水量主要由枯落物蓄积量决定，枯落物持水量可达自身质量的数倍。我国西南马尾松林枯落物蓄积量从 46 t/hm² 增大到 93 t/hm² 后，其最大持水率从 167%增大到 254%（王晓荣等，2014）；我国东北森林枯落物蓄积量从 30 t/hm² 增大到 53 t/hm² 后，其拦蓄降雨量从 1.6 mm 增大到 3.9 mm。苔藓枯落物的最大持水率为 587%（魏强等，2011），能吸收自身质量 5 倍的水量，阔叶林森林枯落物的最大持水率为 250%～386%，针叶林枯落物的最大持水率为 172%，以枝干为主的乔灌木林枯落物最大持水率为 152%。国外的枯落物持水量研究显示，枯落物最大持水量是其自身蓄积量的 1.4～1.7 倍，能拦截降水 2 mm 左右（Helvey and Patric，1965）。

枯落物具有良好的防治土壤侵蚀功能。首先枯落物层具有较大的表面积，能够增大地表覆盖度，从而阻止雨滴直接打击土壤表面，减弱溅蚀量。1 cm 厚度的枯落物蓄积量能够减少 80%～97%的溅蚀量，而当枯落物蓄积量达到 2 cm 厚度，溅蚀能被枯落物层完全阻止。这是由于雨滴打击是溅蚀发生的主要动力，也是坡面土壤颗粒松动脱离地表的主要动力，为土壤侵蚀的发生提供了基本的物质条件。枯落物在拦截降雨的同时，能够减弱雨滴动能，从而减弱雨滴的击溅强度，防止土壤结构由于雨滴的作用而改变。除去降雨雨滴的破坏，地形、土壤的机械组成及降雨特性均对溅蚀量有重要影响，因此溅蚀量与最大 30 min 降雨强度呈正相关关系。在径流量较大的坡面，枯落物能够增大地表粗糙度和阻力系数，减缓径流流速。野外实验证明，枯落物的增加能增大坡面粗糙度并迅速降低土壤侵蚀量，这是枯落物在防止土壤侵蚀过程中发挥的重要作用。研究文献显示，0.5～25 t/hm² 的枯落物蓄积量能够减少坡面径流流速 58%～73%，枯落物能够延后径流产生时间 20%，影响坡面产流曲线。枯落物对径流冲刷能力的减弱以及对地表的保护均能增大土壤的抗蚀性，枯落物覆盖增大土壤的抗蚀性主要体现在枯落物对土壤表面结构的固定作用上。

枯落物对降雨的拦截能够减弱雨滴动能，对径流的阻延能够减小径流功率，从而减少土壤侵蚀。研究表明，土壤侵蚀产生量与枯落物量呈负相关关系，若枯落物量减少 64%，径流量和侵蚀量增大 8 倍，若枯落物全部移除，径流量增大 61%，侵蚀模数增大 87%（Beasley and Granillo，1985）。

## 5.3.2　植被坡面土壤侵蚀过程

当坡面增加了覆盖后，能够有效地减少坡面产沙量，影响坡面产沙过程，相关研究均证明了在地表种植适宜的森林植被能够起到良好的水土保持功能，森林的覆盖能够平均减少 25%～70%的径流发生，同时能够保护 40%～90%的泥沙不被侵蚀搬运出原坡面，因此森林植被能够涵养坡面水源并且保护土壤结构。本小节通过室内人工模拟降雨实验，对不同坡度、降雨强度条件下的油松、侧柏、栓皮栎、构树、荆条和酸枣植被覆盖坡面的产沙过程进行分析，并且设置了是否覆盖其原状枯落物两种条件，对枯落物在该过程中发挥的作用也进行分析，从而能够完善森林枯落物的研究。

油松、侧柏、栓皮栎、构树、荆条和酸枣植被覆盖的有原状枯落物坡面在不同实验条件下（降雨强度 30 mm/h、60 mm/h、90 mm/h；坡度 10°、15°、20°），60 min 降雨过程中的产沙过程如图 5-38～图 5-43 所示。

图 5-38 所示为油松植被及其原状枯落物覆盖坡面在不同实验条件（降雨强度 30 mm/h、

60 mm/h、90 mm/h；坡度 10°、15°、20°）的产沙过程。从图中能看出，不同实验条件下的坡面产沙过程有一定的趋势，产沙率均呈现在降雨开始时迅速增大，快速地达到顶峰后又减小，并逐渐达到稳定的产沙率，随着实验条件的改变，坡面产沙高峰和稳定产沙率均表现出显著差异。随着降雨强度的增大，坡面产沙率明显增大，当降雨强度为 30 mm/h 时，10°、15°和 20°坡面最后的稳定产沙率分别为 0.88 g/(min·m²)、1.90 g/(min·m²)和 2.40 g/(min·m²)左右；当降雨强度为 60 mm/h 时，10°、15°和 20°坡面最后的稳定产沙率分别为 2.20 g/(min·m²)、8.10 g/(min·m²)和 16.30 g/(min·m²)左右；当降雨强度为 90 mm/h 时，10°、15°和 20°坡面最后的稳定产沙率分别为 13.80 g/(min·m²)、21.00 g/(min·m²)和 57.00 g/(min·m²)左右。随着坡度的增大，坡面稳定产沙率也显著增大。

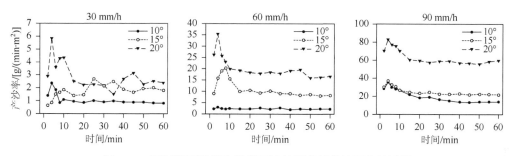

图 5-38　不同降雨强度和坡度下油松覆盖原状坡面产沙过程

图 5-39 所示为侧柏植被及其原状枯落物覆盖坡面在不同实验条件（降雨强度 30 mm/h、60 mm/h、90 mm/h；坡度 10°、15°、20°）的产沙过程。从图中能看出，不同实验条件下的坡面产沙过程有一定的趋势，产沙率均呈现在降雨开始时迅速增大，快速地达到顶峰后又减小，并逐渐达到稳定的产沙率，随着实验条件的改变，坡面产沙高峰和稳定产沙率均体现出显著差异。随着降雨强度的增大，坡面产沙率明显增大，当设置实验降雨强度为 30 mm/h 时，观测到的 10°、15°和 20°坡面在 60 min 的降雨历时后期，相对稳定的产沙率依次是 0.08 g/(min·m²)、1.00 g/(min·m²)和 3.10 g/(min·m²)左右；当降雨强度为 60 mm/h 时，10°、15°和 20°坡面最后的稳定产沙率分别为 0.50 g/(min·m²)、8.10 g/(min·m²)和 10.10 g/(min·m²)左右；当降雨强度为 90 mm/h 时，10°、15°和 20°坡面最后的稳定产沙率分别为 7.20 g/(min·m²)、17.50 g/(min·m²)和 27.00 g/(min·m²)左右。随着坡度的增大，坡面稳定产沙率也显著增大。

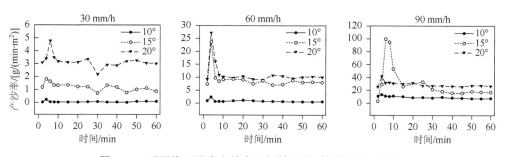

图 5-39　不同降雨强度和坡度下侧柏覆盖原状坡面产沙过程

图 5-40 所示为栓皮栎植被及其原状枯落物覆盖坡面在不同实验条件(降雨强度 30 mm/h、60 mm/h、90 mm/h；坡度 10°、15°、20°)的产沙过程。从图中能看出，不同实验条件下的坡面产沙过程有一定的趋势，产沙率均呈现在降雨开始时迅速增大，快速地达到顶峰后又减小，并逐渐达到稳定的产沙率，随着实验条件的改变，坡面产沙高峰和稳定产沙率均体现出显著差异。随着降雨强度的增大，坡面产沙率明显增大，当设置实验降雨强度为 30 mm/h 时，观测到的 10°、15°和 20°坡面在 60 min 的降雨历时后期，相对稳定的产沙率依次是 2.10 g/(min·m²)、2.40 g/(min·m²)和 3.40 g/(min·m²)左右；当降雨强度为 60 mm/h 时，10°、15°和 20°坡面最后的稳定产沙率分别为 2.90 g/(min·m²)、9.10 g/(min·m²)和 22.60 g/(min·m²)左右；当降雨强度为 90 mm/h 时，10°、15°和 20°坡面最后的稳定产沙率分别为 29.30 g/(min·m²)、34.00 g/(min·m²)和 61.00 g/(min·m²)左右。随着坡度的增大，坡面稳定产沙率也显著增大。

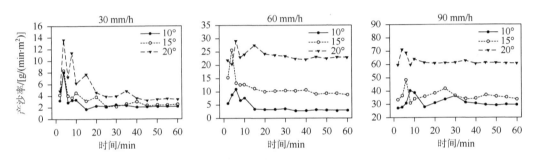

图 5-40　不同降雨强度和坡度下栓皮栎覆盖原状坡面产沙过程

图 5-41 所示为构树植被及其原状枯落物覆盖坡面在不同实验条件(降雨强度 30 mm/h、60 mm/h、90 mm/h；坡度 10°、15°、20°)的产沙过程。从图中能看出，不同实验条件下的坡面产沙过程有一定的趋势，产沙率均呈现在降雨开始时迅速增大，快速地达到顶峰后又减小，并逐渐达到稳定的产沙率，随着实验条件的改变，坡面产沙高峰和稳定产沙率均体现出显著差异。随着降雨强度的增大，坡面产沙率明显增大，当设置实验降雨强度为 30 mm/h 时，观测到的 10°、15°和 20°坡面在 60 min 的降雨历时后期，相对稳定的产沙率依次是 0.13 g/(min·m²)、0.22 g/(min·m²)和 0.52 g/(min·m²)左右；当降雨强度为 60 mm/h 时，10°、15°和 20°坡面最后的稳定产沙率分别为 0.20 g/(min·m²)、0.39 g/(min·m²)和

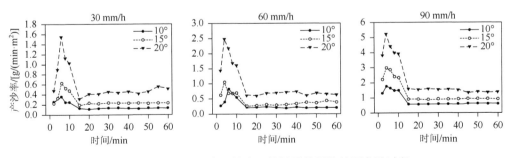

图 5-41　不同降雨强度和坡度下构树覆盖原状坡面产沙过程

0.68 g/(min·m²)左右；当降雨强度为 90 mm/h 时，10°、15°和 20°坡面最后的稳定产沙率分别为 0.63 g/(min·m²)、0.95 g/(min·m²)和 1.40 g/(min·m²)左右。随着坡度的增大，坡面稳定产沙率也显著增大。

图 5-42 所示为荆条植被及其原状枯落物覆盖坡面在不同实验条件（降雨强度 30 mm/h、60 mm/h、90 mm/h；坡度 10°、15°、20°）的产沙过程。从图中能看出，不同实验条件下的坡面产沙过程有一定的趋势，产沙率均呈现在降雨开始时迅速增大，快速地达到顶峰后又减小，并逐渐达到稳定的产沙率，随着实验条件的改变，坡面产沙高峰和稳定产沙率均体现出显著差异。随着降雨强度的增大，坡面产沙率明显增大，当设置实验降雨强度为 30 mm/h 时，观测到的 10°、15°和 20°坡面在 60 min 的降雨历时后期，相对稳定的产沙率依次是 0.09 g/(min·m²)、0.35 g/(min·m²)和 0.53 g/(min·m²)左右；当降雨强度为 60 mm/h 时，10°、15°和 20°坡面最后的稳定产沙率分别为 0.30 g/(min·m²)、0.75 g/(min·m²)和 0.69 g/(min·m²)左右；当降雨强度为 90 mm/h 时，10°、15°和 20°坡面最后的稳定产沙率分别为 1.00 g/(min·m²)、1.30 g/(min·m²)和 2.10 g/(min·m²)左右。随着坡度的增大，坡面稳定产沙率也显著增大。

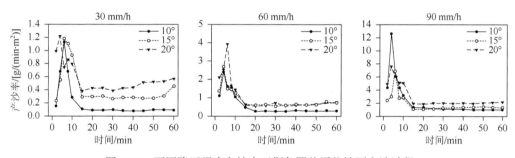

图 5-42　不同降雨强度和坡度下荆条覆盖原状坡面产沙过程

图 5-43 所示为酸枣植被及其原状枯落物覆盖坡面在不同实验条件（降雨强度 30 mm/h、60 mm/h、90 mm/h；坡度 10°、15°、20°）的产沙过程。从图中能看出，不同实验条件下的坡面产沙过程有一定的趋势，产沙率均呈现在降雨开始时迅速增大，快速地达到顶峰后又减小，并逐渐达到稳定的产沙率，随着实验条件的改变，坡面产沙高峰和稳定产沙率均体现出显著差异。随着降雨强度的增大，坡面产沙率明显增大，当实验的降雨强度设置为 30 mm/h 时，10°、15°和 20°的实验坡度条件下，场降雨中最终的相对稳定产沙率分别为 0.09 g/(min·m²)、1.80 g/(min·m²)和 2.50 g/(min·m²)左右；当降雨强度为 60 mm/h 时，10°、

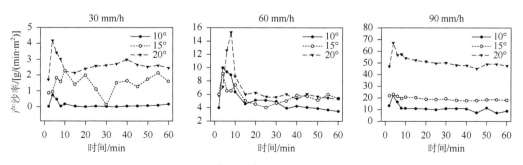

图 5-43　不同降雨强度和坡度下酸枣覆盖原状坡面产沙过程

15°和20°坡面最后的稳定产沙率分别为 3.60 g/(min·m²)、5.40 g/(min·m²)和5.60 g/(min·m²) 左右；当降雨强度为 90 mm/h 时,10°、15°和20°坡面最后的稳定产沙率分别为 8.00 g/(min·m²)、18.30 g/(min·m²)和 48.50 g/(min·m²)左右。随着坡度的增大,坡面稳定产沙率也显著增大。

观察各个实验条件下整个 60 min 降雨历时内坡面产生泥沙的曲线趋势,发现均具有相似的产沙趋势,可以将整个曲线趋势分为三个部分。首先在降雨刚开始时,产沙率随着径流的输出快速增大,这一过程大约持续 10 min,直到达到最高的产沙率,然后进入下一阶段,产沙率逐渐减小,减小速度较快,之后一段时间后逐渐趋于稳定,即为产沙过程的第三阶段。枯落物及其对应的实验条件都会影响这三个阶段的区间、时段及产沙强度,尤其是对最后产沙相对稳定阶段的影响较大,该阶段平均的产沙率能够很好地反映该实验条件组合下坡面产沙强度。

本小节研究结果表明,降雨强度的增大会引起稳定产沙率的增大,坡度条件也是如此,因此在实际生产生活中经常使用梯田等措施来削弱坡度对土壤侵蚀程度的影响。而枯落物覆盖量条件则与其相反,枯落物覆盖量的增大能够显著地减小产沙率,是一种良好的保持水土措施。尤其是当枯落物达到 250 g/m² 的实验条件下,坡面产沙率接近 0。该覆盖量也是预实验中对栓皮栎林进行枯落物储量调查的平均枯落物覆盖量。

根据不同降雨强度条件下的产沙率比较实验结果得出,降雨强度的增大会引起枯落物减沙效果的增大。相对于裸露坡面,50 g/m² 覆盖的坡面产沙率在降雨强度为 30 mm/h 时会减少平均产沙率 0.7 g/(min·m²),当降雨强度提高到 60 mm/h 以后,50 g/m² 枯落物覆盖坡面的产沙率相比裸露坡面减少了 1.4 g/(min·m²)。

枯落物覆盖对坡面产沙过程的影响主要是由于枯落物能够保护土壤表面不被雨滴直接击打,并且能增大地表阻力系数,减缓坡面径流,削弱其搬运土壤颗粒的能力。

### 5.3.3 植被覆盖坡面的综合产沙效应

由于不同植被的树种差异,不同种植被覆盖对坡面产沙过程及产沙量均有不同程度的影响,坡面累积产沙量也有差异,图 5-44 显示的即为不同种树种植被在降雨强度为 30 mm/h、60 mm/h 和 90 mm/h,坡度为 10°、15°和20°条件下,在整个 60 min 降雨历时的累积产沙量。

油松、侧柏、栓皮栎、构树、荆条和酸枣植被覆盖有原状枯落物坡面每平方米平均累积产沙量分别为 938.93 g、589.97 g、1189.15 g、43.09 g、63.29 g、675.71 g,其中产沙量最多的为栓皮栎和油松植被覆盖坡面,其次为酸枣和侧柏覆盖坡面,最后为荆条和构树植被坡面。

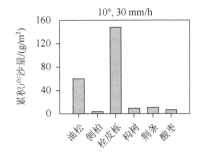
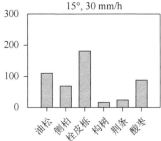
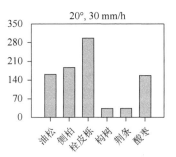

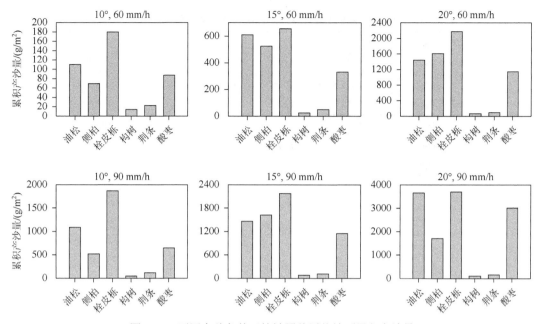

图 5-44　不同实验条件下植被覆盖原状坡面累积产沙量

图 5-44 中各行为相同的降雨强度条件，对比不同降雨强度条件下各植被覆盖坡面的累积产沙量，随着降雨强度的增大，坡面累积产沙量增加。在坡度为 10° 的坡面，当降雨强度从 30 mm/h 增大到 90 mm/h 后，油松、侧柏、栓皮栎、构树、荆条和酸枣植被覆盖坡面每平方米累积产沙量分别增加了 1030.80 g、517.79 g、1730.34 g、37.19 g、106.32 g、644.83 g；当坡度增大到 15° 时，当降雨强度从 30 mm/h 增大到 90 mm/h 后，油松、侧柏、栓皮栎、构树、荆条和酸枣植被覆盖坡面每平方米累积产沙量分别增加了 1338.40 g、1552.07 g、2001.60 g、57.25 g、74.66 g、1057.60 g；当坡度增大到 20° 时，当降雨强度从 30 mm/h 增大到 90 mm/h 后，油松、侧柏、栓皮栎、构树、荆条和酸枣植被覆盖坡面每平方米累积产沙量分别增加了 3506.80 g、1503.84 g、3418.20 g、86.38 g、124.60 g、2864.94 g。随着坡度的增大，降雨强度的增加对坡面产沙量的增大效应更明显。

图 5-44 中各列为相同坡度条件，对比不同坡度条件坡面累积产沙量，坡度对坡面累积产沙量有显著的影响，坡度从 10° 增加到 20°，降雨强度为 30 mm/h 时，油松、侧柏、栓皮栎、构树、荆条和酸枣植被覆盖坡面每平方米累积产沙量分别增加了 100.80 g、182.74 g、148.24 g、23.05 g、21.92 g、151.41 g；当降雨强度增大到 60 mm/h 时，油松、侧柏、栓皮栎、构树、荆条和酸枣植被覆盖坡面每平方米累积产沙量分别增加了 1018.40 g、599.65 g、1176.00 g、36.04 g、23.81 g、94.32 g；当降雨强度增大到 90 mm/h 时，油松、侧柏、栓皮栎、构树、荆条和酸枣植被覆盖坡面每平方米累积产沙量分别增加了 2576.80 g、1168.79 g、1836.10 g、72.24 g、40.19 g、2371.52 g。

通常情况下有原状枯落物坡面总产沙率显著小于对应植被覆盖的裸露坡面。针对这一问题，课题组对各坡面植被枯落物的作用进行了研究，计算了各实验条件（降雨强度 30 mm/h、60 mm/h、90 mm/h；坡度 10°、15°、20°）下各植被枯落物相比于裸露坡面的产沙减少率，计算结果见表 5-13。

表 5-13　植被枯落物相比无枯落物覆盖时产沙减少率

| 坡度/(°) | 降雨强度/(mm/h) | 油松/% | 侧柏/% | 栓皮栎/% | 构树/% | 荆条/% | 酸枣/% |
|---|---|---|---|---|---|---|---|
|  | 30 | 49.96 | 62.58 | 13.20 | 84.85 | 89.55 | 57.53 |
| 10 | 60 | 75.65 | 90.07 | 44.65 | 81.58 | 85.62 | 51.80 |
|  | 90 | 57.37 | 69.52 | 28.13 | 82.49 | 64.73 | 25.45 |
|  | 30 | 26.42 | 57.21 | 6.61 | 79.35 | 78.57 | 67.32 |
| 15 | 60 | 28.16 | 20.14 | 2.85 | 80.06 | 72.63 | 58.43 |
|  | 90 | 60.65 | 56.16 | 25.87 | 73.21 | 74.45 | 61.97 |
|  | 30 | 24.85 | 20.31 | 45.00 | 74.39 | 77.48 | 44.49 |
| 20 | 60 | 50.25 | 4.87 | 27.24 | 70.23 | 67.66 | 64.51 |
|  | 90 | 33.13 | 62.25 | 22.43 | 64.63 | 75.77 | 9.19 |

由表 5-13 可知，6 种植被枯落物均具有显著的径流减少作用，油松、侧柏、栓皮栎、构树、荆条和酸枣坡面枯落物的平均产沙减少率分别为 45.16%、49.23%、24.00%、76.76%、76.27% 和 48.97%，6 种植被中减少率最大的是构树枯落物，其次为荆条枯落物和侧柏枯落物，再次为油松枯落物和酸枣枯落物，减少率最小的为栓皮栎枯落物。

对比各实验条件，随着坡度的增大产沙减少率减小，植被及其枯落物对坡面产沙的减少作用减弱，油松、栓皮栎、构树、荆条及侧柏枯落物的产沙减少率均在坡度为 10° 时最大，而酸枣枯落物的产沙减少率在 15° 时最大。随着降雨强度的增加，产沙减少率变化无明显规律。

采用加和法计算枯落物覆盖坡面在不同实验条件下，60 min 降雨历程的累积产沙量。将计算结果合并绘制于图 5-45 中。结果显示，坡面累积产沙量与各个实验条件有明显的相关关系，实验条件的改变会增大或减小坡面累积产沙量。

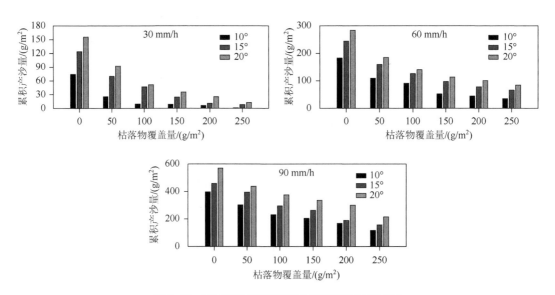

图 5-45　不同枯落物覆盖量对累积产沙量的影响

　　分析不同实验条件下枯落物覆盖坡面的累积产沙量特征。首先对比不同枯落物覆盖量对坡面累积产沙量的影响，当实验的降雨强度设置为 30 mm/h 时，对坡面覆盖量为 50 g/m$^2$ 的栓皮栎枯落物进行侵蚀实验，结果显示，相对于裸露坡面，50 g/m$^2$ 的枯落物覆盖能够减少坡面累积产沙量 50%，若继续增大枯落物覆盖量到 250 g/m$^2$，结果显示，能减少累积产沙量 94%，减沙效果良好；当实验的降雨强度设置为 60 mm/h 时，对坡面覆盖量为 50 g/m$^2$ 的栓皮栎枯落物进行侵蚀实验，结果显示，相对于裸露坡面，50 g/m$^2$ 的枯落物覆盖能够减少坡面累积产沙量 37%，若继续增大枯落物覆盖量到 250 g/m$^2$，结果显示，能减少累积产沙量 74%；当实验的降雨强度设置为 90 mm/h 时，对坡面覆盖量为 50 g/m$^2$ 的栓皮栎枯落物进行侵蚀实验，结果显示，相对于裸露坡面，50 g/m$^2$ 的枯落物覆盖能够减少坡面累积产沙量 20%，若增大枯落物覆盖量到 100 g/m$^2$，能够减少累积产沙量 37%，继续增大枯落物覆盖量到 250 g/m$^2$，结果显示，能减少累积产沙量 66%。实验结果说明，即使是只有少量的枯落物覆盖，也能起到很好的减少效应，而如果继续增大枯落物覆盖量，就能十分显著地减少产沙量。

　　根据本部分研究的观测结果对坡面的累积产沙量和枯落物覆盖量进行相关性分析，能够直观地说明枯落物覆盖对坡面累积产沙量的影响程度，相关分析结果见表 5-14。相关分析结果表明枯落物覆盖量与累积产沙量具有良好的线性相关关系，并且是负相关关系，随着枯落物覆盖量的增大，坡面累积产沙量有显著的降低。并且从相关方程能够看出降雨强度的改变引起的系数变化更大，因此降雨强度对累积产沙量的影响大于坡度的影响。

表 5-14　坡面累积产沙量与枯落物覆盖量的相关性分析

| 坡度/(°) | 降雨强度/(mm/h) | 回归方程 | 决定系数 $R^2$ |
|---|---|---|---|
| | 30 | Ts = −0.2w + 51.4 | 0.69 |
| 10 | 60 | Ts = −0.6w + 156.0 | 0.88 |
| | 90 | Ts = −1.0w + 368.9 | 0.94 |
| | 30 | Ts = −0.4w + 103.3 | 0.89 |
| 15 | 60 | Ts = −0.7w + 211.1 | 0.88 |
| | 90 | Ts = −1.2w + 449.3 | 0.96 |
| | 30 | Ts = −0.5w + 129.0 | 0.88 |
| 20 | 60 | Ts = −0.7w + 242.8 | 0.85 |
| | 90 | Ts = −1.3w + 533.6 | 0.93 |

　　将枯落物覆盖坡面的累积产沙量（Ts）与其影响因子［降雨强度（$R$）、实验坡度（$S$）和枯落物覆盖量（$w$）］进行多元回归分析，采用 SPSS 软件进行操作，分析结果如下：

$$\text{Ts} = 0.01S^{1.3}R^{2.4}w^{-0.8} \qquad R^2 = 0.88 \tag{5-7}$$

　　多元回归分析能够说明，坡面累积产沙量是降雨强度、实验坡度和坡面不同枯落物覆盖措施的综合结果，其多元分析结果具有很好的相关性，其中累积产沙量与降雨强度和坡度呈正相关关系，而与枯落物覆盖量呈负相关关系，坡面累积产沙量在各个实验条件的变化呈指数式变化趋势。

### 5.3.4 植被坡面径流含沙量特征

将本实验观测的不同植被覆盖条件下有原状枯落物覆盖坡面在不同实验条件（降雨强度 30 mm/h、60 mm/h、90 mm/h；坡度 10°、15°、20°）下平均径流含沙量绘制于图 5-46 中。图 5-46 的结果显示，降雨强度和实验坡度均是影响因素，可以看出，径流含沙量随降雨强度和坡度的增大均呈增大趋势。

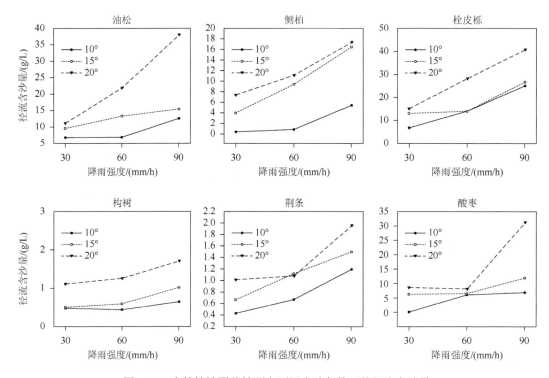

图 5-46　森林植被覆盖坡面在不同实验条件下的径流含沙量

通过对油松、侧柏、栓皮栎、构树、荆条和酸枣植被覆盖有无枯落物两种条件在不同实验条件（降雨强度 30 mm/h、60 mm/h、90 mm/h；坡度 10°、15°、20°）下平均径流含沙量分析，可以看出有无枯落物两种条件的平均径流含沙量差异显著，因此对比分析了相同植被有无枯落物覆盖坡面径流含沙量差异，见表 5-15。

表 5-15　枯落物引起的坡面径流含沙量差异

| 坡度/(°) | 降雨强度/(mm/h) | 油松/(g/L) | 侧柏/(g/L) | 栓皮栎/(g/L) | 构树/(g/L) | 荆条/(g/L) | 酸枣/(g/L) |
|---|---|---|---|---|---|---|---|
| | 30 | 4.33 | 0.51 | 6.58 | 2.14 | 2.48 | 0.27 |
| 10 | 60 | 7.69 | 6.96 | 5.63 | 1.63 | 3.32 | 6.39 |
| | 90 | 14.20 | 12.30 | 3.68 | 2.55 | 1.95 | 2.14 |

续表

| 坡度/(°) | 降雨强度/(mm/h) | 油松/(g/L) | 侧柏/(g/L) | 栓皮栎/(g/L) | 构树/(g/L) | 荆条/(g/L) | 酸枣/(g/L) |
|---|---|---|---|---|---|---|---|
| | 30 | 2.49 | 2.21 | 0.06 | 1.54 | 2.01 | 9.11 |
| 15 | 60 | 4.15 | 0.81 | 0.37 | 2.01 | 2.18 | 8.77 |
| | 90 | 22.55 | 20.88 | 5.32 | 2.07 | 2.74 | 19.05 |
| | 30 | 2.21 | 1.09 | 6.28 | 3.06 | 2.33 | 5.53 |
| 20 | 60 | 21.44 | 0.07 | 7.79 | 2.68 | 2.03 | 13.27 |
| | 90 | 16.52 | 27.82 | 7.06 | 2.41 | 5.16 | 2.80 |
| 平均值 | | 10.62 | 8.07 | 4.75 | 2.23 | 2.69 | 7.48 |

油松、侧柏、栓皮栎、构树、荆条和酸枣植被原状枯落物分别能平均减少径流含沙量 10.62 g/L、8.07 g/L、4.75 g/L、2.23 g/L、2.69 g/L 和 7.48 g/L，对比这 6 种植被枯落物，油松枯落物减小径流含沙量效果最显著，其次为侧柏枯落物和酸枣枯落物，再次为栓皮栎枯落物，最差的为荆条枯落物和构树枯落物。

当坡度为 10° 时，油松和侧柏枯落物减少的径流含沙量随降雨强度增大逐渐增大，其他植物变化趋势不明显；当坡度为 15° 时，油松、栓皮栎、构树和荆条枯落物减少的径流含沙量随降雨强度增大逐渐增大，其他植物变化趋势不明显；当坡度为 20° 时，枯落物引起的坡面径流含沙量对降雨强度的响应无明显趋势。

当降雨强度相同时，各种植被覆盖坡面的枯落物减少的径流含沙量随坡度的变化总体上无明显规律。

计算枯落物覆盖坡面在不同实验条件下的平均径流含沙量，结果表明，枯落物覆盖能够显著地降低坡面径流中的泥沙含量。相比于裸露坡面，本研究中最少的枯落物覆盖（50 g/m²）能够减少径流中 12%～61% 的泥沙量。这说明径流的挟沙能力有很大幅度的下降，每升的径流平均减少 1.3 g 泥沙。而在本研究中的最大枯落物覆盖（250 g/m²）坡面在不同实验条件下，平均每升径流会减少 2.3～5.3 g 的泥沙，整体减少泥沙输出 40%～97%。97% 的泥沙减少量说明实验坡面的侵蚀程度有大幅度降低，枯落物覆盖能够显著减弱土壤流失程度。坡面径流中的泥沙含量也会受实验坡度、降雨强度的影响，其中降雨强度的增大会引起径流含沙量的增大，而坡度的增大也会引起径流含沙量的增大。

（余新晓，孙佳美）

## 参 考 文 献

贺淑霞，李叙勇，莫菲，等. 2011. 中国东部森林样带典型森林水源涵养功能. 生态学报，31（12）：3285-3295.

孔繁智，宋波，裴铁璠. 1990. 林冠截留与大气降水关系的数学模型. 应用生态学报，1（3）：201-208.

李占斌，鲁克新，丁文峰. 2002. 黄土坡面土壤侵蚀动力过程试验研究. 水土保持学报，16（2）：5-7.

马雪华. 1987. 四川米亚罗地区高山冷杉林水文作用的研究. 林业科学，23（3）：253-265.

史宇. 2011. 北京山区主要优势树种森林生态系统生态水文过程分析. 北京：北京林业大学.

王军光，李朝霞，蔡崇法，等. 2011. 集中水流内红壤分离速率与团聚体特征及抗剪强度定量关系. 土壤学报，48（6）：1133-1140.

王文，诸葛绪霞，周炫. 2010. 植物截留观测方法综述. 河海大学学报（自然科学版），38（5）：495-504.

王晓荣, 皮忠来, 刘学全, 等. 2014. 丹江口湖北库区马尾松人工林水文生态效应. 湖北林业科技, 43 (2): 1-6.

王瑄, 李占斌, 郑良勇, 等. 2007. 土壤剥蚀率与水流剪切力关系室内模拟试验. 沈阳农业大学学报, 38 (4): 577-580.

魏强, 凌雷, 张广忠, 等. 2011. 甘肃兴隆山主要森林类型到落网累积量及持水特性. 应用生态学报, 22 (10): 2589-2598.

吴长文, 王礼先. 1995. 林地坡面的水动力学特性及其阻延地表径流的研究. 水土保持学报, (2): 32-38.

薛立, 何跃君, 屈明, 等. 2005. 华南典型人工林凋落物的持水特性. 植物生态学报, 29 (3): 415-421.

杨茂瑞. 1992. 亚热带杉木、马尾松人工林的林内降雨、林冠截留和树干茎流. 林业科学研究, (2): 158-162.

张光辉. 2002. 坡面薄层流水动力学特性的实验研究. 水科学进展, 13 (2): 159-165.

张科利, 唐克丽. 2000. 黄土坡面细沟侵蚀能力的水动力学试验研究. 土壤学报, 37 (1): 9-15.

张振明, 余新晓, 牛健植, 等. 2005. 不同林分枯落物层的水文生态功能. 水土保持学报, 19 (3): 139-143.

赵艳云, 程积民, 万惠娥, 等. 2007. 林地枯落物层水文特征研究进展. 中国水土保持科学, 5 (2): 130-134.

朱显谟. 1982. 黄土区水蚀的主要类型及其有关因素 (三). 水土保持通报, 2 (1): 25-30.

Aken A O, Yen B C. 1984. Effect of rainfall intensity no infiltration and surface runoff rates. Journal of Hydraulic Research, 21 (2): 324-331.

Beasley R S, Granillo A B. 1985. Soil protection by natural vegetation on clear-cut forest land in Arkansas. Journal of Soil and Water Conservation, 40 (4): 379-382.

Dunkerley D L. 2002. Infiltration rates and soil moisture in a groved mulga community near Alice Springs, arid central Australia: Evidence for complex internal rainwater redistribution in a runoff-run on landscape. Journal of Arid Environments, 51: 199-219.

Dunne T, Zhang W, Aubry B. 1991. Effects of rainfall, vegetation and microtopography on infiltration and runoff. Water Resource Research, 27 (9): 2271-2285.

Emmett W W. 1970. The Hydraulics of Overland Flow on Hillslopes. Vol. 662. Washington DC: Government Printing Office.

Emmett W W. 1978. Overland flow//Kirkby M J. Hillslope Hydrology. New York: John Wiley & Sons: 145-176.

Foster G R, Huggins L F, Meyer L D. 1984. A laboratory study of rill hydraulics: I. Velocity relationships. Transactions of ASAE, 27 (3): 790-796.

Harden C P, Scruggs P D. 2003. Infiltration on mountain slopes: A comparison of three environments. Geomorphology, 55: 5-24.

Helalia A M. 1993. The relation between soil infiltration and effective porosity in different soils. Agricultural Water Management, 24 (8): 39-47.

Helvey J D, Patric J H. 1965. Canopy and litter interception of rainfall by hardwoods of eastern United States. Water Resources Research, 1 (2): 193-206.

Horton R E. 1945. Erosional development of streams and their drainage basins, hydrophysical approach to quantitative morphology. Journal of the Japanese Forestry Society, 3 (56): 275-370.

Jhorar R K, Van Dam J C, Bastiaanssen W G M, et al. 2004. Calibration of effective soil hydraulic parameters of heterogeneous soil profiles. Journal of Hydrology, 285: 233-247.

Li C, Michael H Y. 2006. Green-Ampt infiltration model for sloping surfaces. Water Resources Research, 42: 887-896.

Luk S H, Merz W. 1992. Use of the salt tracing technique to determine the velocity of overland flow. Soil Technology, 4: 289-301.

Robichaud P R. 2000. Fire effects on infiltration rates after prescribed fire in Northern Rocky Mountain forests, USA. Journal of Hydrology, 231-232: 220-229.

Roels J M. 1984. Flow resistance in concentrated overland flow on rough slope surfaces. Earth Surface Processes and Landforms, (9): 541-551.

Rubin J. 1966. Theory of rainfall uptake by soils initially drier than their field capacity and its applications. Water Resources Research, 2 (4): 739-749.

Sarr M, Agbogbaa C, Russell-Smith A, et al. 2001. Effects of soil faunal activity and woody shrubs on water infiltration rates in a semi-arid fallow of Senegal. Applied Soil Ecology, 16: 283-290.

Souchère V, Cerdan O, Bissonnais Y L, et al. 1999. Incorporating surface crusting and its spatial organization in runoff and erosion modeling at the watershed scale. The 10th International Soil Conservation Organization Meeting.

# 第6章 流域侵蚀产沙与景观异质性

流域侵蚀产沙过程非常复杂，受很多因素如气候、下垫面状况和人类活动等影响，景观作为流域下垫面状况的一种表达方式，具有丰富的内涵，景观异质性是区分下垫面的重要指标，对流域侵蚀产沙过程有非常重要的影响。本章介绍了流域侵蚀产沙的来源及其研究方法，阐述了流域景观的不同定义，并深度解析了流域景观异质性及其功能，从多个角度探讨了景观格局与流域侵蚀产沙之间的关系。

## 6.1 流域侵蚀产沙来源研究

小流域侵蚀是一个复杂的、综合的动态过程，在流域不同的部位、不同地形地貌上都可能发生沉积或者侵蚀，流域出口的卡口站监测资料并不能反映整个流域的侵蚀情况，所以一直以来，小流域侵蚀来源分析都是侵蚀研究的难点。研究流域侵蚀源的分布对于提升流域水土保持效益意义重大。现有的对小流域侵蚀来源的研究表明，泥沙的主要来源集中在几个土地利用类型或地形地貌上。例如，耕地和裸地较易发生侵蚀，河道及陡坡区域也容易产生泥沙。流域内部不同地形地貌产沙特点各不相同，不同的植被覆盖、土壤类型、土地利用或者人为活动都对流域的产沙分布影响很大。对小流域侵蚀来源的研究，有利于控制小流域侵蚀量，为水土保持措施科学规划提供参考，是治理小流域水土流失的重要措施之一。

### 6.1.1 指纹识别技术

泥沙来源指纹识别技术是近年兴起的用于探讨流域泥沙来源的较新技术。通过对侵蚀源中指纹因子的分析，建立泥沙和侵蚀源之间的联系，比较侵蚀泥沙和物源指纹识别因子性质的差异得出泥沙潜在来源对流域侵蚀产沙的相对贡献,计算流域不同侵蚀部分的侵蚀模数和产沙模数。目前使用的指纹性质包括泥沙的粒径特征、矿物特性、同位素、放射性核素、养分含量、孢粉组合等指纹识别技术，具有以下的特点：①作为指纹识别的物质在侵蚀源间存在显著差异，具备对潜在侵蚀源的分辨能力；②指纹因子在研究时间上具有可保存性；③转换模型具有客观计算侵蚀产沙贡献率的能力。

利用指纹识别技术研究流域泥沙来源的一般过程如下：分析收集到的流域内水文、气象、泥沙观测资料，结合流域内土壤、土地利用、地质地貌及野外调查，确定潜在泥沙源区，在潜在源区采集表层土壤、剖面土壤、沟坡沟底土壤，分析其中的指纹识别因子的差异性，主要以 $^{137}$Cs、有机碳、氮、磷、重金属元素等作为重点分析对象，利用多元判别分析和主成分分析的方法，筛选出主要的识别因子。复合指纹识别技术的一般分析过程如下：①首先是对可用于流域泥沙来源的各指纹识别因子的筛选，此过程中，主要利用无参数 Kruskal-Wallis、H-test 等统计方法进行检验；②检验后的各因子，采用多元判别分析方法比较找出最佳组合的指纹因子；③最后利用多元混合模型，如最小二乘法等，可以定量计算各泥沙源的泥沙贡献率 $W$。模型可由下列公式表示：

$$W = \sum_{i=1}^{n} \left\{ \left[ C_i - \left( \sum_{s=1}^{m} P_s S_{si} \right) \right] / C_i \right\}^2 \qquad (6\text{-}1)$$

式中：$C_i$ 为悬移质泥沙中的指纹识别因子 $i$ 的浓度；$S_{si}$ 为泥沙源地 $s$ 中指纹识别因子 $i$ 的平均浓度；$P_s$ 为泥沙源地 $s$ 的泥沙贡献率；$m$ 为泥沙来源的数量；$n$ 为指纹识别因子的个数。

应用上述公式时还需要考虑两个限制条件：①全部源地泥沙贡献率不能为负，即 $0 < P_s < 1$；②所有源地泥沙贡献率总和为 1，即

$$\sum_{s=1}^{m} P_s = 1 \qquad (6\text{-}2)$$

各源地泥沙贡献率是在限制条件下，使得式（6-1）函数值为最小的情况下得到的。采集不同时段的泥沙样品，分析统计后得到的结果通过式（6-3）可以计算得到整个小流域内洪水过程产沙中各来源泥沙平均贡献率。

$$P_{sw} = \sum_{s=1}^{m} P_{sx} \cdot L_x / L_t \qquad (6\text{-}3)$$

式中：$P_{sw}$ 为校正后侵蚀来源 $s$ 的泥沙贡献率；$P_{sx}$ 为泥沙样品 $x$ 中 $s$ 的泥沙贡献率；$L_x$ 为采集泥沙样 $x$ 的同一时刻河流泥沙承载量（kg/s）；$L_t$ 为在一定时期内所有的泥沙采样时刻河流泥沙承载量（kg/s）。

Carter 等（2003）以泥沙中的 C、N、P、金属元素（Pb、Zn、K、Ca、Mg、Na、Cu、Al）和放射性核素（$^{137}$Cs、$^{226}$Ra、$^{210}$Pb）作为指纹因子鉴别了城市河流系统泥沙来源分布，阐明了不同季节流域不同地区存在侵蚀产沙区变化。除常见的金属元素和放射性核素，很多学者还利用孢粉示踪来研究泥沙来源。张信宝等（2006）采集分析了黄土高原沉积泥沙和土壤中孢粉的分布特征，利用孢粉示踪技术研究了侵蚀分布，研究认为：现代沉积物中，草地和坡耕对侵蚀泥沙的贡献很小，古代沉积物中，沟谷地的侵蚀贡献相对较小，总结认为运用孢粉示踪研究流域泥沙来源分布具有较大潜力。砒砂岩区小流域黄土高原分布广泛，泥沙输移比接近 1，且流域产沙与沉积的泥沙组成具有很高的同质性。王晓（2001）根据这些特性，利用粒度分析法计算黄土高原砒砂岩区 3 条典型支沉积区的泥沙来源，研究结果认为沟谷区域是主要的侵蚀来源。

## 6.1.2　生物标志物示踪

为解决地球化学指纹在源区地质条件差异不大或者一种土地利用类型的源地处于几种不同的地质条件时对源地土壤区分不显著的困境，生物标志物（biomarker）被引入泥沙指纹识别研究中，并越来越受到土壤侵蚀研究者的关注。生物标志物在有机地球化学

研究中也被称为分子化石（molecular fossil），是一类主要由 C、H 以及其他元素（N、O）组成的复杂有机物质，广泛存在于岩石及泥沙沉积物中。这类有机化合物主要来源于生物体，且与生物体中的有机分子结构差别非常小，在成岩和成土等过程中可能会发生如去官能团、芳构化、降解、异构化等变化，其生化组分中非稳定的成分被氧化分解，但是其记载原始生物母质相关信息的基本碳骨架会被保存下来，形成具有特定结构的有机分子化合物。通常来说，这些具有一定生物学信息的有机分子大致包括以下 4 种主要生物化学组分：蛋白质和核酸、碳水化合物、类脂物、木质素。沉积物的生物标志物可以反映有机质的生物面貌，提供有关生物输入、沉积环境与成岩变化等信息，并用于推断沉积环境和生态环境变迁（Meyers，2003）。

在全球气候变化及区域性的侵蚀环境变化研究中，报道最多的是类脂物分子，这类物质包括烷烃、多环芳烃和非烃类的醇、酮、酸和酯等。在这些分子化石中，正构烷烃（$n$-alkanes）是分子结构最简单的类脂化合物之一，所含氢原子全部通过共价键与碳原子相连，C—H 键非常稳固，因此正构烷烃在地质成岩过程及成土过程中均保持稳定。同时，其含量在地质样品中相对丰富，分析检测手段更为成熟，广泛分布于植物和其他生物体中，并显示出很强的规律性，对环境、气候变化反应比较敏感，因此成为目前开展研究最多的一类载体。研究表明，沉积环境中的正构烷烃主要有两大来源：一是原生来源，即原生生物（如沉积环境中的动植物输入、微生物输入等）；二是异地来源，主要包括从侵蚀源地被侵蚀搬运来的陆生烃类。

生物标志物就强烈地依赖于土地利用或者物种而与土壤地质条件关系不大，其在不同源地之间的差异主要由覆盖其上的物种决定。以正构烷烃为例，一般认为现代高等植物生产的正构烷烃主要的碳数在 20～35 之间，且具有很强的奇偶优势。湖泊内部水生植物的正构烷烃的碳链长度相对较短，大型挺水型植物及水生植物的正构烷烃分布多以中等碳链长度（$C_{23}$～$C_{25}$）为主，通常主峰出现在 $C_{23}$ 或 $C_{25}$；而陆地植被则以长链正构烷烃（＞$C_{27}$）为主要表现特征，一般认为木本植物的主峰出现在 $C_{27}$ 或 $C_{29}$，而草本植物的主峰则出现在 $C_{31}$ 或 $C_{33}$；来源于海藻、细菌等低等生物的正构烷烃碳链通常较短（$C_{14}$～$C_{20}$），多以 $C_{17}$ 或 $C_{19}$ 为主的单峰型分布，缺少高碳数（＞$C_{25}$）正构烷烃，且无明显奇偶优势。另外，即使是同科植物，其正构烷烃的含量及组分也不相同。正构烷烃主峰分布模式的讨论已经在古气候环境变化研究中得到了较多的应用。例如，Fang 等（2014）使用正构烷烃及脂肪酸的稳定同位素追踪了滇池泥沙沉积物中的有机质来源；Zheng 等（2007）使用正构烷烃及其稳定同位素重建了 13000 年来若尔盖草原的环境变化历史；Pancost 和 Boot（2004）则使用生物标志物区分了海洋沉积物中源于陆地及水生的有机物质。实际上，生物标志物在沉积物有机质来源研究中得到了广泛的应用，但是在泥沙示踪领域的应用还比较少见。

单体同位素分析法（compound-specific isotopic analysis，CSIA）就是土壤有机组分中稳定同位素在泥沙示踪上的一种应用。目前，CSIA 技术在有机污染物研究中的应用主要集中在污染物来源判识、生物转化及降解机理研究等方面。污染源的化学组成及分布特征是以往判识有机污染物来源的依据。但是，环境中的有机物质是非常复杂的，不同生物残体的降解或不同污染源的相互作用会造成泥沙中出现相似化学组成或分布特征的物质，因此使用传统的化学指纹技术研究有机污染物的来源具有一定的不确定性。而 CSIA 技术测定的是单体化合物中的 $\delta^{13}C$、$\delta^{15}N$、$\delta D$ 等值，避免了传统化学指纹分析测定所导致的不确定性，使分子同位素指纹成为指示沉积环境中泥沙来源的更加有效的示踪剂。Gibbs（2008）根据不同源地脂肪酸的单体碳同位素含量，建立同位素模型，该模型要求输出代表每个源头土样的同位素比率以达到同位素在泥沙总量中的平衡。Blake 等（2012）使用 CSIA 技术在农业小流域辨别了不同农业物种之间的泥沙来源，Hancock 和 Revill（2013）使用同样的方法对 Logan-Albert 流域的林地、农地及草地的泥沙进行了分辨。为了将这种同位素比率转换为土壤泥沙贡献率，基于每个源头土壤中的 C 含量，使用式（6-4）完成转换：

$$\mathrm{Source}_n(\%) = \frac{\dfrac{I_n}{C_n}}{\sum_{n=1}^{i}\left[\dfrac{I_n}{C_n}\right]} \times 100 \tag{6-4}$$

式中：$I_n$ 为源头 $n$ 在混合样品中稳定同位素平均含量；$C_n$ 为土壤中碳元素的含量。

在英国，Cooper 等（2015）通过分析沉积物及源区土壤及植物中单体长链正构烷烃的 $\delta^{13}C$ 及 $\delta D$，并使用贝叶斯混合模型对 Wensum 流域的一个子流域的泥沙进行解析，得出了不同植被类型源区的泥沙贡献率，对生物标志物在泥沙示踪中的应用进行了拓展。但是，这种稳定单体同位素的技术往往受制于仪器，需要使用气质联用的同位素质谱仪（GC-IR-MS），Guzmán 等（2013）指出，未来指纹识别技术的发展趋势是使用更廉价、更快速的指纹因子。

在河流或海洋等开放的环境中，沉积物由于水文、生物、地质等条件的变化会产生一系列的生物化学反应，很难完整地保存下来。但是这些过去不同时期内的泥沙包含着许多环境变化、气候变化、人为环境变化等历史信息，而反演过去时段内的泥沙来源又不可能使用现场取河水泥沙样的办法来确定，同时，长时期的泥沙连续监测和测量在绝大多数流域也是不可能的。因此，找到一种稳定的泥沙沉积物，选择一种快捷方便的分子标志物指纹因子，并利用储存在沉积物中的信息来确定泥沙来源、解释流域泥沙变化历史是目前土壤侵蚀研究的重点。

淤地坝沉积泥沙携带大量的有机物信息，从已有的研究来看，源于高等植被的正构烷烃无论是相对含量还是分布特征在土壤及沉积物中均具有很好的稳定性。在黄土高原，地质条件差异很小，土壤的地球物理、地球化学性质等差距往往不大，土壤侵蚀受地质条件的影响较小，受土地利用方式的影响更大。在成岩作用及分解过程中，这种在潜在源地之间存在明显差异的有机物，与其他有机物质相比性质稳定。因此，不同潜在泥沙源地的正构烷烃属性正好符合指纹识别因子的两个属性，可以视为一种潜在的生物指纹因子。

# 6.2　流域景观异质性及其功能

## 6.2.1　景观的定义

景观的特征与表象是丰富的，人们对景观的感知和认识也是多样的。无论在西方文化，还是在东方文化中，景观都是一个视觉美好的名词，也是一个极其普通和大众化的名词，一般公众、宣传媒体和广告都将景观作为一个意义宽泛和模糊的名词使用，给科学地界定和准确地理解景观概念带来了困难。

### 1. 景观的美学概念

景观一词最早出现在希伯来文的《圣经》中，用来描绘耶路撒冷的优美风光。15 世纪中叶，在西欧艺术家的风景油画中，景观成为透视中所见地球表面景色的代称。在德语中，景观本身的含义虽然是一片或一块乡村土地，但常被用来描述美丽的乡村自然风光。英语中的景观源于德语，也被理解为形象而又富有艺术性的风景概念。可以看出，景观的原意是表示自然风光、地面形态和风景画面，与汉语中的"风景""景色"（scenery）等常用词同义，具有视觉美学方面的含义。现在，景观的概念虽然已经发生了深刻的变化，但在文学和艺术，甚至在景观规划设计和园艺工作当中，视觉学意义上景观的原始含义仍在普遍应用。

在我国，"景观"属于现代词汇，但与景观具有相同或相近意义的"风景""风光"等词却源远流长。我国的山水风景画从东晋开始就已经从人物画的背景中脱胎而出，自立成门，并很快成为艺术家们的研究对象，景观作为风景的同义词也因此一直为文学家、艺术家沿用至今。目前，大多数风景园林领域的研究人员、规划设计人员和管理人员所理解的景观主要还是视觉美学意义上的景观。

从美学意义上的景观原始含义可以看出，景观没有明确的空间界限，着重从外部形态特征上把握地域客体的整体属性，即直接从美学观点和身心享受出发来认识客体的特征，进行景观要素的分类、美学评价，并探索协调性的变化和维护。美学意义上的景观所具有的经济意义就是景观的娱乐和旅游价值，是景观评价的重要方面。

### 2. 景观的地理学概念

19 世纪初期，德国著名现代地植物学和自然地理学的伟大先驱洪堡（A. von Humboldt）最早将景观作为科学概念引入地理学科，用来描述和代表"地球表面一个特定区域的总体特征"。它不仅强调地域整体性，更强调综合性，认为景观是由气候、水、土壤、植被等自然要素以及文化现象组成的地理综合体，并且这个整体空间典型地重复出现在地表的一定地带内。它反映了地理学研究中对整体上把握地理实体综合特征的客观要求，从此形成了作为"自然地域综合体"代名词的景观含义。此后，阿培尔（A. Oppel）、威默尔（L. Wimmer）、施吕特尔（O. Schlüter）等把景观作为地理学研究的对象，强调人类对整体景观上发生的现象和规律的影响。到 20 世纪 20 年代和 30 年代，帕萨格（S. Parsaarge）认为，景观是由景观要素组成的地域复合体，并提出一个以斜坡、草地、谷底、池塘和沙丘等景观要素为基本单元的景观等级体系，这对德国景观学的发展产生了重要影响。但是，由于当时还原论的思想在科学思想中占主导地位，综合整体的思想在相关学科发展中的作用得不到充分发挥，所以在相当长的时期内，景观的概念逐渐失去其重要性，直到 20 世纪 50 年代，伴随着景观生态学的提出，景观概念才获得新生。

随着景观概念在地理学中不断变化，苏联著名地理学家、苏联科学院院士贝尔格（Л. C.

Bepr），主要从类型方向和区域方向两方面对景观做出理解。类型方向把景观抽象为类似地貌、气候、土壤、植被等的一般概念，可用于任何等级的分类单位，如林中旷地景观、科拉半岛景观、大陆架景观、洋底景观等，并基于此将整个地球表面称作景观壳；区域方向则把景观理解为一定分类等级的单位，如区或区的一部分，它在地带性和非地带性两方面都是同质的，并且是由自然地理复杂综合体在其范围内形成的有规律的、相互联系的区域组合。可以看出，对景观的理解不仅包括地形形态，而且包括地表其他对象和现象有规律地重复着的群聚，其中地形、气候、水、土壤、植被和动物的特征，以及一定程度上人类活动的特征，汇合为一个统一和谐的整体，典型地重复出现在地球上的一定地带范围内。景观已不是一个简单的地貌单元名词，而是包含一定组分，并有相互影响和作用的地理综合体。

上述对景观概念的理解接近于生态系统或植物地理学家苏卡乔夫的生物地理群落的概念。苏卡乔夫认为景观是生物地理群落（景观单元）的地域综合体。但它们之间仍有明显差别。首先，景观是一个具有明确边界的地域，而生态系统仅在特指某一具体对象时才具有空间客体有形边界的含义。这反映出生态系统的概念强调系统组分的垂直空间结构及功能，而景观概念则从一开始就具有水平空间结构的意义。其次，由于当时生态学相关研究成果和知识水平的局限性，对景观要素的相互作用和影响及作为整体各组分间内在联系的认识仍很不足。

目前，地理学中对景观比较一致的理解是：景观是由各个在生态学上和发生学上共轭地、有规律地结合在一起的最简单的地域单元所组成的复杂地域系统，并且是各要素相互作用的自然地理过程的总体，这种相互作用决定了景观动态。

### 3. 景观的生态学概念

目前，人们更多地接受景观的生态学概念，或称之为生态学的景观。随着景观学说和生态学的发展，特别是生态学观点在景观研究中越来越受重视，一大批生态学、植物地理学、林学、动物学、水文学等学科的研究人员，试图借助景观的综合特征，研究解决他们面临的新问题。

20 世纪 30 年代德国生物学和地理学家特罗尔（C. Troll）提出景观生态一词，被认为是景观生态学的创始人。特罗尔认为，景观不仅是人类生活环境中视觉所触及的空间总体，更强调将地圈、生物圈和智能圈作为景观地域综合体的整体性有机组成部分。景观生态学也因此把地理学中研究自然现象空间关系的"横向"方法，与生态学中研究生态系统内部功能关系的"纵向"方法相结合，研究景观整体的结构、功能和变化。德国著名学者Buchwald 认为，景观是一个多层次的生活空间，包括景观的结构特征和表现为景观各因素相互作用关系的景观流，以及人的视觉所触及的景观像、景观功能及其历史发展，进一步发展了这种系统景观的思想。

荷兰景观生态学家普遍认为景观是生物、非生物和人类活动的综合体，强调人类活动在景观的形成、转化、维持等方面的作用。其中，人类的作用可能是积极的，也可能是消极的，对景观的影响包括文化和自然功能两方面。

美国景观生态学家福尔曼（Forman）和法国地理学家戈德伦（Godron）认为，景观是由具有相互作用的并以类似方式重复出现的生态系统所组成的具有高度空间异质性的陆地区域（Forman and Godron，1986）。之后，Forman（1995）进一步将其定义为在更大尺度的区域空间上镶嵌出现和紧密联系的生态系统组合，具有可辨识性、空间重复性和异质性。

我国景观生态学者肖笃宁和李秀珍（1997）提出景观是一个由不同土地单元镶嵌组成，且有明显视觉特征的地理实体。它处于生态系统之上，大地理区域之下的中间尺度，兼具经济价值、生态价值和美学价值。景观的美学价值重新得到充分重视。

目前，生态学通过两种途径理解景观的概念。第一种是直觉地将景观看作基于人类范畴基础上数公里到数百公里的特定区域，如由林地、草地、农田、树篱、人类居住地等可识别的成分组成的生态系统。第二种是将景观看作代表任一尺度空间异质性的抽象概念。由于对景观概念的理解不同，对景观生态学理解的差别反映在结构上。最常用的景观概念是有关基质内各组分，特别是相互邻接的组分间的相互作用。

总之，在吸收了很多学科观点的基础上，关于景观的定义有多种表述：①区域综合体；②景观是研究自然、生态和地理等实体的总体，综合了所有自然和人类的格局和过程；③景观是一组由相类似方式重复出现的、相互作用的生态系统所组成的异质性陆地区域；④是一个由地貌、植被、土地利用方式以及紧密相连的自然与文化过程界定的特殊构型；⑤是一块被我们综合感知而不考虑其单个组分的土地。综合起来，景观的概念可从狭义和广义两个角度来理解，狭义的景观是指一般在几平方公里到数百平方公里范围内，由不同类型生态系统以某种空间组织方式组成的、具有重复性格局的异质性地理单元。广义的景观没有地域空间范围的原则性限定，包括从微观到宏观不同尺度上，由不同类型的生态系统组成的异质性空间单元。它强调空间异质性，景观的绝对空间尺度随研究对象、方法和目的而变化，它体现了生态学系统中多尺度和等级结构特征，有助于多学科、多途径研究。

## 6.2.2　景观的异质性

异质性是景观生态学的一个重要概念，指由于环境要素的时空差异及各种自然和人为干扰作用的时空不均匀性所产生的区域景观元素类型、组合及属性在空间或时间上的变异程度，是景观区别于其他生命层次的最显著的结构特征。景观异质性形成了景观内部的物质流、能量流、信息流和价值流，导致了景观的演化、发展与动态平衡，决定了景观的结构、功能、性质与地位。景观生态学的核心就是景观异质性的维持与发展，景观生态学的研究即异质性的研究，而且景观异质性原理也是景观生态学的核心理论之一。由于生物的不断进化，物质、能量的不断流动和转化，干扰的不断发生，景观永远也达不到均质性的要求。所以景观异质性一直是景观生态学的基本问题，更是人们首要感兴趣的问题之一。

1. 景观异质性的产生

异质性是景观组分类型、组合及属性的变异程度，是景观区别于其他生命组建层次的最显著特征。目前对景观异质性的定义较多，比较一致的是"景观异质性是指在景观中对一个物种或更高级生物组织的存在起决定性作用的资源（或某种性状）在空间（时间）上的变异程度（强度）"。

　　关于景观异质性产生的机理，不同学者有不同的见解。在开放系统中，能量在不同状态间的转化，伴随着新结构的建立而增加了异质性。景观异质性产生机制正是基于这种热力学原理，它起源于系统和系统要素的原生差异，加上现实系统运动的不平衡和外来干扰，特别是人类错误的生态行为的干扰。换句话说，景观异质性的产生同时受到内部和外部因子的综合作用，而各因子既有自己的运行机制，又有相互间的交叉作用。

　　景观异质性是随某一景观要素出现的相对频率的变化而变化的。当景观中仅存在某一景观要素或该景观要素完全不存在，对此景观要素来说景观是均质的。当另一景观要素出现在景观中，并占有一定的比例时，景观异质性开始出现，而异质性会随该景观要素出现相对频率的增加做相应的提高，直至增加到某一临界顶点值（critical threshold）时，该景观要素在景观中占主导地位。当其相对频率再继续增加时，景观的异质化程度又开始下降，景观又重新趋向均质化。

　　景观总是处于一种不断发展与变化的动态异质中。总的看来，景观异质性是三种互相交叉的不确定性综合作用的结果。一是环境不确定性，主要表现为干扰的不确定性；二是组织不确定性，生态组织系统的非线性相互作用造成系统的行为不确定性；三是人类行为不确定性，在人类对自然不断地认识与改造中，复杂多样的人类行为（包括针对环境问题而采取的治理措施、因理性限制而造成的知识不确定性以及非理性行为带来的不可预测结果）均会对景观产生不确定性作用，进而导致景观的异质性。

　　2. 景观异质性的分类

　　景观异质性的研究主要侧重于 3 个方面：①空间异质性，景观结构在空间分布的复杂性，既包括二维平面的空间异质性，又包括垂直空间异质性及由二者组成的三维立体空间异质性。空间异质性还可被细分为空间组成（生态系统的类型、数量、面积与比例）、空间型（生态系统空间分布的斑块大小、景观对比度及景观连接度）、空间相关（生态系统的空间关联程度、整体或参数的关联程度、空间构度和趋势度）三个组分。也可这么认为：空间异质性主要取决于斑块类型的数量、比例、空间排列形式、形状差异及与相邻斑块的对比情况这 5 个组分的特征变量。②时间异质性，景观空间结构在各时间区段的差异性。③功能异质性，景观结构的功能指标，如物质、能量和物种流等空间分布的差异。

　　从不同角度对空间异质性进行的分类存在一定差异。福尔曼将景观异质性分为宏观异质性（macro-heterogeneity）和微观异质性（micro-heterogeneity）两类。宏观异质性的显著特征是景观异质性随观测尺度的增加而增加；微观异质性的特征是信息水平随观测尺度的增加而有规律地增加。还有的学者提出另一种分类方法，即景观异质性应包括由空间镶嵌体异质引起的景观结构异质性、与景观流动相连的景观功能异质性和反映景观变化的总体趋势、变化波幅、变化韵律三个方面共同形成的景观动态异质性。

## 6.2.3　源汇功能

　　源（source）、汇（sink）是日常生活中普遍使用的词汇，已经被广泛地应用到各个学科，主要用来描述不同过程的来龙去脉。简言之，源是指起源、源头、源地和事物发生的地方，汇是指物质消散、灭亡的地方，是物质消失、不见的地方。源与汇是相对独立的，在特定条件下又是可以互相转化的，有源就有汇，源、汇之间可以互为消长。在景观生态学中，源、汇被作为概念化的名词，从生态过程和生态功能角度，将景观类型从源、汇角度进行再分类还是最近十几年的事情。然而，源、汇景观的概念一经提出，就得到了广泛的认可，目前已经应用到景观格局与生态过程研究中，以解决面临的实际问题。

### 1. 源景观

生态学中，源、汇概念很早就被应用在异质种群动态研究和濒危物种保护方面，用来描述物种迁徙、扩散和灭亡的过程。随着景观生态学的快速发展，为了分析一个地区的景观格局动态变化，各种各样的景观格局指数被提出并得到了广泛的运用，但由于其缺乏明确的生态学意义受到了空前的质疑。在这种背景下，基于大气污染中的源、汇理论，在已有研究基础上，陈利顶等（2006）提出了源、汇景观概念，将源、汇概念扩展到一般性的生态学过程研究中，认为根据不同景观类型的功能，可以将它们划分为源、汇两种景观类型，从而试图将景观格局分析和生态过程研究有机联系在一起。

在景观生态学中，源景观是指生态过程研究中，那些可以促进生态过程发展与正向演变的景观类型，由此可以认为景观的源、汇性质是与特定的生态过程相关联的。如果从物质和能量平衡角度来看，源景观就是在事件的发生过程中，该景观单元上的物质能量的输出要大于输入，即有物质能量流出了该景观类型，补充到了其周边的景观中。例如，对于养分流失或面源污染来说，因为农田、居民点、果园等有较多的养分流失和面源污染物输出，将会导致该地区面源污染加剧和湖泊水体的富营养，因此均被当作是源景观类型；但对于大气碳循环来说，农田可以从大气中吸收 $CO_2$ 来满足作物的生长，在一定程度上可以认为其是汇景观类型；对于城市和农村居民点来说，由于使用化石能源，将会向大气中释放大量的 $CO_2$，由此成为大气碳循环中的一个重要的源景观类型。综上所述，对于一个景观类型来说，到底是否起到了“源”的功能，必须首先明确研究者所关注的生态过程是什么。如果缺乏明确的研究对象或生态过程，那么景观类型仅是一个泛指，它可以具有多种多样的生态功能，即所谓的多功能景观，也可以是缺乏生态学意义的视觉景观。

### 2. 汇景观

在景观生态学中，汇景观是指在景观格局与生态过程研究中，那些可以阻止或延缓生态过程发展与正向演变的景观类型。针对某一生态过程，一个流域中总有景观类型起到“源”的作用，而另外一些景观类型起到“汇”的作用，同时有一些景观类型起到了“流”的作用。例如，位于流域下方的林地、草地和湿地景观类型，从减缓和防控水土流失或养分流失角度来说，可以有效地截获从上游地区冲刷下来的水土流失物质和养分颗粒物，减缓流域土壤侵蚀的发生。同理，汇景观类型与源景观类型一样，也具有相对性，林地景观可以作为土壤侵蚀和养分流失的“汇”，但对于氧气释放过程来说，它又是一种重要的“源”。

从物质与能量平衡角度，汇景观类型是指针对某一特定的生态学过程，发生在该景观单元上的物质和能量的输入大于该景观单元上输出的量，即当某一生态过程发生后，将有多余的物质或者能量在该景观单元上发生富集。对于一些生物物种来说，汇景观单元就是物种再定殖、消失和灭绝的一个斑块类型；对于温室气体排放来说，汇景观单元就是可以消化、降解大气中温室气体的景观单元，如森林、草地和湿地等景观类型。

### 3. 源、汇景观与多功能景观辨析

虽然，源、汇景观在特定条件下可以相互转化，但源、汇景观与多功能景观不存在矛盾，其关键区别就是从不同的视角来看待问题。严格意义上，任何一个景观类型均具有多功能（multiple function）的属性，即可以从不同方面、不同层次为人类提供服务。源、汇景观概念的提出，正是基于景观类型的多功能属性，为了使景观格局分析具有生态学意义，有必要从特定的生态功能角度将各景观类型进行重新定义。由此所给出的一个景观格局指数可以直接与研究者所关注的生态过程联系起来。

多功能景观分析，一般是针对一个景观类型，分析其所具备的所有生态服务功能大小，常常是进行半定量的分析。而源、汇景观格局分析是针对不同景观类型组成的景观格局，为了使所计算出来的景观格局指数具有实际的生态学价值，首先需要将不同景观类型根据所研究的生态学过程，统一到特定的度量尺度上，从而分析景观格局对生态过程的影响。由此可以看出，源、汇景观格局分析与多功能景观分析具有明显的功能差异。

在一定程度上，多功能景观分析是源、汇景观格局分析的基础，只有明确了各景观类型所具有的全部生态服务功能及其重要性，才能为源、汇景观格局分析提供一个参考。在进行源、汇景观格局分析时，针对某一个生态学过程来识别不同景观类型的源、汇性质，与此同时，可以根据各景观类型所表现出来的生态服务价值的高低，进一步确定不同源、汇景观类型的权重。源、汇景观格局分析与多功能景观分析既有联系，也有区别，二者的目的不同，所针对的对象也不同。

### 4. 源、汇景观的特点

在地球表层存在的物质迁移、生命体运动过程中，有的景观类型（单元）是物质、生命体的迁出源，而也有一些景观类型（单元）则成为接纳迁移物质或生命体的汇聚地，同一景观类型可以是某些物质、生命体的迁出源，也可以是另外一些物质或生命体的汇聚地。在景观格局与生态过程研究中，景观类型可以分为促进生态过程发展的源景观和阻止延缓生态过程发展的汇景观，以及没有起到任何作用的流景观类型。但是，源、汇景观类型的划分必须与所研究的生态学过程相关联，生态学过程不同，景观类型的源、汇性质将会发生转变。对于同一种景观类型，相对于不同的生态学过程，其所起到的作用会有明显的差异。即使对于同一生态学过程，不同类型的源景观或汇景观对生态学过程的贡献大小也存在差异。在分析景观格局对生态学过程的影响时，不仅需要考虑景观类型空间分布的差异，也需要考虑源景观或汇景观对生态学过程的作用大小。

1）源、汇景观的针对性

由于源、汇景观概念的提出是针对某一特定生态过程的，景观类型的源、汇性质具有

明显的针对性。源、汇景观类型的根本区别在于：源景观类型对所关注的生态学过程起到了正向促进作用，汇景观类型对所关注的生态学过程起到了负向滞缓作用。同一种景观类型，对于某一生态学过程可能起到了"源"的作用，但对于另外一种生态学过程，可能起到的就是"汇"的作用。判断它是源景观类型，还是汇景观类型，关键在于它对所研究的过程所起的作用是正向的，还是负向的。因此，在判断景观的源、汇性质时，首先需要明确所研究的生态学过程是什么，否则无法判断景观类型所起的作用。例如，农田景观类型由于大量化肥和农药的投入，对于非点源污染来说，就是一种源景观类型，但由于作物生长可以从大气中吸收 $CO_2$，那么它在陆地碳循环过程中，就起到了汇景观的作用。

2）源、汇景观的相对性

源、汇景观的相对性主要体现在两个方面：一是体现在生态学过程的差异。一种景观类型，对某一特定生态学过程来说，可能起到了"源"的作用，但对另外一种生态学过程，可能起到了"汇"的作用。二是体现在研究时段上的差异。景观类型在不同研究时段的源、汇性质可能会有所不同。例如，城市湿地景观在热岛效应方面具有明显的调节作用。夏天时，湿地景观可以起到减缓城市热岛效应的作用，是汇景观；但在秋季时，湿地景观可释放夏季存储的大量热量，起到暖岛的作用，属于源景观。因此，研究景观的源、汇性质时，需要考虑所关注的生态学过程及其研究的时段。

源、汇景观概念的提出是针对传统景观格局分析中存在的对过程考虑不足，试图针对特定的生态学过程，通过对不同景观类型赋予过程的内涵，来解释景观格局指数的生态学意义。因此，在进行景观格局分析时，可以依据景观的总体属性特征，来判断景观类型的源、汇性质，从而构建科学合理的景观格局指数，判断一个地区景观格局对生态过程的影响。如果要深化分析景观格局与生态学过程的关系，需进一步考虑景观类型与各种景观要素的时空耦合关系等。

3）源、汇景观的动态性

除了源、汇景观的针对性和相对性外，源、汇景观还具有动态特性。如前所述，景观类型的源、汇性质是基于该景观类型相对于所研究的生态学过程的总体功能特征而言的。但是，在生态过程的不同阶段，同一景观类型有可能起到了不同的作用，随着生态学过程的时间和动态演变，景观类型的源、汇性质也会发生变化。例如，土壤侵蚀发生的初期，位于坡面下部的植物篱和草地，通常会起到"汇"的作用，可以有效拦截从坡面上部流失下来的泥沙。但这些植物篱和草地截留泥沙的功能存在一个阈值，当截留的泥沙超出了其截留阈值后，其"汇"的功能将会消失，变成"流"的作用。在此背景下，植物篱和草地景观所表现出来的"汇"的功能大小与降雨强度和降雨历时密切相关。当降雨强度小（或短历时）时，植物篱和草地通常会表现出较强的"汇"的作用，随降雨强度逐渐增大（或降雨历时的增长），其"汇"的作用将逐渐变小，甚至消失。一般情况下，景观"源"和"流"之间、"汇"和"流"之间的功能在生态过程的不同阶段间相互转换较为常见，而发生景观"源"、"汇"之间的转换十分罕见。

源、汇景观的动态性也表现在生态过程中时间的动态变化上。例如，植物的昼夜生长变化，白天植物释放的 $O_2$ 要高于吸收的 $CO_2$，但是夜晚许多植物释放的 $CO_2$ 要多于 $O_2$，从大气碳循环角度，植被作为碳的景观类型，存在季节动态变化特征。同理，对于养分流失来说，农田景观一般为源景观，但是，随着农作物的生长对土壤养分的吸收，尤其当农田出现养分亏缺时，此时的农田就变成了汇景观类型。因此，判断一个景观类型所起到的作用，需要结合具体的情况进行有针对性的动态分析。

4）源、汇景观的综合性

源、汇景观的综合性主要体现为景观定义的本身。景观是由在生态学上和发生学上共轭地、有规律地结合在一起的最简单的地域单元所组成的复杂地域系统，并且是各要素相互作用的自然地理过程集合体。由于景观代表了各种要素相互作用的自然地理过程的集合体，景观的源、汇性质受与其相关联的各种要素的影响；在一定程度上，源、汇景观的特点是各要素的空间耦合关系和综合作用结果的表现，具有较强的综合性。因此，在判断一个景观类型对于特定生态学过程所起到的作用是"源"还是"汇"时，除了需要首先确定这个景观类型的特征外，还需要进一步识别其所处的空间位置及与其他景观要素之间的耦合关系，如地质岩性、地貌、土壤、气候区与水系部位的关系，以及所受到的人为干扰类型及强度。例如，农田景观，当其位于坡度较大的坡面上时，对于水土流失来说，就是一个典型的源景观类型，但是当采取了一些护坡工程措施，如修建梯田后进行的农作物种植，此时的农田景观就起到了"汇"的作用，位于干旱地区的森林景观，在水源涵养方面，因其具有强烈的蒸腾作用，在一定程度上起"汇"的作用，但是对位于我国南方湿润地区的森林景观，由于该区降雨量超过了植被的蒸腾作用，在一定程度上起到了"源"的作用。因此，某一个特定的景观类型，到底是"源"还是"汇"，除了考虑具体的所研究的生态学过程外，还需要考虑其与其他景观要素之间的耦合作用关系及其空间分布特点。

# 6.3 流域景观异质性与侵蚀产沙

景观格局是景观异质性的具体表现，是由自然或人为作用形成的大小、形状各异的景观要素在空间上的排列组合，通常是指景观的空间结构特征，包括景观组成单元的类型、数目以及空间分布和配置。景观格局分析主要研究景观的结构组成特征及其空间配置关系，是揭示景观格局与生态过程相互作用的基本方法。景观格局指数是对景观格局异质性的定量表征，指能够高度浓缩景观格局信息，反映其结构组成和空间配置等特征的简单定量指标，是定量研究景观格局和动态变化的主要方法之一。景观格局指数可分为：斑块水平指数（patch-level index）、斑块类型水平指数（class-level index）以及景观水平指数（landscape-level index）。常用于分析流域侵蚀产沙的景观格局指数有：斑块密度、最大斑块指数、边界密度、景观形状指数、平均斑块面积、平均形状指数、平均周长面积比、平均最近邻距离、周长面积分维数、散布与并列指数、聚集度指数（聚合度）、斑块连通度指数、蔓延度、香农（Shannon）多样性指数以及辛普森（Simpson）多样性指数。

景观格局指数自提出以来因计算过程简单、结果直观准确而被广泛应用于景观生态学研究，但是受景观格局指数本身性质和生态过程复杂性的制约，景观格局指数常因未能准确反映景观特征及其生态学意义而饱受批评。如何将景观格局指数与具体生态学过程联系起来或发展新的景观格局指数是目前景观生态学研究的难题之一。立足流域的整体性、系统性，将流域作为一个生态系统，将侵蚀产沙作为一个生态过程，通过分析流域景观异质性对侵蚀产沙的影响，有助于丰富流域侵蚀产沙机理研究，为水土流失治理提供理论基础。目前景观异质性对流域侵蚀产沙的影响研究，主要体现在解析单因素景观格局、多因素景观格局和复合景观格局与侵蚀产沙的关系，并建立流域侵蚀产沙模型。

## 6.3.1　单因素景观格局与流域侵蚀产沙

### 1. 土地利用景观格局

土地利用作为人类利用土地的各种活动的综合反映，是景观格局时空演变的直接驱动。不同土地利用类型下流域侵蚀产沙及泥沙输移过程不同。王计平等（2011a，2011b）以黄土丘陵沟壑区河口—龙门区间内 42 个水文站控制流域的土地利用和径流泥沙数据为基础，运用景观格局指数分析法，探讨土地利用景观格局对流域水土流失过程的影响。结果表明，在斑块类型水平上，耕地、林地、草地、居民建设用地等是影响流域水土流失过程的主要土地利用类型。草地的连接度和分维数、耕地和居民建设用地的丛生度、居民建设用地边缘密度是影响流域水土流失过程的主要景观格局因子，其中草地连接度对流域泥沙输移过程变异的解释度最高；在景观水平上，景观连接度、平均斑块面积、景观聚集度、景观丰富度等指标主要影响着流域水土流失过程特征的变异，其中景观聚集度对流域泥沙输移过程变异的解释程度最高。汪亚峰等（2009）利用 $^{137}$Cs 示踪技术对黄土丘陵沟壑区羊圈沟小流域土壤侵蚀强度进行研究，发现不同土地利用类型下土壤侵蚀强度大小是不同的，坡耕地的土壤侵蚀强度最大，乔木林地的土壤侵蚀强度最小，灌木林地的土壤侵蚀强度仅次于坡耕地和果园林地。

### 2. 植被景观格局

植被覆盖是影响土壤侵蚀和泥沙输移的重要因素。植被覆盖可以减弱降水对土壤的溅蚀作用、调节地表径流、减缓径流速率、减少地表冲刷、促进拦淤。植被盖度越大，土壤侵蚀的景观阻力越大，土壤侵蚀量越小。索安宁等（2006）以黄土高原泾河流域 12 个子流域为研究对象，针对黄土高原的水土流失状况，将归一化植被指数应用于植被覆盖的定量研究，认为黄土高原植被盖度对水土流失有重要的影响。刘晓燕等（2014）以黄土高原主要产沙区为对象，利用卫星遥感与实地调查相结合方法，获取 2012 年研究区各支流的梯田面积和质量信息，分析 2010～2013 年林草植被盖度及其较天然时期的变化，发现植被盖度与侵蚀产沙量间呈指数的关系。秦伟等（2015）研究表明植被盖度与侵蚀产沙量间的关系存在临界特征，即植被覆盖达到一定比例后，侵蚀产沙量将减至很小，之后随植被覆盖增加而减少的幅度明显趋缓。

### 3. 地形地貌景观格局

地形地貌是影响流域水文过程的重要因素，坡度是地形因素中影响径流冲刷力及击溅、输移的主要因素之一。当坡形有利于径流汇集时，则能汇集较多的径流。坡度与侵蚀产沙间通常存在指数或二次多项式关系，即随坡度增加侵蚀产沙强度先增后减或趋于平稳，二者的关系存在临界转折。坡长也是影响径流冲刷力的重要因素。对于坡长与侵蚀产沙关系，多数研究认为，坡长越长，其接受降雨的面积越大，从而导致侵蚀产沙强度随坡长同步增加。在流域尺度，整体地貌形态对侵蚀产沙有重要影响，流域侵蚀产沙与地形地貌的关系多以指数或幂函数形式出现。选取不同参数指标对复杂多变的地貌形态进行量化仍是侵蚀产沙研究的一个重要方向。

### 4. 土壤景观格局

土壤也是影响侵蚀产沙的重要因素。土壤影响的定量化一般通过土壤可蚀性因子 $K$ 来计算，$K$ 值越大，抗水蚀能力越小，土壤侵蚀能力越强；反之，$K$ 值越小，抗水蚀能力越大，土壤侵蚀能力越弱。王金亮等（2017）以三峡库区的綦江流域作为研究区，利用 2015 年航空影像数据、数字高程模型和土壤数据库，研究不同景观类型的土壤侵蚀权重，发现林地和草地覆盖的单元土壤侵蚀权重较低，水田和旱地土壤侵蚀权重较高。

## 6.3.2　多因素景观格局组合与流域侵蚀产沙

流域侵蚀产沙是土壤、植被、地形等多种因素在不同时空尺度上相互作用共同耦合的结果。在这一耦合系统中，地貌格局与水土流失存在着相互促进相互制约的复杂关系。地貌格局决定地形势能，并与大气降水共同决定了侵蚀力，植被和作为地貌要素的地表物质则共同决定了抗侵蚀能力。在一定气候背景下，人类通过对植被和微地貌要素进行合理调控，可将流域内的水土流失率控制在可接受的范围内。

### 1. 土地利用、地形与土壤景观格局

土地利用作为人类活动集中体现的综合体，其类型和强度在一定程度上反映了人类活动对自然生态系统干扰的性质和过程。对于景观单元来说，在土壤侵蚀的产生及泥沙入河过程中，除了土地利用的空间异质性外，地形和土壤也存在空间异质性，也会影响到景观单元的土壤侵蚀风险空间差异。王金亮等（2017）以三峡库区的綦江流域作为研究区，利用 2015 年航空影像数据、数字高程模型和土壤数据库，以综合了地形、土壤、土地利用类型等要素的空间异质性的地理单元作为研究区的源汇景观单元，进行三峡库区流域的土壤侵蚀源、汇风险识别研究，发现土壤侵蚀权重分布较高地区主要为坡度较大、土壤可蚀性较高的中低山区向低丘缓坡区过渡的地带，同时，水田、旱地和居民点的源、汇景观单元也较集中分布，土壤侵蚀权重往往相对较高。

### 2. 降水与植被景观格局

不同地点的降水特征以及与降水密切相关的植被特征之间具有特定的组合关系，这种组合关系决定了不同地点具有不同的侵蚀产沙特征，因而使得侵蚀现象在宏观上表现出一定的地域性或地带性分布。植被是一种地带性的自然地理要素，其宏观空间分布格局与年降水量之间有着十分密切的关系。年降水量决定着天然植被的类型、生物量积累和植被对地表的覆盖状况。许炯心（2006）利用黄土高原地区各县求得的侵蚀模数，综

合运用遥感影像分析、坡面小区定点观测和野外调查相结合的方法，以森林覆盖率作为指标表示植被特征，研究了降水-植被耦合关系对侵蚀产沙的影响，发现森林覆盖率和降雨侵蚀力随年降水量呈非线性变化：当年降水量小于 450 mm 时，森林覆盖率很小且基本上不随年降水量而变化；当年降水量大于 450 mm 时，森林覆盖率随年降水量的增大而急剧增大。当年降水量小于 300 mm 时，降雨侵蚀力很小且基本上不随年降水量而变化；当年降水量超过 300 mm 时，降雨侵蚀力随年降水量的增大而迅速增大。黄土高原地区侵蚀强度随年降水量呈非线性变化，即随年降水量的增大，侵蚀强度先是增大并达到峰值，然后再减小。

### 3. 具有多重共线性因素景观格局

多元回归分析、主成分回归分析等传统的统计分析方法难以处理具有多重共线性因素的情形，特别是当影响因素数目较多且观测值较少时。偏最小二乘回归（partial least-square regression，PLSR）方法是近几十年来根据实际需要产生和发展起来的具有广泛适用性的一种多因变量对多自变量的回归建模方法，被划归为第二代统计分析技术并得到广泛认可。偏最小二乘回归将多种传统多元统计方法的特点相结合，既具备与主成分分析相似的变量空间主成分分解能力，也具有与典型相关分析类似的对解释变量空间与反应变量空间之间相似关系的解析能力，同时还拥有与一般最小二乘多元回归建立解释变量与反应变量之间简明回归关系的建模能力。从原理上讲，偏最小二乘回归技术用于确定两组变量之间的关系，为了能够更好地解释和说明因变量的变异信息，需要从自变量空间中找到某些特定的线性组合，这也是偏最小二乘回归方法的总体目标。

张含玉（2016）将气象、土壤、土地利用、景观格局指数等指标作为自变量，土壤侵蚀强度作为模型的因变量，利用偏最小二乘回归分析黄河中游的河口镇到龙门区间不同侵蚀类型区侵蚀环境对土壤侵蚀强度的影响，发现降雨、径流、林地百分比、周长面积分维数和聚集度指数对不同侵蚀类型区土壤侵蚀强度具有较大影响。风沙黄土丘陵沟壑区、黄土平岗丘陵沟壑区、黄土峁状丘陵沟壑区和森林黄土丘陵沟壑区土壤侵蚀强度随林地百分比的增加而减小，风沙黄土丘陵沟壑区、黄土梁状丘陵沟壑区、黄土峁状丘陵沟壑区和森林黄土丘陵沟壑区土壤侵蚀强度与周长面积分维数呈负相关关系，风沙黄土丘陵沟壑区、黄土梁状丘陵沟壑区和黄土峁状丘陵沟壑区土壤侵蚀强度与聚集度指数呈正相关关系。

Shi 等（2014）以堵河流域为研究对象，利用偏最小二乘回归研究了土地利用、地形地貌、土壤性质因素对堵河流域侵蚀产沙的影响。研究表明：土地利用组成和土地利用类型对产沙量影响最大，可解释流域产沙量变异的 65.2%，地形地貌因子可解释流域产沙量变异的 17.7%。影响侵蚀产沙的主要因子为农田与林地面积比例、斑块密度、香农多样性指数、蔓延度、面积-高程积分、饱和导水率等。流域大小是影响泥沙输移比（SDR）的最重要因素，其次是香农多样性指数、蔓延度、面积-高程积分。

Fang 等（2015）以三峡库区王家桥流域为例，利用偏最小二乘回归方法研究控制变量对流域产沙量的影响。根据降雨特征和 $k$ 均值聚类，将 29 个降水事件分为两大类（Ⅰ型强降雨和Ⅱ型中度降雨），针对降雨径流和输沙量两个变量分别建立了 4 个独立的偏最小二乘模型。结果表明，对于 I 型降雨来说，影响流域产沙量变化的因子为 4 个与降雨相关的变量：洪峰流量、最大含沙量、径流以及森林和农田。对于 II 型降雨，前期降雨变量对径流和输沙量的影响大于 I 型强降雨。研究还发现，虽然土地利用发生了显著变化，但这些变化并没有反映在 I 型与 II 型径流控制因子或 II 型输沙控制因子中。在次降雨尺度上，森林和农田仅对 I 型降雨的产沙量有显著影响。

### 6.3.3 复合景观格局指数与流域侵蚀产沙

#### 1. 源汇景观格局指数

传统景观格局分析中，常常是基于数理统计进行格局指数计算，在格局指数构建过程中缺乏对过程因素的考虑，由此所计算出来的格局指数仅仅是描述了一个地区景观格局的特征。景观格局如何影响生态学过程？不同的景观格局的生态学意义有何差异？为了解决这些问题，陈利顶等（2003a）提出了跨越空间尺度的景观空间负荷对比（源、汇景观对比）指数，从而建立起景观格局指数与生态过程之间的联系。根据源、汇景观格局理论，源景观是促进水土和养分流失过程发生的类型，汇景观是抑制水土和养分流失过程发生的类型。源、汇景观格局理论融合了景观的类型、面积、空间位置和地形特征，方法简单实用，能较好地刻画生态过程的空间异质性。

陈利顶等（2003b）引用洛伦茨曲线理论（任何一个流域，源、汇景观的空间分布总是可以和流域的出口或监测点相比，计算不同景观单元随着距离、相对高度和坡度变化的累积百分比），基于非点源污染这个生态过程，从景观单元相对于流域出口或监测点的相对距离、相对高度和坡度三个方面统计源、汇景观的面积，以景观累积面积为纵坐标，相对距离、相对高度和坡度为横坐标绘制曲线，公式如下：

$$LCI = \lg \frac{\sum_{i=1}^{m} S_i \times W_i \times Pc_i}{\sum_{j=1}^{n} S_j \times W_j \times Pc_j} \tag{6-5}$$

式中，LCI 为景观空间负荷对比指数；$m$ 和 $n$ 分别为源景观和汇景观的类型数目；$S_i$、$S_j$ 分别为第 $i$ 种源景观和第 $j$ 种汇景观在洛伦茨曲线图中累积面积；$W_i$ 和 $W_j$ 分别为源景观和汇景观的权重；$Pc_i$、$Pc_j$ 分别为第 $i$ 种源景观和第 $j$ 种汇景观在流域内所占的百分比。为了控制 LCI 的变化范围，对计算结果取了对数。

$$LWLI' = \frac{\sum_{i=1}^{m} A_{\text{source},i} \times W_i \times AP_i}{\sum_{i=1}^{m} A_{\text{source},i} \times W_i \times AP_i + \sum_{j=1}^{n} A_{\text{sink},j} \times W_j \times AP_j} \tag{6-6}$$

$$LWLI = \frac{LWLI'_{\text{distance}} \times LWLI'_{\text{elevation}}}{LWLI'_{\text{slope}}} \tag{6-7}$$

式中：LWLI 为综合的源汇景观格局指数；$LWLI'_{\text{distance}}$、$LWLI'_{\text{elevation}}$ 和 $LWLI'_{\text{slope}}$ 分别为以相对距离、相对高程和坡度为横坐标建立的源汇景观格局指数；$A_{\text{source},i}$ 和 $A_{\text{sink},j}$ 分别为

源景观和汇景观在洛仑茨曲线中的面积累积曲线；$W_i$ 和 $W_j$ 分别为源景观和汇景观的权重；$AP_i$ 和 $AP_j$ 分别为源景观和汇景观在流域内的面积比例；$m$ 和 $n$ 分别为源景观和汇景观的类型数目。

　　景观空间负荷对比指数通过对比不同景观类型对研究区的贡献得到综合评价指数，能够较好地将景观空间分布格局与监测点的数据结合起来进行评价。由于不会受到尺度变化的影响，对于评价不同尺度上景观空间格局对生态过程的影响具有重要意义。该指数尤其适用于水土流失和非点源污染的评价。李海防等（2013）运用源汇景观格局指数分析方法计算甘肃省定西市关川河流域的源汇景观格局指数时发现 LWLI 能够较好地反映流域土壤水蚀规律，可作为流域水土流失评价的有效方法。孙然好等（2012）在研究海河流域非点源污染状况时，结合 1：10 万土地利用图和 1：25 万 DEM 数据，利用源汇景观格局指数分析海河流域的总氮浓度数据。结果发现，源汇景观格局指数可以很好地反映总氮的空间变异特征，能够为其他流域的非点源污染评价提供参考。李建丽（2014）对景观空间负荷对比指数的变化与土壤侵蚀的变化做了相关性分析，结果表明，在 2010 年之前的 20 年间延河流域内各个区域景观空间负荷对比指数（坡度、相对高度）总体呈现出减少的趋势，延河流域的景观的坡度和相对高度负荷对比指数与土壤侵蚀变化模数之间呈正相关关系，说明相对高度指数和坡度指数在反映土壤侵蚀变化过程中与景观格局变化响应具有一致性。

　　由于静态的景观空间负荷对比指数在描述降雨变化、环境异质性条件下的景观格局对生态过程的影响时具有局限性且受人为因素影响较大，许申来和周昊（2008）对景观空间负荷对比指数进行了修正，根据源、汇景观阻力模型分析提出源、汇景观格局动态及其表征方法，建立了景观格局动态评价模型——动态景观空间负荷对比指数。公式如下：

$$\text{DLCI}_{T_1} = \frac{P_{\text{source},T_1} W_{\text{source},T_1} S_{\text{source},T_1}}{P_{\text{sink},T_1} W_{\text{sink},T_1} S_{\text{sink},T_1}} \tag{6-8}$$

式中：$\text{DLCI}_{T_1}$ 为 $T_1$ 时刻相对于流域出口监测点位置的景观空间负荷对比指数（距离、相对高度和坡度）；$S_{\text{source}}$ 和 $S_{\text{sink}}$ 分别为由景观"源"、"汇"面积累积曲线组成的不规则三边形面积；$W_{\text{source},T_1}$ 和 $W_{\text{sink},T_1}$ 分别为源、汇景观对侵蚀的贡献率 [侵蚀力（$fE_{T_1}$）和景观阻力（$fR_{T_1}$）之差]；$P_{\text{source},T_1}$、$P_{\text{sink},T_1}$ 分别为 $T_1$ 时刻景观"源"和"汇"在流域中所占的百分比。

　　通过动态景观空间负荷对比指数，可以把土壤侵蚀过程划分为 $n$ 个时刻进行检测，从而计算出这 $n$ 个时刻的景观空间负荷对比指数 LCI。动态景观空间负荷对比指数将动态特性与生态过程紧密联系在一起，完善和发展了景观空间负荷对比指数，扩展了源、汇理论的应用范围。

### 2. 基于水文单元的源汇景观格局指数

　　考虑到地形和土壤的空间异质性对侵蚀产沙的影响，王金亮等（2017）利用具有相同的地形分布、植被类型、土壤条件的水文响应单元作为研究区的源、汇景观单元。以位于三峡库区的綦江流域作为研究区，综合运用航空影像数据、数字高程模型和土壤数据库进行基于水文响应单元的源、汇景观单元划分。综合景观类型、土壤和坡度对土壤侵蚀影响的贡献，构建源、汇景观单元权重，在已有的景观空间负荷对比指数 LWLI 的基础上，利用洛仑茨曲线公式，按照相对子流域出水口的水流路径对源、汇景观单元面积及其土壤侵蚀权重分别进行累计与积分，得到修正后的景观空间负荷对比指数：

$$\text{MLWLI} = \lg \frac{\sum_{I=1}^{M}\left(P_I \cdot \int_{x=0}^{D} A_{Ii}\mathrm{d}x \cdot \int_{x=0}^{D} W_{Ii}\mathrm{d}x\right)}{\sum_{I=1}^{M}\left(P_I \cdot \int_{x=0}^{D} A_{Ii}\mathrm{d}x \cdot \int_{x=0}^{D} W_{Ii}\mathrm{d}x\right) + \sum_{J=1}^{N}\left(P_J \cdot \int_{x=0}^{D} A_{Jj}\mathrm{d}x \cdot \int_{x=0}^{D} W_{Jj}\mathrm{d}x\right)} \tag{6-9}$$

式中：MLWLI 为相对子流域出口水流路径 $D$ 为横坐标 $x$ 建立的修正景观空间负荷对比指数；$M$ 和 $N$ 分别为源景观和汇景观的类型数目；$A_{Ii}$、$A_{Jj}$ 分别为第 $I$ 类源景观的第 $i$ 个单元面积和第 $J$ 类汇景观的第 $j$ 个单元面积；$P_I$、$P_J$ 分别为第 $I$ 类源景观和第 $J$ 类汇景观的面积占源、汇景观总面积比例；$W_{Ii}$ 和 $W_{Jj}$ 分别为第 $I$ 类、第 $i$ 个源景观单元和第 $J$ 类、第 $j$ 个汇景观单元权重。

$$W_i = C_i \cdot E_i \cdot S_i \tag{6-10}$$

式中：$W_i$ 为第 $i$ 个源、汇景观单元权重；$C$ 为不同景观类型的土壤水蚀贡献给予权重赋值：水田 0.6、旱地 0.8、居民点 1.0、林地 0.2、草地 0.4；$E_i$ 为第 $i$ 个水文响应单元的土壤权重，其中，$E_i = K_i / \bar{K}$（$K_i$ 为第 $i$ 个水文响应单元的土壤可蚀性因子；$\bar{K}$ 为子流域的土壤可蚀性因子平均值）；$S_i$ 为水文响应单元 $i$ 的坡度权重，其中 $S_i = 1/\tan(25-\alpha_i)$（$\alpha_i$ 为水文响应单元 $i$ 的平均坡度）。

通过对三峡库区綦江流域的源、汇景观单元的研究分析表明，基于水文响应单元的景观空间负荷对比指数是评价流域土壤侵蚀风险、反映流域内部土壤侵蚀规律的有效方法之一。

### 3. 景观连通度指数

除景观空间负荷对比指数外，景观连通性可作为景观格局和生态过程之间联系的纽带，在斑块、坡面到流域等多个尺度上影响土壤侵蚀的发生和发展，是深刻影响土壤侵蚀过程的关键景观格局特征。岳天祥和叶庆华（2002）提出了斑块连通性模型，公式如下：

$$C(t) = \sum_{i=1}^{m(t)}\sum_{j=1}^{n_i(t)} \mathrm{df}_{ij}(t) \cdot p_{ij}(t) \cdot s_{ij}(t) \tag{6-11}$$

$$s_{ij}(t) = \frac{3\sqrt{3} \cdot A_{ij}(t)}{(\mathrm{Pr}_{ij}(t))^2} \tag{6-12}$$

式中：$C(t)$ 为斑块连通性指数；$t$ 为时间变量；$\mathrm{df}_{ij}(t)$ 为动物移动或植物传播的难易程度，它是用来度量便利或阻碍动植物达到更多斑块的一个参数；$p_{ij}(t)$ 为第 $i$ 种斑块类型中第 $j$ 个斑块的面积在总面积中所占的比例；$n_i(t)$ 为第 $i$ 类斑块的个数；$m(t)$ 为斑块类型数；$A_{ij}(t)$ 和 $\mathrm{Pr}_{ij}(t)$ 分别为第 $i$ 种斑块类型中第 $j$ 个斑块的面积和周长。

刘宇（2016）从降雨侵蚀过程方面，将景观连通度分为基于流域内地形单元间泥沙和径流的连通舒畅程度的景观空间结构连通度和基于景观中不同位置之间通过径流和泥沙输送联系程度的景观功能连通度,并相应地划分了景观空间结构连通度指数和景观功能连通度指数。

　　景观空间结构连通度指数根据源、汇景观功能分类,并利用景观水文属性数据、土地利用/覆被、地形等空间数据与地表水沙输送方向相结合来构建景观连通度指数。景观功能连通度指数则可以用来描述空间结构上互不直接邻接的景观位置或景观单元在土壤侵蚀过程中的连通度。Jain 和 Tandon(2010)根据景观单元在空间上是否邻接和单元间是否存在物质输送,提出了景观连通度定量方法。公式如下:

$$C = A_p i_m \tag{6-13}$$

$$C = E/d \tag{6-14}$$

式(6-13)中:$C$ 为空间上邻接的景观单元的连通度;$A_p$ 为空间上邻接的面积;$i_m$ 为单元间物质传输量。式(6-14)中:$C$ 为空间上不邻接的景观单元间的连通度;$E$ 为景观单元间物质传输的驱动力;$d$ 为间隔距离。

　　水力侵蚀区土壤侵蚀过程的景观连通包括与上游水、沙输入区的连通和与下游水、沙输出区的连通,即径流、泥沙从位置 A 输移到位置 B 的概率取决于两个要素:A 处上游流域的地表特征(土壤可蚀性、粗糙度、坡度、土地利用/覆被等)和 A、B 位置间径流、泥沙输送通道上的地表特征。Borselli 等(2008)基于此,提出了分布式的景观泥沙连通指数(IC):

$$\mathrm{IC} = \frac{\overline{SW}\sqrt{A}}{\sum\limits_{i} \dfrac{d_i}{W_i S_i}} \tag{6-15}$$

式中:$A$ 为上坡集水区面积;$\overline{S}$ 为上坡集水区平均坡度(m/m);$\overline{W}$ 为权重系数(无量纲);$d_i$、$S_i$ 和 $W_i$ 分别为位置 A、B 间第 $i$ 个栅格的长度(m)、坡度(m/m)和权重系数(无量纲),可用植被覆盖因子、地表粗糙度等代替。通过对分子分母取对数,得到分布式的景观泥沙连通指数(IC)。

　　土壤侵蚀是在景观格局控制下的地表物质再分配的过程。景观连通度能够通过不同的时空尺度影响土壤侵蚀过程。因此,定量景观连通度可作为描述景观格局与土壤侵蚀相互作用的桥梁。景观连通度的概念及其定量在方法论上将景观格局与土壤侵蚀过程联系起来,是研究景观格局和侵蚀产沙之间相互作用的有效工具。

(刘前进,方怒放,张含玉,史志华)

## 参 考 文 献

陈利顶,傅伯杰,徐建英,等. 2003a. 基于"源-汇"生态过程的景观格局识别方法——景观空间负荷对比指数. 生态学报,(11):2406-2413.

陈利顶,傅伯杰,赵文武. 2006. "源""汇"景观理论及其生态学意义. 生态学报,26(5):1444-1449.

陈利顶,张淑荣,傅伯杰,等. 2003b. 流域尺度土地利用与土壤类型空间分布的相关性研究. 生态学报,23(12):2497-2505.

李海防,卫伟,陈瑾,等. 2013. 基于"源""汇"景观指数的定西关川河流域土壤水蚀研究. 生态学报,33(14):4460-4467.

李建丽. 2014. 基于"源-汇"理论的延河流域景观格局与土壤侵蚀的关系研究. 西安:陕西师范大学.

刘晓燕，杨胜天，王富贵，等. 2014. 黄土高原现状梯田和林草植被的减沙作用分析.水利学报，45（11）：1293-1300.

刘宇.2016.土壤侵蚀研究中的景观连通度：概念、作用及定量.地理研究，35（01）：195-202.

秦伟，曹文洪，左长清.2015.植被与地形对侵蚀产沙耦合影响研究评述.泥沙研究，（3）：74-80.

孙然好，陈利顶，王伟，等. 2012. 基于"源""汇"景观格局指数的海河流域总氮流失评价.环境科学，33（6）：1784-1788.

索安宁，王天明，王辉，等.2006.基于格局-过程理论的非点源污染实证研究：以黄土丘陵沟壑区水土流失为例.环境科学，27（12）：2415-2420.

汪亚峰，傅伯杰，陈利顶，等.2009.黄土丘陵小流域土地利用变化的土壤侵蚀效应：基于 $^{137}$Cs 示踪的定量评价.应用生态学报，20（7）：1571-1576.

王计平，杨磊，卫伟，等.2011a.黄土丘陵沟壑区景观格局对流域侵蚀产沙过程的影响——斑块类型水平.生态学报，31（19）：5739-5748.

王计平，杨磊，卫伟，等.2011b.黄土丘陵区景观格局对水土流失过程的影响——景观水平与多尺度比较.生态学报，31（19）：5531-5541.

王金亮. 2013. 三峡库区土地利用信息提取与动态变化分析. 重庆：重庆师范大学.

王金亮，谢德体，倪九派，等. 2017. 基于源汇景观单元的流域土壤侵蚀风险格局识别.生态学报，37（24）：8216-8226.

王晓.2001.用粒度分析法计算砒砂岩小流域泥沙来源的探讨.中国水土保持，1：22-25.

肖笃宁，李秀珍.1997.当代景观生态学进展和展望.地理科学，17（4）：356-364.

许炯心.2006.降水-植被耦合关系及其对黄土高原侵蚀的影响.地理学报，61（1）：57-65.

许申来，周昊.2008.景观"源、汇"的动态特性及其量化方法.水土保持研究，15（6）：64-71.

岳天祥，叶庆华.2002.景观连通性模型及其应用沿海地区景观.地理学报，（1）：67-75.

张含玉.2016.黄河中游多沙粗沙区侵蚀产沙变化特征及影响因子分析. 杨凌：中国科学院教育部水土保持与生态环境研究中心.

张信宝，吴积善，汪阳春.2006.川西北高原地貌垂直地带性及山地灾害对南水北调西线工程的影响.地理研究，25（4）：633-640.

Blake W H，Ficken K J，Taylor P，et al. 2012. Tracing crop-specific sediment sources in agricultural catchments.Geomorphology，139-140：322-329.

Borselli L，Cassi P，Torri D.2008.Prolegomena to sediment and flow connectivity in the landscape：A GIS and field numerical assessment.Catena，75（3）：268-277.

Carter J，Owens P N，Walling D E，et al. 2003. Fingerprinting suspended sediment sources in a large urban river system.Science of the Total Environment，314：513-534.

Cooper R J，Pedentchouk N，Hiscock K M，et al. 2015. Apportioning sources of organic matter in streambed sediments：An integrated molecular and compound-specific stable isotope approach.Science of the Total Environment，520：187-197.

Fang J D，Wu F C，Xiong Y Q，et al. 2014. Source characterization of sedimentary organic matter using molecular and stable carbon isotopic composition of n-alkanes and fatty acids in sediment core from Lake Dianchi，China.Science of the Total Environment，473-474：410-421.

Fang N F，Shi Z H，Chen F X，et al.2015.Partial least squares regression for determining the control factors for runoff and suspended sediment yield during rainfall events.Water，7：3925-3942.

Forman R T T.1995.Land Mosaics：the Ecology of Landscape and Region.London：Cambridge University Press.

Forman R T T，Godron M.1986.Landscape Ecology. New York：John Wiley & Sons：619.

Gibbs M M.2008.Identifying source soils in contemporary estuarine sediments：A new compound-specific isotope method.Estuaries and Coasts，31（2）：344-359.

Guzmán G，Quinton J N，Nearing M A，et al. 2013. Sediment tracers in water erosion studies：Current approaches and challenges. Journal of Soils and Sediments，13（4）：816-833.

Hancock G J，Revill A T.2013.Erosion source discrimination in a rural Australian catchment using compound-specific isotope analysis（CSIA）. Hydrological Processes，27：923-932.

Jain V，Tandon S K.2010.Conceptual assessment of (dis)connectivity and its application to the Ganga River dispersal system.Geomorphology，118（s3-s4）：349-358.

Meyers P A.2003.Applications of organic geochemistry to paleolimnological reconstructions：A summary of examples from the Laurentian Great Lakes.Organic Geochemistry，34：261-289.

Pancost R D，Boot C S.2004.The palaeoclimatic utility of terrestrial biomarkers in marine sediments.Marine Chemistry，92（1）：239-261.

Shi Z H，Huang X D，Ai L，et al.2014.Quantitative analysis of factors controlling sediment yield in mountainous watersheds.Geomorphology，226：193-201.

Zheng Y H，Zhou W J，Meyers P A，et al. 2007. Lipid biomarkers in the Zoigê-Hongyuan peat deposit: Indicators of Holocene climate changes in West China.Organic Geochemistry，38：1927-1940.

# 第7章  土壤侵蚀环境阈值

在自然封育条件下，流域植被及土壤侵蚀之间具有复杂的动力学相互作用关系。根据自然状态下流域植被及侵蚀实际演变过程，一般情况下，在低植被盖度（$V$）高侵蚀模数（$E$）时段，$V$ 和 $E$ 可能各自朝着某一极限逐渐变化，最后达到一种动态平衡，甚至出现 $V$ 逐渐增大 $E$ 逐渐减小、向着生态环境条件改善的方向发展，在高 $V$ 低 $E$ 时段，$V$ 和 $E$ 的变化也逐渐趋缓，最终 $E$ 减小为 0，$V$ 达到 1，而在某些自然条件恶劣的小流域，如严重干旱地区，由于水分等条件的限制，$V$ 并不能达到 1，只能达到某一极值，此时 $E$ 也向某一极值减小，最后达到一种动态的平衡状态。由于人为应力的影响，植被及侵蚀的演变更为复杂。本章阐述了坡面、小流域和区域的土壤侵蚀阈值估算方法，为指导土壤侵蚀的防治提供依据。

## 7.1  坡面土壤侵蚀阈值

### 7.1.1  植被–侵蚀动力学非线性改进模型

#### 1. 植被–侵蚀动力学非线性模型

现有的植被–侵蚀动力学模型采用指数增长模型来模拟植被自我恢复和侵蚀率自我促进的作用（Holvoet et al.，2005），根据指数增长模型的特点，采用该模型模拟时，在一般时段，模型具有较高的模拟精度，但在两个特殊时段，即 $V < 10\%$ 或者 $E < 1000\ \mathrm{t/(km^2 \cdot a)}$，模型模拟的 $V$ 和 $E$ 呈指数形式迅速增加或者减小，并快速达到极限值，与实际情况相比略有偏差，精度有所下降。王费新和王兆印（2006）采用 Logistic 增长模型改进植被–侵蚀动力学方程（线性模型），即将模型中植被盖度及侵蚀模数的自我增长项改为 Logistic 模型形式，同时对植被与侵蚀相互作用项做了适当调整，也改为二次形式。修改后的模型（非线性模型）如下：

$$\begin{cases} \dfrac{\mathrm{d}V}{\mathrm{d}t} = aV(V_{\max} - V) - cVE + V_{\mathrm{R}} \\[2mm] \dfrac{\mathrm{d}E}{\mathrm{d}t} = dE(E_{\max} - E) - fVE + E_{\mathrm{R}} \end{cases} \tag{7-1}$$

式中：$V$、$E$、$V_{\mathrm{R}}$ 和 $E_{\mathrm{R}}$ 分别为植被盖度、侵蚀模数、生态应力项及人为增加或减少的侵蚀项，与原线性模型中的意义一致。模型参数仍用 $a$、$c$、$d$、$f$ 表示，但由于模型结构的不同，这 4 个参数的量纲与线性模型有所不同。参数 $V_{\max}$ 和 $E_{\max}$ 是新引入的两个环境容量参数，分别为自然状态下小流域植被盖度和侵蚀模数可能达到的最大值（郭忠升，2000）。这两个参数是小流域特性参数，主要取决于流域气候、地形地势及土壤特性，而与人类活动及自然生态应力的作用无关，也不受现阶段植被盖度及土壤侵蚀强度的影响（Eckhardt et al.，2002）。

**2. 植被-侵蚀动力学非线性模型的改进**

1）改进后的模型形式

将降雨、径流因素引入植被-侵蚀动力学模型，尝试分析自然因素（降雨、径流）和人为应力变化对流域植被盖度和侵蚀模数的影响。改进后的模型形式与王费新和王兆印（2006）的非线性植被-侵蚀动力学模型非常相似，因此称为改进后的非线性植被-侵蚀动力学模型，模型形式如下：

$$\begin{cases} \dfrac{dV}{dt} = aV(V_{max} - V) - cVE + V_R \\ \dfrac{dE}{dt} = dE(E_{max} - E) - fVE + E_R + E_P \end{cases} \tag{7-2}$$

式中：$V$、$E$、$V_R$、$E_R$ 参数的意义与王费新和王兆印（2006）的模型参数意义相同，分别为植被盖度、侵蚀模数、生态应力及人为因素增加或减少的侵蚀项，模型参数为 $a$、$c$、$d$、$f$。$V_{max}$ 和 $E_{max}$ 是环境容量参数，分别为自然状态下小流域植被盖度和侵蚀模数可能达到的最大值。$E_P$ 为新引入的参数，表示降雨、径流等自然因素引起的侵蚀模数的增加或减少值，实际计算中，如果降雨、径流产生的侵蚀模数的增加值为负值，则取零。

式（7-2）中 $E_R$ 和 $E_P$ 分别表示人为因素增加或减少的侵蚀项和自然因素增加的侵蚀项，可以将式（7-2）中 $E_R$ 和 $E_P$ 进行合并，即将对侵蚀产生影响的自然因素和人为因素进行合并，合并后的模型如下：

$$\begin{cases} \dfrac{dV}{dt} = aV(V_{max} - V) - cVE + V_R \\ \dfrac{dE}{dt} = dE(E_{max} - E) - fVE + E_Q \end{cases} \tag{7-3}$$

式中：$E_Q$ 为自然因素和人为因素共同作用增加或减少的侵蚀项。

2）模型验证

改进后模型生态应力项 $V_R$ 和 $E_Q$ 中的人为因素增加或减少的侵蚀项 $E_R$ 的求解与植被-侵蚀动力学模型参数求解相同。自然因素增加的侵蚀项 $E_P$ 求解利用第 4 章中桥子东沟流域年降雨量和径流量与产沙量之间的关系式计算。参数 $V_{max}$ 和 $E_{max}$ 与将王费新和王兆印（2006）非线性植被-侵蚀动力学模型应用于桥子东沟流域时的取值相同。模型参数 $a$、$c$、$d$、$f$ 通过试算法及相关分析法确定，由于 $V$、$E$ 的计算公式需要借用 Matlab 计算软件，而求得的值是否是研究流域的特征值，还需要用测得或者查得的流域自然特征参数来进行相关分析，最终确定出流域的 $a$、$c$、$d$、$f$ 值，流程图如图 7-1 所示。经试算，桥子东沟流域改进后模型参数见表 7-1。由降雨和径流等自然因素产生的流域生态应力值见表 7-2。

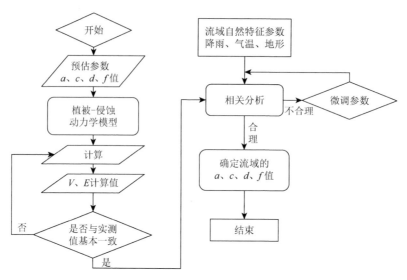

图 7-1　植被–侵蚀动力学模型参数确定流程图

**表 7-1　小流域改进植被–侵蚀动力学参数取值**

| 流域名称 | $a$ | $c \times 10^6$ | $d \times 10^6$ | $f$ | $V_{max}$ | $E_{max}/[\text{t}/(\text{km}^2 \cdot \text{a})]$ |
|---|---|---|---|---|---|---|
| 桥子东沟 | 0.015 | 14.5 | 5.5 | 0.4 | 1 | 5000 |

**表 7-2　降雨和径流等自然因素产生的流域生态应力值**

| 年份 | 桥子东沟流域 $E_P/[\text{t}/(\text{km}^2 \cdot \text{a})]$ | 年份 | 桥子东沟流域 $E_P/[\text{t}/(\text{km}^2 \cdot \text{a})]$ |
|---|---|---|---|
| 1986 | 500.00 | 1996 | 53.39 |
| 1987 | 300.00 | 1997 | 399.18 |
| 1988 | 200.00 | 1998 | 431.71 |
| 1989 | 200.00 | 1999 | 0.00 |
| 1990 | 200.00 | 2000 | 212.74 |
| 1991 | 200.00 | 2001 | 0.00 |
| 1992 | 0.00 | 2002 | 258.00 |
| 1993 | 0.00 | 2003 | 226.20 |
| 1994 | 46.77 | 2004 | 105.59 |
| 1995 | 0.00 | | |

　　由加入降雨、径流等自然因素的改进后非线性植被–侵蚀动力学模型计算的流域植被盖度和侵蚀模数见表 7-3，流域植被盖度和侵蚀模数计算结果与实测值比较如图 7-2 所示。

表 7-3 流域植被盖度和侵蚀模数

| 年份 | 植被盖度 | 侵蚀模数 /[t/(km²·a)] | 年份 | 植被盖度 | 侵蚀模数 /[t/(km²·a)] |
|------|----------|----------|------|----------|----------|
| 1986 | 0.178 | 4074.00 | 1996 | 0.277 | 1253.90 |
| 1987 | 0.186 | 3951.30 | 1997 | 0.288 | 1249.90 |
| 1988 | 0.194 | 3694.30 | 1998 | 0.299 | 1456.70 |
| 1989 | 0.202 | 3402.10 | 1999 | 0.308 | 1479.00 |
| 1990 | 0.210 | 3122.50 | 2000 | 0.318 | 1408.10 |
| 1991 | 0.220 | 2843.60 | 2001 | 0.328 | 1355.40 |
| 1992 | 0.230 | 2478.40 | 2002 | 0.338 | 1337.00 |
| 1993 | 0.241 | 2079.10 | 2003 | 0.347 | 1428.40 |
| 1994 | 0.253 | 1759.60 | 2004 | 0.356 | 1434.00 |
| 1995 | 0.265 | 1482.40 | | | |

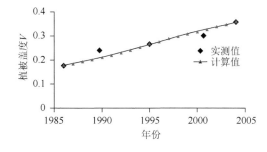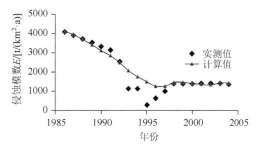

图 7-2 流域植被盖度和侵蚀模数计算结果与实测值比较

由图 7-2 可以看出，改进后非线性模型能更好地模拟桥子东沟流域植被盖度及侵蚀模数演变过程，特别是对流域侵蚀模数的模拟明显要好于线性和非线性植被-侵蚀动力学模型。由于改进后非线性模型对于流域植被盖度计算的参数取值与线性和非线性模型相同，所以改进后非线性模型计算的植被盖度与线性和非线性模型计算相近，与非线性模型计算值更接近。与非线性模型计算值比较，盖度的累计误差从 2%减少到 1%，与线性和非线性模型相比，改进后模型的侵蚀模数精度分别提高了 35%和 30%。侵蚀模数计算中由于加入了降雨、径流等自然因素，又因为年侵蚀模数的变化基本与降雨、径流的变化趋势一致，原本由于缺乏流域工程措施减蚀确切数据的模型计算值更接近实测值，说明流域降雨量和径流量的年际变化对流域侵蚀模数影响较大，也进一步说明改进后非线性植被-侵蚀动力学模型更接近实际，为将模型应用于实际流域模拟提供了理论基础。与线性和非线性模拟相比，改进后非线性模型对流域基本数据要求更为严格，在原来数据的基础上要求具有流域每年的降雨径流资料，计算量相应增大。

### 7.1.2　森林植被影响下坡面土壤侵蚀动力学模型

1. 森林植被影响下坡面产流模型

当坡面产流后，坡面侵蚀的动力除了雨滴击溅外，又增加了薄层水流的冲刷搬运动力（张颖等，2009），由于薄层水流的存在及其厚度的增加，雨滴击溅的动力由于水层的缓冲、吸收作用，呈递减趋势，甚至全部作用力施加于坡面流而对坡面土壤失去直接作用力（Holvoet et al.，2005），此时坡面流对土壤的力成为主要的侵蚀力（图 7-3）。

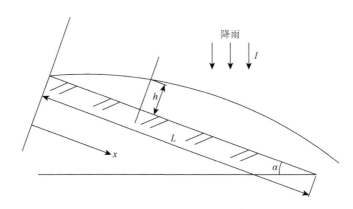

图 7-3　坡面流示意图

*I*. 降雨强度；*L*. 坡长；*h*. 水头；*x*. 产流距离；*α*. 坡度角

1）坡面流连续方程

对坡面斜坡长 $x$ 处薄层水流取出 $\mathrm{d}x$ 的单元水体（处理为一维非恒定流动，取单宽 $B=1$），并按定床考虑。

设 $\mathrm{d}t$ 时间内，单元水体质量变化 $\mathrm{d}M$，$\mathrm{d}M_1$ 为 $\mathrm{d}t$ 时间流进单元水体的质量，$\mathrm{d}M_2$ 为 $\mathrm{d}t$ 时间流出单元水体的质量，$\mathrm{d}M_1$ 为侧向入流的质量。

$$\mathrm{d}M = \mathrm{d}M_2 - (\mathrm{d}M_1 + \mathrm{d}M_1) = \left[\rho Q + \frac{\partial(\rho Q)}{\partial x}\mathrm{d}x\right]\mathrm{d}t - [\rho Q\mathrm{d}t + \rho q_1 \cdot \mathrm{d}x \cdot \mathrm{d}t]$$

$$= \frac{\partial(\rho Q)}{\partial x} \cdot \mathrm{d}x \cdot \mathrm{d}t - \rho q_1 \cdot \mathrm{d}x \cdot \mathrm{d}t \qquad （7-4）$$

式中：$Q$ 为微小段上水体流量；$\rho$ 为水体密度；$q_1$ 为单位长度距离上的侧向入流量。

流进流出质量的不相等引起在流段内流体质量的改变，从而引起控制体内水位的变化。设在 $\mathrm{d}t$ 时间内 $\mathrm{d}x$ 段流体的质量改变为 $\frac{\partial(\rho A \cdot \mathrm{d}x)}{\partial t} \cdot \mathrm{d}t$（$A$ 为流体断面面积），于是，根据质量守恒定律可得

$$\frac{\partial(\rho Q)}{\partial x} \cdot \mathrm{d}x \cdot \mathrm{d}t - \rho q_1 \cdot \mathrm{d}x \cdot \mathrm{d}t \cdot \frac{\partial(\rho A \cdot \mathrm{d}x)}{\partial t} \cdot \mathrm{d}t = 0 \qquad （7-5）$$

略加整理得

$$\frac{\partial(\rho Q)}{\partial x}+\frac{\partial(\rho A)}{\partial t}=\rho q_1 \tag{7-6}$$

由于水的压缩性可忽略，故得

$$\frac{\partial Q}{\partial x}+\frac{\partial A}{\partial t}=q_1 \tag{7-7}$$

式（7-7）即为有侧向入流时的非恒定明渠流连续性方程，适应于具有任意断面形状的明渠。在微小段上流量的沿程变化率与过流断面面积随时间的变化率之和等于单位长度距离上的侧向入流量。式（7-7）可改写为

$$\frac{\partial Q}{\partial x}-q_1+\frac{\partial A}{\partial t}=0 \tag{7-8}$$

当无侧向入流时，$q_1=0$，式（7-8）变成

$$\frac{\partial Q}{\partial x}+\frac{\partial A}{\partial t}=0 \tag{7-9}$$

对宽度为 $b$ 的矩形断面明渠：$A=bh,Q=qb$（$q$ 为单宽流量），代入式（7-8）可得

$$\frac{\partial q}{\partial x}+\frac{\partial h}{\partial t}=q_1 \tag{7-10}$$

进一步以 $q=vh$ 代入上式得

$$v\frac{\partial h}{\partial x}+h\frac{\partial v}{\partial x}+\frac{\partial h}{\partial t}=q_1 \tag{7-11}$$

式中：$v$ 为过水断面的平均流速；$h$ 为过水断面水深。

对于降雨条件下的坡面薄层水流而言有类似的过程，由于降雨和坡面入渗的时变性，坡面流一般属于非恒定的薄层水流运动（在水深方向取平均值）（Doerr et al.，2006）。若把坡面看作无限宽的平整面，且降雨、入渗在宽度方向上无空间变异，一般的认识是将坡面流视作有净雨量进入的、一维的、恒定的、非均匀的沿程变流量流来处理，将坡面流看作流量沿程增加的空间变量流，取沿坡面水平方向为 $x$ 轴，侧向入流的方向垂直于 $x$ 轴，且入渗速度值较薄层水流速度 $u$ 小得多，因此认为 $v$ 很小而取为零，得到坡面流方程式。

一维连续方程可表示为

$$\frac{\partial h}{\partial t}+v\frac{\partial h}{\partial x}+h\frac{\partial v}{\partial x}=q_e(x,t)\cos\alpha \tag{7-12}$$

式中：$q_e$ 为净雨率，即降雨强度（$p$）与渗透率（$i$）的差值：

$$q_e=p-i \tag{7-13}$$

设林外降雨强度为 $I(t)$（假定在坡面范围内无空间变异），坡面入渗率强度为 $f=f(x,t)$，林冠及林下植物和枯落物的截留强度 $C=C(t)$。在一次降雨过程中，可忽略蒸发散的影响。净雨率可表述为

$$q_e=q_e(x,t)=I(t)-C(t)-f(x,t) \tag{7-14}$$

当考虑的对象为裸露坡面时，有 $C(t)=0$。更精确描述 $q_e$ 中的 $f(x,t)$ 的是坡面动力水文数学模型与水分基本运动方程的耦合。

在薄层水流侵蚀下，坡表面在整个降雨过程变化很小，可视为定床来研究，当降雨强度不变，入渗稳定后，净雨率可视为不变（Beven，2001）。把坡面流处理为层流，其连续方程可表示为

$$v\frac{\partial h}{\partial x}+h\frac{\partial v}{\partial x}=q_e\cos\alpha \tag{7-15}$$

2）降雨条件下坡面小区坡面流动量方程

a. 单元体雨水受力分析

应用欧拉法作刚体分析，如图 7-4 所示。

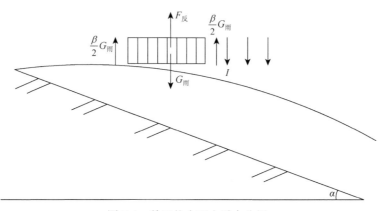

图 7-4　单元体内雨水受力分析

$\mathrm{d}t$ 时间单元体内雨水质量：　　　$m_雨=\rho q\mathrm{d}x\cos\alpha\mathrm{d}t$ 　　　　　　（7-16）

$\mathrm{d}t$ 时间单元体内雨水重力：　　$G_雨=\gamma q\mathrm{d}x\mathrm{d}t\cos\alpha(\gamma=\rho g)$ 　　　　（7-17）

雨水重力沿水流方向分力：　$G_雨\sin\alpha=\gamma q\mathrm{d}x\cos\alpha\sin\alpha\mathrm{d}t$ 　　　（7-18）

空气阻力设为

$$F_气=\beta G_雨 \tag{7-19}$$

式中：$\beta$ 为空气阻力系数。

单元体内雨水重力与下落过程中空气阻力的差为

$$G_雨-F_气=G_雨(1-\beta)\quad(\beta\leqslant1.0) \tag{7-20}$$

水流对雨水的反作用力：$F_反=w$，与 $w$ 方向相反，其中，$w$ 为雨水打击力。

各力沿水流方向分力的合力

$$\sum F_雨=G_雨(1-\beta)\sin\alpha-F_反\sin\alpha \tag{7-21}$$

b. 雨水降落过程的动量方程

$\mathrm{d}t$ 前单元体雨水动量为

$$P=m_雨v_m \tag{7-22}$$

沿水流方向的动量表示为

$$P\sin\alpha = m_{雨}v_{\mathrm{m}}\sin\alpha \tag{7-23}$$

式中：$m_{雨}$ 为雨滴质量；$v_{\mathrm{m}}$ 为雨滴的速度；$\alpha$ 为雨滴坠落方向与水平面的夹角。

雨滴落到水面后和水流以同样的速度顺坡流动，因此 $\mathrm{d}t$ 时间后，单元体雨水的流速即为水流的流速。

$\mathrm{d}t$ 时间后单元体雨水动量为

$$m_{雨}v_{雨} = m_{雨}\overline{v}_{水} \tag{7-24}$$

雨水降落过程的动量方程可表示为

$$\sum F_{雨} = \frac{m_{雨}(\overline{v}_{水} - v_{\mathrm{m}}\sin\alpha)}{\mathrm{d}t_1} \tag{7-25}$$

式中：$\mathrm{d}t_1$ 为雨滴对水面打击力的作用时间。

其中 $\mathrm{d}t$ 时间段内，间隔 $\mathrm{d}x$ 距离的两断面间的平均水流速度表示为

$$\overline{v}_{水} = \left[ v + v + \frac{\partial v}{\partial x}\mathrm{d}x + v + \frac{\partial v}{\partial t}\mathrm{d}t + v + \frac{\partial v}{\partial x}\mathrm{d}x + \frac{\partial\left(v + \frac{\partial v}{\partial x}\mathrm{d}x\right)}{\partial x}\mathrm{d}t \right] / 4 \tag{7-26}$$

化简得

$$\overline{v}_{水} = v + \frac{1}{2}\frac{\partial v}{\partial x}\mathrm{d}x + \frac{1}{2}\frac{\partial v}{\partial t}\mathrm{d}t + \frac{1}{4}\frac{\partial v}{\partial x\partial t}\mathrm{d}x\mathrm{d}t \tag{7-27}$$

断面截取位置如图 7-5 所示。

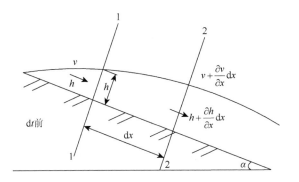

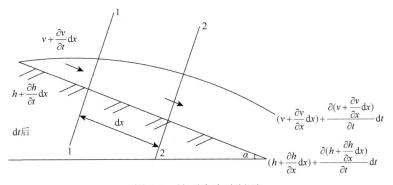

图 7-5　坡面流流动断面

综合前面的公式，得

$$G_{雨}(1-\beta)\sin\alpha - F_{反}\sin\alpha = \rho q\cos\alpha \mathrm{d}x\mathrm{d}t\left(v + \frac{1}{2}\frac{\partial v}{\partial x}\mathrm{d}x + \frac{1}{2}\frac{\partial v}{\partial t}\mathrm{d}t + \frac{1}{4}\frac{\partial v}{\partial x\partial t}\mathrm{d}x\mathrm{d}t - v_{\mathrm{m}}\sin\alpha\right)/\mathrm{d}t_1$$

（7-28）

恒定流 $\dfrac{\partial v}{\partial t}=0$，则

$$F_{反} = G_{雨}(1-\beta) - \frac{1}{\mathrm{d}t_1}\rho q\operatorname{ctg}\alpha \mathrm{d}x\mathrm{d}t\left(v + \frac{1}{2}\frac{\partial v}{\partial x}\mathrm{d}x - v_{\mathrm{m}}\sin\alpha\right)$$

$$= \gamma q\mathrm{d}x\cos\alpha(1-\beta) - \frac{1}{\mathrm{d}t_1}\rho q\operatorname{ctg}\alpha \mathrm{d}x\mathrm{d}t\left(v + \frac{1}{2}\frac{\partial v}{\partial x}\mathrm{d}x - v_{\mathrm{m}}\sin\alpha\right)$$

（7-29）

**2. 坡面土壤侵蚀动力学模型**

推移质输沙率公式采用耶格阿扎罗夫公式：

$$g_{\mathrm{s}} = 0.015\gamma_{\mathrm{s}}qJ^{1/2}\frac{\tau-\tau_0}{\tau_0}$$

（7-30）

式中：$q$ 为单宽流量；$J$ 为坡度；$\gamma_{\mathrm{s}} = p_{\mathrm{s}}g$。当无雨滴击溅时临界剪切力 $\tau_0$ 采用式（7-31）计算：

$$\tau_0 = \varphi^2(\eta_{\mathrm{i}},\beta)\left[3.33(\rho_{\mathrm{s}}-\rho)gd_{\mathrm{i}} + \frac{c}{d_{\mathrm{i}}}\Psi(\eta_{\mathrm{i}},\beta)\sqrt{\frac{d_{\mathrm{m}}}{d_{\mathrm{i}}}}\right]$$

（7-31）

当有雨滴击溅作用时应用式（7-32）计算：

$$\tau_0 = \varphi^2(\eta_{\mathrm{i}},\beta)\left[3.33(\rho_{\mathrm{s}}-\rho)gd_{\mathrm{i}} + 6.67A\frac{d_y^4}{d_{\mathrm{i}}^2}\frac{\rho}{y^2}v_{\mathrm{m}}^2\cos\beta\left(1 - \frac{3d_y^2}{8y^2}\right) + \frac{c}{d_{\mathrm{i}}}\Psi(\eta_{\mathrm{i}},\beta)\sqrt{\frac{d_{\mathrm{m}}}{d_{\mathrm{i}}}}\right]$$

（7-32）

其中

$$\varphi(\eta_{\mathrm{i}},\beta) = \left(\frac{\frac{17}{12}-\eta_{\mathrm{i}}}{\sqrt{2\eta_{\mathrm{i}}-\eta_{\mathrm{i}}^2}\cos\beta - (1-\eta_{\mathrm{i}})\sin\beta} + \frac{1}{4}\right)^{\frac{1}{2}}$$

$$\Psi(\eta_{\mathrm{i}},\beta) = \frac{1}{\cos\beta - \dfrac{(1-\eta_{\mathrm{i}})}{\sqrt{2\eta_{\mathrm{i}}-\eta_{\mathrm{i}}^2}}\sin\beta}$$

**3. 森林植被影响条件下坡面土壤侵蚀动力学模型求解**

**1）薄层水流流速**

薄层水流处于层流时，相邻液层接触面的单位面积上所产生的内摩擦力 $\tau$ 的大小与两液层之间的速度差 $\mathrm{d}u_x$ 成正比，与两液层之间的距离 $\mathrm{d}H$ 成反比，同时也与液体性质（即种类）有关。表达式为

$$\tau = \mu \frac{\mathrm{d}u_x}{\mathrm{d}H} \tag{7-33}$$

$$\tau = \gamma RJ = \gamma(h-H)J \tag{7-34}$$

所以

$$\gamma(h-H)J = \mu \frac{\mathrm{d}u_x}{\mathrm{d}H} \tag{7-35}$$

$$u_x = -\frac{1}{2}\frac{1}{\mu}\gamma(h-H)^2 J + C \tag{7-36}$$

当 $H=0$ 时，$u_x=0$，得

$$C = \frac{1}{2}\frac{1}{\mu}\gamma h^2 J \tag{7-37}$$

将 $C$ 值代入式（7-39）得

$$u_x = \frac{1}{2}\frac{1}{\mu}\gamma J[h^2 - (h-H)^2] \tag{7-38}$$

2）断面平均流速

过水断面面积为
$$A = hb$$

$$\mathrm{d}A = b\mathrm{d}H \tag{7-39}$$

所以断面平均流速可表示为
$$v = \frac{\int_A u_x \mathrm{d}A}{A} = \frac{\int_0^h u_x b\mathrm{d}H}{hb} = \frac{\int_0^h u_x \mathrm{d}H}{h} \tag{7-40}$$

将 $u_x$ 代入，求得断面平均流速
$$v = \frac{1}{3}\frac{1}{\mu}\gamma J h^2 \tag{7-41}$$

3）将雨水对水面的打击力 $w$ 看成作用在水面的静水压力，将其折算为水深

$$\Delta h = \frac{w}{r\mathrm{d}x} = \frac{F_{反}}{r\mathrm{d}x} = q\cos\alpha(1-\beta) - \frac{1}{g\mathrm{d}t_1}q\cdot\mathrm{ctg}\alpha(v-v_{\mathrm{m}}\sin\alpha) \tag{7-42}$$

$$\tau = \gamma RJ = \gamma(h+\Delta h-H)J \tag{7-43}$$

$$\tau = \gamma\Delta hJ + \mu\frac{\mathrm{d}u_x}{\mathrm{d}H} \tag{7-44}$$

式（7-43）和式（7-44）相等，解得

$$v = \frac{1}{3}\frac{1}{\mu}\gamma J h^2 = \frac{1}{3}\frac{1}{\mu}\gamma\left(i - \frac{\partial h}{\partial x}\cos\alpha - \frac{a}{g}\frac{\partial v^2}{\partial x}\right)h^2 \tag{7-45}$$

4）连续方程求解

取 $\alpha=1$，则

$$v = \frac{1}{3\mu}\gamma\left(ih^2 - \frac{\partial h}{\partial x}\cos\alpha h^2\right) - \frac{1}{3}\frac{1}{\mu g}\gamma h^2 \frac{\partial v}{\partial x}v \tag{7-46}$$

$$\frac{1}{3\mu g}\gamma h^2\frac{\partial v}{\partial x}v = \frac{1}{3\mu}\gamma\left(ih^2 - \frac{\partial h}{\partial x}\cos\alpha h^2\right) - v \tag{7-47}$$

对式（7-47）两边同除以 $\frac{1}{3\mu g}\gamma h^2 v$ 得

$$\frac{\partial v}{\partial x} = \frac{\dfrac{1}{3\mu}\gamma\left(ih^2 - \dfrac{\partial h}{\partial x}\cos\alpha h^2\right) - v}{\dfrac{1}{3\mu g}\gamma h^2 v} \tag{7-48}$$

令式（7-48）中

$$\frac{1}{3\mu}\gamma\left(ih^2 - \frac{\partial h}{\partial x}\cos\alpha h^2\right) = A \tag{7-49}$$

则

$$\frac{\partial v}{\partial x} = \frac{A - v}{\dfrac{1}{3\mu g}\gamma h^2 v} \tag{7-50}$$

对式（7-46）求偏导，得

$$\frac{\partial v}{\partial x} = \frac{1}{3\mu}\gamma\left[2ih\frac{\partial h}{\partial x} - 2h\cos\alpha\left(\frac{\partial h}{\partial x}\right)^2\right] - \frac{2}{3\mu g}\gamma h\frac{\partial v}{\partial x}v - \frac{1}{3\mu g}\gamma h^2\left(\frac{\partial v}{\partial x}\right)^2 \tag{7-51}$$

令 $\dfrac{1}{3\mu}\gamma\left[2ih\dfrac{\partial h}{\partial x} - 2h\cos\alpha\left(\dfrac{\partial h}{\partial x}\right)^2\right] = B$ ，并将式（7-50）代入式（7-51）得

$$\frac{\partial v}{\partial x} = \frac{A - v}{\dfrac{1}{3\mu g}\gamma h^2 v} = B - \frac{2}{3\mu g}\gamma h v\frac{A - v}{\dfrac{1}{3\mu g}\gamma h^2 v} - \frac{1}{3\mu g}\gamma h^2\left(\frac{A - v}{\dfrac{1}{3\mu g}\gamma h^2 v}\right)^2 \tag{7-52}$$

整理得

$$\frac{2}{3\mu g}\gamma h\frac{\partial v}{\partial x}v^3 + \left(B\frac{1}{3\mu g}\gamma h^2 - \frac{2}{3\mu g}\gamma h\frac{\partial h}{\partial x}A\right)v^2 - A^2 + Av = 0 \tag{7-53}$$

令 $a_1 = \dfrac{2}{3\mu g}\gamma h\dfrac{\partial h}{\partial x}$ ， $b_1 = B\dfrac{1}{3\mu g}\gamma h^2 - \dfrac{2}{3\mu g}\gamma h\dfrac{\partial h}{\partial x}A$ ， $d_1 = -A^2$ ， $c_1 = A$ ，则式（7-53）变形为

$$a_1 v^3 + b_1 v^2 + c_1 v + d_1 = 0 \tag{7-54}$$

解得

$$b_1 = -\frac{2}{3\mu g}\gamma h\frac{\partial h}{\partial x}\times\frac{1}{3\mu}\gamma\left(ih^2 - \frac{\partial h}{\partial x}\cos\alpha h^2\right) + \frac{1}{3\mu}\gamma\left[2ih^2\frac{\partial h}{\partial x} - 2h\cos\alpha\left(\frac{\partial h}{\partial x}\right)^2\right]\times\frac{1}{3\mu g}\gamma h^2$$

$$\tag{7-55}$$

进一步简化式（7-55）得 $\qquad\qquad b_1 = 0$

所以式（7-54）变为

$$a_1 v^3 + c_1 v + d_1 = 0 \tag{7-56}$$

$$v^3 + \frac{c_1}{a_1} v + \frac{d_1}{a_1} = 0 \tag{7-57}$$

令 $\dfrac{c_1}{a_1} = p$ ， $\dfrac{d_1}{a_1} = k$ ， 则式（7-57）变为

$$v^3 + pv + k = 0 \tag{7-58}$$

求流速如下：

$$v = \left\{ -\frac{k}{2} + \left[ \left( \frac{k}{2} \right)^2 + \left( \frac{p}{2} \right)^3 \right]^{\frac{1}{2}} \right\}^{\frac{1}{3}} + \left\{ -\frac{k}{2} - \left[ \left( \frac{k}{2} \right)^2 + \left( \frac{p}{2} \right)^3 \right]^{\frac{1}{2}} \right\}^{\frac{1}{3}} \tag{7-59}$$

$$v = \left\{ -\frac{d_1}{2a_1} + \left[ \left( \frac{d_1}{2a_1} \right)^2 + \left( \frac{c_1}{a_1} \right)^3 \right]^{\frac{1}{2}} \right\}^{\frac{1}{3}} + \left\{ -\frac{d_1}{2a_1} - \left[ \left( \frac{d_1}{2a_1} \right)^2 + \left( \frac{c_1}{a_1} \right)^3 \right]^{\frac{1}{2}} \right\}^{\frac{1}{3}} \tag{7-60}$$

$$\begin{aligned} \frac{d_1}{a_1} &= \frac{-A^2}{\frac{2}{3\mu g} \gamma h \frac{\partial h}{\partial x}} = \frac{-\frac{1}{9\mu^2} \gamma^2 \left( ih^2 - \frac{\partial h}{\partial x} \cos\alpha h^2 \right)^2}{\frac{2}{3\mu g} \gamma h \frac{\partial h}{\partial x}} \\ &= \frac{-\frac{1}{3\mu} \gamma h^3 \left[ i^2 - 2\cos\alpha \frac{\partial h}{\partial x} i + (\cos\alpha)^2 \left( \frac{\partial h}{\partial x} \right)^2 \right]}{\frac{2}{g} \frac{\partial h}{\partial x}} \end{aligned} \tag{7-61}$$

$$\begin{aligned} \frac{\partial \left( \frac{d_1}{a_1} \right)}{\partial x} &= \frac{-\frac{1}{3\mu} \gamma \left[ 3i^2 h^2 \frac{\partial h}{\partial x} - 6i\cos\alpha h^2 \left( \frac{\partial h}{\partial x} \right)^2 + 3(\cos\alpha)^2 h^2 \left( \frac{\partial h}{\partial x} \right)^3 \right]}{\frac{2}{g} \frac{\partial h}{\partial x}} \\ &= \frac{-\frac{1}{3\mu} \gamma \left[ 3i^2 h^2 - 6i\cos\alpha h^2 \frac{\partial h}{\partial x} + 3(\cos\alpha)^2 h^2 \left( \frac{\partial h}{\partial x} \right)^2 \right]}{\frac{2}{g}} \end{aligned} \tag{7-62}$$

$$\frac{c_1}{a_1} = \frac{A}{\frac{2}{3\mu g} \gamma h \frac{\partial h}{\partial x}} = \frac{\frac{1}{3\mu} \gamma \left( ih^2 - \frac{\partial h}{\partial x} \cos\alpha h^2 \right)}{\frac{2}{3\mu g} \gamma h \frac{\partial h}{\partial x}} = \frac{ih - \frac{\partial h}{\partial x} \cos\alpha h}{\frac{2}{g} \frac{\partial h}{\partial x}} \tag{7-63}$$

$$\frac{\partial \left( \frac{c_1}{a_1} \right)}{\partial x} = \frac{i\frac{\partial h}{\partial x} - \cos\alpha \left( \frac{\partial h}{\partial x} \right)^2}{\frac{2}{g}} \tag{7-64}$$

$$\frac{\partial v}{\partial x} = \left\{ -\frac{1}{2}\frac{\partial\left(\dfrac{d_1}{a_1}\right)}{\partial x} + \left[ 2\left(\frac{d_1}{2a_1}\right) \times \frac{\partial\left(\dfrac{d_1}{a_1}\right)}{\partial x} + 3\left(\frac{c_1}{a_1}\right)^2 \times \frac{\partial\left(\dfrac{c_1}{a_1}\right)}{\partial x}\right] \times \frac{1}{2} \times \left[\left(\frac{d_1}{2a_1}\right)^2 + \left(\frac{c_1}{a_1}\right)^3\right]^{-\frac{1}{2}} \right\}$$

$$(7\text{-}65)$$

解得

$$\frac{\partial v}{\partial x} = \frac{1}{3}\left\{ -\frac{a_1 d_1}{2} + \left[\left(\frac{a_1 d_1}{2}\right)^2 + (a_1 c_1)^3\right]^{\frac{1}{2}} \right\}^{-\frac{2}{3}} \times \left\{ -\frac{\partial a_1 d_1}{2} + \frac{1}{2}\left[\left(\frac{a_1 d_1}{2}\right)^2 + (a_1 c_1)^3\right]^{-\frac{1}{2}} \right\}$$

$$\times [a_1 d_1 \times \partial a_1 d_1 + 3(a_1 c_1)^2 \times \partial a_1 c_1] + \frac{1}{3}\left\{ -\frac{a_1 d_1}{2} - \left[\left(\frac{a_1 d_1}{2}\right)^2 + (a_1 c_1)^3\right]^{\frac{1}{2}} \right\}^{-\frac{2}{3}} \qquad (7\text{-}66)$$

$$\times \left\{ -\frac{\partial a_1 d_1}{2} + \frac{1}{2}\left[\left(\frac{a_1 d_1}{2}\right)^2 + (a_1 c_1)^3\right]^{-\frac{1}{2}} \right\} \times [a_1 d_1 \times \partial a_1 d_1 + 3(a_1 c_1)^2 \times \partial a_1 c_1]$$

联立坡面流连续方程:

$$v\frac{\partial h}{\partial x} + h\frac{\partial v}{\partial x} = q\cos\alpha \qquad (7\text{-}67)$$

采用差分格式计算,其中 $\dfrac{\partial h}{\partial x} = \dfrac{h_2 - h_1}{\Delta x}$ ,取值时 $h_2$ 初值大于 $h_1$。

## 7.2 小流域土壤侵蚀阈值

### 7.2.1 基于小流域森林植被、土地利用和地貌特征的土壤侵蚀模型

对于特定流域,影响降雨径流、输沙过程和径流、输沙量的因子有降雨特性、森林植被覆盖、土地利用格局、流域地形地貌等,因此分别选取表征这些因子影响程度的量化指标来构建降雨径流模型(Güntner and Bronstert,2004)。

降雨侵蚀力 $R$ 反映了降雨特性对流域产流量的贡献程度。研究区降雨侵蚀力 $R$ 可由降雨量和降雨强度的组合指标来表征,其中尺度较大流域,可由 $PI_{30}$ 表示,尺度较小的流域由 $PI_{10}$ 表示。降雨侵蚀力 $R$ 与径流量 $H$ 呈线性关系,$R$ 越大,$H$ 越大。

森林覆被率 $L$ 与流域径流和输沙关系密切,流域径流模数、输沙模数与年降雨量和流域森林覆被率均呈指数关系 [式(7-68)],其大小随年降雨量的增大而增加,随森林覆被率的增加而减少。森林覆被率 $L$ 值由乔木林地、灌木林地和果园林地的面积与景观面积相

比获得。

$$M = ae^{bP-cL} \tag{7-68}$$

式中：$M$ 为径流模数[$m^3/(km^2 \cdot a)$]或输沙模数[$t/(km^2 \cdot a)$]；$P$ 为降雨量（mm）；$L$ 为森林覆被率（%）；$a$、$b$、$c$ 为系数。

流域单元景观格局指标由森林覆被率 $L$、梯田面积占流域面积的比例 $T$、坡耕地占流域面积的比例 $P_0$、面积加权的平均斑块分形指数 $A$、流域景观香农多样性指数 $S_D$ 和香农均匀度指数 $S_E$ 共同表示。但计算结果显示，不同地类不同土地利用时期的 $A$ 值及 $S_D$ 值相差很小，同时与径流量和输沙量初步回归分析没有相关性，因此模型构建时不选择面积加权的平均斑块分形指数 $A$ 和流域景观香农多样性指数 $S_D$ 两个指标。

流域地形地貌空间变异性特征选用分形维数 $D_i$ 来表征，分形维数 $D_i$ 与流域径流输沙模数呈幂函数关系［见式（7-69）］，且流域输沙模数 $M_s$ 随着流域地貌特征分形维数 $D_i$ 的增大先增加后减少，存在最大值。

$$M_s = ae^{\frac{-(D_i-D_0)^2}{b}} \tag{7-69}$$

式中：$M_s$ 为流域年输沙模数[$t/(km^2 \cdot a)$]；$D_i$ 为流域地貌分形维数，无量纲；$a$、$b$、$D_0$ 均为模型参数。

基于以上分析，选取表征降雨特性的降雨侵蚀力指标 $R$，表征流域地形地貌特征的分形维数 $D_i$，表征流域森林植被覆盖的森林覆盖率指标 $L$，表征流域土地利用格局的指标 $T$（梯田面积占流域面积的比例）、$P_0$（坡耕地占流域面积的比例）和 $S_E$（景观香农均匀度指数），分别与流域年均径流量 $H$ 和年均输沙模数 $M_s$ 进行多元回归，建立如下耦合模型：

$$H = 23.01R^{-0.065}S_E^{0.08} \cdot \frac{e^{0.01(L-1.5P_0+2T)}}{e^{5.30(D_i-1.1726)^2}} \tag{7-70}$$

$$M_s = 0.12R^{-0.05}S_E^{0.09} \cdot \frac{e^{0.03(L-P_0+0.1T)}}{e^{29.39(D_i-1.1596)^2}} \tag{7-71}$$

式中：$H$ 为年均径流量（mm）；$M_s$ 为年均输沙模数[万 $t/(km^2 \cdot a)$]；$R$ 为降雨侵蚀力；$L$ 为森林覆被率；$T$ 为梯田面积占流域面积的比例；$P_0$ 为坡耕地占流域面积的比例；$S_E$ 为景观香农均匀度指数；$D_i$ 为流域地貌形态特征分形维数。

式（7-70）经 $F$ 检验，$F$ 值为 19.64，达到 $\alpha = 0.01$ 的显著水平，模型相关系数为 0.841。式（7-71）经 $F$ 检验，$F$ 值为 18.15，达到 $\alpha = 0.01$ 的显著水平，模型相关系数为 0.823。

为验证式（7-70）和式（7-71）的预测精度，根据罗玉沟、吕二沟和桥子东、西沟三期土地利用时期的实测资料利用模型进行预测，模型预测值和实际观测值对比见图 7-6 和图 7-7。

图 7-6 和图 7-7 显示了径流量和输沙模数预测值与实际观测值的相近程度，经统计分析，径流量实测值与预测值的平均相对误差为 27.2%，实测值和预测值拟合直线的决定系数为 0.732；输沙模数实测值与预测值的平均相对误差为 32.3%，实测值和预测值拟合直线的决定系数为 0.695。可见，式（7-70）和式（7-71）能较为准确地模拟研究区不同尺度流域的年径流和输沙。

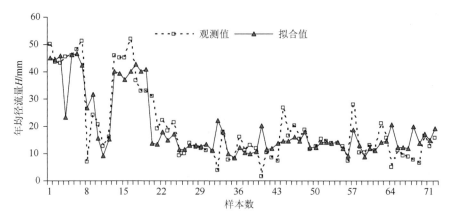

图 7-6 年均径流量实际观测值和预测值比较

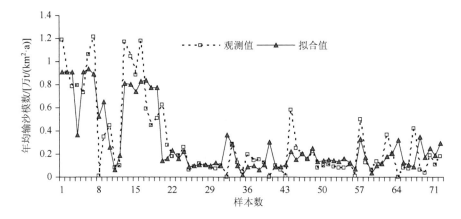

图 7-7 输沙模数实际观测值和预测值比较

图 7-8 和图 7-9 分别为流域年均径流量和输沙模数预测值和实测值的绝对误差和相对误差分布图。年均径流量预测值和实测值相对误差小于 20% 的约占 62.5%，小于 30% 的约占 83.3%；输沙模数预测值和实测值相对误差小于 20% 的约占 32.5%，小于 30% 的约占 52.3%，小于 50% 的约占 82.1%。

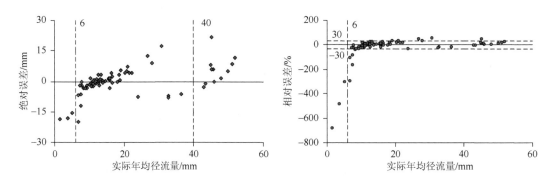

图 7-8 实验流域年均径流量预测值和实测值误差分布图

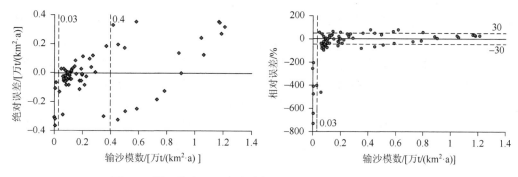

图 7-9　罗玉沟和吕二沟流域年均输沙模数计算误差分布图

同时，从图 7-8 可以看出，当径流量小于 6 mm 或大于 40 mm 时，预测值和实测值的绝对误差较大，特别是在小于 6 mm 时，两值的相对误差也很大，而大于 40 mm 下的相对误差保持在 ±30% 之内。所以，对径流模拟的耦合模型在模拟小流量时精度较差。从图 7-9 显示的流域输沙模数预测值和实测值误差分布图可以看出，当流域输沙模数小于 0.03 万 t/(km²·a) 或大于 0.4 万 t/(km²·a) 时，预测值与实测值的绝对误差很大，而相对误差在输沙模数小于 0.03 万 t/(km²·a) 时变化剧烈。这种结果也是可以预料的，因为侵蚀性降雨次数较少或者降雨强度不大时，模型中的降雨侵蚀力指标 $R$ 的取值就更加平均，其对模型的影响就减弱，因此模拟精度就会降低。

## 7.2.2　流域泥沙输移的影响因子分析

影响泥沙输移比的因素错综复杂，各个学者根据自己所拥有的资料和研究成果，都曾得出各自相应的结论。泥沙输移比只是某一具体流域特征值的函数，与水流情况的变化无关（张凤洲，1993）。影响泥沙输移比的因素包括地貌及环境因子，如流域大小、形态及沟道特性，侵蚀物质的粒径与土壤质地结构，植被与地表粗糙度，土地利用状况、工程等。

总结以前研究成果，根据研究区现有的多流域资料，本节从土地利用、森林植被状况、降雨及径流特征与地貌形态及流域大小等三方面讨论分析其对流域泥沙输移比的影响，为泥沙输移比模型的建立提供理论基础。

### 1. 土地利用、森林植被变化对泥沙输移比的影响

根据对研究区典型流域单元三期土地利用变化状况的分析，罗玉沟流域内的典型流域单元第一期（1987～1991 年）土地利用主要以林地、梯田和坡耕地为主，其中坡耕地平均约占流域面积的 75%，林地和梯田约占 20%；第二期（1992～1998 年）、第三期（1999～2004 年）土地利用与第一期相比，虽然林地、梯田和坡耕地仍是流域的主要土地利用类型，但林地面积和梯田面积大幅增加，而坡耕地面积显著减少。第二期和第三期相比，土地利用类型变动较小，主要是林地面积略有增加，坡耕地面积仍在减少。综合后两期土地利用，林地、梯田和坡耕地分别约占流域面积的 22%、45% 和 15%。吕二沟流域内的典型

流域单元土地利用变化状况类似罗玉沟，第二和第三期与第一期相比有较大变化，后两期变化较小，其中后两期平均林地、梯田和坡耕地分别占流域面积的35%、20%和25%。

图 7-10 为典型流域单元三期土地利用状况下年均泥沙输移比变化趋势。从总体趋势看，后两期土地利用时期典型流域单元多年平均泥沙输移比比第一期大，说明森林覆被好，在采取大面积水土保持耕作措施的条件下，当流域输出的泥沙量一定时，流域实际侵蚀产沙量较少（陈浩，2000）。显然从图 7-10 可看出，特定流域在三期土地利用情况下，泥沙输移比的变化仍无规律可循，因为降雨特征等其他因素在影响流域径流输沙（张晓明等，2009）。

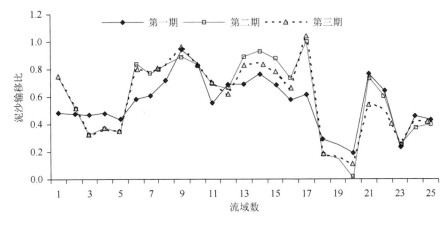

图 7-10　典型流域单元三期土地利用状况下年均泥沙输移比变化趋势

第三期土地利用时期典型流域单元各年泥沙输移比值见表 7-5。由表 7-5 可看出，不同土地利用格局的流域，年均泥沙输移比有差异，以灌木林地为主的流域，泥沙输移比约为 1，流域泥沙年均达到冲淤平衡。以梯田耕地为主的流域，由于梯田作为水土保持耕作措施，截断了流域坡面，形成微地形集水区，增加降雨入渗，有效防止了坡面泥沙流失，流域泥沙输移比也较高（Fohrer et al.，2001）。由林地、梯田及坡耕地等土地利用类型均一分布而构成的土地利用格局，也有较强的水土保持功能，流域年均泥沙输移比达到 0.78，接近草地流域的年均泥沙输移比。可见，不同流域尺度范围的小流域，土地利用格局对年均泥沙输移比有影响，且水土保持功能越强的土地利用格局，年均泥沙输移比越接近于 1（郑明国等，2007a；朱婧等，2008）。

表 7-5　典型流域单元年均泥沙输移比

| 流域单元 | 面积/km² | 土地利用格局 | 1999 年 | 2000 年 | 2001 年 | 2002 年 | 2003 年 | 2004 年 | 均值 |
|---|---|---|---|---|---|---|---|---|---|
| Lyg17 | 1.02 | 林地为主 | 2.40 | 1.01 | 1.61 | 0.29 | 1.00 | 1.33 | 1.27 |
| Lyg9 | 1.23 | 灌木林为主 | 1.07 | 1.01 | 0.87 | 0.83 | 1.01 | 1.03 | 0.97 |
| Lyg10 | 1.24 | 草地为主 | 0.82 | 0.86 | 0.84 | 0.82 | 0.75 | 0.83 | 0.82 |
| Lyg7 | 1.40 | 梯田耕地为主 | 0.70 | 0.92 | 0.85 | 0.54 | 0.84 | 0.82 | 0.78 |
| Lyg15 | 1.03 | 林地、梯田和坡耕地均一分布 | 0.73 | 0.86 | 0.94 | 0.66 | 0.71 | 0.76 | 0.78 |

**2. 降雨及径流特征对泥沙输移比的影响**

在降雨及径流特征对流域泥沙输移比（SDR）的影响研究中，多数学者只是针对场暴雨来开展的，研究认为，面积在 100 km² 以下的流域，径流系数、平均含沙量、降雨量和降雨历时显著影响流域场暴场泥沙输移比。降雨历时、降雨量与泥沙输移比负相关，径流系数反映径流的能量特性，与泥沙输移比正相关。分别选取不同降水水平年（丰水年、平水年、枯水年降水量分别为 880 mm、600 mm、390 mm）以及不同尺度流域研究时段（1982～2004 年），分析典型流域单元年均泥沙输移比与径流深度的关系（郑明国等，2007b）。

图 7-11 所示为典型流域单元不同降水水平年径流深度与泥沙输移比关系图。

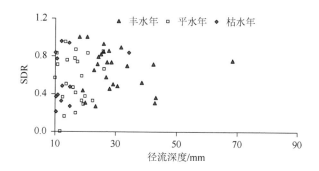

图 7-11　不同降水水平年流域径流深度与泥沙输移比关系图

从图 7-11 可明显看出，不同降水水平年只有年均径流深度显著不同，而各年对应泥沙输移比都在 0.2～1.0 之间波动，年均泥沙输移比并不因为年降水量的显著差别而有差异。显然降雨量对流域场暴雨泥沙输移比和年均泥沙输移比影响过程不同。短历时暴雨降雨量少，往往是沟坡与沟道先产流，水流具有较大的挟沙能力，使前期滞留的泥沙再次被搬运，形成较大的泥沙输移比；降雨量较大时往往降雨历时较长，坡面径流与泥沙均流向沟坡，显著地加大沟坡的侵蚀量，使水流挟沙能力达到饱和，并引起泥沙在沟道滞留，导致泥沙输移比减小。而对于年均泥沙输移比，年降水多少只影响年内降雨次数而并不影响降雨类型，实际上年均泥沙输移比就是年内场暴雨冲与淤的极端情况的综合值，因此流域年内泥沙基本冲淤平衡。

流域径流特征直接反映径流的挟沙能力，影响对泥沙的搬运和输移，为此研究中分析了年均径流深度与泥沙输移比的关系。图 7-12 为不同尺度典型流域单元多年平均径流深度与泥沙输移比关系图。从图中可以看出，1～100 km² 内的流域单元，当径流深度小于某一值时，泥沙输移比的变化幅度很大，没有什么规律可言；当大于某一临界值后，泥沙输移比的变化幅度变小，趋向于稳定的值。这是因为径流深度较小时，沟道输沙能力取决于水流挟沙力，但影响水流挟沙力因素除径流深度及洪峰流量外，还有坡度、断面形态以及泥沙特性等诸多因素，所以在径流深度较小时，点群关系比较散乱。随着径流深度加大，沟道输沙能力也呈加大趋势，当增加到某一临界值以后，如前面分析沟道输沙能力达到几乎不变的最大值,泥沙输移比接近稳定值,这时沟道的输沙能力取决于泥沙补给的最大值,而与影响挟沙力的因素无关。同时也可看到,对临界径流深度,6个不同的流域尺度似乎没有表现出大的差异,基本都在 20~25 mm 之间。

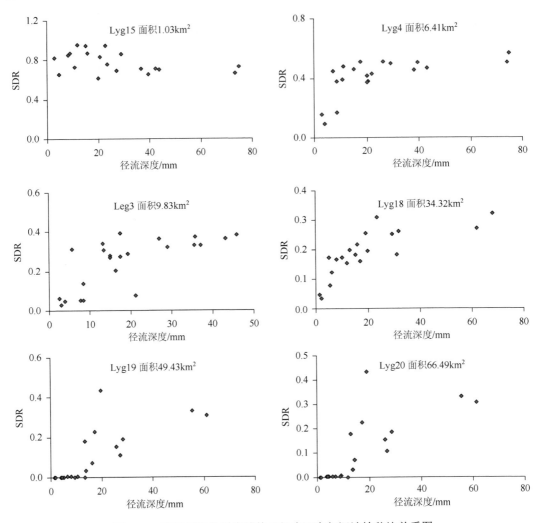

图 7-12　不同尺度典型流域单元径流深度与泥沙输移比关系图

### 3. 流域大小及地形分形维数对泥沙输移比的影响

多数研究者认为,流域地貌及环境因子对泥沙输移比有显著影响,主要探讨了流域大小、形态、沟道特征(如沟壑密度)以及一些地貌因素(如坡度、坡长、坡形及坡向)。其中流域大小对泥沙输移比的影响是显然的,且得出了一致的结论。因为在某种程度上讲,在区域的范围内,流域面积的大小间接地反映了地形起伏、沟道坡度的变化,因此,流域面积尺度应显著影响泥沙输移比(方海燕等,2007)。表 7-5 中清楚显示了不同面积尺度流域多年平均泥沙输移比的差异,1 km² 左右的流域,多年平均泥沙输移比接近于 1 或大于等于 1;而面积较大的流域多年平均泥沙输移比远小于 1,如典型流域单元 Lyg20 的面积为 66.49 km$^2$，其泥沙输移比仅为 0.1。图 7-13 显示了流域面积大小与流域多年平均泥沙输移比具有很好的幂函数关系，随流域面积增大，泥沙输移比减小，且当流域面积小于 10 km$^2$ 时，泥沙输移比随面积增加而显著降低，而当流域面积大于 10 km$^2$ 时，泥沙输移比随流域面积的增加而变化趋于平缓。

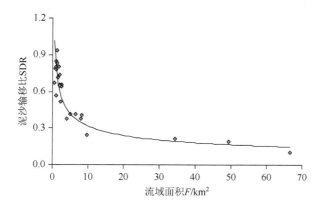

图 7-13　流域面积大小与泥沙输移比关系图

流域地貌形态特征分形维数集中反映了地形起伏与地貌形态的空间分异，表征了地形地貌形态的复杂变化程度。因此，研究流域地貌形态特征分形维数 $D_i$ 与泥沙输移比的关系比研究其他地貌及环境因子与泥沙输移比的关系更具代表性。图 7-14 为研究区典型流域单元地貌形态特征分形维数 $D_i$ 与流域多年泥沙输移比 SDR 关系图。

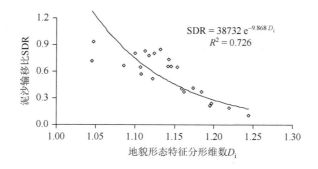

图 7-14　典型流域单元地貌形态特征分形维数 $D_i$ 与泥沙输移比 SDR 关系图

从图 7-14 可以看出，流域地貌形态特征分形维数 $D_i$ 与泥沙输移比 SDR 有密切的指数函数关系，即

$$SDR = 38732e^{-9.868D_i} \tag{7-72}$$

式中：SDR 为流域多年平均泥沙输移比；$D_i$ 为流域地貌形态特征分形维数。

指数函数模型的决定系数为 0.726，表明流域地貌形态特征分形维数 $D_i$ 与泥沙输移比 SDR 关系显著，泥沙输移比 SDR 随着地貌形态特征分形维数 $D_i$ 的增加而减小，当 $D_i$ 大于一定值时，SDR 随 $D_i$ 变化时的变幅减小。例如，流域地貌形态特征分形维数由 1.05 增加到 1.20 时，流域泥沙输移比从 1.2 降到 0.3；当地貌形态特征分形维数增加到 1.20 以上时，泥沙输移比则在 0.3 以下变化。这种变化趋势是因为流域地貌形态特征分形维数较大，表明流域地形起伏变化复杂，沟道坡度变化剧烈，因此，在植被和降雨特征等条件一致的情况下，由坡面及沟坡侵蚀产生的泥沙量越大，而同时沟道的起伏和弯曲变化限制了径流侵蚀力，使径流挟沙能力减弱，沟道泥沙大量淤积，输出流域出口的沙量显著减小（陈月红等，2007）。

对于流域多年泥沙输沙比来说，流域地形、地貌的空间变化复杂程度成为影响其大小的主要因素，而降雨量虽然对场暴雨泥沙输移比有显著影响，但年均泥沙输移比并不因年降雨量的变化而发生相应变化。流域年均径流深度对泥沙输移比也有一定影响，在小于一定径流深度条件下，年均泥沙输移比的大小主要受其他因子影响，而只有当径流深度增大到一定临界值时，泥沙输移比才趋向于保持一定值，但对于多年平均泥沙输移比，显然这种影响是微弱的。

### 7.2.3 流域泥沙输移的分形特征与尺度转换

1. 流域泥沙输移比的分形特征

将小流域内次一级支流的小流域放大考察时，其几何形态、结构、功能与原流域具有自相似性。同样，在一定集水区面积的流域范围内，由于降雨的空间分布可假设为均匀的，因此，一个小流域从地面侵蚀到河流输沙整个过程中，泥沙的运移规律与更小一级的小流域并无本质差异，只是量上有所不同，即随着观测尺度（如流域面积）的变化其某种功能（如输沙模数或输移比）也同步发生变化。显然对于一个具体小流域，只研究并求取其出口处的一个输沙模数或一个输移比并不能充分表征小流域内部的结构特征，只有把握了小流域内各种规模的次级小流域输沙模数或输移比随观测尺度（流域面积）的变化而变化的规律时，各个层次的小流域的泥沙输移特性便充分表现出来，这一规律正好用分形维数来定量描述。

根据分形维数理论，如果以标度值 $r$ 去度量一个客体的量度值 $N(r)$，$N(r)$ 将随 $r$ 变化而变化，若满足 $N(r) \propto r^{-D}$，即 $D = -\lim_{r \to 0}[\lg N(r)/\lg r]$，则 $D$ 为客体的分形维数。在测定分形维数时，根据式 $D = -\Delta\ln N(r)/\Delta\ln r$，取一系列不同的标度值 $r$，分别测量客体相应的量度值 $N(r)$，在双对数坐标上画出 $\ln N(r)$ 与 $\ln r$ 的关系曲线，其中直线段的斜率的绝对值就是客体的分形维数。

图 7-15 将典型小流域单元的流域面积 $F$ 作为观测尺度，其泥沙输移比 SDR 作为相应的量度值，数据点在双对数坐标上近似直线关系，用最小二乘法可拟合其分形维数 $D$ 为 0.403，决定系数 $R^2$ 为 0.937，拟合的关系式为

$$SDR = 0.8F^{-0.403} \tag{7-73}$$

式中：SDR 为流域多年平均泥沙输移比；$F$ 为流域面积（km$^2$）。

由式（7-73）可见，研究区小流域的泥沙输移比的确具有分形特征，其拟合关系式可用于不同规模小流域泥沙输移比 SDR 值的求取。

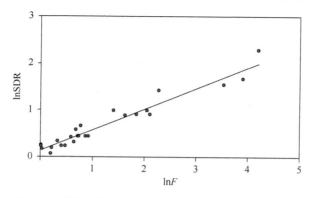

图 7-15　流域面积与多年平均泥沙输移比的双对数曲线

小流域泥沙输移比的分形维数及式（7-77）充分体现了研究区小流域地面侵蚀产物的颗粒级配、地面的粗糙程度、水道的复杂程度对泥沙输移的综合影响。但上述规律具有一定范围的限制，流域规模（即集雨面积）太大时，降雨量等因素的空间分布不均匀导致相关性消失。

### 2. 流域泥沙输移比的尺度转换研究

流域泥沙输移比反映了流域内泥沙的输移程度，是连接流域地面侵蚀与河流输沙的纽带，因而泥沙输移比的求取，是计算流域产沙量或用实测资料估算地面侵蚀量的关键（廖义善等，2008）。由于森林植被、土地利用、地貌条件及降雨特征的差异，计算泥沙输移比的最大困难是大尺度流域的总侵蚀量难以得到。因此，在需要估算较大尺度流域降雨侵蚀量时，不妨根据流域出口的输沙量和泥沙输移比来计算，而流域泥沙输移比具有分形特征，其直接与流域面积有关，可以用小流域单元的泥沙输移比来推求，即实现泥沙输移比的流域尺度转换。

各研究区泥沙输移比与流域面积均呈幂函数的反比关系，即符合分形的标准定义，且回归的相关系数检验均呈高度显著，这表明小流域泥沙输移过程的确具有分形特征。另外，流域泥沙输移比与流域面积回归模型中的斜率正好等于该研究区面积为 1.0 $km^2$ 的流域的泥沙输移比。由此可以构造出通用的小流域泥沙输移比模型：

$$SDR = SDR_1 \times F^{-D} \tag{7-74}$$

式中：$SDR_1$ 为黄土高原丘陵沟壑区面积为 1.0 $km^2$ 的单元小流域的泥沙输移比，其余参数含义同前。

面积为 1.0 $km^2$ 的单元小流域泥沙输移比 $SDR_1$ 与小流域侵蚀物质的颗粒级配、坡面特性、耕作措施等有关，可体现坡面侵蚀产生的泥沙输移进入河道的程度，其值越大表明侵蚀产物颗粒越细，坡面拦截泥沙量越少，进入河道的泥沙越多，反之亦然。例如，牟金泽和孟庆枚（1982）研究得出黄土区 $SDR_1 = 0.95$，本节研究得出黄土高原第三副区的丘陵沟壑区 $SDR_1 = 0.80$，说明黄土高原地区小流域进入沟道的泥沙量占坡面侵蚀泥沙量的较大比例。泥沙输移的分形维数 $D$ 与流域的河道特性、水系组成及水利水保工程措施等有关，可体现泥沙的运移率。随 $D$ 增大，泥沙输移比随流域面积增大而迅速减小，表明沟道淤积和水利工程拦沙效益明显。

　　式（7-74）的模型不仅体现了流域面积与泥沙输移比的相应变化关系，而且实现了由面积为 1.0 km² 的小流域单元泥沙输移比来估算其他面积尺度（<500 km²）的泥沙输移比，从而将其构建成为流域泥沙输移比尺度转换模型。

　　从前面分析可知，流域泥沙输移比 SDR 具有分形特征，泥沙输移比的分形维数 $D$ 体现了输移比随流域面积变化的相应变异程度；同时，流域地貌特征分形维数又是多年平均泥沙输移比大小的主要影响因子，且泥沙输移比 SDR 随着流域地貌形态特征分形维数 $D_i$ 的增大而减小，它们之间呈指数函数关系。因此，我们通过逐步回归建立流域面积（$F$）及流域地貌形态特征分形维数（$D_i$）与流域多年平均泥沙输移比（SDR）关系模型，以更准确地表征泥沙输移比随流域尺度变化后的值，也依此实现研究区小流域泥沙输移比另一种尺度转换。

　　建立的流域面积 $F$ 及流域地貌形态特征分形维数 $D_i$ 与流域多年平均泥沙输移比 SDR 的回归模型如下

$$SDR = 170.65e^{-4.90D_i} \times F^{-0.205} \tag{7-75}$$

式中：SDR 为小流域典型单元多年平均泥沙输移比；$D_i$ 为小流域典型单元地貌形态特征分形维数；$F$ 为小流域典型单元面积（km²）。

　　模型的复相关系数为 0.925，模型经 $F$ 检验达到 $\alpha = 0.01$ 的显著水平，说明模型很好地反映了流域面积及地貌形态特征分形维数与流域泥沙输移比之间的关系。

　　根据模型计算了研究区典型流域单元泥沙输移比预测值，并通过相对误差进行检验，预测值与实际值的相对误差在 10% 之内的占 62.5%，在 20% 之内的占 91.7%，说明模型能极好地预测研究区小流域单元多年平均泥沙输移比（图 7-16）。

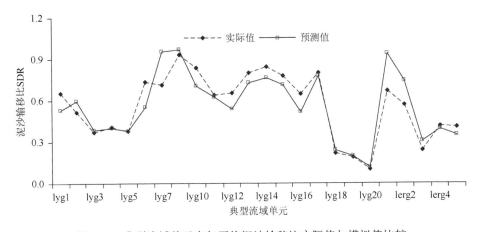

图 7-16　典型流域单元多年平均泥沙输移比实际值与模拟值比较

　　结合前面的分析研究，流域多年平均泥沙输移比为一定地貌、一定流域面积下的平均值，短期的流域森林植被或土地利用变化以及年降雨特征的差异并不会对其产生较深刻影响，而流域地形地貌的复杂性成为影响多年平均泥沙输移比的最重要因子，当然流域面积的大小间接地反映了地形起伏和沟道坡度的变化，影响了流域地貌形态特征分形维数。

### 7.2.4　土地利用、森林植被变化下小流域径流泥沙的阈值

通过对罗玉沟、吕二沟和桥子东、西沟森林植被变化对水沙运移的影响效应研究，可以看到流域森林植被覆盖对径流和输沙的影响十分显著（张颖，2007；赵东波等，2008）。因此，根据三期影像资料和原始土地利用变化现状图获得的不同时期流域森林植被覆盖率以及 1982～2004 年的实测径流和输沙资料，分别建立罗玉沟、吕二沟和桥子东沟年径流模数和输沙模数与年降水量和森林覆被率的关系，见表 7-6。

**表 7-6　研究区实验流域年径流模数和输沙模数与年降水量和森林覆被率的关系**

| 流域 | 径流模数-降水、森林覆被率 | | 输沙模数-降水、森林覆被率 | |
| --- | --- | --- | --- | --- |
| | 关系式 | $R^2$ | 关系式 | $R^2$ |
| 罗玉沟 | $Q = 2708.1\,e^{0.006P-0.1L}$ | 0.903 | $S = 252.9\,e^{0.005P-0.053L}$ | 0.874 |
| 吕二沟 | $Q = 19110.6\,e^{0.007P-0.14L}$ | 0.929 | $S = 53.7\,e^{0.007P-0.045L}$ | 0.872 |
| 桥子东沟 | $Q = 13.9\,e^{0.01P-0.05L}$ | 0.946 | $S = 15.1\,e^{0.01P-0.048L}$ | 0.895 |

注：$Q$ 为流域年径流模数[$m^3/(km^2\cdot a)$]；$S$ 为流域年输沙模数[$t/(km^2\cdot a)$]；$P$ 为年降水量（mm）；$L$ 为森林覆被率（%）。

从表 7-6 中可看出，流域径流模数、输沙模数与年降水量和流域森林覆被率均呈指数关系，其大小随年降水量增大而增加，随森林覆被率的增加而减小。可将表中关系式归纳为

$$M = ae^{bP-cL}$$

式中：$M$ 为径流模数[$m^3/(km^2\cdot a)$]或输沙模数[$t/(km^2\cdot a)$]；$a$、$b$、$c$ 为系数。

为分析流域森林植被与径流模数的关系，根据表 7-6 中回归关系式，假设年降水量保持在多年平均降水量的水平，则得到图 7-17 的流域输沙模数与森林覆被率的关系图。根据上式，流域森林覆被率每增加 5 个百分点，则在平水年份，吕二沟流域可降低径流模数 18.54%，罗玉沟流域可降低径流模数 39.35%，桥子东沟流域可降低径流模数 20.94%。

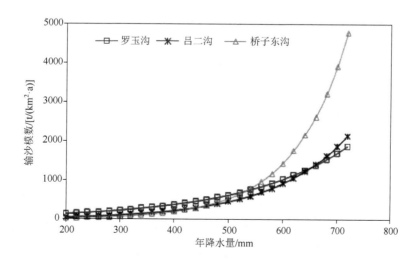

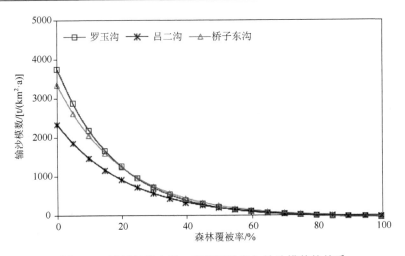

图 7-17　流域年降水量、森林覆被率与输沙模数的关系

在图 7-17 中，将森林覆被率设为平均值，发现年降水量大于 450 mm 时，输沙模数显著增加，而小于 450 mm 时则变化不明显；将年降水量设在多年平均水平，发现当流域森林覆被率低于 40%时，随林地面积增加，输沙模数显著降低，大于 40%时，输沙模数降低明显减缓。

# 7.3　区域土壤侵蚀阈值

## 7.3.1　区域植被格局变化

植被是影响土壤侵蚀的重要因子，是黄土高原土壤侵蚀治理的重要措施（李庆云，2011；易浪等，2014）。2000 年以来，随着退耕还林等生态工程的实施，黄土高原植被恢复受人关注（刘纪远和邓祥征，2009）。利用 GIMMS 和 SPOT VGT NDVI 两个遥感植被数据集，研究发现自 2000 年以来黄土高原植被覆盖进入了快速恢复时期，尤其是侵蚀剧烈、植被恢复难度大的黄土高原丘陵沟壑区，这对黄土高原土壤侵蚀治理产生了重要的积极影响（图 7-18）。

## 7.3.2　降雨侵蚀力和降雨量的关系

采用 1956~2008 年黄土高原 60 个站点日降雨数据，研究发现 1980~2008 年与 1956~1979 年相比，黄土高原土壤侵蚀剧烈区域，包括黄河中游河口镇—龙门区间，尤其无定河与山西中北部等地区，降雨量下降 10%，降雨侵蚀力下降 15%（图 7-19 和图 7-20）。建立了黄土高原降雨侵蚀力与降雨量的幂函数非线性关系，对于侵蚀性降雨量和降雨侵蚀力，指数分别为 1.29 和 1.57（图 7-21）。

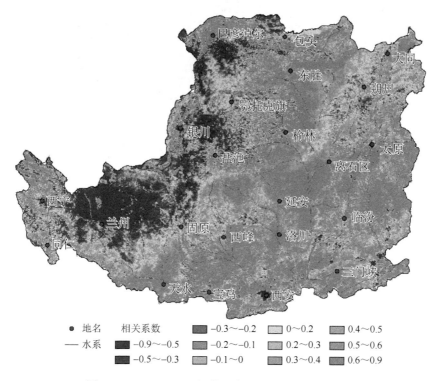

图 7-18　1998～2006 年黄土高原植被变化空间特征

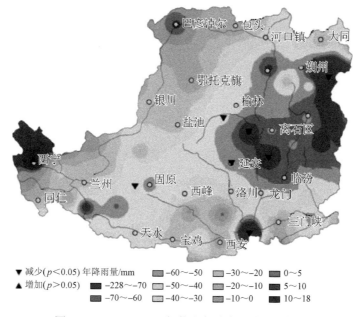

图 7-19　1956～2008 年黄土高原降雨量时空变化

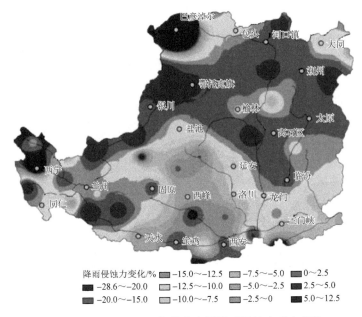

图 7-20　1956～2008 年黄土高原降雨侵蚀力时空变化

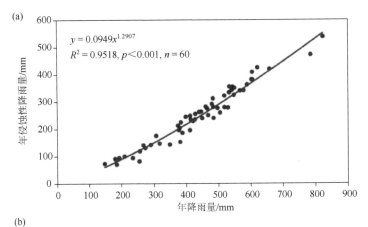

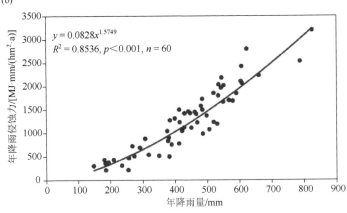

图 7-21　黄土高原降雨侵蚀力与降雨量的非线性关系

### 7.3.3　黄土高原土壤侵蚀多要素的阈值关系

黄土高原土壤侵蚀与降雨量、植被覆盖率关系存在阈值现象（张建云等，2009），降雨量和归一化植被指数（NDVI）的阈值分别为 460 mm 和 0.40（图 7-22）。年降雨量低于 460 mm 时，地表植被覆盖不充分，土壤侵蚀量随降雨增加呈上升趋势。当年降雨量超过 460 mm 阈值后，由于地表植被覆盖充分，土壤侵蚀量不再呈上升趋势。通过建立黄土高原土壤侵蚀量与 NDVI、降雨量、地面覆盖率的数量关系 [式（7-76）]，黄土高原土壤侵蚀量可被解释 65%。

$$\ln SSY = 10.403 - 8.516 \times NDVI + 0.003 \times P + 0.010 \times L$$
$$(R^2 = 0.65, p < 0.001, n = 180) \tag{7-76}$$

式中：SSY 为年产沙模数。

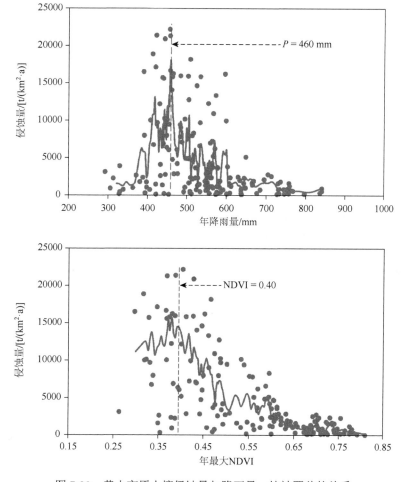

图 7-22　黄土高原土壤侵蚀量与降雨量、植被覆盖的关系

（贾国栋）

# 参 考 文 献

陈浩.2000.黄土丘陵沟壑区流域系统侵蚀与产沙关系.地理学报,55(3):354-363.

陈月红,余新晓,秦富仓,等.2007.吕二沟小流域水土保持措施对径流和侵蚀产沙的影响.水利水电技术,38(8):30-33.

方海燕,蔡强国,陈浩,等.2007.黄土丘陵沟壑区岔巴沟下游泥沙传输时间尺度动态研究.地理科学进展,26(5):77-87.

郭忠升.2000.水土保持植被建设中的三个盖度:潜势盖度、临界盖度和有效盖度.中国水土保持,(4):30-31.

李庆云.2011.黄土丘陵区流域径流泥沙对气候变化和高强度人类活动响应研究.北京:北京林业大学.

廖义善,蔡强国,秦杰,等.2008.黄土丘陵沟壑区不同时空尺度下产沙模数的变化.资源科学,30(5):717-724.

刘纪远,邓祥征.2009.LUCC时空过程研究的方法进展.科学通报,54(21):3251-3258.

牟金泽,孟庆枚.1982. 论流域产沙量计算中的泥沙输移比. 泥沙研究,(2):62-67.

王费新,王兆印.2006.植被-侵蚀动力学模型参数的确定及在黄土高原的应用.生态环境学报,15(6):1366-1371.

易浪,任志远,张翀,等.2014.黄土高原植被覆盖变化与气候和人类活动的关系.资源科学,36(1):166-174.

张凤洲.1993.谈泥沙输移比.中国水土保持,(10):17-18.

张建云,王国庆,贺瑞敏,等.2009.黄河中游水文变化趋势及其对气候变化的响应.水科学进展,20(2):153-158.

张晓明,曹文洪,余新晓,等.2009.黄土丘陵沟壑区典型流域径流输沙对土地利用/覆被变化的响应.应用生态学报,20(1):121-127.

张颖. 2007. 黄土地区森林植被对坡面土壤侵蚀过程影响机理研究. 北京:北京林业大学.

张颖,谢宝元,余新晓,等.2009.黄土高原典型树种幼树冠层对降雨雨滴特性的影响.北京林业大学学报,31(4):70-76.

赵东波,梁伟,杨勤科,等.2008.陕北黄土丘陵区近30年来土地利用动态变化分析.水土保持通报,28(2):22-26.

郑明国,蔡强国,陈浩.2007a. 黄土丘陵沟壑区植被对不同空间尺度水沙关系的影响.生态学报,27(9):3572-3581.

郑明国,蔡强国,王彩峰,等.2007b. 黄土丘陵沟壑区坡面水保措施及植被对流域尺度水沙关系的影响.水利学报,38(1):47-53.

朱婧,赵文武,徐海燕.2008.黄土丘陵沟壑区径流输沙相关性的尺度效应分析.水土保持研究,15(3):4-6.

Beven K.2001.How far can we go in distributed hydrological modelling? Hydrology & Earth System Sciences,5(1):1-12.

Doerr S H,Shakesby R A,Blake W H,et al.2006.Effects of differing wildfire severities on soil wettability and implications for hydrological response.Journal of Hydrology,319(1/4):295-311.

Eckhardt K,Breuer L,Frede H G.2002 .Parameter uncertainty and the significance of simulated land use change effects. EGS General Assembly Conference.

Fohrer N,Haverkamp S,Eckhardt K,et al.2001.Hydrologic response to land use changes on the catchment scale.Physics & Chemistry of the Earth Part B:Hydrology Oceans & Atmosphere,26(7/8):577-582.

Güntner A,Bronstert A.2004.Representation of landscape variability and lateral redistribution processes for large-scale hydrological modelling in semi-arid areas.Journal of Hydrology,297(1/4):136-161.

Holvoet K,Griensven A V,Seuntjens P,et al.2005.Sensitivity analysis for hydrology and pesticide supply towards the river in SWAT.Physics & Chemistry of the Earth,30(8):518-526.

# 第8章 水土保持对区域径流输沙的影响

人类活动对河流径流泥沙影响的研究关系到河流治理全局,是正确评估水土保持措施等人类活动对减少入河径流泥沙量的影响,全面认识水资源开发利用对水沙条件的影响,做好流域、区域水土保持规划、水资源开发利用规划和流域治理开发规划的一项重要应用基础研究工作。水土保持措施减水减沙效益研究,一直是水土保持学领域研究的基本问题。本章汇总了水土保持水文效益的评估方法,并通过黄土高原区两个水土保持水文效益实例总结了水土保持对区域径流输沙的影响。

## 8.1 水土保持水文效益评估方法

建立科学合理的评价方法是分析气候/人类活动对区域水土流失影响的核心。有理论基础且能反映客观实际的评价方法,不仅决定着计算结果的精度,还直接关系到计算结果的可信度。因此,研究者一直在寻求科学合理、精度较高的计算方法。根据目前的研究现状,将各种研究方法分为对比分析法和模拟分析法两大类九种方法。

### 8.1.1 时间序列对比分析法

时间序列对比分析法是根据同一流域相同水文站长期实测资料,通过将实行水土流失治理前后水文要素进行对比分析,研究水土保持对流域径流输沙的影响。应用时间序列对比分析法的技术关键是确定人类活动显著影响流域的突变年份。

### 8.1.2 集水区对比分析法

集水区对比分析法就是在同一地区,选择集水区面积、河道坡度、地貌、植被、土壤和气候等因素基本一致的相邻两个集水区,一个不治理,对另一个进行治理,然后同时进行降水和径流等要素的观测,在进行若干年观测之后,用实测资料分析水土流失综合治理对水文要素变化的影响。集水区对比分析法是小流域研究中消除气候变化影响的最佳方法。

### 8.1.3 水保法

水保法也称为成因分析法(张攀等,2008),是通过对不同地区径流试验小区观测的水土保持措施减水减沙资料进行统计,确定单项措施在单位面积上的减水减沙量,按一定方法进行尺度转换后推广到流域面上,再根据各单项水土保持措施减水减沙指标和单项措施面积,二者相乘即得到分项水土保持措施减水减沙量,逐项相加,并考虑流域产沙在河道运行中的冲淤变化和人类活动新增水土流失等因素,即可得到流域面上水利水土保持综合治理的减水减沙量,进而分析各项措施对水沙变化的贡献率。

采用水保法分析计算水土保持措施的水文作用时,影响因素复杂,各种措施在不同条件下的作用千差万别。为了正确反映各因素在不同条件下的内在关系,提高研究结果的客观性,穆兴民(2002)认为水保法还必须解决三个关键问题:①单项水土保持措施的径流效应指标选择的科学合理问题;②对应指标体系下,水土保持措施面积及其质量等级的准确性问题;③尺度放大的方法问题。冉大川等(2016)认为如何准确核实单项水土保持措施面积、合理确定水土保持措施减水减沙指标,是水保法计算的关键。王金花等(2011)认为用水保法计算水土保持措施减沙量的关键在于减沙指标的确定和措施面积的核实。

### 8.1.4　水文法

水文法是利用水文观测资料,建立水文统计模型,分析水土保持措施减水减沙作用的一种方法。其基本思路是:人类活动对流域的影响,反映在流域径流、泥沙的实测变化过程上。径流泥沙的形成受降雨及下垫面条件的制约,水利水土保持措施可以改变下垫面状况,但不可能显著改变流域气候条件,可以认为降雨不受水利水土保持工程的影响。据此,采用开展水土保持措施以前或水土保持治理程度不高时期的实测水文资料,建立降雨与径流、泥沙的数学模型或经验关系(张明波等,2003),用水土保持工作全面开展后的流域降雨资料和模型(或公式)推算后一时期不受水利水土保持工程影响的水沙过程,此计算过程与实测的水沙过程相比较,得出后一时期水利水土保持工程的综合减水减沙效益。

冉大川等(2016)认为水文法分析计算是基于数理统计学原理,通过主导因子筛选和逐步回归分析,建立流域在基准期的"天然"降雨产流产沙经验模型。将治理期的降雨资料代入基准期所建模型中,求得治理期"天然"产流产沙量,再与治理期实测值相比,即得流域水利水土保持等综合治理措施的减水减沙量。同时,根据基准期与治理期实测值对比,结合已经求出的水利水土保持等综合治理措施的减水减沙量,可以间接求出降雨变化对流域减水减沙量的影响。

利用水文法可以区分降雨变化和水土流失综合治理措施对流域水沙变化及减水减沙的影响程度(姚文艺和焦鹏,2016)。水文法通常采用经验公式法(李子君等,2008),它是根据流域治理以前的降雨、径流、输沙系列观测资料,建立这三者间的经验关系模型,再将治理以后流域降雨系列资料代入经验关系模型,得到治理后的径流和输沙模拟值,再与实测值进行比较从而获得减水减沙效益。在利用水文法评估时,不同研究者所建立的产流产沙模型往往不同,但其原理相同。

合理确定基准期,筛选降雨主导因子,构建结构简单、精度较高和便于应用的流域降雨产流产沙经验模型,是水文法计算的关键。水文法的精度主要取决于两方面,一是所选基准期的资料系列是否可以反映天然情况下的水文规律,即代表性问题;二是如果基准资料系列代表性不强、雨量站稀少,降雨等资料的观测精度,就会影响到评估结果的精度。

## 8.1.5　水文模型法

尽管对某一水文事件或水文要素的模拟研究已有近百年的历史,但一般认为最早的流域水文模型是 1967 年开发的 Stanford 模型。因此,流域水文模拟是研究水文过程的一种新技术。水文模拟是通过把一些经验规律加以物理解释,用简化的数学公式表达出来,再把各个水文过程综合起来,形成全流域水量平衡计算系统,即模型。然后,通过计算机模拟运算来实现水文过程的模拟输出。相对于经验模型,流域水文物理模型描述了从降雨到径流的形成过程,因此,被称为白箱模型或机理模型。

水文模型是描述流域水文过程的数学模型,是水文循环规律研究的必然结果(王书功等,2004)。它是为对流域上发生的全水文过程进行模拟计算所建成的数学模型。水文模型分为确定性模型与统计模型,确定性模型根据模型对流域的描述是空间集总式的还是分布式的描述,以及对水文过程是经验性描述、概念性描述还是完全物理描述进一步划分为黑箱模型、集总式概念模型和基于物理学的分布式模型。从最早的 Stanford 模型开始,世界各国已经开发出各式各样的流域水文模型用于流域水文过程研究。与传统的黑箱模型相比,水文物理概念模型具有很多优点(贾仰文等,2005):①具有物理基础,可以进行较高精度的外延。通过模型参数的改变可以反映人类活动对流域水文效应的影响,代表了水文数学模型的发展趋势。②对单次暴雨的计算精度更高。③可以考察边界条件更为复杂的流域。尽管如此,水文物理模型在我国的应用还不太广泛,主要原因在于:模型相对复杂,需要的参数较多,观测资料的缺乏导致参数的计算也较为困难。

Fereze 和 Harlan 是世界上研究分布式水文模型的先行者(王浩等,2005)。1969 年,他们首次提出了基于水动力学偏微分物理方程的分布式水文(物理)模型的概念和框架。20 世纪 80 年代以后,随着计算机技术、地理信息系统(GIS)技术、遥感(RS)技术、数字高程模型(digital elevation model,DEM)等技术的迅速发展与应用,世界各国掀起了研究分布式水文模型的热潮。世界上第一个具有实用意义的分布式水文模型是 1982 年由英国水文研究所(Institute of Htdrology,IH)、法国 SOG-REAH 咨询公司和丹麦水力学研究所(Danihs Hydarulic Institute,DIH)联合研制开发的 SHE 模型。到目前为止,国外学者研究开发的分布式水文模型多达 10 余种。其中,美国和加拿大的代表模型有 HSPF 模型、HEC-HMS 模型、SWMM 模型、USGS-MMS 模型、UBC 模型、CAS2D 模型和 SWAT 模型等;欧洲的代表模型有 SHE/MIKESHE 模型、TOPMODEL 模型、HBV 模型 IHDM 模型等;日本的代表模型有小民模型、OHyMoS 模型、IISDHM 模型、WEP 模型等。

## 8.1.6　小流域天然产沙量对比法

一个流域未治理情况下的产沙量称为天然产沙量。天然产沙量在下垫面不变的情况下,主要与降雨有关。不同时段降雨不同,产沙量也不同。产沙量的比值,可以反映出两个时段降雨情况变化的大小,不同时段降雨的变化是相近的,产沙量的变化系数也是相近的(于一鸣,1996)。因此,可用式(8-1)表达两个相邻流域不同时段产沙量之间的关系:

$$\frac{S_{a2}}{S_{a1}} = \frac{S_{b2}}{S_{b1}} = \alpha \qquad (8\text{-}1)$$

式中：$S_{a1}$、$S_{b1}$ 分别为 a、b 两流域第一个时段的产沙量；$S_{a2}$、$S_{b2}$ 分别为 a、b 两流域第二个时段的产沙量；$\alpha$ 为因降雨情况的不同引起的产沙量的变化系数。如果两个流域两个时段下垫面情况未变，降雨情况相同，则 $\alpha = 1$。

据此，一个流域治理后某个时段的天然产沙量，可用其治理前某个时段的产沙量与其相邻的未经治理的流域相应两个时段产沙量的变化系数进行计算。如上所述，假定 a 为治理流域，b 为未治理流域，时段 1 为 a 流域未治理时段，时段 2 为 a 流域治理时段，求 a 流域治理时段的无措施天然产沙量（即未治理的产沙量）可用式（8-2）计算：

$$S_{a2} = \frac{S_{b2}}{S_{b1}} S_{a1} = \alpha S_{a1} \qquad (8\text{-}2)$$

式中符号含义同前。一个小流域在一个大的流域内，小流域的降雨情况和大流域更是比较接近的。因此，经过治理的大流域某个时段的无措施天然产沙量，也可以用未经治理的小流域相应两个时段产沙量变化系数来计算。

### 8.1.7 坡面措施综合减沙系数计算法

用水土保持法计算治理流域的天然产沙量，若不考虑河道冲淤，一般采用式（8-3）计算（周振民和王铁虎，2006）：

$$S = S_1 + S_2 + S_3 + S_4 - S_5 \qquad (8\text{-}3)$$

式中：$S$ 为流域天然产沙量；$S_1$、$S_2$、$S_3$、$S_4$ 和 $S_5$ 分别为实测输沙量、水利工程拦沙量、淤地坝拦沙量、坡面措施减沙量和人为增沙量。坡面措施减沙量采用式（8-4）计算：

$$S_4 = M\eta f = \frac{S\eta f}{F} = S\eta\alpha \qquad (8\text{-}4)$$

式中：$M$ 为流域平均产沙模数；$f$ 为各项坡面水土保持措施的有效面积；$S$ 为流域天然产沙量；$F$ 为流域面积；$\eta$ 为坡面措施综合减沙系数，用各项坡面措施有效面积对各项坡面措施减沙系数加权求得。各项坡面措施减沙系数根据小区观测资料和大面积措施质量情况确定，年降雨情况不同时措施的减沙系数也不同。表 8-1 列出了经过研究确定的不同水文年各项措施的减水减沙系数。式中 $\alpha$ 反映流域治理程度，$\alpha = \dfrac{f}{F}$。

表 8-1 水土保持措施减水减沙系数（%）

| 措施 | 丰水年 | | 平水年 | | 枯水年 | |
|---|---|---|---|---|---|---|
| | 减水 | 减沙 | 减水 | 减沙 | 减水 | 减沙 |
| 梯田 | 20 | 20 | 40 | 45 | 60 | 70 |
| 造林 | 20 | 20 | 35 | 40 | 50 | 60 |
| 种草 | 10 | 10 | 20 | 30 | 30 | 50 |

将式（8-4）代入式（8-3），整理可得

$$S = \frac{S_1 + S_2 + S_3 - S_5}{1 - \alpha\eta} \tag{8-5}$$

采用式（8-5）计算流域天然产沙量，如果水库、淤地坝的减沙量和人为增沙量经过准确的调查，措施面积经过准确的落实，计算精度则会提高许多。

## 8.1.8　双累积曲线法

双累积曲线（double mass curve，DMC）法是目前用于水文气象要素一致性或长期性演变趋势分析中最简单、最直观、最广泛的方法（胡彩虹等，2012）。双累积曲线就是在直角坐标系中绘制的同期内一个变量的连续累积值与另一个变量连续累积值的关系线。通过建立双累积曲线剔除参考变量的影响，显现另一个因素是否会导致被检验变量发生显著性趋势变化，在降水量与径流量双累积曲线中累积降水量作为参考变量，在有限的时段内其变化是自然变化，人类活动的影响是微弱的，累积径流量受人类活动及降水量共同作用，通过双累积曲线可以分辨气候变化和人类活动的作用。

穆兴民等（2010）认为双累积曲线可用于水文气象要素一致性的检验、缺值的插补或资料校正，以及水文气象要素的趋势性变化及其强度的分析，是检验两个参数间关系一致性及其变化的常用方法。

按时间进程对降雨、径流及输沙量等随机变化数据进行累加处理，可以起到对随机过程的滤波效果，削弱随机噪声，显现被分析要素的趋势性。与年际过程线等所表现的某水文气象要素的变化不同，双累积曲线主要是显现某要素的趋势性规律变化。利用双累积曲线可以揭示某要素是否有趋势性变化，如果有，是从什么时间开始，以及其趋势性变化强度。在一定条件下，对于绘制的双累积曲线通过肉眼就能比较容易地分辨出斜率是否发生趋势性变化及其变点，这也是该方法在过去能够成功应用的主要原因。

王建莹等（2013）认为双累积曲线就是在直角坐标系中绘制的同一时期两个高度相关变量的连续累积值的关系线，其散点图在直角坐标系上是一条直线，若两个变量累积值直线斜率发生改变，那么斜率突变点所对应的年份就是两个变量累积关系出现突变的时间。它可用于水文气象要素一致性的检验、缺值的插补或资料校正，以及水文气象要素的趋势性变化及其强度的分析。

## 8.1.9　"以洪算沙"法

赵有恩（1996）认为以黄河中游产洪产沙规律作为改进方法进行"以洪算沙"的基本依据有以下三点：①流域的洪量与面积成正比，其关系一般具有幂指数函数形式，各流域有相似性；②黄河中游产沙具有年内高度集中性，泥沙主要来自洪水期，占年产沙量的95%以上，无洪水期，沙量小而稳定；③流域在未治理情况下，通过对分析因子的优选拟合得到，洪量和泥沙量具有良好的相关性，存在幂函数关系。

水土保持坡面措施的减沙与减水密切相关，而减沙减水的实质是减洪（汪岗和范昭，

2002)。减洪计算和流域洪水泥沙关系的建立是减沙计算的基础。减洪计算可利用成因分析方法首先建立以数理统计为基础的由小区到大区的水土保持坡面措施减洪指标体系，根据流域洪量与面积的关系及不同成因径流的叠加性原理，利用各种坡面措施与流域出口洪量的同频率对比，计算不同径流情况下坡面措施的减洪效益。各种成因的减洪总量和流域出口站的实测洪量构成了流域天然状况下的产洪总量，减沙计算即通过建立流域未治理情况下的洪水泥沙关系，根据流域出口站的实测洪量、沙量控制，输入水土保持措施的减洪量，用逐步逼近法使治理前后各种成因的泥沙变化量趋于稳定，最后输出各项坡面措施的减沙量。其减沙效益包括措施本身的拦沙及减少固体径流对抑制或减轻措施下部沿程侵蚀的影响作用。

## 8.2　黄河中游输沙变化及其影响因素

### 8.2.1　研究区概况

黄河中游位于黄土高原腹地，面积 $36.2 \times 10^4$ km$^2$，干流长 1070 km，地理范围在东经 103°50′～113°50′和北纬 33°40′～41°30′之间（图 8-1）。黄河中游属于典型的大陆性气候，年降水量从西北向东南由 200 mm 增加到 700 mm，平均降水量 520 mm，并且 70%降水以暴雨的形式发生在 6～9 月的汛期。在其独特的地质地貌特征、容易侵蚀的土壤、强烈暴雨等共同作用下，伴随着快速人口增长和不合理的土地利用，黄土高原土壤侵蚀是世界上最严重的区域，极限侵蚀模数高达 $5.9 \times 10^4$ t/km$^2$。黄河中游是黄土高原最严重的水土流失区，黄河 90%的泥沙都来自黄河中游，尤其是黄河中游多沙粗沙区。黄河中游不仅具有强烈的输沙能力，并且由于气候变化、水土保持工程、水利

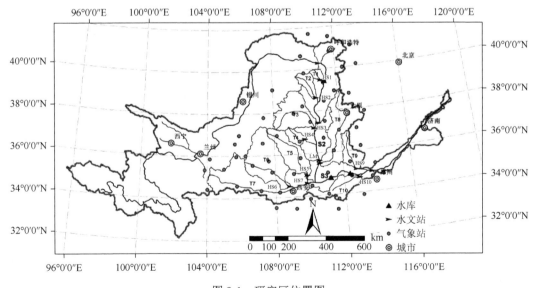

图 8-1　研究区位置图

工程、生态建设等因素综合影响着黄河中游的输沙，因此，黄河中游泥沙减少为研究气候变化、广泛水土保持治理、人类干扰和河道存储的交互作用提供了一个完美的范例。

## 8.2.2　数据与方法

### 1. 输沙量

自 1950 年，黄河水利委员会在黄河流域建立了水文观测网络，黄河中游具有长时间序列的降水和输沙数据可以利用。基于 4 个干流水文站和 10 条主要支流水文站的年输沙数据（表 8-2），对 1950～2010 年黄河中游输沙时空变化进行了研究，泥沙数据来自水利部《黄河泥沙公报》（YRCC，2000～2009 年）。4 个干流水文站是头道拐、吴堡、龙门、花园口。遵循泥沙守恒原理，对图 8-1 中的头道拐—吴堡、吴堡—花园口和龙门—花园口3 个区间的年输沙数据进行了计算。

### 2. 年降水量

采用 1950～2010 年 60 个气象站的数据，数据来自中国气象局国家气象中心（National Meteorological Information Center，NMIC）（图 8-1）。基于 ArcGIS 9.2 平台，采用反距离权重法（inverse distance weighted，IDW）对气象站年降水量数据空间插值，然后采用面上平均的方法得到每支流和区间的年降水量。

### 3. 植被覆盖

1978 年至今是黄河中游社会经济迅猛发展时期，其间进行了大量的生态建设工作，尤其是自 1999 年以来退耕还林还草工程项目的实施。利用 GIMMS 和 SPOT VGT 两种遥感植被数据，分析 1981～2009 年植被覆盖变化对黄河中游径流输沙的影响。NDVI 是遥感近红外和红光反照率的组合比值参数，由于 NDVI 与植被盖度、生物量、叶面积指数关系密切，因此已被广泛地应用于植被动态观测（Van Leeuwen and Sammons，2004）。采用 GIMMS NDVI 数据和 SPOT VGT NDVI 两种数据作为植被覆盖替代性指标。GIMMS 数据是 NOAA AVHRR 数据的整编数据，分辨率为 8 km，时间范围为 1981 年 7 月～2006 年12 月。SPOT VGT NDVI 数据是经过 10 天最大化处理的 1 km 分辨率数据，时间范围为1999 年 1 月～2010 年 12 月。我们利用卷积插值重构法（iterative interpolation for data reconstruction，IDR）对两种 NDVI 时间序列数据进行了重构，进一步减少了数据的不确定性。

表 8-2　黄河中游支流水文站和干流区间基本概况

| 支流或区间 | 站点 | 控制面积/km² | 输沙量/(×10⁶ t) | 输沙模数/[t/(km²·a)] | 贡献率（1950～1979 年)/% | 贡献率（1980～2010 年)/% |
|---|---|---|---|---|---|---|
| T₁ 皇甫川 | HS₁ 皇甫 | 3175 | 41.7 | 13371.3 | 4.1 | 4.0 |
| T₂ 窟野河 | HS₂ 温家川 | 8515 | 83.6 | 9994.9 | 8.7 | 7.1 |

续表

| 支流或区间 | 站点 | 控制面积/km² | 输沙量/(×10⁶ t) | 输沙模数/[t/(km²·a)] | 贡献率（1950～1979 年）/% | 贡献率（1980～2010 年）/% |
|---|---|---|---|---|---|---|
| T₃ 无定河 | HS₃ 百家川 | 29662 | 108.1 | 3711.4 | 11.6 | 9.0 |
| T₄ 延河 | HS₄ 甘谷驿 | 5891 | 41.5 | 7141.7 | 3.6 | 4.8 |
| T₅ 北洛河 | HS₅ 状头 | 25645 | 75.4 | 2934.0 | 6.5 | 8.2 |
| T₆ 泾河 | HS₆ 张家山 | 43216 | 221.6 | 5155.6 | 17.7 | 28.2 |
| T₇ 渭河 | HS₇ 华县 | 63282 | 98.8 | 1612.4 | 9.9 | 8.6 |
| T₈ 汾河 | HS₈ 河津 | 38728 | 21.6 | 565.8 | 2.7 | 0.4 |
| T₉ 沁河 | HS₉ 武陟 | 12880 | 4.8 | 375.3 | 0.5 | 0.2 |
| T₁₀ 伊洛河 | HS₁₀ 黑石关 | 18563 | 11.7 | 641.3 | 1.3 | 0.6 |
| S₁ 头道拐—吴堡 | | 53926 | 213.6 | 3808.0 | 20.8 | 15.0 |
| S₂ 吴堡—龙门 | 未控制区 | 28485 | 156.8 | 4724.7 | 12.5 | 13.3 |
| S₃ 龙门—花园口 | | 30170 | −248.2 | −8185.0 | | |
| S₄ 头道拐—花园口 | | 362138 | 794.8 | 2228.3 | | |

### 4. Mann-Kendall 非参数检验法

Mann-Kendall 非参数检验被广泛地应用于气候和水文趋势检验（高鹏，2010）。经典的 Mann-Kendall 非参数检验可以表达如下：$x_1, x_2, \cdots, x_n$ 是长度为 $n$ 的时间序列，因此，Mann-Kendall 验证统计量 $S$ 可以表达为

$$S = \sum_{k=1}^{n-1} \sum_{j=k+1}^{n} \mathrm{sgn}(x_j - x_k) \tag{8-6}$$

式中：$x_j$ 和 $x_k$ 均为时间序列的数值；$n$ 为时间序列长度；$\mathrm{sgn}(x_j - x_k)$ 被定义为

$$\mathrm{sgn}(x_j - x_k) = \begin{cases} 1 & x_j - x_k > 0 \\ 0 & x_j - x_k = 0 \\ -1 & x_j - x_k < 0 \end{cases} \tag{8-7}$$

$\mathrm{VAR}(S)$ 为 0 时表示时间序列无趋势，变量定义如下：

$$\mathrm{VAR}(S) = \frac{1}{18} n(n-1)(2n+5) \tag{8-8}$$

式中：$n$ 是观测年数。趋势置信度可以通过标准化变量 $Z$ 来衡量：

$$Z = \begin{cases} \dfrac{S-1}{\sqrt{\mathrm{VAR}(S)}} & S > 0 \\[3mm] \dfrac{S+1}{\sqrt{\mathrm{VAR}(S)}} & S < 0 \end{cases} \tag{8-9}$$

因此，进行双尾趋势检验，当 $|Z| \leqslant Z_{\alpha/2}$ 时，在 $\alpha$ 置信度水平上，原假设 H0：$Z$ 服从正态分布成立。

辨别泥沙变化趋势和确定变化幅度同样重要。非参数 Sen 方法被用于检验泥沙输送变化的幅度。Hirsch 等（1982）提出的非参数值 $\beta$ 可以较好地评估变化幅度，其表达式为

$$\beta = \text{MEDIAN}\left(\frac{x_j - x_k}{j - k}\right) \tag{8-10}$$

此处 $j > k$。$\beta$ 为正值表示向上增加的趋势，负值表示下降趋势。

### 5. Pettitt 检测法

确定时间序列突变点的方法有很多，常采用 Pettitt（1979）提出的非参数方法检测泥沙变化突变年份。这里用这种方法检测时间序列的显著变化年份。假设 Mann-Whitney 统计变量为 $U_t$，$N$ 是时间序列长度。统计变量 $U_t$ 表达式如下：

$$U_{t,N} = U_{t-1,N} + \sum_{j=1}^{N} \text{sgn}(x_t - x_j) \tag{8-11}$$

$\text{sgn}(x_t - x_j)$ 表达为

$$\text{sgn}(x_t - x_j) = \begin{cases} 1 & x_t - x_j > 0 \\ 0 & x_t - x_j = 0 \\ -1 & x_t - x_j < 0 \end{cases} \tag{8-12}$$

### 6. 双累积曲线法

通过建立累积年降水量和累积输沙量关系曲线，采用双累积曲线的方法，并参考 Pettitt 检测结果，判定黄河中游主要支流和干流区间降水-输沙关系显著变化年份。斜率突然转折年份即为突变年，斜率增大意味着等量降水所对应的支流或区间产沙增多，斜率减小意味着输沙强度减弱。流域或区间输沙降低主要源自人类活动，包括梯田等水土保持面上拦沙、植树种草面上截水拦沙、淤地坝和水库等水利工程设施沟道拦沙以及人工取水减沙等。课题组采用了双累积曲线方法评估人类活动和降水变化在黄河中游泥沙变化过程中的贡献（图 8-2）。

将突变年份之前作为参考期，突变年份之后作为治理措施期。治理措施期平均输沙量（$\overline{\text{SL}_2}$）与参考期平均输沙量（$\overline{\text{SL}_1}$）之差是后期输沙量的变化总量（$\Delta\text{SL}$），包括人类活动影响量（$\Delta\text{SL}_{\text{human}}$）和降水影响量（$\Delta\text{SL}_{\text{precipitation}}$）。基于参考期累积降水与累积输沙量的线性回归关系，通过线性外插方法估计不受降水变化影响的治理措施期平均输沙量（$\overline{\text{SL}_2'}$）。年输沙量在后期的实测值与评估值之差即为措施期人类活动对河流泥沙的影响量（$\Delta\text{SL}_{\text{human}}$）。总变化量（$\Delta\text{SL}$）减去人类活动影响量（$\Delta\text{SL}_{\text{human}}$）即为降水的影响量（$\Delta\text{SL}_{\text{precipitation}}$）。人类活动和降水对后期输沙减少的贡献率分别为 $\text{CP}_{\text{human}}$ 和 $\text{CP}_{\text{precipitation}}$，其中，后期人类活动影响量占前期输沙量的比例为 $\text{HIP}_{\text{human}}$。

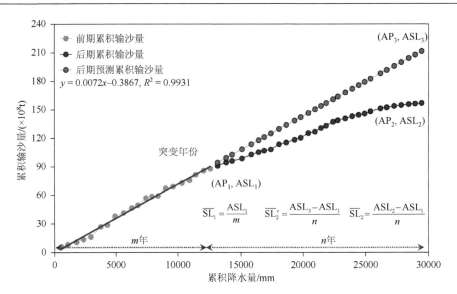

图 8-2　基于双累积曲线法的人类活动对输沙变化贡献的定量评估

AP. 年降雨量；ASL. 年累积输沙量

$$\Delta SL = \overline{SL_2} - \overline{SL_1} = \Delta SL_{human} + \Delta SL_{precipitation} \qquad (8\text{-}13)$$

$$\Delta SL_{human} = \overline{SL_2} - \overline{SL_2'} \qquad (8\text{-}14)$$

$$\Delta SL_{precipitation} = \overline{SL_2'} - \overline{SL_1} \qquad (8\text{-}15)$$

$$CP_{human} = \frac{\Delta SL_{human}}{\Delta SL} \times 100 = \frac{\Delta SL_{human}}{\overline{SL_2} - \overline{SL_1}} \times 100 \qquad (8\text{-}16)$$

$$CP_{precipitation} = \frac{\Delta SL_{precipitation}}{\Delta SL} \times 100 = \frac{\Delta SL_{precipitation}}{\overline{SL_2} - \overline{SL_1}} \times 100 \qquad (8\text{-}17)$$

$$HIP_{human} = \frac{\Delta SL_{human}}{\overline{SL_1}} \times 100 \qquad (8\text{-}18)$$

**7. 植被恢复对输沙量影响的估算方法**

土壤侵蚀与植被覆盖关系密切，通常随着植被盖度的上升，土壤侵蚀量遵循负指数规律下降。USLE 的 $C$ 因子体现了植被覆盖与土壤侵蚀影响的定量关系。NDVI 与植被盖度有关，大量研究建立了 USLE-$C$ 因子与 NDVI 的关系。江忠善等（1996）基于黄土高原小区观测数据，建立了 USLE-$C$ 因子与植被盖度的自然指数关系模型。用江忠善等（1996）建立的 USLE-$C$ 因子与植被盖度的回归模型，评估植被恢复对黄土高原土壤侵蚀的减蚀量。公式如下：

$$C = \exp[-0.418(f - 5)] \qquad (8\text{-}19)$$

利用 SPOT VGT NDVI 数据估算植被盖度（$f$）的公式如下：

$$f = \frac{\mathrm{NDVI} - \mathrm{NDVI_{soil}}}{\mathrm{NDVI_{max}} - \mathrm{NDVI_{soil}}} \qquad (8\text{-}20)$$

式中：$\mathrm{NDVI_{soil}}$ 为裸土的 NDVI 值（0.05）；$\mathrm{NDVI_{max}}$ 为植被覆盖最大区域的 NDVI 值（0.87）。植被恢复对土壤侵蚀的影响通过前后两个时期的平均 USLE-C 值的变化估算：

$$\mathrm{CP_v} = \frac{C_2 - C_1}{C_1} \times 100\% \qquad (8\text{-}21)$$

式中：$\mathrm{CP_v}$ 为由后期植被恢复造成的土壤侵蚀下降的百分数；$C_1$ 和 $C_2$ 分别为前期（1999～2003 年）和后期（2004～2009 年）的 USLE-C 值。黄河中游植被恢复对侵蚀输沙的影响是每条支流和区间估算值的总值。由于龙门—花园口区间是重要的土壤侵蚀沉积区，本区间并没有进行估算。

## 8.2.3　输沙变化及其影响因素

### 1. 1950～2010 年输沙量变化趋势

#### 1）主要干流

利用相关分析法对黄河中游干流输沙量变化趋势进行评估，结果表明：1950～2010 年黄河中游干流头道拐、吴堡、龙门、花园口等 4 个水文站的年输沙量都呈现显著下降趋势（Zhao et al.，2017），相关系数在 0.60～0.66 范围内，达到 0.01 置信度水平（表 8-3 和图 8-3）。M-K 检验结果表明，4 个站点输沙量下降趋势甚至已超过 0.001 置信度水平（表 8-3）。头道拐水文站表征了黄河上游水沙的变化趋势，1950～2010 年输沙量呈现明显的下降趋势，自 1970 年输沙量开始下降，而 1990 年以来，输沙强度进入一个很低的时期。1970～1989 年和 1990～2001 年平均输沙量只有 1.07 亿 t 和 0.41 亿 t，与 20 世纪 50 年代年平均输沙量的 1.68 亿 t 相比，分别下降了 36.3%和 75.6%。自 21 世纪以来，吴堡站、龙门站、花园口站等 3 个干流水文站输沙模数显著下降，较 20 世纪 50 年代分别下降了90.1%、85.9%和 93.3%（表 8-4）。

**表 8-3　黄河中游主要支流输沙量变化趋势统计表**

| 河流或区间 | 站点 | 时间段 | 年数 | 相关系数 $R$ | 检验值 $z$ | 变化速率 /(Mt/10a) | 变化率/% | 突变年份 |
|---|---|---|---|---|---|---|---|---|
| 黄河 | 头道拐 | 1950～2010 | 61 | −0.628** | −5.40*** | −27.1 | −26.0 | 1970、1985 |
| 黄河 | 吴堡 | 1952～2008 | 57 | −0.603** | −5.44*** | −136.1 | −31.5 | 1979、1997 |
| 黄河 | 龙门 | 1950～2010 | 61 | −0.629** | −6.13*** | −197.4 | −27.7 | 1979、1997 |
| 黄河 | 花园口 | 1950～2010 | 61 | −0.664** | −5.82*** | −242.3 | −27.0 | 1979、1997 |
| 皇甫川 | 皇甫 | 1954～2010 | 57 | −0.461** | −4.23*** | −11.7 | −28.1 | 1979、1997 |
| 窟野河 | 温家川 | 1954～2010 | 57 | −0.496** | −4.61*** | −26.0 | −31.1 | 1979、1997 |
| 汾河 | 河津 | 1950～2010 | 61 | −0.617** | −7.27*** | −12.1 | −55.9 | 1971、1997 |
| 无定河 | 白家川 | 1956～2010 | 55 | −0.609** | −4.86*** | −40.3 | −37.3 | 1971、2002 |
| 泾河 | 张家山 | 1950～2010 | 61 | −0.306* | −2.60** | −25.7 | −11.6 | 1972、1997 |

续表

| 河流或区间 | 站点 | 时间段 | 年数 | 相关系数 $R$ | 检验值 $z$ | 变化速率/(Mt/10a) | 变化率/% | 突变年份 |
|---|---|---|---|---|---|---|---|---|
| 延河 | 甘谷驿 | 1952~2010 | 59 | -0.328* | -2.80** | -7.1 | -17.2 | 1971、1997 |
| 北洛河 | 状头 | 1950~2010 | 58 | -0.380** | -3.60*** | -13.6 | -18.0 | 1979、2002 |
| 沁河 | 武陟 | 1950~2010 | 61 | -0.622** | -5.82*** | -2.3 | -48.0 | 1971 |
| 渭河 | 华县 | 1950~2010 | 61 | -0.561** | -4.80*** | -30.1 | -30.5 | 1970、1992 |
| 伊洛河 | 黑石关 | 1950~2010 | 61 | -0.598** | -7.39*** | -6.0 | -51.6 | 1971、1985 |
| 头道拐—吴堡 | | 1954~2008 | 51 | -0.545** | -4.84*** | -79.3 | -37.1 | 1971、1997 |
| 吴堡—龙门 | | 1956~2008 | 49 | -0.382** | -2.99** | -44.9 | -28.7 | 1979、1997 |
| 龙门—花园口 | | 1950~2010 | 61 | 0.223 | 0.72 | 44.9 | -18.1 | 1970、1986 |
| 头道拐—花园口 | | 1950~2010 | 61 | -0.411** | -5.57*** | -215.3 | -27.1 | 1979、1997 |

*置信度水平 0.05；**置信度水平 0.01；***置信度水平 0.001。

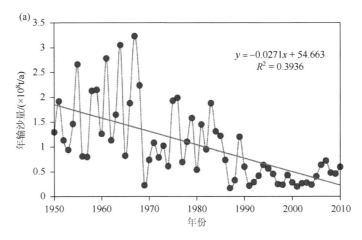

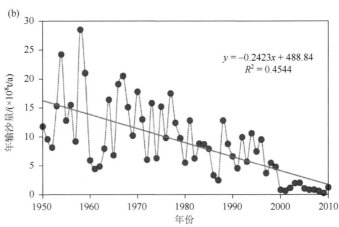

图 8-3  1950~2010 年黄河干流输沙量年际变化

（a）头道拐；（b）花园口

表 8-4　1950～2009 年黄河中游输沙模数变化统计表

| 河流或区间 | 站点 | 输沙模数/[t/(km²·a)] | | | | | | 与 20 世纪 50 年代比较的相对变化量/% | | | | |
|---|---|---|---|---|---|---|---|---|---|---|---|---|
| | | 20 世纪 50 年代 | 20 世纪 60 年代 | 20 世纪 70 年代 | 20 世纪 80 年代 | 20 世纪 90 年代 | 21 世纪 | 20 世纪 60 年代 | 20 世纪 70 年代 | 20 世纪 80 年代 | 20 世纪 90 年代 | 21 世纪 |
| 黄河 | 头道拐 | 415.5 | 496.5 | 313.2 | 265.8 | 111.4 | 112.5 | 19.5 | −24.6 | −36.0 | −73.2 | −72.9 |
| 黄河 | 吴堡 | 1723.0 | 1621.5 | 1193.0 | 748.2 | 589.6 | 171.0 | −5.9 | −30.8 | −56.6 | −65.8 | −90.1 |
| 黄河 | 龙门 | 2390.3 | 2274.1 | 1744.5 | 944.6 | 1023.4 | 337.5 | −4.9 | −27.0 | −60.5 | −57.2 | −85.9 |
| 黄河 | 花园口 | 2137.6 | 1524.9 | 1693.2 | 1060.9 | 936.7 | 143.4 | −28.7 | −20.8 | −50.4 | −56.2 | −93.3 |
| 皇甫川 | 皇甫 | 24578.0 | 15887.6 | 19694.5 | 13487.2 | 8034.0 | 2785.4 | −35.4 | −19.9 | −45.1 | −67.3 | −88.7 |
| 窟野河 | 温家川 | 15905.3 | 13913.8 | 16425.1 | 7875.5 | 7604.2 | 555.2 | −12.5 | 3.3 | −50.5 | −52.2 | −96.5 |
| 汾河 | 河津 | 1807.5 | 888.2 | 493.5 | 116.3 | 81.6 | 8.2 | −50.8 | −72.7 | −93.6 | −95.5 | −99.5 |
| 无定河 | 白家川 | 10023.8 | 6292.6 | 3909.7 | 1776.7 | 2833.9 | 1119.9 | −37.2 | −61.0 | −82.3 | −71.7 | −88.8 |
| 泾河 | 张家山 | 6273.1 | 6261.0 | 6007.0 | 4313.2 | 5491.0 | 2661.5 | −0.2 | −4.2 | −31.2 | −12.5 | −57.6 |
| 延河 | 甘谷驿 | 8888.1 | 10791.0 | 7947.7 | 5418.2 | 7275.2 | 2706.7 | 21.4 | −10.6 | −39.0 | −18.1 | −69.5 |
| 北洛河 | 状头 | 4077.3 | 3997.7 | 3463.8 | 1961.0 | 3466.2 | 841.6 | −2.0 | −15.0 | −51.9 | −15.0 | −79.4 |
| 沁河 | 武陟 | 1033.4 | 564.3 | 316.1 | 194.5 | 70.2 | 66.8 | −45.4 | −69.4 | −81.2 | −93.2 | −93.5 |
| 渭河 | 华县 | 2493.3 | 2615.3 | 1968.2 | 1412.7 | 720.6 | 432.6 | 4.9 | −21.0 | −43.3 | −71.1 | −82.7 |
| 伊洛河 | 黑石关 | 1938.0 | 973.7 | 370.6 | 477.2 | 49.5 | 40.8 | −49.8 | −80.9 | −75.4 | −97.4 | −97.9 |
| 头道拐—吴堡 | | 8095.1 | 6515.7 | 3724.7 | 2166.5 | 2488.9 | 236.8 | −19.5 | −54.0 | −73.2 | −69.3 | −97.1 |
| 吴堡—龙门 | | 7533.3 | 6260.7 | 6600.9 | 2137.1 | 4637.5 | 2041.1 | −16.9 | −12.4 | −71.6 | −38.2 | −72.9 |
| 龙门—花园口 | | −8638.9 | −20439.8 | −4473.5 | −1241.5 | −6485.7 | −7393.9 | 136.6 | −48.1 | −85.6 | −24.9 | −14.4 |
| 头道拐—花园口 | | 3887.0 | 2569.6 | 3095.2 | 1868.7 | 1775.1 | 174.7 | −33.9 | −20.4 | −51.9 | −54.3 | −95.5 |

2）区间

1950～2010 年头道拐—吴堡和吴堡—龙门两个区间输沙量呈现明显的下降趋势，相关性和 M-K 检验都表明趋势显著性通过 0.01 水平检验（表 8-3）。早在 20 世纪 70 年代，两区间输沙量较 20 世纪 50 年代分别减少了 54.2%和 41.6%，自 21 世纪之后输沙量减少趋势愈加显著。头道拐—吴堡区间输沙模数分别从 20 世纪 50 年代的 8095.1 t/(km²·a)减少到 21 世纪的 236.8 t/(km²·a)，减少了 97.3%，只有 20 世纪 50 年代的 2.7%。吴堡—龙门区间输沙模数分别从 20 世纪 50 年代的 7533.3 t/(km²·a)减少到 21 世纪的 2041.1 t/(km²·a)，减少了 81.9%，只有 20 世纪 50 年代的 18.1%（表 8-4）。龙门—花园口区间在地质构造上属于地堑沉降区，是黄河中游重要的泥沙沉积汇区，1960 年和 2001 年三门峡水库和小浪底水库修建以来，海量泥沙在河道和库区淤积是本区域泥沙的最主要过程，其变化受水库运行控制，在时间序列上并不存在明显趋势。进入 21 世纪以来，黄河中游输沙量发生了锐减，头道拐—花园口区间输沙模数从 20 世纪 50 年代的 3887 t/(km²·a)下降到 21 世纪前10 年的 174.7 t/(km²·a)，下降了 95.5%（表 8-4）。

3）支流

相关分析法和 M-K 检验分析表明：黄河中游 10 条支流年输沙量都呈现下降趋势，除了泾河、延河经相关分析法知只通过 0.05 置信度水平外，其他 8 条支流输沙量下降趋势都超过 0.01 置信度水平（表 8-3）。自 21 世纪黄河中游 10 条支流中有 7 条支流输沙量较 20 世纪 50 年代下降了一个量级。位于黄河中游东部的沁河、伊洛河、汾河等 3 条支流输沙量下降发生较早，早在 20 世纪 60 年代输沙量就下降显著，较 20 世纪 50 年代分别下降了 45.4%、49.8%和 50.8%，自 20 世纪 90 年代它们的输沙量均下降了 90%以上。皇甫川、窟野河、无定河、渭河等 4 条支流在 20 世纪 80～90 年代输沙量较 20 世纪 50 年代下降也超过了 50%，在 21 世纪较 20 世纪 50 年代进一步显著下降了 82.7%～96.5%，输沙模数也下降了一个量级。位于黄河中游中西部的泾河、延河和北洛河三条河流输沙量下降相对不强烈，但 21 世纪其输沙量也较 20 世纪 50 年代分别下降了 57.6%、69.5%、79.4%（表 8-4）。

2. 输沙量突变年和阶段性

采用 Pettitt 检测法和双累积曲线法两种方法，检测黄河中游 10 条支流和干流区间输沙量变化的突变年份。不同支流或区间不同时期受到的人类活动影响存在差异，因此降水-输沙关系发生转折的年份存在差异。研究发现（Lin et al.，2009）：不同支流或区间年输沙量发生突变的年份略有差异，通常在 20 世纪 70 年代初期或末期输沙量发生突变，在 20 世纪 90 年代末期又一次发生输沙量骤减的突变转折（表 8-3）。头道拐水文站表征了黄河上游输沙变化趋势，其突变年份与其他 3 个干流水文站不同，发生在 1970 年和 1985年，而头道拐—花园口区间的吴堡、龙门和花园口三个站点突变年份均为 1979 年和 1997年。研究结论与前人研究结论基本一致，例如，Li 等（2007）研究发现 1972 年是无定河水文突变年份，我们的发现与其一致。突变年确认后，将时间序列划分为前期和后期两个时段，研究人类活动和气候变化对输沙量变化的贡献。

黄河中游输沙变化具有明显的阶段性，头道拐—花园口区间代表了黄河中游的输沙模数，1950～2010 年逐年输沙量下降趋势显著（$R = 0.641$，$p < 0.001$）（图 8-4）。从头道拐—花园口区间输沙量年际变化来看，1950～2010 年大致可以划分为 3 个阶段：①1950～1979 年：黄河中游处于强烈输沙时期，平均输沙模数高达 3184 t/(km²·a)。只是这个阶段受三门峡水库运行初期拦截大量泥沙的影响，有一个输沙模数显著下降然后回升的过程。②1980～1996 年：输沙量较前期明显下降，进入一个相对平缓的输沙阶段，输沙模数为 1931 t/(km²·a)，输沙量较前期下降了 39.4%。③1997～2010 年：黄河中游输沙量进入一个显著锐减时期，平均输沙模数只有 395 t/(km²·a)，较 1950～1979 年输沙模数下降了 87.6%。而 21 世纪黄河中游输沙量只是 20 世纪 50 年代输沙量的 4.5%，下降了 95.5%，与 20 世纪 50 年代相比输沙模数下降了一个量级。

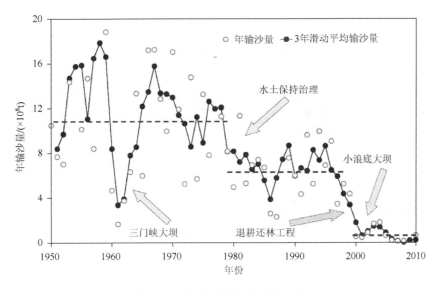

图 8-4　黄河中游输沙量变化趋势

## 3. 输沙量时空变化

关于黄河中游输沙模数的空间格局已有很多研究,黄河中游输沙模数呈现明显的空间格局 (Zhao et al.,2017),虽然不同时代输沙模数存在明显差异,但西北地区输沙剧烈,东南地区相对较弱的空间格局基本稳定 [图 8-5 (a) 和 (b)]。无定河、窟野河、皇甫川一带输沙模数最大,都超过了 10000 t/(km²·a),是世界上著名的水土流失区 [图 8-5 (a)]。大量研究表明 (Ilstedt et al.,2007),这与当地植被覆盖系数、暴雨中心、黄土或披砂岩土壤以及风蚀和水蚀密切相关。

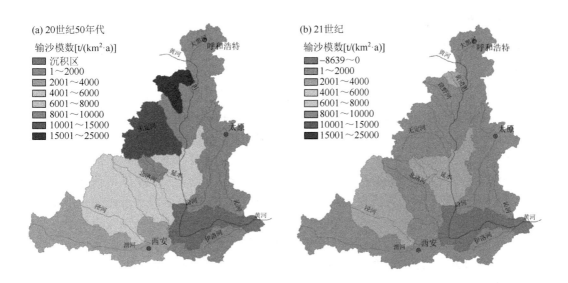

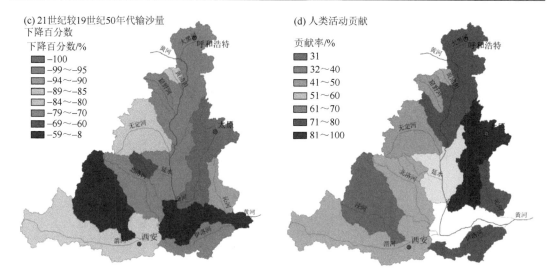

图 8-5　1950～2010 年黄河中游输沙量时空变化格局

通过将 21 世纪前 10 年平均输沙量与 20 世纪 50 年代输沙量比较，揭示黄河中游输沙量变化存在显著的空间分布格局 [图 8-5（c）]。比较表明：输沙量下降最为显著的区域位于黄河中游的北部、东部区域，输沙量通常下降了 90%以上，包括伊洛河、沁河、汾河、窟野河、头道拐—吴堡等 4 条支流和区间，输沙量分别下降了 97.9%、93.5%、99.5%、96.5%和 97.1%。居于黄河中游中西部的泾河、延河、北洛河、吴堡—龙门区间等 4 个支流或区间，输沙量下降相对不强烈，但也都在 57.6%～79.4%之间。位于其间的皇甫川、无定河、渭河等 3 条主要支流输沙量也分别下降了 88.7%、88.8%和 82.7% [表 8-4 和图 8-5（c）]。

4. 降水量时空变化

降水是流域土壤侵蚀、泥沙输送的主要动力因子，直接影响着河流泥沙的侵蚀、搬移和输送。采用相关分析和 M-K 检验方法分析表明，1959～2009 年黄河中游年降水量呈下降趋势（$R = -0.284$，$z = -2.16$，$p < 0.005$）。基于气象站采用 M-K 方法分析表明：1959～2009 年黄河中游降水量整体呈现下降趋势，但年降水量超过 $p < 0.05$ 置信度检验的站点只有 5 个，占研究区内 37 个站点的 13.5%。年降水量显著减少区域主要分布在无定河、延河及泾河流域，位于黄河中游的中部，另外，渭河上游年降水量也呈现下降趋势 [图 8-6（a）]。采用相关分析法和 M-K 法分析表明：1959～2009 年每条支流或区间年降水量变化都呈下降趋势（表 8-5）。以 $p < 0.05$ 为显著性标准，基于相关分析得到汾河、无定河、延河、渭河、吴堡—龙门、龙门—花园口等年降水量呈现减少趋势，采用 M-K 法分析得到年降水量呈现明显下降的支流或区间只有沁河、渭河、吴堡—龙门、龙门—花园口。1980～2009 年黄河中游平均年降水量较 1959～1979 年减少 7.3%，各条支流或区段后期降水较前期降水减少量大多分布在 6.0%～11.8%之间（不包括伊洛河）。自 20 世纪 70 年代末以来，黄河中游降水呈现减少趋势。

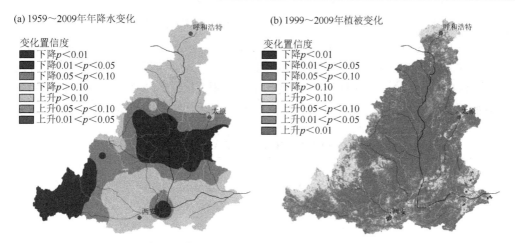

(a) 1959~2009年年降水变化

变化置信度
下降p<0.01
下降0.01<p<0.05
下降0.05<p<0.10
下降p>0.10
上升p>0.10
上升0.05<p<0.10
上升0.01<p<0.05

(b) 1999~2009年植被变化

变化置信度
下降p<0.01
下降0.01<p<0.05
下降0.05<p<0.10
下降p>0.10
上升p>0.10
上升0.05<p<0.10
上升0.01<p<0.05
上升p<0.01

图 8-6　黄河中游降水量和植被覆盖时空变化

表 8-5　1959~2009 年黄河中游降水量（MAP）变化

| 河流或区间 | 站点 | $R$ | $z$ 检验 | 变化率/(mm/10a) | 变化率占平均值的比例/% | MAP（1959~1979 年）/mm | MAP（1980~2009 年）/mm | 2时段变化率/% |
|---|---|---|---|---|---|---|---|---|
| 皇甫川 | 皇甫 | −0.197 | −0.94 | −14.1 | −3.6 | 423.1 | 374.9 | −11.4 |
| 窟野河 | 温家川 | −0.196 | −0.83 | −13.0 | −3.3 | 421.0 | 375.3 | −10.8 |
| 汾河 | 河津 | −0.278* | −1.93 | −17.7 | −3.6 | 521.1 | 465.1 | −10.7 |
| 无定河 | 白家川 | −0.291* | −1.79 | −17.4 | −4.5 | 419.1 | 369.7 | −11.8 |
| 泾河 | 张家山 | −0.245 | −1.69 | −15.7 | −3.1 | 523.4 | 486.6 | −7.0 |
| 延河 | 甘谷驿 | −0.301* | −1.84 | −20.2 | −4.1 | 521.5 | 474.3 | −9.1 |
| 北洛河 | 状头 | −0.223 | −1.54 | −14.4 | −2.7 | 558.6 | 525.0 | −6.0 |
| 沁河 | 武陟 | −0.238 | −2.08* | −17.3 | −3.1 | 587.4 | 541.2 | −7.9 |
| 渭河 | 华县 | −0.284* | −2.16* | −18.2 | −3.2 | 598.8 | 562.8 | −6.0 |
| 伊洛河 | 黑石关 | −0.062 | −0.26 | −5.1 | −0.7 | 684.7 | 682.1 | −0.4 |
| 头道拐—吴堡 | | −0.184 | −0.75 | −11.4 | −2.8 | 436.3 | 398.2 | −8.7 |
| 吴堡—龙门 | | −0.308* | −2.26* | −20.1 | −4.0 | 541.7 | 487.1 | −10.1 |
| 龙门—花园口 | | −0.284* | −2.16* | −15.5 | −3.0 | 534.0 | 494.8 | −7.3 |

\* $p < 0.05$。

### 5. 植被覆盖时空变化

1978 年至今为黄河中游社会经济迅猛发展时期，其间进行了大量的生态建设工作，尤其是自 1999 年以来退耕还林工程项目的实施。基于 GIMMS 遥感数据，通过相关分析表明：1981~2006 年黄河中游植被覆盖整体不具有明显趋势，主要支流植被覆盖变化趋势存在很大差异。黄河中游北部植被覆盖呈现上升趋势，皇甫川、窟野河、无定河和头道拐—吴堡区间植被覆盖呈现上升趋势，并且都超过了 $p < 0.01$ 显著性检验。其他支流或区间都呈现下降趋势，但都没有通过显著性检验。

利用 SPOT VGT 数据，研究了 1999~2009 年黄河中游植被覆盖变化趋势，研究表明：

1999～2009 年黄河中游植被覆盖上升趋势显著，除沁河只达到了 $p < 0.05$ 置信度之外，其他支流或区间都达到了 $p < 0.01$ 置信水平（表 8-6）。退耕还林工程自 1999 年底实施，将工程实施期分为 1999～2003 年工程实施初期和 2004～2009 年工程实施后期两个时段，主要支流和区间的平均 NDVI 都有不同程度的上升，研究区平均 NDVI 上升 13.8%。其中上升趋势最显著的皇甫川和窟野河，NDVI 上升分别达 27.0% 和 28.2%。

表 8-6　1980～2009 年黄河中游主要支流年最大 NDVI 变化趋势

| 河流或区间 | 输沙量（1980～1999 年）/($\times 10^8$ t/a) | 输沙量（2000～2009 年）/($\times 10^8$ t/a) | $R_{1981\sim 2006}$ | $R_{1999\sim 2009}$ | $\text{NDVI}_{1999\sim 2003}$ | $\text{NDVI}_{2004\sim 2010}$ | NDVI 变化量/% | C 因子变化量/% | 输沙变化量/($\times 10^6$ t/a) |
|---|---|---|---|---|---|---|---|---|---|
| 皇甫川 | 0.342 | 0.088 | 0.648** | 0.907** | 0.295 | 0.374 | 27.0 | −31.6 | −10.8 |
| 窟野河 | 0.659 | 0.047 | 0.730** | 0.959** | 0.307 | 0.394 | 28.2 | −34.2 | −22.5 |
| 汾河 | 0.038 | 0.003 | −0.281 | 0.901** | 0.565 | 0.644 | 14.0 | −31.6 | −1.2 |
| 无定河 | 0.684 | 0.332 | 0.539** | 0.949** | 0.309 | 0.382 | 23.6 | −29.6 | −20.2 |
| 泾河 | 2.119 | 1.150 | −0.080 | 0.910** | 0.481 | 0.535 | 11.2 | −22.9 | −48.2 |
| 延河 | 0.374 | 0.159 | −0.185 | 0.948** | 0.458 | 0.570 | 24.4 | −41.6 | −15.6 |
| 北洛河 | 0.696 | 0.216 | −0.429 | 0.926** | 0.604 | 0.673 | 11.3 | −28.1 | −19.6 |
| 沁河 | 0.017 | 0.009 | −0.040 | 0.661* | 0.668 | 0.715 | 7.1 | −20.2 | −0.3 |
| 渭河 | 0.675 | 0.267 | −0.548 | 0.857** | 0.602 | 0.658 | 9.3 | −23.6 | −15.9 |
| 伊洛河 | 0.049 | 0.008 | −0.295 | 0.869** | 0.693 | 0.749 | 8.1 | −23.6 | −1.2 |
| 头道拐—吴堡 | 1.206 | 0.197 | 0.509** | 0.797** | 0.435 | 0.514 | 18.1 | −31.6 | −38.1 |
| 吴堡—龙门 | 0.938 | 0.588 | −0.259 | 0.955** | 0.514 | 0.635 | 23.6 | −44.1 | −41.3 |

* $p < 0.05$；** $p < 0.01$。

6. 输沙变化影响因素

近 60 年黄河中游输沙呈现明显的下降趋势，21 世纪输沙量较 20 世纪 50 年代下降了一个量级。自 2000 年黄河输沙模数呈现明显下降趋势，从 20 世纪 50 年代的（3887.0±1842.2）t/(km²·a) 下降到 21 世纪的（174.7±183.0）t/(km²·a)，下降了 95.5%。

人类活动是黄河中游输沙下降的主导性因素，人类活动贡献 83.6%，而降水只贡献 16.4%。黄河中游 1980～2009 年与 1959～1979 年相比，降水量下降了 7.3%（表 8-5）。由于小浪底枢纽工程运行，与 1980～1999 年相比，在 21 世纪大约有 1.09 亿 t 泥沙被拦截在龙门—花园口区间，大约占 21 世纪泥沙锐减量的 18.3%。

在 1999 年启动的退耕还林工程的驱动下，黄河中游 NDVI 上升了 13.8%。由植被覆盖提高而减少的黄河中游输沙量为 2.35 亿 t。由于植被恢复而减少的输沙量可以占到 21 世纪较 1980～1999 年输沙量锐减量的 39.4%。而黄河中游面上的水土保持工程措施拦截泥沙量为 2.53 亿 t，占近期输沙量下降的 42.4%。本章研究已表明，近 60 年黄河中游输沙量明显下降。21 世纪输沙量下降的驱动因素人类活动大约贡献 80%，降水减少约贡献 20%。人类活动影响中水土保持工程措施、植被恢复和干流枢纽工程分别占 40%、40% 和 20%。

# 8.3　黄土高原植被恢复对径流输沙的影响

## 8.3.1　研究区概况

黄河中游河口镇至龙门区间（河龙区间）位于黄河中游上段，是黄土高原的主要组成部分。河龙区间集水面积为 $11.2 \times 10^4 \, \text{km}^2$，占黄河流域面积的 14.8%，其中多沙粗沙区面积占黄河中游多沙粗沙区面积的 76.3%，因此，河龙区间是黄河流域泥沙，尤其是粗泥沙的主要来源区。过去 50 年，黄河中游河龙区间经历了以降水减少、温度上升为主要特征的气候暖干化过程，同期，也进行了大规模的水库、淤地坝、梯田等水利水土保持措施建设，这都深刻地影响了黄河中游河龙区间的水沙变化。

## 8.3.2　数据与方法

### 1. 植被数据

采用 8 km 分辨率的 GIMMS 数据和 1 km 分辨率的 SPOT VGT 两种植被 NDVI 数据，对 1981～2007 年黄河中游河龙区间的植被覆盖时空变化进行研究，GIMMS 数据的观测时间为 1981 年 7 月至 2003 年 12 月，SPOT VGT 数据为 1999 年 4 月至 2007 年 12 月，该数据恰与退耕还林工程同步，可用其对该工程的生态效应进行全程监测。

### 2. 水沙数据

黄河中游河龙区间的径流量、输沙量数据来自黄河水利委员会公布的《黄河泥沙公报》。头道拐和龙门分别是黄河中游河龙区间起始、结束的干流控制水文站，观测时间为 1950～2007 年。在分析植被 NDVI、水沙变化原因时，用到的年降水数据是河龙区间及其周边地区 18 个气象站点年降水量的平均值，时间序列为 1957～2005 年。

### 3. 研究方法

基于 ArcGIS 9.2 平台，采用国际通用的最大化处理方法，将 15 日分辨率 GIMMS 数据通过最大化处理生成月最大化 NDVI，进而得到年最大化 NDVI。对 SPOT VGT 数据进行同样处理，得到月最大化 NDVI 和年最大化 NDVI。

以龙门与头道拐两水文站的年径流量之差作为河龙区间年径流量，以年输沙量之差作为河龙区间年输沙量，它们将被用于 1950～2007 年河龙区间径流量、输沙量的年际间变化特征分析（图 8-7）。

## 8.3.3　植被覆盖变化特征

### 1. 月份变化

基于 GIMMS 数据统计不同月份植被 NDVI 的变化趋势，研究表明：1981～2003 年

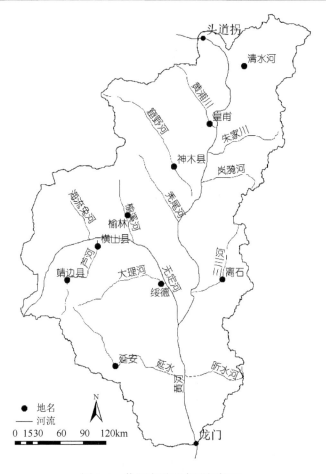

图 8-7　黄河中游河龙区间概况

黄河中游河龙区间植被 NDVI 变化在不同月份之间呈现明显的差异，整体来看以植被 NDVI 上升为主要趋势，但只有春季的 5 月和秋季 10 月能超过 $p<0.01$ 信度水平检验（表 8-7）。

表 8-7　1981～2007 年黄河中游河龙区间不同月份植被覆盖变化趋势

| 月份 | 相关系数 1 | NDVI 显著上升区/% | NDVI 变化不明显/% | NDVI 显著下降区/% | 相关系数 2 |
|---|---|---|---|---|---|
| 1 | −0.28 | 0.9 | 86.2 | 12.9 | −0.23 |
| 2 | 0.14 | 3.4 | 96.6 | 0.1 | −0.2 |
| 3 | −0.05 | 1.9 | 93.8 | 4.3 | 0.57 |
| 4 | 0.04 | 2.2 | 92.6 | 5.1 | 0.68* |
| 5 | 0.54** | 51.2 | 48.8 | 0.1 | 0.85*** |
| 6 | −0.07 | 7.2 | 86.4 | 6.4 | 0.68* |
| 7 | 0.05 | 19.6 | 70.8 | 9.6 | 0.70* |
| 8 | 0.37 | 33.7 | 63.2 | 3.0 | 0.92*** |
| 9 | 0.31 | 27.2 | 71.4 | 1.4 | 0.92*** |

| 月份 | 相关系数 1 | NDVI 显著上升区/% | NDVI 变化不明显/% | NDVI 显著下降区/% | 相关系数 2 |
|------|-----------|-------------------|-------------------|-------------------|-----------|
| 10 | 0.54** | 53.7 | 46.3 | 0 | 0.84** |
| 11 | 0.28 | 12.1 | 87.2 | 0.7 | 0.62* |
| 12 | −0.09 | 2.7 | 94 | 3.3 | 0.75** |

注：相关系数 1 是指 1981~2003 年植被 NDVI 与年份的相关系数，正值表示 NDVI 上升，负值表示 NDVI 下降，同理相关系数 2 指的是 1999~2007 年植被 NDVI 与年份的相关系数；*是指植被 NDVI 变化通过 $p < 0.05$ 信度水平检验，**是指通过 $p < 0.01$ 信度水平检验，***是指通过 $p < 0.001$ 信度水平检验；显著上升区是植被覆盖上升趋势通过 0.05 显著性检验的区域占总面积的比例，显著下降区是植被覆盖下降趋势通过 0.05 显著性检验的区域占总面积的比例。

以 $p < 0.05$ 为显著性检验标准，统计黄河中游河龙区间 1981~2003 年不同月份植被 NDVI 显著上升、显著下降的面积占总面积的比例（表 8-7）。统计表明：1981~2003 年河龙区间植被 NDVI 以上升为主，植被 NDVI 在 5~10 月生长季呈显著上升的区域占总面积的 20% 以上（除 6 月和 7 月），其中 5 月和 10 月分别达到了 51.2% 和 53.7%，而呈显著下降的区域所占面积比例较小，且大多在 10% 以下。

自 1999 年以来，在黄河中游地区大规模地实施了退耕还林工程，在此使用 SPOT VGT 数据研究 1999~2007 年不同月份植被 NDVI 的变化特征。逐年提取河龙区间不同月份植被 NDVI，将其与年份进行相关分析。研究发现：随着退耕还林工程的实施，1999~2007 年黄河中游河龙区间植被 NDVI 恢复态势强劲，5~10 月生长季植被 NDVI 都能通过显著性检验，其中 5 月、8 月和 9 月都能通过 $p < 0.001$ 信度水平检验。

2. 年际变化

年最大化 NDVI 代表了当地最佳植被覆盖水平，在此以其为植被覆盖指标，分析 1981~2007 年黄河中游河龙区间植被 NDVI 的年际波动特征。借助 GIMMS 数据和 SPOT VGT 数据在 1998~2003 年的 6 年重叠期，采用线性外推方法对 GIMMS 数据年最大化植被 NDVI 进行插补，建立 1981~2007 年年最大化 NDVI 的时间序列（$R = 0.952$，$p < 0.001$，$n = 6$）。由图 8-8 可知，1981~2007 年黄河中游河龙区间植被 NDVI 呈显著上升趋势

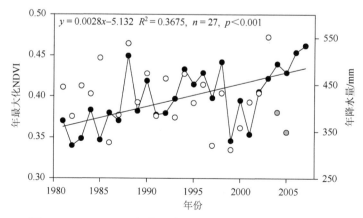

图 8-8　1981~2007 年黄河中游河龙区间植被覆盖变化趋势

●—年最大化 NDVI；○—年降水量

（$R^2 = 0.3675$，$p < 0.001$，$n = 27$），其间大致经历 1981～1998 年植被 NDVI 上升期，1999～2001 年植被 NDVI 急剧下降到历史低位，然后植被 NDVI 进入了快速恢复、提升阶段，虽然 2004 年、2005 年降水相对偏少，但河龙区间植被 NDVI 仍表现为上升趋势。

3. 时空变化

在分析了植被覆盖年际间变化趋势的基础上，基于 GIMMS 数据进一步分析黄河中游河龙区间植被覆盖变化的空间特征。研究表明：1981～2003 年黄河中游河龙区间植被覆盖变化存在明显的空间差异，植被 NDVI 显著上升区和显著下降区共存［图 8-9（a）］。植被 NDVI 显著上升的区域呈条带状分布于河龙区间的西北部，大致分布在靖边、横山、榆林、神木、皇甫、清水河一带，即沿长城一线以北的沙丘沙地草滩区。植被 NDVI 显著下降的区域位于河龙区间南部黄土高原丘陵沟壑区和南部、东部的山地森林区。统计表明：1981～2003 年河龙区间有 40.5% 的区域植被 NDVI 呈现上升趋势，而只有 8.6% 的区域植被 NDVI 呈现明显下降趋势，50.9% 的区域不具有显著的变化趋势。

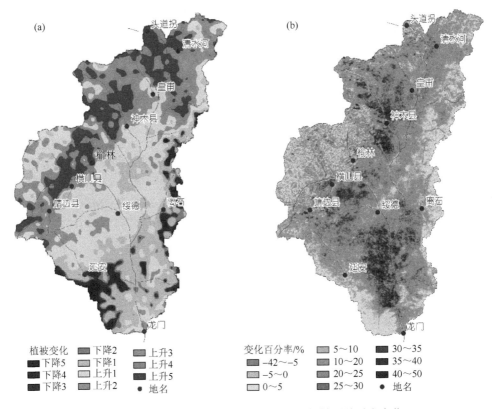

图 8-9　1981～2003 年黄河中游河龙区间植被覆盖时空变化

为进一步揭示植被覆盖变化在空间上的分布规律，以 1981～2003 年年最大化 NDVI 值作为植被覆盖平均水平，通过叠置分析可知不同植被覆盖水平所对应的植被变化特征存在明显差异［图 8-10（a）］。NDVI 大于 0.5 的区域大多分布在河龙区间南部、东部山地森林植被分布区，这里植被 NDVI 呈下降趋势，而 NDVI 相对较低的西北部沙地草滩区植被 NDVI 呈上升趋势。

　　将植被时空变化数据与基于 90 m DEM 数据生成的坡度数据进行叠置分析，进而统计不同坡度与植被变化的特征。研究表明：河龙区间西北部的沙地草滩区属于鄂尔多斯高原侵蚀残积、风积台地，地势平坦，坡度较小，其间植被 NDVI 呈上升趋势，而南部、东部黄土丘陵沟壑区和山地的坡度较大，植被 NDVI 呈下降趋势〔图 8-10（b）〕。

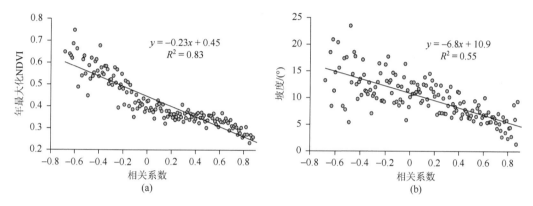

图 8-10　黄河中游河龙区间植被变化与年最大化 NDVI、坡度之间的关系

相关系数是指 1981~2003 年逐年最大化 NDVI 与年份的相关系数，正值表示植被 NDVI 呈上升趋势，
负值表示植被 NDVI 呈下降趋势

## 8.3.4　水沙变化趋势

　　河流径流量、输沙量是气候变化和人类活动共同作用的结果，对区域生态环境具有指示作用。1970 年以来，黄河中游河龙区间年径流量、年输沙量都呈下降趋势（图 8-11）。河龙区间年径流量和年输沙量从 20 世纪 70 年代开始减少，80 年代大幅减少，90 年代中期以来

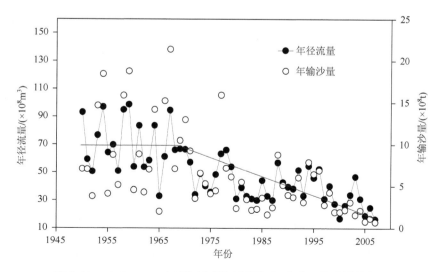

图 8-11　1950~2007 年黄河中游河龙区间径流量、输沙量的变化

急剧减少。与 1950~1969 年平均值相比，1980~2007 年河龙区间年径流量减少了 $34.8 \times 10^8 \, \text{m}^3$，年输沙量减少了 $6.4 \times 10^8 \, \text{t}$，分别减少了 49.4%和 64.9%。自 1999 年退耕还林以来，黄河中游河龙区间径流量和输沙量减少非常显著，较 20 世纪 90 年代初分别下降了 35% 和 64%，只占 20 世纪五六十年代的 38%和 17%。

　　关于黄河中游水沙自 20 世纪 70 年代以来明显减少的原因，已有大量研究。普遍认为黄河中游开展的大规模水土保持工作，尤其是水库、淤地坝等水利水土保持工程措施的建设是导致黄河中游水沙明显减少的主要驱动力。

### 8.3.5　水沙变化与植被变化的关系

#### 1. 径流输沙与降水的关系

　　1957~2005 年黄河中游河龙区间年径流量、年输沙量与年降水量呈显著正相关关系，相关系数分别是 0.74 和 0.64，都能通过 $p < 0.001$ 显著性水平检验。通过建立降水-径流和降水-输沙的双累积曲线，确定它们之间关系发生转折的年份。由图 8-12 可知，大约在 1971 年降水-输流和降水-输沙关系发生了转折，即同样降水量所对应的径流量、输沙量较前期偏少，这与河龙区间 20 世纪 70 年代水土保持措施的面上拦沙密切相关。同样，大约在 1979 年，它们的关系又发生了一次转折，同样降水量所对应的径流量、输沙量再次偏少。值得注意的是，自 1999 年降水与径流输沙的关系再一次发生转折，同样降水所对应的径流输沙进一步地偏少，这与退耕还林工程的实施同步。

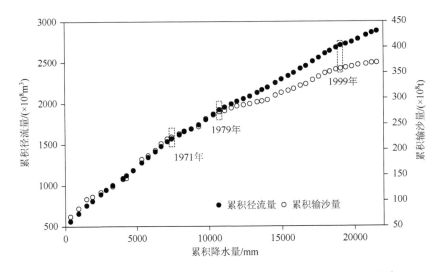

图 8-12　黄河中游河龙区间降水量与径流量、输沙量的双累积关系

#### 2. 径流输沙与植被 NDVI 的关系

　　黄河中游河龙区间径流量、输沙量与植被 NDVI 的年际间波动存在明显的同步性，它们的相关系数分别为 0.557（1981~2003 年，$n = 23$，$p < 0.01$）和 0.661（1981~1998 年，

$n = 18$，$p < 0.01$）。但是，随着退耕还林工程的实施，这种同步波动关系扭转为相反的变化趋势，表现为植被 NDVI 上升，径流量、输沙量下降（图 8-13）。径流量与植被 NDVI 年际波动关系自 2004 年开始扭转，而对于输沙量而言，自 1999 年之后其变化趋势就已不再同步。退耕还林工程实施所带来的植被 NDVI 迅猛恢复是造成这种异常变化的根本原因，1999～2005 年黄河中游河龙区间植被 NDVI 上升并不能很好地反映降水变化（$R = 0.357$，$p > 0.5$，$n = 7$）。

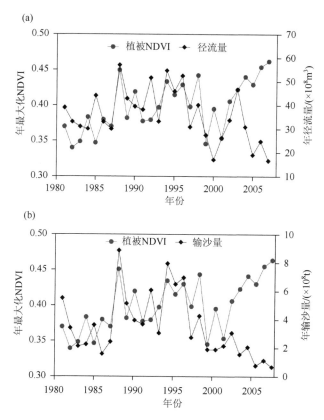

图 8-13　1981～2007 年黄河中游河龙区间的径流量、输沙量与植被 NDVI 的关系

（信忠保）

## 参 考 文 献

高鹏. 2010. 黄河中游水沙变化及其对人类活动的响应. 杨凌：中国科学院研究生院教育部水土保持与生态环境研究中心.

胡彩虹，王艺璇，管新建，等. 2012. 基于双累积曲线法的径流变化成因分析. 自然科学进展，1（4）：204-210.

贾仰文，王浩，倪广恒，等. 2005. 分布式流域水文模型原理与实践. 北京：中国水利水电出版社.

江忠善，王志强，刘志. 1996. 黄土丘陵区小流域土壤侵蚀空间变化定量研究. 水土保持学报，（1）：1-9.

李子君，李秀彬，余新晓. 2008. 基于水文分析法评估水保措施对潮河上游年径流量的影响. 北京林业大学学报，30（s2）：6-11.

刘海，陈奇伯，王克勤. 等. 2012. 元谋干热河谷林地和农地集水区尺度水土流失对比研究. 中国水土保持，（7）：57-59.

穆兴民，张秀勤，高鹏，等. 2010. 双累积曲线方法理论及在水文气象领域应用中应注意的问题. 水文，30（4）：47-51.

穆兴民. 2002. 黄土高原水土保持对河川径流及土壤水文的影响. 咸阳：西北农林科技大学.

冉大川，张栋，焦鹏 等. 西柳沟流域近期水沙变化归因分析. 干旱区资源与环境，2016，30（5）：143-149.

汪岗，范昭. 2002. 黄河水沙变化研究. 第二卷. 郑州：黄河水利出版社：1-106.

王浩，杨爱民，周祖昊，等. 2005. 基于分布式水文模型的水土保持水文水资源效应研究.中国水土保持科学，3（4）：6-10.

王建莹，王双银，杨会龙，等. 2013. 陕北秃尾河流域水土保持措施径流效益研究.人民长江，44（15）：94-97.

王金花，张胜利，孙维营，等. 2011. 皇甫川流域近期水土保持措施减沙效益分析.中国水土保持，（3）：57-60.

王书功，康尔泗，李新. 2004. 分布式水文模型的进展及展望.冰川冻土，26（1）：61-65.

姚文艺，焦鹏. 2016. 黄河水沙变化及研究展望.中国水土保持，（9）：55-63.

于一鸣. 1996. 黄河流域水土保持减沙计算方法存在问题及改进途径探讨.人民黄河，（1）：26-30，62.

张明波，黄燕，郭海晋，等. 2003. 嘉陵江西汉水流域水保措施减水减沙作用分析.泥沙研究，（1）：70-74.

张攀，姚文艺，冉大川. 2008. 水土保持综合治理的水沙响应研究方法改进探讨.水土保持研究，（2）：173-176.

赵有恩. 1996. 黄河中游水保减沙效益分析方法的改进与应用. 水土保持学报，（3）：29-34.

周振民，王铁虎. 2006. 黄土高原地区水土保持减水减沙效益计算方法探讨.中国农村水利水电，（6）：44-46.

Ilstedt U，Malmer A，Verbeeten E，et al. 2007. The effect of afforestation on water infiltration in the tropics：A systematic review and meta-analysis. Forest Ecology & Management，251（1/2）：45-51.

Li L J，Zhang L，Wang H，et al. 2007. Assessing the impact of climate variability and human activities on streamflow from the Wuding River basin in China. Hydrology Process，21：3485-3491.

Lin D，Huang M B，Hong Y. 2009. Statistical assessment of the impact of conservation measures on streamflow responses in a watershed of the Loess Plateau，China. Water Resources Management，23（10）：1935-1949.

Pettitt A N. 1979. A non-parametric approach to the change-point problem.Applied Mathematics & Statistics，28（2）：126-135.

Van Leeuwen W J D，Sammons G. 2004. Vegetation dynamics and erosion modeling using remotely sensed data（MODIS）and GIS. Salt Lake City：Tenth Biennial USDA Forest Service Remote Sensing Applications Conference：5-9.

Zhao G，Mu X，Jiao J，et al. 2017. Evidence and causes of spatiotemporal changes in runoff and sediment yield on the Chinese Loess Plateau. Land Degradation & Development，28（2）：579-590.

# 第9章 风力侵蚀过程与机制

风力侵蚀是指在一定风力作用下,土壤或土壤母质结构遭受破坏以及土壤颗粒(简称土粒)发生位移的过程。它是干旱、半干旱地区及部分亚湿润地区土地沙漠化过程的首要环节,而干旱半干旱地区广泛分布的风蚀地貌也主要是受风和风沙流的吹蚀、磨蚀作用,同时受暂时性的流水作用、风化作用等因素的综合影响而形成。与土壤风蚀相伴而生的地表破坏、物质运移及再堆积,均可对人类生存环境造成不同程度的危害甚至灾难性的损害。风力侵蚀过程机制研究对有效预防风蚀灾害具有重要意义。

## 9.1 风力侵蚀过程

### 9.1.1 风力侵蚀的方式

虽然风蚀作用的根本动力是风,但风动力可通过不同的形式传输给地表。根据引起地表破坏和物质损失的直接动力的差异,风蚀作用可以分为吹蚀和磨蚀。

1. 吹蚀

吹蚀又称净风侵蚀,指风吹经地表时,风的动压力作用等,将地表的松散沉积物或基岩风化物(沙物质)吹走,使地表遭到破坏的过程。在吹蚀过程中地表物质的位移是在风力的直接作用下发生的,所以吹蚀又称流体风蚀。吹蚀对地表颗粒间的凝聚作用是十分敏感的,因而一般发生在干燥松散的沙质地表,黏土含量较高和有胶结的地表吹蚀作用较弱。在同一风蚀事件中,吹蚀强度随时间减弱。在吹蚀过程中,地表物质的抗蚀能力会逐渐增强。

2. 磨蚀

磨蚀又称风沙流侵蚀,指当风沙流(挟沙气流)吹经地表时,由运动土粒撞击地表而引起的地表破坏和物质的位移过程。在所有土壤风蚀的过程中,磨蚀都占有相当重要的地位。磨蚀强度一般要比吹蚀大得多。因为土粒的密度是空气密度的 2000 多倍,当其以与气流相当的速度运动时,能量是很大的。跃移土粒冲击松散地表会使更多的土粒进入气流中或其本身被反弹回气流中,在气流中不断加速,从而获得更多的能量而冲击地表,如此反复,更多的风动量被传输给地表,使风蚀强度增加。当运动土粒撞击比较坚实的地表时,首先是土粒冲击作用破坏地表,从而产生更多的松散土粒。在磨蚀过程中冲击土粒是风动量的传递者,是风蚀能量的直接携带者,所以也称冲击风蚀。一旦有风蚀发生,磨蚀是风蚀的主要形式，成为塑造风蚀地貌的主要动力。风洞实验表明，在相同风速时挟沙风侵蚀，即磨蚀强度是吹蚀强度的 4～5 倍。

## 9.1.2　风力侵蚀的过程

### 1. 可蚀风与土壤的初始运动

土壤风蚀的发生和土粒的运动是由于土粒从气流中获取了使其运动的能量，给予土粒能量的动力便是风（Berg，2010）。风是土壤风蚀的直接动力，气流对土粒的作用力可以表示为

$$P = \frac{1}{2}C\rho V^2 A \tag{9-1}$$

式中：$P$ 为风的作用力；$C$ 为与土粒形状有关的作用系数；$\rho$ 为空气密度；$V$ 为气流速度；$A$ 为土粒迎风面面积。

由式（9-1）可见，随风速增大，风的作用力增大。当流经土壤表面的风速很小时，即便对于最易蚀的土粒，风的能量还不足以使土粒产生运动，这种风称为非侵蚀风。当风速逐渐增大到某一临界值时，地表最易蚀土粒开始脱离静止状态而进入运动状态，这个使土粒开始运动的风速称为最小临界起动风速。风速继续增大，会引起更多数量的土粒发生运动，最后风速达到一个很大的值，足以使所有大小的土粒都发生运动时，这个风速称为最大临界起动风速。一切超过最小临界起动风速的风称为可蚀风。实际上，所有土壤都是由可蚀和不可蚀两种颗粒组成。没有一个合适的风速能够吹去所有的土粒，对于这样的土壤就不存在最大临界起动风速。

在可蚀风的作用下，松散地表土粒开始形成风蚀。风蚀过程主要包括土壤团聚体和基本粒子的分离起跳（脱离表面）、搬运和沉积三个阶段。当有效风速达到临界值时，某些土粒开始前后摆动，当风力或运动的土粒碰撞强到足以迫使稳定的表面土粒运动时，分离就发生了。分离之后，土粒通过风可以在空中或沿着土壤表面输送，直到风速降低时开始沉积。显然，风蚀过程的这三个阶段同时发生，相互联系，不可分割。而且，只有当风超过临界风速值后，土粒才开始起动；只有土粒脱离地表后，才会发生土粒的搬运和堆积，这些阶段共同构成了风蚀过程。

### 2. 土壤风蚀阶段

#### 1）土粒起动

土壤风蚀的动力是风，风的扰动和风速的大小诱导了土壤的分离。在风力作用下，当平均风速约等于某一临界值时，突出于松散地表的个别土粒受紊流流速和风动压力的影响开始振动或前后摆动，但并不离开原来位置；当风速增大超过临界值后，振动也随之加强，并促使一些最不稳定的土粒首先沿着表面滚动或滑动。由于土粒几何形状和所处的空间位置的多样性，以及受力状况的多变性，在滚动过程中，当一部分土粒碰到地面凸起土粒，或被其他运动土粒冲击时，都会获得巨大的冲量。土粒受到突然的冲击力作用，就会在碰撞的瞬间由水平运动急剧地转变为垂直运动，骤然向上（有时几乎是垂直的）起跳进入气

流运动。随着土粒起跳的发生，地表物质开始发生位移，风蚀形成（图 9-1）。因此，只有当风速超过某个临界值时，才能诱导土粒从地表中分离出来形成风蚀。因诱导风蚀发生的气流性质的不同，风蚀发生存在两种不同的起动风速，Bagnold 称其为流体临界起动风速和冲击临界起动风速，对应于两种起动风速而存在吹蚀与磨蚀两种风蚀方式。流体临界起动风速是完全依赖于风力的直接作用而引起地表松散的土壤易蚀土粒开始运动时的最低速度，由此而引发的风蚀为吹蚀或净风侵蚀；冲击临界起动风速主要是由于挟沙风中跃移土粒的冲击作用而使土壤易蚀土粒开始运动的最小风速，由此而发生的风蚀为磨蚀或风沙流侵蚀。对于最易风蚀的土粒来说，流体临界起动风速和冲击临界起动风速是相同的，但对于较大体积和较小体积的土粒，这两种临界值不等，一般情况下，流体临界起动风速较冲击临界起动风速大。

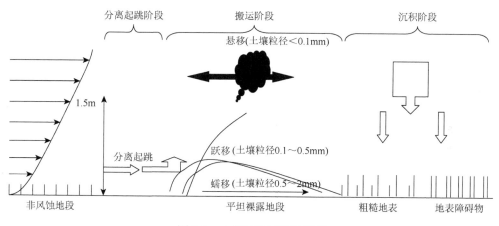

图 9-1　土壤风蚀过程示意图

2）土粒搬运

土粒一经起动，便以各种形式运动，第一种运动形式是一系列的跳跃，称为跃移。跃移土粒在重力作用下，达到某个高度后便逐渐下降并返回地面。土粒跳得越高，它们从气流中获取的能量越大，当其降落于地面时，具有的冲击作用也就越大。跃移粒子在重新返回地面过程中，若风力不足或陷落在某些地表的结构内，便会中止其运动，可称之为"湮灭"。但是大多数跃移土粒在落回地表时会对地表进行冲击，并将其在运动中获得的能量重新分配。其能量的一部分用来把下落点附近的土粒冲击溅起，促进原来处于静止状态的土粒进入运动状态。这样，因冲击作用，仅靠风力而无法起动的过大或过小土粒发生冲击蠕动或者升离地面形成悬移或跃移。另一部分能量则用以造成土壤团粒破裂磨蚀，使难蚀性或不可蚀物质变为可蚀性土粒，从而增加了可蚀性物质的供给量。跃移粒子的这种连续冲击使得土壤风蚀可以从某个孤立点开始，在时空上得以延续，一直达到该风速在该地表条件下产生最大挟沙量时为止。此时，风能全部用于输运土粒和克服摩擦阻力，没有多余的风能可继续起动更多的土粒。表现在外观上，在一定的风速条件下发生的风蚀使细土颗粒被吹失，较粗土粒残留，在风力不再增大的情况下，则处于相对稳定状态，或风蚀很弱，只有当风力再度增大，达到能搬运残留于地表上较大土粒的起动值时，风蚀才能得以进一步发展。

由此看来，跃移运动是土壤运动的前奏，由跃移运动会引起另外两种形式的运动——蠕移运动和悬移运动。三种运动形式相互交错，构成了极其复杂的土壤运动。一般而言，在每次风蚀现象中这三种运动形式往往是同时发生的，而且其中的跃移是最主要的模式，没有跃移就不能出现大量的蠕移与悬移。虽然跃移质可引起土壤中体积大或体积小的粒子发生蠕移和悬移，但土壤中较粗大的颗粒和细微的尘粒都会妨碍土粒的跃移运动。粗大颗粒像一个保护者，它通过阻止风对较细的易蚀土粒的侵蚀作用来影响其运动；尘粒由于具有较强的吸附性能，它和土粒黏合在一起，在大土粒的掩护下，很难被吹动，但它很容易被跃移的土粒击起而以悬移质的形式被搬运，搬运的距离也最长，由此造成的土壤损失也最为明显。此外，风蚀过程中产生的悬移质悬浮于大气中随气流运动，常常能达到 3～5 km 高，形成最为明显和最壮观的"尘暴"场面，是造成所在地区乃至周边地区出现沙尘天气的重要尘源。对于蠕移质而言，其搬运的距离很近，且主要沿地表运动，可对植物造成伤害，若被磨蚀作用崩解成细小土粒，可转化成悬移和跃移方式。跃移质是风蚀物质的主要组成部分，跃移土粒的升起高度（$H$）与前进距离（$L$）之比约为 1：10，跃移可搬运较远的距离，主要在近地表活动，且搬运的土粒较大，是植物受到伤害的主要原因。

由于土壤类型不同，三种运动形式的土粒比例变化很大。Chepil 研究了悬移质、跃移质和蠕移质的搬运比例，三种搬运方式的土粒所占比例为悬移质占 3%～38%，跃移质占 55%～72%，蠕移质占 7%～25%。

3）土粒沉积

沉积过程则是指风吹土粒重新返回并停留在地表的现象。它是反映土粒迁移机制的重要过程。在土粒搬运过程中，当风速变弱或遇到障碍物，如遇到植被、残茬、微地形起伏，以及地面结构、下垫面性质改变（地表变粗）时，都会引起土粒从气流中跌落而沉积在障碍物周围。地表障碍物的阻滞使土粒在障碍物附近发生堆积的现象，称为遇阻堆积。由地表结构、下垫面性质的改变而使风沙流过饱和而沉积称为停滞堆积。此外，当风速减弱，使紊流漩涡的垂直分速小于由重力产生的沉速时，悬移质发生降落并在地面堆积下来，称为沉降堆积。土粒沉速随粒径增大而增大（表 9-1）。

表 9-1　土粒粒径与沉速的关系

| 土粒粒径/mm | 沉速/(cm/s) | 土粒粒径/mm | 沉速/(cm/s) |
| --- | --- | --- | --- |
| 0.01 | 2.8 | 0.10 | 167.0 |
| 0.02 | 5.5 | 0.20 | 250.0 |
| 0.05 | 16.0 | 2.00 | 500.0 |
| 0.06 | 50.0 | | |

### 9.1.3　风力侵蚀的影响因子

风蚀是大气圈（风）与岩石圈或土壤圈相互作用的产物，任何影响上述作用的因素都有可能影响风蚀强度。一般地，将影响风蚀强度的所有因素称作风蚀因子。风蚀过程是非常复杂的，因为风蚀因子是繁多的。风蚀因子按其在风蚀过程中的作用性质，可以分为侵蚀性因子（为风蚀提供动力的气候因子）、可蚀性因子（主要是地表物质，如土壤和岩石的性质）和干扰因子（如植被和人类活动等）三大类。

### 1. 风蚀侵蚀性因子

风蚀侵蚀性因子又称为气候侵蚀性因子或气候因子。主要包括风力（风速）、降水、蒸发、气温等（Chepil，1953）。但在研究风蚀时，一般将这些气候要素综合参数化，用一个变量来表示。

Chepil 和 Siddoway（1959）提出以一个气候因子去估算一系列气候条件下的年平均潜在风蚀量。他所提出的气候因子是平均风速和土壤湿度的函数。风速一项以 Bagnold 等的研究为基础，即在动力限制型的松散沙质地表上，输沙率与平均风速的立方成正比。土壤湿度项与地表表层几毫米内土壤含水量的平方成正比，并假设土壤含水量遵循桑思韦特（Thornthwaite）有效降水指数的变化规律：

$$C = 386\frac{u^2}{PE^2} \tag{9-2}$$

式中：$u$ 为平均风速；PE 为桑思韦特有效降水指数；系数 386 为在美国堪萨斯州加尔登城（Carden City）条件下的经验系数。桑思韦特有效降水指数为

$$PE = 3.16\sum_{i=1}^{12}\left(\frac{P_i}{1.8T_i + 22}\right)^{10.9} \tag{9-3}$$

式中：$P_i$ 为月降雨量；$T_i$ 为月均温。

Chepil 和 Siddoway 提出的气候因子是在过去被广泛应用的风蚀方程中的五个变量之一。式（9-3）的关键不足是当降水量为零时，气候因子趋于无穷大。这给实际应用带来很大的不便。再者，经验系数 3.16 是根据加尔登城的条件确定的，在应用到其他地方时也有局限性。为了解决上述问题，联合国粮食及农业组织修订了 Chepil 和 Siddoway 的气候因子。修订后的气候因子为

$$C = \frac{1}{100}\sum_{i=1}^{12}u_i^3\left(\frac{ETP_i - P_i}{ETP_i}\right)d_i \tag{9-4}$$

式中：$u_i$ 为 2 m 高度上的第 $i$ 月平均风速；$ETP_i$ 为第 $i$ 月潜在蒸发量；$P_i$ 为第 $i$ 月降水量；$d_i$ 为第 $i$ 月的总天数。按照式（9-4），当降水量为零时，风速就成了风蚀气候因子的决定因素。相反地，当降水量接近蒸发量时，气候因子趋于零，即无风蚀发生。

斯基德莫尔（Skidemore）认为，Chepil 和 Siddoway 以及联合国粮食及农业组织提出的气候因子都没有严格的物理基础，他根据已有的风沙物理理论得出的气候因子为

$$C = \rho\int[u^2 - (u_1^2 + r/a^2)]^{3/2}f(u)\mathrm{d}u \tag{9-5}$$

式中：$\rho$ 为空气密度；$a$ 为常数，根据风速廓线方程来确定；$u$ 为水平风速；$u_1$ 为颗粒起动的临界风速；$f(u)$ 为风速的概率分布函数，一般服从韦伯分布；$r$ 为颗粒间水分所产生的内聚力，与相对含水量的平方成正比。相对含水量与布迪科（Budyko）干燥率和桑思韦特有效降水指数含义相似。$C$ 是由风速和其他常规气象资料计算得出，在风蚀方程中

是适用的。斯基德莫尔的风蚀气候因子中变量较多，应用起来很不方便。三种风蚀气候因子的计算结果表明，式（9-4）（联合国粮食及农业组织）和式（9-5）（斯基德莫尔）的计算结果比较接近，所以在实际应用中，一般采用联合国粮食及农业组织的气候因子计算方法。

董玉祥和康国定（1994）用联合国粮食及农业组织所提出的风蚀气候因子的计算公式，分析我国干旱半干旱地区气候侵蚀力的基本特征，计算结果表明，就平均气候侵蚀力而言，我国干旱半干旱地区的风蚀气候因子基本上介于 $10\sim100$ 之间，侵蚀力水平一般。年平均气候侵蚀力的基本特征是东部由东南向西北逐渐增强，西部由西向东逐渐增强，但区域差异较大。温带干旱半干旱地区，风蚀气候侵蚀力北部大于南部，大致为阴山与天山一线以北大部分地区的风蚀气候因子在 70 以上，而以南地区风蚀气候因子多在 30 以内，山区及一些封闭盆地的风蚀气候因子多低于 10，如天山、昆仑山及阿尔金山等。高寒干旱地区，风蚀气候侵蚀力西部高于东部，但在南北方向上中部略低。我国干旱半干旱地区风蚀气候侵蚀力较强的区域有准噶尔盆地、柴达木盆地、阿拉善戈壁地区以及内蒙古高原北部戈壁地区等，这些地区的风蚀气候因子一般在 100 以上。

我国北方干旱半干旱地区的风蚀气候侵蚀力的年分布规律是：夏季最弱，秋冬季逐渐升高，春季最大。这是由我国北方春季风大和少雨的气候特征决定的。

### 2. 地表物质的可蚀性因子

地表物质的可蚀性主要是由其固有的性质决定的。影响可蚀性的因素有颗粒粒径组成、水分含量、盐分含量、容重、干团聚体结构及有机质含量等。不同地表性质，如流沙、硬梁地、粗戈壁和细戈壁的风蚀过程及风蚀量也不同。

不同粒径颗粒的起动风速不同，所以可蚀性也不同。Chepil 和 Siddoway（1959）通过风洞实验室将土壤颗粒组分按其抗风蚀性的差异划分为三部分：粒径小于 0.42 mm 的为高度可蚀颗粒；$0.42\sim0.48$ mm 的为半可蚀颗粒；大于 0.84 mm 的为不可蚀颗粒。Neal 等（1992）和 Singh 等（1992）通过量纲分析认为，松散土颗粒的可蚀性与颗粒起动风速的平方成正比，对于松散的土壤表面，颗粒的起动风速主要取决于粒径组成，地表物质的粒径组成特征与风蚀的关系十分密切。

颗粒的黏聚力对于粒径小于 0.1 mm 的细粒物质的风蚀过程是相当重要的影响因素。粒径大于 0.1 mm 的粗颗粒物质在干燥状态下，颗粒间的黏聚力可以忽略。风洞实验和野外观测研究表明，风蚀强度对被蚀物质中的水分含量是特别敏感的。水分是通过提高起动风速来影响风速的。当物质中有水分存在时，水分子被颗粒所吸附，在颗粒间的接触处形成一层膜，增加了颗粒间的黏聚力，使得起动风速提高，风蚀强度减弱。水分对颗粒起动风速的影响是风沙科学界关注较多的问题。但不同研究者得出的结果差别很大。Chepil 和 Siddoway（1959）根据其风洞实验结果指出，物质的风蚀可蚀性与水分含量成反比。

不同研究者的结论不同在很大程度上是由于所研究物质的粒径组成、有机质含量和盐分含量不同。这些因素影响水分的黏聚效果。

因为不同物质起动风速与水分含量之间的关系不同，所以风蚀量（$E$）与水分含量（$w$）之间的关系也不同。董治宝等（1995）研究得出，沙黄土的风蚀量随水分含量的平方呈线性减小：

$$E = A + Bw^{-2} \tag{9-6}$$

式中：$A$、$B$ 均为系数，由实验结果标定。

在风蚀过程中，土壤水分的另一作用是使粉粒和黏粒物质形成地表结皮，从而完全阻止风蚀过程的发生。土壤中可溶性盐分主要通过颗粒之间的胶结在地表形成结皮等，来提高起动风速。

地表结皮常常在土壤盐分等的作用下因降水等过程而形成。在土壤结皮的形成过程中，易风蚀的物质常在地表集结并呈现松散的状态，当易风蚀物质被风蚀后，残留物质形成结皮或直接覆盖地表，可保护地表的下层物质免遭风蚀。

3. 干扰因子

风蚀的气候侵蚀性和地表物质的可蚀性取决于风蚀强度，而侵蚀性和可蚀性又受气候和物质本质性质之外的因素的影响。这些外在因素统称为风蚀过程的干扰因子，其中最为突出的是植被和人类活动。植被着生于大气圈与土壤圈之间，干扰气流运动，降低到达地表的有效侵蚀力。人类活动，如开垦、放牧和樵采等可以改变地表物质的理化性质乃至可蚀性。

1）植被因素

植被对风蚀过程的干扰表现在 3 个方面：①直接覆盖地表，防止覆盖部分风蚀过程发生；②减小一定高度内气流对地表的动量传输；③拦截风沙流使沙粒沉积。植被特征如盖度、宽度、形状以及排列方式等都会对风蚀产生明显的影响。

植被能引起近地表气流场性质的变化。植被周围的气流场可分为 5 个区域：植被覆盖区、植被后部微风区、下风向尾流区、两侧加速区以及植被间不受影响的区域。当植被的密度较低时，5 个区域发育比较完善，植被单体之间的气流连接较少，主要发展环绕植被单体的孤立粗糙流；而当植被密度较高时，植被之间的尾流区域相互连接和相互干扰，主要发展尾流干扰流；当植被密度进一步增高，植被之间的涡流产生，主要发展表面附着流。风蚀作用也发生相应的改变。

风洞实验表明，当植被盖度超过 30%时，表面附着流将会发育，风蚀以净风风蚀，即吹蚀为主；当植被盖度约小于 20%时，孤立粗糙流得到充分发育，风蚀性质以风沙流风蚀，即磨蚀为主。

2）人为因素

人为因素可以改变地表气流与地表物质之间的平衡，增加地表物质的可蚀性。从本质上说，各种人类经济活动，如不合理的土地翻耕、放牧、樵采等都会破坏原始地表的保护物或削弱原地表的抗风蚀能力而影响风蚀及其过程。风洞实验数据表明，当地表破损率大于 34%时，地表风蚀率将显著增加，而小于 34%时，风蚀量远小于破损率在 34%时的状况。因此，保持比较低的地表破损率，对防止强风蚀具有积极的意义。风蚀率（$E$）与地表破损率之间的关系可用幂函数表达：

$$E = A + B \cdot \mathrm{SDR}^{2} \tag{9-7}$$

式中：$A$、$B$ 为实验特定系数；SDR 为地表破损率（%）。

土地开垦同时破坏土体结构和植被覆盖，其影响风蚀的作用为植被盖度减小与土体结构破坏影响的总和。假设由植被盖度减小造成的风蚀率为植被风蚀率，由土体结构遭破坏引起的风蚀率为结构风蚀率，则根据对风洞实验结果的计算机模拟，风蚀强度随土地开垦率的增加呈指数增大。

# 9.2　风力侵蚀环境与演变

风沙运动过程是沙粒的起动、运移和沉积过程，而对地面来说则表现为吹蚀和堆积两个基本过程。所谓吹蚀，就是当风或风沙流经过地表时，风的动力作用，将地表松散沉积物（沙物质）吹走的现象；所谓堆积，就是风沙流中的沙物质向地面跌落的现象。二者在各种不同尺度上进行的相互转换（即蚀积转换）的结果便是在地表上塑造出大小和形态各异的风沙地貌，即风蚀地貌和风积地貌。与此同时，风沙流的活动，又推动了风沙地貌的演变。

## 9.2.1　蚀积原理

吹蚀和堆积是风沙运动过程中矛盾对立的统一体。从沙粒起动角度来看，不存在绝对的吹扬和单纯的跌落，而是同时既有沙粒的吹扬，又有沙粒的跌落。就某一地段来说，如果跃起的沙粒数量多于跌落的沙粒数量，其结果就表现为吹蚀；反之则表现为堆积。在平衡情况下，即跌落沙粒与跃起沙粒数量基本相同时，我们就称之为非堆积搬运。气流（或风沙流）由吹蚀变为堆积在时间上要有一段间隔，空间上表现为一定的距离，这段距离称为饱和路径长度。

对于蚀积过程的判别，主要从考察风沙流结构入手。而风沙流结构数 $S$ 和特征值 $\lambda$ 是表征风沙流结构的主要指标，所以可以以此判断风沙流的蚀积现象。

兹纳门斯基经过长期观测实验，确定了 $S$ 值的临界值：沙质地表为 3.8，粗糙表面为 3.6，平滑表面为 5.6。当 $S$ 值大于该地表状况下的临界值时，就会出现堆积现象，当 $S$ 值小于该地表状况下的临界值时，就会发生吹蚀现象。

用 $\lambda$ 值作为界定指标，前面已经论及，$\lambda$ 的临界值为 1，此时由沙质表面进入气流中的沙量与风沙流中落入沙面的沙量，以及气流的上下层之间交换的沙量近似相等，风沙流表现为非堆积搬运。当 $\lambda<1$ 时（过饱和风沙流）表现为堆积，当 $\lambda>1$ 时（非饱和风沙流）表现为吹蚀。

蚀积过程的产生，主要受风速、沙源状况和地表粗糙度的影响。

1）风速与蚀积过程

由于输沙量与风速之间一般呈幂函数关系，所以当风速改变时，就会造成输沙量大幅度变化。当风速增大时，气流携带沙物质的能力增强，风沙流呈非饱和状态，所以要求沙质表面有更多的沙物质给以补充，因而地面产生吹蚀；当风速减小时，气流的输沙能力变弱，风沙流达到饱和或超饱和状态，多余的沙粒就会跌落于地表，从而出现堆积现象。

2）沙源状况蚀积过程

沙源丰富时，沙物质对气流的补给充足，气流的输沙能力在很短的时间内即可达到饱和，进而发生堆积。所以沙源丰富的地段，地表的吹蚀与堆积转化频繁，循环周期短，其饱和路径长度也大大缩短。反之，在沙源不充足的地段，由于地表没有充足的沙物质补给气流，气流在较短的时间内不易达到饱和。所以饱和路径长度大大增长，风沙流对于地表多呈现吹蚀状态，并且在这种情况下吹蚀与堆积的转化较慢。

3）地表粗糙度与蚀积过程

地表粗糙度不同会造成一系列因素的变化，直接或间接地影响着蚀积的转化。粗糙度的变化将会引起临界起动风速、输沙率及风沙流结构等其他因素的变化。

粗糙度大的地表，由于对气流的阻力增大造成一定的气流能量损失，从而削弱了地表风速，所以容易使风沙流产生堆积现象。风沙流结构数 $S$ 与粗糙度 $z_0$ 的关系可用下面的经验公式确定：

$$z_0 = \exp\left(\frac{\sum \lg z}{B - 3\sqrt[3]{S}}\right) \tag{9-8}$$

式中：$B$ 为系数；$\sum \lg z$ 为各测风高度的对数和。

从上式可以看出，对于固定的测风高度来说，粗糙度 $z_0$ 与结构数 $S$ 呈正相关，即随着地表粗糙度 $z_0$ 的变大，$S$ 值也相应增大，有利于堆积的发生。

## 9.2.2　风沙地貌的形成

风沙地貌包括风蚀地貌和风积地貌两种类型。

### 1. 风蚀地貌

风蚀地貌是地表长期遭受风或风沙流吹蚀的产物，主要表现为地面局部或全部区域物质流失、形态支离破碎。这种地貌广泛分布于干旱大风地区，特别是正对风口的迎风地段，发育更为典型。常见的较大尺度及中尺度风蚀地貌形态主要有风蚀雅丹、风蚀洼地、风蚀谷和风蚀劣地。小尺度的风蚀地貌形态主要有风蚀柱、风蚀蘑菇、风蚀残丘、风蚀坑等。

1）风蚀雅丹

风蚀雅丹泛指风蚀陇脊、土墩、沟槽和洼地等地貌形态组合。它也被称为"风蚀林""风蚀槽陇""砂蚀林"。我国以新疆罗布泊洼地地区的风蚀雅丹最为典型，分布面积约计 3000 km$^2$，新疆克拉玛依、柴达木盆地、库姆塔格沙漠等也有大面积分布。

雅丹地区地面崎岖起伏，支离破碎，高起的风蚀土墩多作长条形，排列方向与主风向平行，沙质黏土往往构成土墩顶面，风蚀土墩和凹地一般是相间配置，不同的是凹地多数可以互相连通，而土墩常是孤立地分布。

2）风蚀洼地

松散物质组成的土壤表面，经风的长期均匀性吹蚀（面蚀），可形成大小不同的蝶形洼地。规模较大、下切较深的称风蚀洼地，或称风蚀盆地，其面积可从几平方公里到几百平方公里。蝶形洼地面积较小、深度较浅的一般称为风蚀坑。沙漠中分布的风蚀坑，其直径多在 100 m 以下，深度为 2～4 m。

风蚀洼地的形状和风蚀进度既取决于风况，又取决于风蚀情况。洼地发育到一定的尺度和形状，便与盛行的风蚀环境达到平衡。往下风蚀达到水位或达到抗蚀能力很强的土层（如黏土、古土壤层），也能阻止洼地表面的风蚀。

３）风蚀谷

在干旱地区偶有暴雨，产生的洪流冲刷地表形成许多冲沟。风沿着冲沟长期吹蚀、改造，便形成加深扩大的风蚀谷。风蚀谷无一定形状，有的为狭长的壕沟，也有宽广的谷地或围场，底部不平，宽窄不均，沿着主风向延伸，长者达数十公里。

另外还有一些不规则的风蚀地貌形态，由于风蚀时间短，其特征主要表现为土壤表面粗化、基岩裸露、植被发育不良，甚至地表出现一些风蚀洞穴和风蚀小坑，这种地貌形态在内蒙古的后山地区分布很广。

４）风蚀蘑菇和风蚀柱

突起孤立，尤其是水平节理和裂隙很发育而不甚坚实的岩石，经长期风蚀作用后，会形成上部大、基部小、状如蘑菇的岩石，称风蚀蘑菇或蘑菇石。蘑菇石细小的基部一般高出地面 1 m 左右。形成蘑菇石的原因，主要是风沙对岩石的磨蚀受到高度的限制。在距地面一定高度的地方，气流中的沙量少，磨蚀较弱，而在近地低层的空间含沙量高，磨蚀作用强。于是，经长期磨蚀，岩体下部就变得越来越细，形成蘑菇状。

一些岩性较为一致，而垂直裂隙发育的岩石，在风的长期吹蚀下，易形成一些柱状岩石，称为风蚀柱。它可以单独挺立，也可成群分布，其大小高低不一。

５）风蚀残丘

由基岩组成的地面，经风化作用、暂时性水流的冲刷，以及长期的风蚀作用后，原始地面不断破坏缩小，最后残留下一些孤立的小丘，称为风蚀残丘。它的形状各不相同，以桌状平顶形（蚀余方山地形）和长流线型伏舟状居多，也有尖塔状的，这主要与岩层产状和构造有关。

**2. 风积地貌**

风积地貌是指被风搬运的沙物质在一定条件下堆积所形成的各种地貌。其中包括由风成沙堆积成的形态各异、大小不同的沙丘及流沙地上分布的沙波纹。当然，大部分沙丘并不是独立分布的，而是群集构成巨大的连绵起伏的浩瀚沙海。而且，也并不是所有风成沙堆积都形成沙丘，还可以形成面积广阔而又比较平坦（可能出现稍有波状起伏或小沙丘状的地形）的平沙地，或称小沙原，例如，苏丹与埃及边界附近面积达 6 万多平方公里的塞利马沙原就是这样。

１）沙丘

沙丘是组成沙漠的最基本的地貌单元，其形态复杂多样。根据沙丘与风向的关系，可归纳为横向沙丘、纵向沙丘和星状沙丘三种类型。横向沙丘的形态走向和起沙风合成风向相垂直，或成不小于 60° 的交角，如新月形沙丘和沙丘链、梁窝状沙丘、抛物线沙丘、复合新月形沙丘及复合型沙丘等；纵向沙丘形态的走向与起沙风合成风向平行，或成 30° 以内的交角，如沙垄、复合纵向沙垄、羽毛状沙垄等；星状沙丘形态的发育是在起沙风具有多方向性，且风力又大致相似的情况下，形态本身不与起沙风合成风向或任何一种风向相平行或垂直，如金字塔沙丘、蜂窝状沙丘等。

2）沙垄及复合型沙垄

沙垄是一种排列方向（走向）基本平行于起沙风年合成风向的线形沙丘，通常称为纵向沙丘，多分布在地形开阔而平坦的地区。复合型沙垄的主要特征是在垄体表面又叠置着许多次生沙丘或沙丘链，垄体高大、延伸很长。复合型沙垄的长度一般为 10～20 km，最长达 45 km，垄高 50～80 m，垄体宽 500～1000 m，垄间地宽 400～600 m。

3）羽毛状沙垄

这是一种特殊的复合型沙垄，其分布具有典型的地域性，在中国仅分布在库姆塔格沙漠。羽毛状沙垄一般有两种形成类型：一种是在沙垄和沙垄之间为一些低矮的弧形沙埂所分割，从而形成如羽毛状的沙丘；另一种是在高大的垄脊两侧的宽大基座上，发育一系列与沙垄斜交的、呈雁翅状排列的有星状丘峰的沙丘，或其他沙垄、沙丘链等次生沙丘。前者垄高不大，一般为 10～15 m，最高达 20 m；沙垄背风坡 30°，迎风坡 24°；沙垄间距主要集中在 300～600 m 范围内，其平均宽度为 560 m；沙丘间距在 70～370 m，平均 170 m；沙埂两翼宽度 140～460 m，平均 260 m。

4）沙波

沙波是沙质或砾质地表上由风沙流塑造的、呈波状起伏的微地貌。与几十米、几百米高大的沙丘相比，它虽谈不上壮观，然而，却构成了浩瀚沙海中的另一道风景线。沙波可以说是千姿百态、种类繁多，但归纳起来，不外乎三种基本类型：沙纹、沙脊和沙条。

a. 沙纹

沙纹是沙质地表上一种最常见的微地貌，特别在流沙表面分布更为常见。风成沙纹一般具有长而平行的脊，剖面形态显示两坡明显不对称。唐进年等（2007）根据野外观测结果，指出了地表沙机械组成中不同粒径的颗粒组成对风成沙纹形态的影响，沙纹的波长、坡长和高度与大于 0.25 mm 的颗粒组成即中粗沙和极粗沙含量呈正相关关系，与占主体的颗粒组成（0.25～0.05 mm）即细沙和极细沙含量呈负相关关系。在塑造沙纹的过程中，并不是所有的颗粒组分都起作用，研究表明粒径为 1～0.25 mm 的中粗沙在塑造风成沙纹中扮演着重要角色。

Bagnold（1954）认为，沙纹主要是由跃移沙粒对沙面的碰撞产生的，称为弹道理论或碰撞理论。其具体形成过程可表述为：由于沙面是由大小不等的沙粒构成的，因此原始沙面不可能十分平整（从微观上看），可以设想存在着若干微小的、分布没有一定规律的不平整之处。经风的作用，由于从某一小区域中被带出的沙粒正好暂时比带进的多，结果形成了一个小洼坑。这样，发生冲击作用的跃移沙粒以极平的、接近均匀的角度下降（用一系列平行的、距离相等的线来代表），在对沙面的冲击中（图 9-2）落到洼坑的背风面 AB 上的冲击点稀，但是在迎风面 BC 上，点子要密集得多，表明冲击力也较强。因此，迎风面外移的沙粒多，发生风蚀，斜坡前移，促进了原洼坑进一步扩大。同时，因为斜坡 BC 所受到的冲击要比下风方向平整沙面上所受到的冲击大，就这两个面的交界点 C 来说，来自上风方向的沙子要比移向下风方向的沙子多，结果就会使沙粒在 C 点附近聚集起来，逐渐堆积加高，又形成第二个背风坡 CD，而其后的 D 点同样会由于外移沙粒多于来沙而受到风蚀，形成第二个洼坑。这样不断循环向下风向延伸，沙面就出现有规则的高低起伏的沙纹。

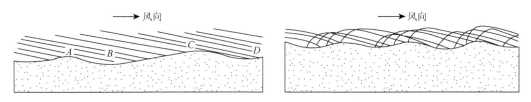

图 9-2　沙粒对沙纹迎风坡面与背风坡面冲击强度变化

因此，Bagnold 认为，沙纹的波长相当于跃移颗粒的特性轨迹长度，而后者为风速的函数。不过，Bagnold 又指出，当风速超过一定强度，即超过 3 倍于特定沙粒的起动风速时，沙纹又会变平消失。

b. 沙脊

沙脊同沙纹一样，也是一种横向沙波，通常是在有粗沙（其粒径应该是跃移质平均粒径的 3～7 倍）补给，而且又遭受了过分风蚀的地区中形成的。沙脊是比沙纹更大的地表形态，有人称其为沙浪。其波长一般在 60～100 cm 之间，波高达 5～10 cm，波长与波高的比值（波纹指数）平均在 15 左右。但在非洲利比亚沙漠，经常可以看到波长达 20 m，波高超过 60 cm 的大沙脊。沙纹的波长限度（指特性轨迹长度对波长的限度）在这里不再是有效的。沙脊的波长可以随时间的延长而增大。

沙纹与沙脊的主要区别在于风力与波峰颗粒粒径的相对值有所不同。在沙纹中，只要波峰超过一定的极限高度，风的强度就足够把峰顶的颗粒带走。在沙脊中，与峰顶颗粒的大小相对地说来，风力过弱，不足以做到这一点。有利于沙脊形成的风情，可以看成是强度介于冲击极限及流体极限之间的广大范围内。

c. 沙条

沙条是纵向沙纹的一种，在开阔的荒漠中，当强风挟带大量沙子吹过覆盖着砾石的地面时，如果由于偶然的机会在某一个地方有少量沙子集中，沙子暂时堆积笼罩床面，则和周围的砾石床面比较起来，在这一小块沙床上的沙粒运动强度、跃移阻力都要大得多，从而使沙床上地表附近的风速要比砾石床面上的风速小。这种风速的差异会沿着不同地表的界线产生涡流，使沙子进一步自两侧向沙堆集中，形成一条条相互平行的沙条（图 9-3）。

## 9.2.3　沙丘运动

沙漠中各种形态的沙丘，都不是固定静止的，而是移动发展的。即使是有较多植被覆盖的所谓固定沙丘，也是在不断变化发展的，而仅仅是因其发展变化的过程十分缓慢，在较短的时间内一般不易被人们察觉到而已。下面将讨论移动比较明显的流动沙丘的移动规律。

### 1. 沙丘的运动过程与动力学特征

新月形沙丘和沙丘链是横向沙丘形态中最基本与最普遍的形态，新月形沙丘和沙丘链是在单一风向或两个相反方向的风的作用下形成的。单一风向作用的地区，主风向和起沙风的年合成风向较一致，因而与沙丘脊线的垂直线方向（沙丘轴向）之间的偏角不大。彼

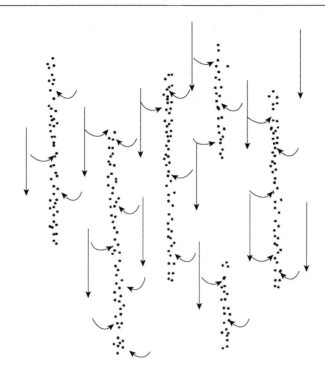

图 9-3　沙条平面分布及气流循环示意图（Bagnold，1954）

得洛夫等学者的研究表明：与沙丘轴向的偏角小于一定极限值（30°～45°）的风作用于沙丘时，并不发生气流转向落沙坡的现象，不能引起沙粒沿落沙坡的侧向运动。在这种情况下，沙粒沿落沙坡滚落的方向并不取决于气流流动的方向，而是借助重力影响沿垂直于脊线的方向降落到落沙坡。因此，新月形沙丘在主风作用下，其运动过程的模式和动力学特征为：沙粒在迎风坡下部被风力吹动，之后顺着斜坡跳跃和滚动（表层蠕动沙粒呈沙纹运动形式进行搬运），向着丘顶推进；跳跃上移的沙粒到达丘顶后，因气流在背风坡受到沙丘本身掩护作用，于背风坡形成具有水平轴的涡流，气流速度减弱，跳跃沙粒不能继续被气流搬运，借助于惯性的作用跳跃沙脊一段距离后，受重力影响下落堆积于背风坡。呈沙纹形式滚动的沙粒移至沙脊后，在重力作用下跌入落沙坡。但是，所有这些沙粒，无论是从气流中跌落的跳跃沙粒，或是滚入落沙坡的蠕动沙粒，它们都是沿着垂直于脊线的方向落入落沙坡堆积的。所以，当与沙丘轴向偏角不大的风作用于沙丘时，沙丘运动并不是沿气流运动方向前进的，而总是以垂直于脊线的方向移动。

　　实际上即使在单方向风的地区，风向也不是绝对单一的，除主风向外还有其他一些次方向风的作用。这些次方向风一般都与沙丘轴向偏角较大，在次方向风作用下，新月形沙丘和沙丘链表面的吹蚀、堆积部位将发生变化，会重新塑造沙丘形态以适应新的气流条件。

　　在两个相反方向风作用的地区，由于反向风的作用，原来沙丘的背风坡成了反方向风的迎风坡，新的迎风坡因坡度较陡与风力不相适应，风力不能吹动斜坡下部沙粒使其沿斜坡往上搬动。沙粒的起动风速除取决于颗粒大小外，还与沙粒所处表面的倾斜角（坡度）

有关（表9-2）。在沙丘的基部（原沙丘形态背风坡脚）堆积了风从沙丘前携带来的沙粒，沙丘不但没有后退，反而又向前移动，与此同时，顶部因所受风力较大，发生强烈的吹蚀，吹扬的沙子被搬运堆积于原迎风坡的上部，形成了新的次一级落沙坡，脊线后退（图9-4），在反方向风作用下，新的迎风坡上部发生吹蚀，下部发生堆积的这种过程，一直持续到它的坡度调整到适应新的风向的风力时为止。

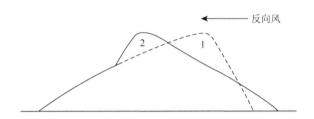

图 9-4　反向风作用下新月形沙丘的移动情况

1：主风作用下的沙丘形态剖面；2：反向风作用下的沙丘形态剖面

表 9-2　沙丘坡度与起动风速的关系

| 地面倾斜角度/(°) | 近地表处沙粒起动风速/(m/s) | | |
| --- | --- | --- | --- |
| | $d<0.25$ mm | $d$ 为 $0.25\sim0.5$ mm | $d$ 为 $0.5\sim1.0$ mm |
| 0 | 2.9 | 3.2 | 3.3 |
| 20 | 4.1 | 4.2 | 4.3 |

无论是哪种方向风的作用，沙丘形态塑造过程都是渐变的，并不会立刻就能适应于新的气流条件，两者之间存在着一个时间差。时间差的大小取决于沙丘形态的规模和风速的大小。观测研究表明：沙丘规模越大，越需要较长时间才能改变其形态；气流条件改变后的风速越大，则原来的沙丘形态适应于改变后的气流条件的时间也就越短。此外，风向变换时，新月形沙丘各部位运动的状况也不尽相同，变化最大、最显著的是丘顶部分，风向一经变化，顶部形态也随着变化。丘顶的摆动幅度总是大大超过背风坡脚。

对于复合新月形沙丘和复合型沙丘链的运动，根据野外观察可知，这类沙丘主要是通过其上覆的次生沙丘的运动来实现的。复合新月形沙丘上的每一个次生新月形沙丘或沙丘链，各自构成一个独立、严格的空气动力学系统。每个次生沙丘的沙体，在风力作用下各自经历了沿着下伏主体沙丘的斜坡向主体沙丘顶部独立的运动过程，当次生沙丘运动到主体沙丘的顶部，其落沙坡与主体沙丘落沙坡发生重合，这时沙粒顺着重合了的落沙坡下落堆积，这样，就引起了整个复合新月形沙丘的前移。由于复合新月形沙丘高度很大，所以它的运动速度远远小于上覆低矮的次生沙丘的运动速度。若上覆沙丘的排列方向与主体沙丘排列方向一致，则复合新月形沙丘的运动方向与两者运动方向基本上相同，即沿着沙丘轴向运动。若两者排列方向不一致，即具有一定的相交角度时，运动方向也就不同，整个复合新月形沙丘的运动过程并不完全沿沙丘轴向，而存在一定的偏角。偏角大小随上覆次生沙丘排列方向与主体沙丘排列方向不一致的程度而定，越不一致，偏角也就越大。

对于多方向风作用下所形成的沙丘，如金字塔沙丘，它虽属于裸露的沙丘地貌形态，但因其形成的动力条件是多方向风的作用，且各个方向风的风力较为均衡，沙丘来回摆动，总的移动量不大，相对来说比较稳定。

### 2. 沙丘移动的影响因素

沙丘的移动是相当复杂的，与风况、沙丘高度、水分、植被等很多因子有关。

1) 风信与沙丘移动的关系

风是产生沙丘移动的动力因素。沙丘的移动主要是风力作用下沙子从迎风坡吹扬而在背风坡堆积的结果。但并不是所有的风都对沙丘移动起作用，只有大于临界起动风速（称为起沙风）才是有效的。从观测资料统计中可以看出，这种有效的起沙风仅仅占各个地区全年风的一小部分，而沙丘的移动性质和强度正是取决于这一小部分起沙风的状况。

根据野外观察，沙丘移动的性质和风信的关系，有以下几点：

（1）过丘移动的总方向随着起沙风风面的变化而变化，移动的总方向和年合成风向大致相同。

（2）沙丘移动的方式取决于风向及其变化规律。

沙丘移动速度，当然也和风向及其变化规律有关，很明显，在单一风向作用下沙丘移动速度要比多方向风作用下快。由于任何具有一定能量的风，都应有与其相适应的沙丘形态，当有与原有沙丘形态不相适应的风作用于沙丘时，首先要重新调整和改造原有的沙丘形态，使其和改变后的风向、风力条件相适应。这样多方向地区每当风向发生变换时，起始风的能量被大量地消耗于为适应改变后的风向而重新塑造沙丘形态的过程中，从而大大减小了真正用于推动沙丘移动的"实际有效风速"，沙丘移动速度必然相应减小。沙丘移动速度主要取决于风速的大小，由于输沙量和风速呈幂函数关系（幂指数3～5），所以随着风速的增大，输沙量急剧增大，从而使沙丘移动速度也增加很快。强风与弱风对沙丘的移动表现为明显的不同作用，沙丘移动主要集中在每年不长的风季里，甚至主要集中在几次暴风的作用下。野外观察表明，强风对沙丘（尤其是比较小的沙丘）具有破坏性作用，而弱风则起修饰和发展作用，它们对沙丘的作用表现在下列两个方面。

（1）外表形态的变化（图 9-5）。一场暴风使新月形沙丘的落沙坡发生了变化，即由两个倾斜度不同的斜面所组成。

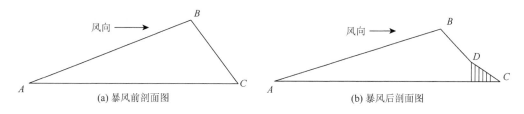

图 9-5　暴风前后沙丘外表形态变化

（2）沙丘高度的变化。强风对沙丘的影响是相当大的，它对沙丘一般起着削平的作用，而一般的风速起发展、修饰的作用，但是这一过程和前者比较起来要缓慢很多。

2）沙丘高度及其他因素对沙丘移动的影响

在风信状况及其他条件相同的条件下，沙丘的体积越大（高度越高），其运动速度就越慢，这一点从空气动力学的观点来考察也是十分清楚的，一定能量的风只能做一定量的功。能量一定的风在移动大新月形沙丘时，消耗于搬运沙物质的能量是体积较小的新月形沙丘在移动时所需能量的几倍。因此，在风力相同的情况下，沙丘高度（体积）越高移动速度也就越慢，这种关系已被野外观察资料所证实。

沙丘水分状况也影响着沙丘移动的速度，因为沙子湿润时，它的黏滞性和团聚作用加强了，因而提高了沙子的起动风速。在野外观察到下雨后（下雨时间 70 min，降雨量 2.24 mm）吹刮着平均风速（2 m 高处）达 11.9 m/s 的强风仍不见起沙，只有等到强风吹干表层湿沙后，才开始出现沙子的搬运现象。所以，在沙子湿润情况下，沙丘移动速度要比干燥情况下小。

植被对沙丘移动速度的影响在于沙丘上生长了植物以后，增加了地表粗糙度，大大地削弱了近地表层的风速，减少沙子吹扬搬运的数量，从而使沙丘移动速度大大减慢。植物除增加沙表面的粗糙度外，植物的根系还可对沙表面有一定的固结作用，此外植被可以起到隔离风沙流与沙表面的作用。

沙丘下伏地面有起伏能大大限制其上覆沙丘的移动。因此，在地形不够平坦的地区沙丘移动就较慢。

沙丘的密度也影响着沙丘的移动速度，沙丘密度小的沙区，沙丘的移动速度一般要比密度较大的沙区快些，所以沙漠边缘或零星分布的沙丘，移动速度一般较快。

3. 沙丘移动方式

沙丘移动的方向取决于具有一定延续时间的起沙风的合成风向。起沙风的合成风向，在大气环流影响下，不仅因地区而异，也随季节而变。因此，沙丘移动方向也是处于变动状态的。各地区主导风向不同，沙丘移动方向不一。沙丘移动方式可以分为以下三种类型（图 9-6）。

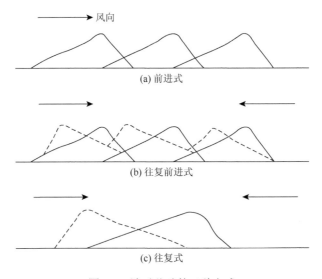

图 9-6 沙丘移动的三种方式

　　第一种是前进式，这是在单一风向作用下产生的。例如，我国塔克拉玛干沙漠的一部分地区（除托克拉克库姆、于田—民丰之间的沙漠南缘和塔里木河北岸与西部之外的其他地区）、柴达木盆地的沙漠、巴丹吉林沙漠和腾格里沙漠的西南部等地区，是受单一的西北风或东北风的作用，沙丘均以前进式运动为主。

　　第二种是往复前进式，它是在两个风向相反而风力大小不等的情况下产生的。在冬、夏季风交替的地区，沙丘移动都具有这种特点。例如，我国东部各沙区，冬季在主导风西北风的作用下，沙丘由西北向东南移动；到夏季，受东南季风的影响时，沙丘则产生逆向运动。不过由于东南风的风力一般较弱，还不能完全抵消西北风的作用，故总的说来，沙丘还是缓慢地向东南移动。

　　第三种是往复式，是在风力大小相等，方向相反的情况下产生的。这种情况一般较少见。卡拉库姆沙漠东南部沙丘的移动方式属于这种类型。

### 4. 沙丘移动速度

　　沙丘移动的速度主要取决于风速和沙丘本身的高度，如果沙丘在移动过程中，形状和大小保持不变，则迎风坡吹蚀的沙量应等于背风坡堆积的沙量（图 9-7）。据此，可以从理论上推导出沙丘在单位时间内前移的距离 $D$。

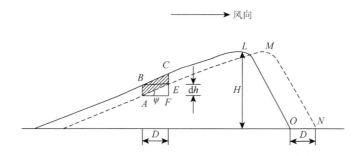

图 9-7　沙丘移动速度的几何图解（Bagnold，1954）

　　如图 9-7 所示，取一小面积 $\square ABCE$，其中 $BE$ 为沙丘在单位时间内的前移距离，也就是沙丘的移动速度，用 $D$ 来表示。由图看出，$\square ABCE = \square ABEF$，如果在单位宽度通过这一小面积的沙量为 $dQ$，则有下面的关系式：

$$dQ = \gamma_s D dh \tag{9-9}$$

式中：$\gamma_s$ 为沙子容重。

　　在单位时间内通过单位宽度，从迎风坡搬运到背风坡的总沙量为

$$\int_0^Q dQ = \int_0^H \gamma_s D dh \tag{9-10}$$

积分得

$$Q = \gamma_s D H \tag{9-11}$$

或

$$D = \frac{Q}{\gamma_s H} \tag{9-12}$$

式中：$H$ 为沙丘高度。由式（9-12）可以看出，沙丘移动速度与其高度成反比，而与输沙量成正比。又因输沙量和起动风速的 3～5 次方成正比，所以沙丘移动的速度也就同样和风速的 3～5 次方成正比。芬克尔用秘鲁的实测沙丘移动作进一步的比较，发现 Bagnold 的公式对于 2～7 m 高的沙丘很适用，但对于较小的沙丘形态有较大的出入。产生这种差异的原因，主要是受沙丘形态变化的影响。因为受风速和输沙量变化的影响，沙丘迎风坡的吹蚀量与背风坡的堆积量并不能保持平衡。当吹蚀量大于堆积量时，沙丘高度就会降低，反之则增高。因此，沙丘在其运动过程中会出现成长式收缩现象，即沙丘形态会发生变化，特别是那些较小的沙丘变化将更为明显。这样，就使得在实测中，即使在高度相同、风速不变的情况下，和计算的移动速度比较起来，一个正在收缩中的沙丘移动得要更快一点，正在成长中的沙丘则移动得要慢一些。

沙丘移动速度的实测值与理论计算值有差别，表明沙丘移动速度除了主要与风速和沙丘本身高度有关外，还受到许多其他因素的影响。鉴于影响沙丘移动的因素是相当复杂的，沙丘移动的实际速度是随当地条件而变化的，因此，在实际工作中，通常采用野外定位和半定位观测，以及量测不同时期航空或卫星像片上沙丘形态变动的资料等方法，以求得各个地区沙丘移动的实际速度。

# 9.3　风力侵蚀研究方法

风沙物理学研究方法可分为野外和室内两大部分。野外研究包括野外调查、定位、半定位观测，它是风沙地貌和风沙运动研究最基本的、最重要的方法，是获取第一手资料的可靠保证。室内研究则包括图件判读、遥感信息处理与分析、风信资料整理与统计、样品处理与化验、风洞模拟实验、数学模拟等内容。图件判读（各种地学图件、航空像片、卫星像片等）、遥感信息处理与分析、风信资料整理与统计是研究风成地貌形态、类型、成因和过程的主要手段。而样品处理与化验则是通过各种实验分析手段对野外所取得样品的成分、结构、质地、沉积年代等进行分析测定，以获取定性和定量资料。风洞模拟实验是研究风沙运动和风（治）沙工程的专门实验手段，通过风洞模拟可探明风沙运动的诸多规律和风（治）沙工程的作用原理。而数学模拟方法则是推动风沙地貌与风沙运动学由定性研究向定量研究发展的主要方法，有着广泛的应用前景。

## 9.3.1　野外调查与观测

野外调查是风沙物理与风沙地貌研究的最基本方法。只有通过野外调查，才能获得与风沙流相关的风速、风向、沙物质、地形、地表粗糙状况、植被等相关数据，才能获得探索沙漠沙的起源和风成地貌形态形成所必不可少的有关第四纪地质、地貌、古地理及自然地理等方面的资料。同时，室内分析研究的样品也依赖于在野外调查中采集。如果缺乏这些充分的实地资料，就不能正确地解释沙漠沙的起源和风成地貌形态的成因，不能明确地分析地表的蚀积、沙物质的迁移运动等问题。

有关风沙物理学的野外调查内容很多，如引起风沙运动的动力因素风速、风向及影响风的各种因素；导致风沙运动的物质基础沙物质的理化性质，包括粒径组成、结构、质地、有机质、碳酸钙、团聚体、含水量、黏粒成分等；其他影响风沙运动的地形、地貌、地表粗糙状况、植被有无、高低、大小、多少、疏密、种类、数量等生物与非生物环境因子等。关于沙漠沙的起源问题，各种风成地貌形态成因的古地理环境和自然条件等问题，需要调查的内容也很广泛，如沙漠周围地区的山体结构，组成山体岩层的岩性，剥蚀区和堆积区的分布轮廓，沙漠下伏的古地貌特征和下伏沉积物的成因类型与物质组成，沙漠地区的气候条件、古气候及其变化过程，水文网分布及其变迁和植被的性质等。为了获得上述各项资料，必须采用生态学调查法、景观生态学调查法、植被调查法、气象学方法、地貌野外调查法、第四纪地质调查法、考古学方法和其他自然地理研究法等，这些方法在有关书籍中都有详细叙述，有的作为专业基础课的基本内容已经学习过。在这里，仅扼要地介绍一下与风沙运动、沙源、风成地貌形态的形成演变等关系最密切的一些野外调查内容和方法。

### 1. 沙源调查

确定一个地区沙漠沙的来源，是风沙地貌野外调查的主要任务之一。要弄清楚沙漠沙的来源，需要详细观察研究与沙漠沙有联系的岩层，特别是第四纪沉积物的剖面。尽量利用各种天然剖面，在必要的情况下还可以进行一些简单的钻探。例如，最简单的是用洛阳铲或手摇钻挖探坑。

对野外沉积物剖面要进行分层描述，即按剖面上宏观的和细微的特征（如颜色、粒径、成分、结构和剥蚀面等），将剖面分成若干层来描述。剖面分层描述要求如下：

（1）剖面位置。指出剖面所在的地貌部位和高度。

（2）沉积物颜色。指出干色、湿色和次生色等。

（3）岩性。在描述粗碎屑物质时，要测定其形状、成分及磨圆度。

（4）构造。由于第四纪沉积物的松散易动性，应特别注意在野外及时描述剖面中的层理和其他构造（如包裹体、扰动构造、冰楔等）特征。构造特征可采用素描或摄影的方法进行记录。层理要区别不同的类型，测定层理产状，分析层理物质组成，尤其要注意沙质斜层理的研究。

（5）厚度测量。仔细测量不同岩性的各层厚度及其（厚度）沿剖面走向的变化。要特别注意不同岩性各层的相互关系，以及它们之间的接触面（界面）的性质。

（6）样品和化石采集。要注意寻找有鉴定价值的动植物化石。发掘哺乳动物化石时，要精心仔细，妥善带土包装，以免损坏难得的化石标本；采集植物化石时，要逐层用小刀剥取，注意保留周围的原状土，用棉纸包好（以待室内修理），并注意收集果实、种子、树木化石，要防止标本干缩、污染和混淆。

孢粉、古地磁、绝对年龄和重沙的试样，要按专门要求采取。此外，样品采集时必须按由下至上的顺序取样，以免由上至下取样时污染下层样品。

### 2. 风成地貌成因调查

风成地貌的形成是风对疏松的沙质地面进行吹蚀、搬运和堆积的结果。因此，也可以这样说，错综复杂的风成地貌形态是风活动过程的记录。为了准确地得出各地风成地貌形成的规律，从而为防治沙害措施的合理配置提供良好的科学依据，就需要在野外调查中十分重视搜集当地气象台站风的观测资料，查明各地占优势的风成地貌类型（风蚀地貌或风积地貌）及其空间分布特征，并用空盒气压测高计、罗盘、测斜仪和卷尺等简单的野外仪器进行形态的量测。

（1）风蚀地貌形态的描述和量测。在野外调查中，要选择有代表性的地段，进行详细的风蚀地貌形态描述和形态量测。描述其外貌、空间分布、方位，以及组成物质的性质；量测其长度、宽度、相对高度（或深度）、斜坡的倾向和倾角及其他要素。通过量测估算出风蚀正（风蚀残丘、雅丹等）、负（风蚀凹地、风蚀沟槽等）形态的面积和体积，便可看出地表的风蚀强度和风蚀地貌发育的程度。

（2）风积地貌形态的描述和量测。在野外调查中，对风积地貌要描述和量测的项目包括：①沙丘的相对高度（最大、最小和平均值）；②沙丘的相互间距（最大、最小和平均值）；③沙丘迎风坡和背风坡的长度、坡度以及坡向；④沙丘的排列方向（走向）。以上各项可以用来说明沙丘的起伏情况和密度的大小，反映沙丘形态发育的规模，确定沙丘形态形成的动力条件。

（3）取样。选择具有代表性的典型沙丘，在其不同部位（迎风坡下部、中部、丘顶和背风坡中部、坡脚等）采集沙子标本，以供室内分析。若是为了说明沙源的目的，不仅需要采集沙丘的沙子，也需要采集下伏沉积物的沙样。在采集标本时，需要详细记载采集地点和地形部位。

### 3. 沙丘基本状况调查

（1）在野外调查过程中，应该尽可能详细地观测沙丘上植物生长的情况，包括沙丘上的植物种类、数量，植被的覆盖度（目测法估计）等，以确定沙丘的活动程度。

（2）通过挖掘剖面，描述沙丘上各部位沙子的湿润状况，并用盒尺测定其干沙层的厚度。

（3）在野外路线考察中，特别是对于沙漠边缘风沙危害地区进行考察时，注意搜集有关沙丘移动的数据。在进行野外路线考察时，可以通过访问当地居民，了解道路、地物（房屋、土工建筑等）被沙埋和变迁的情况，以大致确定沙丘移动的方向、方式和速度。

### 4. 风沙运动观测

风沙运动的观测主要是对风沙流进行观测，即包括风的观测与输沙率的观测。输沙率是单位时间内的断面输沙量，为此可通过观测单位时间内的输沙量来获得。风的观测可通过各种测风仪器进行，输沙量数据则可由集沙仪进行测定。

1）风的测定

风是风沙物理学中非常重要的指标，它包括风向和风速的测定。目前关于风的定位观测主要采用自动观测系统，测定不同高度的风速，在实际观测中首先应选择量程范围大（30 m/s）、性能稳定的风速计。常用的有机械式三杯轻便风向风速表测定方法、便携式数字风速表测定方法、多通道风速风向记录仪等。

2）沙粒起动风速观测

研究一个地区的风沙移动，首先要确定该地区的起动风速。对于某一区域的沙粒来说，因沙粒机械组成、地表粗糙程度、湿润状况等因子的不同，起动风速也不同。沙粒起动风速是确定风沙运动发生与否及其强度的重要判据。为此，可以根据野外观测沙粒是否发生运动来确定沙粒的起动风速。

在野外调查中，可用手持风速仪进行起动风速的观测，并在野外笔记簿中作简要记录和描述。目前，野外测定沙粒起动风速的方法仍采用仿真风沙地沙粒起动测定法进行。其具体方法是：在已备好的一块模板上喷上胶，均匀地撒上一层沙子制成平整的仿真地面，在选择好的地段将仿真地面埋入沙中，使其与地面无缝隙连接，并在其上撒上薄层沙子。然后在紧挨仿真地面的背风向地面平铺一块醒目的白纸。在野外用瞬时风速仪观察风速的变化，并时刻注意仿真地面和白纸上沙粒的动态。随着风力的逐渐增大，当发现仿真地面有个别沙粒开始运动或白纸上有沙粒出现时，记录下此时瞬时风速仪所测定出的风速，该风速即为沙粒的起动风速。一般地，为了更准确地描述沙粒的起动风速，需要进行多次平行测定，而后求其算术平均值即可得出该状态下的起动风速。

3）输沙量的观测

沙粒在气流中运动形成了气固两相流，风速可以采用上述风速仪进行观测，而沙的采集则主要依靠集沙仪进行观测。集沙仪是用以测定风沙流中输沙量和风沙流结构的仪器，目前我国常用的集沙仪大致有以下几种类型：单管集沙仪、阶梯式集沙仪、刀式集沙仪、平口式集沙仪、沙尘采集仪、组合式多通道通风集沙仪、特制集沙仪、WITSEG集沙仪、遥测集沙仪、Ames集沙仪和Aarhus集沙仪、楔形集沙仪、BSNE集沙仪（王金莲和赵满全，2008）。

应用集沙仪和风速仪在不同性质的地表（如组成物质的粗细、植被覆盖状况不同等）和沙丘的不同部位（如迎风坡脚、坡腰、丘顶和背风坡脚以及两翼等）进行观测，可以获得如下资料：

（1）沙粒运动条件，即风沙流出现的气流条件。在集沙仪中开始收集到沙子时的风速，就为起动风速。

（2）靠近地表气流层中沙子随高度的分布性质——风沙流的结构特征。

（3）靠近地表气流层中沙子移动的方向和数量。

（4）沙丘表面风沙流速度线的分布特点。

所有这些资料，不仅有助于认识风成地貌形态形成发育的内在机理，而且可为防风固沙措施，特别是工程防治措施的设计和配置提供科学依据。

5. 沙尘的采集与观测

风沙特别是沙尘暴，不仅会造成源区地面的吹蚀，而且悬浮在空中的沙尘会长距离运输，其浓度也会随着运输而发生变化。我们可以通过一定的方法收集沙尘，以分析其机械组成、浓度、化学组成，并且可以根据室内分析来推断沙尘的起源及特点。观测沙尘浓度和时空分布特征的仪器种类很多，在实际应用中可根据具体情况选择使用。

1）沙尘浓度采集

沙尘浓度采样器分为总沙尘浓度采样器和分级采样器。总沙尘浓度采样器与大气污染观测中常见的总悬浮颗粒（TSP）采样器基本一样。常用的采样器按采样速率可分为大流量（1 m³/min 左右）、中流量（0.1 m³/min 左右）、小流量（0.01 m³/min 左右）等。分级采样是指在一次采样过程中获取不同粒径段的沙尘样品，常见的安德森（Anderson）分级采样器可分为 6～10 个不同的粒径段。

沙尘浓度采样法的基本原理是抽取一定体积含有沙尘的空气通过已知质量的滤膜，使沙尘被截留在滤膜上，通过分析采样前后滤膜质量之差及采样体积，即可计算沙尘的质量浓度。滤膜经过处理后，可对样品进行化学成分和物理特征分析。

对沙尘浓度进行采样分析时应注意以下几个问题：首先对可能引起样品污染的采样器部分进行严格清洁；根据采样器可能获取样品量的具体情况，选取合适的称量天平，样品量越少，对天平的精度要求也越高；采样时间也应根据实际天气情况具体确定，防止采样滤膜由于样品量过多而堵塞，影响对采样体积的估算。

在采样过程中，应记录气温、湿度、风速、风向、云量、云状和能见度等气象参数，尤为重要的是记录各种沙尘天气（浮尘、扬沙和沙尘暴等）的起始时间和结束时间。

2）降尘量的观测

降尘分为干降尘和湿降尘两类。干降尘是利用集尘缸（一般为内径 150 mm、高 300 mm 的玻璃缸）收集自然沉降的沙尘，样品经蒸发、干燥后，以称量法测定降尘量（邹维，2009），然后推算单位面积的自然表面上沉降的沙尘量，一般用每平方公里沉降的吨数[t/(km²·月)]表示。有时候降尘缸也可以用长方形的不锈钢替代，降尘缸底部放置滤膜。样品的物理特征和化学成分分析可以在实验室内进行。

湿降尘是指由于降水冲刷作用而降到地面的沙尘。一般利用聚乙烯或聚丙乙烯塑料桶来收集湿降尘：降水之前人为开盖，收集一次降水全过程的水样，降水结束后及时取回，在实验室进行物理化学特征分析。

3）激光雷达观测

激光雷达是探测沙尘特征的一种新型遥感手段，它可以非常容易地确定沙尘传输的高度、厚度以及空间结构特征（郭本军，2008）。一般采用单波长后向散射激光雷达观测沙尘的物理特征，其波长为 532nm 或 1064nm。为了确定悬浮在大气中的沙尘粒径特征，有时也采用双波长激光雷达进行遥感探测。

激光雷达一般由两部分组成，即发射部分和接收部分。发射部分包括激光器、高压电源、光束准直器和光束发射器等；接收部分包括接受望远镜、窄带滤光器和光电探测器等。

激光雷达探测沙尘气溶胶的基础是激光雷达方程：

$$P(R) = ECR^{-2}[\beta_a(R) + \beta_m(R)]T_a^2(R)T_m^2(R) \tag{9-13}$$

其中

$$T_a^2(R) = \exp\left[-\int_0^R \alpha_a(R)\mathrm{d}R\right] \tag{9-14}$$

$$T_m^2(R) = \exp\left[-\int_0^R \alpha_m(R)\mathrm{d}R\right] \tag{9-15}$$

式中：$P(R)$ 为激光雷达接收到的来自距离 $R$ 处的大气回波信号；$E$ 为激光输出能量；$\beta_m(R)$ 为大气分子后向散射系数；$\beta_a(R)$ 为大气沙尘气溶胶后向散射系数；$\alpha_a(R)$ 和 $\alpha_m(R)$ 分别为大

气分子消光系数和沙尘气溶胶的消光系数。

在缺少辅助观测资料时，激光雷达探测到的是大气沙尘气溶胶的后向散射系数 $\beta_a(R)$ 和消光系数 $\alpha_m(R)$。对沙尘而言，如果可以确定沙尘的粒径特征，根据 Mie 散射理论可以计算得到不同高度的沙尘浓度。

利用激光雷达方程求取沙尘气溶胶的后向散射系数或消光系数并不是一个简单过程。通常采用计算散射比 $K_s(R)$ 的方法来获取大气中沙尘气溶胶的分布的定量信息，即

$$K_s(R) = \frac{\beta_m(R) + \beta_a(R)}{\beta_m(R)} \tag{9-16}$$

当 $K_s(R)$ 为 1 时表示纯粹的大气分子的 Rayleigh 散射，也就是说大气中只含有空气分子；当 $K_s(R)$ 大于 1 时表示有气溶胶粒子的 Mie 散射贡献。根据式（9-13）可求得

$$K_s(R) = CE\frac{P(R) \times R^2}{\beta_m(R) \times T_m^2(R)} \tag{9-17}$$

式中：CE 为包含所有激光雷达参数的常数，可以通过在合适的高度（一般为 30 km 左右或对流层顶部）令 $K_s(R)$ 为 1 来获得；$P(R)$ 为激光雷达回波信号。

其中大气分子的后向散射系数和消光系数可以利用合适的大气模式，如美国标准大气（U.S. standard atmosphere）来计算得到。$K_s(R)$ 中还包含了云的信息，可以通过求取退偏比来判定（激光雷达接收系统应带有偏振光束分离装置）。

在实际探测中，当大气中沙尘浓度比较高，而且混合比较均匀时，经常使用一个非常简单的方法获取沙尘气溶胶信息。这时可以忽略大气分子的影响，同时认为消光系数或后向散射系数随高度不变，根据式（9-13）可求得沙尘的消光系数：

$$\alpha = -\frac{1}{2}\frac{dS}{dR} \tag{9-18}$$

式中：$S$ 为激光回波值与距离平方的乘积；$R$ 为雷达距离。也就是说，沙尘的消光系数为激光雷达距离修正对数回波曲线斜率的一半，这种方法称为斜率法。

利用激光雷达探测和分析结果绘制时间-高度曲线，可以很直观地看出沙尘气溶胶的时空变化特征。

### 6. 地表形态变化观测

在野外，可通过定位测量地形形态的变化（如某一沙丘高度的变化）来反映一个区域是风蚀还是风积，进而求得该地区的风蚀强度和积沙强度。还可以通过对不同类型的沙丘进行重复多次（每季度一次或风季前后）的地形测量来分析沙丘移动的方向和移动速度。该工作一般是在选择的典型地段布设的地形变化监测场内进行。通常使用的方法有插钎法、反复地形观测法、纵剖面测量法、GPS 定位观测法等。在不同的地形形态观测中，所运到的方法有所不同。

1）地表风蚀深度与强度的观测

地表风蚀深度与强度的观测，最简便的是应用插钎法（插标杆法）。插钎（标杆）用粗铁丝或木质、塑料标杆，高度依测定地区的风速和蚀积能力而定，一般为 1～2 m，弱风蚀区用低杆，强风蚀区用高杆。插钎上刻有高度数字（以 cm 为单位）和"0"点，一

般最初一次量测原始地形时，插钎的深度选择置"0"点于地面，便于以后直观地统计风蚀或风积量。

测定时，选择典型的风蚀监测区，在地形变化的关键部位（转折控制点），如沙丘落沙坡新月形上下弧顶、翼角、迎风坡起始转折点、其他坡度转折点等，插钎并对原始地形"0"高度点作记录。然后在各转折控制点埋设插钎，以 2 m 插钎为例，埋设时埋入地面下一半（1m 深），露出地面上一半（使杆顶与地面高差为 1m）。经过一定时间以后进行观察，测量地面与标杆之间垂直距离变化的数值，便可算出地面被吹蚀的深度（读数为负时地表风蚀，读数为正时地表堆积），然后将每一个时期所测得的数值和同期风速（在定位观测站，应该架设自记风向、风速仪，进行风的观测；在半定位站，一般不进行风的观测，可利用附近气象台站的测风资料）相比较，就能得出它们之间的关系；利用风蚀深度与时间的比值即可求得风蚀强度。为了获得更为准确的风蚀深度与强度的数值，最好是每出现一次起沙风就进行一次观测，以记录地形的变化，并随时画出变化图及记录起沙风速和方向变化。这样就可获得每一场风的方向、风速和地形变化的完整资料。

风蚀强度受到地面性质（物质组成、粗糙度等）的影响，例如，沙质黏土、沙和沙砾等不同物质组成的地面，它们抵抗风蚀的能力不一样，风蚀强度也各不相同。因此，可以应用若干根标杆置于不同性质的地面进行观测，这样就可以获得风蚀强度和地面性质之间的关系。

2）沙丘移动的观测

沙丘移动的观测，可采用下列方法。

a. 反复地形观测法

这种方法一般用于较长时段的地形变化监测。选择不同类型和高度的沙丘，进行重复多次（每季一次或在风季前后）的测量，绘制不同时期沙丘形态的平面图或等高线地形图，经比较便可以得到沙丘移动的方向和速度，以及沙丘移动速度和其本身体积（高度）的关系。再与风速、风向的资料对照，就可看出沙丘移动与风况之间的相互关系。

b. 纵剖面测量法

这种方法比较简便，但不像前一种方法那样能反映出沙丘全部的动态，而只能反映出剖面变化的特征。因此，此法仅适用于一些半定位观测站。其方法为：选定不同沙丘，在垂直于沙丘走向的迎风坡脚、丘顶和背风坡脚埋设标志，重复量测并记录其距离变化，可得出沙丘移动的方向和速度。

c. 全球定位系统（GPS）观测法

GPS 观测法主要用于大面积测量沙丘移动。采用野外数字化测图平台测定沙丘形状，把数据输入地理信息系统（GIS），同时用 GPS 标定沙丘的位置。经过一段时间后，用 GPS 现地复位观测，并结合 GIS 进行对比，从而确定沙丘移动速度和方向。

选择不同地面性质（包括下伏地貌、植被和水分条件等）的沙丘，采用上述方法进行观测，就可以确定沙丘移动和地面性质的关系。

d. 遥感（RS）影像监测法

遥感影像监测法主要是利用高分辨率的遥感卫星影像监测沙丘的运动与其形貌特征的变化。收集不同时期的高精度的卫星遥感影像资料，采用计算机判读与人工解读相结合的方法，比较不同时期的影像资料中沙丘的位置，结合 GIS 或 ERDAS 等软件进行分析，即可获得其位置的变换和形态的变化，从而推算出在该时期内沙丘的移动速率、形态的变化等。目前，QuickBird 等影像资料的分辨率可达 0.61 m，可以应用于沙丘的动态监测。

　　3）地面粗糙度的测定

　　粗糙度是表征下垫面特性的一个重要物理量，也是衡量防沙治沙效益的一个重要指标。我们采取的一些防沙措施，都是通过改变地面粗糙度，以控制风沙流活动或改变其蚀积过程。例如，草方格沙障是增大地面粗糙度以降低风速，使沙面不致受到风蚀或使风沙流卸载；而实验用整体道床，则是减小地面粗糙度，以提高风沙流挟沙能力，使其顺利通过线路。

　　根据粗糙度的定义，如果直接测定地表上风速为零的高度，是十分困难的，甚至目前也做不到，也没有必要那样做。因此这个风速为零的高度是通过间接的方法测定的，运用近地表气流在大气层结构为中性情况下的风速随高度分布规律：$V = 5.57u_* \lg \dfrac{z}{z_0}$（式中：$V$ 为高度 $z$ 处的风速；$u_*$ 为摩阻流速；$z_0$ 为地表粗糙度），可以推导出粗糙度的计算公式：

$$\lg z_0 = \frac{\lg z_2 - \dfrac{V_2}{V_1} \lg z_1}{1 - \dfrac{V_2}{V_1}} \qquad （9\text{-}19）$$

式中：$V_1$ 为高度 $z_1$ 处的风速；$V_2$ 为高度 $z_2$ 处的风速。

　　这样只要测定出某一地表上任意两个高度所对应的风速，即可计算出某一地表的粗糙度。因此，一般地采用 50 cm 和 200 cm 处的风速，但我们在长期的风沙工程测试中发现，近地面采用 20 cm 处的风速效果更佳，特别是对于草方格等低立式沙障效果更好。

　　通过以上野外实验观测，对风（治）沙工程的作用原理和防护效果进行验证，可为工程要素的选择提供更坚实的、符合实际的科学依据。

## 9.3.2　风洞模拟实验

　　风洞实验是风沙运动学的重要组成部分，是风沙运动学发展的重要手段，风沙运动学中很多的规律和公式都是在风洞实验的基础上发现和获得的。同时，风洞实验也是验证风沙运动理论和计算结果正确与否的依据。风沙地貌与风有密切关系，风洞作为一种测量工具引入风沙运动规律的研究中后，就使得风沙运动的研究从野外走向室内，从只能进行定性的描述转化为定量的测量与计算。实验时，常将模型或实物固定在风洞内，使气体流过模型。对于这种方法，流动条件容易控制，可重复地、经济地取得实验数据。因此，应用风洞实验技术研究风沙问题，不受自然条件的限制，能大大缩短研究周期，大量节省时间、人力和物力；便于使用较精密的测试仪器，进行半定量、定量的测量，可以提高研究水平，更好地解决生产实践问题。

### 1. 风洞结构及一般原理

风洞是能人工产生和控制气流，以模拟物体周围大气流场，并可量度气流对物体的作用以及观察物理现象的一种按一定要求设计的管道状实验设备。风洞实验段能够模拟或基本上模拟实物在大气流场中的情况，以供各种空气动力学实验使用，它是进行空气动力学研究最常用、最有效的工具。实验时，常将模型或实物固定在风洞内，使气体流过模型。这种方法，流动条件容易控制，可重复地、经济地取得实验数据。因此，应用风洞进行实验研究，可以选用任何比例、任何种类的模型；而且不受自然条件的限制，能大大缩短研究周期，大量节省时间、人力和物力；便于使用较精密的测试仪器进行定量的测量；可以提高研究水平，更好地解决生产和科研上的实际问题。

为满足各种不同类型空气动力学实验的要求，现代风洞的种类十分繁多，依据不同的划分标准可以分为各种形式。按实验段气流速度（马赫数 $Ma$）大小来区分，可以分为低速风洞（$Ma \leq 0.4$）、高速风洞（$0.4 < Ma \leq 4.5$）和高超声速风洞（$Ma \geq 5$），高速风洞又可分为亚声速风洞（$0.4 < Ma \leq 0.7$）、跨声速风洞（$0.5 \leq Ma \leq 1.3$）和超声速风洞（$1.5 \leq Ma \leq 4.5$）。就低速风洞而言，根据气流特征可分为直流式和回流式。直流式没有空气导流路（图9-8），空气离开扩压段后，经过迂回曲折的路线再返回进气口（或直接进入大气），所以它可使用完全新鲜的空气，而回流式风洞有连续的空气回路，这样可使风洞中的气流基本上不受外界大气的干扰（无阵风影响，气流均匀），温度可得到控制。此外还有若干分类方法，例如，根据动

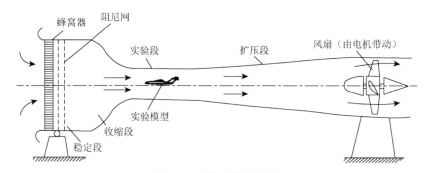

图9-8　直流式低速风洞

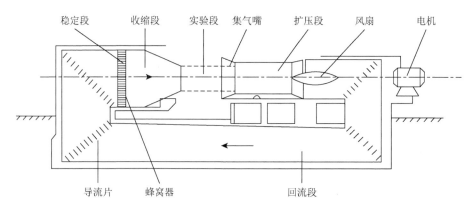

图9-9　回流式低速风洞

力来源可分为吹式风洞和吸式风洞；根据使用方式可分为室内模拟风洞和室外模拟风洞；根据用途可分为二维风洞、三维风洞、变密风洞和阵风风洞等。虽然不同种类、不同用途的风洞有不同的结构和特点，但主要的组成部分和工作原理是基本相同的。图 9-9 是常见的闭口回流式低速风洞组成。

尽管风洞的类型繁多，但常见的风洞结构一般包括：实验段、调压段、扩压段、拐角导流片、动力驱动系统、稳定段、整流装置、收缩段及测量控制系统。各部分的形式因风洞类型而异。

2. 沙风洞

1）室内模拟沙风洞

由于沙风洞模拟的是发生在大气附面层以内特别是紧贴近地表面上的空气动力学特征，因此它除具备上述风洞的一般性能外，还对它提出了以下一些要求：

（1）具有高紊流度。在近地表附面层中，由于各种因素的影响，紊流充分发展，紊流度高达 1%，因此模拟时风洞中的紊流度也应与实际相同。

（2）长实验段。为了保证风洞中的模拟气流与自然相同，就需加长实验段。这样可使附面层均匀加厚，并形成稳定的附面层，同时也能提高风洞的紊流度。这类风洞的实验段长一般为 10～30 m。

（3）低流速。近地气层中极大风速不超过 100 m/s，大多在 40 m/s 以下，所以风洞模拟自然现象时的风速不会超越 100 m/s。

（4）模拟温度层结。近地气层的温度层结对紊流扩散、动量传递和水热交换都有很大的影响，因此在有些风洞中增设了底板的加热与冷却装置，用以模拟温度层结。

（5）阵风性。Chepil 等研究发现，在近地气层中气流的流动具有明显的阵风性，频率约为 1 Hz。若加旋转叶栅，即能模拟这种特性。

2）野外风蚀沙风洞

风沙现象的实验研究不但能在室内模拟,各国的专家学者们还设计建造出了各种形式和规模的野外沙风洞。图 9-10 为原内蒙古林学院建设的野外风蚀沙风洞。它是敞底直吹式组合风洞，全长 14 m。与典型风洞相比，它没有扩压段，过渡段和实验段都较长，并

图 9-10　原内蒙古林学院野外敞底直吹式风蚀沙风洞

有两个过渡段。为了模拟自然风的紊流"阵性"作用，加有由六片纵向对称翼组成的旋转叶栅。该风洞的动力段是由柴油机带动风扇产生"风"，调节柴油机的转速即能改变风速，最大风速为 25 m/s。实验段总长 7.2 m，共分三节，横截面为 1.2 m×1.2 m 的正方形。2004 年，由内蒙古农业大学设计并制作完成了 OFDY-1.2 移动式风蚀风洞，该风洞也为敞底直吹式风蚀沙风洞，可进行野外风蚀测定。

野外风洞是野外轻便式可移动风洞的简称。野外风洞除具有室内风洞的基本性能外，还可以在野外搬迁移动，能够利用基本平坦的自然地表、地物、植被和一定程度的温度条件，它也是室内实验通往野外实际推广的一个重要桥梁。实际上，自然地表的土壤结构和理化性质、地表的植被和温度条件是很难在室内加以模拟的，如果要把自然地表直接搬到室内，不仅耗费较大，而且经过搬运，搬迁来的土层会因为震动和失水，结构破裂，植物枯死。所以，野外风洞是一种节省实验资金、缩短实验周期和大大提高土壤风蚀和风沙运动等研究水平的重要实验设备。

作为野外风洞，除易于搬迁和拆卸外，按照津格（A. W. Zingg）的意见，必须具备与自然界一致的风速和风力的范围，而且易于产生和能够控制；必须能产生没有自然界那种漩涡的稳定的风；必须有足够的断面，能够对野外典型的样方进行自由选择。这只是一些最基本的要求，对于不同实验目的的野外风洞，还应具有更具体、更精细的要求。

事实上，只要野外风洞有适当的断面和长度，并有必备的窗孔，室内风洞能够进行的实验项目，野外风洞也基本可以进行，只是要求有适当的自动测量系统和地表条件。至于野外风洞的测试手段，有着和室内风洞相近似的要求，但是要适应野外条件，如防沙和自备电源。

3）沙风洞新型测速系统——PIV 技术简介

PIV（particle image velocimetry）技术即粒子成像测速技术是 20 世纪 80 年代末出现的一种瞬态、非接触式、整场的激光测速方法（罗万银等，2007）。测量时，首先在感兴趣的流动区域的上游，在流体中施放示踪粒子，利用光源产生片光以照亮该流动区域，并通过照相机记录两个时刻粒子的位移。将测量的位移与已知的时间间隔相除，就得到粒子的 Lagrange 速度，当时间间隔趋近于零，可以近似认为等于 Euler 速度。若在整个测试区得到各点的速度矢量，就获得了整场的流动信息。PIV 技术主要由硬件系统与软件系统两部分组成。硬件系统主要包括激光发射器、数码相机、同步器、计算机、烟雾发射器以及三脚架等辅助设施。激光发射器的主要功能是发射激光形成片状光源，烟雾发射器为流场提供有效示踪粒子，数字相机拍摄所要分析的流场区域。同步器控制数码相机与激光发射器同步工作，同时设定双脉冲激光器的延时（两幅图片的曝光时间间隔），用于不同速度场的测量。计算机主要将所拍摄的图片进行储存，并对拍摄结果进行分析。PIV 系统的实验布置简图如图 9-11 所示。

PIV 技术是一种没有介入的光学技术，可以应用于存在激波的高速流动和靠近壁面的边界层的测量中。PIV 技术可以在不干扰流场的情况下相当精确地测出整个流场的速度分布，并由图像记录各粒子的速度信息。这样在一幅图里既包含了流动的最小尺度（对单颗粒子的速度进行跟踪，测量单颗粒子周围的流场分布），也包含了大的流动特征尺度（对

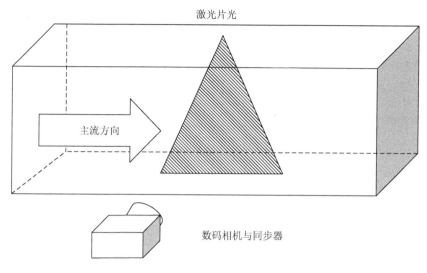

图 9-11　PIV 系统组成及实验布置简图

整个流场进行分析）。随着电子技术的发展，PIV 技术既能捕捉到最小的空间尺度，也能捕捉到最小的时间尺度。软件系统对实验结果进行存储与分析，因此应用 PIV 技术可以同时分析速度场、涡量场、浓度场和粒径。

3. 风洞模拟实验的内容

根据国内外的资料，在风洞中可以进行有关风沙地貌的下列模拟实验研究。

（1）风沙运动的实验研究。用普通和高速摄影机在风洞中对风沙运动进行动态摄影；应用激光多普勒测速仪、粒子动态分析仪，对沙粒运动的速度、加速度和沙粒数随高度分布进行测量等；研究沙粒受力起动的机制、沙粒的运动特征以及沙粒受气流作用与反作用的物理机制；研究风沙与沙质下垫面相互作用的性质和沙子吹蚀、搬运及堆积的物理过程等。

（2）风蚀作用的实验。研究影响土壤风蚀强度的因素及防止风蚀的措施；进行风沙对地表物质磨损作用的实验。

（3）风积地貌形态形成的实验研究。在风洞中，可以进行不同风速、不同地表性质下沙波形成的过程；沙丘形态的变化及其移动情况等实验研究。因风成沙丘尺度较大，尽管在风洞中模拟沙丘的形成有困难，但还是可以通过各种沙子堆积形态的实验观测与综合流场的分析，探索不同沙丘形态（特别是纵向和横向两大类沙丘）形成的气流条件和动力过程。

（4）风沙电实验。沙区通信线路目前大多仍用裸线，每当风天起沙时，往往产生强大的静电电压（在甘肃民勤县观测站上曾测到 2700 V 电压）。这种现象给通信质量及线路维修带来不少危害。在风洞中进行风沙电的实验研究，以便摸清其产生电的原因及其影响因素，为采取防护措施提供依据。

（5）防沙工程模拟实验。防沙工程主要是为了防止风沙埋压公路和铁路，避免中断交通，造成严重危害。工程防治公路、铁路沙害的模拟实验包括：公路不积沙断面形式，下导风栅板工程和侧导羽毛排，草方格沙障和阻沙栅栏，以及桥涵、隧道、站场房屋对积沙的影响和探索防沙工程的风洞模拟研究。

（6）林带、林网及其防风沙效益的实验研究等。

### 4. 相似条件与实验方法

有关风沙运动的研究内容及某些可以直接置于风洞内试验的工程实物（原型），可采用天然沙（原型沙）在风洞中做实验，而不考虑模型律，对多数工程而言，都要涉及相似问题。风洞模拟实验的可靠性取决于实验条件与野外实际情况的相似程度。要使模型实验与自然现象完全相似，必须满足三个条件：

（1）几何相似。要求模型的尺度（包括地表糙度、颗粒尺度和流场尺度等）与自然界原型成比例。

（2）运动相似。要求模型与原型的流场及运动场成几何相似，即两个流场对应点的速度具有相同的方向，它们的大小保持固定的比例关系。

（3）动力相似。要求模型与原型的受力场成几何相似，动力边界和起始条件相同。两个流场对应点上作用的对应力方向相同，大小互成比例，即各种力所组成的力多边形是几何相似的。

其他条件还有时间相似、质量（密度）相似、温度相似、黏度相似等。对于伴随许多物理参变量变化的流动过程，相似是指表达此种过程的各物理参量在流动空间中，各对应点上和各对应瞬时各自互成一定的比例。过程中参与变化的物理量越多，则其相似性质和相似条件越复杂。

研究两个流场相似时，几何相似是前提，要运动相似必须几何相似，如果密度场是相似的，运动相似的流场就自动保证了动力相似。

原则如此，但实现却十分不易，风沙运动和风（治）沙工程风洞实验研究要做到这点却是很困难的。例如，风（治）沙工程的几何相似要求模型缩小多少倍，沙粒也要相应缩小多少倍。而实际上沙粒的粒径很小（在 1.0～0.05 mm 的范围内），如前所述，很细的颗粒（临界粒径约为 0.08 mm）由于受附面层的掩护和表面吸附水膜黏着力的作用，不易起动，即使受外力起动，运动性质也将发生变化。沙粒在风力作用下主要做贴近地面的跃移运动。当粒径缩小到小于 0.05 mm 后就成了粉尘，粉尘的自由沉速小，一旦起动，其运动形式就会变成随风悬浮的状态，这样一来，往往会带来物理过程的改变。这种模型实验，当然不能正确地反映原来的自然过程。因此，常常不得不用原型沙做模型实验。而用原型沙就加进了不完全相似的因素，产生了与模型不成比例的畸变。

鉴于风（治）沙工程不可能做到完全相似模拟，只有采用近似相似的方法。例如：①增大模型尺寸以减少因不完全相似而带来的误差；②采用系列模型法，用不同比例尺的模型进行实验，将实验结果外推到野外实际中去。

由于室内实验不可能做到完全相似，总会给实验结果带来某些歪曲，因此绝不可忽视野外工作。只有两者相互比较，互相补充，才能得出相对正确的结果。

1）无沙情况下的模拟实验

所谓无沙，也就是纯属气流（近地面净风）问题。这类实验，主要考虑模型尺寸上的几何相似和气流的运动相似（模型与实物的流场及运动速度场成几何相似）。由于所试验的工程模型多是具有棱角转折的物体，只要风洞的雷诺数（$Re$）足够大（$10^6$ 以上），就可以达到与雷诺数无关的自模拟区。例如，我国兰新铁路和南疆铁路部分路段穿过特大风区，经常影响列车安全运行。为了防止大风吹翻列车，在风洞里做了翻车临界风速的模拟实验。在实验中，制作了 1/50 和 1/100 两种车厢模型，采用表压分布法，实测出风作用在车厢模型各部位上的压力；然后将此压力与已知的车厢重力抗衡，从中计算出临界风速。这里起主导作用的惯性力和黏力，应满足雷诺数（常数）守恒：

$$Re = \mathrm{L}u/T \tag{9-20}$$

式中：$\mathrm{L}u$ 为惯性力；$T$ 为黏力。

车厢模型用人字形棚顶，因而附面层分离始终发生在棱角的转折处。从实验结果可见，无论何种模型，也无论多大风速，压力系数均很好地保持一致（刘贤万等，1982，1983）。这样不但可使问题大大简化，而且加强了实验的可靠性，使实验结果便于直接外推到任何尺寸、任何风速下的车厢原型，而不必经过换算。

同样，防护林模型实验也是利用这一原理。树木的枝条可看作棱角转折点附面层，分离大多发生在此处。实验发现，室内模型（原中国科学院兰州沙漠研究所风洞实验室）与野外流场大致相似，从而给防护林问题的研究提供了捷径。

总结上面所述，无沙情况下的风洞实验相似问题大致可归纳为以下几点：

（1）模型尺寸上的几何相似。

（2）模型流场的风速廓线与实物廓线的几何相似，也就是附面层相似。

（3）风沙现象发生在大气低层（近地表层），因此模拟流场必须是充分的紊流。

（4）根据所研究的具体问题，选定合适的相似准则。若为物体在风力作用下的稳定性性问题，应主要考虑弗劳德数（$Ft$）相同；若为紊流问题，应主要考虑雷诺数（$Re$）相同。当受风速限制，不能满足这一点时应考虑是否能自模化。

2）有沙情况下的模拟实验

在模拟实验中加入沙情况就复杂化了，其原因正如前面所述，一方面如果严格选用几何相似的模型沙，其结果是量变带来质变，会使其运动性质改变；另一方面，若使用原型沙，又会产生与模型不成比例的畸变。例如，在野外研究防护林的防沙效益时，实际的风沙流都在树干下部运动，但在模型实验中，模型缩小后，原型沙的风沙流高度并没有改变，形成了风沙流在树冠附近，甚至在树冠上部通过的奇怪现象。还有，在研究风沙流横过铁路路基时，由于路基宽度都在 10 m 以上，跃移沙粒不能飞越，造成路基沙埋。但在缩小的模型上路基宽仅约 10 cm 或更窄，沙粒的飞越现象却屡见不鲜。所有这些都必然使模型实验失去意义。因此，在处理这类问题时，在可能情况下，应尽量避免加入沙所带来的影响。为此，在有关风沙运动（沙粒起动、沙粒运动特征轨迹及风沙流结构等）问题的研究中，因不涉及模型缩尺问题，故完全可以使用原型沙来进行实验研究。

风（治）沙工程的模拟实验通常可分两步做。先测定不加沙模型的流场，根据流场分布，估算出沙的吹蚀、堆积特征。在流场中，低于起沙风速的区域，应为沙的堆积区，而高于起沙风速的区域，应为吹蚀区。然后，再做加沙实验，进行各种模型的沙子吹蚀、堆积形态及蚀积量的测量。综合流场分析和沙子蚀积状况的测定，比较其防护效果，从中选取最佳方案。

### 9.3.3　室内分析研究

1. 风信资料整理

1）风信资料整理的内容和目的

风信就是风的活动状况，包括风的速度、方向、脉动频率和持续时间等。风信资料则是关于描述这些物理量的记录。在气象台、站的观测记录中，微风是大量的，而越大的风数量越少。对于研究风沙运动和风沙地貌以及确定防沙治沙措施，并不是把所有的风都进行统计分析，而只需把对风沙运动、沙丘的形成演变和沙丘移动起作用的风进行统计分析即可。因此，在应用某地区气象台、站风的观测记录资料时，只限于统计能使沙粒（土粒）发生运动的起沙风。凡是等于和大于起沙风的风速、风向、出现的次数或频率，以及随月、季的变化都要分别进行统计整理。

在治理或控制风沙危害时，关键是要认识和了解某地区风沙运动规律，这就必须对该地区的风信资料进行全面准确的统计整理、分析研究，这是研究风沙运动规律的方法和开展防沙治沙工作的基础、前提和重要依据。通过对当地气象台、站的风信资料进行整理分析，就能够查明风沙运动方向，了解风况与风成基面之间的关系，以及沙丘移动的性质和规律，掌握沙害的方式及产生的原因。这样，就能为选择治沙方案、确定治沙措施，以及实施过程中充分利用有利因素控制或促进风沙运动提供支持，从而达到治理风沙危害的目的。

2）分析整理风信资料的方法

风是风沙和风成地貌形态形成的动力因素。但是，正如前面所述，并不是所有的风都对风沙运动、沙丘的形成演变和沙丘移动起作用。因此，在风沙地貌动力学研究中，应用某个地区的气象台、站风的观测资料时，只限于统计能使沙子发生运动的起沙风（有效风）。下面简单介绍起沙风的各种统计方法及其应用。

a. 起沙风速统计法

在干旱、半干旱地区，风沙活动的决定因素是风，查明风沙活动的起沙风速是研究风沙规律的首要条件。前人对我国沙区进行普查的结果表明，在各地流沙表面上，沙粒开始移动的风，其临界风速即起沙风在 2 m 高度上风速为 4.5~5.0 m/s。而经公式 $V_t = 5.75V_* \lg Z / K$，在不同粗糙度（0.004~0.031 cm）计算得出的起沙风速 $V_t \approx 5$ m/s，和实测风速十分接近，故常用 5 m/s 的风速作为起沙风速。但需要注意的一点是，该风速为距地面 2 m 高处的风速。而在进行起沙风统计时必须有长期的气候观测资料，因此必须借助于气象台、站的观测资料，而各地气象台、站的测风高度不等，所以应用气象台、站的测风记录时，必须进行高度的订正，而不能直接应用气象台、站≥5 m/s 的风速记录进行统计分析。这种高度订正，对小范围来讲，一般采用与台、站同时测风的对比方法，经过同时观测风速，找出 2 m 高处与台、站测风高度上的风速相关关系，而后对大于该风速的起沙风进行统计即可。而当范围广、面积大时，对照观测无法进行，可以采用近地面的风速廓线理论方法，订正起沙风速在不同高度的指标数值，即利用下述公式进行换算：

$$V_1 = V_2 + 5.75 V_* \lg \frac{Z_1}{Z_2} \tag{9-21}$$

式中：$V_1$、$V_2$ 分别为高度 $Z_1$、$Z_2$ 处的风速。例如，令 $V_2 = 5$ m/s，$Z_2 = 2$ m，$V_*$ 取 19.2 cm/s，则通过计算得到，气象台、站的通常测风高度为 8～12 m，其起沙风速指标都在 6 m/s 左右。所以在大范围内，从气象台、站统计的起沙风速最低值取 6 m/s。

b. 风向风速资料统计方法

（1）风速风向频率表。

按照上述起沙风的定义对起沙风进行统计时，一般是先把每天四次观测中风速≥6 m/s 的记录都挑选出来，然后按 16 个方位逐月（季、年）统计出每个方位起沙风的风向频率平均值和风速平均值，可以用列表记录。为了得到稳定的资料，应该尽可能搜集较长时间内的，如 10～20 年的观测资料。从统计表可以看出一个地区起沙风的主导风向、风速及其季节变化。对于起沙风的统计，还可分别统计各月和全年的风速频率、风向频率等。

通过风信资料的统计分析，就可以进一步讨论风沙运动规律，说明风沙地貌的形成演变特征。这样，治理流沙、控制风沙危害、开展防沙治沙工作等方面就有了充分的依据。所以，凡是到风沙地区工作，并从事沙漠治理的生产、科研或教学工作，一定要把当地的风信资料进行全面细致的统计分析，这是一项非常重要的基础工作，也是风沙物理这门学科的研究方法之一。

（2）风向频率玫瑰图与动力风向图。

起沙风的风向、风速资料，经统计后还可以用风向频率玫瑰图和动力风向图来表示。风向频率玫瑰图可在 Excel 表中完成，只要输入各风向发生的频率，即可采用绘图中的雷达图来实现。图 9-12 即为风向频率玫瑰图，由图可以看出，该地区明显地表现为由两组方向相反的风组成。一组以 WN 为中心，一组以 SSE 为中心。

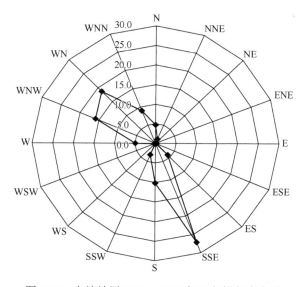

图 9-12　乌达地区 1973～1982 年风向频率玫瑰图

　　动力风向图的绘制方法是以一年中各风向（16 个方位）平均风速的平方与该风向频率的乘积按比例绘出。图 9-13 为我国腾格里沙漠东南中卫茶房庙的动力风向图。由图可知，当地沙丘由西北向东南移动，图中所示动力风向恰与沙丘移动的方向相反。

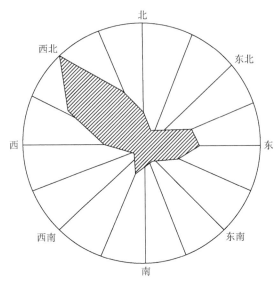

图 9-13　动力风向图

　　应当指出的是，风向频率玫瑰图和动力风向图虽然可以反映出一个地区以哪种风向为主，哪种风向次之，但在数量上它只是表示出一个平均的数值。实际上，一个地区风的情况是比较复杂的，因此应用平均数值不容易看出风的详细变化特征。然而风的详细变化特征，却往往直接影响着风沙和沙丘运动的性质。

　　（3）风向风速矢量曲线图。

　　为了弥补上述表示方法的缺点，目前多采用风向风速矢量曲线图的方法。在编制该图时，首先以十字线表示方向，然后根据该地区每天超过起沙风的风向、风速资料，绘制成连续的曲线。例如，某月某日为东风，风速为 6 m/s，表示在图上，其线条长度代表风速的大小，线条的方向代表沙及沙丘移动的方向。这样依次按每日风速、风向资料连续绘制，便可得出风向风速矢量曲线图。但在绘制该曲线图时需注意的是，该图主要是表示沙或沙丘移动的方向，而不是表示风向。所以，假使气象资料为东南风向，那么沙丘移动方向在曲线图上应是西北向，也就是说沙从东南吹向西北。因而图上曲线的方向是和实际风向相反的。

　　应用这种矢量曲线图，可以清楚地反映出风的详细变化特征，也可以清楚地反映出沙与沙丘移动速度的快慢、移动的主要方向和运动的方式等特点。从运动方式上可以看出沙丘是以前进为主，还是以后退为主，抑或是来回摆动；从速度上可以看出运动的是快、较快，还是慢、较慢；从移动的主要方向可以看出沙丘运动的趋势是向某一方向进行运动的。

　　3）输沙势（输沙风能）计算

　　输沙势（drift potential，DP）又称输沙风能，它反映了风速统计中某一方位风在一定时间内搬运沙的能力，在数值上以矢量单位（vector unit，VU）表示。16 个方位输沙势的合成方向和合成矢量，称作合成输沙方向（resultant drift direction，RDD）和合成输沙势（resultant drift potential，RDP）。方向变率指数是指合成输沙势与输沙势的比值，即 RDP/DP。气象站起沙风（有效风）的方向变率越大，与此有关的 RDP/DP 却越小。

a. 输沙势的计算方法

福来伯哲提出了计算输沙势的方法。根据气象站风的观测资料，挑选出≥5 m/s 的起沙风记录，按 16 个方位逐月（季、年）统计出每一个方位起沙风的风向频率和风速平均值及吹刮时间（次数），然后，选择适当的计算输沙率公式。福来伯哲则选用了目前比较通用的莱托方程，即

$$q \propto u^2 (u - u_t) t \tag{9-22}$$

式中：$q$ 为潜在输沙率，即输沙势（VU）；$u$ 为风速（m/s）；$u_t$ 为起动风速（m/s）；$t$ 为刮风时间（次数），在统计表中以频率（%）表示。

最后，将起沙风统计中的逐月（季、年）各方位的风向频率和平均风速值代入式（9-22），就可计算出有关输沙势的各种数值。

b. 输沙玫瑰图的计算和制图

输沙玫瑰图是反映输沙势（输沙风能）计算值最理想的一种手段。输沙玫瑰图是环形频率分布图，表示 16 个方位的潜在输沙量（图 9-14）。输沙玫瑰图上线（臂）长与给定的方向输沙量成比例，按矢量单位（VU）计算。由此可见，输沙玫瑰图以图解形式显示潜在的输沙量及其方向变率。

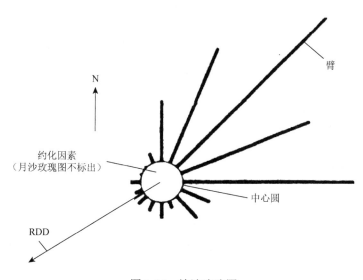

图 9-14　输沙玫瑰图

输沙玫瑰图每一方向的矢量单位总和按厘米长标绘。如果一个方向的矢量单位超过 50 mm，输沙玫瑰图的各个线条（臂）长都除以 2，并一直除到输沙玫瑰图上的最

长线条在 50 mm 以下。用以除线条长的数值作为所谓的约化因素，标在输沙玫瑰图的中心圆内。

各个方向的矢量单位总和在矢量上可归结为单一合成量。将计算出的合成量称为合成输沙方向（RDD），如图 9-14 所示。合成输沙方向表示输沙净走向，或表示在不同方向的风作用下，输沙所倾向的一个方向。合成输沙方向上的输沙量称为合成输沙势（RDP），表示各种方向风下的净输沙势。

4）风环境的分类

a. 地面风向

地面风况由于受大气环流和局地季节性气流的影响，往往存在各种组合或分布形式。福莱伯哲的研究表明，风的分布往往有五种相关性，经常出现的五种风况如下：

（1）窄单峰风况——某气象站的起沙风风向频率或输沙势在 90%或以上，处于两个相邻的方向范围之内，或在罗盘 45°弧范围内。

（2）宽单峰风况——具有单一峰顶或众数（mode）的任何其他方向分布。

（3）锐双峰风况——具有两个众数的分布，其两个众数的峰顶分布（输沙玫瑰图上最长的臂）形成锐角（也包括直角 90°）。

（4）钝双峰风况——具有两个众数的分布，其两个众数的峰顶分布形成钝角。

（5）复合风况——具有两个以上众数的分布，或具有众多众数的分布，16 个方位的风分布资料一般不能清晰地显示三个以上的众数。

RDP/DP（合成输沙势/输沙势比值）是风向变率，划分类别如下：0～0.3 为小比率，0.3～0.8 为中比率，>0.8 为大比率。小比率一般与复合风况或钝双峰风况相联系，中比率与钝双峰风况或锐双峰风况相联系，大比率与宽单峰风况或窄单峰风况相联系。

b. 地面风能

输沙势是衡量使风沙移动的地面风能的尺度，可按照年平均输沙势对风能进行粗略分组。中国的沙漠（127 VU 和 81 VU）、印度的沙漠（82 VU）和西南非洲卡拉哈里沙漠（191 VU）组成低能组；沙特阿拉伯沙漠北部（489 VU）和利比亚沙漠（431 VU）属高能组；其他沙漠则属中能组。按照这一分组，低能风环境的输沙势在 200 VU 以下，中能风环境的输沙势为 200～290 VU，高能风环境的输沙势至少为 400 VU。输沙风能分析，无疑可深化对该地区格状沙丘形成的动力学及移动机制的认识。

2. 遥感和地理信息系统的应用

1）遥感技术的应用

遥感技术是根据电磁辐射（发射、吸收、反射）的理论，应用各种光学、电子学和电子光学探测仪器，对远距离目标所辐射的电磁波信息进行接收记录，再经过加工处理，并最终成像，是对地物进行探测和识别的一种综合技术。

遥感可分为航空遥感和航天遥感。遥感技术在风沙地貌研究中的应用，主要是将空中所获得的图像和数据资料进行解译（赵晓丽等，2002）。沙漠地区气候干燥，上空经常晴朗无云，地面植被稀少，甚至完全裸露。因此，在可见光像片上各种风成地貌形态特征反映得很清楚，易于判识。沙漠地区，特别是沙漠中心，受交通条件等限制，地面考察比较困难，而应用航空像片和卫星像片则可以解决这个困难，对沙漠地区进行实时监测，获得传统手段难以获得的信息，在进行风沙地貌分类和制图工作时，不但可以大幅度减少野外工作量，精度也比常规的方法要高（李智广等，2008）。尤其是它对一个地区能反复成像，可取得最新的、精确的风沙地貌动态变化资料，从而为监测沙漠扩张和沙漠化的发展提供了条件。因此，应用遥感技术研究风沙地貌有很大的优越性。

图 9-15 为风沙地貌类型提取的流程，遥感数据经辐射、几何校正、假彩色合成、图像拼接和增强等一系列处理后，用于地貌类型的解译。首先根据已有图件，如植被图、沙漠类型图、沙漠化图和相关的文献资料建立多层次的分类系统，分类系统遵循形态成因统一原则，综合考虑风向、风力、植被等因素；其次在分类系统基础上，结合遥感影像特征建立风沙地貌类型的遥感影像特征标志库；再次进行基于专家知识的类型解译；最后对解译结果进行评价及检查，修订有争议的界线，同时完善属性库，最终形成风沙地貌类型数据库。风沙地貌由于土壤基质的特殊性，具有独特的光谱特征，在遥感影像上容易识别。

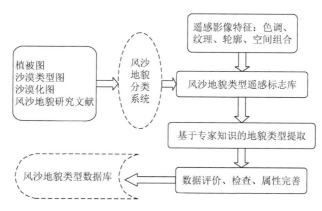

图 9-15　风沙地貌遥感流程（刘海江等，2008）

卫星影像是风沙地貌研究的基础，目前常用的卫星像片是陆地卫星影像（熊利亚等，2002）。陆地卫星在 900 km 的高空对地面成像，像片反映地表起伏的立体感很微弱；像片的比例尺较小，一般为 1∶100 万（可放大到 1∶50 万或 1∶25 万使用），目前其地面分辨率为 0.6～30 m。这两种特性对地貌解译都是不利的。然而，卫星像片的像幅较大，像幅的实际面积为 185 km×185 km，即相当于 34225 km²，因此影像的概括性强。卫星像片又是高空的中心投影成像，图像的面积又相对较小，所以可以把它当作垂直投影来看，可以认为各部分比例尺大致相似，影像变形非常小，从地貌解译而言，这又是很有利的因素。

卫星像片的解译方法可以分为常规目视解译、电子光学解译和电子计算机解译三类（段宏山，2010）。

常规目视解译方法的特点是简单方便，野外、室内都能应用；其缺点是，主要靠解译工作者的经验，即分析判断能力，还有一些信息凭眼睛是分辨不出来的，所以不够精确。电子光学解译方法和电子计算机解译方法两者都需用仪器，使用受到一定限制。

目前，我们用得最普遍的是常规目视解译方法，它也是最基本的方法，因为即使使用那些现代化的电子仪器，也还得采用目视解译来验证。常规目视解译方法应用的是卫星像片的正片，在进行解译时，人们运用自己的眼睛，手持放大镜，借助于解译工作者的经验，对卫星像片进行各种目的的解译。

运用卫星像片进行地质地貌的目视解译，最好选用 MSS-5 和 MSS-7 两个波段的像片。MSS-5 的波段范围为 0.6～0.7 μm，属于可见光中的黄红光，称为红光段。这一波段的卫星像片上，地质体的色调反差和陆地地貌反映清晰，对于观察第四纪松散沉积物的粗细颗粒的分布规律，以及土地类型划分效果最好。MSS-7 波段范围为 0.8～1.1 μm，属反射红外波段，具有红外像片的特点。选用卫星像片的比例尺起码为 1：100 万，最好是经放大的 1：50 万和 1：25 万的。同时采用一些航空像片的判读作辅助。在目视解译时，将卫星像片放在光线充足的桌子上，一般用 3～6 倍的手持放大镜（最好是 6 倍放大镜）进行详细观察分析。在像片上蒙上一张绘图用的聚酯薄膜或透明度好的透明纸，再将地貌类型界线等用绘图铅笔画在纸上，也可以用特种彩色铅笔直接画在卫星像片上，需要修正时，可以用脱脂棉擦去。卫星像片的目视解译与航空像片的解译一样，主要利用影像的色调、形态、大小、结构、图形、阴影和位置及其组合等特征，其中又以形态特征信息和色调特征信息更为重要一些。

在卫星像片上，也和航空像片一样，流动沙丘一般都呈浅色，而有植物生长的地方，则具有较暗的色调。风成地貌形态同样能得到较好的辨识。根据卫星像片上的色调，还可以大体知道沙粒的粗细和成分。由于卫星能周期性地重复运行，例如，陆地卫星每昼夜绕地球扫描 14 圈，18 天覆盖全球一遍，也就是说，每隔 18 天就可以得到同一个地区重复成像的像片。这样，运用不同时期的像片进行对比分析，就能对风沙流的运行、沙丘的移动和沙漠化过程进行定性或通过仪器进行定量研究，获得一般方法难以取得的成果。

近些年来，随着电子计算机技术的发展，可将卫星遥感资料输入计算机，然后根据应用的需要，通过计算机进行各种影像增强处理及图像的识别分类。这是一种快速而准确的方法，而且可以分辨出人们眼睛难以区分的各种地物的微小差别。

2）地理信息系统的应用

地理信息系统（GIS），是在计算机技术发展的支持下，由计算机辅助制图（CAM）技术发展起来的一门新兴的技术科学。地理信息系统是一种综合处理和分析空间数据的技术系统。

根据 GIS 和沙漠的特点，将 GIS 应用于沙漠科学研究，可以进行沙漠调查，建立沙漠数据库，预测沙漠化速率，进行沙漠化土地分级和评价，实现沙漠化过程的动态监测，并且可以更直观、更形象和快速准确地反映不同的治理措施和不同的土地利用方式下的生态效益变化，还可以提高土地沙漠化监测的速度和精度，合理规划沙漠化地区的土地利用，避免不合理的土地利用造成新的土地沙漠化过程。目前，在沙漠及沙漠化研究中应用较多的有地学模拟模型、适宜性分析模型、发展预测模型、地学编码模型和专家系统等。现简要介绍一下沙漠化地理信息系统（DGIS）的主要内容，它由数据采集、数据库建立及系统应用三部分组成（冯毓荪，1995）。

　　DGIS 的数据来源于遥感资料、实地调查资料、统计资料、地图资料和其他资料。根据沙漠环境的数据类型、特征、规范化及数据间的关系进行采集。其内容包括：沙漠类型（流动、半固定、固定等），风沙地貌类型（形态，沙丘的长、宽、高和疏密度及排列方向等），气象资料（日照、温度、降雨量、蒸发量、风等），沙漠绿洲（位置、面积、物产、人口密度等），沙漠的扩展（方向、速度等），沙漠区资源（太阳能、风能、水资源、土地资源、动物资源、植物资源和矿产资源等），沙漠区的经济活动与开发（铁路、公路、工矿、村镇建设等），防护林带（天然林、人工林、疏林和灌木林位置、面积、树种、保存率、覆盖度、防护效益等），可利用资源情况（土地、水和动植物等），如土地资源类型、分布、数量、质量和利用现状等。

　　DGIS 的特点是三维空间信息结构，其基本的数据结构为多边形结构，将每个多边形进行编码，并将每个单元作为一个记录，从而 DGIS 系统数据库数字模型所反映的客观事物的有限集合可用二维矩阵表示。客观事物 $O$ 可用 $mm$ 矩阵表示：

$$
O = \begin{vmatrix}
a_{11} & a_{12} & a_{13} & \cdots & a_{1n} \\
a_{21} & a_{22} & a_{23} & \cdots & a_{2n} \\
a_{31} & a_{32} & a_{33} & \cdots & a_{3n} \\
\vdots & \vdots & \vdots & & \vdots \\
a_{m1} & a_{m2} & a_{m3} & \cdots & a_{mn}
\end{vmatrix}
\tag{9-23}
$$

　　其中矩阵的行向量、矩阵记录、矩阵的列向量表示实体的属性，并用 dBASEⅢ关系数据库模式进行处理，或用更高级语言实现数据库间的连接，提高运算能力，扩大应用范围。

　　DGIS 有输入、存储、查询、检索、统计、分析、评价、预测功能，以及沙漠化专题要素值、表格、图件的输出功能。

　　关于 RS、GIS 技术在风沙运动室内分析中的应用可参考荒漠化监测部分的有关内容，在此不再详述。

## 9.3.4　风力侵蚀预报模型

　　土壤风蚀预报技术是为维护风蚀土地的可持续利用而发展起来的。它以风蚀动力过程及风蚀因子的影响作用研究为基础，用定量模型来估算风蚀强度，广泛应用于指导风蚀防治实践，是近年来土壤风蚀研究的核心（董治宝等，1999）。风蚀模型是风蚀规律的定量表达形式，建立风蚀模型的目的是定量地揭示风蚀的强度与程度，预测可能的发展趋势和确定有效的控制措施。最简单的风蚀模型为 Bagnold 的输沙率方程，其中只包含了风速和沙粒粒径两个变量，远不能满足预报复杂的风蚀过程的需要。所以，从 20 世纪 40 年代以后，有不少科学家致力于风蚀模型研究（廖超英等，2004）。过去的半个多世纪，风沙科学家们根据各国的实际情况，利用不同的方法建立了不同的土壤风蚀模型。建立预报模型的基本思想是用定量函数表示土壤风蚀过程中各影响因子的作用及其定量关系。根据目前研究成果，已有的风蚀模型可分为经验模型、物理模型和数学模型三大类。经验模型主要是根据实验或野外观测结果用统计分析方法建立起来的，缺乏严密的物理和数学基础。物理模型是在确定模型变量的基础上，通过对各变量在风蚀过程中作用物理机制的分析研究，应用物理学方法建立起来的。因为目前土壤风蚀过程中的很多物理机制尚不清楚，所以，所建立的物理模型都是高度简化的，难以反映风蚀的客观规律。数学模型主要是通过风沙两相流体动力学方程组的求解得出的。一般而言，针对风蚀过程建立的方程组是十分复杂的，在求解的过程中不得不逐步简化。另外，数学模型中的许多参数的物理意义不明确，在实际应用中无法确定。

### 1. 国外风蚀模型

1）通用风蚀方程（WEQ）

早在 1954 年，Chepil 就提出了土壤风蚀量 $X$ 与土壤可蚀性团聚体百分数 $I$、地面作物残余数量 $R$、土垄粗糙度 $K$ 之间的关系式：

$$X = 491.3 \frac{I}{(R+K)^{0.853}} \tag{9-24}$$

以后随着研究成果的不断积累，风蚀预报模型也不断得到修正。在综合了大量前期研究成果的基础上，伍德拉夫（Woodruff）和西多威（Siddoway）于 1965 年提出了直至目前仍广为应用的风蚀方程（WEQ）的预报模型（Siddoway，1965；Woodruff et al.，1965），其表达式为

$$E = f(I, C, K, L, V) \tag{9-25}$$

式中：$E$ 为单位面积土壤年风蚀量；$I$ 为土壤可蚀性因子；$K$ 为土垄粗糙度因子；$C$ 为气候因子；$L$ 为地块长度因子；$V$ 为植被覆盖因子。

在利用 WEQ 方程进行土壤风蚀量的计算时，其计算方法非常复杂，要经过 5 步查法图解才能得出对应于各参数的风蚀量。一般计算步骤为：$E_1 = I \cdot I_s$，$E_2 = E_1 \cdot K$，$E_3 = E_2 \cdot C$，$E_4 = E_3 \cdot f(L)$，$E_5 = E_4 \cdot f(V)$，$E = E_5 = I \cdot I_s \cdot K \cdot C \cdot f(L) \cdot f(V)$。其中 $E$、$I$、$K$、$C$、$L$、$V$ 意义同上，$I_s$ 为对应上风向土丘坡度（%）的土壤可蚀性因子（%），$E_1 \sim E_5$ 为计算步骤次序。

土壤风蚀方程是美国农业部多年对土壤风蚀机理研究的产物，该模型假定土壤风蚀过程类似于沿山坡而下的雪崩。WEQ 是第一个用于估算田间年风蚀量的模型，它包括气候因子、土壤可蚀性因子、土壤表面粗糙度因子、地块长度以及作物残留物 5 组 11 个变量，其中土壤可蚀性因子与气候因子是最重要的因变量。WEQ 是建立在大量野外观测基础上的风蚀方程，它首次引入综合性思想来预报风蚀，为后来的风蚀预报提供了思路，因而被广泛应用。但 WEQ 也有一定的局限性，主要表现在：首先，WEQ 是建立在美国堪萨斯州加登城的气候条件基础上的经验模型，当应用于气候条件差异较大的地区时，误差很大；其次，WEQ 在计算中没有考虑各种风蚀因子之间的复杂关系，将各因子视为彼此独立的，因而风蚀因子的总体效应均用乘积的方式来表达，由此会夸大某些因子的作用；再次，野外风沙运移观测以及 WEQ 实际评价表明，土崩原理不适用于数百米或更长田块上的风蚀过程；最后，WEQ 是一个纯经验模型，只注重宏观上应用的方便，与微观的风蚀机制研究脱节，得不到风蚀基础理论的支持。

2）修正风蚀方程（RWEQ）

由于 WEQ 不能预测高降水和极端干旱地区的土壤风蚀，随着风蚀观测仪器的发展，WEQ 的局限性愈加明显，风蚀预报迫切需要充分利用已有的新技术。为了及时利用新技术，专家们建议修正 WEQ，因此，美国农业部组织了一些学者于 20 世纪 80 年代后期开始对 WEQ 进行了修正，提出了修正风蚀方程（revised wind erosion equation，RWEQ）（Fryrear et al.，1998），其目的是应用简单的模型变量输入方式来计算农田风蚀量。

RWEQ 充分考虑了气象、土壤、植物、田块、耕作以及灌溉等因子，通过下列两个公式来预测风蚀量，即

$$Q_x = Q_{\max}\left[1 - e^{-\left(\frac{x}{L}\right)^2}\right] \tag{9-26}$$

$$Q_{\max} = 109.8(\text{WF} \times \text{EF} \times \text{SCF} \times K' \times \text{COG}) \tag{9-27}$$

式中：$Q_x$ 为在田块长度 $x$ 处的风蚀量（kg/m）；$Q_{\max}$ 为风力的最大输沙能力（kg/m）；$L$ 为田块长度（m）；$x$ 为由正坡向负坡的转折点；WF 为气象因子；EF 为土壤可蚀性因子；SCF 为土壤结皮因子；$K'$ 为土壤粗糙度因子；COG 为植被因子，包括平铺作物残留物、直立作物残留物和植被冠层覆盖率。

其中，上述各因子又可通过式（9-28）～式（9-30）进行计算：

$$\text{WF} = \text{Wf}\frac{\rho}{g} \times \text{SW} \times \text{SD} \tag{9-28}$$

$$\text{SW} = \frac{\text{ET}_p - (R+I)\dfrac{R_d}{N_d}}{\text{ET}_p} \tag{9-29}$$

$$\text{ET}_p = 0.0162\left(\frac{\text{SR}}{58.5}\right) \times (\text{DT} + 17.8) \tag{9-30}$$

式中：WF 为气象因子（kg/m）；Wf 为风因子（m/s）$^3$；$\rho$ 为空气密度（kg/m$^3$）；$g$ 为重力加速度（m/s$^2$）；SW 为土壤湿度；SD 为雪覆盖因子；$\text{ET}_p$ 为潜在相对蒸散量（mm）；$R_d$ 为降雨天数和/或灌溉次数；$R + I$ 为降雨量和灌溉量之和（mm）；$N_d$ 为实验天数（一般为 15 d）。

其中，风因子 Wf 可通过式（9-31）计算：

$$\text{Wf} = \sum_{i=1}^{N} u_2(u_2 - u_t)^2 N_d / N \tag{9-31}$$

式中：$u_2$ 为 2 m 处的风速（m/s）；$u_t$ 为 2 m 处的临界风速（假定 5 m/s）；$N$ 为风速的观察次数（一般用实验天数 1～15 d 的 500 次测定数值）；$N_d$ 为实验天数。

土壤结皮因子 SCF 由式（9-32）计算：

$$\text{SCF} = \frac{1}{1 + 0.0066\text{CI}^2 + 0.021\text{OM}^2} \tag{9-32}$$

式中：CI 为黏土含量（%）；OM 为有机质含量（%）。

土壤可蚀性因子通过式（9-33）计算：

$$\text{EF} = \frac{29.09 + 0.31\text{Sa} + 0.17\text{Si} + 0.33\text{Sa}/\text{CI} - 2.59\text{OM} - 0.95\text{CC}}{100} \tag{9-33}$$

式中：Sa 为砂粒含量（%）；Si 为粉粒含量（%）；Sa/CI 为砂粒与黏粒含量比例；CC 为碳酸钙含量（%）。

植被因子 COG 通过下列一系列公式获得：

$$COG = SLR_f \times SLR_s \times SLR_c \qquad (9\text{-}34)$$

$$SLR_f = e^{-0.0438SC} \qquad (9\text{-}35)$$

$$SLR_s = e^{-0.0344SA^{0.6413}} \qquad (9\text{-}36)$$

$$SLR_c = e^{-5.614Cc^{0.7366}} \qquad (9\text{-}37)$$

$$Cc = e^{Pgca + \frac{Pgcb}{Pd^2}} \qquad (9\text{-}38)$$

式中：$SLR_f$ 为平铺覆盖土壤损失率；SC 为土壤表层平铺覆盖率（%）；$SLR_s$ 为倾斜植物覆盖下土壤损失率；SA 为倾斜覆盖面积 1 $m^2$ 上直立秸秆数量×秸秆平均直径（cm）×直立高度（cm）；$SLR_c$ 为生长作物冠层下土壤损失率；Cc 为土壤表面受作物冠层覆盖面积；Pd 为种植天数；Pgca 为植物生长系数 a；Pgcb 为植物生长系数 b。

RWEQ 主要借助计算机求解，界面以视窗的形式实现人机对话，操作方便。40 多个地区的预测结果表明，只要有理想的气象、土壤、作物和农田管理数据输入，应用 RWEQ 是可以取得比较精确的预报结果的。但 RWEQ 并未摆脱 WEQ 的思想束缚，各变量的综合作用效果仍用乘积的形式表达。此外，RWEQ 仍是根据美国大平原地区的实际条件建立起来的，缺乏理论和物理过程基础，大多数参数仍是经验型，其普适性仍有待于进一步验证和修正。

3）帕萨克风蚀模型

帕萨克（Pasak）于 1973 年根据长期野外风蚀观测和风洞实验资料，提出了一个旨在预测单一风蚀事件的风蚀模型，其模型形式如下：

$$E_p = 22.02 - 0.72P'' - 1.69W + 2.64V_{5.0} \qquad (9\text{-}39)$$

式中：$E_p$ 为 $t = 15$ min 时段内，风力作用引起的土壤侵蚀度（kg/hm²）；$P''$ 为土壤中不可蚀颗粒（粒径＞0.8 mm）所占百分比（%）；$W$ 为相对土壤水分含量（湿度），是由相对于凋萎点的瞬时水分含量关系确定的；$V_{5.0}$ 为地面（地面以上 5 cm）风速（m/s）。

此方程可使用列线图求解，为了实用，列线图中不仅包括地面风速，还包括气象站（地面以上 8 m 处）的风速。土壤风蚀量是由以 kg/hm² 为单位的土壤吹失量和所谓侵蚀率（风蚀许可值）lc 的乘积决定的，即由风蚀关系及其许可值决定的。帕萨克由含有 60%不可蚀土粒土壤的平均土粒逸出量确定了风蚀许可值（lc = 1）。帕萨克还指出，土壤中不可蚀土粒比例应用土壤表层平均取样，经风干并通过 0.8 mm 的网眼筛的办法来确定。其公式如下：

$$P'' = P / C \qquad (9\text{-}40)$$

式中：P 为筛分后样品质量；C 为筛分前样品质量。

式（9-39）可转化为每分钟内的土壤侵蚀量，只要把式（9-39）左边除以 15 即可。

该模型以简单的函数关系来预测风蚀量，应用起来方便，但缺少一些其他必要的变量，如作物残留物及土壤表面粗糙度等因子，从而造成了在实际应用中的局限性。此外，即便是在单一风蚀事件中，土壤水分含量及风速等并非恒量，因而有一定的误差。再者，该模型是经验性模型，存在类似 WEQ 的不足。

4）Cravailovic 的风蚀模型

Cravailovic 基于在贝尔格莱德（Belgrade）地区 10 年的观测基础，提出如下计算公式：

$$E_p = TVD_e yX_a F \tag{9-41}$$

式中：$E_p$ 为年风蚀量；$T$ 为温度系数，$T = t/10 + 0.1$（$t$ 为年平均温度）；$V$ 为年平均风速；$D_e$ 为无雪覆盖时期的平均年风日数；$y$ 为土壤抗蚀系数（沙土 $y = 2$，最抗蚀土壤 $y = 0.25$，其他土壤在 0.25～2 之间取值）；$X_a$ 为汇水区结构系数（耕地或裸地 $X_a = 0.9 \sim 1.0$，荒地 $X_a = 1$，森林地 $X_a = 0.05$）；$F$ 为汇水区面积（$km^2$）。

根据式（9-41），若 $t = 10℃$，$V = 2$ m/s，$D_e = 100$ d，$y = 2$（沙物质），$X_a = 1$，$F = 0.01$ $km^2$，则 $E_p = 1.1 \times 2 \times 100 \times 2 \times 1.0 \times 0.01 = 4.4$ $m^3/(hm^2 \cdot a)$。

5）波查罗夫风蚀模型

苏联科学家波查罗夫（A. P. Bocharov）认为，风蚀取决于众多的因素，包括地表土壤物理性质和若干气流特征参数（Bocharov，1984）。他于 1984 年曾提出如下模型：

$$E = f(W, S, M, A) \tag{9-42}$$

式中：$E$ 为风蚀程度；$W$ 为风况特征；$S$ 为土壤表层特征；$M$ 为除风况外的其他气象要素特征；$A$ 为人为因素对土壤表面的干扰及与农业活动有关的其余一些因子。模型中各变量的主要决定因素见表 9-3。

表 9-3　波查罗夫模型中各变量的主要决定因素

| 变量 | 主要决定因素 |
|---|---|
| 风况 | 风速（瞬时、日平均、最大）、风向、湍流度、各级风速频率 |
| 土壤特征 | 机械组成、湿度、团块结构（非蚀因子含量）、结皮、土壤结构的水稳性 |
| 气象条件 | 气温、土壤温度（土壤冻结）、降水强度和降水量、空气相对湿度 |
| 人为因素 | 田块的起伏、上年风蚀性质、防护条件（防护林结构、高度与间距）、土壤表面沟垄形态（高度、形状、间距）、土壤表面粗糙度、植被覆盖状况（高度、密度、投影盖度）、作物残留物、耕作方法和放牧程度 |

该方程总共有 4 大组 25 个土壤风蚀影响因子。这些因子具有一个共同特点，即在其余因子保持不变的情况下，任一因子的变化都可以引起风蚀量的变化，但各因子并非等效作用，它们相互影响，具有复杂的内在联系。波查罗夫模型从系统论思想出发，全面归纳了各种风蚀因子，并使其具有明显的层次，同时充分考虑到了各因子之间的相互作用，较WEQ 的思想前进了一步，尤其是将人类活动这一在现代风蚀过程中活跃的因素纳入模型中，为风蚀预报又提供了一个新思路。但该模型的主要缺陷是没有给出具体的定量关系，仍主要依赖实验和野外观测，只是一个抽象的模型，很难在实际中应用。

6）得克萨斯侵蚀分析模型（TEAM）

得克萨斯侵蚀分析模型（Texas erosion analysis model，TEAM）由格里高利于 1988 年提出（Gregory et al.，1988），主要利用计算机程序来模拟风速廓线的发育以及各种长度田块上的土壤运动。其基本方程为

$$X = C(Su_*^2 - u_{*t}^2)u_*(1 - e^{-0.00169AIL}) \tag{9-43}$$

$$A = (1 - A_1)(1 - e^{-0.00079IL}) + A_1 \tag{9-44}$$

式中：$X$ 为在长度 $L$ 处（顺风向裸露地表的长度 $L$ 处）的土壤移动速率；$C(Su_*^2 - u_{*t}^2)$ 为地表为细的非胶聚物覆盖时的最大土壤运动速率；$C$ 为取决于采样宽度及剪切速度 $u_*$ 单位的常量；$S$ 为地表覆盖因子；$u_*$ 为剪切速度；$u_{*t}$ 为临界剪切速度；$A$ 为磨蚀调整系数；$I$ 为土壤可蚀性因子，包括剪切强度与剪切角；$A_1$ 为磨蚀效应的下限，一般取 0.23。

TEAM 模型从理论分析出发，结合实地观测资料确定了其中的若干系数，开辟了理论模型与经验模型相结合的思路，但考虑的因子十分有限，不能够全面反映风蚀过程，因而不能应用于复杂的实际情况。

7）风蚀评价模型（WEAM）

澳大利亚学者邵亚平等于 1996 年在综合目前有关风沙流及大气尘输移的实验与理论研究成果基础上，提出了风蚀评价模型（WEAM）用以估算农田风沙流及大气尘输移量（Shao et al.，1996）。模型的基本框架结构如图 9-16 所示。其主要包括大气模型、地表结构模型、风蚀过程模型、输送和沉积模型以及地表信息数据库。大气模型主要为其他三个模型输入数据；地表结构模型主要模拟大气、土壤、植被之间的能量、动量与物质的交换，以及向风蚀过程模型输出土壤水分等参数；风蚀过程模型是整个模型中的核心部分，其数据来源主要是大气模型中获取的摩阻速度、地表结构模型中的土壤水分，以及地表信息数据库中其他参数，模型主要预报不同粒径组成的土壤风蚀过程中跃移通量和大气尘输移量；输送和沉积模型从其他模型中输入流体速度、湍流、降水量以及大气尘输移量数据。

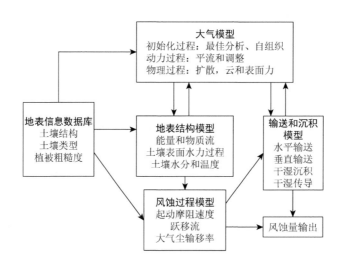

图 9-16 WEAM 流程图（Shao et al.，1996）

WEAM 模型注意到了土壤风蚀预报中宏观研究与微观研究相脱节的研究现状，力图通过微观与宏观研究理论的集成来建立主要基于物理过程的风蚀预报模型，其中引进了地理信息系统（GIS），在土壤风蚀研究与其他环境科学研究的接轨方面作了探索。模型主要包含 4 个变量，即摩阻速度（$u_*$）、土壤粒径分布特征（$P$）、土壤水分含量（$W$）以及土壤表面覆盖因子（$\lambda$）。但模型中的变量未能覆盖影响风蚀过程的各种主要因素以及因素之间的相互作用。例如，土壤粒径组成会影响土壤水分对土壤风蚀的作用的性质，而风蚀又影响起动摩阻速度等。

8）风蚀预报系统（WEPS）

20 世纪 90 年代以后，针对风蚀方程的局限性，美国农业部组织一批科学家综合风蚀、数据库以及计算机技术来推进土壤风蚀预报技术，经过修正风蚀方程的过渡，最终形成了风蚀预报系统（wind erosion prediction system，WEPS），以取代风蚀方程（Retta and Armbrust，1995）。WEPS 不仅针对农田，还兼顾草原地区，并适用于不同的时间尺度系列。风蚀预报系统（WEPS）是一个连续的以过程为基础的模型，可以模拟每日的天气、田间条件及风蚀状况等。

风蚀预报系统为模块化结构，由 1 个用户界面、1 个主程序（管理程序）、7 个子模型和 4 个数据库组成（图 9-17），用户界面根据数据库和天气生成程序提供的信息，产生"输入运行"文件。在实际应用中，常常是通过编辑用户界面中默认的"输入运行"文件来生成新的"输入运行"文件。风蚀预报系统中大多数子模型以每日天气作为改变田间条件物理过程的自然驱动力。天气子模型产生驱动作物生长、分解、水文、土壤以及侵蚀子模型所必需的变量，主要包括降水强度、降水量、降水持续时间、最低和最高气温、太阳辐射、露点以及日最大风速等。水文子模型说明土壤温度和水分状况的变化，模拟土壤能量和水分平衡、冻融循环和冻解深度。土壤子模型模拟土壤性质的变化过程，包括预测暂时性土壤特性的固有土壤性质。作物子模型和分解子模型分别模拟植物生长过程和植物分解过程，包括有关各种作物的生长、叶-茎关系、分解和收获等方面的信息。

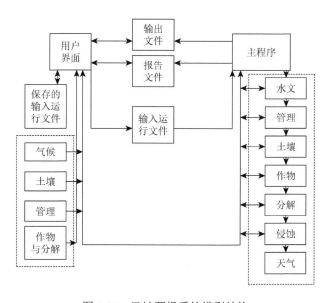

图 9-17　风蚀预报系统模型结构

WEPS 是目前土壤风蚀预报中最完整、手段最先进的风蚀模型,其全面总结了前人的成果,但建模工作繁杂,目前仍处于试验和完善阶段。

## 2. 国内风蚀模型

国内的风蚀方程多是基于野外实测或风洞模拟的单因子风蚀预报经验模型,1998 年,中国科学院寒区与旱区环境与工程研究所沙漠与沙漠化研究室的董治宝,以陕北神木县六道沟小流域为单元,通过风洞实验与野外观测对比,进行了风蚀模型多变量的时空变化规律的研究(董治宝,1998)。对野外瞬时点风蚀流失通量进行时间及空间积分,从而得出了风蚀量与多变量之间的关系模型,其表达式为

$$Q = \int_t \int_x \int_y \{3.90(1.041 + 0.0441\theta + 0.021\theta^2 - 0.0001\theta^3)$$
$$\times [V^2(8.2 \times 10^{-5})^{\text{VCR}} \text{SDR}^2/(H^2 d^2 F)_{x,y,t}]\} \text{d}x \text{d}y \text{d}t \quad (9\text{-}45)$$

式中:$Q$ 为风蚀流失量(t);$V$ 为风速(m/s);$H$ 为空气相对湿度(%);VCR 为植被盖度(%);SDR 为人为地表结构破损率(%);$d$ 为颗粒平均粒径(mm);$F$ 为土体硬度(N/cm$^2$);$\theta$ 为坡度(°);$x$、$y$ 为距参照点距离(km);$t$ 为时间。

该模型也为中国第一个关于野外风蚀量的多变量预测模型。该模型是以陕北神木县六道沟小流域为例,基于大量的风洞实验和野外实测而得的经验估算模型。但该模型的地域局限性强,计算过程也较为复杂。

(丁国栋)

## 参 考 文 献

董玉祥,康国定. 1994. 中国干旱半干旱地区风蚀气候侵蚀力的计算与分析. 水土保持学报,(3):1-7.

董治宝. 1998. 建立小流域风蚀量统计模型初探. 水土保持通报,18(5):55-62.

董治宝,陈渭南,董光荣,等. 1995. 关于人为地表结构破损与土壤风蚀关系的定量研究. 科学通报,(1):54-57.

董治宝,高尚玉,董光荣. 1999. 土壤风蚀预报研究述评. 中国沙漠,(4):16-21.

段宏山. 2010. 浅谈遥感图像的解译方法//广东省测绘学会. 广东省测绘学会第九次会员代表大会暨学术交流会论文集. 惠州:广东省测绘学会.

冯毓荪. 1995. 建立沙漠化环境监测信息系统图形数据库专题系列地图的编辑与制图. 中国沙漠,(1):49-53.

郭本军. 2008. 激光雷达对沙尘天气的遥感研究//中国气象学会. 中国气象学会 2008 年年会大气环境监测、预报与污染物控制分会场论文集. 北京:中国气象学会.

李智广,杨胜天,高云飞,等. 2008. 土壤侵蚀遥感监测方法及其思考. 中国水土保持科学.(3):7-12.

廖超英,李靖,郑粉莉,等. 2004. 国外土壤风蚀预报的研究历史与动向. 水土保持研究,(4):50-53.

刘海江,周成虎,程维明,龙恩,李锐. 2008. 基于多时相遥感影像的浑善达克沙地沙漠化监测. 生态学报,(2):627-635.

刘贤万,凌裕泉,贺大良,等. 1982. 下导风工程的风洞实验研究——[1]平面上的实验. 中国沙漠,(4):18-25.

刘贤万,凌裕泉,贺大良,等. 1983. 下导风工程的风洞实验研究——[2]地形条件下的实验. 中国沙漠,(3):29-38.

罗万银,董治宝,钱广强. 2007. PIV 技术及其在风沙边界层研究中的应用. 中国沙漠,(5):733-737.

唐进年,徐先英,金红喜,等. 2007. 自然风成沙纹的形态特征及其与地表沙物理性状的关系. 北京林业大学学报,(2):111-115.

王金莲,赵满全. 2008. 集沙仪的研究现状与思考. 农机化研究,(5):216-218.

熊利亚,李海萍,庄大方. 2002. 应用 MODIS 数据研究沙尘信息定量化方法探讨. 地理科学进展,21(4):327-332.

赵晓丽,张增祥,刘斌,等. 2002. 基于遥感和 GIS 的全国土壤侵蚀动态监测方法研究. 水土保持通报,22(4):29-32.

邹维. 2009. 风力侵蚀监测方法探讨. 中国水土保持，（7）：42-43.

Bagnold R A. 1954. The Physics of Blown Sand and Desert Dunes. London：Methuen Publishing Ltd.

Berg N H. 2010. Field evaluation of some sand transport models. Earth Surface Processes & Landforms，8（2）：101-114.

Bocharov A P. 1984. A Description of Devices Used in the Study of Wind Erosion of Soils. New Delhi：Oxonian Press，Pvt Ltd.

Chepil W S. 1953. Field structure of cultivated soils with special reference to erodibility by wind. Soil Science Society of America Journal，17（3）：185-190.

Chepil W S，Siddoway F H. 1959. Strain-gage anemometer for analyzing various characteristics of wind turbulence. J Meteor，16（4）：411-418.

Fryrear D W，Saleh A，Bilbro J D. 1998. Single event wind erosion model. Its Digital Repository，41（5）：1369-1374.

Gregory J M，Borrelli J，Fedler C B. 1988. TEAM：Texas erosion analysis model. American Society of Agricultural Engineers.

Neal B，Fedler C B，Gregory J M. 1992. Effect of mixed sizes on the flow of hygroscopic granular materials. American Society of Agricultural Engineers Meeting.

PasakV. 1973. Wind erosionon soil. VUM Zbraslaav Scientific Monographs，（3）：78-89.

Retta A，Armbrust D V. 1995. Estimation of leaf and stem area in the wind erosion prediction system（WEPS）. Agronomy Journal，87（1）：93-98.

Shao Y P，Raupach M R，Leys J F，et al. 1996. A model for predicting aeolian sand drift and dust entrainment on scales from paddock to region. Australian Journal of Soil Research，34（3）：309-342.

Siddoway F H. 1965. A wind erosion equation. Proceedings of the Soil Science Society of America，29（5）：602-608.

Singh U B，Gregory J M，Wilson G R，et al. 1992. Climate change effects on wind erosion. American Society of Agricultural Engineers Meeting.

Woodruff N P，Fenster C R，Chepil W S，et al. 1965. Performance of tillage implements in a stubble mulch system. Ⅰ. Residue conservation 1. Agronomy Journal，57（1）：45-49.

# 第10章　荒漠化防治生态调控

长期以来,各国政府管理者、学者和公益人士始终关心和致力于荒漠化防治领域理论研究和实践工作。在地理学、生态学、植物学、土壤学、风沙物理学和生态经济学等多学科交叉融合的共同推动下,相关理论研究和实践工作取得了丰硕成果,但依然面临严峻挑战。鉴于此,本章综述了风蚀荒漠化地区土壤质量演变特征、细根动态和在非生物逆境中外生菌根对宿主植物抗逆性的增强作用等荒漠化防治领域前沿科学问题的研究现状,探讨其研究前沿与发展动态,以期进一步推动和深化我国和全球荒漠化防治理论研究和实践工作。

## 10.1　风蚀荒漠化地区土壤质量演变

土壤质量是评价土壤条件动态变化最敏感的指标,其特征包括土壤自身的属性、土壤结构的优劣、土壤养分和生物学指标含量的高低以及它们之间的相关性和分异规律。而气候波动、植被演替、土地利用变化等自然和人为的生态过程都能显著影响土壤质量的时空演变。在风蚀荒漠化地区,土壤虽然较为瘠薄,质量较差,但仍不间断地为植被提供着水分和养分,是维持区域植被生存、发展和繁衍必不可少的物质基础和重要保障,决定了荒漠生态系统发展演替的方向。荒漠植被的存在、发展和演替不仅可以有效地保护荒漠土壤抵抗风蚀,其生命活动还可以产生大量的凋落物和细根,改善荒漠土壤质量。荒漠动物对于土壤的影响具有两面性。一方面,部分荒漠动物的取食、筑巢等行为破坏植被,进而引发荒漠化地区土壤退化;另一方面,荒漠动物的生命活动导致土壤结构改善,养分增加,异质性增强,促进"土壤-植被"系统的发展演变。此外,科学合理的人类活动能够有效改良荒漠土壤,而不合理的人类活动则会加剧土壤质量的退化和风蚀荒漠化。

### 10.1.1　风力侵蚀与土壤质量

风力侵蚀造成的土壤颗粒损失是荒漠化地区土壤质量下降的重要原因。与水力侵蚀不同,风力侵蚀作用不受流域范围和地形因子的限制,当实际风速大于起沙风速时,侵蚀风可以连续、大量地搬运地表土壤颗粒。但是,裸沙地输沙率与风速并非简单的线性关系。Zamani 和 Mahmoodabadi(2013)在研究中将风速和风蚀量线性回归得到的斜率作为土壤风蚀可蚀性,结果表明土壤风蚀可蚀性和土壤粒径之间存在幂函数关系。这表明土壤风蚀量与土壤颗粒组成密切相关。按照可蚀性分类,土壤颗粒可分为难蚀颗粒、较难蚀颗粒和易蚀颗粒。其中,难蚀颗粒的存在不但增加了地表粗糙度,降低了地表风速,还覆盖并保护了其下的可蚀性土壤颗粒,抑制了土壤风蚀的发生。更重要的是,不同粒径的土壤颗粒不仅具有不同的可蚀性，还具有不同的养分亲和力。一般来说，土壤黏粒、粉粒等细粒物质与土壤养分的亲和力更强，土壤营养物质含量也更高。统计分析显示：土壤有机碳和养分含量与土壤黏粒含量呈显著正相关关系，在不同粒级的土壤颗粒中，土壤黏粒的有机碳和养分含量远高于土壤粉粒和砂粒。因此，土壤风蚀不仅造成土壤颗粒的持续损失，还造成了营养物质最丰富的土壤组分的大量流失。

国内外学者基于不同时空尺度对土壤风蚀引起的土壤有机碳和养分损失量进行了大量的探索和研究。Lal（2003）系统总结了全球碳排放研究资料并估算得出：全球范围内，土壤侵蚀（含水蚀）造成的碳排放量高达 $0.8\sim1.2$ pg C/a。Gregorich 和 Anderson（1995）在加拿大研究发现：50%草原土壤有机碳的损失源自土壤侵蚀（含水蚀）。Sterk 等（1996）通过样地监测估算：在非洲大陆的尼日尔西南部，在两次强对流风暴中土壤风蚀造成的土壤有机碳、氮素、磷素和钾素的损失量分别高达 79.6 kg/hm$^2$、18.3 kg/hm$^2$、6.1 kg/hm$^2$ 和 57.1 kg/hm$^2$。目前，国内尚无对北方荒漠化地区土壤碳库和养分动态的系统定量估算，相关研究多为一些定性的机理性探讨和零散的局部研究。例如，延昊等（2004）利用第二次全国土壤普查资料、《中国土壤志》资料和第二次全国土壤侵蚀遥感调查资料绘制了中国风蚀土壤有机碳空间分布图，研究认为：由风力侵蚀引起的土壤有机碳释放主要发生在我国的新疆维吾尔自治区北部和东部、甘肃省西部、青海省西北部和内蒙古自治区西部地区，上述地区土壤有机碳风蚀量大于 30 g C/m$^2$；Su 等（2004）研究发现：科尔沁沙地沙化草原开垦 3 年后，由于地表失去灌草植被的保护，土壤风蚀作用显著增强，导致 $0\sim15$ cm 土壤有机碳含量骤降 38%，在潜在沙漠化区域，风蚀造成沉降地有机碳和总氮密度下降的幅度远远大于风蚀发生地。

土壤质量退化是土地荒漠化的基本特征。荒漠化地区侵蚀风频繁而强烈，风力侵蚀造成土壤细粒物质严重流失，土壤质地变粗。而这一过程还伴随着土壤中营养物质的大量流失，使土壤有机质和土壤养分含量显著降低，进而导致土壤质量下降，土地生产力降低。因此，风蚀作用是影响荒漠化地区土壤质量的一个关键非生物因子。

## 10.1.2 荒漠植被与土壤质量

在风蚀荒漠化地区脆弱的生态环境中，植被与土壤质量之间存在着密切的相互联系。一方面，植被退化是土壤质量下降的重要原因；另一方面，植被建设也是改良土壤质量的重要手段之一。植被重建对风蚀荒漠化地区土壤质量的改良作用的途径与机理，学术界已多有研究，但大体可以分为以下两个方面：阻沙滞尘和植物改良。此外，除高等维管植物外，风蚀荒漠化地区还广泛分布着生物结皮，其生存、发展、演替与土壤质量的变化也存在密切关系。

1. 阻沙滞尘

当地表裸露无植被覆盖时，气流直接作用于表层土壤，土壤颗粒受到冲击而随风运动，土壤发生风力侵蚀，造成土体结构破坏，功能丧失，质量下降。当地表被植被覆盖时，植被可以增加地表粗糙度、削减风能、降低风速，为表层土壤提供有效保护，减轻土壤侵蚀危害，减少输沙量，保护土体结构及土壤有机碳和养分，遏制土壤风蚀对于土壤质量的破坏。自 Bagnold（1954）建立裸沙地输沙率经典模型以来，国内外学者采用野外模拟和风洞实验相结合的研究方法，对固沙植被的土壤风蚀防治作用进行了大量研究。当植被盖度不断增加时，风蚀输沙率将不断减小，直至趋近于零；当植被盖度不断减小时，风蚀输沙率将不断增加，且在某一盖度条件下出现风蚀输沙率的突变点，风蚀输沙率呈几何级数增加。

固沙植被不仅可以通过覆盖地表，分散削减风能，保护土壤，还可以拦截沉积沙粒，增加营养物质输入。在荒漠化地区，土壤水分和养分的富集是动物、植物、微生物和大气、土壤之间复杂的相互作用的综合结果。但是，固沙植被对于土壤风蚀颗粒的捕捉、沉积和分解是固沙植被根际积聚养分、增加土壤肥力、形成灌丛"肥岛"以适应荒漠化地区严酷生态环境的重要机制。

### 2. 植物改良

植物措施是荒漠化地区固定流沙、改良土壤最有效、最经济、最持久的方法。植物措施的土壤改良作用主要体现在地上凋落物分解和地下细根周转。凋落物分解是在凋落物、降水、光照、生物等因子共同作用下发生的复杂的碎化、降解（溶解）过程，它将死亡生命体中的营养物质归还给土壤，从而将生产者和消费者两个环节相连接，完成生态系统内的物质循环和能量流通。在荒漠化地区，植物凋落物总量远小于热带和温带地区，但其对于荒漠生态系统物质能量循环具有重大意义。众多研究表明，荒漠植被凋落物的分解不仅与生物因素相关，还与风沙流的风蚀磨损、土壤覆盖和光降解等非生物因素密切相关，因而其分解速率要远高于预期分解速率。

荒漠旱生植物根系十分发达，不仅是支撑地上植株、固持土壤、吸收水分养分、维持植株生命活动的重要器官，对于荒漠生态系统能量流动和物质循环过程也具有重要意义。植物根系组成包括两部分：粗根（直径≥1 mm）的主要功能是传输水分和养分，即疏导根；细根（直径≤1 mm）的主要功能是吸收水分和养分，即吸收根。细根生物量虽然仅占生态系统生物量的 3%～30%，但却贡献了生态系统 33%～67% 的 NPP（净初级生产力）。细根的生命周期十分短暂，最短只有数天，最长也仅为数年。细根周转是输送有机质和养分进入土壤的重要渠道。通过细根周转进入土壤系统的有机质总量远高于地上凋落物，是其总量的一倍乃至数倍，若细根周转输入土壤系统的有机质和养分被忽略，土壤有机质和养分的周转总量将会被低估 20%～80%。

### 3. 生物结皮

除高等维管植物外，在荒漠生态系统中还广泛分布着一种不可忽视的植物类型——生物结皮。生物结皮是由细菌、真菌、藻类、地衣和苔藓等低等生物同土壤颗粒相互作用，在土壤表面发育形成的一层薄但致密的有机复合壳状体，其生态适应性极强，可以耐受高温、辐射，抵抗干旱、盐碱，因此广泛分布于全球干旱和半干旱荒漠地区，在部分地区甚至可覆盖地表面积的 70% 以上。生物结皮不仅可以覆盖地表、增加地表粗糙度、削减风速、防止土壤风蚀，还能够通过光合作用和固氮作用，吸收大气中的 C、N 元素，其光合速率、固氮速率分别为 0.1～11.5 μmol $CO_2$/($m^2$·s)和 0.1～10 g/($m^2$·a)。Elbert 等（2009）估算：全球荒漠化区生物结皮固碳、固氮总量分别高达 1.0 pg/a 和 30 Tg/a。生物结皮捕捉的 C、N 最终将通过生物结皮分解、分泌小分子多糖等直接进入土壤，或经动物取食后间接进入土壤，增加土壤养分，改善土壤质量。

荒漠植被的改良土壤作用已经得到国内外学者的普遍认可，相关研究也已取得较大进展，但对其过程和机理仍旧缺乏足够的认识（如凋落物的光降解过程等）。此外，当前荒漠化地区植被改良作用的研究大多仍为不同植被措施在不同时空尺度上的对比研究，是对荒漠植被改良结果的探讨。

### 10.1.3　荒漠动物与土壤质量

固沙植被在保护地表土壤、防治土壤风蚀的同时，也为荒漠动物提供了宝贵的栖息地、庇护所和食物来源。在研究早期，出于生产生活的需要，国内外学者大多关注沙漠鼠害、兔害、虫害等造成的荒漠生态系统植被破坏和土壤退化。目前，荒漠无脊椎动物和啮齿动物的生命过程和土壤发展过程的相互关系愈发引起学术界的重视。

国外学者对于荒漠中常见的无脊椎鞘翅目（Coleoptera）、膜翅目（Hymenoptera）和半翅目（Hemiptera）昆虫进行了大量研究（Kelt et al.，2004），发现其物种丰富度、多样性指数、均匀度指数、优势度指数与植被盖度均存在显著的相关性。其中，荒漠蚂蚁被誉为"生态系统的工程师"，相关研究也最为广泛。Mandel 和 Sorenson（1982）发现，西方收获蚁（Pogonomyrmex occidentalis）对于美国西部干旱区土壤成土过程具有明显的促进作用。蚂蚁活动极大地促进了荒漠土壤的周转速率，在澳大利亚和美国分别高达 420 kg/$hm^2$ 和 842 kg/$hm^2$。此外，Holter 等（2009）研究发现：蜣螂（Pachysoma glentoni）会将植物凋落物储存到地下 30～39 cm，喂食产卵期的蜣螂，这一行为不仅对于维持蜣螂族群具有重要作用，对于营养物质由地表向深层土壤转运也具有重要意义。在啮齿动物与土壤质量的相关性方面，研究认为鼠类在挖掘洞穴过程中翻动土层，一方面机械地混合了土壤的物质组成，另一方面造成地表微地形的改变，从而使土壤中的水、气、热量状况和物质转化都受到很大影响，进而促使土壤组成和性质发生变化，改善荒漠土壤质量环境。Moroka 等（1982）认为荒漠鼠类的挖掘过程充分混合了土壤，增加了土壤内部均质性，其储藏食物、排泄粪便的过程影响了洞区土壤的水分和养分分布，加快了生态系统中的能量与物质流通。

我国的荒漠动物生态学，特别是荒漠动物对于土壤质量改良作用的相关研究起步较晚，但也取得一定进展。掘穴蚁（Formica cunicularia）是我国风蚀荒漠化地区的优势蚁类，广泛分布于流动、半流动和固定沙丘。掘穴蚁的筑巢活动在沙丘内部形成纵横交错的蚁道和腔室，不仅有利于增大土壤孔隙度，减小土壤容重，更有利于降水沿蚁道向深层土壤入渗，补充深层土壤含水量。需要特别指出的是，当地表被生物结皮覆盖时，生物结皮虽然保护了表层土壤，但也在地表形成一层致密的"截水层"，降水因难以入渗而蒸发损失，而蚁道的存在增加了降水的入渗效率，对于干旱的荒漠环境具有极其重要的意义。掘穴蚁不仅对改良土壤结构和增加土壤含水量具有积极作用，还有利于土壤有机碳和养分的积累。掘穴蚁通过取食活动从荒漠生态系统汲取能量的同时，也不断地将吃剩的食物和粪便（尿酸等）丢弃和排泄在土壤中，促进了荒漠生态系统的物质能量循环及土壤系统的养分输入。研究表明，掘穴蚁生命活动显著地增加了蚁穴周围土壤有机质，总 N、P、K，可溶性 N、P、K 含量，土壤质量明显优于邻近土壤。在啮齿动物方面，国内研究主要集中于啮齿动物的挖掘活动对土壤性质的影响。蒋慧萍（2007）研究发现古尔班通古特沙漠大沙鼠（*Rhombomys opimus*）洞区的土壤含水量高，有机质含量降低。王振宇等（2015）对阿尔金山高山草甸和荒漠区白尾松田鼠（*Phaiomys leucurus*）群落研究发现鼠类群落与土壤硬度呈显著正相关关系。啮齿动物的存在，加速营养物质的分解和还原，促进土壤组成和性质的变化，在提高荒漠生态系统多样性的同时，改善荒漠土壤质量。

荒漠动物的大量定居源于退化荒漠生态系统的恢复与重建，特别是荒漠土壤质量的改善。而荒漠动物的生命活动对于土壤质量具有明显的正反馈作用，导致土壤结构改善、养分增加、异质性增强，促进"土壤-植被"系统的发展演变，是探讨土壤质量与荒漠生态系统物质能量循环的耦合关系的重要一环。

## 10.1.4　人类活动与土壤质量

不合理的人类活动导致风蚀荒漠化地区植被退化、风沙活动加剧和沙漠扩张，是土壤质量下降的重要原因。在风蚀荒漠化地区，虽然气候、降水、地貌、土壤等条件为土地质量退化和土地沙漠化提供了必要的条件和物质基础，但不合理的人类活动（毁林开荒、滥采滥牧等）无疑极大地加速了这一进程。历史上，北非 Sahara（撒哈拉）地区曾是水草丰美的青葱原野，气候模式的变化让其变成了荒芜的沙漠，过度砍伐和放牧等不合理的人类活动减少了大气中水的供应，引发大尺度大气环流的变化，进而对陆地植被产生不利影响，也是降低土壤质量、造成土地荒漠化扩张的重要原因。另据 FAO（联合国粮食及农业组织）统计，在土地荒漠化最为严重的非洲大陆，1990～2000 年森林净损失速度高达 400 万 $hm^2/a$；2000～2010 年，尽管森林净损失速度有所放缓，但仍高达 340 万 $hm^2/a$，大规模森林的退化与损失极大地加剧了非洲大陆土地质量退化和土地荒漠化的程度。

关于不合理人类活动对于风蚀荒漠化地区土壤质量的影响，我国学者也进行了大量的探索与研究。环境史学与环境考古学研究证明，人类活动引起的水资源破坏、土壤沙化是造成沙城、精绝、居延等我国西部内陆地区古代文明衰落的重要原因。李雅琼等（2016）在锡林郭勒草原研究发现，放牧活动加剧了土壤的风蚀破坏，而自然恢复、耙地改良和浅耕翻改良均有利于土壤质量的恢复。文海燕等（2005）在内蒙古科尔沁沙地研究发现，沙地开垦造成 0～15 cm 耕作土层土壤细粒物质（<100 μm）含量显著降低，土壤容重增大，总孔隙度降低，土壤养分和酶活性也随之降低。张琳琳等（2013）对于草原区车辆碾压对土壤理化性质影响的研究表明：车辆碾压导致土壤容重增加，碾压后有植被区域含水量增加，无植被区域含水量减少，碾压道路表层土壤有机质及土壤总氮含量减少。

科学合理的人类活动能够有效促进荒漠土壤的改良。为了恢复和重建退化荒漠生态系统，防治沙漠扩张，控制沙尘暴发生，大规模工程和植被固沙措施有效地控制了土壤风蚀，改良了土壤结构和功能，提高了土壤质量。在这一领域，我国取得的成就举世瞩目。1978

年以来，我国政府先后启动三北防护林工程、天然林资源保护工程、退耕还林还草工程和京津风沙源防治工程等重大林业生态工程，工程范围全面覆盖我国北方荒漠化土地，项目实施以来我国荒漠化地区森林资源不断丰富，区域土地质量退化趋势得到遏制和逆转。此外，在风蚀荒漠化地区，集约型、产业化的经营活动也对土壤质量的提高具有积极作用。此类活动以提高作物、林果、牧草等产品的产量为目的，通过翻耕、灌溉、施肥、客土等措施，改良土壤，目的明确，效果显著。但是，受自然条件和社会经济等因素的制约，这些措施大多难以大面积推广应用。

气候变化和人类活动是决定风蚀荒漠化地区沙漠化进程和土壤质量变化的两大驱动力。一般来说，气候变化是主导因素，而人类活动则明显影响荒漠化过程，且具有明显的双重性。

风蚀荒漠化地区土壤质量的变化是自然因素和人类活动共同作用的结果，而土壤质量等级不仅与区域环境质量紧密相关，还与社会经济发展存在密切联系。因此，风蚀荒漠化地区土壤质量特征研究已经成为自然科学和社会经济学共同关注的热点问题。现阶段，虽然风蚀荒漠化地区土壤质量特征研究已取得较大成绩，但部分关键过程仍不清晰，关键问题仍未解决，且在长时间尺度上的研究较少，针对其存在问题和发展趋势，研究认为应从以下两个方面进行深入的拓展研究。

（1）土壤质量变化的基本过程与机制。目前，虽然风蚀荒漠化地区土壤质量特征研究已经取得较大成绩与进展，但相关研究仍多集中于不同固沙措施下土壤质量特征及其改良效果评价，而有关土壤质量变化基本过程与机制的研究还处于起步阶段。风蚀荒漠化地区植被稀疏，且具有独特的干热风沙环境，是造成土地荒漠化和土壤质量退化的重要原因。因此，基于土壤学、植物学、生态学、风沙物理学、生态水文学等多学科理论，探讨土壤质量变化的基本过程与机制仍然是风蚀荒漠化地区土壤质量特征研究的重要内容。

（2）土壤质量与荒漠生态系统物质能量循环的耦合关系。土壤是维系荒漠生态系统存在和发展的重要物质基础。受土壤风蚀、荒漠植物、荒漠动物和人类活动的共同影响，土壤质量与荒漠生态系统碳、氮、水等循环的关系十分密切，但其基本过程和关键环节仍有待深入研究。因此，探讨土壤质量与荒漠生态系统物质能量循环的耦合关系，对于揭示荒漠生态系统服务特征具有重要价值，是风蚀荒漠化地区土壤质量特征研究的重要方向。

## 10.2　细　根　动　态

植物根系作为地下生态的重要组成部分是其研究的核心内容。根系研究可以追溯到18世纪，但是由于技术和方法的落后，发展非常缓慢。植物根系的定性研究，在近几十年的研究中已经取得了巨大的成就，包括植物根系的分级、根系作用、根系解剖等，尽管大量方法应用于根系研究，但植物根系的定量研究依然举步维艰，生态学家仍然不能回答"根系在生态系统中的重要程度"这一问题，尤其是在干旱和半干旱地区，地下生态过程还没有得到系统的研究，学界对于根系在这一地区生态系统物质循环和能量流动的重要性尚不十分清楚。

细根（直径＜2 mm）是植物吸收和运输水分、养分的重要管道，同时其生命周期短、周转快、新陈代谢旺盛、分解速率快，因此是植物地上部分向土壤中输送碳的最重要器官之一。在一些生态系统中，通过细根周转对土壤碳和养分的输入，可能等于甚至超过地上部分枯落物的归还量，如果忽略细根的动态变化，土壤有机物质和养分的周转将被严重低估。在大多数陆地生态系统中，细根占根系总生物量的不足 5%，但据估计，大约33%的初级生产物被细根通过生长、呼吸和周转消耗。一般认为，树木的细根在生态系统土壤碳和养分循环中扮演着重要的角色，但并没有足够的数据支撑细根对碳和养分预算的贡献值的比例。

目前，细根动态及其对土壤碳库的影响的相关研究主要集中在湿润地区，包括从热带到寒带的森林和农田生态系统，而关注半干旱和干旱地区的研究并不多。相比湿润的生态系统，在干旱的立地条件下细根与植物总生物量的比例更高，植物需要分配更多的碳到根系以吸收极其短缺的土壤资源。虽然在干燥的土壤斑块中，细根的形成是一种高风险的投资，但在干旱环境下，增加细根的周转可能是平衡干旱引起的负面效应最有效的方式之一。因此，考虑到干旱和半干旱地区广阔的分布面积，以及这一区域对于全球碳循环的潜在影响，研究细根动态及其对土壤碳的影响，以及探讨地下有机碳的动态过程，对于区域和全球碳循环的理解具有重要意义，同时也是这些地区进行植被恢复与管理的重要依据。

### 10.2.1　细根动态研究方法

在大多数的研究中，通常简单地用径级的标准将细根从粗根中区分开，而且直径的划分并没有统一的标准。Vanninen 将直径＜5 mm 的欧洲赤松（*Pinus sylvestris*）根系定义为细根，也有一些研究定义直径＜1 mm 的根为细根。一些研究认为直径＜0.5 mm 的根更适合作为细根的径级标准，因为直径＜0.5 mm 的根往往占据更多的细根长度。然而大多数的研究将细根定义为直径＜2 mm 的根系。最近，大量研究已经证实，小于某径级的细根是由很多单个根系组成的，其形态特征和生理功能往往存在显著差异，因此，不能简单地用径级来定义细根。直径＜2 mm 的细根通常会有多个分级根序。落叶松（*Larix gmelinii*）和水曲柳（*Fraxinus mandshurica*）中直径＜2 mm 的细根簇至少有 4 个分支根序。长叶松（*Pinus palustris*）的一级细根（first-order roots）通过周转，向土壤中贡献了占总输入量约50%的碳素和65%的氮素。大量的研究报道，不同径级的细根呼吸速率存在显著差异，细根呼吸速率随径级的减小而增大，这主要是由于直径越小的细根具有越高的氮浓度。用根序分级的方法研究细根呼吸发现，低级根序的细根往往呼吸速率更高，说明在不同部位的细根分支具有不同的生理功能，未来根系的研究应该集中在其根系序列，而不能简单地将小于某一直径的根系作为同一单元来研究。

细根动态主要包括细根生物量、生产量、分布、周转和分解等，在陆地生态系统土壤有机碳平衡、物质循环以及能量流动过程中占据重要地位，因此，对细根动态进行准确的测量和估计尤为重要。由于细根生长在土壤中，其生长、发展、死亡和分解消失，很难直接观察和测量。随着细根越来越受到重视，大量的研究方法被应用于细根研究，可将其分为直接法和间接法。

1. 直接法

直接法一般包括挖掘法（excavation）、土壤芯法（soil core）、内生长芯法（ingrowth core）、微根管法（minirhizotron）、根袋法（litter bag）等。

（1）挖掘法。挖掘法是一种最传统和原始的细根研究方法，是指用人力和机械直接挖取一定范围内的所有土壤以获取全部根系样品。挖掘法可以精确获取一定范围内的所有根系数据，并测定不同径级根系的结构和分支状况，是最有效的根系研究方法。该方法主要研究植物根系与地上部分特征的关系，但缺点是费力、费时、破坏性大、数据单一，只能获取某一时间点的数据，无法测量细根周转。

（2）土壤芯法。此方法是针对挖掘法费时费力的问题而创造的根系取样方法，目的是节省人力和物力，同时获得较为可靠的根系数据。随着根系研究的不断深入，衍生出各种不同取样手段。该方法是指用根钻或其他工具，钻取不同深度的土壤样品，通过水洗或过筛获取根系样品，并计算细根的生物量、生产量和周转速率。为了获得细根的净生产量和周转速率，需要在不同的季节连续多次取样，可用极差法、积分法、决策矩阵法和分室通量模型法来计算细根生产力。

土壤芯法是研究细根动态最常用的方法，很多研究将此方法作为率定其他方法的参考标准。此方法需要大量重复取样，才可以获得比较可靠的数据，因此工作量也非常大，且并不适合所有的土壤类型，如石质土壤、砾石含量比较多的土壤、板结或极其干旱的土壤（如黄土）。除此之外，细根生长在土壤中随时都会死亡分解，特别是细根周转比较快的植物，此方法可能会低估其生物量和生产力，同时，随机取样也导致了一定的系统误差。

（3）内生长芯法。内生长芯法由土壤芯法发展而来，是研究细根生产力的主要方法，此方法也被创造性地用来研究细根分解。该方法的设计理念是：在土壤中创造出一定体积的无根土壤（一般是土柱的形式），一定时间后取出土壤获取根样。其优点是能够直接测定细根净生产力，而缺点则是与原状土壤比较，无根土壤在回填过程中土壤环境发生了改变（包括土壤水分、养分、毛细管、容重等），同时在获取原状土的过程中，可能对根系造成极大的破坏，从而影响根系的生长。对于不同处理（灌溉、施肥等）和立地等条件下的细根生产力的比较，内生芯法仍然是不可替代的选择。

（4）微根管法。微根管法是从根室法（rhizotron）发展而来的，是长期定位观测根系生长动态和物候的细根研究方法，该方法可以直接观察和记录单个细根的产生、生长、发展和死亡的整个过程。过去数十年来，微根管法被广泛应用于测量细根寿命和周转，其具体操作方法是：事先将塑料管埋入土壤中，定期用袖珍彩色扫描探头拍摄细根图片，然后用软件对图片进行处理，以获得细根生长长度、直径、死亡、生命周期、周转和分解等数据。微根管法克服了土壤芯法和内生长芯法的诸多不足，减少了对根系本身的破坏，更加直观地观测到细根的生长、生命周期及死亡等生长动态，对细根的测量更接近实际。其主要缺点是只能观测到细根的生长和死亡，不能实时测定其化学组成。已有研究指出，微根管的安装以及微根管与土壤的接触面的空隙能大大刺激细根的生长。界面土壤温度和湿度等的改变也影响了细根的生长。

（5）根袋法。由于植物地下部分的不可见性且取样困难，大多数的研究并不能精确测定细根分解速率。自 20 世纪 50 年代，凋落物袋被应用于分解试验后，在细根分解研究中根袋法被广泛使用。根袋法就是将细根切成小段，装入尼龙袋，再埋入土壤中，然后定期收获处于不同分解状态的根。最近一些研究为了克服根袋法细根不能充分接触土壤的不足，提出了原土壤芯法，就是将死亡细根和土壤充分混合后装入尼龙袋中，填埋回土壤中，定期收获分解中的样品。

### 2. 间接法

为了节省人力和物力，以及克服直接测量方法的不足，许多研究者通过间接的方法来估算细根生物量和生产量，包括氮平衡法、生态系统平衡法、淀粉含量法和土壤碳通量法等。间接的测量方法采用的是生态化学计量学等手段，一般都需要设定一个稳态，即假定各种植物各种化学成分处于相对平衡的状态，通过测定某一组分而推算出另一部分的组成。由于细根不同于植物地上部分，其一直处于动态变化过程中，随时都在生长、衰老、死亡和分解，因此间接法一般都低估了细根的生物量和生产量。

## 10.2.2　细根分布

细根具有明显的垂直分布特点，在大部分的生态系统中绝大部分的细根都集中在深度为 1 m 的土壤范围内。这主要是因为光合产物的就近分配原则，这样的分配机制能够使植物碳和能量成本降到最低限度。林木细根的分布深度和水平范围也受气候和土壤特征的影响。Huang 等（2008）发现，更深的细根分布发生在季节性干旱的生态系统中，主要是因为在干旱和半干旱地区，水分是生态系统最主要的限制因子。即使更深的细根分布增加了碳投资成本和吸收土壤资源所需的能量，但在深层土壤层中需要存在更多的细根以吸取稳定的土壤水资源，从而保证植物存活。不同土层之间细根分布的差异，往往是各种环境因子（主要是水分和温度）共同作用的结果。土壤条件的季节性变化也能改变细根的垂直分布。先前的研究表明，物种多样性和植物密度对细根生物量和分布具有重要影响。然而，最近的一项研究显示，物种特性（如针叶树种和阔叶树种）似乎比物种本身的生态位特征，对细根分布有更重要的影响。相比于阔叶树种，针叶树种的细根似乎对土壤空间的侵占更有竞争性。除了植物本身引起的细根生物量和分布的差异外，外界环境也限制着细根空间异质性。例如，地形条件是限制细根分布特征的重要因素之一。地势平坦的土壤中比坡地含有更多的细根生物量，同时也更接近地面。通常认为，地形造成的细根分布特征的不同，是由土壤物理特性造成的。土壤养分条件是另一个影响细根分布方式特征的重要因子。营养贫瘠的沙地细根生物量比黏土地高很多。在半干旱地区的一个深层细根分布研究中，与沙土相比，砂壤土中种植的柠条在 0～100 cm 土壤层中细根生物量更低。

一些研究也证实了在水分资源匮乏的系统中，具有更高深层细根比例的植物对干旱的敏感性更低，更有利于适应极端干旱环境。土壤水分可能是限制细根的分布最重要的环境因子。除此之外，土壤结构和质地也影响细根对土壤空间的拓展，从而进一步影响其分布特征。在干旱灌木地，黏壤土中 95% 的细根分布在深度为 0～106 cm 的土壤中，而在沙土中 95% 的细根生长在深度为 0～190 cm 的土壤层。另一项研究也发现，半干旱地区在黏壤土和沙土中生长的柠条在深度为 0~100 cm 土壤层的细根占总细根量的比例分别为 70.7% 和 96.6%。在干旱地区的大量研究显示，细根分布更多地集中在接近地表的土壤层中。这种细根分布特征或许是植物增加吸水能力以适应干旱环境，同时将更多的碳成本分配到更接近地表的土壤中并减小成本的方式。然而，并不是所有的干旱地区植物大多数细根都分布在土壤表层。细根分布除了受环境因素的影响，还受植物本身遗传特征的影响。

细根是植物从土壤中吸收土壤资源的主要器官，其分布特征反映了植物对环境的利用程度。细根分布也能反映出植物吸收资源的能力以及与相邻植物间的竞争能力。细根的空间分布特征往往反映植物对水分和养分的吸收能力，因此，对其分布的深入了解，对于掌握植物生理生态功能具有关键作用。细根分布的数据通常被应用于植物水分和养分吸收模型以及景观和全球水平的水分、养分模拟。

在干旱生态系统中，不同的植物细根分布特征体现不同的吸收和适应策略。相关研究指出，表层土壤中大量的细根能够第一时间吸收季节性的降水，同时一些植物在深层土壤中也生长了一部分细根，以吸收长期稳定的水资源。尽管一些研究比较了不同土壤条件下，一些植物细根分布对于土壤环境的响应变化，但是对于干旱和半干旱地区，不同物种间的细根吸收策略差异并没有得到系统的研究。几种灌木细根分布研究发现，应对干旱胁迫，灌木树种的适应策略存在显著差异，一些灌木通过细根延伸充分占据土壤空间，另一些则通过增加细根周转而不断生长出新的细根，以提高吸收效率。除此之外，对于细根分布的研究，还能为环境和土壤因子影响地下生产力的机理提供线索。

干旱生态系统中，细根系统可能更需要接近地面以获取季节性变化的水分，换言之，在土壤表层集中了大部分的细根量。为了适应干旱贫瘠的土壤环境，沙生、旱生灌木除了拥有大量浅层细根外，还具有一定量的深层细根，主要依靠调整细根特征（生长、伸长和死亡更替等方式）对抗恶劣的生境并与周围其他植物相互影响和竞争。一些研究已经证实，干旱生态系统细根形态及其空间分布特征与环境之间的关系异常密切，且不同植物对于干旱环境的响应不尽相同。因此，调查细根生物量和生产量的垂直分布特征，有助于了解植物吸收策略及地下竞争和共存关系。

## 10.2.3　细根生产和周转

细根的周转就是其生长、发展、衰老、死亡、再生长的过程，在生态系统的养分循环和能量流动中起着重要作用。细根能够通过周转向土壤输送大量的有机质和养分。尽管细根只占地下生物量较小的比例（3%~30%），但其生产力占系统初级生产力的 3%~84%。植物需要消耗 10%~75% 的初级生产力来维持细根的不断生长、死亡和更新。欧洲赤松需要 22%~32% 的初级生产力用于细根的生长。然而，细根周转对全球碳预算的贡献仍然是不确定的。

细根的周转，不仅代表着不同植物对土壤碳的贡献能力，也是植物对环境变化的响应和对土壤资源利用程度及策略的指示。细根的周转是植物本身与环境变化（包括地上环境和地下环境）之间的长期"博弈"，代表地下生物量和养分的动态环节之一，因此细根动态直接影响陆地生态系统的生物化学循环。另外，细根通过周转应对环境的变化。因此，理解细根周转对认识植物吸收土壤资源的策略和应对环境变化的适应机制十分重要。

细根生产和周转主要受气候、土壤条件、植被类型等非生物因子影响。从北方针叶林到热带森林，细根生产力和周转值存在显著差异。在贫瘠的土壤条件下，细根为了获取更多的土壤资源会增加细根生长、延长寿命、降低周转速率，从而提高获取土壤资源的概率。但一些研究也指出，在肥沃的土壤中，细根周转成本降低，因此会加速周转的发生。Pregitzer 等（2002）观测到施肥增加了杨树（*Populus*）细根生产力和周转。肥沃土壤中的细根周转速率显著高于贫瘠土壤。总之，细根通过调整生产和周转来适应环境的变化，增加周转率也是植物降低能耗的一种适应策略（McCormack et al., 2013; Berhongaray et al., 2013）。

环境胁迫条件下，细根生产和周转会发生变化，表现出不同的变异特征。一些研究证实，在干旱条件下，细根具有更高的周转速率。长期的干旱增加了植物对地下根系的碳分配，促进细根生长，刺激细根向更深的土壤中生长，以获取更多更稳定的土壤资源。在一个干旱胁迫试验中，欧洲云杉（*Picea abies*）在干旱条件下，细根死亡率比对照条件下高0.62 倍。欧洲山毛榉（*Fagus sylvatica*）在干旱条件下，细根寿命降低了一半，周转随之增加。大量干旱胁迫的研究都集中在湿润地区植物根系，这些结果并不能类推到干旱环境中植物对干旱的响应。湿润生态系统中，植物细根本身的抗旱性较低，因此，对于干旱胁迫的响应也较为强烈，而干旱地区植物细根具有耐旱的遗传特性。由于吸收水分减少，维持细根存活需要损耗大量的碳，但并不是所有植物应对干旱条件时都会有大量细根死亡。综上所述，在干旱和半干旱生态系统，植物细根对生境适应策略存在着差异，但是其差异性的机制并不十分清楚。

## 10.2.4　细根分解

细根分解是死亡细根在各种外力作用下，与土壤环境发生持续物质和能量交换的过程，是构成陆地生态系统养分和能量循环的重要一环。细根分解也是植物向土壤输入碳和养分的重要方式。在某些生态系统中，通过细根分解归还给土壤的碳和养分可能远远大于地上部分。一些研究证实，若忽略这部分的贡献，系统碳的周转量将被降低 20%～80%。植物根系主要通过以下 3 个途径向土壤中输送碳和养分：一是死亡根通过分解形成有机质；二是通过植物生长过程中根系分泌物或脱落大分子物质；三是通过共生菌的周转。其中，最主要的输入途径是根系分解，其输送的碳占总输入量的 30%～60%。因此，细根分解是土壤碳动态最重要的调节方式。

细根分解的精确测量使得对细根生产和周转评估变得更具意义。细根的寿命短、周转快，再加上根系一直会保留在土壤中，因此，通常认为土壤的养分改善主要依靠细根的分解释放和归还。细根分解关系着许多的生态过程和功能，如土壤呼吸、土壤酶活性、土壤化学和土壤食物链或网等。对于养分和土壤碳的贡献，一些研究发现，细根分解比叶片分解更为重要。

大量研究表明，细根分解往往经历不同的阶段。印度湿润的亚热带森林系统的一项研究发现，细根分解呈现 3 个不同阶段，开始 60 d 细根分解缓慢，随后是一个快速失重的过程（60～120 d），最后细根底物进入一个缓慢的分解阶段。还有研究显示，细根分解大致可以分为两个阶段，第一阶段是细根快速失重，主要是碳水化合物的分解过程，第二阶段细根分解速率显著下降，主要是难以分解的木质素等的分解过程。亚热带几种典型森林树种细根在经过 170 d 分解后，可溶性糖基本损失殆尽，分解至 300 d 时，细根质量的损失并无显著差异（温达志等，1998）。杉木（*Cunninghamia lanceolata*）和火力楠（*Michelia macclurei*）细根在整个分解过程中氮素均表现为释放，其他元素在分解的不同阶段表现趋势有所不同。铁坡垒（*Hopea ferrea*）和矮竹（*Arundinaria pusilla*）细根分解过程中氮素的变化也表现出差异，在分解实验结束时（14 个月），前者细根底物含氮量增加了一半，而后者细根在整个分解过程中氮素均表现为释放（Fujimaki et al.，2005）。冻融期细根仍然能分解，岷江冷杉（*Abies faxoniana*）和亚洲白桦（*Abies faxoniana*）细根碳、氮、磷和钾均表现为释放。尾叶桉（*Eucalyptus urophylla*）细根碳氮比随着分解时间延长逐渐降低，这主要归因于氮素的富集，而磷的浓度在不同径级的细根分解过程中呈现出明显不同，但其矿化方式却是相似的。

地上枯落物的分解并不能反映细根的分解速率，这主要是因为二者的化学成分存在显著不同，并且地上枯落物和细根在分解过程中的外界环境也存在巨大差异。除展叶松（*Pinus patula*）外，墨西哥柏木（*Cupressus lusitanica*）、巨桉（*Eucalyptus grandis*）和埃塞俄比亚高原地带性森林细根分解速率都比地上枯落物的分解速率慢。在阿根廷一个多年生常绿灌木和草本复合系统的细根研究发现，细根明显比枯落物的分解速率慢，但枯落物在分解过程中释放出更多的氮素。然而，Wang 等（2012）发现，几种亚热带树种（*Pinus massoniana*、*Castanopsis hystrix*、*Michelia macclurei* 和 *Mytilaria laosensis*）对原位细根和地上枯落物的分解的影响是相似的。

细根分解速率主要受生物因素和非生物因素的影响。在全球尺度上，细根分解速率主要受分解底物的影响，其他生物因子次之。在同一气候条件下，细根分解速率也主要受分解底物的质量制约。林成芳等（2008）总结国内外的研究发现，细根分解主要受底物质量、土壤温度、水分和微生物等的影响。以往的研究已经证实，细根底物的质量（主要是木质素、氮浓度、碳和钙含量）和其他因子如降雨量和温度，是细根分解的主要控制因子。例如，细根分解系数大小与底物可溶性提取物的浓度密切相关，可溶性物质浓度越高，细根分解系数也越大。细根分解速率可能主要由其不能水解的酸性物质的含量决定。细根底物最初的木质素和氮素比分别解释草地和森林细根分解 15%和 11%的变异，土壤温度、含水量和碳氮比一起分别解释了草地和森林细根分解 34%和 24%的变异，其结果表明，区域范围的细根分解速率主要受环境因子的影响，底物质量的影响次之。土地利用和管理能通过改变植物群落结构、凋落物产量和土壤特性间接影响细根分解。一些研究发现，土壤肥力能够增加植物凋落物的分解速率，主要是由于速效氮的作用。另外的一些学者开始关注氮添加对细根分解的影响，他们认为，细根分解速率受到大气氮沉降增加的潜在影响。大量的研究已经关注了氮添加对地上枯落物分解的影响，并得出不同的结论。氮添加通常能减缓地上枯落物的分解速率；另外一些研究发现，氮添加对枯落物分解有积极效应；此外，有研究指出氮添加对地上凋落物的分解速率并没有显著影响。但是对于氮沉降对细根分解的影响研究还较少。氮沉降可以改变土壤环境和增加根的木质素含量，进而间接和直接影响细根的分解过程。除此之外，Berhongaray 等（2013）报道，$CO_2$ 浓度的升高也对细根分解有重要影响，但并没有直接影响细根底物的化学成分，而是影响细根生产和周转，进而间接地影响细根分解过程。

## 10.2.5　细根对土壤有机碳的影响

细根不仅能储存大量有机碳，还是土壤碳库的主要来源。在陆地生态系统中，细根对土壤碳库的贡献可能远远大于地上凋落物。细根是地下生物量的动态组成，也是生态系统净初级生产力的重要部分，所以细根生产和周转直接影响生态系统生物化学循环。细根周转能够向土壤输入和归还大量有机质。然而，细根分解大多需要数年的时间，因此细根分解对于长期土壤有机碳的积累具有重要的影响。

由于细根生长在土壤中，空间异质性差异和细根研究方法的不统一使得细根测量难度增大。细根的测量极耗费人力和物力，且细根对于环境变化是极度敏感的，因此很难直接得到精确的细根周转数据。准确估算细根通过周转输入土壤的有机碳，已成为研究生态系统碳分配格局与过程的重要环节。对细根对土壤有机碳贡献的研究要远少于对地上凋落物的研究。一些研究已经预测和估计了细根通过周转对土壤有机碳的贡献率，但大部分都集中在森林和农田生态系统，干旱生态系统的研究相对较少。世界范围内，温带森林系统由细根周转对土壤有机碳的贡献是总输入量的 14.0%～86.6%，多数为 40%。在温带森林的一项系统碳分配研究中，只有 3.8%的碳贡献给土壤有机质，且并不是全都通过细根周转的途径。而 Vogt 等（1996）对全球温带森林细根数据进行分析后发现，细根周转对土壤有机碳的贡献多数为 40%。间伐后的墨西哥柏木林细根死亡和周转增加，进而增加了有机碳输入。在水曲柳和落叶松林地，微生物缓慢分解细根的产物可能是稳定的土壤有机碳的重要来源。裴智琴等（2011）研究发现，干旱区琵琶柴（*Reaumuria soongorica*）细根周转率要明显高于其他湿润地区的林木树种。一种干旱区灌木柽柳（*Tamarix* spp.），通过细根周转进入土壤的有机碳只占有机碳库的很少一部分（2.12%），上述结果显示，干旱区灌木细根对于土壤长期碳固持具有重要影响。尽管大量的研究都集中在细根和土壤有机碳上，但是对于细根动态对土壤有机碳的贡献的定量研究仍然较为少见，关于地下碳动态规律和机理仍然不清楚。

细根是植物碳进入土壤最重要的通道，往往通过细根死亡直接进入土壤。最近的研究已经证实，土壤有机碳中最新的碳和无保护的土壤有机质主要都来自细根周转。在 100 cm 土壤层，16 年生辐射松通过细根死亡向土壤输入的碳量是 2.7 mg/hm$^2$，而临近的草场则是 3.6 mg/hm$^2$。墨西哥柏木通过细根死亡输入土壤的碳量为 0.1 kg C/(m$^2$·a)，间伐后林地输入量更是高达 0.27 kg C/(m$^2$·a)。欧洲赤松死亡细根的碳贡献量为 118～305 g C/(m$^2$·a)。尽管荒漠地区土壤有机碳只占陆地生态系统土壤有机碳总量的很小部分（15%），但是由于其分布广泛，荒漠地区土壤碳动态是全球土壤碳循环重要的组成部分。因此，精确计算细根周转对于全球和区域碳循环有重要意义，对于理解区域资源利用和分配也十分重要。

## 10.3　非生物逆境中外生菌根对宿主植物抗逆性的增强作用

菌根（mycorrhizae）存在于特定的真菌种类和高等植物之间，是植物根系与土壤真菌形成的互利共生的生理整体。植物菌根分布广泛，种类繁多，在提高植物抗逆能力、促进营养吸收、改良土壤和维持生态系统稳定等方面具有重要作用。在温带、寒带的森林及沙漠地区，木本植物菌根主要以外生菌根为主。现阶段，自然界中大约有近万种真菌被发现可以与宿主植物形成外生菌根，其中超过 3/4 发现于针叶树种主导的生态系统。

外生菌根兼具植物根系与微生物的特征和功能，是土壤生态系统的重要组分，在生态系统的物质和能量循环过程中有着不可替代的作用，是维持生态系统稳定的关键一环。外生菌根真菌菌丝伸入根皮层细胞间形成菌丝网（哈蒂氏网），同时外延菌丝在根表面形成菌丝幔，菌丝可以吸收水分和养分，弥补植物根系吸收范围的局限性，并能活化土壤中的无机营养元素，促进植物对矿质元素的吸收，改善植物体的养分供应状况。此外，外生菌根的共生作用可以调节宿主植物生命过程中的重要生理过程，通过提高光合作用利用率，增加养分吸收，增加游离氨基酸，调节植物激素水平等改善植物健康状况，从而增强植物在各种胁迫环境下的存活率和抗逆性。

外生菌根在各类生态系统中广泛存在并扮演不可或缺的角色，尤其对增强宿主植物的抗逆性有着重要意义。目前，外生菌根增强宿主植物抗逆性的作用已经得到各国学者和生态管理人员的高度重视，但相关研究仍然相对零散，缺少系统总结。鉴于此，全面总结综述真菌学、植物生理学、森林生态学等多方领域对干旱、重金属、土壤盐碱化与酸化的胁迫条件下外生菌根调节宿主植物生长、代谢和基因表达等作用机制的相关研究，以期系统梳理外生菌根在非生物逆境胁迫下对宿主植物抗逆性的增强作用，明确其发展动态与趋势，并为相关学者和管理人员提供参考和借鉴。

### 10.3.1　干旱胁迫

干旱是对生态环境和人类生活影响最大的自然灾害之一，在干旱胁迫下，生态系统紊乱，植物生长受到抑制，产量降低，健康状况下降，极易受到病虫害的侵染而造成不可预估的后果。已有研究表明，许多外生菌根真菌具有较高抗旱性，干旱环境中菌根共生体的形成能调节植物形态特征和生理代谢，提高植物的耐旱性。

干旱胁迫下，菌丝幔作为菌根共生体的主要结构之一，对于根系水分外泄到土壤起到了阻隔与重吸收作用，不但减少了水土流失的风险，水分利用率的提高促进子实体的生长，有益于菌根真菌的繁殖。外延菌丝可以增大吸收根的表面积，在水分充足的环境中，菌根的菌丝体吸收水分的功能不明显，而在干旱胁迫发生时，菌丝能够延伸至较小的土壤空隙中吸收水分，使得植物得以存活。外生菌根的形成相比于非菌根化植物可以提高植物根系-土壤的水力学导度，增加导水率。植物的养分状况除了直接影响植物体的生长发育外，与抗逆性也息息相关，其中磷（P）元素的吸收和利用与植物水分吸收息息相关，P 元素的缺乏会使植物吸水困难，外生菌根通过改变土壤中 P 元素状态、储存磷酸盐等形式改善植物对 P 元素的吸收，试验证明菌根化植物对于 P 元素的吸收率要远大于非菌根化植物。植物体内水分的流动除了自由扩散外，水通道蛋白（AQPs）是水分跨膜运输中的重要渠道，干旱会影响植物体内 AQPs 基因的表达，表达量的降低会严重影响植物体内的水分循环，菌根的形成有利于提升 AQPs 基因的表达量，保证植物体内水分正常循环。

菌根共生体在植物代谢活动中起到了很重要的调节作用。植物受到干旱胁迫时，代谢活动受到阻碍，导致体内活性氧（reactive oxygen species，ROS）增加，引起质膜过氧化，影响植物的健康状况。菌根化植物在胁迫和非胁迫环境下，活性氧清除系统中酶的活性都要高于非菌根化植物，且在干旱胁迫下活性的提高更为明显。作为植物体生长重要代谢过程之一的光合作用，与参与水分循环的蒸腾作用具有密切的协同关系，在同一干旱条件下，点柄乳牛肝菌（Sillus granulatus）侵染的樟子松（Pinus sylvestris var.mongolica）菌根化实生苗体内的叶绿素含量、净光合速率相比于非菌根化植物都有提高。

有研究表明，在干旱条件下，菌根真菌可以改变根系的形态，促使碳水化合物向根系积累，增加地下部分生物量，在彩色豆马勃（Pisolithus tinctorius）与青冈栎（Cyclobalanopsis glauca）实生苗的相互关系上表现明显，这可以看作对于干旱环境的一种适应性，同时，这种适应性调节还表现在菌根的形成可以增加叶片肉质化和比叶面积、增加叶片保水力、推迟干旱致死时间等方面，且菌根化植株干旱后复水植株的恢复能力要强于非菌根化植株。

外生菌根对植物应对干旱胁迫有着重要的作用，目前研究较多集中在外生菌根对宿主植物生理指标的影响，影响程度还不能明确标注，且研究对象主要是实生苗，缺乏大树和森林乃至生态系统尺度上的研究。同时应关注外生菌根在宿主应对干旱胁迫中的作用的分子生物学机制，加强对 AQPs 等相关功能基因的表达、克隆方面的研究。

### 10.3.2　重金属胁迫

重金属是密度大于 4.5 g/cm$^3$ 的金属元素，主要包括由人类活动引起的土壤中生物毒性显著的金属元素汞（Hg）、镉（Cd）、铅（Pb）、铬（Cr）和类金属元素砷（As）等，以及超量的生物必需微量元素铜（Cu）、锌（Zn）、锰（Mn）等。重金属不能被微生物分解，和土壤胶体吸附在一起长期存在于土壤中，影响植物正常生长发育，改变生态系统的结构和功能，可通过食物链进入人体造成健康受损，甚至引起基因突变。

在重金属污染的土壤中，外生菌根表面的菌丝幔可以吸收掉一部分重金属离子，成为植物抵御重金属的第一道有效屏障。从外生菌根菌丝幔到菌根的表皮细胞再到内层细胞中，重金属的含量会显著降低，在 Mn 元素超标环境中生长的樟子松，Mn 元素含量从菌索中的 490 μg/g 降低到菌丝幔中的 88～148 μg/g，而植物的皮层细胞中 Mn 元素的含量仅为 13～26 μg/g，显著低于菌丝中的含量。此现象在 Cu、Zn 等元素超标条件下也有报道。但并不是所有的外生菌根都有对重金属元素吸收的屏障作用，吸收作用效果与植物种和真菌种类有重要的关联，Rhizopogon subareolatus 加剧了 Mn 元素进入花旗松（Pseudotsuga menziesii）的根系细胞；在毛枝柳（Salix dasyclados）与卷边网褶菌（Paxillus involutus）共生关系中，也发现茎中的 Zn 元素含量高于菌丝幔。

外生菌根对金属元素的吸收、转运和分配等过程具有促进作用，已有研究发现，有许多真菌种具有重金属抗性编码基因，调节植物体内重金属离子的转运蛋白表达量，将重金属离子转运至其他组织中，减少重金属离子对根系的毒害作用，增加植物对重金属胁迫的耐受性。选择 Arnoldstein 附近一处以土生空团菌（*Cenococcum geophilum*）为优势种的重金属污染土壤乡土菌群作为侵染源，接种欧洲山杨（*Populus tremula*）形成的菌根化植物，在 Zn 胁迫为 40 mg/kg 的处理下，叶片中 Zn 的含量显著低于无菌根植株。彩色豆马勃与矮桦（*Betula lenta*）形成的菌根化植株叶片中 Mn 含量显著低于无菌根植株。银灰杨（*Populus canescens*）与大毒滑锈伞（*Hebeloma crustuliniforme*）和卷边网褶菌的组合中，菌根化银灰杨植株组织中 Cd 的含量高于未接种组，且成活率提高，可以较好地适应重金属环境。Zn、Mn、Pb、Cd 等功能已知的转运蛋白如 PtZTP、NRAMPs、TcHMAs 等在菌根化植物中都有较高的表达量（Ueno et al.，2011；Migeon et al.，2010）。Zn、Pb、Ni、Cd 等元素转运蛋白编码基因 *ScYCF1*、*HcZnT1* 等分别在双色蜡蘑（*Laccaria bicolor*）、黑孢块菌（*Tuber melanosporum*）、*Hebeloma cylindrosporum* 等多种外生菌根真菌种中被发现。但仍有很多重金属元素的转运蛋白的类型、编码基因等处于未知状态。

外生菌根真菌的代谢产物如琥珀酸、甲酸、草酸等，调节土壤中金属离子的可利用率，降低重金属的毒性。例如，草酸能很好地与 $Al^{3+}$ 螯合等（王明霞等，2015），在重金属过量的环境中保护植物的生长。菌根化植株的根系分泌物，如可溶性单糖、可溶性氨基酸和有机碳等，可以与土壤中 Pb、Cd 等重金属离子螯合，提高植物对重金属的耐受性。同时，外生菌根可以调节土壤酶活性，例如，提高樟子松根际土中脲酶等酶活性，增加土壤生物活性，缓解植株受到 Cd 的胁迫伤害。

目前，对耐重金属胁迫的外生菌根真菌已有了一定的筛选、鉴定和分离，但已分离真菌菌种对于重金属胁迫的耐受阈值却比较模糊。同时，外生菌根对于植物耐重金属胁迫作用下的菌根真菌和金属离子的多样性和特异性仍将是进一步研究的重点，且目前对于其分子层面的调节，如金属转运蛋白的携带与表达等研究仍然比较缺乏。

### 10.3.3　土壤盐碱化与酸化

土壤 pH 是描述土壤性质的重要指标之一，在我国，土壤 pH 的失衡主要表现在北方水土流失导致土壤盐碱化与南方工业大气污染导致的酸雨造成土壤酸化。土壤酸碱度失衡会给植株带来直接的生长抑制，对于土壤微生物的种群动态有显著的影响，不同菌种对土壤 pH 的适应性不同，对于土壤酸碱度具有较大的适应范围。

除了滨海地区外，土壤盐碱化主要发生在干旱和半干旱地区。其主要表现是土壤盐碱离子含量高，土壤溶液离子失衡会导致植物营养亏缺；同时盐碱化土壤水分有效性差会加剧植物受到的干旱胁迫，限制林木的生长与成活情况。

目前，对于盐碱胁迫下菌根对宿主植物的作用研究主要集中于丛生枝菌根上，对于外生菌根抗盐碱能力的报道较少，但研究证明外生菌根对植物抗盐碱化具有相同的作用趋势。在盐碱化条件下，菌根共生体的存在可以促进植物的养分吸收，平衡各元素的含量，调节渗透压减少对 $Na^+$、$Cl^-$ 的吸收从而降低对植物细胞的伤害。除了离子毒害之外，生理性缺水是土壤盐碱化对植物的另一个重要抑制方式，用 pH 为 4～9 的胁迫梯度处理大毒滑锈伞菌接种下的颤杨（*Populus tremuloides*）实生苗发现，在 pH 为 7 时菌根化苗比非菌根化苗的根系水力传导度更大。

森林土壤酸化的主要来源是大气的酸沉降，俗称酸雨。土壤酸化的主要表现是土壤溶液中 $H^+$ 和 $Al^{3+}$ 增多，其中最主要的影响是 $Al^{3+}$ 的毒害作用，它可以影响植物根系的生长和对营养元素的吸收，对植物的组织结构造成伤害，影响正常的生理代谢，进而引起森林生态系统的退化。

研究表明，外生菌根的存在可以调节环境中的 pH，主要是通过增加土壤中阳离子的交换量，增强对酸的缓冲能力，有效减弱酸对植株的伤害。由于外生菌根的菌丝幔等屏障式结构的存在，可以减少有害物质与植物根系的直接接触，吸收土壤中富余的 $Al^{3+}$ 积余在菌丝内。同时，菌根分泌的有机酸对 $Al^{3+}$ 具有络合作用，减少宿主植物的吸收量。外生菌根代谢物质可以活化土壤中的难溶性离子元素，增加植物对 N、P、K、Mg、Ca 的吸收，改善植物生长健康状况，提高抗酸性。P 除了对于水分吸收有重要作用，和它有关的酸性磷酸酶还是一种有效缓解 $Al^{3+}$ 毒害的物质。另外，外生菌根对于酸化土壤的缓解作用还表现在菌根真菌分泌的激素如生长素赤霉素、细胞分裂素等除了可以促进植物的生长，分泌量的增加也可以增强植物对 $Al^{3+}$ 的抗性。

在外生菌根面对非生物胁迫对宿主植物生长的影响的研究中，土壤酸碱度方面的相关研究相比于干旱和重金属胁迫来说较少。主要是由于自然环境中土壤酸碱度的变化往往伴随着其他胁迫逆境的出现。虽然大多数外生菌根真菌适宜在弱酸性环境下生长，但对于可食粘滑菇（*Hebeloma edurum*）和劣味乳菇（*Lactrius insulsus*）等少部分菌种却偏向于弱碱性环境，不同菌种与不同植物的互作关系对于酸碱度的响应也差异较大。今后的研究应注重挖掘盐碱化与酸化严重地区的乡土菌种，进一步深入探明在调节土壤酸碱度方向上外生菌根的作用与功能。

在全球气候变化背景下，环境胁迫压力使得陆地生态系统受到严重的影响。外生菌根有助于提高宿主植物的抗逆性，因而被各国学者和管理人员广泛关注。本节系统总结干旱、重金属、土壤盐碱化和酸化 3 种主要非生物胁迫下外生菌根对宿主抗逆性的增强作用。研究发现外生菌根对于植物经受逆境胁迫的调节作用主要表现在：①菌根的特殊结构对有害物质的物理隔绝；②通过改善宿主植物的养分吸收状况，改善植物健康状况，增强抗逆能力；③通过改变和调节宿主植物主要生理代谢过程，提高抗氧化能力，缓解逆境环境的伤害；④菌根的分泌物调节根际微环境，改善宿主植物根系所处的逆境环境状况；⑤促进自身特异性功能蛋白（如金属离子转运蛋白等）的表达与调节植物体内功能蛋白（如水通道蛋白等）的表达功能，增加植物对逆境环境的耐受力。目前，国内外学者在外生菌根调节宿主植物应对非生物逆境胁迫的相关研究已取得较大进展和丰硕成果，但仍不完善，针对其存在问题和发展趋势，应在以下 3 个方面开展进一步的深入研究：①菌根增强宿主植物抵抗逆境胁迫作用的量化分析。外生菌根在非生物逆境中的生态作用多为定性分析，菌种与植物种之间调节作用仍然缺少明确阈值的定量分析；代谢物质的变化量以及功能基因的表达量等的数值化可以更好地量化表征外生菌根菌种对植物抗逆性的贡献。②外生菌根增强宿主植物对非生物逆境适应性的微观机制。蛋白质和基因等分子生物学层面研究，仍然是未来研究的重点内容，例如，水通道蛋白编码基因、金属离子转运蛋白编码基因、酶类代谢基因等功能基因的携带和表达等，以及未来能否在克隆与转基因育苗层面进一步发展。③环境-树种-菌种三者特异性协同作用。菌根真菌谱系庞大，种类众多，无论是在种源鉴定，还是菌根对宿主植物功能基因表达调控的研究上，不同的环境条件-宿主植物-菌根真菌三者特异性组配关系应该是重点研究内容，这就要求未来应从极端逆境环境中筛选抗逆性强的乡土菌种投入研究。

外生菌根真菌比树木具有更大的生态适应性和可塑性，但目前对于菌根的研究和应用还比较有限。随着现代分子生物学的不断进步，菌根的种源分类与功能分析将会更加明确，更多功能性菌根真菌将被筛选出来，有助于完善菌根真菌种质资源库，在退化生态系统环境修复与治理、经济林增产优产等众多领域，外生菌根将被广泛应用。

（高广磊）

## 参 考 文 献

蒋慧萍. 2007. 大沙鼠扰动对荒漠土壤微生物数量和水肥状况的影响. 干旱区研究，24（2）：187-192.

李雅琼，霍艳双，赵一安，等. 2016. 不同改良措施对退化草原土壤碳、氮储量的影响. 中国草地学报，38（5）：91-95.

林成芳，郭剑芬，陈光水，等. 2008. 森林细根分解研究进展. 生态学杂志，27（6）：1029-1036.

裴智琴，周勇，郑元润，等. 2011. 干旱区琵琶柴群落细根周转对土壤有机碳循环的贡献. 植物生态学报，35（11）：1182-1191.

王明霞，袁玲，黄建国，等. 2015. 4 株外生菌根真菌对 $Al^{3+}$ 吸收与吸附的研究. 环境科学，36（9）：3479-3485.

王振宇，李叶，张翔，等. 2015. 白尾松田鼠穴居栖息地利用的影响因子分析. 兽类学报，35（3）：280-287.

温达志，魏平，张佑昌，等. 1998. 鼎湖山南亚热带森林细根分解干物质损失和元素动态. 生态学杂志，（2）：1-6，31.

文海燕，赵哈林，傅华. 2005. 开垦和封育年限对退化沙质草地土壤性状的影响. 草业学报，14（1）：31-37.

延昊，王绍强，王长耀，等. 2004. 风蚀对中国北方脆弱生态系统碳循环的影响. 第四纪研究，24（6）：672-677.

张琳琳，丁国栋，肖萌，等. 2013. 干草原区车辆碾压对土壤理化性质的影响. 干旱区资源与环境，27（12）：81-86.

Bagnold R A. 1954. Experiments on a gravity-free dispersion of large solid spheres in a newtonian fluid under shear. Proceedings of the Royal Society of London，225（1160）：49-63.

Berhongaray G，Janssens I A，King J S，et al. 2013. Fine root biomass and turnover of two fast-growing poplar genotypes in a short-rotation coppice culture. Plant and Soil，373（1/2）：269-283.

Elbert W，Weber B，Büdel B，et al. 2009. Microbiotic crusts on soil rock and plants：Neglected major players in the global cycles of carbon and nitrogen？ Biogeosciences，6（1）：6983-7015.

Fujimaki R，McGonigle T P，Takeda H. 2005. Soil micro-habitat effects on fine roots of *Chamaecyparis obtusa* Endl.：A field experiment using root ingrowth cores. Plant and Soil，266（1/2）：325-332.

Gregorich E G，Anderson D W. 1995. The effects of cultivation and erosion on soils of four toposequences in the Canadian prairies. Geoderma，36（3）：343-354.

Holter P，Scholtz C H，Stenseng L. 2009. Desert detritivory：Nutritional ecology of a dung beetle（*Pachysoma glentoni*）subsisting on plant litter in arid South African sand dunes. Journal of Arid Environments，73（12）：1090-1094.

Huang G，Zhao X Y，Su Y G，et al. 2008. Vertical distribution，biomass，production and turnover of fine roots along a topographical gradient in a sandy shrubland. Plant and Soil，308（1/2）：201-212.

Kelt D A，Rogovin N，Shenbrot G，et al. 2004. Patterns in the structure of Asian and North American desert small mammal communities. Biological Review，26（3）：501-521.

Lal R. 2003. Soil erosion and the global carbon budget. Environment International，29（4）：437-450.

Mandel R D，Sorenson C R. 1982. The role of the western harvester ant（*Pogomyrmex occidentalis*）in soil formation. Soil Science

Society of American Journal，46（4）：785-788.

McCormack M，Eissenstat D M，Prasad A M，et al. 2013. Regional scale patterns of fine root lifespan and turnover under current and future climate. Global Change Biology，19（6）：1697-1708.

Migeon A，Blaudez D，Wilkins O，et al. 2010. Genome-wide analysis of plant metal transporters，with an emphasis on poplar. Cellular & Molecular Life Sciences：CMLS，67（22）：3763-3784.

Moroka N，Beck R，Pieper RD. 1982. Impact of burrowing activity of the banner-tail kangaroo rat on southern New Mexico desert rangelands. Journal of Range Management，35：707-710.

Pregitzer K S，DeForest J L，Burton A J，et al. 2002. Fine root architecture of nine North American trees. Ecological Monographs，72：293-309.

Sterk G，Herrmann L，Bationo A. 1996. Wind-blown nutrient transport and soil productivity changes in Southwest Niger. Land Degradation and Development，7（4）：325-335.

Su Y Z，Zhao H L，Zhang T H，et al. 2004. Soil properties following cultivation and non-grazing of a semi-arid sandy grassland in northern China. Soil & Tillage Research，75（1）：27-36.

Ueno D，Milner M J，Yamaji N，et al. 2011. Elevated expression of TcHMA3 plays a key role in the extreme Cd tolerance in a Cd-hyperaccumulating ecotype of *Thlaspi caerulescens*. Plant Journal for Cell & Molecular Biology，66（5）：852-862.

Vogt K A，Vogt D J，Palmiotto P A，et al. 1996. Review of root dynamics in forest ecosystems grouped by climate，climatic forest type and species. Plant and Soil，187（2）：159-219.

Wang G Q，Wang X Q，Wu B，et al. 2012. Desertification and its mitigation strategy in China. Journal of Resources & Ecology，3（2）：97-104.

Zamani S，Mahmoodabadi M. 2013. Effect of particle-sizedistribution on wind erosion rate and soil erodibility. Archives of Agronomy and Soil Science，59（12）：1743-1753.

# 第 11 章　生态修复措施的水土保持效应

　　植被恢复/建设是防治土壤侵蚀和土地退化的有效方式。植被控制水土流失的效益是明显的，但由于植被生长发育和人为因素等的不同影响，不同植被的冠层、地表层以及地下根系分布层等出现较大差异，其水土保持效益有所不同。从短期看，植被对土壤侵蚀的影响主要是通过对降雨的截留，从而保护土壤尽可能小地受到雨滴击溅的影响；从长期看，植被通过增加土壤团聚体的稳定性和结合力进而促进土壤入渗。本章重点阐述了植被恢复、坡面整地和梯田工程的水土保持效应。

## 11.1　植被恢复的水土保持效应

### 11.1.1　生物土壤结皮的水土保持效应

　　生物土壤结皮（biological soil crusts，BSCs），是地球上分布广泛的低等植被类型，同时是生态恢复的先锋物种。它是一种由真菌、细菌、藻类、地衣、苔藓等生物组分及其代谢产物与土壤表层颗粒胶结、捆绑而形成的结构复杂的复合体，是干旱半干旱地区最常见的地表景观，覆盖度高达 70%以上，具有重要的生态学意义。BSCs 分布范围广泛，对其类型的划分方法也多种多样，通常多以优势微生物组分及其演替阶段命名，分为藻结皮、地衣结皮及苔藓结皮，此顺序也是 BSCs 的演替顺序。BSCs 的生态功能主要包括：有效改善土壤表层结构、增加土壤稳定性，从而减少直接威胁人类生存环境的沙尘暴危害；BSCs 微生物组分具有固氮、固碳作用，且能显著提高土壤养分；能够大量捕获大气中的降尘，促进荒漠化地区成土过程，为土壤生物及维管植物的繁衍提供适宜生境。而 BSCs 作为退化生态系统的重要组分，其发育对该区水土流失有何影响尚未明确，其对土壤侵蚀的影响机理有待更深入地研究。

　　1. BSCs 对土壤属性的影响

　　BSCs 可以有效改变土壤性质、改善土壤表层结构并促进植被恢复，其机理性研究，即 BSCs 对土壤理化性质的影响成为国内外研究热点。有学者研究了 BSCs 对土壤有机碳的影响，从不同角度证明 BSCs 显著影响干旱半干旱地区的土壤表层有机碳含量；Belnap 等研究了干旱地区藻类结皮的抗侵蚀性，结果表明，结皮中的藻类在生长发育过程中分泌的多糖不仅能提供能源，而且可以通过藻丝体固定土壤表层松散沙粒以提高土壤抗侵蚀能力；Mayland 和 Harper 等的研究表明 BSCs 是荒漠化系统中的重要氮源；国内学者肖波等发现黄土高原的苔藓结皮和地衣结皮通过影响土表结构显著降低土壤饱和导水率，从而减少入渗，同时，BSCs 具有较高的田间持水量和饱和含水率；张元明等研究了我国沙漠地区 BSCs 对土壤有机质的影响，研究表明，BSCs 能有效增加表层土壤 5 cm 深度范围内的有机质含量。BSCs 下层土壤有机质、全氮有强表聚现象，全磷有弱表聚现象。BSCs 以不同程度改变土壤表层结构，提高有机质和粉粒含量，增加土壤孔隙度和团聚体含量，从而提高土壤的抗蚀性。

2. BSCs 对入渗的影响

水分入渗是水文循环中的重要一环，采取有效的生物调控措施促进入渗，减少径流，对各地不同水土流失敏感区，特别是干旱半干旱地区的综合治理至关重要。近年来，国内外学者也对 BSCs 与水分入渗的关系进行了大量的实验研究，野外分别采用人工模拟降雨法、双环法、圆环法等多种方法，研究了 BSCs 对水分入渗的影响。卫伟等（2013）发现BSCs 减小土壤容重，提高了土壤孔隙度，导致稳渗速率和入渗量的增加。

3. BSCs 对侵蚀防控的影响

整体上讲，BSCs 对于地表具有极为重要的防护作用，能够从不同尺度发挥有效覆盖作用，进而防控风蚀和水蚀，减少土壤流失风险。图 11-1 中所示为研究生余韵在甘肃定西所做的生物结皮水蚀效应模拟试验，发现不同的降雨强度下，生物土壤结皮都能发挥很好的水土保持效应，而裸地的侵蚀风险要大很多。而地衣结皮的效果要逊于其更高的发展演替阶段——苔藓结皮。

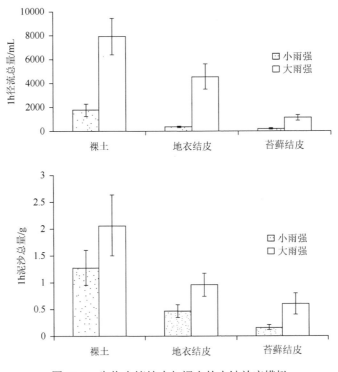

图 11-1　生物土壤结皮与裸土的水蚀效应模拟

## 11.1.2　不同植被配置模式的水土保持效应

### 1. 植被斑块的水土保持效应

斑块尺度的植被格局由植被斑块与土壤斑块交替组成,所以研究的目的更侧重于斑块的生态水文功能及其产生机理。产流、入渗、侵蚀、截留构成了斑块尺度的水土流失过程。植被斑块在减少地表产流及土壤侵蚀、增加土壤含水量方面都有着积极的作用。植被斑块能够有效地抑制侵蚀产沙并截留来自上坡的径流和泥沙。同时植被斑块的自身特征,包括植株高度、密度、冠层盖度以及植被根系等也会对侵蚀产沙产生关键影响。研究表明,植被冠层及叶面能够抗雨滴击溅,植被根系有利于固土并改良土壤。基于不同斑块类型的模拟降雨结果显示,沙棘在下坡位时的水土保持效果最好。在半干旱地中海地区,大多数研究围绕该地区天然植被对土壤侵蚀的影响已经定量表达了不同植被类型与土壤侵蚀之间的关系,所有实验的研究结果表明灌木是有效减少土壤侵蚀的植被类型,甚至在极端强度的模拟降雨条件下,灌木也表现出很好的防治水土流失效应。具有多层结构的植被群落较单层植被也能更有效地保护土壤、减轻侵蚀强度,同时不同的植被格局进行搭配也能体现出很好的防治水土流失的效果。相关学者以 3 种代表性的植被迷迭香、细茎针茅和野豌豆为研究对象,发现 3 种植被类型在斑块尺度上能够很好地防治沟间侵蚀,不同的植株形态和不同的组成能够解释 3 种植被对侵蚀的不同响应。冠层相对稠密的细茎针茅具有很好的截留效应,能够削弱雨滴动能,减少地表侵蚀;迷迭香除冠层的机械保护作用外,还有枯落物层对植株底部表土结构的土质改善作用。而对于野豌豆这类落叶型的灌丛,对降水动能的削减并不明显。冠层覆盖是减少侵蚀和产流的关键。还有学者在该地区通过定位实验分析植被覆盖与泥沙输移的关系,结果发现,植被的个体结构及植被之间的组合搭配是泥沙输移的重要影响因子,也控制着侵蚀的过程和格局。除植被地上部分形态外,植被的根系特征也对土壤侵蚀有重要影响,如前所述,在作物生态系统中,覆盖作物可以通过根系来改良土壤,防止水土流失并提高作物产量,在森林生态系统中,植被的根系生长与周转不仅对养分循环有重要影响,同时因其生长改变了土壤结构,提高了土壤的入渗能力,所以植被地下部分也发挥着水土保持的功效。所以在斑块尺度上,植被形态与垂直结构对有效控制水蚀至关重要。

### 2. 坡面植被配置的水土保持效应

坡面不同植被配置对土壤侵蚀有显著影响,坡面植被分布格局的不同会直接引起产流过程、径流量与泥沙量的规律性差异(李勉等,2005)。还有学者在考虑植被分布格局的情况下对坡面径流进行定位观测,结果发现植被格局相关的属性和植被功能多样性对水文响应变量显著相关。基于"源-汇"关系,国内外学者也通过构建景观格局指数来表征侵蚀过程,相关指数的建立也能体现植被的重要作用。Mayor 等(2008)基于坡面观测实验,发展了基于植被空间分布和地形的表征径流、泥沙产生区域(源区)连接性程度的平均汇流路径长度指数。该指数将植被斑块和地形洼地视为径流、泥沙的汇,体现了径流、泥沙沿地表的运移过程和植被、地形洼地的阻滞功能。Ludwig 等(2007)提出了描述植被斑块空间分布的方向性渗透指数,用来表征坡面径流小区的阻蚀减沙能力。该指数将裸露区域看作物质的"源",将植被斑块看作物质的"汇",通过泥沙和径流源、汇之间的欧氏距离来反映整体的物质滞留能力。该指数与植被盖度、景观破碎程度呈负指数相关,与总产沙量和径流量呈正相关。总体来说,植被和土壤参数在空间上结构化分布的坡面产沙量和径流量大于植被和土壤在空间上均质分布的同等坡面(Boer and Puigdefábregas,2005)。采用 $^{137}$Cs 示踪方法的研究结果显示,沿坡面"草 + 成熟林 + 草"与"草 + 幼林 + 成熟林 + 草"的空间组合比"草 + 灌丛"的空间组合可降低侵蚀量达 42%。而通过植被覆盖阻止上坡汇流,下坡在大暴雨下产沙减少 80%以上。在甘肃定西典型黄土丘陵区,基于美国泥沙实验室引进的降雨模拟发生器,开展了坡面不同植被配置模式的水土保持效应模拟,并取得了重要发现。总体而言,不同乔-灌-草配置格局对于防控侵蚀、减少水土流失的贡献存在明显的差异性。基于我们的研究结果,自坡面上部至下部,以灌-草-乔和草-灌-乔两种配置结构防控侵蚀效果最佳,其次是灌-乔-草和草-乔-灌模式,乔-草-灌和乔-灌-草两种配置格局的效果相对最差。大生物量植被分配在中下坡位更有利于减流减沙,但其效益还与植被实际生长状况、种植密度和有效覆盖密切相关。

**3. 流域植被格局变化的水土保持效应**

在全球环境变革和人类活动加剧的大背景下,土地利用和覆被变化成为地球系统科学的重要研究内容。在流域尺度上,土地利用变化严重影响水文环境、水量平衡、地表理化过程、生态系统动态及其服务,而这种影响尤以干旱半干旱脆弱生态区最为显著。

## 11.1.3 植被根系的固土保水效应

植被的保水储水效应对科学地评价其生态环境效益与作用有重要意义,一方面,草地植被能明显延迟产流和汇流过程,这不仅增加了径流在草地坡面的入渗时间,还明显提高了草地坡面的径流入渗量;另一方面,植被覆盖的坡面较大的糙度使水流流速明显降低,导致径流搬运泥沙和剪切土壤的能力下降,从而达到保持水土的目的。由于植被的存在改变了土壤的理化性质,土壤容重减小,孔隙度增加,团聚体含量提高,从而使土壤的渗透性能和抗冲性能得到提高;另外,植被根系的盘绕固结作用及植被本身对水流的抵抗作用,增加了水流运动的阻力,减缓了水流的流速,同时阻止了地表结皮的形成,增加了入渗,减弱了水流对地表的冲刷作用,所以具有很好的保水效应。总结来讲,植被具有如此效应,是由于其地上部分通过截留降雨、削减降雨动能、减少降雨侵蚀力、增加地表糙度、降低径流对地表冲刷能力等方面来实现;而地下部分主要体现在根系改善土壤结构、增加土壤抗冲性能和入渗能力等方面。所以植被的繁生,尤其是植被根系的缠绕、固结,巩固和提高了黄土及其发育的土壤的渗透性。在水土保持人工植被建造中,植被根系固土保水机制是其重要依据。

**1. 植被根系的固土作用**

植被根系的水土保持效应体现在多个层面。植被根系是植被摄取、运输和储存碳水化合物及营养物质并合成各类有机化合物的重要器官,植物正常的生长发育是地上部分的光合作用和地下部分的根系吸收水分和养分相统一的过程。强大的植被根系不但可以从土壤中吸收植被生长所必需的水分和养分,而且对于改良土壤结构和质地,以及增强土壤的抗侵蚀能力和抗剪切能力有着重要的作用。植被根系能够深入土壤,在土壤中穿插、缠绕、网络、固结,与土壤充分接触,和土壤中的各种物质形成有机复合体,使得土壤抵抗风化吹蚀、流水冲蚀和重力侵蚀的能力增强,这种方式构成了植被根系的固土性。根系固土可定义为:植被根系通过稳定浅层坡面土体,防治坡体失稳、崩塌等现象的发生。在降水初期,根系可以提高土壤的抗冲性,而当侵蚀细沟发生时,根系能够稳固坡体。根系的固土范围是有限的,与根系分布、土层深度有密切关系。根系的整体固土范围大致可分为四类:第一类,土层薄,根系不能伸进基岩,所以不能发挥固土作用;第二类,根系可以伸进基岩的缝隙内,起到抗滑桩的作用,固土的作用明显;第三类,土层较厚,根系伸进潜在滑动面,能够显著提高胁迫的稳定性;第四类,土层非常厚,以致根系不能穿透土层,若发生特大狂风暴雨还可能导致植被促进斜坡失稳。

　　土壤的抗侵蚀性可分为抗蚀性和抗冲性(毛璐等,2006)。抗蚀性指土壤抵抗水分分散和悬浮的能力,主要与土壤自身理化性质相关。抗冲性则指土壤抵抗径流对其机械破坏和移动的能力,主要与土壤的物理性质和外界生物因素相关。植被根系增强土壤的抗侵蚀能力主要通过以下两种方式:一种是通过根系在土体中交错穿插、网络来固定土壤;另一种是通过改善土壤的物理性质,提高土壤的水力学性质(王库,2001)。根系能将土壤的单粒黏结起来,同时也能将板结密实的土体分散,加上根系自身的腐解和转化形成腐殖质,使土壤有良好的团聚结构和孔隙状况,从而增强土壤的抗蚀性。土壤抗冲性的增强也主要来源于根系的缠绕和固结作用,使得土体有较高的水稳结构和抗蚀强度,从而不会被径流轻易带走(朱显谟,1960)。

　　另外,当植被根系参与在土体内,土体的抗剪强度发生了下列改变:①根系在土壤中生长时,根尖会向四周土壤产生轴向压力,随后会形成圆形并逐渐扩大,使得土壤内部形成根道,根道四周土壤的相对密度、土壤内聚力、剪胀力和摩擦力相应增大;②根系表面的凹凸不平及众多的分叉、根节和根毛增加了根系与土壤间的接触面积,加上根系的膨胀作用,使得根系与土壤间的摩擦力增加;③根系本身的抗拉、抗剪和抗压能力大土体许多倍;④根系分泌的化学物质有利于土壤颗粒的胶结(潘义国等,2007)。较粗的根系的抗拉强度相对较大,较细的根系则能够网络土壤,抗拉力发挥了抗剪力的作用(Waldron and Dakessian, 1981; Zhang et al., 2015),而土体的抗剪能力较弱、抗压能力较强,故而由植被根系与土体共同组成的根-土复合体兼具较强的抗压及抗剪强度(Thornes, 1990);含植被根系的土壤能够发挥浅根加筋(Wang et al., 2015)、深根锚固(一般指乔木、灌木类植被)、侧根牵引等作用(乔娜等,2012; Zhang et al., 2015; Abdi et al., 2009),有利于水土保持。另外,采取植被根系固土措施见效快、持效时间长,代替不必要的工程措施,经济廉价(杨永红等,2007),还能提高生物多样性(栗岳洲等,2015)。

## 2. 根系与土壤水

根系在生长直至死亡腐解的过程中,可以通过穿插作用把土壤的颗粒与雨土(细粒团)

等串联在一起，从而维持和巩固土壤的疏松与通透状态，把上下土层连成一体，提高土体的通渗性。研究表明，草地植被根系在提高土壤入渗能力方面效果显著（李勇等，1992）。其活根和死根都会使土壤产生较多空隙，一旦地表产流，径流可以沿着这些空隙、通道和根土接触面进入土壤。根系有助于持续保持土壤的孔隙系统，加强土壤的透水性，增强土壤的渗透能力（李勉等，2005）。根系可以在增加水分渗透的同时固定和支撑土壤，并且减小地表径流量，减弱地表侵蚀（程洪等，2006）。

土壤黏聚力对于固土抗蚀作用有着直接影响。根–土界面及土–土界面黏聚力会随着土壤含水量的增加呈现先增大后减小的变化特征（邢会文等，2010；格日乐等，2014；曹云生等，2014；夏振尧等；2015）。从根土接触面的角度分析，可以将土壤颗粒近似地看成球体，根系看成无限延伸的平面，当土壤颗粒与根系接触面上存在毛细水时，由于两者表面的湿润作用，毛细水面向内部弯曲。此时水气分界面上会出现表面张力，其作用方向沿着曲线的切线方向指向内部。由于这种表面张力的存在，土壤颗粒与根系的接触面上形成了一种毛细压力，从而增加了根土间的黏聚力。但这种黏聚力只有当土壤含水量在某一范围内才存在，当土壤含水量过高或过低时是不存在的，因此，这种黏聚力会随着土壤含水量的增加呈现先增加后减少的规律，从而使得根土间的作用力也呈现这种变化规律。

植被根系在生态系统水循环中也起着桥梁作用：一方面，植被根系依靠根压作用参与植物水分蒸腾，与大气相关联；另一方面，与土壤水分、可溶性矿质、土壤黏粒及微生物等相关联，从而发生水分梯度作用下矿质溶液的质流、物质的迁徙和富集现象（朱建强和李靖，1998），进而参与并影响整个生态系统的变化。部分植物的根系具有水力提升的功能，水力提升作用指的是当夜间蒸腾降低后处于深层湿润土壤中的部分根系吸收水分，并通过输导组织输送至浅层根系，进而释放到周围较干燥土壤中的现象，释放的水分可以被该植物自身或者其他植物重新吸收利用。植物通过水力提升作用，改变了土壤水分的分布状态，不仅可以保持自身根系所在土壤区域良好的水分环境，还可以为临近的其他植物提供水分供给，调节生态系统中的水分循环。

## 11.2　大规模植被恢复的土壤耗水机制

在大规模植被恢复过程中，由于出现重乔木、轻灌草，未能做到适地适树、适地适林，以及重栽植轻管护、种植密度过大等各类突出问题，原本已经非常低的土壤含水量难以满足高强度植被生长需要，进而出现非常严重的土壤水分降低现象。总体而言，土壤含水量受到降雨、土壤、地形、下垫面植被覆盖、光照、风速等多种因素的综合影响。但植被蒸腾耗水无疑是其中极为重要的环节，植被的种类、密度、年限及其配置格局和时空分布等都有可能对不同深度的土壤含水量产生重大影响，反过来制约生态恢复和水土保持的效果。

### 11.2.1　主要植被类型土壤含水量

土壤水分因植被类型和土壤层次的不同而有所不同。从不同土壤层次来看，表层 0～

0.4 m 平均土壤含水量高于其下土层。相比而言，1.0～2.0 m 这一层次土壤含水量相对较低，这主要是由植被蒸腾耗水和土壤物理蒸发两个生态水文过程综合作用引起的。在 0～0.4 m 这一深度，土壤水分虽然受较强的土壤物理蒸发作用，但也受到较强的降雨补充，从而土壤水分含量相对较高，但受降雨和土壤物理蒸发双重影响，土壤水分的变率较大。在 1.0～2.0 m 这一土层，土壤水分受物理蒸发影响相对较小，而受植被蒸腾作用的影响相对较大。由于这一层次土壤含水量较低且很难得到降雨补充，因而土壤水分变率相对较小。

从不同植被类型的对比来看，农地和撂荒草地土壤含水量要高于其他植被类型，尤其是 0.4 m 以下的土层。农地有一定程度的耕作措施，改善了表层土壤结构，能促进降水入渗，从而有效增加土壤水分，因而土壤含水量相对较高。而撂荒草地受原有农地耕作的影响，也有较高的入渗能力，从而土壤含水量也相对较高。相比而言，苜蓿、柠条、山杏、油松、侧柏等人工植被在 0.4～1.0 m 土层和 1.0～2.0 m 土层含水量严重偏低。在 0.4～2.0 m 这一层次，不同植被类型之间土壤含水量具有显著性差异（表 11-1），表明在这一层次植被类型对土壤水分存在显著性影响，植被类型的不同导致土壤水分的差异。

**表 11-1　不同植被类型下的浅层土壤水特征**

| 植被类型 | 0～0.4 m 土层土壤含水量/% | 标准差 | 0.4～1.0 m 土层土壤含水量/% | 标准差 | 1.0～2.0 m 土层土壤含水量/% | 标准差 |
|---|---|---|---|---|---|---|
| 农地 | 9.90a* | 2.95 | 11.19a | 0.74 | 10.78a | 0.93 |
| 撂荒草地 | 9.75a | 2.75 | 9.75c | 1.11 | 8.95c | 0.50 |
| 天然荒草 | 7.74bc | 3.51 | 11.71bg | 0.65 | 6.53b | 0.30 |
| 苜蓿 | 10.46a | 3.65 | 7.04b | 0.95 | 6.19d | 0.37 |
| 柠条 | 7.41c | 3.27 | 4.79e | 0.56 | 5.06e | 0.30 |
| 山杏 | 8.04c | 3.08 | 5.58f | 0.76 | 5.42f | 0.35 |
| 油松 | 10.17a | 3.38 | 6.35g | 0.53 | 5.80g | 0.21 |
| 侧柏 | 6.85cd | 2.65 | 5.16h | 0.53 | 5.55f | 0.46 |

*同一列中不同植被类型之间若有一个字母相同，表示差异不显著 [$p < 0.05$，最小显著性差异（LSD）分析]。

## 11.2.2　主要植被类型土壤水剖面分布差异

图 11-2 展示的是不同植被类型的时间平均土壤含水量及其对应层次的标准差。可以看出，表层 0～0.4 m 土壤含水量相对较高，而在此深度以下土壤含水量则相对较低。农地和撂荒草地在整个 0～2 m 深度内的土壤含水量要高于其他植被类型。对农地和撂荒草地含水量标准差的分析发现，其平均土壤含水量较高的同时，也伴随着相对较大的时间波动，表明农地和撂荒草地这种含水量较高的状态并不具有时间持续性，无法提供稳定的土壤水资源。相比而言，天然荒草和人工种植的苜蓿、柠条、油松、侧柏、山杏等，土壤含水量在整个 0～2.0 m 的层次均较低，但相对稳定，标准差显示这类人工植被在 0.4 m 以下深度土壤含水量没有明显的时间波动。这一结果表明农地和撂荒草地土壤含水量在整个土层相对较高，而用于人工植被恢复的植被类型土壤含水量相对较低，并且没有明显的时间波动。

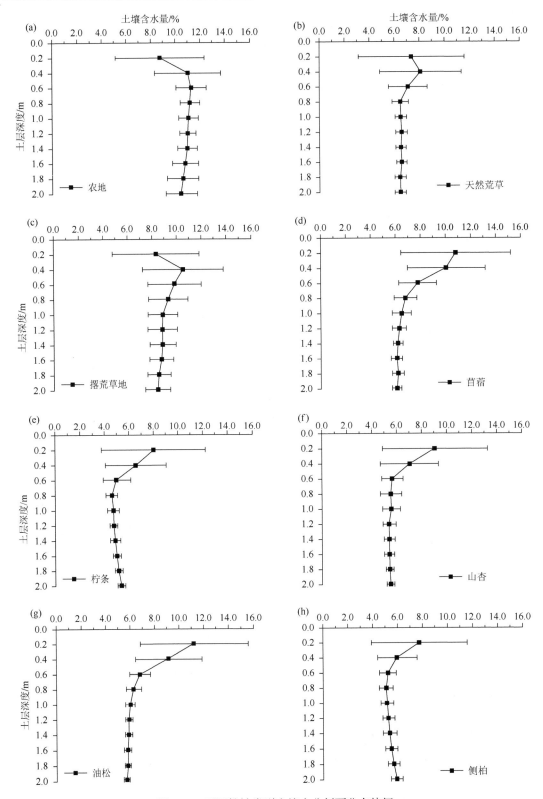

图 11-2 不同植被类型土壤水分剖面分布特征

### 11.2.3　不同植被类型土壤水分相对亏缺

图 11-3 表示不同植被类型 2.0 m 土层内土壤储水状况。可以看出，除杨树林地和马铃薯农地外，其他人工植被均存在不同程度的土壤水分亏缺。其中柠条、山杏、油松、侧柏林地最为严重，2.0 m 土层内土壤有效储水量均不足 50 mm，仅分别占其总土壤储水量的 17.21%、18.17%、18.25% 和 20.21%，呈现出严重土壤水分亏缺现象。山毛桃林地有效储水量也仅为 44.6 mm，苜蓿草地土壤水分亏缺则相对较轻。较为特殊的是，与其他乔灌林地相比，杨树林地 2.0 m 土层内并未出现明显的土壤水分亏缺，其土壤储水量略高于苜蓿草地。程积民等和万素梅等分别指出，造成土壤干化的植被生长到一定年限后，土壤水分能得到一定程度的恢复。杨树受干旱缺水的影响，生长受到限制，平均树高仅 3.59 m，平均胸径 12 cm，是典型的"小老树"，且树龄达 50 年，生长已严重衰退，其对 2.0 m 土层土壤水分已没有强烈的消耗作用，在受降雨补充的情况下，相比其他乔灌林地已没有明显的土壤水分亏缺。撂荒草地和马铃薯农地受原有耕作的影响，土质疏松，降雨入渗能力强，而蒸腾蒸发量相对较少，因而土壤水分含量高，相比没有土壤水分亏缺，两者土壤有效储水量分别占总储水量的 47.95% 和 49.80%。

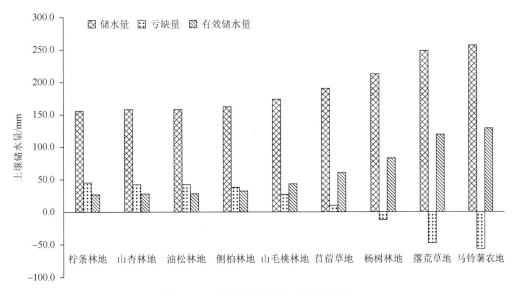

图 11-3　不同植被类型土壤储水状况

### 11.2.4　减缓土壤水消耗的耕作与配置措施

相关研究发现，混交配置模式的土壤含水量状况要好于纯林地。图 11-4 为混交林地同纯林地土壤含水量的对比。杨树-侧柏混交林地 2~8 m 平均土壤含水量为 8.36%，而杨树纯林地和侧柏纯林地分别为 7.39% 和 7.80%，方差检验表明，杨树-侧柏混交林地深层土壤含水量与杨树林地存在显著性差异，与侧柏林地无显著性差异。山杏-侧柏混交林地平均土壤含水量为 7.71%，高于山杏林地而低于侧柏林地，方差分析表明，山杏-侧柏混交林地深层土壤含水量与侧柏林地无显著性差异，与山杏林地存在显著性差异。油松-侧柏混交林地土壤含水量高于油松林地，低于侧柏林地，与油松林地无显著性差异，而与侧柏林地存在显著性差异。杨树-侧柏和山杏-侧柏两种针阔叶混交模式的深层土壤含水量显著高于阔叶纯林地，可见此模式能在一定程度上改善纯林配置模式的含水量状况。而油松-侧柏混交林地深层土壤含水量虽略高于油松林地，但并无显著性差异，表明此种模式并未有效改善油松林地土壤含水量状况。受侧柏根系分布相对较浅的影响，油松-侧柏混交林地在 1～3.4 m 土层含水量要低于油松和侧柏纯林地，平均 CSWDI（土壤水分相对亏缺指数）达到 1.02，土壤水分消耗严重，应采取措施以缓解土壤干化状况。

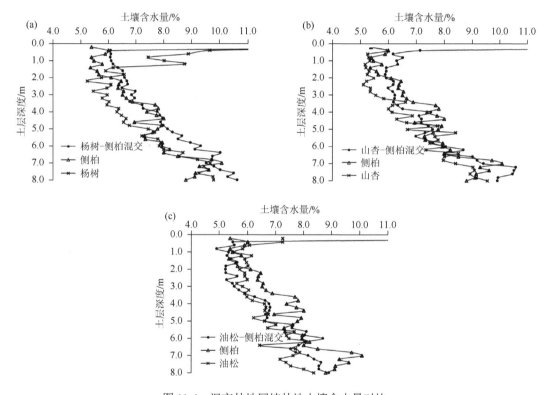

图 11-4　混交林地同纯林地土壤含水量对比

图 11-5 是基于定西龙滩流域生态监测的分析结果。其中，阴坡马铃薯农地 2010 年轮歇，亚麻农地则在种植后未加以翻土、锄草等耕作管理活动，阳坡和半阳坡马铃薯农地有一定程度的耕作措施，玉米农地则为覆膜种植。可以看出，亚麻农地和阴坡马铃薯农地土壤含水量随深度增加而增加，其他农地则大致在 4 m 以上随深度增加而减少，4 m 以下随深度增加而增加，4 m 以下的土壤含水量与亚麻和阴坡马铃薯农地较为接近。

表 11-2 方差分析表明，农地因种植和管理措施不同，土壤含水量差异较大。阴坡马铃薯农地和亚麻农地由于没有任何耕作措施，表层土壤板结，不利于降雨入渗，且浅层土壤蒸发强烈，4 m 以上土层平均含水量仅分别为 8.50% 和 8.36%，4 m 以下土壤含水量与

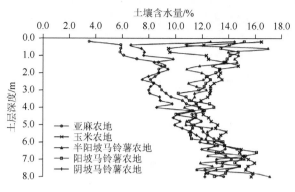

图 11-5　不同耕作方式农地土壤含水量对比

其他农地相比则无显著差异。多重比较表明，玉米农地 4 m 以下土壤含水量显著高于其他
农地（平均 14.07%），这是由于玉米是覆膜种植，降雨几乎全部从作物根部附近入渗，而
土壤水分受覆膜的影响蒸发极少，仅作物蒸腾和生长耗水，从而很好地保蓄土壤水分，使
得玉米农地土壤含水量远高于其他农地。

表 11-2　不同类型农地土壤含水量及多重比较

| 农地类型 | 0.2～4 m 土层平均含水量/% | 储水量/mm | 4～8 m 土层平均含水量/% | 储水量/mm |
|---|---|---|---|---|
| 亚麻农地 | 8.50a* | 369.62 | 12.79a | 572.75 |
| 玉米农地 | 12.44b | 561.39 | 14.07b | 624.78 |
| 半阳坡马铃薯农地 | 12.43b | 542.36 | 12.73a | 554.98 |
| 阴坡马铃薯农地 | 8.36a | 364.08 | 12.03a | 505.48 |
| 阳坡马铃薯农地 | 12.74b | 493.73 | 12.91a | 542.27 |
| $p$ 值 | <0.001 | | <0.001 | |

*同一列不同样地之间如有一个字母相同表示两者差异不显著（$p < 0.05$，LSD 比较）。

## 11.3　坡面整地和梯田工程的水土保持效应

在干旱半干旱地区，水分是制约该地区生态恢复与经济发展的主要限制因子，在生态
重建与植被恢复的过程中发挥着关键作用。以黄土高原地区为案例，近年来的研究表明，
在植被恢复的过程中出现了不同程度的土壤干层和植被功能退化现象。为了更好地控制土
壤侵蚀、保持水土、实现植被的可持续恢复，人们在总结历史经验的基础上有目的性地对
地表结构进行了二次改造，形成了多样的微地形景观单元，如鱼鳞坑、水平沟、反坡台、
水平梯田等。其中，各类梯田是众多工程措施中最具代表性的整地措施，在黄土高原地区
应用较广。研究表明，在工程措施的影响下，水分在土壤中的存蓄时间得到有效延长，与
自然坡面相比，其土壤含水量明显增加；此外，工程措施与植被种植相结合能进一步提高
蓄水保土效益。近年来，学者们围绕黄土高原地区坡面尺度上植被恢复过程中引起的土壤
含水量变化、土壤侵蚀动态、林木蒸腾以及植被耗水与土壤含水量的相互关系等方面开展

了多尺度的研究。然而，对于植被恢复过程中，关于坡面整地和梯田工程对水文循环动态
的影响以及坡度改造与植被耦合的水文效应方面的研究较少。

### 11.3.1　坡改梯整地工程的水土保持机理与效益

梯田等坡改梯工程措施，是在丘陵山坡地上沿等高线方向修筑的条状台阶式或波浪式
断面的田地，由不同大小和形状的平面结构组成，田面可用于耕作，边缘用土或石块砌成
梯级状田埂，以防治水土流失（Dorren and Rey，2004）。经过科学设计、合理修建和有效
管理的梯田能够减缓坡度、改变径流路径，从而实现削减径流冲刷力、促进降水就地入渗
和减流减沙的目的（吴家兵和裴铁璠，2002；Hammad et al.，2005；Shi et al.，2012；Arnáez
et al.，2015）。梯田具有保持水土、提高地力及从时空上合理调控雨水资源的独特功能，
因而可以减轻极端降雨事件导致的侵蚀风险。坡面治理在控制水土流失的同时，还可以改
善生产用地的水土条件，促进农林牧业发展，并可为沟道治理和退化生态系统的恢复奠定
基础。梯田的通风透光条件较好，能有效改善土壤理化性质，有利于作物生长和营养物质
的积累（Hammad et al.，2005），并提高农业生产力和经济效益（Posthumus and Stroosnijder，
2010）。农耕措施（如灌溉和耕作）也能提高土壤剖面的有机质和养分含量，这也是梯田
始终被作为有效的水土保持措施之一的原因。

1. 调控径流过程、减少水蚀风险

坡面径流的科学调控与合理利用是小流域综合治理的核心问题，径流速度及其动力大
小，与降水特征、地形坡度、土壤性质、植被覆盖、岩石软硬等因素密切相关。Meerkerk
等（2009）基于水文连通性理论研究了地中海地区半干旱流域的梯田降雨-径流模型模拟
方法，认为梯田能显著降低流域内水文连通性，进而改变流域的汇水面积和洪峰流量。
Lesschen 等（2009）在西班牙东南部 Carcavo 流域利用 LAPSUS 模型发现梯田的存在能有
效阻止径流和泥沙进入沟渠，流域尺度的水文连通性主要取决于植被和梯田的空间分布。
Hammad 等（2005）在巴勒斯坦的研究发现，修建石坎梯田后径流系数从 20% 下降到 4%。
Gardner 和 Gerrard（2003）在尼泊尔中部丘陵区研究发现，旱作梯田的径流系数为 5%~
50%，并认为其主要取决于土壤的质地、容重和入渗性，此外增加地表覆盖也能有效减少
径流。在西班牙比利牛斯山，梯田在夏季可以入渗约 50 mm 降雨，且持续 24 h 以上不产
生径流，但梯田内土层较浅，土壤含水量较高，雨季易达到饱和，进而导致迅速产流，水
渠灌溉也可能会加快这一水文过程。径流调控是解决干旱缺水和水土流失的重要方式，康
玲玲等（2006）通过分析黄土高原不同分区梯田对径流的影响，同样认为降雨量、降雨强
度及梯田质量是梯田生态系统发挥径流调控功能的重要因素，同时提出梯田所处地域的地
形地貌和产汇流条件也是影响径流形成的关键因素。内蒙古狮子沟试验站多年观测结果也
表明，梯田年平均拦截天然降雨量可达 3525 m³/hm²，比坡地多蓄积近 100 mm 降雨。

梯田通过截断坡面径流，可以减小水文连通性，促进雨水下渗，提高土壤含水量，同
步解决土壤水分亏缺与水土流失的问题。降水、径流、入渗、蒸发等水文过程，以及地形
地貌、土壤性质、土地利用方式、梯田结构、植被覆盖、种植年限等均对土壤含水量有不

同程度影响。李仕华（2011）依据梯田有效面积和蓄水指标计算了甘肃庄浪县梯田的蓄水效益，丰水年拦蓄水量 2211 万 $m^3$，平水年拦蓄水量 1700 万 $m^3$，枯水年拦蓄水量 1304 万 $m^3$。韩芳芳（2012）应用 Hydrus-1D 模型对黄土高原丘陵区梯田和坡耕地土壤水分进行动态变化模拟，在降雨强度为 1.45 mm/min，降雨历时为 10 min 时，0～15 cm 深度土层梯田土壤含水量比坡耕地多 0.13%～1.65%；降雨历时为 20 min、30 min 时，0～20 cm 深度土层梯田土壤含水量比坡耕地分别多 0.05%～2.22%、0.01%～2%。Chow 等（1999）发现在梯田修建排水沟渠可以有效减少侵蚀，提高土壤表层临时湿度的储藏量，增加水分入渗，保证作物生长的水分供应。由于水平台整地后，一定程度上降低了土壤的毛管孔隙度，土壤持水能力降低，在受气象因素影响较大的表层土壤，可能会出现梯田水平台比台间坡面土壤含水量低的现象，此外，由于偏黏性土壤具有丰富的毛管孔隙，其改造为水平台后改善土壤水分的效果比偏沙性土壤好。作物对梯田土壤水分的吸收利用及蒸散发等因素，也可能减少梯田土壤储水量。张玉斌等（2005）发现水平梯田除表层的土壤水分不能够满足作物的有效用水外，其他层次土壤水分均能满足作物需求。Lü 等（2009）认为田坎的蒸发导致梯田 1/3 的水分损失，因此通过增加梯田田面宽度，减少田坎的表面积能提高梯田土壤含水量。郭亚莉（2007）分析了宁夏隆德县退耕还林（草）工程与梯田的生态效益，认为退耕还林（草）工程与梯田建设结合能提高水土资源利用效率，是黄土丘陵沟壑区治理水土流失、恢复退化生态系统的根本措施。梯田除了提高土壤含水量外，还能改善水质。梯田湿地能有效降解污染物，进入梯田的污染物浓度随海拔降低呈指数级下降，姚敏和崔保山（2006）研究发现哈尼梯田涵养水源的能力为 5050 $m^3/hm^2$，水质随海拔降低呈现"好-差-好"的垂直特征。

土壤侵蚀的持续发生，不仅会造成土地资源退化，还会引起下游河道与湖泊淤积、加剧洪水灾害的发生。同时，土壤侵蚀引起的面源污染还会破坏水资源、加剧干旱地区的水资源危机，严重影响生态系统的可持续性。近几十年来，考古学家们认为中东、希腊、罗马、中美洲等一些地区文明的兴盛和衰亡均与土壤侵蚀有关。降雨径流在梯田处受到拦蓄，减轻了径流对沟谷的冲刷，从而减少流域土壤侵蚀与产沙过程。在印度，Sharda 等（2002）发现梯田减水效率最高可达 80%，而减沙效率可达 90%左右。基于埃塞俄比亚提格里州 202 个径流小区的试验结果，Gebremichael 等（2005）发现石坎坡式梯田可减少 68%因片蚀或面蚀而引起的土壤流失。Shi 等（2012）利用 WATEM/SEDEM 分布式模型模拟了三峡库区王家桥流域的侵蚀产沙特征，发现水平梯田能使土壤流失量减少约 17%，产沙量减少约 32%。庄浪县修建梯田后，在丰水年条件下，梯田拦沙量为 1190 万 t，平水年拦沙量为 850 万 t，枯水年拦沙量为 567 万 t。

土壤侵蚀除了受岩性、地形、气候等因素的影响外，还与土地利用和植被覆盖变化有关。Van Dijk 等（2003）计算了印度尼西亚湿润气候下几乎没有植被覆盖的梯田田坎的土壤流失量可达到 200 t/(hm²·a)。当有密集的灌木或草本植物覆盖时，土壤流失量下降 31%。Zuazo 等（2011）发现田坎上有植被定植比裸露时，土壤侵蚀和径流显著减少，种植薰衣草时土壤流失量减少 87.8%，种植迷迭香时减少 79.2%。Arnáez 等（2015）通过收集不同土地利用类型下梯田的侵蚀数据，发现稻田侵蚀率小于 1 t/(hm²·a)，木薯或抛荒梯田的侵蚀率高达 80 t/(hm²·a)以上，野草、生姜或混合旱作梯田的侵蚀率为 10～40 t/(hm²·a)，梯田田坎的侵蚀率最高，达到 200 t/(hm²·a)以上，杂草和其他类型的地被植物对减少土壤流失也起着重要作用。

此外，由于水平梯田在减少自身水沙的同时还会截留上方含沙水流，刘晓燕等（2014）提出梯田生态系统的减沙作用长期以来都可能被低估，当考虑梯田田面减水减沙作用、梯田对上方水沙的拦截作用以及通过减少坡面径流而减少下游沟谷产沙量的作用时，梯田具有更大的土壤保持作用。但也有一些学者得出截然相反的结论，例如，Critchley 和 Bruijnzeel（1995）认为梯田不具有水土保持能力，农业措施会影响梯田内物质比例的再分配，随着梯田数量的增多，特别是在陡坡地修建的梯田会演变成严重的侵蚀灾害。Bellin 等（2009）则认为梯田的存在增加了两个连续台阶之间的水文梯度，加重了梯田边缘的侵蚀，当土壤疏松、易于膨胀时这种现象更为严重。

为了能够更好地体现不同整地措施的减流阻蚀效应，采用相同植被的自然坡面作为配对小区进行同步监测，配对实验监测结果显示，相同植被条件下，水土保持措施能够有效地防治水土流失（图 11-6 和图 11-7）。

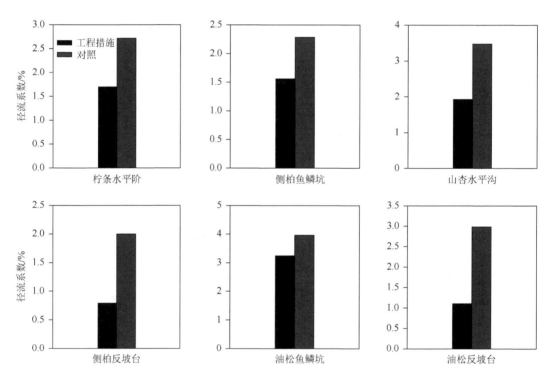

图 11-6　不同整地措施与各配对自然坡面小区的径流系数

与配对小区相比，不同水土保持措施的径流系数分别减少 37.7%（柠条水平阶）、31.9%（侧柏鱼鳞坑）、44.3%（山杏水平沟）、60.5%（侧柏反坡台）、18.2%（油松鱼鳞坑）和 63%（油松反坡台）。其中油松鱼鳞坑径流系数与对照坡面相比减少的百分数最低，而油松反坡台最高。不同整地措施下侵蚀模数分别减少 77.8%（柠条水平阶）、62.9%（侧柏鱼鳞坑）、82.6%（山杏水平沟）、84.7%（侧柏反坡台）、53.9%（油松鱼鳞坑）和 76.3%（油松反坡

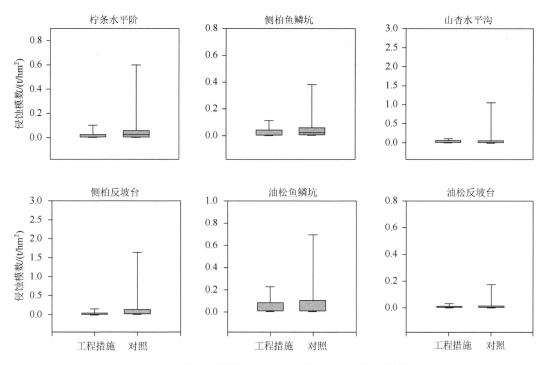

图 11-7　不同整地措施与各配对自然坡面小区的侵蚀模数

台）。同样，油松鱼鳞坑和侧柏鱼鳞坑侵蚀模数较对照所减少的百分数均低于 70%，侧柏反坡台侵蚀模数减少的百分数最高，阻蚀效果最好。

同时，不同水土保持措施下的产流产沙特征比较和分析结果表明，油松鱼鳞坑的平均产流量最高（24.23 L），油松反坡台的平均产流量最低（9.07 L）。在此基础上，结合侵蚀性降水事件，对不同整地措施下径流系数与侵蚀模数进行了对比，结果表明，不同整地措施对次降水事件的响应并不一致。综合对比各整地措施连续两年的径流系数可知，油松鱼鳞坑平均径流系数最高（3.91%），侧柏反坡台径流系数最低（1.10%）。不同整地措施的侵蚀模数表现为油松鱼鳞坑侵蚀模数最高（$0.03 \text{ t/hm}^2$），油松反坡台侵蚀模数最低，仅为（$0.006 \text{ t/hm}^2$）。

**2. 提高土壤水库储量、改善水源涵养服务**

整地对自然坡面的改造使土地的形态、性质发生改变，主要影响土壤水分的因素是改变了承雨面积，增加了拦蓄雨量，但也增加了蒸散面积。整地方式对土壤水库储量的影响主要包括：①增加林草植被，提高了植被覆盖率和光能利用率，改善植被生长状况。②改善和调节小气候，防风固沙，减少旱灾和风沙危害，还可为野生动物提供生殖繁衍和栖息场所，美化环境。③涵养水源。使生态经济系统中的主要制约因子——水的供应得到改善，从而为更好地开发利用水土资源及促进流域诸多环境因子的发展和养分循环创造条件。④土壤生态系统得到改善。水土保持措施可以减少土壤养分流失，例如，林草枯枝落叶回归土壤等可以有效保持土壤养分，植树造林等生物措施和修梯田、等高垄等农业技术措施使土壤的理化性质得到改善，土壤肥力不断积累，团粒结构和土壤微生物量增加，土壤渗透性、抗蚀性能得到提高，从而使土地资源的生产力和土地资源价值得到提高。⑤拦截地表径流，削减洪峰，减少山洪危害，使有限的降水资源得以调节和有效利用。⑥拦截泥沙，控制土壤侵蚀。综上所述，整地措施对土壤水库有积极的提升作用。

大量研究发现，植被生长过程高度依赖蒸腾固碳，而蒸腾作用的影响因素很多，除了气象因素以外，土壤水分变化对液流速率的影响明显。Pataki 等（2000）研究发现，当土壤含水量下降 31.4%，处于水分亏缺状态时，液流速率下降近 50%，而经充分灌溉后的植被液流速率可增长至原先的 1.5 倍。当植被处于具有饱和潜水层的土壤水分条件时，其蒸腾耗水可与潜在蒸散持平，而坡面整地工程能显著提升土壤水。

以定西龙滩流域为研究区，通过野外采样与室内试验相结合，分析植被恢复过程中典型坡面措施（侧柏鱼鳞坑、侧柏反坡台）的土壤水分特征曲线和水分常数，并辅以自然坡面为对照定量评价工程措施的土壤水力学特性。结果表明：与对照相比，侧柏鱼鳞坑和侧柏反坡台能够显著改善土壤水力学性质。开展工程措施后，侧柏鱼鳞坑和侧柏反坡台饱和含水量分别提高了 7.52% 和 4.24%，有效水分含量分别提高了 4.74% 和 11.30%，田间持水量分别降低了 7.51% 和提高了 18.38%，总体而言，整地措施能够提高土壤持水能力和供水能力（图 11-8）。

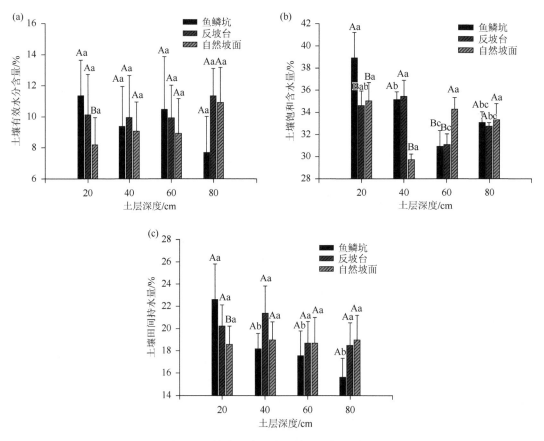

图 11-8　整地方式和自然坡面下的土壤水

（a）有效水分含量；（b）饱和含水量；（c）田间持水量

甘肃定西龙滩流域的研究结果表明，各类整地工程和耕作等管理措施可在坡面上有效拦截降雨，增加雨水汇集和入渗，提高土壤水分含量。以不同坡面工程措施处理的油松林地 [图 11-9（a），鱼鳞坑处理和反坡梯田处理] 和苜蓿草地 [图 11-9（b），水平沟处理和水平梯田处理] 为例，分别讨论其对深层土壤水分的影响。

不同坡面工程处理措施下，0～8 m 土壤水分剖面分异与不同坡度条件下的变异较为相似。反坡梯田处理和鱼鳞坑处理的油松林地在 1～4.6 m 土层深度的土壤含水量无显著差异，在 0～1 m 和 4.6～8 m 土层差异明显，反坡梯田处理的油松林地土壤水分在这两个层次明显高于鱼鳞坑处理，尤其是在 4.6 m 以下，其土壤含水量要高出 30%。油松的主根和副主根粗壮发达，可以利用较深层土壤储水。在 1～4.6 m 土层，平均土壤含水量仅为 6.06%（鱼鳞坑处理）和 5.99%（反坡梯田处理），4.6 m 以下土壤含水量随深度增加而增加。相比鱼鳞坑处理，反坡梯田处理可更为有效地拦截降雨，增加入渗，因而 0～1 m 土壤含水量较高，只是在 1～4.6 m 处由于根系的密集分布造成土壤水分消耗较多，弱化了二者的差异，但在更深的层次，差异就比较明显。

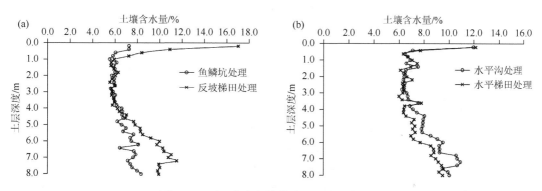

图 11-9　不同水土保持措施土壤含水量对比

在油松梯田和油松坡面对照的样地研究同样表明，在梯田整地影响下，土壤水分的干旱胁迫状况得到有效改善。2014～2016 年，生长季内梯田样地的土壤含水量分别比坡面样地高 43.90%、18.27% 和 9.80%，相对可提取水（REW）分别比坡面样地增加了 325%、58.3% 和 37.5%。在生长季内，除表层土壤含水量略低于坡面样地以外，其他土层的土壤含水量均显著高于坡面样地。在 2014～2016 年的 3 年间，梯田样地在 20～40 cm、40～60 cm、60～80 cm、80～100 cm 土层深度的土壤含水量分别比坡面样地增加了 7.27%、117.51%、70.92%、16.12%（2014 年），17.07%、26.68%、21.94%、7.19%（2015 年），8.72%、16.16%、6.47%、8.09%（2016 年）；2014～2016 年，梯田样地在 20～100 cm 土层深度的平均相对可提取水分别比坡面样地增加了 325%、58.3% 和 37.5%。

3. 改良土质、提高土壤理化属性

整地措施和植被恢复对于提高土壤系统生产力、积累生物量和促进生态系统正向演替发挥着重要作用，植被在生长发育过程中，通过其茎叶、根系和根系分泌物等多种因素来影响植被-土壤之间的关系，从而改善了土壤理化性质。植被生长过程中根系在土壤中产生了较多空隙，增加了土壤的渗透能力和雨水入渗的时间，延缓了地表径流的流速和产流时间，减少了地表产流量。植被可以改善土壤参数，如土壤紧实度、容重、水稳性团粒含量、有机质含量、渗透性能等，并增强土壤抗侵蚀性能。

整地后由于改善植被的生长，尤其是一定数量根系的上下串联缠绕固结作用，土壤的支架接触式多孔结构得以保存和巩固，这种作用使土体有较高的抗蚀强度，从而大大提高了土壤的抗冲性和抗蚀性。通过实施不同的微地形改造技术，地表微高程、粗糙度、起伏度和覆盖方式都会发生某种程度的变化，从而对热辐射接收、能量吸附、水热迁移和转化过程产生关键影响。工程措施（如梯田和隔坡梯田等）可以有效地拦蓄降水，增加雨水资源的就地入渗，有效地增加土壤含水量。实验证明，整地措施能增加土壤的团粒结构，改善土壤物理性状和结构，提高土壤的抗拉力和渗透性，提高有机质、氮、磷、钾的含量。水土保持建设除了对水土环境产生影响外，还对大气环境和生物多样性产生影响。因为水土保持建设增加了流域的林草覆盖率，从而增加了净化大气、防治污染的能力。另外，林草覆盖率提高，增加了植物通过蒸腾作用向大气输送的水分，提高空气的湿度，降低局地温度，近地层气流由于植物的阻挡，可以降低风速，起到减少风沙的作用，从而改善局部地区的小气候。生物措施在提高植被覆盖的同时，也可以增加植物种类、改善生境、提高生物多样性，最终达到提升改善土壤质量的功效。

众所周知，植被是改善土壤质量的积极因素，地表植被的生长状况必将影响土壤质量改善或退化等一系列过程和结果。从过程上讲，植被覆盖层减小了雨滴对地面的打击，并由于增加地面糙度而减小了水流流速，气流或者水流的作用力被分散在覆盖物之间，地表的覆盖物完全承受了原来作用于地表土粒上的力，而且植被覆盖物腐烂后可以增加土壤中有机质等养分含量，进一步改善了土壤的理化性质，并增加了土壤养分库的储存能力。从结果上讲，在黄土高原的生态环境治理和植被恢复过程中，每年都会有大量植被的枯枝落叶落在地表，随着土壤生物的分解和雨水淋洗，转化为土壤养分进入土壤。例如，有机物质通过土壤微生物的分解转化为腐殖质，使土壤有机质增加。又如植被对大气中的氮元素有固定作用，氮元素通过落叶或其他死亡组织掉落地面，最终增加了土壤氮元素含量等。在这些过程中，不同整地方式和不同植被覆盖对土壤的养分循环、养分积累都有一定的影响，例如，乔木的枯枝落叶层比较厚，但也存在着其凋落物木质素含量较高、分解速度较慢的问题，所以配合合理的整地方式，可以发挥其地形优势。植被改善土壤质量的效益是明显的，但是由于植被生长发育等状况的不同以及人为等因素的不同影响，不同植被的冠层、地表层及地下根系分布层等都出现较大差异，因此其改善土壤的效益也就有所不同。

以梯田整地为例，土壤的物理性质对水分、热量和化学物质的迁移过程起着主导作用，是梯田涵养水源、保障粮食安全、恢复退化生态系统的基础。殷庆元等（2015）以金沙江干热河谷试验区不同土壤类型、修建年限及地埂生物种类的梯田为研究对象，发现与坡耕地相比，新修梯田土壤物理性质的抗冲性及抗蚀性无显著变化，甚至有所退化，并认为这可能与土壤结构破坏、原表土剥离和坡改梯初期土壤侵蚀加剧等有关；而随着耕作和管理利用时间的延长，老梯田土壤容重减小、孔隙度增大，水土保持能力显著增强。Rawat等（1995）认为坡耕地改为梯田后，在各种精耕细作的农业措施下，梯田土壤结构得到改良，入渗强度增加，但梯田土壤的其他物理性质如土壤稳定性、容重和透水性等基本特征一般不会发生显著变化。在西班牙普里奥拉托，Ramos等（2007）发现，修建梯田后土壤水力传导性和团聚体稳定性下降，并会影响梯田边坡的稳定，有导致块体运动增加的风险，这可能与梯田耕作年限、土地利用和具体的梯田管理措施有关。

梯田在拦截径流、泥沙，减少侵蚀的同时，也显著影响生态系统 C、N、P 等营养元素的生物地球化学循环，防止养分流失。梯田土壤养分的分布和变化受海拔、植物群落、土壤理化性质、地貌类型、水文过程和生物特征等多种因素的影响。张国华等发现梯田建设能显著增加土壤有机质、总氮、总磷、总钾和速效磷的含量。Shimeles 等（2012）认为梯田能减少由侵蚀导致的土壤颗粒及养分的流失，水平梯田减小了梯田内的肥力梯度，导致土壤肥力几乎不随梯田修建年限而变化。Hammad 等（2005）在地中海地区的研究发现梯田能减少强降雨诱发的土壤侵蚀，从而增加土壤有机碳（SOC）、Mg、Ca、K 的含量。角媛梅等（2009）研究了元阳县梯田景观中地表水营养物质的时空变化特征，结果表明，梯田田水中总氮（TN）和总磷（TP）的含量及其变幅的空间分异都是春季高，梯田区河沟水中营养物质含量变幅在空间上则表现为梯田田水＞梯田区河沟水＞森林区河沟水的特点。

修建梯田使原地貌发生明显改变，降低水土流失的同时也能有效固持土壤有机碳。据 Lal（2001）的估计，全球水土流失治理的固碳潜力为 1.47～3.04 pg/a。邱宇洁等以不同年限坡改梯田为研究对象，分析了陇东黄土丘陵区梯田 SOC 的时空分布特征，发现在坡改梯后近 50 年内，农田 0～60 cm 的土层深度内 SOC 处于持续累积状态，20～40 cm 的与 40～60 cm 的土层深度内 SOC 较坡耕地分别增加 54.6%和 52.4%。李龙等（2014）认为地形因子和人类活动影响梯田 SOC 的分布，在内蒙古赤峰市研究发现，水平梯田 SOC 含量随坡位的变化均表现为上坡位＜中坡位＜下坡位，不同坡向上 SOC 平均含量表现为阴坡＞半阴坡＞半阳坡＞阳坡，人为因素如秸秆还田、免耕等措施有助于提高梯田 SOC 含量。李凤博等（2012）在浙江云和县的研究发现，梯田 SOC 平均密度为 4.14 kg/m²，其变化受地形、土地利用方式及土壤化学性质等因素影响，从坡向看，南北坡比东西坡土壤有机碳密度高，不同土地利用方式下 SOC 密度为果园＞茶园＞水田＞旱地。

### 4. 提高作物产量、维护粮食安全

水土流失已威胁到世界许多地区的粮食安全与人类福祉，梯田发挥水土保持作用、提高土壤质量的同时也促进了粮食生产的高产稳产。Hammad 等（2005）在巴勒斯坦地区研究了试验小区连续两年的作物产量，前一年修建梯田与未修梯田的干物质量分别为 1570 kg/hm²、630 kg/hm²，第二年分别为 2545 kg/hm²、889 kg/hm²。Liu 等（2011）研究发现黄土高原地区修建 3 年的梯田产量比坡耕地（坡度＞10°）提高 27%，在后续耕作年份，作物产量还将提高 27.07%～52.78%。甘肃庄浪县的梯田面积为 56679.60 hm²，修建梯田后，粮食产量增加 5 万 t，粮食产值增加约 7553.072 万元（2011 年）。在秘鲁安第斯山脉修建水平梯田 2～4 年后，土壤性质（如肥力、入渗性）并没有明显变化，由于比临近坡耕地的种植密度增加，作物产量提高了约 20%。Sharda 等（2002）在印度半干旱地区连续 9 年的研究发现，水平梯田由于增加作物产量，比传统耕作净现值（NPV）提高 56%，效益成本比增加 6%，梯田面积与传统耕作面积比例为 75：25 时能最有效地提高作物产量，减少极端降雨事件导致的侵蚀风险。Xu 等（2011）在陕西燕沟流域研究了不同地形条件下

坡改梯对粮食增产的影响，当原坡地坡度为 15° 时，玉米、大豆、绿豆产量分别增加 6.35%、2.8%、1.79%，当原坡地坡度为 25° 时，产量分别增加 16.74%、5.58%、4.55%。

### 5. 改善植被生长状况、促进生态系统恢复

在广大干旱、半干旱地区，生态环境建设及维护发展的关键是区域森林植被与水资源的科学、合理、有效的综合管理。而整地方式和植被恢复作为两项重要的生态环境建设的措施，对森林碳-水关系、碳-水耦合过程机制需要有全面深入的认识。区域生态环境植被恢复是实现区域生态系统植被与水资源综合管理、区域社会经济可持续发展的重要前提。森林的生长固碳过程与其他生态过程尤其是水文过程紧密联系并相互影响。基于对各种尺度的森林水循环和碳循环过程的机理认识，合理调节、管理森林生态系统的水-碳循环过程是维持森林生态系统的物质与能量循环、自然资源循环再生的重要生态途径。

整地方式、气候、地形、植被、土壤属性等影响土壤有机碳积累和释放过程的因素都将影响土壤有机碳密度和碳储量。不同的气候条件如温度和水分主要在大的空间尺度上决定了土壤有机碳密度分布的地理地带性。整地或梯田建设之后，在一定区域内，由于海拔、坡向等地形因子的影响，局部区域会表现出水热条件差异，进而影响碳源植被凋落残体的碳输入和土壤呼吸，造成了土壤有机碳密度的空间差异性。植被和土壤属性是影响土壤碳密度的主要因素，即通过群落结构、组成物种生物学特性，以及地上植被对水分的调节，从而影响凋落物分解特性、土壤温度和水分的小环境、土壤微生物的活性等，最终共同影响土壤有机碳的收支，从而影响其碳储量。

不同生长状况的植被的林下枯落物，对于改善森林水文过程及防止地表冲刷有不同程度的积极作用，在降雨过程中，除林冠的覆盖、树干截留及森林对水文过程改善外，更重要的是林地地表积累与处于不同转化阶段的枯落物对地面状况直接影响所起的作用，腐烂的枯落物可以增加土体有机质含量，并促使土壤生物和微生物种类及数量的增加、活力增强，这些都有利于促进土壤团粒结构的形成，进而使土壤透水性能增大、地表径流的产流量减少，最后达到增加土壤碳库储量的效益。半分解和未分解的枯落物则直接增大地表的粗糙程度，由此使地表径流流速降低，直接减少了径流对地表土壤的冲刷能力。

植被类型不同，进入土壤的方式各异，有机物的进入量也就不同，从而土壤有机碳在不同的植被类型间分布有很大差异。森林植被的枯落物一般在地表就已分解。草原土壤有机碳的主要来源是残根，残根在土中埋藏较深，分解速率较小，较森林土壤有机碳密度高。耕作土壤由于作物秸秆在收获时移出、地温和淋溶损失较高、作物残体分解能力弱等，有机碳密度较森林土壤低。不同的森林类型间的土壤有机碳差异也很大。

目前的研究从植被作用下土壤理化性质改善方面阐明了植被增强土壤碳库的机理。关于植被增强土壤理化性质和植被碳库的研究也取得了初步的成果，包括植被的固土作用与植被增强土壤有机碳储量的关系、植被措施作用下坡面侵蚀动力和抗侵蚀力的差异等。这些成果揭示了植被增强土壤抗蚀性的力学原理和植被减蚀作用的力学驱动机制，从而为建立黄土高原土壤侵蚀区域生态环境模型提供理论基础，同时为黄土高原植被建设及流域水土保持措施配置提供科学依据。

　　土壤有机质能够促进土壤形成良好的团粒结构，增强土壤的抗干扰能力和缓冲性等，对土壤质量的评价至关重要。在典型水土保持措施的耦合作用条件下：柠条水平阶（lbNT）、侧柏鱼鳞坑（fspCB）、山杏苜蓿水平沟（ldSX）、侧柏反坡台（adtCB）、油松鱼鳞坑（fspYS）和油松反坡台（adtYS）土壤有机质（SOM）分析结果如图 11-10 所示。

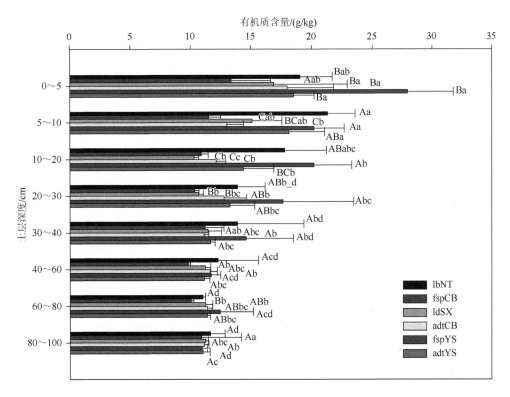

图 11-10　不同整地方式下土壤有机质含量

　　不同整地方式和植被类型条件下土壤养分含量差异显著（$p < 0.05$），且不同深度也是如此。不同整地方式土壤有机质分布特征如图 11-10 所示，除柠条水平阶外，其他小区土壤有机质含量均在表层最高，在各小区呈现出明显的表聚性，而柠条水平阶在 5～10 cm 土层深度内有机质含量最高，可能是柠条特有的根系活动造成的。土壤有机质平均含量由高至低依次为油松鱼鳞坑＞柠条水平阶＞油松反坡台＞侧柏反坡台＞山杏水平沟＞侧柏鱼鳞坑。

　　如图 11-11 所示，不同整地方式和植被组合条件下的土壤碳储量（SCS）存在差异，各土层储量也存在差异。在 0～1 m 土层中，相比其他组合模式，油松鱼鳞坑土壤碳储量最高（9803.71 g/m²），而山杏水平沟土壤碳储量最低（8162.74 g/m²）。在不同的整地和植被组合中，土壤碳储量由高到低的各个整地和植被的组合分别为：油松鱼鳞坑（9803.71 g/m²）、柠条水平阶（9589.98 g/m²）、侧柏鱼鳞坑（8506.17 g/m²）、侧柏反坡台（8265.65 g/m²）、油松反坡台（8225.92 g/m²）。

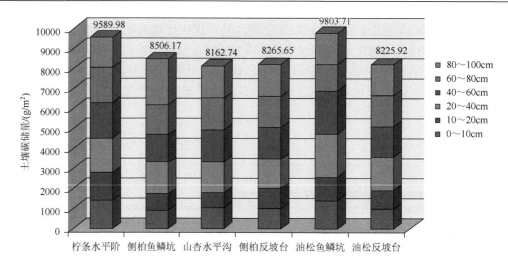

图 11-11　不同整地方式和植被类型组合条件下 0～1 m 土层深度内土壤碳储量

梯田整地对植被蒸腾耗水具有促进作用。2014～2016 年梯田样地的油松日蒸腾量分别比坡面油松高 9.26%、4.76% 和 20.4%，各生长季内的累积耗水量分别为（138.60±24.9）mm、（107.58±36.1）mm、（69.44±15.3）mm（坡面油松）和（150.79±26.1）mm、（112.46±37.4）mm、（82.85±26.3）mm（梯田油松），分别占同期潜在蒸散量的 32.9%、24.9% 和 15.3%（坡面油松）和 35.7%、26.1% 和 18.3%（梯田油松）。梯田整地有利于缓解干旱胁迫，增加植被冠层导度，促进水气交换。相比坡面样地，梯田样地的油松植被生长状况更好，其树高、胸径、冠幅分别比坡面高 1.5%、12.0% 和 63.5%，其中两样地冠幅差异显著（$p < 0.05$）。

## 11.3.2　梯田分布及综合效益

### 1. 梯田在全球的分布情况

梯田是丘陵山区最常见的农业景观之一，在世界各地广泛分布。除中国外，东南亚的印度、菲律宾、马来西亚、泰国、越南，地中海地区的西班牙、意大利、法国、希腊、叙利亚、黎巴嫩、巴勒斯坦、突尼斯、摩洛哥，以及日本、韩国、也门、肯尼亚、埃塞俄比亚、秘鲁、墨西哥等国家均建设有大面积的梯田。其中著名的有中国的哈尼梯田、龙脊梯田、紫鹊界梯田，菲律宾的巴纳韦水稻田和秘鲁的马丘比丘梯田等。梯田农业是人类适应山地环境而形成的一种古老的生产类型，目前全球已有 14 处古梯田被联合国教育、科学及文化组织（UNESCO）列入世界文化遗产名录，5 处被联合国粮食及农业组织（FAO）列入全球重要农业文化遗产（GIAHS）（表 11-3）。Barker 等（2000）认为梯田建设起源于 5000 多年前东南亚的干旱地区，它几乎是与农业生产同时期出现的，然后向地中海两岸发展。历史资料记载，地中海区域大规模的梯田建设开始于中世纪末文艺复兴时期。亚洲梯田主要用于种植水稻，欧洲则主要种植杏树、葡萄和橄榄树，南美的古印加梯田以及非洲的广大梯田主要种植玉米、土豆。合理修

建和管理的梯田能显著提高土地生产力和经济效益，大量的研究证实了梯田在土地和
自然资源管理方面的重要性。

**表 11-3　全球主要古梯田遗产**

| 梯田 | 国家 | 面积/hm² | 修建时间 | 梯田类型 | 存在状况 | 遗产类型及入选年份 |
|---|---|---|---|---|---|---|
| 云南哈尼梯田 | 中国 | 16603 | 1300 年前 | 稻作梯田 | 维护良好 | UNESCO 世界文化遗产（2013）、GIAHS（2010） |
| 青山岛板石梯田 | 韩国 | 4195 | 16 世纪 | 石坎稻作梯田 | 维护良好 | GIAHS（2014） |
| 能登半岛梯田 | 日本 | 186600 | 14～16 世纪 | 石坎稻作梯田 | 部分荒废 | GIAHS（2011） |
| 科迪勒拉水稻梯田 | 菲律宾 | 10880 | 2000 年前 | 稻作梯田 | 部分坍塌 | UNESCO 世界文化遗产（1995）、GIAHS（2002） |
| 巴厘岛德格拉朗梯田 | 印度尼西亚 | 19520 | 9 世纪 | 稻作梯田 | 维护良好 | UNESCO 世界文化遗产（2012） |
| 巴哈伊梯田 | 以色列 | 540000 | 8～10 世纪 | 旱作梯田 | 维护良好 | UNESCO 世界文化遗产（2012） |
| 夸底·夸底沙（圣谷）梯田 | 黎巴嫩 | 95000 | 2500 年前 | 石坎水平梯田 | 严重退化 | UNESCO 世界文化遗产（1998） |
| 巴地尔梯田 | 巴勒斯坦 | 349 | 5000 年前 | 石坎梯田 | 维护不善 | UNESCO 世界文化遗产（2014） |
| 马丘比丘梯田 | 秘鲁 | 2471053 | 13～14 世纪 | 石坎梯田 | 荒废 | UNESCO 世界文化遗产（1983）、GIAHS（2011） |
| 拉沃葡萄园梯田 | 瑞士 | 898 | 11 世纪 | 石坎梯田 | 维护良好 | UNESCO 世界文化遗产（2007） |
| 瓦赫奥梯田 | 奥地利 | 18387 | 9 世纪 | 葡萄园梯田 | 维护良好 | UNESCO 世界文化遗产（2000） |
| 五渔村梯田 | 意大利 | 4689 | 8 世纪 | 石坎梯田 | 部分荒废 | UNESCO 世界文化遗产（1997） |
| 马略卡岛梯田 | 西班牙 | 30745 | 13 世纪 | 石坎梯田 | 部分荒废 | UNESCO 世界文化遗产（2011） |
| 杜罗河梯田 | 葡萄牙 | 24600 | 18 世纪 | 葡萄园梯田 | 维护良好 | UNESCO 世界文化遗产（2001） |
| 宿库卢梯田 | 尼日利亚 | 764.40 | 16 世纪 | 干砌石坎梯田 | 维护良好 | UNESCO 世界文化遗产（1999） |
| 孔索梯田 | 埃塞俄比亚 | 23000 | 400 年前 | 石坎梯田 | 维护良好 | UNESCO 世界文化遗产（2011） |

20 世纪中叶以后，在一些劳动力密集且产量低的地区，梯田因修筑费工，且不利于
农业机械化，加上人口、社会和经济的发展变化，大量梯田遭到荒废，其中以欧洲地区最
为普遍。20 世纪 90 年代初期，欧洲在农业集约化、技术进步和共同农业政策的影响下，
土地生产力得到提高，农业生产集中于土壤肥沃且易进入的区域，大量的边缘土地则被荒
废。这一现象在葡萄牙、西班牙、法国、意大利和希腊等均有发生。在西亚，也门农业梯
田的退化主要是由于以下因素：当地劳动力大量流失、农业生产力低下、陡坡地较多及气
候变化等。日本由于受人口数量减少、老龄化加剧以及丘陵山区新型农业政策的影响，大
量可利用的水稻梯田被弃耕抛荒。

理想的梯田应该能在自然和人为耦合作用下达到水力平衡状态。由于坡耕地坡面
不稳定，加上降水和径流的冲刷，土壤结构遭到破坏，导致表土和土壤养分流失严
重、土地生产力下降。20 世纪 70 年代以来，随着全球人口数量剧增、城市化和工业
化进程加快、耕地面积逐渐减少、土地资源利用不合理等问题日益突出，人地之间

的矛盾加剧，最终导致了耕地保护和社会需求的不平衡。此外，由于梯田耕作与维护的困难，许多地区的梯田遭到荒废，城市扩张和环境污染等问题已严重威胁到世界许多地方的梯田生态系统，使其面临退化和消失。坡面既是山区、丘陵区农林牧业的生产集中地，也是沟道泥沙和径流的策源地，因此加强该类立地条件下的生态系统服务研究，进而实现对梯田的科学管理，对于促进相关地区的生境保护和人地关系和谐具有重要意义。

2. 梯田的综合生态效益

科学设计、合理修建与管理的梯田通过改变地形、减缓坡度，从而减少产流产沙量。梯田具有水土保持、生态恢复和农业增产的多重效益，在治理水土流失的同时，也降低了洪水、干旱、滑坡等自然灾害的发生风险，减少了土壤养分流失，是提高陆地生态系统碳汇功能的重要途径之一。梯田的水土保持效益受到众多因素的影响，如土地利用、地形地貌、气候、人口及社会经济等。而梯田本身的结构又取决于地形、土质、气候和修建技术等因素。梯田的土地利用方式取决于当地的气候、海拔和社会经济因子等，土地利用方式是影响水土流失的最重要因素之一。从坡度的适宜性而言，5°以下的缓坡地一般更适合以水平梯田和坡式梯田为主要模式，25°以上的陡坡地则应以水平沟和鱼鳞坑为主，中等坡度的坡地则应根据各地的自然社会经济条件修建各种适应当地的台阶式梯田。

从全球范围来看，基于大量的文献集成和第二手数据分析，构建了减蚀、减流、固碳、增墒和肥力提升等若干关键效益比评估指数（表 11-4），对全球梯田综合效益进行评价。

**表 11-4　基于全球梯田定量数据的效益比评价**

| 生态效益评估指数 | 效应值 $\delta$ | 计算公式 | 样本量 |
| --- | --- | --- | --- |
| 减蚀指数 | $\delta_{se}$ 为梯田与坡地侵蚀量比值的倒数 | $\delta_{se} = 1/[ER_t/ER_s]$ | 154 |
| 减流指数 | $\delta_{rr}$ 为梯田与坡地径流量比值的倒数 | $\delta_{rr} = 1/[Rf_t/Rf_s]$ | 105 |
| 固碳指数 | $\delta_{bm}$ 为梯田与坡地生物量的比值 | $\delta_{bm} = BM_t/BM_s$ | 76 |
| 增墒指数 | $\delta_{sw}$ 为梯田与坡地土壤水分含量的比值 | $\delta_{sw} = SM_t/SM_s$ | 225 |
| 肥力提升指数 | $\delta_{sn}$ 为梯田与坡地养分或作物产量比值 | $\delta_{sn} = SN_t/SN_s$ | 108 |

注：$\delta > 1$ 为正效应；$< 1$ 为负效应。

结果发现：总体上来讲，梯田在全球范围内都发挥了非常重要的生态服务效益（图 11-12）。以减蚀和减流效果最为明显和直接，固碳、增墒和提升肥力等方面也有较大改善。该研究结果为进一步大力开展坡改梯工程、改良土地质量、促进粮食安全和生态保护提供了参考依据。

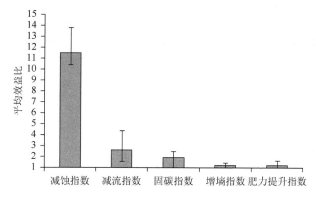

图 11-12　全球梯田综合效益评估

（卫　伟）

# 参 考 文 献

曹云生，陈丽华，刘小光，等.2014. 植物根土界面摩擦力的影响因素研究. 摩擦学学报，34（5）：482-488.

程洪，颜传盛，李建庆，等.2006. 草本植物根系网的固土机制模式与力学试验研究. 水土保持研究，13：62-65.

格日乐，张成福，蒙仲举，等.2014.3 种植物根-土复合体抗剪特性对比分析. 水土保持学报，28（2）：85-90.

郭亚莉.2007. 退耕还林（草）工程与梯田关联生态效益分析——以宁夏隆德县为例. 安徽农业科学，35（15）：4611-4613.

韩芳芳.2012. 黄土高原丘陵区梯田土壤水分特征研究. 西安：长安大学.

角媛梅，张贵，王宇，等.2009. 哈尼梯田景观地表水营养物质的时空变化. 生态学杂志，28（09）：1787-1793.

康玲玲，张宝，甄斌，等.2006. 多沙粗沙区梯田对径流影响的初步分析. 水力发电，32（12）：16-19.

李凤博，蓝月相，徐春春，等.2012. 梯田土壤有机碳密度分布及影响因素. 水土保持学报，26（1）：179-183.

李龙，姚云峰，秦富仓.2014. 内蒙古赤峰梯田土壤有机碳含量分布特征及其影响因素. 生态学杂志，33（11）：2930-2935.

李勉，姚文艺，李占斌.2005. 黄土高原草本植被水土保持作用研究进展. 地球科学进展，20：74-80.

李仕华.2011. 梯田水文生态及其效应研究. 西安：长安大学.

李勇，徐晓琴，朱显谟，等.1992. 黄土高原植物根系强化土壤渗透力的有效性. 科学通报，37（4）：366.

栗岳洲，付江涛，余冬梅，等.2015. 寒旱环境盐生植物根系固土护坡力学效应及其最优含根量探讨. 岩石力学与工程学报，34：1370-1383.

刘晓燕，王富贵，杨胜天，等.2014. 黄土丘陵沟壑区水平梯田减沙作用研究. 水力学报，45（7）：793-800.

毛瑢，孟广涛，周跃.2006. 植物根系对土壤侵蚀控制机理的研究. 水土保持研究，13：241-243.

潘义国，丁贵杰，彭云，等.2007. 关于植物根系在土壤抗侵蚀和抗剪切中的作用研究进展. 贵州林业科技，35：10-13.

乔娜，余芹芹，卢海静，等.2012. 寒旱环境植物护坡力学效应与根系化学成分响应. 水土保持研究，19：108-113.

邱宇洁，许明祥，师晨迪，等.2014. 陇东黄土丘陵区坡改梯田土壤有机碳累积动态. 植物营养与肥料学报，20（1）：87-98.

王库.2001. 植物根系对土壤抗侵蚀能力的影响. 土壤与环境，10：250-252.

卫伟，余韵，贾福岩，等.2013. 微地形改造的生态环境效应研究进展. 生态学报，33（20）：6462-6469.

吴家兵，裴铁璠.2002. 长江上游、黄河上中游坡改梯对其径流及生态环境的影响. 国土与自然资源研究，（1）：59-61.

夏振尧，管世烽，牛鹏辉，等.2015. 麦冬和多花木蓝根系抗拉拔特性试验研究. 水土保持通报，35（6）：110-113.

邢会文，刘静，王林和，等.2010. 柠条、沙柳根与土及土与土界面摩擦特性. 摩擦学学报，30（1）：87-91.

杨永红，王成华，刘淑珍，等.2007. 不同植被类型根系提高浅层滑坡土体抗剪强度的试验研究. 水土保持研究，14：233-235.

姚敏，崔保山.2006. 哈尼梯田湿地生态系统的垂直特征. 生态学报，26（7）：2115-2124.

殷庆元，王章文，谭琼，等.2015. 金沙江干热河谷坡改梯及生物地埂对土壤可蚀性的影响. 水土保持学报，29（1）：41-47.

张玉斌，曹宁，武敏，等.2005. 黄土高原南部水平梯田的土壤水分特征分析. 中国农学通报，21（8）：215-220.

朱建强，李靖. 1998. 陕南膨胀土分布区土坎梯地建设探讨. 中国水土保持，（12）：34-35.

朱显谟. 1960. 黄土地区植被因素对于水土流失的影响. 土壤学报，8：110-121.

Abdi E，Majnounian B，Rahimi H，et al. 2009. Distribution and tensile strength of Hornbeam（*Carpinus betulus*）roots growing on slopes of Caspian Forests，Iran. Journal of Forestry Research，20：105-110.

Arnáez J，Lana-Renault N，Lasanta T，et al. 2015. Effects of farming terraces on hydrological and geomorphological processes：A review. Catena，128：122-134.

Barker L，Kühn C，Weise A，et al. 2000. SUT2，a putative sucrose sensor in sieve elements. Plant Cell，12（7）：1153-1164.

Bellin N，Van Wesemael B，Meerkerk A，et al. 2009. Abandonment of soil and water conservation structures in Mediterranean ecosystems：A case study from south east Spain. Catena，76（2）：114-121.

Boer M，Puigdefábregas J. 2005. Effects of spatially structured vegetation patterns on hillslope erosion in a semiarid Mediterranean environment：A simulation study. Earth Surface Processes and Landforms，30（2）：149-167.

Chow T L，Rees H W，Daigle J L. 1999. Effectiveness of terraces grassed waterway systems for soil and water conservation：A field evaluation. Journal of Soil and Water Conservation，54（3）：577-583.

Critchley W R S，Bruijnzeel L A. 1995. Terrace risers：Erosion control or sediment source? //Singh R B，Haigh M J. Sustainable Reconstruction of Highland and Headwater Regions. Proceedings of the Third International Symposium on Headwater Control. New Delhi：Oxford and IBH Publishing：529-541.

Dorren L，Rey F. 2004. A review of the effect of terracing on erosion. Soil Conservation and Protection for Europe：97-108.

Gardner R A M，Gerrard A J. 2003. Runoff and soil erosion on cultivated rainfed terraces in the Middle Hills of Nepal. Applied Geography，23（1）：23-45.

Gebremichael D，Nyssen J，Poesen J，et al. 2005. Effectiveness of stone bunds in controlling soil erosion on cropland in the Tigray Highlands，northern Ethiopia. Soil Use and Management，21：287-297.

Hammad A H，Haugen L E，Børresen T. 2005. Effects of stonewalled terracing techniques on soil-water conservation and wheat production under Mediterranean conditions. Environmental Management，34（5）：701-710.

Lal R. 2001. World cropland soils as a source or sink for atmospheric carbon. Advances in Agronomy，71：145-191.

Lesschen J P，Schoorl J M，Cammeraat L H. 2009. Modelling runoff and erosion for a semi-arid catchment using a multi-scale approach based on hydrological connectivity. Geomorphology，109（3/4）：174-183.

Liu X H，He B L，Li Z X，et al. 2011. Influence of land terracing on agricultural and ecological environment in the loess plateau regions of China. Environmental Earth Sciences，62（4）：797-807.

Lü H，Zhu Y，Skaggs T H，et al. 2009. Comparison of measured and simulated water storage in dryland terraces of the Loess Plateau，China. Agricultural Water Management，96（2）：299-306.

Ludwig J A，Bartley R，Hawdon A A，et al. 2007. Patch configuration non-linearly affects sediment loss across scales in a grazed catchment in north-east Australia. Ecosystems，10（5）：839-845.

Mayor Á G，Bautista S，Small E E，et al. 2008. Measurement of the connectivity of runoff source areas as determined by vegetation pattern and topography：A tool for assessing potential water and soil losses in drylands. Water Resources Research，44（10）：2183-2188.

Meerkerk A L，Wesemael B V，Bellin N. 2010. Application of connectivity theory to model the impact of terrace failure on runoff in semi-arid catchments. Hydrological Processes，23（19）：2792-2803.

Pataki D E，Oren R，Smith W K. 2000. Sap flux of co-occurring species in a western subalpine forest during seasonal soil drought. Ecology，81（9）：2557-2566.

Posthumus H，Stroosnijder L. 2010. To terrace or not：The short-term impact of bench terraces on soil properties and crop response in the Peruvian Andes. Environment，Development and Sustainability，12（2）：263-276.

Ramos M C，Cots-Folch R，Martinez-Casasnovas J A. 2007. Effects of land terracing on soil properties in the Priorat region in Northeastern Spain：A multivariate analysis. Geoderma，142（3/4）：251-261.

Rawat J K，Sohani S K，Joshi V，et al. 1995. Application of computer for terrace grading design by plane method. Journal of Soil

Conservation，23：65-68.

Sharda V N，Juyal G P，Singh P N. 2002. Hydrologic and sedimentologic behavior of a conservation bench terrace system in a sub-humid climate. Transactions of the American Society of Agricultural Engineers，45（5）：1433-1441.

Shi Z H，Ai L，Fang N F，et al. 2012. Modeling the impacts of integrated small watershed management on soil erosion and sediment delivery：A case study in the Three Gorges Area，China. Journal of Hydrology，438：156-167.

Shimeles D，Tamene L，Vlek P. 2012. Performance of farmland terraces in maintaining soil fertility：A case of Lake Maybar watershed in Wello，Northern Highlands of Ethiopia. Journal of Life Sciences，6：1251-1261.

Thornes J B. 1990. Vegetation and Erosion：Processes and Environments. Chichester，New York，Brisbane，Toronto，Singapore：John Wiley & Sons.

Van Dijk A I J M，Bruijnzeel L A，Wiegman S E. 2003. Measurements of rain splash on bench terraces in a humid tropical steepland environment. Hydrological Processes，17（3）：513-535.

Waldron L，Dakessian S. 1981. Soil reinforcement by roots：Calculation of increased soil shear resistance from root properties. Soil Science，132：427-435.

Wang Y，Shu Z，Zheng Y，et al. 2015. Plant root reinforcement effect for coastal slope stability. Journal of Coastal Research，73：216-219.

Xu Y，Yang B，Tang Q，et al. Analysis of comprehensive benefits of transforming slope farmland to terraces on the Loess Plateau：A case study of the Yangou Watershed in Northern Shaanxi Province，China. Journal of Mountain Science，8（3）：448-457.

Zhang C，Jiang J，Ma J，et al. 2015. Evaluating soil reinforcement by plant roots using artificial neural networks. Soil Use and Management，31：408-416.

Zuazo V H D，Pleguezuelo C R R，Peinado F J M，et al. 2011. Environmental impact of introducing plant covers in the taluses of terraces：Implications for mitigating agricultural soil erosion and runoff. Catena，84（1/2）：79-88.

# 第 12 章　土壤侵蚀与面源污染

面源污染的产生是由自然过程引发的,并在人类活动影响下得以强化,它与流域降雨过程密切相关,受流域水文循环过程的影响和支配。土壤侵蚀与面源污染是一对密不可分的共生现象,特别是在农业性面源污染中,土壤侵蚀是造成水体污染的主要形式,是一种大范围的面源污染。本章阐述了面源污染的概念、类型、负荷估算方法及其与水土流失的关系,并介绍了面源污染的水土保持防控技术与策略。

## 12.1　土壤侵蚀与面源污染的关系

### 12.1.1　农业面源污染

农业面源污染主要包括种植业使用的农药、化肥、农膜污染及畜禽养殖业的畜禽粪便污染,农村生活污水及生活垃圾污染,农村工业化发展带来的污染等(Boers,1996;Ongley et al.,2010;Wu et al.,2011;金书秦,2017;王萌等,2018;杨林章和吴永红,2018;杨林章等,2013a,2013b,2018)。

### 12.1.2　城市非点源污染

城市非点源污染已经成为城市水环境污染和生态退化的主要影响因素,是水体水质恶化和生态功能退化的第三大污染源。

城市非点源污染物包括:悬浮颗粒物(SS)、有机物、氮、磷、微生物和重金属等。这些物质主要来自土壤侵蚀、化石燃料燃烧、工业排放、车辆尾气排放和部件磨损等。城市主要的非点源污染物及其来源见表 12-1。

表 12-1　城市主要的非点源污染物及其来源

| 污染物 | 车辆磨损和排放 | 工业排放和化石燃料燃烧 | 公园和绿地的农药化肥 | 动物排泄物 | 土壤侵蚀 |
|---|---|---|---|---|---|
| 悬浮颗粒物 | N | M | | | M |
| 有机物 | N | | | M | M |
| 营养物质 | N | | M | M | M |
| 重金属 | M | M | | | |
| 油类 | M | M | | | |

| 污染物 | 车辆磨损和排放 | 工业排放和化石燃料燃烧 | 公园和绿地的农药化肥 | 动物排泄物 | 土壤侵蚀 |
|---|---|---|---|---|---|
| 微生物 | | | | M | |
| 农药 | | | | M | |

注：M 为主要来源；N 为次要来源。

## 12.1.3　土壤侵蚀对面源污染的影响

### 1. 水土流失是造成水体污染的主要途径

面源污染常常是伴随着水土流失的发生与发展过程而形成的，具体表现为污染物在降雨所产生的径流冲刷作用下，由径流和泥沙所携带，最终达到受纳水体的过程，即降雨—径流—侵蚀—水污染负荷输出，污染物通过水土的流失而进入受纳水体（Kronvang et al., 1996；Halil，2002）。

水土流失既是一种面源污染形式，又是其他面源污染物流失的载体和造成水体污染的主要途径，各面源污染物在水土流失的作用下影响地表水体。深入分析污染物与水土流失过程及规律是面源污染治理的基础性工作。

### 2. 水土流失增加了水体中的悬浮物和营养物质

当发生水土流失后，被侵蚀掉的土壤在到达河流或其他水体以前，大部分在径流中沉积下来，但仍有一部分达到某个水体，形成水体中的悬着物，增加了水的浑浊程度（Xia et al.，2003）。

在降雨侵蚀过程中，雨滴到达地表，一方面分离土壤，另一方面溶解土壤中的营养物质，当产生径流后，这些物质与泥沙一起进入水体。农业土壤是化肥和其他农用化合物的载体，这些营养物质也被其大量带入水体。

### 3. 影响面源污染物流失和水土流失的主要因素一致

面源污染物的流失主要以水土流失为途径，以径流及随径流运移的土壤颗粒为载体，影响水土流失的因素对面源污染物的流失也有很大的影响，包括自然和人为因素。自然因素主要为降雨、地面坡度、植被等，人为因素主要为对土地的不合理利用等（Olson，1977；Rhoton and Tyler，1990）。

（1）降雨的影响。降雨是造成水土流失和污染物流失的主要因子，一般说来，水土流失强度与降雨量和降雨强度呈正相关。有研究表明，污染物流失量与水土流失量都随着降雨量和降雨强度的增大而增大，变化趋势相同。

（2）地面坡度的影响。地面坡度是决定径流冲刷力的主要因子，一般水土流失量随着地面坡度的增大而增大。在坡度不同的植被盖度为 45%～60% 的自然坡面上，污染物流失量及水土流失量均随着坡度的增加而增大。

（3）植被的影响。植被是自然因素中对防止水土流失起积极作用的因子。从不同植被覆盖小区（坡度15°）多年平均观测结果看，随着植被盖度的增加，植被截留量和土壤入渗量均增加。地表水土流失量与污染物流失量均随着植被盖度的增大而减小。

（4）土地利用的影响。不合理的土地利用是导致水土流失加剧的根本原因。统计密云石匣不同土地利用类型下的多年平均径流量、土壤流失量及污染物流失量（表12-2）可知，不同土地利用类型下径流量、土壤流失量和污染物流失量虽有所不同，但对水土流失和污染物流失影响的趋势是一致的，裸露地、坡耕地是水土流失和污染物流失最为严重的土地利用类型，实施封禁及水土保持措施的径流小区，土壤流失量和污染物流失量均比较小，减少水土流失和污染物流失的效益显著。

**表 12-2　不同土地利用类型下水土流失量与污染物流失量**

| 土地利用类型 | 多年平均径流量/[万 m³/(km²·a)] | 多年平均土壤流失量[t/(km²·a)] | 多年平均污染物流失量[kg/(km²·a)] | | |
| --- | --- | --- | --- | --- | --- |
| | | | 总磷 | 总氮 | $COD_{Mn}$ |
| 裸露地 | 5.7528 | 2170.97 | 25.16 | 158.05 | 756.72 |
| 坡耕地玉米 | 0.7558 | 1467.35 | 11.94 | 127.99 | 271.01 |
| 荒草坡 | 2.7449 | 46.23 | 3.78 | 26.72 | 145.78 |
| 水平条山楂 | 0.0244 | 2.40 | 0.09 | 1.54 | 4.40 |
| 鱼鳞坑刺槐 | 0.0527 | 0.08 | 0.15 | 2.77 | 5.46 |

**4. 污染物流失量随水土流失量的增加而增大**

水土流失作为面源污染物的主要载体，随着水土流失量的增加，面源污染物流失量也增加。水土流失越严重的地区，面源污染也就越严重。

## 12.1.4　土壤侵蚀与面源污染模型

**1. CREAMS 模型**

CREAMS 模型是1980年由美国农业部研发的，综合模拟水文、产沙和农业面源污染的集总式模型。该模型既可以模拟场次降雨的土壤侵蚀，又可以模拟长期（2～50年）的土壤侵蚀过程，由水文模块、土壤侵蚀与运移模块、作物养分模块和农药运移模块4个子模块组成。

水文模块部分利用降雨、气温、月平均太阳辐射、土地利用和土壤参数，预报径流、蒸发、下渗和土壤含水量，其中蒸发计算采用修正的 Penman 公式，径流预报根据可获取的资料采用 SCS 曲线法或者选用一个基于入渗的水文模型计算。泥沙预报采用通用土壤流失方程，但增加了坡面流的泥沙输移能力。作物养分模块和农药运移模块主要模拟土壤中氮、磷和杀虫剂的流失，该模型的缺点是在模拟地形较平坦的情况下精度较差。

GLEAMS（ground water loading effects of agricultural management system）模型是在

CREAMS 的基础上改进并具有明显的物理机制的模型，模型主要加强了对地下水的模拟。该模型也是一个集总式模型，只能用于农业田间尺度，不能用于流域尺度。

2. EPIC 模型

EPIC（environmental policy integrated climate）模型是 1984 年美国研制的预报侵蚀产沙和农业面源污染相结合的模型。EPIC 模型也是在 CREAMS 模型基础上发展而来的，同时借鉴了 SWRRB 模型的一些理论，并增加了杀虫剂因素。

EPIC 模型中主要模块有气象部分、水文部分、泥沙部分、营养物质部分和杀虫剂部分，在每个子流域内，气候、土壤和管理系统被认为是一致的，模型计算步长为 1 d。气象部分包括降雨、蒸发、最高最低气温、太阳辐射等。水文部分中，地表径流采用修正的 SCS 曲线法计算，入渗采用 Green Ampt 方程计算，蒸发计算有 Hargreaves & Samani、Penman、Priestley Taylor、Penman Monteith 和 Baier Robertson 5 种公式可供选用。土壤侵蚀包括雨滴溅蚀、径流冲刷和灌溉冲刷。EPIC 模型的优点是每种过程都有几种可以选择的模拟方式，可以比较不同的管理系统以及它们对氮、磷、碳、杀虫剂和产沙的作用。APEX 模型拓展了 EPIC 模型的功能，增加了对水、泥沙、营养物质和杀虫剂通过复杂地形和渠系到达流域出口的模拟，同时还增加了对地下水和水库调节的模拟。该模型仍属集总式模型，只能应用于田间尺度而不能应用于流域尺度。

以上模型都是经验性和集总式的，随着研究的深入，模型逐步发展到具有物理机制的分布式产沙模型（如 WEPP 模型），有些已经耦合了农业面源污染模型（如 EUROSEM 模型、ANSWERS 模型）。

WEPP 模型是美国农业部于 1985 年开始研发的具有物理机制的分布式土壤侵蚀模型，到目前已有坡面版本（profile version）、流域版本（watershed version）和网格版本（grid version）3 个版本，用来预测农业区农业管理方式的不同对侵蚀产沙的影响（牛志明和解明曙，2001；张玉斌和郑粉莉，2004；缪驰远等，2004）。水文模块中，包括降雨、入渗、产流、蒸发等过程，入渗采用修正后的 Green Ampt 方程进行计算，蒸发计算采用修正后的 Ritchie 方程。WEPP 模型考虑细沟间侵蚀和细沟侵蚀两个过程。细沟间侵蚀考虑雨滴击溅对土壤的分离作用，侵蚀产生的泥沙由薄层水流输送到细沟中，泥沙到细沟的输移率是与降雨强度和沟间径流率成正比的。细沟侵蚀是用径流分离泥沙能力、泥沙输移能力和水流中泥沙含量的函数来描述的。该模型以 1 d 为计算步长，模型适用范围是数十米长的坡面或者几百公顷的小流域，现在也加强了与 GIS 的结合。虽然 WEPP 模型已比较成熟，但由于它是基于物理过程的分布式产沙模型，需要大量的数据支持，直接应用到我国还有困难，因为我国没有像美国那样完善的资料数据库。

EUROSEM 模型是欧盟为治理和控制欧盟国家水土流失而研发的基于场次降雨模拟的模型（Morgan et al.，2000）。该模型水文方面和 MIKESHE 模型相结合，在侵蚀产沙方面和 KINEROS 模型相结合。入渗采用 Smith&Parlange 公式计算，但对饱和导水系数作了修正。坡面产流按照基于曼宁公式的一维坡面流计算，渠道汇流按照曼宁公式计算。为了和产沙过程一致，坡面产流分为细沟间产流和细沟产流。侵蚀过程包括雨滴溅蚀、细沟间侵蚀、细沟侵蚀和河道冲刷，计算步长为 1 min。该模型的不足是：它不是基于对长系列的模拟，虽然需要的资料较少，但对初始条件要求严格，模型没有对农业面源污染做出处理。

　　ANSWERS 模型是一个基于物理机制的可长期连续模拟的流域模型，可以模拟土壤和营养物质从农耕地上的流失。ANSWERS 2000 是在中等流域尺度的基础上设计的。水文模型部分的主要计算方法是：土壤蒸发潜力由叶面积指数确定，蒸发计算采用 Ritchie 方法，分为植物蒸散发和土壤蒸发；地表径流处理很简单，按照一个贮留函数计算；入渗采用 Green-Ampt 模型。产沙部分包括了降雨侵蚀过程、细沟侵蚀过程和细沟间侵蚀过程，采用了 WEPP 模型的理论，并且充分考虑了无资料地区的模型验证问题。营养物质部分，很多是借鉴了最新版的 GLEAMS 模型理论，考虑的只是氮和磷的流失。ANSWERS 2000 的缺点是：不能应用于大的流域和对较长时间的模拟，模型过度简化了地下水的作用，假设每个单元网格只有一层土壤，对于入渗模拟不准确，也没有考虑蓄满产流问题。

　　AGNPS 模型是美国农业部开发的基于物理过程和场次模拟的分布式产沙和农业面源污染相结合的模型，模拟内容包括地表径流、泥沙和营养物质输移。AGNPS 模型对流域进行网格处理，数据输入时利用 GIS 进行处理，地表径流采用 SCS 曲线方法来计算，泥沙侵蚀和运移采用修正后的通用土壤方程 USLE 计算，化学物质运移借鉴了 CRE-AMS 模型理论。AGNPS 模型缺点是没有涉及地下水的计算。

# 12.2　面源污染负荷估算

　　面源污染来源复杂，影响范围广泛，对区域经济发展、人民生产生活和生态环境健康具有重要作用，对其进行准确、定量评价是治理面源污染的前提。因此，进行农业农村污染源的解析、污染负荷的计算和空间识别是控制农村面源污染的关键。目前，国内关于面源污染负荷的计算方法有清单分析法、水质水量相关法、模型模拟估算法、水文分割法、输出系数法、3S 技术等。

## 12.2.1　河流控制断面污染负荷计算方法

　　要预防和控制面源污染，需要快速、准确地确定污染物负荷量，以切实做好污染防治工作。利用水文站长期的水文资料和定期的水质监测资料，分别采用实测断面平均浓度、样品时间平均浓度、断面瞬时流量、采样期间平均流量、采样代表平均流量等概念构造的负荷计算方法有多种，且不同方法对污染物总负荷量的计算结果相差很大，应根据实际情况选择适宜的估算方法。

　　污染负荷计算时段为年，对于年负荷的估算有 8 种常用方法，各种方法的公式及物理意义见表 12-3。

表 12-3　年负荷的估算方法及特点

| 方法 | 负荷估算方法 | 负荷估算方法要点 |
|:---:|:---:|:---|
| A | $L_1 = K \sum\limits_{i=1}^{n} \dfrac{C_i}{n} \sum\limits_{i=1}^{n} \dfrac{Q_i}{n}$ | 瞬时浓度 $C_i$ 平均值与瞬时流量 $Q_i$ 平均值的乘积 |

| 方法 | 负荷估算方法 | 负荷估算方法要点 |
| --- | --- | --- |
| B | $L_2 = K \sum\limits_{i=1}^{n} \dfrac{C_i Q_i}{n}$ | 瞬时通量 $C_i Q_i$ 平均 |
| C | $L_3 = K \dfrac{\sum\limits_{i=1}^{n} C_i Q_i}{\sum\limits_{i=1}^{n} Q_i} \bar{Q}_y$ | 时段通量平均浓度与时段平均流量的乘积 |
| D | $L_4 = K \left( \sum\limits_{i=1}^{n} \dfrac{C_i}{n} \right) \bar{Q}_y$ | 瞬时浓度平均与时段平均流量的乘积 |
| E | $L_5 = K \sum\limits_{i=1}^{n-1} \left( C_i Q_i \dfrac{t_{i+1} - t_{i-1}}{2} \right)$ | 瞬时浓度与代表时段平均流量的乘积 |
| F | $L_6 = K \sum\limits_{i=1}^{n} (C_i Q_i m_i)$ | 瞬时通量 $C_i Q_i$ 与当月天数 $m_i$ 的乘积然后加和 |
| G | $L_7 = K \dfrac{\sum\limits_{i=1}^{n} C_i Q_i}{\sum\limits_{i=1}^{n} Q_i} \bar{Q}_y$ | 利用方法 C 计算丰平枯各季负荷然后求和 |
| H | $L_8 = K \left( \sum\limits_{i=1}^{n} \dfrac{C_i}{n} \right) \bar{Q}_y$ | 利用方法 D 计算丰平枯各季负荷然后求和 |

注：式中，$L$ 为年负荷；$n$ 为一年内的取样次数；$K$ 为枯水时段时间转换系数。丰水期为 6～9 月，平水期为 3～5 月、10～11 月，枯水期为 1～2 月、12 月。

从环境水力学角度对表 12-3 中公式的差别做简单的对比分析。将指定断面的流量及平均浓度表达为时间平均的形式：

$$Q(t) = \frac{1}{T} \int_T Q(t) \mathrm{d}t + Q''(t) = Q_a + Q''(t) \tag{12-1}$$

$$C(t) = \frac{1}{T} \int_T C(t) \mathrm{d}t + C''(t) = C_a + C''(t) \tag{12-2}$$

式中：$Q_a$ 为时段平均流量；$C_a$ 为时段平均浓度；$T$ 为估算时间；$Q''$、$C''$ 分别为流量时均距平值与浓度时均距平值。

表 12-3 中提及的 8 种方法的差别在于方法 A 采用的是离散的实测流量平均，方法 D、H 采用的是时段的平均流量，方法 B、C、E、F、G 这两项都包括，方法 B 与 E、F 的差别和方法 A 与 D、H 的差别类似，分别采用离散的流量平均和连续的流量平均。方法 E、G 采用了与断面通量平均浓度相同的方式表达时段通量平均浓度，与时段平均流量相乘得到时段负荷。显然，方法 A、D、H 仅适用于推流断面（断面流速均匀）年污染负荷的估算，方法 A、B 较适合点源污染占优势的负荷估算（表 12-4）。同时，点源污染排放相对稳定，年内水质水量变化不大，负荷估算相对容易一点，问题主要集中在对面源污染负荷的估计应该采用哪些不同的处理方式。因此通量估算方法的选择十分重要。

表 12-4　年负荷估算方法的应用通向分析

| 方法 | 对流通量 | 离散通量 | 应用范围 |
|---|---|---|---|
| A | 有 | 无 | 对流相远大于时均离散相的情况，弱化径流量的作用 |
| B | 有 | 有 | 弱化径流量的作用，较适合于点源占优的情况 |
| C | 有 | 有 | 强调时段总径流量的作用，较适合于非点源占优的情况 |
| D | 有 | 无 | 对流相远大于时均离散相的情况，强调径流量的作用 |
| E | 有 | 有 | 强调径流量的作用，较适合于非点源占优的情况 |
| F | 有 | 有 | 强调径流量的作用，较适合于非点源占优的情况 |
| G | 有 | 有 | 强调时段总径流量的作用，较适合于非点源占优的情况 |
| H | 有 | 无 | 对流相远大于时均离散相的情况，强调径流量的作用 |

## 12.2.2　平均浓度法与统计方法

由于面源污染监测难度大、费用高，以及重视不够等因素，大多数地区缺少长时间系列的监测资料。根据有限的资料估算面源污染负荷量，特别是多年平均及不同频率代表年的年负荷量就成为水质预测和水质规划的重要基础。

水质预测和流域面源污染控制规划需要的是不同条件下的年负荷量，流域出口断面（或其他控制断面）的年总负荷量（$W_T$）可表示为

$$W_T = \int_{t_0}^{t_e} C(t)Q(t)dt \qquad (12\text{-}3)$$

式中：$C(t)$ 为年内浓度变化量；$Q(t)$ 为年径流量；$t_0$、$t_e$ 分别为年初和年末时刻。

年径流过程可以划分为地表径流过程和地下（枯季）径流过程，而面源污染主要是由地表径流引起的。因此，年总负荷量还可表示为

$$W_T = \int_{t_0}^{t_e} [C_S(t)Q_S(t) + C_B(t)Q_B(t)]dt \qquad (12\text{-}4)$$

式中：$Q_S(t)$、$Q_B(t)$ 分别为地表和地下径流量；$C_S(t)$、$C_B(t)$ 分别为地表和地下径流的浓度。

如果具有多年监测的流量和浓度的同步监测资料，则多年平均或不同频率代表年的年总负荷量就可以由式（12-3）计算出来。但很多地区往往只有若干次径流过程的水质水量同步监测资料，可对式（12-4）进行简化，以求得年总负荷量，即求得地表径流和地下径流的平均浓度，就可以由式（12-5）算出面源污染年负荷量和枯季径流的年负荷量，二者之和即为年总负荷量，即

$$W_T = C_{SM}\int_{t_0}^{t_e} Q_S(t)dt + C_{BM}\int_{t_0}^{t_e} Q_B(t)dt = C_{SM}W_S + C_{BM}W_B \qquad (12\text{-}5)$$

式中：$C_{SM}$、$C_{BM}$ 分别为地表径流和地下径流的平均浓度；$W_S$、$W_B$ 分别为地表和地下年径流总量。

### 1. 年径流量及其分割

当有长系列实测径流资料时，可直接统计出多年平均径流量，不同率的年径流量可通过频率分析的方法得到，对于资料不足或无实测径流资料的流域，多年平均径流量和不同率的年径流量可采用当地水文手册中的等值线图法等方法推求。

年径流量确定以后，为了分割地表径流和枯季径流，还需要确定年径流量的年内分配（即分配到各月），可采用典型年同倍比缩放法确定。由于面源污染负荷主要由汛期地表径流所携带，故应将年径流过程划分为汛期地表径流量（暴雨径流）和枯季径流量（含汛期基流）这两部分。划分方法可采用水文学中的斜线分割法或统计法。

### 2. 平均浓度推算

根据各次降雨径流过程的水量和水质同步监测资料，先计算出每次暴雨各种污染物面源污染的平均浓度，再以各次暴雨产生的径流量为权重，求出加权平均浓度。

一次暴雨径流过程面源污染平均浓度的计算公式为

$$\bar{C} = \frac{W_{\mathrm{L}}}{W_{\mathrm{A}}} \tag{12-6}$$

式中：$W_{\mathrm{L}}$ 为该次暴雨携带的负荷量（g）：

$$W_{\mathrm{L}} = \sum_{i=1}^{n}(Q_{\mathrm{T}i}C_i - Q_{\mathrm{B}i}C_{\mathrm{B}i})\Delta t_i \tag{12-7}$$

$W_{\mathrm{A}}$ 为该次暴雨产生的径流量（$\mathrm{m}^3$）：

$$W_{\mathrm{A}} = \sum_{i=1}^{n}(Q_{\mathrm{T}i} - Q_{\mathrm{B}i})\Delta t_i \tag{12-8}$$

式中：$Q_{\mathrm{T}i}$ 为 $t_i$ 时刻的实测流量（$\mathrm{m}^3/\mathrm{s}$）；$C_i$ 为 $t_i$ 时刻的实测污染物浓度（mg/L）；$Q_{\mathrm{B}i}$ 为 $t_i$ 时刻的枯季流量（$\mathrm{m}^3/\mathrm{s}$）（即非本次暴雨形成的流量）；$C_{\mathrm{B}i}$ 为 $t_i$ 时刻的基流浓度（枯季浓度）（mg/L）；$i = 1, 2, \cdots, n$，为该次暴雨径流过程中流量与水质浓度的同步监测次数；$t_i$ 为 $Q_{\mathrm{T}i}$ 和 $C_i$ 的代表时间（s）：

$$\Delta t_i = (\Delta t_{i+1} - \Delta t_{i-1}) / 2 \tag{12-9}$$

则多次（如 $m$ 次）暴雨面源污染物的加权平均浓度为

$$C = \sum_{j=1}^{m}\bar{C}_j W_{\mathrm{A}j} / \sum_{j=1}^{m}W_{\mathrm{A}j} \tag{12-10}$$

对于具有悬移质泥沙实测资料的流域，还可根据实测的多年平均输沙量或分析得到的不同频率年输沙量计算出修正系数，对计算的年总负荷量进行修正，以便得到更加符合实际的结果。

## 12.2.3　输出系数法及其改进

20 世纪 70 年代初期，美国及加拿大在研究土地利用-营养负荷-湖泊富营养化关系的

过程中，就提出并应用了输出系数法（或称单位面积负荷法）。这就是早期的输出系数模型，一般表达式为

$$L = \sum_{i=1}^{m} E_i A_i \qquad (12-11)$$

式中：$L$ 为各类土地某种污染物的总输出量（kg/a）；$m$ 为土地利用类型的数目；$E_i$ 为第 $i$ 种土地利用类型的该种污染物输出系数 [kg/(hm²·a)]；$A_i$ 为第 $i$ 种土地利用类型的面积（hm²）。

这种方法为人们研究面源污染提供了新的途径。随后，针对土地利用类型比较简单、各类农业用地及不同作物类型划分不细等问题，出现了改进的输出系数法。

### 1. Norvell 等建立的输出系数模型

Norvell 模型是一个较为简单的输出系数模型，预测康涅狄格州湖泊群流域的营养物输入对湖泊富营养化的影响。以氮为例，Norvell 模型由浓度因子 $F$ 和输出系数函数构成。浓度因子主要表示入湖营养物由于沉淀、水生植物吸收和分解等原因产生的消耗而使湖水中的浓度降低，由下式计算：

$$F = (Q + I) / (Q + V) \qquad (12-12)$$

式中：$F$ 为湖水中氮的浓度因子；$Q$ 为湖泊表面的水量负荷（m/a）；$I$ 为当 $Q$ 趋近于零时 $F$ 的最小值；$V$ 为氮的表观沉速（m/a）。

在输出系数模型中，各土地利用类型对氮的贡献率与该土地利用类型在流域中的面积比例成正比。不同土地利用类型的径流量及径流中不同污染物浓度通过输出系数取值体现。因此，湖泊中氮的浓度可表达为

$$N = F \left( \sum_i E_i A_i \right) / D \qquad (12-13)$$

式中：$N$ 为湖水中氮的浓度；$D$ 为年平均入湖径流量；其他符号的意义同前。

利用康涅狄格州的 33 个湖泊实测水质数据及流域土地利用等资料，由非线性最小二乘回归分析得出的模型参数值为 $I = 1$，$V = 5$，相应的预测方程（$R^2 = 0.57$）为

$$N = \frac{Q+1}{Q+5} (1340U + 760A + 240W) / D \qquad (12-14)$$

式中：$U$ 为流域中的城镇面积（m²）；$A$ 为农用地面积（m²）；$W$ 为林地面积（m²）。相应的输出系数为：城镇（13.4±2.6）kg/hm²、农用地（7.6±2.2）kg/hm²、林地（2.4±0.5）kg/hm²。

将上述结果应用于康涅狄格州的 63 个湖泊（包括上述确定模型参数的 33 个湖泊）的氮浓度预测，预测与实测浓度之间的回归结果为氮的预测浓度是实测浓度的 1.13 倍，$R^2 = 0.6$，结果令人满意。该包含泥沙输移影响的模型往往高估了农用地的氮、磷输出，低估了城镇用地和林地的氮、磷输出。

### 2. Johnes 的输出系数模型

Johnes 和 Heathwaite（1997）在土地利用类型的基础上，增加了流域内的牲畜和人口等因素，其特点是对种植不同作物的耕地采用不同的输出系数，对不同种类牲畜根据其数

量和分布采用不同的输出系数,对人口的输出系数则主要根据生活污水的排放和处理状况来选定。此外,该模型在总氮输入方面还考虑到了植物的固氮、氮的空气沉降等因素,在很大程度上丰富了输出系数模型的内容,并提高了模型对土地利用变化的灵敏性。模型方程为

$$L = \sum_{i=1}^{n} E_i[A_i(I_i)] + P \qquad (12\text{-}15)$$

式中：$L$ 为营养物的流失量；$E$ 为第 $i$ 种营养源的输出系数；$A_i$ 为第 $i$ 类土地利用类型的面积或第 $i$ 种牲畜的数量或人口的数量；$I_i$ 为第 $i$ 种营养源的营养物输入量；$P$ 为降雨输入的营养物数量。

输出系数 $E_i$ 表示的是流域内不同土地利用类型各自不同的营养物质输出率。畜牧业的输出系数表示的是牲畜排泄物进入河网的比例,考虑了人类的收集还田和储存粪肥过程中氨的挥发等因素。人口因素的输出系数反映当地人群对含磷洗涤剂的使用状况、饮食营养状况和生活污水处理状况,用下式计算：

$$E_h = D_{ca} \times H \times 365 \times M \times B \times R_s \times C \qquad (12\text{-}16)$$

式中：$E_h$ 为人口因素的氮、磷年输出量（kg/a）；$D_{ca}$ 为每人的营养物日输出（kg/d）；$H$ 为流域内的人口数量；$M$ 为污水处理过程中营养物的机械去除系数；$B$ 为污水处理过程中营养物的生物去除系数；$R_s$ 为过滤层的营养物滞留系数；$C$ 为有解吸发生时磷的去除系数。

该模型的营养源（$A_i$）包括流域内各种土地利用类型的面积、各类牲畜的数量和人口数量。对每个营养源的营养物输入（$I_i$）包括：通过施肥和固氮而对每种土地利用类型（$i$）产生的氮、磷输入,以及由牲畜排泄物、人的生活污水导致的营养物输入。另外,降雨携带的营养物进入受纳水体的量 $P$（g）可由下式计算：

$$P = caQ \qquad (12\text{-}17)$$

式中：$c$ 为雨水本身的营养物浓度（g/m³）；$a$ 为流域年降雨量（m³）；$Q$ 为全年降雨形成径流量的比例,即径流系数。

### 3. Soranno 等的磷通量系数模型

Soranno 等（1996）针对早期输出系数法的假定条件是某种土地利用类型下磷输入受纳水体的量与该类土地的面积呈线性关系的问题,认为实际情况是吸附在泥沙等颗粒物上的磷随着泥沙在输移过程中的截留和沉淀不可能完全进入受纳水体。所以用输出系数法预测和评价流域面源磷负荷时,应当考虑营养物来源与受纳水体之间的距离。他们于 1996 年提出了改进的磷输出系数模型：

$$L = \sum_{i=1}^{m} \sum_{p=1}^{n} f_i A_{p,i} T_i^p \qquad (12\text{-}18)$$

式中：$L$ 为来自各类土地的总磷负荷（kg/a）；$m$ 为土地利用类型的数目；$n$ 为贡献面积内网格（GIS 使用的具有相同尺寸的单元格）数目；$p$ 为各网格距离受纳水体的坡面漫流路径长度（单位为途经的网格个数）；$f_i$ 为第 $i$ 类土地利用的磷通量系数［kg/(hm²·a)］；$A_{p,i}$ 为距离受纳水体为 $p$ 的第 $i$ 类土地的面积（hm²）；$T$ 为传输系数（$0<T<1$）,表示在坡面漫流过程中被输移至下一网格的磷所占的比例。

需要注意的是，虽然磷通量系数 $f_i$ 与传统的输出系数的单位相同，但含义不同。传统输出系数实际上是认为流域内营养源产生的磷不计损耗地全部输入受纳水体，而磷通量系数则仅仅表示向下一网格（而不是受纳水体）迁移的量。显然，如果不考虑迁移过程中磷的损失，二者应具有相同的数值。对于城镇用地 $T$ 可取 1，因为较其他土地利用类型而言，城镇不透水面积所占比例很高，而且排水系统完善，可以认为磷在向受纳水体迁移的过程中几乎没有损失。

磷通量系数模型的另外一个特点是不仅利用了传统输出系数模型直观、简便的建模思路，还很好地利用 GIS 的空间数据结构来解决磷负荷的估算问题，可以较为容易地获得详细的地形地貌和土地利用等信息，为面源污染研究提供了极大的帮助，这也是面源污染研究的一个重要趋势。该模型只适应于主要随泥沙迁移的总磷负荷预测，而不宜用于氮的预测。

### 4. 氮的动态输出系数方程

基于土地利用类型的氮输出系数模型实质上是一种平衡模型。在土地利用类型发生变化时，这类模型假定原先土地利用方式下土层中的氮被瞬间排出，并且迅速与新的土地利用及管理状况达到平衡。实际上，随着土地利用类型的改变，新的平衡关系并不能在很短时间内达到。这样的假设大大简化了输出系数模型，却增大了预测误差，在一定程度上降低了输出系数模型的合理性。为了描述这种现象，在前述 Johnes 模型的基础上，Worrall 和 Burt 提出了流域氮流失模型：

$$L = \sum A_i E_i I_i + \sum A_i N_o e^{-\lambda j} + R \tag{12-19}$$

式中：$L$ 为氮的年流失量；$A_i$ 为永久性牧草地第 $i$ 年犁耕的面积；$N_o$ 为犁耕后第 1 年氮的流失量；e 为自然对数底；$\lambda$ 为衰减常数；$R$ 为流域降雨输入水体的氮量；其他符号意义同上述 Johnes 模型。

考虑到草地能储存一些营养物质，尽管这种作用随时间延长逐渐衰减，但是在土地利用类型发生变化的初期这种储存作用对传统的输出系数法结果影响很大，研究认为至少在退耕还草后的第一年，草地能吸收所有施用的氮素。由于永久性草地与耕地之间有机氮含量的巨大差异，通常的输出系数法对这些影响都没有充分考虑，为此，将氮的非平衡模型改为

$$L = \sum A_i E_i I_i + N_o \sum A_i e^{-\lambda j} + R - I_p \sum A_k \tag{12-20}$$

式中：$A_k$ 为第 $k$ 年恢复或转变为草地的面积；$I_p$ 为对新草地的氮输入。

另外，有机氮的储存过程为一阶反应过程，草地对氮的吸收量应该与草地当前氮含量和草地的氮平衡含量的差值成比例，故而得出有机氮的非平衡动态模型如下：

$$L = \sum A_i E_i I_i + N_o \sum A_i e^{-\lambda j} + R - I_p \sum A_k e^{-\mu k} \tag{12-21}$$

式中：$\mu$ 为有机氮积累的速率常数，其他同上。

对于单条河流（或单个流域）可以采用平均浓度法对面源污染负荷进行估算，但对于一个拥有众多河流且分散输出的地区（或区域），该方法的使用就受到了限制，常需将平均浓度法与输出系数法综合应用。

## 12.2.4 USLE 估算方法

土壤侵蚀是导致土地退化、农业减产和生产功能退化的全球性环境问题，受到国内外众多学者的普遍关注，20 世纪 60 年代初，Wischmeier 和 Smith 提出了通用土壤流失方程（USLE）。

面源污染的估算应以相对均一的区块作为估算单元，即应以地貌类型、植被类型及盖度、土壤类型及土地利用状况相对一致的区域作为响应单元。在流域图文资料不足的情况下，根据流域的相对均一性和资料的可获得性，从流域面源污染控制的角度考虑，按流域行政区划图将研究区划分为不同的估算单元，再根据各个估算单元的相对均一性进行流域面源污染负荷计算。

### 1. USLE 及参数获取

通用土壤流失方程（USLE）是高地侵蚀造成土壤流失的最普通估算模型，采用该方程可进行土壤侵蚀计算。该方程全面考虑了影响土壤侵蚀的自然因素，并通过降雨侵蚀力、土壤可蚀性、坡度和坡长、植被覆盖和水土保持措施 5 个因子进行定量计算，其表达式为

$$A = R \times K \times LS \times C \times P \tag{12-22}$$

式中：$A$ 为年土壤流失量；$R$ 为降雨径流因子；$K$ 为土壤可蚀性因子；$LS$ 为坡度坡长因子；$C$ 为经营管理因子；$P$ 为水土保持措施因子。

1）坡度坡长因子 $LS$ 的获取

利用研究流域的数字高程模型（DEM），在 ArcGIS 辅助下进行地形特征分析，提取坡度坡长图，利用通用土壤流失方程中坡度坡长因子的计算方法得到 $LS$，其公式如下：

$$LS = (\lambda / 22.13)^m (65.4 \sin 2\theta + 4.56 \sin \theta + 0.0655) \tag{12-23}$$

式中：$\lambda$ 为坡长（m）；$\theta$ 为倾斜角；$m$ 为坡长指数，根据 $m$ 的经验取值，其范围如下：

$$m = \begin{cases} 0.5 & S \geqslant 5\%(S\text{为坡度百分比}) \\ 0.4 & 3\% \leqslant S < 5\% \\ 0.3 & 1\% \leqslant S < 3\% \\ 0.2 & S < 1\% \end{cases} \tag{12-24}$$

2）降雨径流因子 $R$ 的计算

$R$ 值与降雨量、降雨强度、降雨历时、雨滴大小及雨滴下降速度有关，它反映了降雨对土壤的潜在侵蚀能力。降雨径流因子难以直接测定，采用 Wischmeier 等提出的直接利用多年各月平均降雨量推求 $R$ 值的经验公式计算，即

$$R = \sum_{i=1}^{12} (1.735 \times 10^{1.5 \lg \frac{P_i^2}{P} - 0.818}) \tag{12-25}$$

式中：$P$ 和 $P_i$ 分别为年平均降雨量和月平均降雨量。

3）土壤可蚀性因子 $K$ 的确定

$K$ 值的大小与土壤质地、土壤有机质含量有比较高的相关性。Williams 等提出的 EPIC

模型中给出了土壤可蚀性因子 $K$ 的估算方法，使其使用更为简便，只要有土壤有机碳和土壤颗粒组成资料，即可估算 $K$ 值，其计算公式为

$$
\begin{aligned}
K = &\{0.2 + 0.3\exp[-0.0256 S_\mathrm{d}(1 - S_\mathrm{i}/100)][S_\mathrm{i}/(C_1 + S_\mathrm{i})]\}^{0.3} \\
&\times \{1.0 - 0.25 C_\mathrm{i}/[C_\mathrm{i} + \exp(3.72 - 2.95 C_\mathrm{i})]\} \\
&\times (1.0 - 0.7(1 - S_\mathrm{d}/100)\{(1 - S_\mathrm{d})/100 + \exp[-5.51 + 22.9(1 - S_\mathrm{d})/100]\})
\end{aligned}
\tag{12-26}
$$

式中：$S_\mathrm{d}$ 为砂粒含量（%）；$S_\mathrm{i}$ 为粉粒含量（%）；$C_\mathrm{i}$ 为黏粒含量（%）；$C_1$ 为有机碳含量（%）。

4）经营管理因子 $C$ 的确定

$C$ 反映的是所有有关植被覆盖和变化对土壤侵蚀的综合作用，其值大小取决于具体的作物覆盖、轮作顺序及管理措施等的综合作用。$C$ 值主要与植被覆盖和土地利用类型有关。

5）水土保持措施因子 $P$ 的确定

水土保持措施因子 $P$ 是采用专门措施后的土壤流失量与顺坡种植时的土壤流失量的比值。根据研究领域土地利用现状确定 $P$ 值。针对各估算单元进行面积加权平均可以获得各估算单元的 $P$ 值。

## 2. 基于 USLE 的氮磷污染负荷估算模型

有机氮磷通常吸附在土壤颗粒上随径流迁移，这种形式的氮磷负荷与土壤流失量密切相关，在参考 SWAT 模型的基础上，其负荷用下式计算：

$$
Q_\mathrm{org} = 0.001 C_\mathrm{org} \cdot \frac{Q_\mathrm{sed}}{A_\mathrm{hrn}} \cdot \eta
\tag{12-27}
$$

式中：$Q_\mathrm{org}$ 为有机氮磷流失量（kg/hm²）；$C_\mathrm{org}$ 为有机氮磷在表层（10 mm）土壤中的浓度（g/t），可根据土壤采样实测结果获得；$Q_\mathrm{sed}$ 为土壤侵蚀量（t）；$A_\mathrm{hrn}$ 为水文响应单元的面积（hm²）；$\eta$ 为富集系数，无量纲，可用下式计算：

$$
\eta = 0.78 \cdot (\mathrm{conc}_\mathrm{sed.sarq})^{-0.2468}
\tag{12-28}
$$

其中

$$
\mathrm{conc}_\mathrm{sed.sarq} = \frac{Q_\mathrm{sed}}{10 \cdot A_\mathrm{hrn} \cdot Q_\mathrm{sarf}}
\tag{12-29}
$$

式中：$\mathrm{conc}_\mathrm{sed.sarq}$ 为地表径流中的泥沙含量（mg/m³）；$Q_\mathrm{sarf}$ 为地表径流量（mm）。

## 12.2.5　降雨量差值法与径流量差值法

面源污染的产生受降雨量和降雨径流过程的影响，其负荷量与降雨量、地表径流量的大小密切相关。建立降雨量（或地表径流量）和流域面源污染负荷之间的相关关系，将对流域面源污染的预测、治理具有重要的现实意义。

### 1. 降雨量差值法

在流域水质监测资料中，其污染物成分既包括点源排放的污染物，也包括面源排放的污染物，如何从流域水质监测资料中将点源负荷和面源负荷区分开来一直是个难点。由于

面源污染的产生受降雨量和降雨径流过程的影响，其负荷与降雨量的大小密切相关。假设晴天或雨天不产生地表径流时流域的污染全部为点源污染，只有当发生暴雨并产生地表径流时，才会同时包括两者。又由于点源污染负荷由工业排水和生活污水构成，其量相对平稳，年际变化不大，因此，在跨度不太长的时间内，可以认为年内点源污染负荷为一常数。由此可得任一年产生的污染负荷：

$$L_n = f(R), \quad L_p = C, \quad L = L_n + L_p = f(R) + C \tag{12-30}$$

式中：$L_n$ 为面源污染负荷；$L_p$ 为点源污染负荷；$L$ 为出口断面年总负荷；$R$ 为降雨量；$f(R)$ 为 $L_n$ 与降雨量 $R$ 的函数关系；$C$ 为常数。那么对于任意两年，有

年 A：
$$L_A = L_{n,A} + L_{p,A} = f(R_A) + C \tag{12-31}$$

年 B：
$$L_B = L_{n,B} + L_{p,B} = f(R_B) + C \tag{12-32}$$

则

$$\begin{aligned} L_A - L_B &= [f(R_A) + C] - [f(R_B) + C] = f(R_A) - f(R_B) \\ &= f(R_A - R_B) = L_{n,A} - L_{n,B} \end{aligned} \tag{12-33}$$

该式的物理意义可以解释为：任意两年（或两场洪水）产生的污染负荷（包括点源和面源）之差应为这两年（或这两场）降雨量之差引起的面源污染负荷之差。因此可以建立降雨量差值与污染负荷差值（面源负荷）之间的相关关系，而不必考虑各年产生的点源污染负荷。

### 2. 径流量差值法

通常的水质监测数据既包含了点源污染贡献，也包括了面源污染贡献，故需要对实测污染负荷进行点源与面源负荷的分割。根据径流分割法的原理，如果没有地表径流的产生，面源污染物就很难进入受纳水体。因此，面源污染与地表径流存在密切关系：

$$L_n = f(Q_i) \tag{12-34}$$

式中：$L_n$ 为流域月面源污染负荷（t）；$Q_i$ 为流域第 $i$ 月地表径流量（mm）。

流域污染总负荷由公式表示为

$$L = L_n + L_p = f(Q_i) + L_p \tag{12-35}$$

式中：$L$ 为流域月总负荷量；$L_p$ 为月点源污染负荷。假设流域各月点源污染负荷排放量恒定不变，即 $L_p$ 为一常数，则流域相邻各月出口断面月总负荷之间的差值（$\Delta L$）可认为纯粹由降雨径流过程引起的面源污染负荷贡献。故 $\Delta L$ 与相邻各月平均地表径流量差值（$\Delta Q$）之间也存在以下相关关系：

$$\Delta L = f(\Delta Q) \tag{12-36}$$

总污染负荷通常利用常规月监测数据进行估算，即

$$L = C_i Q_i \tag{12-37}$$

式中：$C_i$ 为某种污染物第 $i$ 月平均浓度；$Q_i$ 为第 $i$ 月平均径流量。

## 12.2.6　多沙河流面源污染负荷估算模型

在水环境系统中，泥沙通过对污染物质的吸附与解吸，直接影响着污染物质在液-固

两相间的赋存状态。伴随着泥沙在水体中的运动，污染物质在水体和底泥中的赋存状态也发生着变化。泥沙与水流共同成为污染物的主要载体，影响着污染物在水体中的迁移转化过程，从而最终影响着水生态环境的状态。这种作用称为泥沙的环境作用。

进入水体中的泥沙含有大量的黏土矿物和有机、无机胶体等，对水环境影响深远。一方面影响水质及清澈程度，其自身就是一种污染物；另一方面由于泥沙颗粒具有巨大的比表面积和大量活性基团，在络合、吸附等作用下，可吸附种类繁多的污染物，成为许多污染物的载体，在某种程度上对水体具有净化效应，但随着水力条件的改变，吸附在泥沙表面的污染物又会解吸，从而形成"内源"污染。因此，泥沙对水环境影响的两面性给河流水质评价带来了一系列特有的问题和困难，而现行的国家地表水环境质量标准缺少悬浮泥沙等反映多泥沙河流特征的水质参数。《地表水环境质量标准》（GB 3838—2002）中规定："要求水样采集后自然沉降 30 分钟，取上层非沉降部分按规定方法进行分析"，故未能准确体现多泥沙河流的水环境质量。

结合泥沙在水环境中的影响分析，多沙河流中的污染总负荷（$W_T$）可以划分为水体中的溶解态污染负荷（$W_W$）和泥沙表面聚集的吸附态污染负荷（$W_S$）两部分，即

$$W_T = W_W + W_S = \int_0^t C(t)Q(t)\mathrm{d}t + \int_0^t C_S(t)Q_S(t)\mathrm{d}t \qquad (12\text{-}38)$$

式中：$C(t)$、$C_S(t)$ 分别为水体中的溶解态和泥沙表面聚集的吸附态污染物浓度；$Q(t)$、$Q_S(t)$ 分别为河流流量和输沙率的变化过程。

平均浓度法将径流过程划分为地表径流、地下径流，总负荷量（$W_T$）计算公式为

$$W_T = C_{SM}\int_0^t Q_S(t)\mathrm{d}t + C_{BM}\int_0^t Q_B(t)\mathrm{d}t = C_{SM}W_S + C_{BM}W_B \qquad (12\text{-}39)$$

式中：$C_{SM}$、$C_{BM}$ 分别为地表径流和地下径流污染物平均浓度（mg/L）；$Q_S(t)$、$Q_B(t)$ 分别为地表径流和地下径流变化量（$m^3/s$）；$W_S$、$W_B$ 分别为地表径流和地下径流总量（$m^3$）。

依据平均浓度法原理，在时间尺度上取均值，根据黄河中游的降雨径流特点将年内变化过程划分为汛期和非汛期两个阶段。其中汛期降雨集中，河川径流以雨洪为主；非汛期由于降雨量较少，河川径流以基流为主，相对比较稳定。基于此种认识，河流水体中的溶解态污染负荷也可以分为汛期（$W_{XW}$）和非汛期（$W_{FW}$）两部分：

$$W_W = W_{XW} + W_{FW} = \bar{C}_{XW}\bar{W}_{WXW} + \bar{C}_{FW}\bar{W}_{WFW} \qquad (12\text{-}40)$$

式中：$\bar{C}_{XW}$、$\bar{C}_{FW}$ 分别为汛期和非汛期水体中的溶解态污染物浓度（mg/L）；$\bar{W}_{WXW}$、$\bar{W}_{WFW}$ 分别为汛期和非汛期径流总量（$m^3$）。

同样，泥沙吸附态污染负荷也可以分为汛期（$W_{XS}$）和非汛期（$W_{FS}$）两部分：

$$W_S = W_{XS} + W_{FS} = \bar{C}_{XS}\bar{W}_{SXS} + \bar{C}_{FS}\bar{W}_{SFS} \qquad (12\text{-}41)$$

式中：$\bar{C}_{XS}$、$\bar{C}_{FS}$ 分别为汛期和非汛期泥沙所携带的吸附态污染物浓度（mg/kg）；$\bar{W}_{SXS}$、$\bar{W}_{SFS}$ 分别为汛期和非汛期输沙总量（kg）。

依据式（12-42）和式（12-43）可以分别计算出多沙河流汛期（$W_X$）和非汛期（$W_F$）的污染负荷：

$$W_{\mathrm{X}} = W_{\mathrm{XW}} + W_{\mathrm{XS}} = \bar{C}_{\mathrm{XW}}\bar{W}_{\mathrm{WXW}} + \bar{C}_{\mathrm{XS}}\bar{W}_{\mathrm{SXS}} \tag{12-42}$$

$$W_{\mathrm{F}} = W_{\mathrm{FW}} + W_{\mathrm{FS}} = \bar{C}_{\mathrm{FW}}\bar{W}_{\mathrm{WFW}} + \bar{C}_{\mathrm{FS}}\bar{W}_{\mathrm{SFS}} \tag{12-43}$$

汛期降雨径流的冲刷和淋溶是面源污染形成和迁移的直接动力,因而面源污染一般多在降雨径流较大的汛期发生。点源污染物和降雨径流没有直接关系,且污染物排放量在一定时期内比较稳定。构成河道基流的地下径流部分及其所携带的污染负荷由于变化过程较慢,在一定时期内也可视为相对稳定。因此,在假定河道纳污能力一定的条件下(实际上,由于汛期、非汛期河道水力因素的变化,河道纳污能力也相应改变)可近似认为水体中的非汛期污染是由河道基流和点源污染共同形成的,而汛期污染则是非汛期污染和面源污染共同作用的结果。因此,汛期污染负荷减去相应时段内的非汛期污染负荷即为面源污染负荷:

$$W_{\mathrm{NSP}} = W_{\mathrm{X}} - \alpha W_{\mathrm{F}} = (\bar{C}_{\mathrm{XW}}\bar{W}_{\mathrm{WXW}} + \bar{C}_{\mathrm{XS}}\bar{W}_{\mathrm{SXS}}) - \alpha(\bar{C}_{\mathrm{FW}}\bar{W}_{\mathrm{WFW}} + \bar{C}_{\mathrm{FS}}\bar{W}_{\mathrm{SFS}}) \tag{12-44}$$

式中: $\alpha$ 为时间比例系数,即汛期时间与非汛期时间的比值,其他符号意义同上。

## 12.2.7 基于单元分析的灌区农业面源污染负荷估算

面源污染已日益成为影响水体环境质量的主要因子,其中以化肥农药的过量使用引起的农业面源污染最为突出(王龙等,2010)。我国 2005 年使用化肥 4766 万 t(折纯),按当年农作物播种面积计算,农作物的平均化肥施用量为 306.5 kg/hm², 是世界化肥平均用量的 3 倍多。但化肥的利用率很低,其中氮肥的利用率为 30%~35%,磷肥为 10%~20%,钾肥为 35%~50%。采用数学模型模拟和估算面源污染极为重要。单元特征明显是灌区农业面源污染的重要特征,故灌区农业面源污染负荷估算常以单元为单位进行。

### 1. 单元划分

受灌溉渠道和排水沟渠分割的影响,灌区具有一定的空间单元特征。灌溉渠道根据输配水次序可依次划分为干渠、支渠、斗渠、农渠、毛渠;排水沟渠则根据田间地表、地下径流的汇集关系,逐级划分为田间农(毛)沟、支沟、干沟等。节水灌溉以提高水分利用率为目标时常选择渠道控制单元为研究对象;农业面源污染以田间排水为研究受体,则常以不同级别的排水沟渠控制区域作为研究单元。

单元是农业面源污染研究的最小单位,应是相对封闭的独立排水区,且单元内部作物种植结构基本单一,土壤地质条件、农田管理模式等相近。按照目前多数灌区的灌排模式,可将田间农(毛)级排水沟控制区域或具有封闭排水区并受其他面源、点源污染影响相对较少的干级排水沟控制区域作为估算单元。

### 2. 计算负荷贡献率

1)单元负荷贡献率

在特定条件(土壤类型、作物种植结构、化肥和农药施用量等)下,灌区研究单元单位面积某类污染物的产出量可定义为负荷贡献率。由于研究单元是一个相对封闭的独立排水区,一般可通过监测试验方法确定。计算公式如下:

$$\eta_{\mathrm{NSP}} = \frac{W_{\mathrm{NSP,REP}}}{A_{\mathrm{REP}}} \tag{12-45}$$

式中：$W_{\mathrm{NSP,REP}}$ 为典型试验区某种污染物的产出负荷（kg）；$A_{\mathrm{REP}}$ 为典型试验区面积（$\mathrm{hm}^2$）。其中，$W_{\mathrm{NSP,REP}}$ 可参照下式确定：

$$W_{\mathrm{NSP,REP}} = (\bar{C}_{\mathrm{OUT}} - \bar{C}_{\mathrm{IN}}) \int_0^t Q_{\mathrm{OUT}}(t) \mathrm{d}t = (\bar{C}_{\mathrm{OUT}} - \bar{C}_{\mathrm{IN}}) W_{\mathrm{OUT}} \tag{12-46}$$

式中：$\bar{C}_{\mathrm{IN}}$、$\bar{C}_{\mathrm{OUT}}$ 分别为研究单元引水、排水过程中某种污染物的浓度（mg/L）；$Q_{\mathrm{OUT}}(t)$ 为试验区排水流量（$\mathrm{m}^3/\mathrm{s}$）；$W_{\mathrm{OUT}}$ 为试验区排水总量（$\mathrm{m}^3$）；$t$ 为试验区引排水时段（s）。

在时间尺度上，$\eta_{\mathrm{NSP}}$ 既可以是一次灌水过程的负荷贡献率，也可以是一季作物（小麦、玉米等）或者一个灌溉周期（一年或数年）的负荷贡献率，则公式中的各计算参数都在同样时段内取值。如果计算次灌水过程的负荷贡献率，式（12-46）中应当扣除次灌溉排水过程中排水口的基流污染物输出量，即

$$\begin{aligned} W_{\mathrm{NSP,REP,ONCE}} &= (\bar{C}_{\mathrm{OUT}} - \bar{C}_{\mathrm{IN}}) \int_0^t Q_{\mathrm{OUT}}(t) - Q_{\mathrm{OUT,EVR}}(t) \mathrm{d}t \\ &= (\bar{C}_{\mathrm{OUT}} - \bar{C}_{\mathrm{IN}})(W_{\mathrm{OUT}} - W_{\mathrm{OUT,EVR}}) \end{aligned} \tag{12-47}$$

式中：$Q_{\mathrm{OUT,EVR}}(t)$ 为次灌溉排水期间平均基流流量，可参考水文学中的斜线分割等方法确定（$\mathrm{m}^3/\mathrm{s}$）；$W_{\mathrm{OUT,EVR}}$ 为次灌溉排水期间平均基流水量（$\mathrm{m}^3$）；其他符号同上。

负荷贡献率是特定单元单位面积的产污量，研究区土地利用结构复杂时则选取典型研究单元较多，一般选择水田、旱田或经济田（蔬菜基地、果园等经济作物用地，农药用量较大）作为代表性研究单元。

2）灌区负荷贡献率

根据灌区的土壤类型、作物种植结构等特定条件，灌区负荷贡献率 $\bar{\eta}_{\mathrm{NSP}}$ 可综合各单元所得负荷贡献率 $\eta_{\mathrm{NSP}}$，由下式加权平均得到：

$$\bar{\eta}_{\mathrm{NSP}} = \frac{\sum_{K=1}^{M} \eta_{\mathrm{NSP},K} \times A_K}{A_{\mathrm{TOTAL}}} \tag{12-48}$$

式中：$\eta_{\mathrm{NSP},K}$ 为灌区 $K$ 类特定条件下试验区的某种污染物负荷贡献率；$A_K$ 为灌区 $K$ 类特定条件的种植面积（$\mathrm{hm}^2$）；$A_{\mathrm{TOTAL}}$ 为灌区总面积（$\mathrm{hm}^2$）。

灌区负荷贡献率综合反映了具体研究区的农业面源污染产污水平。由于影响农业面源污染的种植结构、灌溉水量、化肥用量等因素多处于动态变化状态，具体研究年的灌区负荷贡献率可以修正典型年负荷贡献率获得。

3）灌区污染负荷

在求得灌区负荷贡献率 $\bar{\eta}_{\mathrm{NSP}}$ 之后，可得出灌区农业面源某种污染物的总负荷 $W_{\mathrm{NPS,TOTAL}}$。

$$W_{\mathrm{NPS,TOTAL}} = \bar{\eta}_{\mathrm{NSP}} \times A_{\mathrm{TOTAL}} \tag{12-49}$$

对于拥有多个灌区的地区或者流域，可利用上述各式累积求得。

上述过程计算出的 $W_{\mathrm{NPS,TOTAL}}$ 是灌区的田间产污负荷，并非灌区最终向外界水体输出

的污染负荷，两者之间还存在着由降解、吸附等许多综合作用引起的排污系数，即两者存在如下关系：

$$W_{\text{OUT,NPS,TOTAL}} = \lambda \times W_{\text{NPS,TOTAL}}$$ （12-50）

式中：$\lambda$ 为由田间产污直至向外界输出的排污系数。

灌区农业面源污染研究存在尺度效应的问题，可以通过研究单元的选择减轻尺度效应的影响。

## 12.2.8 基于现代分析技术的面源污染负荷预测方法

### 1. 偏最小二乘回归模型

偏最小二乘回归是一种新型的多元统计数据分析方法，集多元线性回归分析、典型相关分析和主成分分析的基本功能于一体，将建模预测类型的数据分析方法与非模式的数据认识性分析方法有机地结合在一起，能够在自变量存在严重相关性的条件下进行回归建模。与最小二乘回归相比，偏最小二乘回归模型更易于辨识系统信息与噪声，每一个自变量的回归系数更容易解释。

设有单因变量 $y$ 和 $m$ 个自变量 $\{x_1, x_2, \cdots, x_m\}$，有 $n$ 个观测样本点，由此构成了自变量与因变量的数据表 $X = [x_1, x_2, \cdots, x_m]_{n \times m}$ 和 $Y = [y]_{n \times 1}$。偏最小二乘回归分别在 $X$ 与 $Y$ 中提取成分 $t_1$ 和 $u_1$（即 $t_1$ 是 $x_1, x_2, \cdots, x_m$ 的线性组合，$u_1$ 是 $y_1$ 的线性组合）。在提取这两个成分时，为了回归分析的需要，有下列两个要求：① $t_1$ 和 $u_1$ 应尽可能大地携带其各自数据表中的变异信息；② $t_1$ 与 $u_1$ 的相关程度能够达到最大。在第一个成分 $t_1$ 和 $u_1$ 被提取后，偏最小二乘回归分别实施 $X$ 对 $t_1$ 的回归以及 $Y$ 对 $t_1$ 的回归。如果回归方程已经达到满意的精度，则算法终止，否则，将利用 $X$ 被 $t_1$ 解释后的残余信息进行第二轮的成分提取。如此往复，直到能达到一个较满意的精度为止。若最终对 $X$ 共提取了 $h$ 个成分 $t_1, t_2, \cdots, t_h$，偏最小二乘回归先施行 $Y$ 对 $t_1, t_2, \cdots, t_h$ 的回归，然后再表达成 $y$ 关于原变量 $x_1, x_2, \cdots, x_h$ 的回归方程。

1）数据标准化处理

标准化的目的是使样本点的集合重心与坐标原点重合。

$$\left. \begin{array}{l} F_0 = (F_{0y})_n \\ F_{0y} = \dfrac{[y - E(y)]}{S_y} \end{array} \right\}$$ （12-51）

$$\left. \begin{array}{l} E_0 = (E_{01}, E_{02}, \cdots, E_{0m})_{n \times m} \\ E_{0i} = x_i^* = \dfrac{[x_i - E(x_i)]}{S_{x_i}} \quad (i = 1, 2, \cdots, m) \end{array} \right\}$$ （12-52）

式中：$F_0$、$E_0$ 分别为 $Y$、$X$ 的标准化矩阵；$E(y)$、$E(x_i)$（$i$ 同上）分别为 $Y$、$X$ 的均值；$S_y$、$S_{x_i}$ 分别为 $Y$、$X$ 的均方差；$n$ 为样本数量。

2）第一成分 $t_1$ 的提取

已知 $F_0$、$E_0$，可从 $E_0$ 中提取第一个成分 $t_1$，$t_1 = E_0 W_1$，其中 $W_1$ 为 $E_0$ 的第一个轴，为组合系数，$\| W_1 \| = 1$；$t_1$ 是标准化变量 $x_1^*, x_2^*, \cdots, x_m^*$ 的线性组合，为原信息的重新调整。

从 $F_0$ 中提取第一个成分 $u_1$，$u_1 = F_0 C_1$，其中 $C_1$ 为 $F_0$ 的第一个轴，$\|C_1\| = 1$。在此，要求 $t_1$、$u_1$ 能分别很好地代表 $X$ 与 $y$ 中的数据变异信息，且 $t_1$ 对 $u_1$ 有最大的解释能力。根据主成分分析原理和典型的相关分析思路，实际上是要求 $t_1$ 与 $u_1$ 的协方差最大，这是一个最优化问题。经推导有

$$\left.\begin{array}{l} E_0^T F_0 F_0^T E_0 W_1 = \theta_1^2 W_1 \\ F_0^T E_0 E_0^T F_0 C_1 = \theta_1^2 C_1 \end{array}\right\} \tag{12-53}$$

式中：$\theta_1$ 为优化问题的目标函数；$W_1$ 为 $E_0^T F_0 F_0^T E_0$ 的特征向量；$\theta_1^2$ 为对应的特征值；$C_1$ 为对应于矩阵 $F_0^T E_0 E_0^T F_0$ 最大特征值 $\theta_1^2$ 的单位特征向量。要使 $\theta_1$ 取最大值，则 $W_1$ 为 $E_0^T F_0 F_0^T E_0$ 矩阵的最大特征值的单位特征向量，本章中，$C_1 = 1$，则 $u_1 = F_0$，则有

$$W_1 = \frac{E_0^T F_0}{\| E_0^T F_0 \|} = \frac{1}{\sqrt{\sum_{i=1}^m r^2(x_i, y)}} \begin{bmatrix} r(x_1, y) \\ \vdots \\ r(x_m, y) \end{bmatrix} \tag{12-54}$$

$$t_1 = E_0 W_1 = \frac{1}{\sqrt{\sum_{i=1}^m r^2(x_i, y)}} [r(x_1, y) E_{01} + r(x_2, y) E_{02} + \cdots + r(x_m, y) E_{0m}] \tag{12-55}$$

式中：$r(x_i, y)$ 为 $x_i$ 与 $y$ 的相关系数。从式（12-55）可以看出，$t_1$ 不仅与 $x$ 有关，而且与 $y$ 有关；另外，若 $x_i$ 与 $y$ 的相关程度越强，则 $x_i$ 的组合系数越大，其解释性就越明显。求得轴 $W_1$ 后，可得成分 $t_1$。分别求 $F_0$、$E_0$ 对 $t_1$ 的回归方程为

$$E_0 = t_1 P_1^T + E_1, \quad F_0 = t_1 r_1 + F_1 \tag{12-56}$$

式中：$P_1 = E_0^T t_1 / \| t_1 \|^2$ 为回归系数，是向量；$r_1 = F_0^T t_1 / \| t_1 \|^2$，为回归系数，是标量；$E_1$、$F_1$ 分别为回归方程的残差矩阵，其中 $E_1 = [E_{11}, E_{12}, \cdots, E_{1m}]$；$F_1 = F_0 - t_1 r_1$。

3）第二成分 $t_2$ 的提取

以 $E_1$ 取代 $E_0$，$F_1$ 取代 $F_0$。用上面的方法求第二个轴 $W_2$ 和第二个成分 $t_2$，有

$$W_2 = \frac{E_1^T F_1}{\| E_1^T F_1 \|} = \frac{1}{\sqrt{\sum_{i=1}^m \text{Cov}^2(E_{1i}, F_1)}} \begin{bmatrix} \text{Cov}(E_{11}, F_1) \\ \vdots \\ \text{Cov}(E_{1m}, F_1) \end{bmatrix} \tag{12-57}$$

$$t_2 = E_1 W_2 \tag{12-58}$$

式中：Cov 为协方差。施行 $E_1$、$F_1$ 对 $t_2$ 的回归，有

$$E_1 = t_2 P_2^T + E_2, \quad F_1 = t_2 r_2 + F_2 \tag{12-59}$$

式中：$P_2 = E_1^T t_2 / \| t_2 \|^2$；$r_2 = F_1^T t_2 / \| t_2 \|^2$。

4）第 $h$ 成分 $t_h$ 的提取

同理，可推求第 $h$ 成分 $t_h$。$h$ 可用交叉有效性原则进行识别，$h$ 小于 $X$ 的秩。

5）推求偏最小二乘回归模型

$F_0$ 关于 $t_1, t_2, \cdots, t_h$ 的最小二乘回归方程为

$$\widehat{F_0} = r_1 t_1 + r_2 t_2 + \cdots + r_h t_h \tag{12-60}$$

由于 $t_1, t_2, \cdots, t_h$ 均是 $E_0$ 的线性组合，由偏最小二乘回归的性质有

$$t_i = E_{i-1}W_i = E_0W_i^* \tag{12-61}$$

式中：$W_i^* = \prod_{k=1}^{i-1}(I - W_kP_k^{\mathrm{T}})W_i$。

将式（12-61）代入式（12-60）得

$$\widehat{F_0} = r_1E_0W_1^* + r_2E_0W_2^* + \cdots + r_hE_0W_h^* = E_0(r_1W_1^* + r_2W_2^* + \cdots + r_hW_h^*) \tag{12-62}$$

记 $y^* = F_0$，$x_i^* = E_{0i}$，$\alpha_i = \sum_{k=1}^{h} r_k W_{ki}^*$ $(i = 1,2,\cdots,m)$，即

$$\widehat{y^*} = \alpha_1 x_1^* + \alpha_2 x_2^* + \cdots + \alpha_m x_m^* \tag{12-63}$$

式（12-63）还可进一步写为原始变量的偏最小二乘回归方程，即

$$\hat{y} = \left[ E(y) - \sum_{i=1}^{m} \alpha_i \frac{S_y}{S_{x_i}} E(x_i) \right] + \alpha_1 \frac{S_y}{S_{x_i}} x_1 + \cdots + \alpha_m \frac{S_y}{S_{x_i}} x_m \tag{12-64}$$

在偏最小二乘回归建模中，应该选取多少个成分可通过考察增加一个新的成分后，能否对模型的预测功能有明显的改善来考虑。

### 2. 支持向量机模型

支持向量机（support vector machine，SVM）模型是 Vapnik（1995）根据统计学理论提出的一种新的通用学习方法，是以统计学中的 VC 维（Vapnik-Chervonenkis dimension）理论和结构风险最小原理为理论基础，能较好地解决小样本、非线性、商维数和局部极小点等实际问题（张学工，2000），并因其出色的学习性能而被认为是人工神经网络方法的替代方法。面源污染负荷的预测问题可以看作一种对非点源负荷及其影响因子间的复杂的非线性函数关系的逼近问题。

SVM 模型的基本思想为：通过非线性变换将输入空间变换到一个高维的特征空间，然后在这个特征空间中求取最优线性分类面，使分类边界，即分类平面与最近点（支持向量）之间的距离最大，并且这种非线性变换是通过定义合适的核函数来实现的，然后将 SVM 问题转化为一个二次规划问题，从而求解。

给定训练数据 $(x_1, y_1),(x_2, y_2),\cdots,(x_i, y_i),\cdots,(x_l, y_l)$，$x_i \in R^n$，$y_i \in R$。其中 $x_i$ 为输入向量，$y_i$ 为 $x_i$ 对应的输出值，$l$ 为样本个数。对于面源污染负荷预测，$x_i$ 为面源污染负荷的影响因子，如降雨量、径流量、输沙量等，$y_i$ 为面源污染负荷预测值。支持向量机回归的基本思想就是通过一个非线性映射步 $\phi$ 将数据 $x_i$ 映射到高维特征空间 $F$，并在这个空间进行线性回归，即

$$f(x) = w^{\mathrm{T}}\phi(x) + b \tag{12-65}$$

式中：$w^{\mathrm{T}}$ 为超平面的权向量；$b$ 为偏置项。

支持向量机实际上就是在约束条件式（12-67）下求解下面的优化问题：

$$\min_{w,b,\xi,\xi^*} J = \frac{1}{2}w^{\mathrm{T}}w + C\sum_{i=1}^{l}(\xi + \xi^*) \tag{12-66}$$

约束条件：

$$\text{s.t.}\begin{cases} y_i - w^T\phi(x_i) - b \leqslant \varepsilon + \xi_i \\ w^T\phi(x_i) + b - y_i \leqslant \varepsilon + \xi_i^* \ (i=1,\cdots,l) \\ \xi_i,\xi_i^* \geqslant 0 \end{cases} \tag{12-67}$$

式中：$\xi$、$\xi^*$ 均为松弛变量，分别表示在误差 $\varepsilon$ 约束下 $\{|\, y_i - [w^T\phi(x_i) + b]\,|<\varepsilon\}$ 的训练误差的上限和下限；$\varepsilon$ 为 Vapnik-$\varepsilon$ 不敏感代价函数（$\varepsilon$-insensitive cost function）所定义的误差，当预测值在定义的误差 $\varepsilon$ 内，代价函数为 0；当预测值在定义的误差 $\varepsilon$ 外时，代价函数为预测值与误差 $\varepsilon$ 之差的幅值。常数 $C>0$，为惩罚系数，它控制对超出误差 $\varepsilon$ 的样本的惩罚程度。

为求解这样一个优化问题，根据 Kubn-Tucker 条件，引入拉格朗日函数。

$$L = \frac{1}{2}w^T w + C\sum_{i=1}^{l}(\xi+\xi^*) - \sum_{i=1}^{l}a_i(\xi_i+\varepsilon-y_i+w\cdot x_i+b) - \sum_{i=1}^{l}a_i^*(\xi_i^*+\varepsilon+y_i-w\cdot x_i-b) - \sum_{i=1}^{l}(\eta_i\xi_i - \eta_i^*\xi_i^*)$$
$$\tag{12-68}$$

式中：$L$ 为拉格朗日量；$a_i$、$a_i^*$、$\eta_i$、$\eta_i^*$ 均大于 0，为拉格朗日乘子，根据 Kubn-Tucker 条件，如下等式和约束条件成立：

$$\text{s.t.}\begin{cases} \sum_{i=1}^{l}(a_i - a_i^*) = 0 \\ 0 \leqslant a_i, a_i^* \leqslant C(i=1,\cdots,l) \\ w = \sum_{i=1}^{l}(a_i - a_i^*)\phi(x_i) \end{cases} \tag{12-69}$$

因此非线性的回归问题可以通过解式（12-70）的对偶问题求解。

$$\max_{\alpha,\alpha^*} W(\alpha_i,\alpha_i^*) = -\frac{1}{2}\sum_{i,j=1}^{l}(\alpha_i-\alpha_i^*)(\alpha_j-\alpha_j^*)K(x_i,x_j) - \varepsilon\sum_{i=1}^{l}(\alpha_i+\alpha_i^*) + \sum_{i=1}^{l}y_i(\alpha_i-\alpha_i^*) \tag{12-70}$$

在上述约束优化问题中，$0<|\alpha_i-\alpha_i^*|\leqslant C$ 对应的向量 $x_i$ 称为支持向量，它是控制拟合函数的关键点；$|\alpha_i-\alpha_i^*|=C$ 对应的向量 $x_j$ 称为边界支持向量，此时拟合函数有大于 $\varepsilon$ 的误差存在。核函数 $K(x_i,x_j) = \phi(x_i)^T \cdot \phi(x_j)$ 描述了高维特征空间的内积，可以在满足 Mercer 条件的情况下选取。求解后得到 $\alpha_i$ 和 $\alpha_i^*$ 代入式（12-68），并由式（12-64）得到回归函数：

$$f(x) = \sum_{i=1}^{N}(\alpha_i-\alpha_i^*)K(x,x_i) + b \tag{12-71}$$

### 3. 灰色神经网络预测模型

灰色与神经网络组合模型由于有效地融合了灰色理论弱化数据序列波动性的特点和神经网络特有的非线性适应性信息处理能力，已被广泛应用于水文、电力、交通等领域。

1）GM(1, N)建模原理

GM(1, N)模型是用离散的数列建立近似连续的微分方程模型，它反映了 $N-1$ 个变量对某一变量的一阶导数的影响。设有 $N$ 个变量 $x_1, x_2, x_3, \cdots, x_N$ 对应有 $N$ 个原始数列：$x_i^{(0)}(1), x_i^{(0)}(2), \cdots, x_i^{(0)}(m)$（每个数列有 $m$ 个样本，$i = 1, 2, \cdots, N$），对 $x_i^{(0)}$ 做累加生成，简记为 AGO（accumulated generating operation），即对 1 个原始数列，将其第 1 个数据维持不

变得到新数列第 1 个数据，将其第 1 个数据与第 2 个数据相加得到新数列第 2 个数据，将原始数列的第 1 个、第 2 个、第 3 个数据相加得到新数列的第 3 个数据……，依此操作，则得到 $N$ 个生成数据组成的数列，根据灰色系统理论，可建立如下形式的白化微分方程：

$$\mathrm{d}x_1^{(1)} / \mathrm{d}t + ax_1^{(1)} = b_1 x_2^{(1)} + b_2 x_3^{(1)} + \cdots + b_{N-1} x_N^{(1)} \tag{12-72}$$

这是 $N$ 个变量的一阶微分方程，故记为 GM$(1, N)$。$b_1$, $b_2$, $\cdots$, $b_{N-1}$ 反映了系统各因素（$x_2$, $x_3$, $\cdots$, $x_N$）与主因素（$x_1$）之间的动态关联程度，$b_i > 0$ 表示该因素 $i$ 对主因素有促进作用，反之有阻碍作用。而 $a$ 值则反映主因素和各因素之间的协调程度，$a > 0$ 表示不太协调。

记上述模型中的参数向量为 $\hat{a} = (a, b_1 b_2, \cdots, b_{N-1})^{\mathrm{T}}$，则根据最小二乘法，有

$$\hat{a} = (B^{\mathrm{T}} B)^{-1} B^{\mathrm{T}} y_N \tag{12-73}$$

式中：$B$、$y_N$ 均为数据矩阵，其中

$$B = \begin{bmatrix} -\dfrac{1}{2}(x_1^{(1)}(1) + x_1^{(1)}(2)) & x_2^{(1)}(2) \cdots x_N^{(1)}(2) \\ -\dfrac{1}{2}(x_1^{(1)}(2) + x_1^{(1)}(3)) & x_2^{(1)}(3) \cdots x_N^{(1)}(3) \\ -\dfrac{1}{2}(x_1^{(1)}(m-1) + x_1^{(1)}(m)) & x_2^{(1)}(m) \cdots x_N^{(1)}(m) \end{bmatrix} \tag{12-74}$$

$$y_N = [x_1^{(0)}(2), x_1^{(0)}(3), \cdots, x_1^{(0)}(m)]^{\mathrm{T}}$$

并且各个生成数列 $x_i^{(1)}$ 的时间（离散）近似关系式为

$$\hat{x}_i^{(1)}(k+1) = \left[ x_1^{(0)} - \frac{1}{a} \sum_{i=2}^{N} b_{i-1} x_i^{(1)}(k+1) \right] \mathrm{e}^{-ak} + \frac{1}{a} \sum_{i=2}^{N} b_{i-1} x_i^{(1)}(k+1) \tag{12-75}$$

且有 $x_1^{(1)}(1) = x_1^{(0)}(1)$。式（12-75）只是对累加生成数列建立的模型，要进行预测还需将模型进行还原，即采用累减生成，可得 $\hat{x}_1^{(0)}(k+1) = \hat{x}_1^{(1)}(k+1) - \hat{x}_1^{(1)}(k)$，由此可得到对数据列 $x_1^{(0)}$ 的预测结果 $\hat{x}_1^{(0)}$。

2）残差序列 $\{l^{(0)}(k)\}$ 的 BP、RBF 网络模型

将逐年原始数据与用 GM$(1, N)$模型得到的模拟值对应相减，生成残差序列

$$l^{(0)}(k) = x^{(0)}(k) - \hat{x}^{(0)}(k) \tag{12-76}$$

根据预测阶数（年限）$n$，将 $l^{(0)}(k-1)$, $l^{(0)}(k-2)$, $\cdots$, $l^{(0)}(k-n)$ 作为 BP（back propagation）、RBF（radial basis function）网络训练的输入样本，将 $l^{(0)}(k)$ 作为预测期望值，对 BP、RBF 网络进行训练。

3）灰色人工神经网络模型

用训练好的神经网络来预测残差序列 $\{l^{(0)}(k)\}$，得到 $\{\hat{l}^{(0)}(k)\}$，在此基础上可以得到灰色人工神经网络模型的预测值，其计算公式为

$$\hat{x}^{(0)}(k,1) = \hat{x}^{(0)}(k) + \hat{l}^{(0)}(k) \tag{12-77}$$

## 12.2.9　农业面源污染模型的构建及应用

农业面源污染具有明显的不确定性特点，模型化是研究农业面源污染的重要手段。分

别出现了 CREAMS 模型、在此基础上发展的农田小区模型 EPIC、模拟农业活动对地下水影响的 GIEAMS 模型、描述农田水分和污染物运移的模型 DRAINMODN、LEACHM（leaching estimation and chemistry model）、RZWQM（root zone water quality model）等，对农业面源污染的研究和控制都有很好的促进作用。由于基础数据匮乏、监测资料少等原因，模型的应用受到限制（李怀恩，2000；庄咏涛和李怀恩，2001；李强坤等，2009）。

依据农业面源污染产污环节单元特征明显、输污环节迁移路径复杂的特点，模型构建中可将农业面源污染整体模型划分为表征田间产污过程的"源"模块和污染物在排水沟渠中迁移转化的"汇"模块，"源"、"汇"模块以田间排水沟末端为分界点（李强坤等，2011）。

依据上述建模思路，农业面源污染模型可表达为

$$W_{\mathrm{ansp,out},j} = W_{\mathrm{ansp,pro},j} \cdot \eta_j \tag{12-78}$$

式中：$W_{\mathrm{ansp,out},j}$ 为 $j$ 类农业面源污染物向外界水体输出的负荷量（kg）；$W_{\mathrm{ansp,pro},j}$ 为作物在灌溉（降水）作用下排进田间排水沟（一般为农沟）$j$ 类污染物的污染负荷（kg）；$\eta_j$ 为 $j$ 类污染物向外界水体排出的负荷占田间产污负荷的比例，可称为排污系数。其中，$W_{\mathrm{ansp,pro},j}$ 表示田间产污负荷，可由下式计算：

$$W_{\mathrm{ansp,pro},j} = \int_{t_1}^{t_2} \sum_{i=1}^{m} A_i a_{i,j} \mathrm{d}t \tag{12-79}$$

式中：$t_1$、$t_2$ 为研究起止时段；$A_i$ 为 $i$ 类土地利用面积，即 $i$ 类作物种植面积（hm$^2$）；$a_{i,j}$ 为 $i$ 类作物单位面积 $j$ 类污染物的产出量，即 $i$ 类作物 $j$ 类污染物的产污强度或源强（kg/hm$^2$），可通过典型区监测试验，由下式计算：

$$a_{i,j} = W_{\mathrm{ansp,pro},i,j} / A_i = \int_{t_1}^{t_2} W_{\mathrm{w,dra}} C_{\mathrm{ansp,pro},i,j} \mathrm{d}t / A_i \tag{12-80}$$

式中：$W_{\mathrm{ansp,pro},i,j}$ 为 $i$ 类作物灌溉（降水）作用下排进田间排水沟（一般为农沟）的 $j$ 类污染物的污染负荷（kg）；$W_{\mathrm{w,dra}}$ 为 $i$ 类作物排进末级排水沟的水量（m$^3$），由农田灌溉排水模型估算；$C_{\mathrm{ansp,pro},i,j}$ 为 $i$ 类作物排进末级排水沟 $j$ 类污染物的浓度（mg/L），由农田灌溉排水中污染物浓度预测模型估算。

$j$ 类污染物经田间产出后向外界水体排出的排污系数 $\eta_j$ 可通过典型排水沟渠监测试验，应用下式计算：

$$\eta_j = \frac{W_{\mathrm{out},j}}{\sum_{i=1}^{m} W_{\mathrm{ansp,pro},i,j}} \tag{12-81}$$

式中：$W_{\mathrm{out},j}$ 为进入田间末级排水沟的 $j$ 类污染物总和迁移至外界水体的污染负荷（kg），可由监测试验（没有点源污染进入）或经农业面源污染物在排水沟渠中的迁移转化模型模拟求得。

综合上述，式（12-78）～式（12-81）为农业面源污染整体模型，其中式（12-79）、式（12-80）表示农业面源污染物的田间产出过程，可以称为"源"模块，式（12-81）表示农业面源污染物在排水沟渠中的输移过程，称为"汇"模块。

### 12.2.10　城市非点源污染模型

城市非点源污染模型经历了经验模型、机制模型、与 GIS 耦合应用 3 个发展阶段（李怀恩和李家科，2013）。

#### 1. SWMM 模型

SWMM（storm water management model）是 1971 年美国环境保护局（USEPA）为解决日益严重的城市非点源污染而推出的城市暴雨水量水质预测和管理模型。SWMM 主要由径流模块（runoff）、输送模块（transport）、扩充输送模块（extend-transport）、存储处理模块（storage/treatment）4 个计算模块和 1 个用于统计分析和绘图的服务模块组成，可以模拟完整的城市降雨径流过程，包括不透水区地表径流、透水区土壤侵蚀和下渗过程、排水管网中的溢流及受纳水体的水质变化。SWMM 可以模拟生化需氧量（BOD）、化学需氧量（COD）、大肠杆菌、总氮（TN）、总磷（TP）、总固体悬浮物（TSS）、沉淀物质、油类等 10 种污染物及用户自定义污染物，考虑大气污染物的沉降，但不考虑污染物之间的相互作用和转化。

#### 2. STORM 模型

STORM（storage，treatment，overflow，runoff model）是美国陆军工程兵团工程水文中心（USAGE-HEC）1973 年推出的城市暴雨径流模型，用于模拟城区降雨径流及水质过程。STORM 能模拟 TSS、沉淀物质、BOD、TN、正磷酸盐和大肠杆菌 6 种污染物，不考虑污染物之间的相互作用和转化。

#### 3. SLAMM 模型

SLAMM（source loading and management model）是美国学者 Pitt 等（2009）开发的用于城市非点源污染物识别和控制模拟的非点源污染模型。SLAMM 可以模拟 TP、TN、溶解氧（DO）、TSS、泥沙和金属等污染物。

#### 4. HSPF 模型

HSPF（hydrologic simulation program-fortran）模型是 20 世纪 70 年代 USEPA 联合美国地质调查局（USGS）推出的用于模拟农村和城市地区水文水质过程的非点源污染模型。HSPF 模型借鉴集成了早期 SWM（stanford watershed model）、HSP（hydrologic simulation program）、ARM（agricultural runoff management）、NPS（nonpoint source runoff）等模型，并不断改进，作为一个子模型嵌入 USEPA 1998 年开发的 BASINS 系统。模型可以模拟 TSS、BOD、大肠杆菌、TP、硝酸盐和亚硝酸盐等污染物，考虑污染物之间的相互作用和转化。

#### 5. DR3M-QUAL 模型

DR3M-QUAL（multi-event urban runoff quality model）是美国地质调查局（USGS）

1982 年推出的可以模拟城区降雨径流水量和水质的基于物理概念的分布式模型。模型将地面、各级管道看作一个系统，逐日计算场次暴雨之间的土壤湿度，采用运动波演算地面径流，最小时间步长为 1 min，适合于小城市区域的应用。DR3M-QUAL 可以模拟 TN、TP、TSS 和金属 4 种污染物，不考虑污染物之间的相互作用。

### 6. MOUSE 模型

MOUSE（model for urban sewers）是丹麦水力学研究所推出的用于模拟城市径流、管道水流的城市暴雨径流模型，并增加了污染物模拟模块 MOUSETRAP。MOUSETRAP 能够模拟泥沙和溶解态、颗粒态污染物的运动，以及管道中水质变化过程和微生物的降解过程。MOUSE 能模拟 DO、BOD、COD、溶解态氨、溶解态磷、泥沙、温度、3 种细菌以及用户自定义金属等水质参数。

### 7. Hydro Works 模型

Hydro Works 模型是英国 Wallingford 软件公司 1997 年开发推出的可以模拟城市雨水水质及污染负荷的水文水质模型。Hydro Works 模型现被纳入 Wallingford 软件公司的排水网络模拟软件 Info Works CS 中，作为该软件的一个城市水量水质模拟组件，不再是独立的模型。模型采用分布式模型模拟降雨径流过程，并进行汇流计算，采用完全求解的圣维南方程模拟管道流动。Hydro Works 模型能模拟 TSS（总悬浮物含量）、BOD、COD、铵态氮、TKN（凯氏氮）、TP（总磷）以及 4 种用户自定义污染物。

以上常用城市非点源污染模型的特点、适用性和局限性总结比较见表 12-5。

**表 12-5　常用城市非点源污染模型特点、适用性和局限性**

| 项目 | SWMM | STORM | SLAMM | HSPF | DR3M-QUAL | MOUSE | Hydro Works |
|---|---|---|---|---|---|---|---|
| 时间尺度 | 场次、连续 | 场次 | 场次 | 场次、连续 | 场次 | 场次、连续 | 场次、连续 |
| 空间尺度 | 城市 | 城市 | 城市 | 城市、流域 | 城市 | 城市管网 | 城市 |
| 污染物累积模型 | 幂函数、指数函数、饱和浸润方程 | 线性函数 | 指数函数 | 线性函数 | 指数函数 | 线性函数、指数函数 | 线性函数 |
| 污染物冲刷模型 | 指数函数、关系曲线、场次平均浓度 | 指数函数 | 指数函数 | 径流比例 | 指数函数 | 雨滴溅蚀 | 降雨强度和污染物累积量的函数 |
| 泥沙、污染物运动模拟 | 地表、管道 | 地表 | 地表 | 地表 | 地表 | 地表、管道 | 地表、管道 |
| 污染物相互作用和转化模拟 | 不可以 | 不可以 | 不可以 | 可以 | 不可以 | 可以 | 不可以 |
| 污染负荷图输出 | 可以 | 不可以 | 不可以 | 不可以 | 不可以 | 可以 | 可以 |
| 模型复杂性 | 较高 | 一般 | 一般 | 较高 | 一般 | 高 | 高 |
| 模型不确定性 | 较大 | 较小 | 较小 | 较大 | 较小 | 大 | 大 |
| GIS 耦合应用 | 松散 | 松散 | 松散 | 紧密 | 松散 | 松散 | 紧密 |
| BMPs 模拟评价 | 可以 | 不可以 | 可以 | 可以 | 不可以 | 可以 | 可以 |

# 12.3　面源污染的水土保持防控技术与策略

## 12.3.1　面源污染防控的"3R"与"4R"策略

面源污染防控技术需要从"土相"、"水相"和"生物相"等多层面揭示污染物的生物地球化学循环过程,从生态系统层面进行调控,充分考虑生态系统自身的调控功能与机制,深入研究基于区域污染物总量削减的农业用地格局的空间优化配置、各利用方式之间的空间衔接技术、有效阻断污染物的空间隔离带技术;研究合理的种植制度或轮作方式,优化"种植-养殖-加工"链中养分的循环模式与再利用技术;探索集约化农田的排水方式,建立能逐级削减污染物的沟-渠-塘结构与工艺,延长污染物在沟-渠-塘中的停留时间,提高降解能力,以实现农业生态系统的稳态转化和自净能力提升,促进污染物的区域联控(图 12-1)。

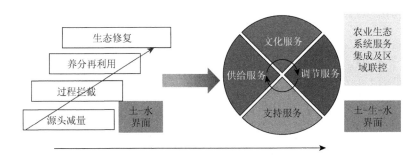

图 12-1　农业面源污染防控:从控制到生态系统服务集成

根据面源污染的形成和发展过程,有学者提出了农业面源污染控制工程的"减源(reduce)—拦截(retain)—修复(restoration)"("3R")策略与实践方案,即在农业面源污染控制工程建设过程中,以实现农业环境保护、农业经济可持续发展与农村人居环境和谐发展为目标,从污染物产生的源头开展污染物的减量化工程(减源),在污染物迁移过程中开展污染物的拦截与阻断工程(拦截),并对面源污染物进行深度的处理与再净化,在此基础上对农业生态系统进行环保修复(修复),实现农业生态系统自我修复功能的提高和系统的稳态转换。在此基础上发展为农业面源污染控制工程指导模式"源头减量(reduce)—过程阻断(retain)—养分再利用(reuse)—生态修复(restore)"("4R")策略,形成了包括源头减量、过程阻断、养分再利用和生态修复防控面源污染的综合性策略。

"4R"策略详述如下:①源头减量。控制污染物来源是农业面源污染控制的关键和最有效的策略,主要包括优化养分和水分管理过程,减少肥料的施用,提高养分利用效率,并实施节水灌溉和径流控制。②过程阻断。过程控制技术包括生态沟渠、缓冲带、生态池塘和人工湿地等。生态沟渠常被认为是农业领域最有效的营养保留技术。在生态沟渠中,排水中的氮、磷等营养物质可以通过沟渠中的生物进行有效的拦截、吸附、同化和反硝化等多种方式去除。③养分再利用。使面源污水中的氮、磷等营养物再度进入农作物生产系统，为农作物提供营养，达到循环再利用的目的。畜禽粪便和农作物秸秆中的氮、磷养分可直接还田，养殖废水和沼液在经过预处理后进行还田，农村生活污水、农田排水及富营养化河水中的氮、磷养分可通过稻田湿地系统对其消纳净化和回用。④水生生态系统修复。充分利用农业区内的污水路径，如运河、沟渠、池塘和溪流等，对面源污水的输移路径进行水生生态修复，以提高其自净能力，如生态浮床、生态潜水坝、河岸湿地和沉水植物等多种修复技术（图 12-2）。

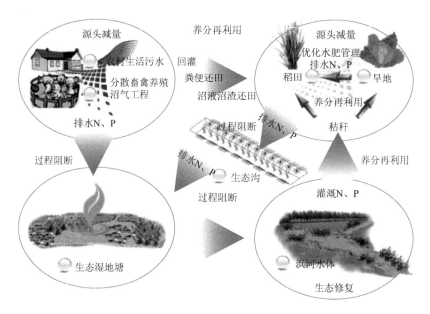

图 12-2　防控农业面源污染的"4R"策略框架

## 12.3.2　小流域面源污染防治措施优化配置

### 1. 生态清洁小流域建设

随着经济社会的不断发展和人们生活质量的不断提升，人们对环境的认识不断更新，对清洁水源、良好生态环境及人居环境的要求越来越高，对水土保持工作提出了新的要求，传统的着力于防治水土流失、改善农业生产条件的小流域综合治理面临着内容的拓展和标准的提升。北京市从 2003 年开始进行生态清洁小流域治理试点工程，生态清洁小流域的概念由此提出。2013 年 1 月，水利部发布水利行业标准《生态清洁小流域建设技术导则》（SL 534—2013），生态清洁小流域建设日趋规范。

1）生态清洁小流域的概念

生态清洁小流域是在传统小流域综合治理基础上，将水资源保护、面源污染防治、农村垃圾及污水处理等结合到一起的一种新型综合治理模式。其目标是建设沟道侵蚀得到控制、坡面侵蚀强度在轻度（含轻度）以下、水体清洁且非富营养化、行洪安全、生态系统良性循环的小流域。

2）生态清洁小流域三道防线

针对小流域水少、水脏的特点，生态清洁小流域三道防线按照"保护水源、改善环境、防治灾害、促进发展"的总体要求，围绕水资源保护，将小流域划分为"生态修复区、生态治理区、生态保护区"三道防线。

第一道防线是生态修复防线，依据水土保持原理和恢复生态学原理，结合退耕还林还草、发挥生态环境的自我修复能力的方针政策，在远山高山、坡度大于 25°、人为活动较少的陡坡地段划分第一道防线。特点为：山高坡陡，土层浅薄，一遇暴雨易造成严重的水土流失，泥石流、滑坡等自然灾害时有发生。该区域的水土流失主要表现为面蚀和溅蚀，水土保持措施应实行全面封禁，依靠自然修复恢复植被，减少人为干扰，减少污染，进而达到保持水土、保障水源地清洁的目的。

第二道防线是生态治理防线，位于山麓、坡脚等农业种植区及人类活动频繁的地区。特点主要体现在：生态环境脆弱，水土流失严重，是泥沙的主要产区；村镇及旅游业集中区域，人类活动频繁，生活污水和垃圾排放严重；农药、化肥使用量大；开发建设等人为活动造成水土流失严重。水土流失主要表现为沟蚀、细沟侵蚀和其他形式，同时该区是工业、农业、餐饮服务业和居民集中分布区域，是点源污染、面源污染、居民生活污水和生活垃圾的主要来源，是清洁小流域建设的重点和难点环节。

第三道防线是生态保护防线，包括水库周边、河道两岸及主要沟道，是接受污染物最多的一个区域，是水土保持清洁小流域建设的最后一道防线，也是水源保护最为重要的一道防线。其特点一般为：挖沙、采沙主要集中在该区域；水体周围植物及湿地退化，水体自然净化能力差。该区域的环境问题主要为沟道的坍塌与冲刷，生活垃圾和污水滞留河道，使河道富营养化伴有浓浓的臭味，破坏了河道这一廊道景观，水库水质下降等。

3）生态清洁小流域三道防线划分原则

（1）景观格局相似性。景观格局是景观元素，如斑块、廊道和基质的空间布局，在三道防线划分时，要充分考虑景观的格局，遵循景观格局相似性原则。

（2）水土流失相似性。水土流失是小流域的主要环境问题，是污染物搬运的动力因素，因此在划分中要体现出水土流失的类型、形式、程度、强度等相似性。

（3）治理措施相似性。在划分过程中，要考虑小流域建设措施的布局与治理措施的布设，便于生态清洁小流域建设措施的实施和管理。

（4）土地利用方式相似性。土地利用方式是人类活动的最基本的体现方式，代表和反映了人类活动对土地的利用强度、利用方式和类别，在划分中必须加以考虑。

（5）生态功能相似性。生态功能是指自然生态系统支持人类社会、经济发展的功能，包括提供产品、调节、文化和支持四大功能。在三道防线的划分中，要考虑其不同防线的生态功能的相似性。

4）三道防线划分步骤与方法

（1）所需基础资料的收集和整理。包括 GIS 基础数据的采集和数字化，基础图件的准备。主要基础图件包括土地利用现状图、沟系及水系图、道路图、数字地形图（比例尺 1∶10000）等。

（2）三道防线划分。由于第三道防线生态保护防线是水源保护最为重要的一道防线，故需首先划定。采用缓冲区法或土地利用类型法确定第三道防线。缓冲区的方法是根据沟系或水系图先确定第三道防线的主体位置，再根据沟道级别（如宽度）与沟道相邻的土地利用类型确定沿河道（水系）的缓冲区的大小（宽度），一般为2~8 m，湿地的缓冲区可根据实际情况确定；土地利用类型确定法是根据河道（岸）两侧的土地利用类型和对水环境的影响来确定作为第三道防线的土地利用类型。在确定第三道防线的基础上，进行第一道、第二道防线的划分。利用 GIS 技术手段，采用专家系统与数学判定相结合的划分方法，根据地貌、距离和土地利用方式等进行划分。

5）生态清洁小流域分类

根据生态清洁小流域建设的特点和主要实施内容，立足小流域的主要功能和建设目的，根据功能重要性程度的不同，选取对小流域水土资源综合利用最重要的水源地保护、水土流失治理、人居环境改善、自然景观提升4个主要影响因素为分类依据，采用三步分类法，将生态清洁小流域分为水源保护型、生态农业型、宜居环境型、休闲旅游型4个类型。

（1）水源保护型。该类型小流域涉及县级以上饮用水源保护区，多位于江河干流及重要支流的上游，并且在流域规划的水功能区划中属于保护区或保留区。主要功能和目的是保护县级以上饮用水源，需对该类型小流域进行保护式的综合治理。

（2）生态农业型。该类型小流域位于农产品主产区，由于水土流失较为严重，经济欠发达，同时具有适宜种植的良好条件，可发展特色产业以提高农民收入。

（3）宜居环境型。该类型小流域涉及水生态文明村、新农村建设等重点村庄区域，且村庄集中，人口密集，人居环境的改善成为其主要功能和目标。

（4）休闲旅游型。该类型小流域地理位置优越，交通便利又具有丰富的旅游资源，可以开展自然风景旅游、民俗文化游，以及观光体验农业、农家乐等旅游产业。

我国面源污染尤其是农业面源污染，绝大多数表现为水体中氮、磷含量超标。在传统的防治水土流失的基础上，水土保持措施应以增加植物为措施来吸收氮、磷等营养元素，对防控面源污染具有积极作用，且具有一定的景观价值。目前，在沟道及坡面水土保持治理中，均已形成较成熟的生态工程。

**2. 沟道水土保持生态防治技术**

1）生态谷坊

谷坊是沟道治理中最常见的水土保持工程措施。土谷坊上插柳、栽植植物等构成的生态谷坊类型得到广泛应用。近年来，一种新的生态谷坊类型——生态格宾谷坊，即利用生态格宾网制作成网箱，并将符合要求的石料填充到具有柔性的格宾网（即六角矩形网箱）中，使整体具有一定的孔隙率、逐层堆砌的一种新型的柔性挡土材料。

格宾网多用于制作格宾挡墙，用于受水流冲刷和风浪侵袭而水土流失严重的护坡、护岸、护堤工程。因其造价低、生态性好、适用性强、具有一定的柔韧性等特点，在水土保持沟道治理中得到越来越多的应用。

生态格宾网的优势：生态格宾网是将抗腐耐磨高强的低碳高镀锌钢丝或 5%铝-锌稀土合金镀层钢丝（或同质包覆聚合物钢丝），由机械将双线绞合编织成多绞状、六边形网目的网片，其双线铰合部分的长度应不小于 5 cm，以不破坏钢丝的防护镀层。生态格宾网可根据工程设计要求组装成箱笼，并装入块石等填充料后连接成一体，用作堤防、路基防护等工程的新技术。网片由经过退火处理且热镀锌或者热镀 5%铝-锌稀土合金的低碳钢丝编织而成。

格宾挡墙（谷坊）整体性比较好，由绑丝将高强度钢丝编织的网笼绑扎到一起，可抵抗局部变形，而整体不会被破坏；内部填充石料，使其中间缝隙较多，透水性好，不会造成雨水或者水流的淤积；另外，这种结构经长期土壤灰尘的堆积，可形成适合植被生长的环境，对环境影响小；还有施工简单快捷、寿命长等特点。

2）沟道人工湿地生态系统

为控制砒砂岩区支毛沟沟头的严重土壤侵蚀，在内蒙古鄂尔多斯砒砂岩地区进行沙棘植物柔性坝试验研究。该区域形成的"沟头形成人工沙棘林生态、中段形成人工湿地生态、沟口形成人工湖生态系统"体系对治理沟道砒砂岩、形成生态景观具有很好的防护作用。

沟道人工湿地生态系统的模式是：柔性坝＋中小型淤地坝＋人工滩地＋人工湿地＋骨干坝＋微型水库模式。即以沙棘柔性坝坝系拦沙工程为主体，拦沙、削峰、缓洪、泄流、抬高侵蚀基准面，形成土壤水库；以沟道淤地坝淤成的人工滩地、人工湿地在沟底形成基本农田和湿地植物经济作物区；以骨干坝为依托，以微型水库为保证，形成支毛沟沟头拦截粗沙，沟道坝地、人工滩地拦截细沙的格局。坝与坝之间形成人工湿地，增加天然径流的入渗量。微型水库提供清水，发展养殖业，供人畜饮水，达到粗细沙、水沙分治，使水沙平衡、生态平衡，达到生态经济可持续发展的目的。

3）沟道柔性坝

a. 活木栅坝

活木栅坝利用能重新长出根枝的活树干建成，其状如栏栅，以柳树为佳。活树干应顺直坚硬，直径大致相同。活树干的上端需齐整锯平，其底端则削尖。建造时，将活树干沿断面以小间隔横向排列，再以铁锤等将其底端打入河床约 1/3 的长度。活树干上部以不锈钢丝将其绑到跨越断面的横梁上，横梁两端锚入两侧岸边。栅坝适用于深度小于 4 m，宽度小于 5 m 的侵蚀沟。完工后，即使树干的根枝尚未完全长成，栅坝仍能立即产生拦淤泥沙的效果。沿溪设置一系列栅坝对控制陡急沙质侵蚀沟尤为有效。

b. 活梢扫潜坝

活梢扫潜坝是将生切的柳梢横向沿侵蚀沟断面排列，并以块石、蛇笼、活梢捆或木杆紧压于底床而成。柳梢选用长 1.5～2.0 m 的强韧枝条。施工时，先开挖一条贯穿河床断面的三角形横沟，并使横沟的下游面略为向上倾斜；然后将生切柳梢铺于三角沟的下游面，生切柳梢厚度为 3～4 层，并使 1/2～1/3 的柳梢长度露出河床；柳梢底部以块石、蛇笼、活梢捆或木杆压住，将土方回填至三角沟。此种潜坝具有控制河床冲刷的功能。柳梢长出枝叶后也能阻滞水流而使所挟带的泥沙沉积。梢扫潜坝的基础不甚稳固，因此只能用于间流性的小侵蚀沟，以控制局部性的湍流，作为稳定河床的辅助措施。

c. 草坝

草坝是利用能重新长出根枝的生切树枝（如柳树）以鱼刺型式铺于沟道底床上而形成的。生切树枝的梢端往上游朝外交叉铺放，且略往上倾斜，横木两端则埋入两岸使其稳固，以避免生切树枝在长成之前被水流冲刷而损毁。生切树枝层底部予以覆土，使长出的新根与底床封结为一体。草坝适用于深度小于 3 m，宽度小于 8 m 的冲（蚀）沟。埋入土中部分的生切树枝在生根后，有稳固河床及两岸边坡的作用，其露出地面的部分在长出枝叶后，有降低流速、促进泥沙落淤的作用，对控制河床冲刷非常有效。

d. 活梢地工织筐潜坝

活梢地工织筐潜坝利用地工织筐包装砾石成袋，以用来压稳生切柳梢而成。施工时，先于河床断面开挖一条横沟，并于沟底铺一组砾石袋，然后在其上铺一层生切柳梢，再压以一组砾石袋，如此重复进行，直至填满横沟为止。地工织筐与篾筐具有相似功能，但更具柔性，能适应各种地形；其缺点为耐用性比篾筐低，较易被沙石磨损。

e. 活梢木桩潜坝

活梢木桩潜坝是由木桩所建成的单层叠筐。施工时，将生切柳梢以每米栽植 1~5 条，排列于叠筐的纵向木桩之间，将柳梢底部插入沟床。木桩潜坝结构稳定，具有弹性，一般可维持 25~30 年的有效寿命。这种潜坝适用于具有细沙粒床质的陡窄侵蚀沟，沟宽以 3~5 m 为宜。

f. 活梢木叠筐墙堰

活梢木叠筐墙堰以木杆叠筐建成。建造时先将一条木杆横置于沟床并将两端锚入沟岸，再于其上按照适当间隔放置木杆，并紧邻于横向木杆。纵向木杆的下游端与横向木杆平齐，上游端则向下倾斜埋入河床加以固定，再在纵向木杆上铺放另一条横向木杆，重复上述步骤，直至达到预定高度为止。叠筐的下游面应呈略往上游倾斜的角度。叠筐建成后，应于其内填充土沙，再将生切柳梢斜植其中，使其顶端穿出叠筐下游面约 0.25 m，以利其生长枝叶。活梢木叠筐墙堰能承受沙石的冲击，若使用经过防腐处理的木杆，其寿命可达50~60 年。活梢木叠筐墙堰的主要功能是促进上游淤积，以降低河床的坡度。

g. 活梢篾筐堰

活梢篾筐堰是以篾筐填充砾石而成，其底部基面长宽尺寸介于 1~1.5 m 和 3~5 m 之间，高度不宜超过 3 m。若活梢篾筐堰只使用一层篾筐，则应将生切柳梢穿过篾筐，使其底端埋入河床内；如果使用多层篾筐，则柳梢应植于相邻上下两层篾筐之间，其上端应露出下游面约 0.25 m，下端则应稳固埋入上游河床内。活梢篾筐堰具有拦截大量粗粒沙石的功能。

h. 活梢抛石堰

活梢抛石堰是以天然石头或采石场的料石建筑而成，其基础与侧缘均需楔入两岸及沟底床，高度以不超过 5 m 为宜。石头间的空隙需填充沙砾石混材，生切柳梢则插植其间。活梢抛石堰的拦沙能力强，适用于控制大型陡急（冲）侵蚀沟。

4）生态排水沟道

生态排水沟道是在传统排水沟的基础上，通过改变沟的构造及栽植植被，达到防治水土流失、吸收氮磷的目的，是既能减少面源污染，又可达到景观效果的新型沟道。排水沟的两侧及沟底铺设可透水的蜂窝状混凝土预制板等，以保持排水通畅和维持边坡稳定；在混凝土预制板上的蜂窝孔洞内栽种易吸收氮磷、农药等污染物且不影响排水的植物，由此构成稳定的生态减污型排水沟系统。与传统圬工排水相比，生态排水沟道造价低、景观效果好、生态效益高，但其适用范围往往受周围环境条件限制较多。

常见的生态排水沟道有草皮水沟、生态袋水沟、生态砖水沟等。标准的草皮水沟是开阔的浅植物性沟渠，是将集水区的径流引导和传输到其他地表水的处理设施。其中，干草沟是植被覆盖的沟渠，包括土壤过滤层以及地下排水系统，以加强植草沟的处理和传输能力；湿草沟与干草沟类似，设计为湿地式的沼泽状态来加强处理效果。

### 3. 坡面水土保持生态防治技术

坡面水土保持工程是通过改变地形，防止坡地水土流失，将雨水和雪水就地拦蓄，使其渗入农田、草地或林地，减少及防止形成坡面径流，增加农作物、牧草以及林木可利用的土壤水分，并将未能就地拦蓄的坡地径流引入小型蓄水工程。在有潜在重力侵蚀发生的坡面上，修筑排水工程或支撑建筑物以防止滑坡发生。属于坡面防护工程的措施有梯田、拦水沟埂、水平沟、水平阶、鱼鳞坑、截水沟、水窖（旱井）、蓄水池及挡土墙等。

近年来，植物篱技术应用到坡面水土保持防护中，尤其在坡耕地区域，对防治水土流失、减轻面源污染具有极好的效果。

植物篱兴起于平原地区的带状耕作系统，正式起源于 20 世纪 50 年代美国的等高草篱，20 世纪 90 年代初期被引入中国，因其成本比梯田低，简单实用，生态、经济、社会效益显著，越来越多地应用到坡面水土保持治理中。植物篱技术在有效减流减沙、保持坡地水土的同时，还能显著地减少农田化学肥料中氮磷、农药中有机污染物、畜禽粪尿、养殖废水中营养元素的流失，从而减轻农业面源污染对水体的污染，因而近年来植物篱技术还作为控制农业面源污染，尤其是过量施用化学肥料引起的农田氮磷流失的源头控制技术加以推广应用。

植物篱设计包括篱植物的种类筛选、水平空间结构布设及配置模式。筛选植物品种时既要考虑植物的生物学特性，还要充分考虑其对土壤、气候等环境的适应能力及篱植物的功用（保持水土，改善土壤养分，修剪后能做饲草、薪柴、绿肥等）。植物篱水平空间结构包括植物篱带间距、带内结构和株距（表 12-6）。

**表 12-6　我国主要地方植物篱配置模式简表**

| 研究区域 | 单位 | 地貌、气候类型 | 植物篱模式 | 篱植物类型 |
|---|---|---|---|---|
| 四川宁南梁家沟流域 | 中国科学院生物物理研究所 | 金沙江干热河谷 | 固氮植物篱＋牧草（果园/桑园） | 新银合欢、三毛豆、桑树 |
| 四川资阳响水村流域 | 四川省农业科学院土壤肥料研究所 | 丘陵地貌、亚热带湿润季风气候 | 经济植物篱＋农作物牧草植物篱＋农作物固氮植物篱＋农作物 | 紫穗槐、枣树、香根草、香椿、梨树、黄花、苜蓿、衰草等 |
| 重庆万州五桥河流域 | 中国科学院水利部成都山地灾害与环境研究所 | 丘陵地貌、亚热带湿润季风气候 | 植物篱＋农作物/果园牧草植物篱＋农作物 | 皇竹草、饲草玉米 |
| 湖北秭归县王家桥流域 | 中国科学院地理科学与资源研究所、华中农业大学、香港中文大学 | 丘陵地貌、亚热带大陆季风气候 | 植物篱＋农作物/果园 | 香根草、马桑、黄荆、新银合欢、黄花菜 |
| 贵州罗甸县 | 贵州省农业科学院土壤肥料研究所 | 丘陵、亚热带季风湿润气候 | 植物篱＋农作物复合植物篱（牧草＋果树植物篱）＋农作物 | 黄荆、新银合欢、马桑、灰毛豆、小冠花、经济植物（桃树、花椒、杨梅、杏树）、牧草金荞麦等 |

| 研究区域 | 单位 | 地貌、气候类型 | 植物篱模式 | 篱植物类型 |
|---|---|---|---|---|
| 河北省张家口、山西平陆 | 中国科学院地理科学与资源研究所、山西省水利厅水土保持局 | 黄土丘陵地貌、温带大陆性季风气候 | 固氮植物篱＋农作物复合植物篱＋农作物 | 紫穗槐、花椒、矮化梨、香椿、矮化石榴、金银花、黄花 |
| 山西、河北、四川、贵州、陕西、湖北、甘肃等地 | 中国科学院地理科学与资源研究所、中国科学院生物物理研究所、地方水土保持所（局）、地方林业局 | 丘陵地貌、湿润季风气候、大陆季风气候、干热河谷 | 地梗篱 | 紫穗槐、杆条、杏树、榆树、柳树、花椒、黄花菜、中药材（知母、甘草、板蓝根）、牧草等 |

### 12.3.3 农业面源污染控制技术

随着中国小城镇的建设和发展，农村生活污水污染和治理问题越来越突出。农村生活污水规模小、成分复杂、悬浮物浓度较高、有机物浓度较低、水质呈弱碱性，其排放量丰水期比枯水期大，夜间比白天大，大部分地区没有排水管网，污水处理工艺与技术路线受到农村当地社会、经济发展和当地自然环境与生态条件的制约（陈小慧等，2017）。因此，农村生活污水的处理不能延用和照搬大中型规模城市污水处理工艺及设计参数，需遵循经济、高效、节能和简便易行原则，要求处理工艺简单，净化效果有保证，运行维护简便。

国内处理农村生活污水的常规工艺技术及其优缺点见表 12-7。

**表 12-7 国内农村生活污水处理工艺技术比较**

| 工艺技术 | 基本原理 | 优缺点 |
|---|---|---|
| 沼气生活污水净化装置 | 利用传统的沼气技术将生活污水经厌氧发酵后，再经好氧过滤池消化达标排放 | 具有灭菌、获取清洁能源（沼气）、无动力（不需用电）运行的优点，但是生活污水属低负荷污染型，采用沼气池处理，必须与其他污染物处理相结合，在实际操作中有一定难度 |
| 土壤渗滤场 | 由植物和土壤吸收净化水质，流归地下水，类似于土地处理系统 | 在条件许可情况下，该项技术是有效的，但是主要隐患是会污染当地地下水和地表水源 |
| 复合式生物处理系统 | 将生物膜反应系统和活性污泥系统结合起来，由于填料的加入，污水处理机理和效能都大为改变 | 系统的稳定性越强，适应环境变化的能力也越强，具有脱氮除磷能力 |
| 蚯蚓微生物生态滤池 | 蚯蚓微生物生态滤池是利用滤床中建立的人工生态系统，通过蚯蚓和滤床中其他微生物的协同作用处理有机污染物。根据蚯蚓具有提高土壤通气透水性能和促进有机物质的分解转化等生态学功能而设计 | 生态滤池运行管理十分方便，并能承受较强的冲击负荷。具有节约资源消耗、节能和生态化的特点，实现了废物的零排放，有效解决堵塞和环境卫生状况差的问题，而且通过收集蚯蚓和蚯蚓粪还可以获得一定的经济效益 |
| 氧化沟系统 | 氧化沟相当于一系列串联的完全混合反应器 | 投资少，节能性能好，污泥处理费用低，流程简单，抗冲击负荷，运行维护容易，但占地面积大，受气候等因素影响大 |
| 无动力高效生活污水净化装置 | 一般由水解沉淀池、生物滤池和接触氧化槽组成。接触氧化槽通过上下翻转和左右迂回，增加污水搅动以提高水中溶解氧浓度 | 造价低，几乎无能耗，剩余污泥少，净化设备可埋于地下，但处理水量不宜过高 |

目前国内外应用于农村生活污水治理的处理技术比较多，名称也多种多样，但从工艺原理上通常可归为两类。第一类是自然处理系统，利用土壤过滤、植物吸收和微生物分解的原理，又称为生态处理系统，常用的有人工湿地处理系统、地下土壤渗滤净化系统等。第二类是生物处理系统，又可分为好氧生物处理和厌氧生物处理。好氧生物处理是通过动力给污水充氧，培养微生物菌种，利用微生物菌种分解、消耗、吸收污水中的有机物、氮和磷，常用的有普通活性污泥法、AO 法（厌氧好氧工艺法）、生物转盘和 SBR 法（序列间歇式活性污泥法）等。厌氧生物处理是利用厌氧微生物的代谢过程，在无需提供氧气的情况下把有机污染物转化为无机物和少量的细胞物质，常用的有厌氧接触法、厌氧滤池、升流式厌氧污泥床（UASB）等。

### 1. 人工湿地处理系统

有条件的村庄，应充分利用现有的农田灌排渠道与附近的荒地、废塘、洼地和沼泽地等，建设人工湿地处理系统。污水湿地处理系统分自然湿地和人工湿地处理系统，自然湿地就是自然的沼泽地。人工湿地污水处理技术是一种基于自然生态原理，使污水处理达到工程化、实用化的新技术。它将污水有控制地投配到土壤经常处于饱和状态，且生长有芦苇、香蒲等沼泽生植物的土地上，利用植物根系的吸收和微生物的作用，并经过多层过滤，来达到降解污染、净化水质的目的。它是一种充分利用地下人工介质中栖息的植物、微生物、植物根系，以及介质所具有的物理、化学特性，将污水净化的天然处理与人工处理相结合的复合工艺。湿地处理系统工艺设备简单、运转维护管理方便、能耗低，工程基建低，运行费用低，对进水负荷的适应性强，能耐受冲击负荷，净化出水水质良好、稳定。缺点是占地面积大、易受气候影响、表面径流的臭味比较大。

### 2. 地下土壤渗滤净化系统

分散的几户或十几户人家适合采用地下土壤渗滤净化系统。地下土壤渗滤净化系统是一种基于自然生态原理，予以工程化、实用化而创造出的一种新型小规模污水净化工艺技术，是将污水有控制地投配到具有一定构造、距地面约 50 cm 深和具有良好扩散性能的土层中。投配污水缓慢通过布水管周围的碎石和砂层，在土壤毛管作用下向附近土层中扩散。表层土壤中有大量微生物，作物根区处于好氧状态，污水中的污染物质被过滤、吸附、降解。所以，地下渗滤的处理过程非常类似于污水慢速渗滤处理过程。由于负荷低、停留时间长，水质净化效果非常好，而且稳定。地下土壤渗滤净化系统建设容易、维护管理简单、基建投资少、运行费用低。整个处理装置放在地下，不损害景观，不产生臭气。

## 12.3.4　城市非点源污染控制技术

城市非点源污染控制与城市雨水收集利用并不是两个独立的个体，一些发达国家将其二者紧密结合，已形成了比较成熟的理论和技术体系，并且已有广泛的工程应用。例如，美国的"最佳管理措施"（BMPs），英国的"可持续城市排水系统"（sustainable urban discharge system，SUDS），澳大利亚的"水敏感性城市设计"（water sensitive urban design，

WSUD）、美国"可持续基础设施"（sustainable infrastructure，SI）、"低影响开发"（low impact development，LID）等（Liu et al.，2008；Mander et al.，1997；Philps et al.，2004；USEPA，2005）。国内开展城市雨洪控制利用的系统性研究和应用均起步较晚。至今只有北京、上海、深圳、武汉等少数发达城市开展了较系统的雨水利用、径流污染控制研究并在一定范围内实施，而我国绝大多数城市只注重防洪排涝控制，将雨水当作一种"废水"而简单地排放。

随着城市的快速扩张，出现以下一些突出的问题，如雨水冲刷带来的非点源污染、雨水引发的洪涝灾害、雨水资源流失。研究经济、高效的雨水控制利用技术和管理体系将是我国城市今后面临的重大课题。

低影响开发（low impact development，LID）技术是发达国家新兴的城市规划概念，基本内涵是通过有效的水文设计，综合采用入渗、过滤、蒸发和蓄流等方式减少径流排水量，使城市开发区域的水文功能尽量接近开发前的状况，这对建设"绿色城市""生态城市"以及城市的可持续发展具有重要意义。

LID 技术是将城市地表径流污染控制与雨水利用有机结合的有效工程措施，它是在源头采用各种分散式 BMPs 措施将雨水就地消纳，尽可能达到不产生径流的效果。LID 可以减少暴雨径流 30%～99%，并延迟暴雨径流的峰值 5～20 min，还可以有效去除雨水径流中的 P、N、油脂、重金属等污染物，渗入地下的雨水还可为河湖提供一定的地下水补给。LID 技术主要包括生物滞留设施（bioretention facilities）、绿色屋顶（green roof）、可渗透/漏路面铺装系统（permeable/porous pavement system，PPS）等措施，根据各地条件的不同而选用。它们之间相互联系，通过减少不透水面积、增加雨水渗滤、利用雨水资源，实现可持续雨洪管理。生物沟是生物滞留系统的一种，其简单高效、成本低廉，被广泛应用于城市地区暴雨径流管理的源头控制。

1. 多级串联潜流人工湿地净化城市地面径流

人工湿地（constructed wetlands）是一种模拟自然湿地的人工生态系统，其通过基质（填料）、植物和微生物三者的协同作用实现对污水、废水的高效净化作用（李家科，2012a）。迄今，国内外对人工湿地填料、植物等方面的研究已较成熟，许多学者对填料的研究已从砾石、沙等的普通基质转向矿石、工业副产物等高性能基质，如沸石（zeolite）、白云石（dolomite）、化工产物煤灰渣（SFS）、高炉渣（BFS）及各种混合基质（如煤渣-草炭）。这些基质常具有储量丰富、价格低廉、吸附容量大、对环境无毒害且容易再生等优点。对湿地植物也转向多功能化方向的研究，如香蒲（*Typha orientalis* Presl）、美人蕉（*Canna indica*）、灯心草（*Juncus effusus*）、风车草（*Cyperus alternifolius*）等已被研究证实是理想的湿地植物，其具有较好的净化能力，适应能力强，而且有景观美化功能。

多级串联潜流人工湿地系统也被应用到净化城市地面径流的研究与实践中。其中 A 组为水平潜流人工湿地系统，其特点为：人工湿地由不同功能基质单元分段串联组成，以保证对有机物、氮、磷等污染物的良好处理效果；从进水井至出水井沿程安设密度由密到疏的通气管，调节湿地系统中氧的分布；在湿地总长 1/3 处设置原水进水管，为后续反硝化提供碳源；根据植物的生长特性和净化污染物的能力，对不同廊道搭配适宜植物。B 组为复合流人工湿地系统，其在 A 组的基础上沿程每隔 2 m 安设不同开孔高度的导流板，改变系统内的水流方式。A、B 两组湿地系统填充的填料和种植的植物对称一致，具体见表 12-8。

表 12-8　填料和植物配置

| 串联单元 | 净长和净宽/m | 填料厚度/cm | 基质及其功能说明 | 植物及其功能说明 |
|---|---|---|---|---|
| 第Ⅰ廊道 | 净长 6.00 净宽 1.00 | 55～75 | 沙层——种植层 | 芦苇——对氮、磷、重金属的去除能力较强 |
|  |  | 35～55 | 沸石——高效吸附铵态氮 |  |
|  |  | 15～35 | 砾石——除磷能力强 |  |
|  |  | 0～15 | 鹅卵石——承托层 |  |
| 第Ⅱ廊道 | 净长 6.00 净宽 1.00 | 55～75 | 沙层——种植层 | 美人蕉——对 COD、氮、磷等的去除能力强，且对重金属也有一定去除能力 |
|  |  | 35～55 | 高炉渣——去除总磷、总氮能力强 |  |
|  |  | 15～35 | 砾石——除磷能力强 |  |
|  |  | 0～15 | 鹅卵石——承托层 |  |
| 第Ⅲ廊道 | 净长 6.00 净宽 1.00 | 55～75 | 沙层——种植层 | 芦苇＋香蒲——香蒲对 COD、氮、磷去除率高，对 Pb、Zn 有较高的去除能力 |
|  |  | 35～55 | 粉煤灰——去除 COD、磷能力强 |  |
|  |  | 15～35 | 砾石——除磷能力强 |  |
|  |  | 0～15 | 鹅卵石——承托层 |  |

### 2. 生态滤沟对城市路面径流净化效果的试验研究

基于 LID 技术设计的一种将城市路面径流污染控制与雨水利用相结合的生物沟——生态滤沟具有很好的面源污染防控效果（李家科等，2012b）。其沟形狭长，两端设置有通气井，并在底部设置通气集水槽，二者构成生态滤沟的 U 形通气廊道，在沟槽填料中穿插通气管，从而有效改善沟槽填料内部的氧气分布状态，提高大气复氧强度。生态滤沟可建于道路中间或两侧，路面径流相应地从其双侧或单侧自然汇入，经其收集处理的路面雨水可回用于城市市政或景观用水等。

生态滤沟可采用砼砖结构，由城市道路绿化植物和基质构成。装置坡度为 1.5%，长度为 2.5 m，宽度为 0.5 m。考虑到基质取材的便捷性、适用性和经济性等，基质可为鹅卵石、砾石、高炉渣、粉煤灰、沸石、种植土等，植物可选小叶女贞、黑麦草、黄杨、麦冬草等。基质填充前需先按设计粒径进行筛分，再进行基质的填充和植物的种植。

以污染物去除率和入流流量削减率、入流水量削减率、入流负荷削减率作为净化效果的评价指标，定量评价生态滤沟的净化效果。结果表明，在所选的基质中，粉煤灰的净化效果较好，其对铵态氮、总氮、可溶解性正磷酸盐、总磷的去除率可分别达到 30%～45%、25%～30%、90%～95%、60%～90%，且由于其来源广泛、价格低廉，适宜广泛使用，但须考虑长期使用后的板结及改性问题。植物的生长对于污染物的去除有一定辅助作用，对总氮的去除率可提高 5%～30%，而对磷的净化效果相差不大。随着入流时间的延续，生态滤沟对入流流量、入流水量、入流污染物负荷的削减能力减弱。

### 3. 暴雨径流污染控制及固-液分离技术与设备

暴雨径流具有流量大、冲击性强、污染负荷高、所含固体颗粒物的粒径较小等特点，用很多方式都很难达到低成本高效率的处理效果。旋流分离器由于结构紧凑、体积小、质量轻、易于设计与安装、维修费用低、易于调节与控制，在固-液分离领域的应用越来越普遍，已被作为一种暴雨径流泥沙分离的新技术。

旋流分离的工作原理是当待分离的两相混合液以一定的压力从旋流器上部周边切向进入分离器后，产生强烈的旋转运动，由于固液两相之间的密度差，所受到的离心力、向心浮力和流体曳力并不相同，较重的固体颗粒经旋流器底流口排出，而大部分清液则经过溢流口排出，从而实现分离的目的。

首先要对流域的暴雨径流污染特征进行充分调研分析，通过实验和模拟分析，设计确定旋流分离技术的指标参数。旋流器可安置于城市雨水管路中，在旋流器进口前和出口后分别设置阴井以取水样，旋流器直径可为 2000 mm，进、出口直径均为 400 mm。清水从出口溢出，池内沉积的污染物定期人工掏出。装置如图 12-3 所示。

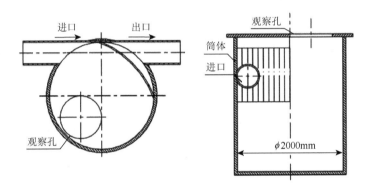

图 12-3　暴雨径流污染旋流分离装置

### 4. 植生滤带及 VFSMOD 模型

植生滤带是近年来在国外被广泛应用于削减农业面源污染传输的一种措施，由于其优秀的控制效果而成为农业面源污染的管理措施之一（郭益铭等，2018；申小波等，2014）。植生滤带是指靠近水域边并与水体发生作用的陆地植被区域，一般应用于道路与河流边坡、坡地果菜园及水库保护缓冲滤带。植生滤带所处位置的特殊性及植被结构等特点，使其在削减坡地农业及观光业所产生的面源污染物、增加水分渗透力及土壤抗侵蚀能力和美化环境等方面有着非常重要的意义，为集水区水土保持的重要方法之一。

#### 1）植生滤带的坡度

植生滤带坡度是影响其工作性能的一个关键因素。植生滤带坡度越大，地表水流速越大，径流传输沉积物和污染物的动能也越大，因此增加坡度会降低植生滤带对沉积物和污染物传输的抑制效率。在美国弗吉尼亚州及印第安纳州等区域的研究发现，坡度分别为 3% 和 12% 时，植生滤带对沉积物的削减效率分别为 97% 和 56%。

2）植生滤带的有效宽度

植生滤带的有效宽度会直接影响其对污染物的削减效率，而对植生滤带最适宜的有效宽度的研究目前尚无定论。有些研究认为，植生滤带的有效宽度应不小于 10 m，大于 39 m 时对污染物的削减效果最好，而小于 7 m 时效果最差。而有的研究则表明，有效宽度为 3～8 m 的植生滤带就能够拦截 50%～80% 的污染物，可以适应大部分的污染情况。

3）植生滤带模拟模型——VFSMOD 模型

VFSMOD 模型被开发用以模拟单场暴雨所产生的沉积物于植生滤带的传输过程，是田间尺度及面向设计的数值模拟系统，已于 2005 年被美国环境保护局（USEPA）公告可用来评估集水区植生滤带控制面源污染效率的模型。VFSMOD 模型当前可用的模块主要有：①入渗模块，用于计算土壤中的水量平衡；②地表径流模块，用于计算渗透性土壤表面径流深度和速度；③水质/污染物传输模块，用于模拟污染物质沿植生滤带纵向的迁移及削减过程；④沉积物过滤模块，用于模拟沉积物沿植生滤带纵向的运移及沉积过程。VFSMOD 模型被广泛应用于评估不同配置植生滤带对污染物质的削减效率，如削减地表径流中农药、磷等营养物质、粪便病原体及沉积物等。

（苏芳莉）

## 参 考 文 献

陈小慧，杜晓玉，谭晓东，等.2017. 京津冀化肥面源污染现状及防控对策. 中国农技推广，33（12）：39-41.

郭益铭，李冉，姚立全.2018. 植生滤带对农业面源污染防治及 VFSMOD 模型的研究与应用进展. 安全与环境工程，25（2）：15-22.

金书秦.2017. 农业面源污染特征及其治理. 改革，285（11）：53-56.

李怀恩.2000. 估算面源污染负荷的平均浓度法及其应用. 环境科学学报，20（4）：397-400.

李怀恩，李家科.2013. 流域非点源污染负荷定量化方法研究与应用. 北京：科学出版社.

李家科，杜光斐，李怀恩，等.2012a. 生态滤沟对城市路面径流的净化效果. 水土保持学报，26（4）：1-11.

李家科，黄池钧，李怀恩，等.2012b. 多级串联潜流人工湿地净化城市地面径流的试验研究. 水土保持学报，26（5）：11-16，127.

李强坤，李怀恩，胡亚伟，等.2009. 农业面源污染田间模型及其应用. 环境科学，30（12）：3509-3513.

李强坤，胡亚伟，孙明，等.2011. 基于“潮”、“汇”过程的农业面源污染模型构建及应用. 中国生态农业学报，19（6）：1424-1430.

缪驰远，何丙辉，陈晓燕，等.2004. WEPP 模型中的 CLIGEN 与 BPCDG 应用对比研究. 中国农学通报，20（6）：321-324.

牛志明，解明曙.2001. 新一代土壤水蚀预测模型——WEPP. 中国水土保持，1（1）：20-21.

申小波，陈传胜，张章，等.2014. 不同宽度模拟植被过滤带对农田径流、泥沙以及氮磷的拦截效果. 农业环境科学学报，33（4）：721-729.

王龙，黄跃飞，王光谦.2010. 城市非点源污染模型研究进展. 环境科学，31（10）：2532-2540.

王萌，王敬贤，刘云李，等.2018. 湖北省三峡库区 1991～2014 年农业非点源氮磷污染负荷分析. 农业环境科学学报，37（2）：294-301.

杨林章，冯彦房，施卫明，等.2013a. 我国农业面源污染治理技术研究进展. 中国生态农业学报，21（1）：94-101.

杨林章，施卫明，薛利红，等.2013b. 农村面源污染治理的“4R”理论与工程实践——总体思路与“4R”治理技术. 农业环境科学学报，32（1）：1-8.

杨林章，吴永红. 2018. 农业面源污染防控与水环境保护. 中国科学院院刊，33（2）：168-176.

张学工. 2000. 关于统计学习理论与支持向量机. 自动化学报，26（1）：32-43.

张玉斌，郑粉莉. 2004. ANS WEEP 模型及其应用. 水土保持研究，11（4）：165-168.

庄咏涛，李怀恩. 2001. 农业非点源污染模型浅析. 西北水资源与水工程，4：12-16.

Boers P C M. 1996. Nutrient emission from agriculture in the Netherlands causes and remedies. Water Science and Technology，33：183-190.

DHI. 2004. MOUSE Surface Runoff Models，Reference Manual.

Halil K. 2002. Comparison of erosion and runoff，predicted by WEPP and AGNPS models using a geographic information system. Turkish Journal of Agriculture and Forestry，26：261-268.

Johnes P J，Heathwaite A L. 1997. Modelling the impact of land use change on water quality in agriculture catchments. Hydrological Processes，11：269-286.

Kronvang B，Graesbøll P，LarsenL S E，et al. 1996. Diffuse nutrient losses in denmark. Water Science and Technology，33（4/5）：81-88.

Liu X M，Zhang X Y，Zhang M H. 2008. Major factors influencing the efficacy of vegetated buffers on sediment trapping：A review and analysis. Journal of Environmental Quality，37（5）：1667-1674.

Mander U，Kuusemets V，Lohmus K，et al. 1997. Efficiency and dimensioning of riparian buffer zones in agricultural catchments. Ecological Engineering，8（4）：299-324.

Morgan P R C，Quiton J N，Smith R E，et al. 2000. The European Soil Erosion Model（EUROSEM）：Documentation and User Guide. Silsoe：Cranfield University：1-38.

Olson T C. 1977. Restoring the productivity of glacial till soil after top soil removal. Soil Water Conservation，2（2）：130-132.

Ongley E D，Xiaolan Z，Tao Y. 2010. Current status of agricultural and rural non-point source pollution assessment in China. Environmental Pollution，158（5）：1159-1168.

Philps L，Cheryl S，Stan B. 2004. Quantitative review of riparian buffer width from Canada and the United States. Journal of Environmental Management，70（2）：165-180.

Pitt R，Voorhees J，Slam M. 2009. The source loading and management model // Rossman L A. Storm Water Management Model User's Manual（version 5.0）. Washington，DC：USEPA.

Rhoton F E，Tyler D D. 1990. Erosion induced changes in soil properties of a fragipan soil. Soil Science Society of America Journal，54：223-228.

Soranno P A，Hubler S L，Carpenter S R. 1996. Phosphorus loads to surface waters：A simple model to account for spatial pattern of landuse. Ecological Applications，6（3）：865-878.

USEPA. 2005. National management measures to protect and restore wetlands and riparian areas for the abatement of non-point source pollution. Washington，DC：USEPA.

Vapnik V N. 1995. The Nature of Statistical Learning Theory. New York：Springer-Verlag.

Wu Y H，Hu Z Y，Yang L Z. 2011. Strategies for controlling agricultural non-point source pollution：Reduce-retain-restoration（3R）theory and its practice. Transactions of the Chinese Society of Agricultural Engineering，27（5）：1-6.

Xia L Z，Yang L Z，Wu C J，et al. 2003. Distribution of nitrogen and phosphorus loads in runoff in a representative town in Tailake region. Journal of Agro-environmental Science，22（3）：267-270.

# 第13章　山地侵蚀灾害与植被减灾

泥石流是山地灾害的主要形式之一,如何更好地预防山地灾害的发生及灾后修复是水土保持工作的重点。地震、泥石流、滑坡、雪崩、岩崩等自然灾害会引起山区局部环境变化,破坏森林生态系统的完整性,导致生态系统服务功能下降。研究灾害发生的过程规律,有助于建立科学的防灾减灾体系,降低灾害损失。本章从泥石流的发生机理、侵蚀过程及发展趋势等方面进行研究,重点阐述了植物固土护坡的作用机理。

## 13.1　泥石流发生与侵蚀

### 13.1.1　泥石流起动机理

#### 1. 起动模式

泥石流是一种介于滑坡和高含沙水流之间的特殊流体,其暴发突然、运动速度快、冲击力强。泥石流具有极强的输沙能力,往往短时间内搬运大量松散物质,造成河床淤高、主河堵塞。自然界中,泥石流多由上游沟岸或者坡面的固体物质失稳进入沟道,并在沟道水流的水动力作用下形成。大量模型实验研究表明,泥石流起动大体可以归纳为液化起动和泥沙起动两种模式。其一,"整体失稳、逐级滑动、流态化"模式可归为"液化起动"模式。该模式的关键在于堆积物起动是沿着某一平面,当该平面上的剪应力超过了抗剪强度时,堆积物开始起动。在起动过程中,孔隙水压力大小以及消散效应在这些失稳模式中占主导地位。其二,"少量泥沙起动、大量起动、冲蚀、粗化层起动"可归为"泥沙起动"特征模式。因为随着水流速度和径流深度增加,水流作用于堆积物的剪切力增加,水流的紊动也增强,颗粒与颗粒间的碰撞概率增加,颗粒间摩擦力也增强。

#### 2. 判别模型

在泥石流起动的判别模型方面,我国学者通过室内模型试验和野外原型进行了探索。崔鹏(1991)通过100余次模拟实验,建立了基于坡度、细颗粒含量和土体饱和度的应力状态函数,进一步得到泥石流起动的尖点突变模型,并提出基于泥石流起动条件的预警预报方法。陈晓清等(2006)通过降雨激发浅表层滑坡转化为泥石流原位实验指出:土体即将被破坏前,体积含水率、水势、孔隙水压力都具有非常明显的变化,可以建立基于土体特征参数的模型来判定土体破坏和泥石流形成。此外,张万顺等(2006)通过土壤动力学理论、下渗理论、水动力学理论研究了土体抗剪强度随含水量变化关系并结合分布式水文模型建立了分布式坡面泥石流起动模型。

目前，低黏度泥石流起动判别模型多分别基于摩尔-库伦准则（当剪应力大于抗剪强度时，堆积物起动）和泥沙起动理论（当重力、摩擦力、水流作用力达到平衡时，堆积物起动）建立。

以摩尔-库伦准则为基础的低黏度泥石流起动判别式，主要考虑堆积物剪应力、抗剪强度、渗透压力等作用力。康志成（1988）分析了中国几条高频泥石流流域的泥石流观测资料，认为泥石流的形成与土体的重力侵蚀是密不可分的。例如，云南大盈江浑水沟，每年发生 20 次以上的高频连续性泥石流，固体物质来源量与滑坡位移量有着密切关系。根据 1976～1978 年的观测资料分析,云南东川蒋家沟流域的重力侵蚀量占总输沙量的 90%。基于长度无限的沟床堆积物能够稳定,分析在静水作用下沟床堆积物起动过程中剪应力与抗剪强度的关系,以此作为判别泥石流起动的依据。崔鹏（1990）就水分含量、黏粒含量和坡度对泥石流起动进行分析，建立了准泥石流起动模型。一些学者通过分析渗透水压力与堆积物稳定性的关系，建立了沟道松散堆积物破坏的判别模型。上述模型的建立都是基于摩尔-库伦准则。另外，部分学者将坡面水文模型与摩尔-库伦准则结合起来，通过分析沟床堆积物在渗流作用下的剪应力和抗剪强度，将安全系数作为起动的判别条件。有学者通过野外观测、室内试验及理论分析认为；滑坡转换为泥石流运动一般要经历三个过程。首先，斜坡上的土体、岩体或者是沉积物内部发生大范围的库伦剪切破坏；然后，当上述的堆积物饱和或过饱和时受到扰动，孔隙水压力骤然升高，导致土体内局部或整体的液化；最后，滑坡的平动动能转化为土体内部的振动动能。

以摩尔-库伦准则为基础建立泥石流起动判别模型的前提条件是：低黏度泥石流起动完全是由堆积物自重导致的剪应力与自身抗剪强度不平衡导致的。由强降雨引发沟道径流对沟床的侵蚀也是我国北方土石山区低黏度泥石流形成的主要因素之一。以摩尔-库伦准则为基础建立的判别条件考虑了堆积物自重和抗剪强度，忽略了径流的水动力学条件的作用。而沟床坡度和堆积物几何特征是除降雨强度外，影响径流水动力学条件（流速、径流深度、紊动、拖曳力等）最重要的参数。

以泥沙起动理论为基础建立的起动判别模型，主要考虑泥沙重力、摩擦力和水流剪切力等作用力，建立以堆积物颗粒粒径、沟床坡度为自变量，以堆积物起动的临界流速或者单宽流量为因变量的起动判别式。唐邦兴（2004）建立了适用于研究区的堆积物颗粒粒径与沟道断面单宽流量的计算式，鉴于日本的泥石流特性，他认为坡面径流是激发泥石流运动的主要因素之一，并推导了泥石流的物质补给方式及补给物起动条件（图 13-1）。

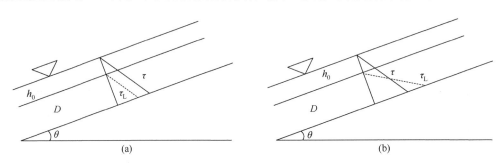

图 13-1　水力类泥石流起动剪应力分布特征

（a）情况 A：有粒径小于 0.01 mm 的粉粒及黏土；（b）情况 B：无粒径小于 0.01mm 的粉粒及黏土；$\tau$. 剪应力；$\tau_L$. 剪切强度；$\theta$. 斜坡或沟坡的角度；$D$. 层移后堆积物的厚度；$h_0$. 层移改变的堆积物厚度

根据图 13-1，在溪沟中的泥沙随着水流运动的加强，从自起动到发展成泥石流要经历六个阶段。

阶段 1：泥沙开始起动。

阶段 2：出现推移质运动，泥沙颗粒在床面上滑动、滚动和跳跃式运动，运动中不断同床面接触。

阶段 3：出现悬移质运动。

阶段 4：出现悬移运动。从阶段 3 到阶段 4，要根据流域中是否有粒径小于 0.01 mm 的粉粒及黏土的补给，区分为 A 和 B 两种不同的情况。

阶段 5：出现层移运动。从阶段 3 到阶段 5，悬移运动不断得到加强。由于悬移运动的能量来自水流紊动的动能，因而在悬移质浓度超过一定限度以后，悬移运动的进一步加强反而遏制了悬移运动的发展，并促使其趋向微弱。另外，随着含沙量和黏性阻力加大，越来越多的泥沙转为中性悬浮质。

阶段 6：标志着悬移运动消失，这时水流中较细的颗粒转化为中性悬浮质，而较粗的颗粒继续以层移的形式运动。此时层移运动已经扩大到整个流层，两相流处于层流状态。由于层流运动直接从水流的势能中取走一部分能量，这样的流动需要有较陡的坡度才可出现，黏性泥石流就是这种形式的运动。

假若流域缺少像粉粒及黏土补给的情况，就是 B 的情况。泥沙运动转化为层移运动，即水石流运动。水石流运动要求的坡度比泥石流更陡，因为泥石流中的泥浆液有减阻作用。

## 13.1.2　泥石流侵蚀作用

一般来说，初始形成的泥石流规模并不大，但其对沟床的侵蚀能力远远大于一般高含沙水流，在运动的过程中，通过侵蚀、裹挟、掀揭沟床物质，造成沟床下切，岸坡失稳，使更多的物质参与到泥石流形成过程中，以"滚雪球"的方式造成流量增加、规模增大、破坏性增强。

### 1. 泥石流侵蚀监测研究

对于物源非常丰富的泥石流沟，随着泥石流不断输移物源，泥石流的侵蚀能力（单位沟长被搬运的物源量）会逐渐降低，以致泥石流发生频率和规模均随之降低。一些研究表明，在影响泥石流侵蚀率的因子中，物源是主要因子，降雨次之。侵蚀区源头的坡度-面积关系存在阈值，当大于该阈值时，具有一定水动力学条件的坡面漫流、沟床径流能够侵蚀松散物质，而且泥石流总量与侵蚀区以上的汇水面积成正比。雨后泥石流的下切侵蚀非常显著，单位沟长的侵蚀量随着沟道沿程剧烈增加。韩用顺等（2012a，b）构建了莲花芯沟不同时期的高精度 DEM，研究了坡面泥石流和沟道泥石流的侵蚀、发育和演化特征。冯毅和刘洋（2012）根据沟床坡度、下切深度和沟谷形态变化分析了文家沟泥石流侵蚀过程和深切拉槽现象。张世殊等（2016）通过静力学研究了震后泥石流物源侵蚀规律，认为地表径流深度与斜坡坡度呈负相关，流速在坡度等于 60°时取得最大值，物源侵蚀能力的临界坡度为 42.4°～48.1°。

**2. 泥石流侵蚀力学分析**

一些学者多从沟床松散物质的稳定性来分析泥石流侵蚀机理。根据摩尔-库伦准则，以无限长的准泥石流体为分析对象，综合考虑水分对抗剪强度、摩擦力、渗透力的影响，通过建立在一定坡度条件下的稳定性力学模型，以驱动力大于阻力作为判定物源体被侵蚀的界限，从而建立相应的计算公式和判断准则。理论上，当沟床面剪应力、饱和基质孔压和切向剪应力越大，而沟床基质法向应力、内聚力和内摩擦角越小时，泥石流侵蚀能力越大。

由于泥石流侵蚀沟床松散物质与流速、颗粒级配和坡度有关，一些学者着重从泥沙运动力学的角度来分析侵蚀机理。

对自然中的泥石流而言，由于流通区堆积有大量松散物源，这些沟段是泥石流与沟床物源体的强烈作用区。因泥石流和沟床物源体强烈作用，底床物质容易被侵蚀掉，以推移质或者悬移质的形式参与到泥石流运动中，导致泥石流规模、流量、流速较起动区要大很多。以密云区艾洼峪沟为例，通过激光地形扫描仪分析地形变化发现（图 13-2），沟道的地形突变处往往是侵蚀最为严重的地方。类似的现象在舟曲三眼峪、文家沟等地特大泥石流灾害中也有发现。这些现象说明，泥石流体的侵蚀作用可以使小型泥石流规模增大，使大型泥石流巨型化，同时也凸显了水流或泥石流的动力学条件（容重、流速等）对沟床物质侵蚀作用的重要性。

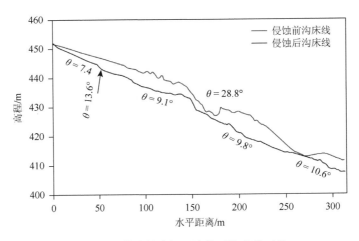

图 13-2  艾洼峪沟泥石流前后沟床线对比

**3. 泥石流侵蚀过程中的主导作用力**

一般来说，流通区的沟床松散沉积物被侵蚀后，参与到泥石流的形成过程不同于泥沙被水流侵蚀的搬运过程。因为泥石流体是一种介于滑坡和高含沙水流之间的特殊流体，兼具结构性和流动性，高含沙水流不具有结构性。当泥石流容重较低时，被侵蚀的物质可能因剪切力作用以悬移质形式参与泥石流运动，造成容重升高、阻力增加、速度降低。当泥石流容重较高时，流体与松散物质的颗粒碰撞频率增加，这可能导致松散物质体以推移质形式参与形成泥石流过程。因此，泥石流侵蚀沟床物质时，泥石流体性质的变化必定会导致泥石流体与松散物源体之间存在着多种作用力（如摩擦力、颗粒碰撞力、剪切力等）。此外，泥石流体容重较一般土体要高，侵蚀势必会造成松散沉积物内部孔隙流体产生剧烈波动，如果孔隙流体压力超过了颗粒之间的接触应力，会增加容重造成侵蚀。USGS 泥石流实验站大型的泥石流水槽实验结果发现，当泥石流侵蚀不同含水量的底床物质时，含水量的多少会对侵蚀过程和动量增长产生不同的反馈。随着含水量增加，泥石流侵蚀过程中的流速更快、侵蚀的物质量更多，泥石流的动量也就更大（图 13-3）。

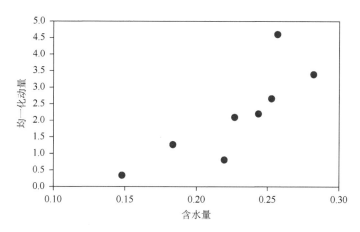

图 13-3　USGS 水槽大型泥石流侵蚀过程中动量与含水量的关系

## 13.2　植物固土护坡作用机理

植被护坡作为一种有效的稳固坡体的措施，已在全球范围内被广泛应用。有记载的最早利用该技术的国家是日本，早在 1633 年，日本人就开始采用草皮及树苗来治理荒坡。而最早的关于植物防冲刷和增加抗滑力的研究出现在 20 世纪 30 年代。20 世纪 70～80 年代，学者们总结了前人的研究成果，对植物固土护坡有了更为细致和全面的探讨。Wu 等（1979）对威尔士地区滑坡体的研究表明，滑坡多发生于多雨季节。在滑坡过程中，林木根系起到了很大的作用，增加了坡面的抗滑力，在一定程度上防止滑坡的发生。在研究过程中，Wu 等将植物根系视为弹性材料，根据摩尔-库伦理论，提出了第一个根系力学平衡公式，该公式为接下来几十年有关林木根系固土机理的研究奠定了基础。进入 20 世纪 90 年代，学者们对植物护坡的研究多集中在植物根系对土体的加固作用。到了 21 世纪初期，越来越多的学者开始关注根系的描述指标，如根系数量、根系直径、根系分枝形式、根系在土壤中的开张角度以及根系的结构类型在根系固土中的作用。对于根系力学特性的研究也从单根抗拉强度发展为分枝抗拉强度、根束抗拉强度以及拔出强度等，根系力学平衡方程发展为单根模型、根束模型、纤维束模型以及结构模型等。随着科技的发展，计算机技术逐渐娴熟，基于数值模拟手段的植物根系固土机理研究越来越多地被学者采纳。

### 13.2.1 根系分布与结构

根系的结构特征在很大程度上决定着根系整体在土壤加固作用中的表现，因此对于根系结构的研究也更为深入和具体。在对根系结构进行研究过程中，能够代表根系结构特征的指标一般为根系长度、根系倾斜角度、单位面积含根量、根系分枝类型以及根系结构类型等。

1. 根系长度

生长在地下的植物根系往往能够延伸到土壤中的很大范围内，决定根系在土壤中的生长范围的指标主要为根系的水平生长距离和根系的垂直生长距离。不同的植物种类其根系在生长过程中所表现出的特性存在差异，这表现在根的生长深度和生长范围上，通常将其分为深根系植物和浅根系植物。深根系植物存在较粗的根系，通常可以伸入很深的土壤中。由于较深根系的存在，土壤的渗透性能增强，降低了坡面径流量，从而减少了坡面水土流失，保证了坡面的稳定。而浅根系植物虽然在土壤中埋深较浅，但是其浅层土壤的含根量要明显大于深根系植物。含根量的增加带来的是土壤黏聚力的增大，因此土壤抵抗剪切破坏的能力越强，土体更不容易被破坏（图13-4）。

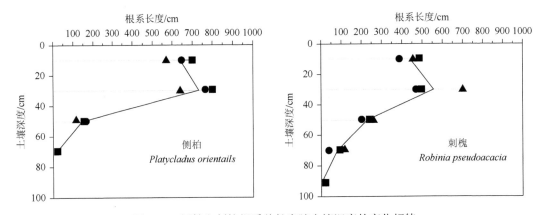

图13-4　侧柏和刺槐根系总长度随土壤深度的变化规律

● 坡上位；▲ 坡中位；■ 坡下位

2. 根系倾斜角度

考虑到林木根系在坡体稳定中所起到的作用，根据根系在土壤中生长的倾斜角度不同，从形态学角度出发，将生长在一株植物上的根系按照倾斜角度的不同可以大致分为以下三种：水平根，特指水平方向生长的根系，一般由与树干直接相连的主根分枝产生（图13-5）；主根，特指垂直向下生长的粗根，对于大多数植物，主根是唯一的；倾斜根，特指在土壤中倾斜生长的根系，倾斜根系有的从主根上分枝产生，有的从水平根上分枝产生，一般根系直径较小，但是根系数量较多。三种根系类型在边坡稳定中所起到的作用不同，一般来说，含有较多的主根根系的植物，其根系能够穿过潜在的剪切滑动面，进而在发生剪切破坏时抵抗滑动面的滑移。而相比于含有较少的粗根或者垂直根（主根）的土体，其抗剪强度虽然有所提高，但明显弱于有较多的倾斜根的土体。而沿着水平方向生长的水平根，在植物种植密度较大的林地内，其根系相互连接形成网状结构，当发生滑坡等山地灾害时，形成的网状结构能够很好地抵抗土体的崩坏，甚至在一些地区，植物与植物间的土壤已经崩坏消失，但水平根形成的巨大网状结构维持着坡面的稳定。在发生剪切破坏过程中，由于根系的倾斜角度不同，发挥作用的根系的有效面积以及受力的角度会产生很大差异，因此不同倾斜角度的根系在生长过程中扮演不同的角色，共同抵抗浅层滑坡的发生。

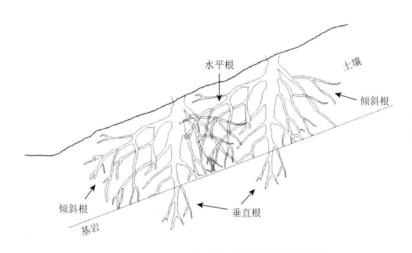

图 13-5　三种不同根系类型稳固坡体示意图

李云鹏等（2014）的研究表明，土壤中不同倾斜角度的根系在抵抗剪切破坏的过程中表现出不同的抗剪能力。当土壤中的根系与剪切方向夹角为 60°时，其抵抗土壤剪切破坏的作用最强。而水平根系在剪切破坏过程中会造成土体的松动，崩坏的土壤不能继续抵抗剪切破坏的发生。在 30°～60°之间，根系的倾斜角度越大，其抵抗土体剪切破坏的能力越强。针叶树种由于根系中存在大量倾斜根系，其对土壤剪切强度的增强作用要高于阔叶树种。

3. 含根量

土壤中根系的含量直接影响着根土复合体抗剪能力的表现，根系在土壤中的含根量随着土壤深度的增加而减少。尽管有的研究表明一些根系的埋深可以达到几米甚至几十米，但是绝大多数情况下，有效根系的分布仅为 1～3 m，80%的根系存在于 60 cm 深度的土层内，因此可以说根系的固土效果仅限于浅层滑坡情况。在发生浅层滑坡的过程中，处于滑动面截面上的含根量直接影响着坡体的滑移性能。单位面积内含根量越大，其抵抗滑移的能力越强，而在 0～60 cm 土壤深度内，根土复合体的抗剪能力也随着深度的增加而增加，主要是因为含根量的增加。除此之外，相比于与剪切面平行的根系，垂直于剪切面的根系一般在剪切破坏过程中被拔出，此时土壤不再具有剪切强度，破坏力的主要承担者为根系强度以及根系与土壤间原始的摩擦力。单位面积内根面积相同的情况下，含根量越多，根系的直径越小，根表面积越大；而当含根量增多时，大直径根系存在于破坏面上，带来了更强的拔出强度，而根表面积的减小直接导致根系与土壤间的原始摩擦力减小，但与根系直径增加带来的拔出强度相比，减小的作用微乎其微。土壤中含根量增加的影响还表现在对土壤颗粒的吸附上，一些胶状土壤颗粒极易附着在根系四周，它们与根系间的作用力有时要比剪切破坏力强很多，当发生土体的剪切破坏时，即使根系已经裸露在剪切面外，附着在根系上的土壤颗粒依然存在。当剪切破坏作用消失后，这些附着在根系上的土壤颗粒形成致密的蓬松结构，其他土壤颗粒运动到此处时，就会团聚成更大的土壤结构，崩坏的土体也就更容易恢复。

### 4. 根系分枝类型

不同类型的植物根系在生长过程中受到环境及自身的影响，其根系分枝类型会产生很大差异。由于在现实中描述根系分枝类型存在很大困难，因此一般采用软件模拟的手段构建植物根系的生长模型，以探讨根系分枝类型的差异。目前较为流行的模拟植物根系生长的为 L 系统，其本质是用一种字符重写系统，通过对植物根系生长过程经验公式的抽象表达，进而展现出植物的拓扑结构。由于植物根系根轴之间的连接是通过根系拓扑学参数来表达的，即不会受到根轴自身转向或畸变的影响，因此一般将根系分枝类型分为三类：鲱鱼型、二分枝型和二分枝鲱鱼型（图 13-6）。鲱鱼型根系结构特点表现为主根上的侧根仅发生一次分枝，侧根无分枝；二分枝类型根系结构表现为主根上的根系存在二次分枝，但分枝数量较少；二分枝鲱鱼型根系则表现为鲱鱼型和二分枝型综合的特点，即主根和侧根都存在鲱鱼型分枝。在评价根系固土的效应时，确定了根系的分枝类型后，描述根系分枝类型的主要参数如根系数量、根系分枝夹角以及根系长度等也就可以粗略推断出来，进而可以量化表达含有不同根系分枝类型的根系对土体的稳固作用。

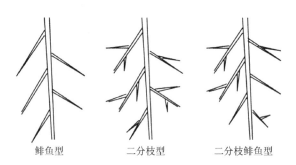

鲱鱼型　　　　　　二分枝型　　　　　二分枝鲱鱼型

图 13-6　根系分枝类型图

### 5. 根系结构类型

由于受到生长环境和树种的影响，植物根系结构类型往往存在很大差异。根系在土壤中的空间分布随着生长而逐渐表现出一定的规律。植物根系分成三种类型，分别为扁平板根型、团网状根型以及主根型。在此基础上，很多学者根据研究区域的地质地貌特征又对根系进行了其他的分类。高大乔木根系根型按照主要根系的空间形态分为五种，分别为根束根型、主根型、主根扁平型、盘型和网状散生型。Kutschera（1995）的研究还表明，具有不同根系结构类型的根系在抵抗剪切破坏的过程中所发挥的作用不同。而后 Burylo 等（2001）给出了另外一套分类标准，按照根系结构中水平根系、倾斜根系及垂直根系的比例将根系结构类型分为三类：水平根系为主的主根型、粗壮垂直根系为主的主根型以及细根为主的主根型。而针对我国的地质地貌和气候条件，Yen（1987）对台湾地区常见植物进行了根系结构类型的分类。由于高大乔木根系结构难以观察，Yen 仅对幼树根系结构进行了系统的观察与分类，在调查了整个台湾地区常见树种后，提出了基于根系空间结构的分类标准，将根系结构类型划分为以下五种：水平型（H 型）、垂直及水平型（VH 型）、直角形（R 型），垂直型（V 型）和团网型（M 型）。李云鹏（2016）在 Yen 的基础上，添加了一种新的根系结构类型 W 型，将根系结构类型补充为六种（图 13-7）。

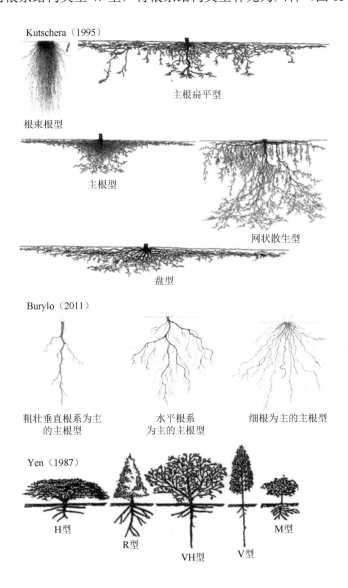

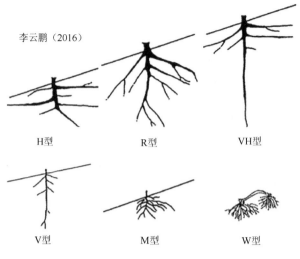

图 13-7　四种分类系统示意图

## 13.2.2　根系机械作用

### 1. 单根抗拉强度

根系具有很好的弹性强度，在抵抗剪切破坏作用时，良好的抗拉能力往往能够提供更强的固土作用。根系的抗拉特性是林木根系固土的最主要因素之一。对于根系抗拉强度的测量，一般通过万能试验机来测量根系抗拉强度曲线。但受到研究环境的限制，一些实验需要在野外原位完成，因此也有其他自制设备被应用到根系抗拉强度的测量中，如杨维西自制的弹簧秤和程洪等配合游标卡尺自制的大型弹性力测量设备等。根系的抗拉强度中起决定影响作用的指标为根系直径，一般表现为直径越大，抗拉强度越小。尤其以直径小于 1 mm 的细根的抗拉强度最为明显，其换算后抗拉强度要比粗根高出几十甚至几百倍。国内外学者都对根系直径和抗拉强度的关系进行了细致的研究，大家一致认为根系的抗拉强度（$T$，MPa）与根系直径（$D$，mm）呈幂函数关系 $T = a \cdot D^b$，其中 $a$、$b$ 为系数。研究表明，草本植物根系的 $b$ 值通常要大于 $-1$，而灌木根系的 $b$ 值一般在 $-0.52 \sim -1.75$ 之间。De Baets 等（2008）研究了两种灌木根系抗拉强度与根系直径的关系发现，$a$ 与 $b$ 的值分别为 12.9、19.3 和 $-0.77$、$-0.73$。而在 Burylo 等（2011）的研究中，六种根系抗拉强度曲线中的 $a$ 与 $b$ 的值分别在 $-0.52 \sim -0.11$ 之间和 12.41 $\sim$ 60.15 之间。根系中的纤维素含量是影响根系弯曲强度的主要原因，根系中纤维素含量越高，根系表现出的抵抗弯曲变形的能力越强。而根系中的木质素含量则影响着根系的抗拉强度，乔木根系中木质素含量低于草本根系，因此表现出比草本根系弱的抗拉强度。

朱锦奇等（2015）选取了北方常见树种以研究根系抗拉强度与根系直径以及根系成分含量间的关系（表 13-1）。结果表明，随着根系直径的增加，根系半纤维素含量明显提高，而纤维素含量和木质素含量降低，从而导致根系的抗拉强度降低。因此植物根系的抗拉强度与纤维素、木质素含量呈正相关关系，而与半纤维素含量呈负相关关系。在排除根系结构类型的作用的前提下,植物根系中纤维素含量和木质素含量是导致不同根系直径表现出不同抗拉强度的直接原因。

**表 13-1　北京山区 14 种植物根系 *a*、*b* 值对照表**

| 类型 | 名称 | *a* | *b* |
|------|------|-----|-----|
| 乔木 | *Platycladus orientalis* | 24.85 | −0.38 |
| 乔木 | *Robinia pseudoacacia* | 43.02 | −0.32 |
| 乔木 | *Ulmus pumila* | 38.59 | −0.52 |
| 乔木 | *Koelreuteria paniculata* | 77.89 | −0.53 |
| 灌木 | *Ziziphus jujuba* | 65.69 | −0.34 |
| 灌木 | *Nerium indicum* | 42.30 | −0.48 |
| 灌木 | *Lespedeza bicolor* | 44.43 | −0.43 |
| 灌木 | *Vitex negundo* | 53.36 | −0.59 |
| 灌木 | *Amorpha fruticosa* | 151.23 | −0.81 |
| 草本 | *Medicago sativa* | 14.52 | −1.75 |
| 草本 | *Festuca elata* | 14.58 | −0.87 |
| 草本 | *Astragalus adsurgens* | 17.29 | −0.62 |
| 草本 | *Setaria glauca* | 13.17 | −1.11 |
| 草本 | *Trifolium repens* | 18.06 | −1.03 |

**2. 单根抗拔出强度**

根系在土壤中的空间分布使得根土复合体在遭受剪切破坏时,一部分根系并没有发挥抗拉特性,而是表现出抗拔特性。除此之外,在剪切破坏过程中一些根系的抗拉强度要大于其抗拔出强度,因此这些根系则表现为被拔出而不是被拉断。土壤中含根量也是影响根系抗拔出强度的一个重要因素,在不考虑根系与根系间距离对抗拔出强度的影响下,草本植物因具有更高的含根量而表现出更好的抗拔出能力。

Schwarz 等(2010)在对含根土体的拔出试验中发现,单独根系在土壤中被拔出后,根系会被拔出或是拉断。在拔出过程的初期,根系与土壤形成的根土复合体的弹性发挥主要作用。而后,当根系即将发生位移时,根系与土壤交界面的摩擦强度被激活,当拔出力继续增加到一定程度时,根系被拔出或破坏。抗拔出强度与拔出位移的特征曲线表明,迫使根系被拔出的最大拔出力与根系的抗拉强度无关。一旦根系被拔出或是破坏,之后根系就不再发挥任何作用。影响这一过程的主要因素有根系自身的强度、根系的延长距离及根-土间的原始摩擦力。

## 13.2.3　根土相互作用机理

**1. 根土接触特性**

当发生剪切破坏时,含有根系的土壤往往能够表现出更强的抗剪切能力,这得益于根系自身的结构特性以及根系与土壤间保有的原始摩擦力。根据库伦-阿蒙顿（Coulomb-Amondon）摩擦理论，当植物根系受到拉伸作用时，根系受到周围凹陷凸起的土壤颗粒的约束与啮合作用，使得根系紧锁其周围土体介质，起到提高周围土体间摩擦阻力的作用，通过土体之间的啮合、摩擦作用以及根系与根系周围土体的相互锚固作用增强坡面土体抗剪强度，从而使坡面稳定性得到整体提高。在剪切破坏过程中，根系与土壤分别发生不同的剪切位移及变形，二者之间的相互作用难以用数学关系表达，因此在研究根土复合体的抗剪强度时，往往将二者看作整体，它们之间的相互作用比作内力，而此时根系与土壤间存在的原始摩擦力就可以被很好地计算。对于这种摩擦力的测量往往是采用根系直接拉拔试验或者剪切试验进行研究的，在研究的同时往往还需考虑根系形态对拔出强度的影响。需要指出的是，根系与土壤间的这种原始摩擦力是根系在长期生长过程中与土壤交界面缓慢形成的，如果将根系从土壤中取出后再设计相应试验是很难恢复原有的原始摩擦力的大小的。

2. 根土结构特性

在评价根土复合体的抗剪强度时，除了根系自身的抗拉强度以及根系与土壤间的摩擦力外，往往还受到根土结构的影响。研究表明，根系结构特征指标对根土复合体抗剪强度增量有很大影响，这些指标主要为根质量密度、根长密度、根数、根的面积比率、根锥度、基底直径、倾角、土壤中根的比例、最大根深度、分枝模式、横向根之间的夹角、根分枝点下的总长度等。在单独评价单根或者单枝根系时，对上述指标的研究能够很好地得到根系特征与抗剪强度增量之间的关系，但当考虑到整株根系时，过多的指标会使得对整株根系固土效果分析复杂化。因此近些年来研究者将根系看作整体，进而研究根土结构整体的固土效果。

## 13.2.4　根土力学模型

### 1. Wu 模型

为了解决植物根系的存在对土壤抗剪强度的影响的量化表达，总结出非饱和根土复合体状态下的抗剪强度公式：

$$S = c' + (\mu_a - \mu_w)\tan\varphi_b + (\sigma - \mu_a)\tan\varphi' + \Delta S \qquad (13-1)$$

式中：$S$ 为土壤抗剪强度（kPa）；$c'$为根土复合体的有效黏聚力（kPa）；$\mu_a$ 为孔隙内部空气压力（kPa）；$\mu_w$ 为孔隙水压力（kPa）；$\varphi_b$ 为由基质吸力变化导致的抗剪强度增加角（°）；$\sigma$ 为作用于剪切面的正应力（kPa）；$\varphi'$为土体有效内摩擦角（°）；$\Delta S$ 为由植物根系所提供的抗剪强度增量（kPa）。Wu 和 Waldron 基于此提出了以极限平衡理论为基础的根系模型，简称 Wu 模型。他们认为根系的固土作用主要反映在对土壤黏聚力的影响上，而对于土壤内摩擦角的影响甚微。其模型假设条件为：①假设所有根系都穿过剪切面；②假设所有的根系都是侧向受力并且在剪切过程中剪切面的面积及剪切厚度不发生改变；③假设根系在发生变形时，所有根系的变形位移保持一致，并且当所有根系达到极限抗拉强度时瞬间全部断裂。因此，利用摩尔-库伦准则得到 Wu 模型的表达式为

$$\Delta S_{\mathrm{r}} = (\cos\theta\tan\varphi' + \sin\theta)\sum_{n=1}^{N} t_{\mathrm{m}}\left(\frac{A_{\mathrm{m}}}{A}\right) \qquad (13\text{-}2)$$

式中：$\Delta S_{\mathrm{r}}$ 为由根系存在而增加的剪切强度（kPa）；$\theta$ 和 $\varphi'$ 分别为根土复合体的剪切变形角及内摩擦角（°）；$t_{\mathrm{m}}$ 为单位面积内根土复合体中根系的平均抗拉强度（kPa）；$A_{\mathrm{m}}/A$ 为植物根系横截面积与土体横截面积的比值。Wu 等（1979）从两个角度进行了敏感性分析，在通常变化范围内（$40°<\theta<70°$ 和 $25°<\varphi'<40°$），（$\cos\theta\tan\varphi' + \sin\theta$）的值保持在 $1.0\sim$ 1.3 之间，因此上式可以简化为

$$\Delta S_{\mathrm{r}} = 1.2\sum_{n=1}^{N} t_{\mathrm{m}}\left(\frac{A_{\mathrm{m}}}{A}\right) \qquad (13\text{-}3)$$

而后 Gray 和 Leiser（1982）将 Wu 模型进行了进一步的简化，并给出了根系斜交剪切面的抗剪强度公式：

$$\Delta S_{\mathrm{r}} = [\cos(90-\psi)\tan\varphi' + \sin(90-\psi)]\sum_{n=1}^{N} t_{\mathrm{m}}\left(\frac{A_{\mathrm{m}}}{A}\right) \qquad (13\text{-}4)$$

式中：$\psi$ 为根系断裂时根系与剪切面的夹角（°），其值可由下式得到：

$$\psi = \tan^{-1}\left(\frac{1}{\tan\theta + 1/\tan i}\right) \qquad (13\text{-}5)$$

式中：$\theta$ 为剪切变形角（°）；$i$ 为相对于剪切面根系的初始角度（°）。根系垂直于剪切面时，$\psi = \theta$。

Wu 模型可以简单地用于对根土复合体抗剪强度增量的定量计算，对于评价不同根系数量及根系抗拉强度对坡体稳定性的影响具有重要的意义。

### 2. 纤维束模型

由于 Wu 模型在实际条件下的不实用性，Pierce、Daniels 等分别提出了纤维束模型（fiber bundle model，FBM）理论的原始模型。而后 Pollen 等（2005）对该模型进行了补充和完善。纤维束模型在一些研究中也被称为 RipRoot 模型（图 13-8）。

纤维束模型的假设条件有：①假设植物根系为仅具有弹性形变的线性材料；②拉伸刚度相同，生长情况及生长方向一致；③受到破坏时为轴向破坏；④当发生破坏时，破坏力超过抗拉强度的根系被破坏，而后没有发生断裂的根系承受平均施加的载荷；⑤所有根系全部断裂时认为根土复合体不再发挥抵抗剪切破坏作用。

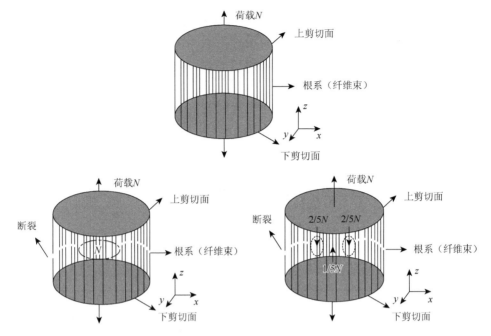

图 13-8　纤维束模型原理图

Thomas 和 Pollen-Bankhead（2010）给出了纤维束模型的控制方程：

$$L_{\mathrm{ult},n} = f_{\mathrm{app}} l_{\mathrm{a,t}} \tag{13-6}$$

式中：$L_{\mathrm{ult},n}$ 为第 $n$ 个根破坏时的荷载（N）；$f_{\mathrm{app}}$ 为荷载分配函数；$l_{\mathrm{a,t}}$ 为总附加荷载（N）。在根系逐渐断裂的过程中，由于根系材料的不均匀性，所以引入概率密度分布函数（PDF），即参数 $f_{\mathrm{app}}$。为了模拟材料的无序状态，纤维束模型的起始强度应满足 Weibull 概率分布，其具体表达形式为

$$p(\sigma^{\mathrm{th}}) = \frac{m}{k}\left(\frac{\sigma^{\mathrm{th}}}{k}\right)\exp\left[-\left(\frac{\sigma^{\mathrm{th}}}{k}\right)^{m}\right] \tag{13-7}$$

式中：$\sigma_{\mathrm{th}}$ 为单根断裂时的临界强度（MPa）；$m(>0)$, $k(>0)$ 分别表示形状参数和尺寸参数。在实际环境中，通常采用野外调查的方法得到不同根系直径的实际分布情况，而根系抗拉强度也往往是通过抗拉试验得出的，因此得到的数据要比 Weibull 分布更准确。基于 Weibull 分布函数，可以求得相应的累积分布函数为

$$p(\sigma^{\mathrm{th}}) = 1 - \exp\left[-\left(\frac{\sigma^{\mathrm{th}}}{k}\right)^{m}\right] \tag{13-8}$$

纤维束模型中对于荷载的加载模式有两种，即应力控制荷载加载模式和应变控制荷载加载模式。在应力控制荷载加载模式下，单个根系达到其破坏强度时发生断裂，与应变控制荷载加载模式相比，其根系在逐渐破坏过程中存在荷载的重新分配现象。但由于根系在断裂后，荷载并不是在所有根系上平均分布的，因此 Hidalgo 等（2001）提出了两种荷载重新分配方式，即全部荷载重新分配方式（global loading shearing，GLS）和局部荷载重新分配方式（local loading shearing，LLS）。

在 LLS 情况下,认为根系在断裂后荷载仅重新分配在断裂根系附近未发生断裂的根系上,而其他位置荷载保持不变。而针对 GLS 模式,Simon 和 Collison（2002）又将该模式荷载的分配分为两种情况:①不考虑根系的直径,荷载是均匀分布在所有根系上的;②根据根系的直径大小对荷载进行分配。Hidalgo 等（2001）也给出了 GLS 模式的分配方程:

$$L = d_i^c / \sum_{i=1}^{n} d_i^c \tag{13-9}$$

式中:$L$ 为单个根所分配到的荷载（N）;$d_i^c$ 为根系中第 $i$ 个根的直径（mm）。虽然近些年学者们对于该模型中荷载的分配问题没有得到进一步的研究结果,但不能忽视的是,纤维束模型相比于 Wu 模型更贴近于实际,并且考虑了根系的逐渐破坏过程,得到了更为合理的根系增强土壤抗剪强度的值。目前纤维束模型在国内应用的实例较少,尚未得到更为广泛的采用。

朱锦奇等（2015）为定量分析北方常见植物（油松、元宝枫）根系对提高土壤抗剪能力的作用,使用 Wu 的根土复合体模型和 Pollen 的纤维束模型对抗剪强度增量进行模拟并与实际测定的抗剪强度增量进行对比分析,Wu 的根土复合体模型平均高估植物根系固土效果值 26.81%,而纤维束模型对根系提高土壤抗剪强度的计算则平均高估了 9.82%。相对于 Wu 模型,纤维束模型对土壤的固土效果的计算更为准确。

### 3. 根束模型

根束模型相比于以往的模型,除考虑了垂直根系的破坏机理外,也考虑了侧根在根土复合体剪切破坏中发挥的作用,侧根对边坡稳定的作用往往是决定植物根系对土壤抗剪强度增量表达的关键因素（图 13-9）。Schwarz 等（2010）最先提出了根束模型（root bundle model）

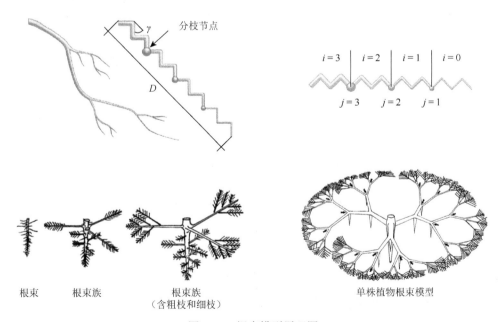

图 13-9　根束模型原理图

$\gamma$. 根系与垂直方向的夹角;$D$. 根系长度;$i$. 根段编号;$j$. 根节点编号

来评价植物根系对土壤抗剪强度的增强效应。根束模型中不仅含有根系抗拉强度、根系直径等常见指标，也包括根系长度、弯曲度以及根系分枝等其他模型没有考虑到的指标。

由于根系结构的空间分布在很大程度上影响着植物根系的土壤抗剪强度，因此需要定义植物根系分布模型的一般形式。同样地，根束模型也认为根的空间分布符合 Weibull 分布：

$$p(d,m,k) = \frac{m}{k^m} d^{m-1} \exp\left[-\left(\frac{d}{k}\right)^m\right] \tag{13-10}$$

式中：$p(d)$ 为 Weibull 概率分布方程；$d$ 为根系直径；$m$、$k$ 分别为 Weibull 概率分布方程的形状参数和尺度参数。这个方程假定围绕根系主茎向四周延展的方向上，唯一发生变化的指标为根系数量。相比于纤维束模型，根束模型荷载的加载方式为通过位移控制加载过程，因此有效地避免了根系断裂后荷载再分配问题。

另外，在纤维束模型中，当根系断裂后，应力-应变曲线终止，而在根束模型中，可以得到根系断裂后的完整应力-应变曲线。根束模型的具体表达方式为

$$F_x(\Delta x) = \sum_{j=1}^{N} F_j(\Delta x) n_j \tag{13-11}$$

式中：$F_x(\Delta x)$ 为整株根系的拔出力（N）；$F_j(\Delta x)$ 为属于 $j$ 类根径的单根的拔出力（N）；$n_j$ 为根系中属于 $j$ 类根径的单根的数量；$N$ 为根系直径分类数量。

同样地，根束模型的应用也存在以下假设：①根系在受到剪切破坏断裂过程中，根系与根系间的相互作用不考虑；②根系在拔出试验中的排列方向不会对破坏过程产生影响。尽管存在以上假设，该模型仍然是被认为最贴近根系生长实际情况的理论模型，因此受到越来越多的研究学者重视。但该模型也存在一定的局限性，由于该模型是建立在乔木根系基础上的，因此其对于含有大量细根及倾斜根的草本植物的适用性较差，模型的普遍适用性还需进一步研究。

### 4. 能量模型

早在 1999 年，就已经有学者根据能量守恒的思想提出了基于此的根系增强土壤抗剪强度的模型，称为能量模型。能量模型是基于直剪试验的，以在剪切过程中根土复合体的强度与能量消耗关系为基础的计算模型。

能量模型的假设条件有：①素土剪切应力-应变曲线中随应变增大，应力出现先增加后减小的趋势；根土复合体的应力-应变曲线中随应变增大，其应力出现峰值，该峰值保持一段时间后缓慢减小；②直剪试验中的能量消耗应等同于应力-应变曲线与横坐标围成的面积；③根土复合体的应变能力提高值被认为是植物根系对土壤抗剪强度的增强值（图 13-10）。

当素土发生剪切变形时，其能量消耗满足下列方程：

$$E_F(x_{Fp}) = \int_0^{x_{Fp}} F(x)\mathrm{d}x \tag{13-12}$$

而根土复合体发生剪切变形时，其能量消耗方程为

$$E_R(x_{Rp}) = \int_0^{x_{Rp}} R(x)\mathrm{d}x \tag{13-13}$$

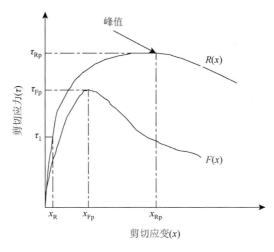

图 13-10　理想应力-应变曲线

因此根土复合体的应变能力提高值即植物根系对土壤抗剪强度的增强值的表达式为

$$\Delta E(x_{Rp}) = \int_0^{x_{Rp}} [R(x) - F(x)] \mathrm{d}x \tag{13-14}$$

式中：$x_{Fp}$、$x_{Rp}$ 分别为素土、根土复合体发生剪切破坏时的最大剪切应变；$F(x)$、$R(x)$ 分别为素土、根土复合体的应力-应变关系曲线函数。类似于坡体稳定的安全系数，能量模型也存在安全系数算法，可用来评价有林边坡的稳定性，其表达式如下：

$$SF_R = \frac{\pi x_{Rp}^2}{2\left[(x - x_{Rp})\sqrt{x_{Rp}^2 - (x - x_{Rp})^2} + x_{Rp}^2 \sin^{-1} \dfrac{(x - x_{Rp})}{x_{Rp}}\right] + \pi x_{Rp}^2} \tag{13-15}$$

由式（13-15）可以看出，式中不包含土壤抗剪强度指标（土壤黏聚力和土壤内摩擦角）。但实际上材料强度是通过根土复合体直剪试验求出的，因此式（13-15）能够反映土壤抗剪强度特征。能量模型的优点在于能够对根系自身特性及根土相互作用进行微观探讨，并且从能量的角度分析边坡稳定性。但由于所有数据都是由根土复合体的直剪试验得到的，所以对土壤特性有一定的要求，并且对有林边坡的稳定性评价也仅限于不含粗根的均质土坡，因此能量模型在实际生产生活的应用较少，发展受到了一定的限制。

### 13.2.5　植被水文作用

植被的固土护坡作用可以分为机械作用和水文作用。植被对边坡稳定的水文效应包括林冠截留、枯落物截留、树干流、植物蒸腾和生长吸水以及根系对土壤水分迁移的影响等。林冠截留研究显示，森林的截留量占到年降雨量的 10%～35%，部分地区可高达 50%。我国的研究数据显示，林冠截留量占年降雨量的 15%～45%，其中，不同森林类型对林冠截留量有很大的影响。林冠截留虽然能够拦截到达地面的降雨，但是树干流也会造成地面局部含水量过高，形成高的孔隙水压力。Mcguire 等（2016）对有无林冠截留的坡体，在降雨条件下安全系数的动态变化的研究表明，在相同降雨条件下林冠截留可以将由降雨引起的坡体安全系数的降低推迟 6～8 h。

枯落物层具有拦蓄渗透降水、分散滞缓地表径流和减少表层土的水分蒸发等作用，从而改变土壤含水量的分布，对边坡的稳定性产生影响。枯落物截留量与林内降雨量多呈幂函数关系，且不同林型的截留动态过程各异。莫菲等（2009）通过对模拟降雨试验结果的分析，在国内首次构建了基于枯落物含水量、降雨强度和降雨历时的枯落物截留过程模型。

植被蒸腾则是土壤水分散失的主要方式，地表降水有 70%通过蒸腾返回大气，干旱区可达 90%以上。研究表明，蒸腾会影响土壤含水量的分布，蒸腾引起的基质吸力会降低土壤中的水传导性能并增加土壤的抗剪强度，从而提高坡体的稳定性。

植物根系由于生长的需要及入渗和蒸发反复交替会增加土体孔隙率和入渗能力。Arnone 等（2016）认为植被的水文作用中，植物通过根系吸水来降低坡体土壤含水量。此外，根系的存在能够显著提升土壤的入渗性能（图 13-11 和图 13-12）。

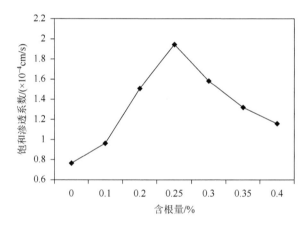

图 13-11　饱和渗透系数与含根量的关系曲线

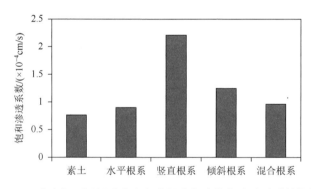

图 13-12　素土与不同根系分布方式根土复合体饱和渗透系数柱状图

植物的水文作用会影响土壤的含水量及植被的自重荷载，从而影响整个边坡的力学平衡体系。对于植物在力学作用和水文方面作用的耦合，前人进行了大量研究，最初研究发现，植物根系影响着大量的土壤水文过程，进而影响了土壤力学，最后导致边坡失稳。随后大量的研究将水文模型与稳定性模型相结合，以评估权系数。在耦合过程中具有两个主要的特征：①在描述含水量动态变化方面有的是用湿度指数，有的是用 Richard 方程；②在计算安全系数方面有的考虑非饱和条件，有的不考虑。在使用湿度指数表征非饱和含水量和水位动态变化时忽略了基质吸力随含水量的变化；在使用 Richard 方程的过程中失效标准仍然参照的是干土或土壤水分饱和土，这样可能会导致在计算安全系数的过程中出现错误。同时也有人使用毕肖普的失效标准拓展了摩尔-库伦准则来预测非饱和土的抗剪强度。Lepore 等（2012）在以前 tRIBS（triangulated irregular network-based real-time integrated basin）模型的基础上提出了新的 tRIBS-VEGGIE 模型，在新的模型中他们采用 Richard 方程实现了垂直方向和水平方向的预测，在安全系数的计算中采用了毕肖普给出的方程进行拓展，量化了基质吸力在坡体稳定中的作用。现如今对于浅层滑坡的形成机制的研究主要是通过地质和气象模式的观测、数值分析和模拟等方法。

## 13.2.6　含植被边坡稳定性分析模型

对于含有不同植被的坡体，采用安全系数来评价边坡稳定性。判别边坡稳定性的常用方法有极限平衡法和数值模拟法，早期的工程实践中多采用极限平衡法，这种方法虽然物理意义明确，却需要很多的简化和预先假定滑动面。对于造林边坡的稳定性评价问题，需要综合考虑土的离散性、易变性和根系的复杂性、空间异质性等多种因素，使得滑动面的预设非常困难，因而采用数值模拟法研究植物根系固土护坡作用，成为分析造林边坡稳定性问题的重要方法。

及金楠等（2014）探讨了黄土高原主要造林树种刺槐和侧柏根系对土质边坡稳定性的作用，应用 ABAQUS 有限元软件构建二维造林边坡稳定性分析模型，研究林木根系的空间异质性对水平阶整地坡和对照自然坡稳定性的影响。研究发现：①无论是否经过整地处理，造林都可以提高边坡的稳定性，且刺槐根系的固土效果优于侧柏根系；②在不考虑水文过程的前提下，水平阶整地模式的人工林边坡稳定性优于对照自然坡；③当根系表观附加黏聚力增加到某一阈值后，造林边坡的安全系数进入平稳阶段不再大幅上升，说明边坡稳定性模型对根系附加黏聚力计算法的精度并不敏感。

Jadar 等（2017）在 PLAXIS 有限元软件中用锚固杆和土工栅格模拟根系的锚固作用和加筋作用并建立二维坡体模型，分析坡面上坡、中坡、下坡三处根系固土作用最优的位置。研究得出，上坡的位移值最大，中坡和下坡位移值最小，在位移值最小的地方种植树木可使坡体获得更高的稳定性。

Fan 和 Lai（2014）在 PLAXIS 3D 软件中建立了三维坡体模型，分析斜坡上的位移和应力分布，讨论了植被种植布局对坡体稳定性的影响。研究表明：含植被坡面的安全系数随树木间距的增加而减小，且上坡和中坡较裸坡提高的坡体安全系数高于下坡；根土复合体的强度和杨氏模量在一定程度上影响边坡的安全系数，但植被种植布局对坡体稳定性的影响不受根土复合体强度和杨氏模量的影响，种植布置均匀的坡体安全系数比交替种植低 3%~4.8%。

Li 等（2016）研究了浅根植物对边坡稳定性的影响，运用 COMSOL 软件建立了坡体三维模型，并模拟了六种根系结构对坡体稳定性的影响（图 13-13）。研究表明，六种根系结构对坡体安全系数增加的影响为：R 型＞H 型＞VH 型＞V 型＞M 型＞W 型。

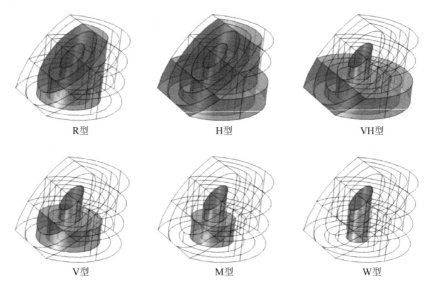

图 13-13　在 COMSOL 中模拟的根系结构模型图

### 13.2.7　植被空间配置

在 20 世纪 80 年代，植被护坡技术多为铺设草皮、喷洒草种、片石骨架内植草护坡等方法。近些年，随着人们对生态环境重视程度的不断提高，植被护坡技术作为一种生态治理手段，应该对树种的选择、空间配置具有严格的要求。

Li 等（2016）研究了坡面上不同植物配置方式对坡体稳定性的影响。在研究中，采用了修正后的分类系统，添加了新的结构类型 M 型和 W 型。在此基础上对含有不同根系结构的植物的固土效果进行了量化，并通过数值模拟的方法研究了坡面上含有的不同根系结构条件对坡面稳定的贡献。结果表明，含有较广分布的水平根的 H 型根系在抵抗较小剪切力条件下表现出循环的抵抗作用，而含有较多倾斜根系的 R 型表现出最好的抵抗剪切破坏的作用。因此建议在边坡防护工程中，应选择含有 H 型和 M 型根系的植物布设植被护坡工程。

李云鹏（2016）通过构造不同坡度条件下的不同坡体类型，研究得出：①对于含有单一植物的均质土坡，乔木坡体的安全系数最大值在不同坡度条件下都出现在榆树坡体；灌木坡体的安全系数最大值在不同坡度条件下都出现在荆条坡体。②对于含有两种植物类型的均质土坡，不同坡度条件下，乔草的搭配安全系数最高，最好的乔草组合为刺槐×草、榆树×草的组合；最好的乔灌组合为刺槐×荆条；最好的灌草组合为荆条×狗尾草；③对于含有单一植物的浅层土坡，乔木坡体中刺槐坡体固坡效果较好，灌木坡体中荆条有着最为优秀的固坡作用。④对于含有两种植物类型的浅层土坡，乔草搭配的安全系数最高，最好的乔草组合为刺槐×草、榆树×草的组合；最好的乔灌组合为刺槐×荆条。最好的灌草组合为侧柏×狗尾草。⑤对于含有两种以上植物类型的凹凸形坡体，表现最优的配置为乔木坡体，表现最差的为灌木坡体。

对于根系固土以及植被护坡方面的研究，尽管研究的深度和广度都有所提高，但在某些方面仍旧存在不足。

（1）在根系固土研究中，倾斜根系以及垂直根系的单株植物固土模型已经发展得较为完善，但对于植物地上部分的研究仍需进一步量化。并且由于现有的模型需要对根系结构有较为全面和准确的认识，而野外试验的难度较大，难以实行推广，因此更为简单的模型需要被提出。

（2）植被对坡体稳定性的影响包括机械作用和水文作用。现有的对含植被坡体稳定性的模拟研究中，大多只考虑了一方面的作用，而对于两者综合考虑的研究较少，因此在之后的模拟研究中，如何将根系的机械作用和降雨条件下水文作用综合考虑到坡体稳定模型中是必要的。

（3）现有的根系固土模型多是静态地研究植物生长某一时期的根系固土效果，随着植物生长，根系形态及固土的能力也发生着变化，因此基于时间尺度的根系固土效果评价模型需要被提出。

# 13.3　植被与滑坡

## 13.3.1　树木对地质地貌过程的响应

利用灾害遗迹重建和分析历史上自然灾害发生年代是弥补资料记载不足的一种有效方法。目前常用的指导方法是树轮地貌学，即利用记录在树木年轮中的信息来确定地貌事件发生的时间、强度，并分析树木在受到灾害后的响应过程。了解树木受到地质地貌过程后的反应是应用树木年轮技术的基础，树木年轮技术也被广泛运用于研究灾害事件时空特征以及分析过去很长一段时间的气候变化。由于许多树种可以存活几个世纪甚至更长的时间，因此在灾害事件缺少较长的历史记载的地区，可以用树轮来确定如滑坡、崩塌、泥石流、洪水等山地灾害事件的发生时间和频率。虽然一次比较大的灾害性事件可能会毁灭受灾区域生长的所有树木，但是，受到强度较小、速度较慢的灾害事件影响的树木仍然能存活下来。但它们在外表形态上表现出如断头、倒伏、撞痕或者断根等现象，在植物生理反应上则显示出营养与水分通道受阻、植株生长发育不良，在解剖形态上则表现为年轮的异常。上述树木外在形态，尤其是年轮形态上的异常，为重建滑坡、泥石流、崩塌、雪崩、洪水等山地地质灾害事件提供了真实可靠的信息。

### 1. 受伤的树木和创伤性树脂管道

树干上的刮伤是树木受到外在干扰之后最常见、最明显的现象。在树干受到外界的撞击后，形成的伤疤和愈伤组织在树干［图 13-14（a）］、树枝、树根上都能看到。如果外在影响的冲击力足够大，新生成的组织会遭到破坏，受损害的树木部位的年轮也会受到干扰。为了减少受外界损伤之后树木腐烂和害虫的影响，树木会将受外部损害的部分隔开，并且迅速无秩序地生长愈伤组织细胞。在愈伤组织形成之后，形成层的细胞将不断从其边缘过度生长。理想情况下，可导致伤口完全闭合。伤口愈合的程度很大一部分取决于年增长率、树龄及疤痕的大小。

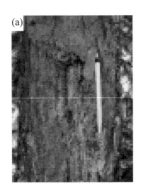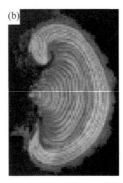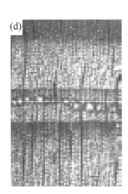

图 13-14　树盘剖面图

　　某些针叶树种如欧洲落叶松（*Larix decidua*）［图 13-14（b）］、挪威云杉（*Picea abies*）［图 13-14（c）］或银杉（*Abies alba*）［图 13-14（d）］在受到损伤之后会在正在生长的次生木质部中产生创伤性树脂管道（TRD）。创伤性树脂管道从损伤处的切向和轴向延伸生长。当树木受到灾害损伤时，在灾害发生后几天即开始产生 TRD，灾害发生后 3 周内开始出现导管。因此，在分析横截面时，第一批 TRD 的季节内位置可以用于重建精确到月的灾害事件，但前提是事件发生在植物的生长周期内。随着到撞击部位横向和轴向距离的增加，TRD 趋向于转移到树木年轮的后半部分。这就是为什么在研究树木年轮中将数据精确到月份的季节内时，必须以大量的样本为基础。这种技术不能用于松树，因为这种植物（属）不会产生创伤性的树脂管道，而是产生大量与机械伤害无关的树脂。

　　在灾害区内，受伤的树的树木年轮将是重建历史研究灾害区的至关重要的部分。对于这种有疤痕的树木，在取样时，需要特别注意取样位置（图 13-15）。在伤口 A 处从过度

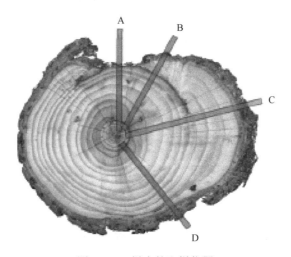

图 13-15　样本的取样位置

生长的愈伤组织 B 中提取的样本将提供一个不完整的年轮记录，因为伤口从边缘处被关闭。理想情况下，在伤口 C 的旁边，过度生长的愈伤组织和 TRD 的存在对于重建历史灾害事件来说将是一个准确的数据。离伤口太远的 D 不一定会显示干扰事件的迹象，因此不能为重建历史灾害事件提供科学依据。

2. 树干倾斜和弯曲

由突发性灾害事件引起的沉积物堆积会产生荷载，一些正在发生的滑坡运动以及侵蚀现象等都会导致树干的倾斜和弯曲。在斜坡地质灾害区，树干倾斜的现象十分常见，如马刀树、醉汉林等。因此，在许多树木形态的研究中，树干倾斜被作为重建以前的灾害事件的一种依据。

倾斜的树的树干总是试图恢复它的垂直位置。这个反应在树干的某些部分最为清晰可见，这部分的重心随茎的倾斜而移动。在倾斜发生后的树木年轮序列中，可以在横截面上看到偏心的增长，从而可以精确地测定扰动发生的时间。在针叶树中，压缩木（也称反应木）将会产生在树干的下部。这部分个体的年轮相比上部的年轮在外表上要大得多，而且会稍微暗一些。颜色的差异是由于生长发育的早期和晚期的细胞壁会比较厚而且比较饱满。相比之下，阔叶树的树干倾斜会形成张力木材，偏心也发生在上部。阔叶树也会改变微观结构来适应上部的倾斜，但是这种改变只有在研究微观部分时才会发现。

除了形成不同种类的反应木，树木还可能在倾斜后出现生长速度减慢的现象，并且发生倾斜后的树木年轮宽度的减小可能与突然倾斜导致的根部破坏有关。值得注意的是，在形成反应木（如压缩或张力木材）的一侧，生长变慢通常是不可见的。

3. 树干淤埋

泥石流、洪水、滑坡等突发性灾害事件中，往往在树根周围区域堆积一定高度的沉积物，并且将树木的根掩埋 [图 13-16（a）]，这些树木的长势会因缺乏营养和水分而受到影响。由于突发性灾害事件搬运来一些具有很多营养成分的沉积物，在水分充足的情况下，根的埋藏也会促使树木生长。相反，如果树根遭受突发性灾害事件导致完全裸露，那么这些根无法再发挥其最初的功能并且可能会很快死亡。由于缺乏营养和水分，这些树的生长会受到抑制并且形成一些很窄的树根年轮 [图 13-16（b）]。

如果树干埋藏超过一定的深度，树木将因缺乏水和营养供应而死亡 [图 13-16（a）]。根据意大利多洛米蒂山脉的案例研究，在由细粒占主导地位的泥石流中，云杉能容忍的最大埋藏深度为 1.6 m。尽管没有其他可靠数据的佐证，但大多数学者都认为在泥石流颗粒组成主要为粗颗粒的地区，树木可生存的埋藏深度将会变小。

地下的树木会在新地表附近产生不定根 [图 13-16（c）]。由于不定根通常是在灾后的第一个年份形成的，因此可以用来大概确定发生灾害的年代。当一棵树被反复掩埋并形成几层不定根时，就有可能从树的位置来估计某次灾害事件发生后沉积物的厚度。

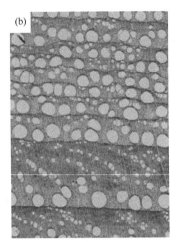

图 13-16　（a）在堆积区的树木（其中一些树木已死亡）；（b）一个灾害事件发生后，
甜栗（*Castanea sativa*）突然生长变慢的微节；（c）三叶杨（*Populus deltoids*）生长的几个不定根

### 4. 根暴露和损伤

在有部分根部暴露的情况下 [图 13-17（a）]，其外端留在地上，根部将继续生长并发挥其功能，那么暴露部分的根会发生变化，形成与树干或枝条类似的个体生长年轮。这种在树轮系列中的变化可以用于准确定位根部暴露的时间 [图 13-17（b）～（d）]。根部的持续暴露通常由渐变过程和相对较低的剥蚀速率引起，例如，通过雨水的径流，土壤中的裂缝（如土壤蠕变、山体滑坡）和崩裂的基岩，沿河流、溪流、湖泊和海洋（洪水、海岸侵蚀）以及与地震活动有关的断层活动和位移。假设根部逐渐暴露，那么就可以根据渐变过程来确定侵蚀速度。

根部的剥蚀可能在树干和暴露的根部产生不同的生长反应。反应的类型和强度取决于灾害事件性质，如瞬间成灾或者是渐进式成灾。如果在突发侵蚀事件（如泥石流、洪水或山体滑坡）期间，几个树根完全被蚀，它们将不再能够完成其主要功能，树木将会迅速死亡。若为渐进式成灾，树根被剥蚀，但根仍然可以完成主要功能，在遭受水和养分供应短缺的情况下，树木生长将会受阻并且形成狭窄的年轮 [图 13-17（b）]。

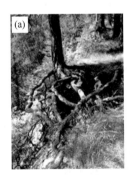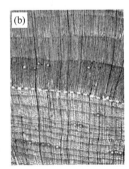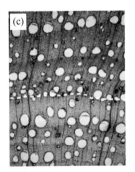

图 13-17　（a）苏格兰松（欧洲赤松）的暴露根；（b）在突然暴露后（白色虚线）的银杉（*Abies alba*）中形成的具有明显增大的年轮；（c）在突然暴露之后，欧洲白蜡树的输送管从扩散多孔变为环孔；（d）除细胞改变外，张力木材形成于埃及榕树的根部

在滑坡或地震断层的地区，根部剪切和根部损伤频繁发生。根系受到破坏后，年轮生长将受到抑制或最终停止。以前也有很多人使用年轮宽系列来确定滑坡和地震活动。

### 5. 周边的树木损毁

灾害地貌过程所产生的强大冲击力也会导致周边树木成片折断。这类现象在崩塌、泥石流、火山泥流、极端洪水、滑坡和雪崩等灾害事件中比较常见。在灾害发生后，未受伤的幸存树木具有较少的竞争，拥有更多的光照、营养和水，因此，它们将开始更快地生长。然而，一些观察表明，幸存树木中的这种生长释放可能被延迟，因此这种反应不能总是被用于确定过去的破坏性事件（图 13-18）。不过，幸存树的生长释放可以证实在从同一地点的其他树木中发现事件的历史记录。

### 6. 灾后的地形

许多自然灾害过程可以破坏整个森林尺度的地表植被，很难留下直接的树木形态的证据。在这种情况下，生长在裸地上的树木的发育期可以用于估计新地形的产生时间以及预测对现有地形进行地表清理的时间。由这个方法可知现有地表的最短存在时间，而且已经被重复地用于评估地表地貌或者自上一次雪崩廊道、泥石流沟渠或者冲积平原上发生破坏性事件至今经过的最短时间。它包括估计从新地表开始出现到地表上第一批存活种子开始

 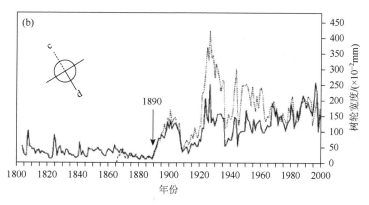

图 13-18　（a）被山体滑坡事件所淘汰的林分；（b）泥石流后保持完整的幸存树的增量曲线

发育所经历的时间。这个萌芽时间估计值会受到环境、基质、可用种子库以及其他几个因素的影响。关于萌芽时间值的确定已经在研究中被广泛讨论并用来尝试确定冰川冰渍物的形成时间，确定的萌芽时间的估计值从几年到几十年。

## 13.3.2　植被对浅表层滑坡空间分布的影响

利用植被提高山坡的稳定性是一种经济有效和可持续发展的方式。植被根系通过锚固土壤形成根土复合体来稳定山坡。植被也通过蒸腾作用降低土壤水分含量，增加土壤

黏聚力。当土壤水分含量较高时，土体中的基质吸力及吸应力会显著减小，从而导致坡体失稳。

植被会显著改变局地气候条件，进而改变控制斜坡的水文和土壤条件，影响坡体稳定性。植被通过改变降雨到达土壤表面的总量和时间，增强了根系的有效渗透率，进而影响边坡稳定性。根系也可以直接影响表观黏聚力，从而稳定土体。植被对坡体稳定性的变异性对滑坡灾害有直接的影响，同时影响土壤侵蚀速率和陡坡土壤厚度。植被是土壤水分流动的主要外营力，并且对地下水文学有强烈的可预测影响。

（王云琦，马　超）

## 参 考 文 献

陈晓清，崔鹏，韦方强. 2006. 泥石流起动原型试验及预报方法探索. 中国地质灾害与防治学报，（4）：73-78.

崔鹏. 1990. 泥石流起动机制的研究. 北京：北京林业大学.

崔鹏. 1991. 泥石流起动条件及机理的实验研究. 科学通报，36（21）：1650-1652.

冯毅，刘洋. 2012. 基于 GIS 的泥石流侵蚀特征分析——以文家沟为例. 长春工程学院学报（自然科学版），13（2）：73-76.

韩用顺，黄鹏，朱颖彦，等. 2012a. 震区山洪泥石流野外监测与侵蚀产沙研究. 水利学报，（52）：133-139.

韩用顺，梁川，韩军，等. 2012b. 震区重力侵蚀及其产沙输沙效应研究——以震中牛圈沟为例. 四川大学学报（工程科学版），（52）：110-116.

胡凯衡，崔鹏，韩用顺，等. 2012. 基于聚类和最大似然法的汶川灾区泥石流滑坡易发性评价. 中国水土保持科学，10（1）：12-18.

及金楠，张志强，郭军庭，等. 2014. 黄土高原刺槐和侧柏根系固坡的有限元数值模拟. 农业工程学报，30（19）：146-154.

康志成. 1988. 泥石流的动力地质过程//中国地质学会工程地质专业委员会. 全国第三次工程地质大会论文选集（下卷）. 北京：工程地质学报编辑部.

李云鹏. 2016. 北京典型植物根系固土机理及含植被坡体稳定分析研究. 北京：北京林业大学.

李云鹏，张会兰，王玉杰，等. 2014. 针叶与阔叶树根系对土壤抗剪强度及坡体稳定性的影响. 水土保持通报，34（1）：40-45.

莫菲，于澎涛，王彦辉，等. 2009. 六盘山华北落叶松林和红桦林枯落物持水特征及其截持降雨过程. 生态学报，29（6）：2868-2876.

唐邦兴. 2004. 中国泥石流. 北京：商务印书馆.

张世殊，裴向军，张雄，等. 2016. 强震区泥石流坡面物源发育规律与侵蚀坡度效应研究. 岩石力学与工程学报，（S2）：4139-4147.

张万顺，乔飞，陈晓清，等. 2006. 坡面泥石流起动模型研究. 水土保持研究，13（4）：146-149.

朱锦奇，王云琦，王玉杰，等. 2014. 基于试验与模型的根系增强抗剪强度分析. 岩土力学，35（2）：449-457.

朱锦奇，王云琦，王玉杰，等. 2015. 基于两种计算模型的油松与元宝枫根系固土效能分析. 水土保持通报，35（4）：277-282.

Arnone E，Caracciolo D，Noto L V，et al. 2016. Modeling the hydrological and mechanical effect of roots on shallow landslides. Water Resources Research，52（11）：8590-8612.

Burylo M，Hudek C，Rey F. 2011. Soil reinforcement by the roots of six dominant species on eroded mountainous marly slopes （Southern Alps，France）. Catena，84（1）：70-78.

Chao M A，Wang Y J，Cui D U. 2017. Comparison of the entrainment rate of debris flows in distinctive triggering conditions. Journal of Mountain Science，14（2）：237-248.

De Baets S，Poesen J，Reubens B，et al. 2008. Root tensile strength and root distribution of typical Mediterranean plant species and their contribution to soil shear strength. Plant and Soil，305（1/2）：207-226.

Fan C C，Lai Y F. 2014. Influence of the spatial layout of vegetation on the stability of slopes. Plant Soil，377：83-95.

Gray D H，Leiser A T. 1982. Biotechnical Slope Protection and Erosion Control. New York：Van Nostrand Reinhold Company Inc.

Hidalgo R C，Kun F，Herrmann H J. 2001. Bursts in a fiber bundle model with continuous damage. Physical Review E：Statistical，Nonlinear，and Soft Matter Physics，64（6）：066122.

Jadar C M，Masih R，Akhtar F. 2017. Displacement analysis of reinforced finite slope using FEM modeling.

Lepore C，Kamal S A，Shanahan P，et al. 2012. Rainfall-induced landslide susceptibility zonation of puerto rico. Environmental Earth Sciences，66：1667-1681.

Li Y，Ma C，Wang Y. 2017. Landslides and debris flows caused by an extreme rainstorm on 21 July 2012 in mountains near Beijing，China. Bulletin of Engineering Geology & the Environment，（3）：1-16.

Li Y，Wang Y，Ma C，et al. 2016. Influence of the spatial layout of plant roots on slope stability. Ecological Engineering，91：477-486.

Ma C，Wang Y J，Du C，et al. 2016. Variation in initiation condition of debris flows in the mountain regions surrounding Beijing. Geomorphology，273：323-334.

Mcguire L A，Rengers F K，Kean J W，et al. 2016. Elucidating the role of vegetation in the initiation of rainfall-induced shallow landslides：Insights from an extreme rainfall event in the Colorado Front Range. Geophysical Research Letters，43：17.

Richard M. 2015. Scaling and design of landslide and debris-flow experiments. Geomorphology，244：9-20.

Schwarz M，Cohen D，Or D. 2010. Root-soil mechanical interactions during pullout and failure of root bundles. Journal of Geophysical Research：Earth Surface，115：F04035.

Simon A. 2005. Estimating the mechanical effects of riparian vegetation on stream bank stability using a fiber bundle model. Water Resources Research，41（7）：224-226.

Simon A，Collison A J C. 2002. Quantifying the mechanical and hydrologic effects of riparian vegetation on streambank stability. Earth Surface Processes and Landforms，27（5）：527-546.

Terwilliger V J. 2010. Effects of vegetation on soil slippage by pore pressure modification. Earth Surface Processes & Landforms，15（6）：553-570.

Thomas R E，Pollen-Bankhead N. 2010. Modeling root-reinforcement with a fiber-bundle model and Monte Carlo simulation. Ecological Engineering，36（1）：47-61.

Wu T H，McKinnell W P，Swanston D N. 1979. Strength of tree roots and landslides on Prince of Wales Island，Alaska. Canadian Geotechnical Journal，16（1）：19-33.

Yen C P. 1987. Tree root patterns and erosion control. International workshop on soil erosion and its countermeasures. Bangkok：Soil and Water Conservation Society of Thailand：92-111.

# 第14章 水土保持生态建设

水土保持区划是在土壤侵蚀类型区划和自然地理区划的基础上，根据自然条件、社会经济情况、水土流失特点、水土保持现状的区域分异规律，将区域划分为若干个水土保持区，并结合区域社会经济发展特点、区位特征、科技水平，因地制宜地提出不同区域的生产发展方向和水土流失治理要求，以便指导各地科学地开展水土保持工作，做到扬长避短、发挥优势，使水土资源得到充分合理的利用，水土流失得到有效的控制，收到最好的经济、社会和生态效益（孙保平等，2011）。水土保持生态建设是在系统分析全国水土流失及其防治现状的基础上，根据区域水土流失特点、社会经济发展状况及防治需求，为规划的分区防治方略、区域布局与规划、重点项目布局与规划方案的制定提供决策依据。

## 14.1 水土保持区划与方略

我国水土保持区划共划分为 8 个 1 级区，41 个二级区，117 个三级区。其中 1 级区包括：东北黑土区、北方风沙区、北方土石山区、西北黄土高原区、南方红壤区、西南紫色土区、西南岩溶区和青藏高原区（刘震，2013；沈波等，2015）。

水土保持方略是在水土保持区划的基础上，结合区域社会经济发展特点、区位特征、科技水平，因地制宜地提出不同区域的生产发展方向和水土流失治理要求，以便指导各地科学地开展水土保持工作，使水土流失得到有效的控制，水土资源得到充分的利用（赵岩，2013；王治国等，2016）。

### 14.1.1 东北黑土区水土保持方略

1. 概述

东北黑土区（东北山地丘陵区）是以黑色表层土为优势地面组成物质的区域，位于我国的东北部，主要包括呼伦贝尔草原、大小兴安岭、三江平原、松嫩平原和长白山等地区，总面积约 109 万 km$^2$（刘畅等，2006）。该区涉及内蒙古、黑龙江、吉林和辽宁 4 省（自治区）共 246 个县（市、区、旗），包括 6 个二级区、9 个主级区，具体分区情况和分区方案如表 14-1 所示。

**表 14-1　东北黑土区分区方案**

| 一级区代码及名称 | 二级区代码及名称 | 三级区代码及名称 |
|---|---|---|
| Ⅰ 东北黑土区 | Ⅰ-1 大小兴安岭山地区 | Ⅰ-1-1 hw 大兴安岭山地水源涵养生态维护区 |
| | | Ⅰ-1-2 wt 小兴安岭山地丘陵生态维护保土区 |
| | Ⅰ-2 长白山—完达山山地丘陵区 | Ⅰ-2-1 wn 三江平原—兴凯湖生态维护农田防护区 |
| | | Ⅰ-2-2 hz 长白山山地水源涵养减灾区 |
| | | Ⅰ-2-3 st 长白山山地丘陵水质维护保土区 |
| | Ⅰ-3 东北漫川漫岗区 | Ⅰ-3-1 t 东北漫川漫岗土壤保持区 |
| | Ⅰ-4 松辽平原风沙区 | Ⅰ-4-1 fn 松辽平原防沙农田防护区 |
| | Ⅰ-5 大兴安岭东南山地丘陵区 | Ⅰ-5-1 t 大兴安岭东南低山丘陵土壤保持区 |
| | Ⅰ-6 呼伦贝尔丘陵平原区 | Ⅰ-6-1 fw 呼伦贝尔丘陵平原防沙生态维护区 |

2. 水土保持方略

1）主要问题及任务

东北黑土区存在的水土流失主要问题包括：黑土流失，威胁粮食安全；森林过度砍伐，威胁生态安全；面源污染严重，影响水质；矿产资源过度采伐，生态恢复任务重（于磊和张柏，2004）。

该区的根本任务是保障粮食生产安全和保护黑土资源，重点开展侵蚀沟、坡耕地水土流失治理，通过采取水土保持工程措施、农业耕作措施、植物措施和管理措施，控制水土流失的发展，为国家粮食安全提供保障，为东北农业生产和农村经济发展创造有利条件。

2）防治策略

（1）加强土地资源保护，强化黑土地水土保持。重点是开展侵蚀沟和坡耕地水土流失的综合治理，保障粮食安全；因地制宜，遵循生态和经济规律，建立科学的防治体系。

（2）做好自然保护区、天然林保护区和重要水源地的预防保护工作，做好森林抚育，开展生态修复；加强农林镶嵌区的退耕还林，加强农田防护，实施黑土地保育，建设农田防护林网，实施保护性耕作。

（3）因地制宜地做好重点区域的水土流失防治工作。加强漫川漫岗坡耕地综合治理，控制侵蚀沟发育；完善农田防护体系建设，大力推进水土保持耕作制度；实施湿地保护与恢复和重要湿地生态补水；开展呼伦贝尔丘陵平原区的风蚀防治，加强草原保护。

## 14.1.2　北方风沙区水土保持方略

1. 概述

北方风沙区（新甘蒙高原盆地区）是以明沙为优势地面组成物质的区域，位于大兴安岭以西、阴山—祁连山—阿尔金山—昆仑山以北的广大地区，主要包括内蒙古高原、河西走廊、塔里木盆地、准噶尔盆地及天山山地、阿尔泰山山地等，总面积约 239 万 $km^2$，涉及新疆、甘肃、内蒙古和河北4省（自治区）共145个县（市、区、旗）。该区包括4个二级区、12个三级区，具体分区情况和分区方案如表14-2所示（王白春等，2011）。

**表14-2　北方风沙区分区方案**

| 一级区代码及名称 | 二级区代码及名称 | 三级区代码及名称 |
| --- | --- | --- |
| Ⅱ 北方风沙区（新甘蒙高原盆地区） | Ⅱ-1 内蒙古中部高原丘陵区 | Ⅱ-1-1 tw 锡林郭勒高原保土生态维护区 |
|  |  | Ⅱ-1-2 tx 蒙冀丘陵保土蓄水区 |
|  |  | Ⅱ-1-3 tx 阴山北麓山地高原保土蓄水区 |
|  | Ⅱ-2 河西走廊及阿拉善高原区 | Ⅱ-2-1 fw 阿拉善高原山地防沙生态维护区 |
|  |  | Ⅱ-2-2 nf 河西走廊农田防护防沙区 |
|  | Ⅱ-3 北疆山地盆地区 | Ⅱ-3-1 hw 准噶尔盆地北部水源涵养生态维护区 |
|  |  | Ⅱ-3-2 rn 天山北坡人居环境维护农田防护区 |
|  |  | Ⅱ-3-3 zx 伊犁河谷减灾蓄水区 |
|  |  | Ⅱ-3-4 wf 吐哈盆地生态维护防沙区 |
|  | Ⅱ-4 南疆山地盆地区 | Ⅱ-4-1 nh 塔里木盆地北部农田防护水源涵养区 |
|  |  | Ⅱ-4-2 nf 塔里木盆地南部农田防护防沙区 |
|  |  | Ⅱ-4-3 nz 塔里木盆地西部农田防护减灾区 |

**2. 水土保持方略**

1）主要问题及任务

北方风沙区存在的水土流失主要问题包括：草场过垦过牧、土地沙化严重；森林乱砍滥伐，水源涵养能力下降；水资源过度利用，河流下游水量锐减。

该区的根本任务是通过预防保护、生态修复、综合治理等方面措施的实施，提高林草覆盖率，固定沙丘，保护草场，防治风沙危害，建设西北绿色生态屏障，合理利用水土资源，保护绿洲，遏制生态恶化，治理局部水土流失，基本控制住由人为因素导致新的水土流失和生态环境破坏，保障工农业生产安全，促进区域社会经济发展。

2）防治策略

（1）加强绿洲农田防护，保护绿洲农业。采用自然修复和人工治理相结合的方式，建立科学合理的绿洲防风固沙体系，加强绿洲边缘冲积洪积地带综合治理和山洪灾害防治，发展高效节水农业，提高水资源利用效率，发展特色经济林，加快重点区域风沙治理。

（2）做好山麓及河湖周边的植被保护和建设，提高水源涵养能力，合理配置水资源，推广节水节灌，加强水源地预防保护，增加下游尾闾生态用水，维护湿地生态系统。

（3）加强牧区草场保护以及农牧交错地带的水土流失综合防治。合理利用草场资源，加强轮牧和草库伦建设，加强丘陵区水土流失综合治理、封山禁牧和植被保护，对局部坡耕地进行整治并配套小型蓄水工程，推广农区水土保持耕作。

（4）预防矿产和能源开发导致的人为水土流失，依法强化生产建设项目水土保持监管，遏制新增人为水土流失，加强矿区土地整治和生态恢复。

### 14.1.3 北方土石山区水土保持方略

#### 1. 概述

北方土石山区（北方山地丘陵区）是以棕褐色土状物和粗骨质风化壳及裸岩为优势地面组成物质的区域，位于我国东部地区，浑善达克沙地—吕梁山—中条山一线以东，桐柏山—大别山以北，北抵大兴安岭南段，东抵辽东半岛、山东半岛，主要包括淮河以北的黄淮海平原、辽海平原、沂蒙山及胶东低山丘陵、太行山、燕山以及伏牛山等，总面积 81 万 km²，涉及北京、天津、河北、内蒙古、辽宁、山西、河南、山东、江苏和安徽 10 省（自治区、直辖市）共 665 个县（市、区、旗）。该区包括 6 个二级区、16 个三级区，具体分区情况和分区方案如表 14-3 所示。

**表 14-3　北方土石山区分区方案**

| 一级区代码及名称 | 二级区代码及名称 | 三级区代码及名称 |
| --- | --- | --- |
| Ⅲ北方土石山区 | Ⅲ-1 辽宁环渤海山地丘陵区 | Ⅲ-1-1 rn 辽海平原人居环境维护农田保护区 |
| | | Ⅲ-1-2 tj 辽宁西部丘陵保土拦沙区 |
| | | Ⅲ-1-3 rz 辽东半岛人居环境维护减灾区 |
| | Ⅲ-2 燕山及辽西山地丘陵区 | Ⅲ-2-1 tx 辽西山地丘陵保土蓄水区 |
| | | Ⅲ-2-2 hw 燕山山地丘陵水源涵养生态维护区 |
| | Ⅲ-3 太行山山地丘陵区 | Ⅲ-3-1 fh 太行山西北部山地丘陵防沙水源涵养区 |
| | | Ⅲ-3-2 ht 太行山东部山地丘陵水源涵养保土区 |
| | | Ⅲ-3-3 th 太行山西南部山地丘陵保土水源涵养区 |
| | Ⅲ-4 泰沂及胶东山地丘陵区 | Ⅲ-4-1 xt 胶东半岛丘陵蓄水保土区 |
| | | Ⅲ-4-2 t 鲁中南低山丘陵土壤保持区 |
| | Ⅲ-5 华北平原区 | Ⅲ-5-1 rn 京津冀城市群人居环境维护农田防护区 |
| | | Ⅲ-5-2 w 津冀鲁渤海湾生态维护区 |
| | | Ⅲ-5-3 fn 黄泛平原防沙农田防护区 |
| | | Ⅲ-5-4 nt 淮北平原岗地农田防护保土区 |
| | Ⅲ-6 豫西南山地丘陵区 | Ⅲ-6-1 tx 豫西黄土丘陵保土蓄水区 |
| | | Ⅲ-6-2 th 伏牛山山地丘陵保土水源涵养区 |

#### 2. 水土保持方略

1）主要问题及任务

北方土石山区存在的水土流失主要问题包括：坡耕地水土流失未得到有效控制；坡林地的水土流失未得到应有的重视；水土保持资金投入偏少；水土保持科技投入偏少。

该区的根本任务是保障城市饮用水安全和改善人居环境,改善山丘区农村生产生活条件,促进农村社会经济发展。重点是加强城市水源地的水源涵养能力的保护与建设,注重城郊及周边地区清洁小流域建设;做好河湖滨海植被带保护与建设以及平原区农田防护林网建设;加强山丘区的小流域综合治理,保护耕地资源,发展特色产业;重点加强河湖滨海风沙区及黄泛平原风沙区的水土流失预防及综合监督工作。

2）防治策略

在燕山—太行山饮用水水源地周边及主要支流进行重要饮用水水源地水土保持建设,主要是开展清洁小流域建设,扩大林草植被面积,提高林草植被覆盖率,严格监管区域内生产建设活动,防止人为水土流失,同时做好局部地区水土流失综合治理。

黄泛平原风沙区以防风减沙为重点,开展农田防护林网建设,改变农业经营方式,推行林农间作,合理利用地下水资源,建立田间蓄排工程。通过生物、农业及水利措施相结合,实施林、田、路、渠、井综合治理。

对燕山、太行山、沂蒙山、泰山、桐柏山、大别山、伏牛山、中条山等区域加强以水源地水土保持和坡耕地综合治理为主的小流域综合治理,加强矿区土地整治和生态恢复。在局部易发生泥石流、滑坡等山地灾害的区域,加强预警预报及水土保持工作。加强坡耕地综合治理,发展特色产业,加强大中型矿区的综合整治和水土保持监督管理。

## 14.1.4　西北黄土高原区水土保持方略

### 1. 概述

西北黄土高原区是以黄土及黄土状物质为优势地面组成物质的区域,位于阴山以南,贺兰山—日月山以东,太行山以西,秦岭以北地区,主要包括鄂尔多斯高原、陕北高原、陇中高原等,主要涉及毛乌素沙地、库布齐沙漠、晋陕黄土丘陵、陇东及渭北黄土台塬、甘青宁黄土丘陵、六盘山、吕梁山、子午岭、中条山、河套平原、汾渭平原,总面积约 56 万 $km^2$。该区涉及山西、内蒙古、陕西、甘肃、青海和宁夏 6 省（自治区）共 271 个县（市、区、旗）,包括 5 个二级区、15 个三级区,具体分区情况和分区方案如表 14-4 所示。

表 14-4　西北黄土高原分区方案

| 一级区代码及名称 | 二级区代码及名称 | 三级区代码及名称 |
| --- | --- | --- |
| IV西北黄土高原区 | IV-1 宁蒙覆沙黄土丘陵区 | IV-1-1 xt 阴山山地丘陵蓄水保土区 |
| | | IV-1-2 tx 鄂乌高原丘陵保土蓄水区 |
| | | IV-1-3 fw 宁中北丘陵平原防沙生态维护区 |
| | IV-2 晋陕蒙丘陵沟壑区 | IV-2-1 jt 呼鄂丘陵沟壑拦沙保土区 |
| | | IV-2-2 jt 晋西北黄土丘陵沟壑拦沙保土区 |
| | | IV-2-3 jt 陕北黄土丘陵沟壑拦沙保土区 |
| | | IV-2-4 jf 陕北盖沙丘陵沟壑拦沙防沙区 |
| | | IV-2-5 jt 延安中部丘陵沟壑拦沙保土区 |

续表

| 一级区代码及名称 | 二级区代码及名称 | 三级区代码及名称 |
|---|---|---|
| IV 西北黄土高原区 | IV-3 汾渭及晋城丘陵阶地区 | IV-3-1 tx 汾河中游丘陵沟壑保土蓄水区 |
| | | IV-3-2 tx 晋南丘陵阶地保土蓄水区 |
| | | IV-3-3 tx 秦岭北麓—渭河中低山阶地保土蓄水区 |
| | IV-4 晋陕甘高塬沟壑区 | IV-4-1 tx 晋陕甘高塬沟壑保土蓄水区 |
| | IV-5 甘宁青山地丘陵沟壑区 | IV-5-1 xt 宁南陇东丘陵沟壑蓄水保土区 |
| | | IV-5-2 xt 陇中丘陵沟壑蓄水保土区 |
| | | IV-5-3 xt 青东甘南丘陵沟壑蓄水保土区 |

**2. 水土保持方略**

**1）主要问题及任务**

由于受到多种自然条件的约束和人为活动的不断影响，黄土高原地区水土保持工作仍然存在许多问题：水土流失仍然严重，防治任务艰巨；植被覆盖率低；区域开发历史久远，土壤垦殖指数普遍较高；水土保持等生态建设的管理体制不顺，与全社会、多部门广泛参与的形势不相适应。

该区的根本任务是拦沙减沙，保护和恢复植被，保障黄河下游安全；实施小流域综合治理，促进农村经济发展；改善能源重化工基地的生态环境。重点做好淤地坝和粗泥沙集中来源区拦沙工程建设；加强坡耕地改造和雨水集蓄利用，发展特色林果产业；加强现有森林资源的保护，提高水源涵养能力；做好西北部风沙地区植被恢复与草场管理；加强能源重化工基地的土地整治与植被恢复。

**2）防治策略**

根据黄河治理开发要达到"堤防不决口、河道不断流、水质不超标、河床不抬高"的目标，提出黄土高原水土保持的近期方略为"防治并重、保护优先、强化治理"。防治并重：两者相互影响、相互依存。"防"是全面的，"治"是局部的，但没有"治"就不好"防"，防治结合也是当地经济发展、群众利益和生态环境保护的有机统一，达到人与自然和谐共处，是可持续发展的必然途径。保护优先：突出充分利用生态的自然修复能力，优先保护现有环境，以小流域治理来支撑大面积植被恢复。植被恢复实施大面积封禁保护、退耕还林还草，植被建设要以草灌为主。强化治理：治理要以改善当地群众的生活、生产条件和减少入黄泥沙为主要目标，要与农村产业结构的调整及人口布局的调整相结合。在治理总体布局上要以多沙粗沙区为重点，在治理措施上要以沟道坝系工程为重点，在治理力度上应该强调高起点、高标准。近期设想以多沙粗沙区为重点，以重点带一般，尽快实施"两川两河，十大孔兑"水土保持项目，继续搞好黄河水土保持生态工程；启动生态修复工程，运用"3S"技术做好动态监测和水土保持的现代化管理。

### 14.1.5 南方红壤区水土保持方略

1. 概述

南方红壤区（南方山地丘陵区）是以硅铝质红色和棕红色土状物为优势地面组成物质的区域，位于淮河以南，巫山—武陵山—云贵高原以东，总面积约 124 万 km²，包括大别山、桐柏山山地、江南丘陵、淮阳丘陵、浙闽山地丘陵、南岭山地丘陵及长江中下游平原、东南沿海平原等（梁音等，2008），涉及江苏、安徽、河南、湖北、上海、浙江、江西、湖南、广西、福建、广东、香港、澳门、海南和台湾 15 省（自治区、直辖市、特别行政区）共 880 个县（市、区）。该区共包括 9 个二级区、32 个三级区，具体分区情况和分区方案如表 14-5 所示。

**表 14-5 南方红壤区分区方案**

| 一级区代码及名称 | 二级区代码及名称 | 三级区代码及名称 |
|---|---|---|
| V 南方红壤区 | V-1 江淮丘陵及下游平原区 | V-1-1 ns 江淮下游平原农田防护水质维护区 |
| | | V-1-2 ns 江淮丘陵岗地农田防护保土区 |
| | | V-1-3 rs 浙沪平原人居环境维护水质维护区 |
| | | V-1-4 sr 太湖丘陵平原水质维护人居环境维护区 |
| | | V-1-5 nr 沿江丘陵岗地农田防护人居环境维护区 |
| | V-2 大别山—桐柏山山地丘陵区 | V-2-1 ht 桐柏大别山山地丘陵水源涵养保土区 |
| | | V-2-2 tn 南阳盆地及大洪山丘陵保土农田维护区 |
| | V-3 长江中游丘陵平原区 | V-3-1 nr 江汉平原及周边丘陵农田防护人居环境维护区 |
| | | V-3-2 ns 洞庭湖丘陵平原农田防护水质维护区 |
| | V-4 江南山地丘陵区 | V-4-1 ws 浙皖低山丘陵生态维护水质维护区 |
| | | V-4-2 rt 浙赣低山丘陵人居环境维护保护区 |
| | | V-4-3 ns 鄱阳湖丘岗平原农田防护水质维护区 |
| | | V-4-4 tw 幕阜山九岭山山地丘陵保土生态维护区 |
| | | V-4-5 t 赣中低山丘陵土壤保护区 |
| | | V-4-6 tr 湘中低山丘陵保土人居环境维护区 |
| | | V-4-7 tw 湘西南山地保土生态维护区 |
| | | V-4-8 t 赣南山地土壤保持区 |
| | V-5 浙闽山地丘陵区 | V-5-1 st 浙东低山岛屿水质维护人居环境维护区 |
| | | V-5-2 tw 浙西南山地保土生态维护区 |
| | | V-5-3 ts 闽东北山地保土水质维护区 |
| | | V-5-4 wz 闽西北山地丘陵生态维护减灾区 |
| | | V-5-5 rs 闽东南沿海丘陵平原人居环境维护水质维护区 |
| | | V-5-6 tw 闽西南山地丘陵保土生态维护区 |

| 一级区代码及名称 | 二级区代码及名称 | 三级区代码及名称 |
|---|---|---|
| V 南方红壤区 | V-6 南陵山地丘陵区 | V-6-1 ht 南岭山地水源涵养保土区 |
| | | V-6-2 th 岭南山地丘陵保土水源涵养区 |
| | | V-6-3 t 桂中低山丘陵土壤保持区 |
| | V-7 华南沿海丘陵台地区 | V-7-1 r 华南沿海丘陵台地人居环境维护区 |
| | V-8 海南及南海诸岛丘陵台地区 | V-8-1 r 海南沿海丘陵台地人居环境维护区 |
| | | V-8-2 h 琼中山地水源涵养区 |
| | | V-8-3 w 南海诸岛生态维护区 |
| | V-9 台湾山地丘陵区 | V-9-1 zr 台西山地平原减灾人居环境维护区 |
| | | V-9-2 zw 花东山地减灾生态维护区 |

## 2. 水土保持方略

### 1）主要问题及任务

南方红壤区存在的水土流失主要问题包括：土壤侵蚀隐蔽性强，潜在危险性大；崩岗侵蚀剧烈；林下水土流失严重；新增水土流失发展较快。

该区的根本任务是维护河湖生态安全，改善城镇人居环境和农村生产生活条件，促进区域社会经济协调发展。重点是开展江河湖库沿岸及周边的植被带和清洁型小流域建设，加强山丘区坡改梯、坡面水系工程建设和局部地区的崩岗治理，控制林下水土流失，发展特色农业产业；加强河流上中游水源地预防和保护，减轻水旱灾害；做好城市及经济开发区、工矿建设区水土保持监督管理工作。

### 2）防治策略

（1）加强以坡耕地改造为主的综合治理，以小流域为单元，工程措施与生物措施相结合，实施山、水、林、田、路综合治理，因地制宜地构建立体型小流域水土流失坡面综合治理技术体系。

（2）加强植被的保护与建设，在保护好现有森林的基础上，不断扩大林地面积，增加森林蓄积量，坚持"营林为主，封、管、造相结合"的方针，绿化现有的宜林荒地，并有计划地对疏残林、灌木林进行改造，及时更新采伐迹地。

（3）加强局部崩岗治理，通过设置截水沟、谷坊、拦沙坝等措施拦截崩岗泥沙；清理淤埋通道，理顺排洪通道，减轻山地灾害；在崩岗区域栽植水土保持林或经济林果，将崩岗治理与林果产品发展有机结合，发展生态农林业，生态效益与经济效益并重。

（4）控制人为水土流失，加强城市水土保持生态环境建设，将城市工业园、房地产等施工迹地治理与城市景观生态相结合，提升人居环境质量，满足人民群众对良好宜居生态环境的需求。

#### 14.1.6　西南紫色土区水土保持方略

1. 概述

西南紫色土区（四川盆地及周围山地丘陵区）是以石灰岩母质及土状物为优势地面组成物质的区域，位于秦岭以南、青藏高原以东、云贵高原以北、武陵山以西地区，总面积约 51 万 km²，主要分布有横断山山地、云贵高原等，涉及重庆、四川、甘肃、河南、湖北、陕西和湖南 7 省（直辖市）共 256 个县（市、区），包括 3 个二级区、10 个三级区，具体分区情况和分区方案如表 14-6 所示。

**表 14-6　西南紫色土区分区方案**

| 一级区代码及名称 | 二级区代码及名称 | 三级区代码及名称 |
| --- | --- | --- |
| VI 西南紫色土区 | VI-1 秦巴山山地区 | VI-1-1 st 丹江口水库周边山地丘陵水质维护保土区 |
| | | VI-1-2 ht 秦岭南麓水源涵养保土区 |
| | | VI-1-3 tz 陇南山地保土减灾区 |
| | | VI-1-4 tw 大巴山山地保土生态维护区 |
| | VI-2 武夷山山地丘陵区 | VI-2-1 ht 鄂渝山地水源涵养保土区 |
| | | VI-2-2 ht 湘西北山地低山丘陵水源涵养保土区 |
| | VI-3 川渝山地丘陵区 | VI-3-1 tr 川渝平行岭谷山地保土人居环境维护区 |
| | | VI-3-2 tr 四川盆地北中部山地丘陵保土人居环境维护区 |
| | | VI-3-3 zw 龙门山峨眉山山地减灾生态维护区 |
| | | VI-3-4 t 四川盆地南部中低丘土壤保持区 |

2. 水土保持方略

1）主要问题及任务

西南紫色土区存在的水土流失主要问题包括：坡耕地是河流泥沙的主要策源地；泥石流、滑坡增加河流泥沙，危害工程与公共安全；工程建设引发高强度新增水土流失；面源污染引起的水库水质恶化。

该区根本任务是控制山丘区水土流失，合理利用水土资源，提高土地承载力，改善农村生产生活条件，防治山地灾害，改善城镇人居环境。重点是加强以坡改梯及坡面水系工程为主的小流域综合治理和防灾减灾工程建设，加强退耕还林和植被建设，提高水库周围地区水源涵养能力，做好成渝经济开发区和水电开发建设区的水土保持监督管理工作。

2）防治策略

（1）在人口集中的低山丘陵区，以减蚀减沙为首要目标，实施以小流域为单元的水土流失综合防治，加强坡耕地改造，保护耕地资源，减少土地"石化"。发展薪炭林，解决农村生活能源缺乏问题，推进生态移民。

（2）在植被较好的中高山区，以建设高效水源涵养林为目标，加强森林预防保护和封育管护。全面实施天然林保护工程，依靠自然更新和封禁，使植被得到有效恢复。

（3）在河湖水库周边建立保护区，保护河道及水库周边的湿地。大力发展生态农业，引导农民科学施肥用药，减少化肥和农药施用量。

### 14.1.7　西南岩溶区水土保持方略

#### 1. 概述

西南岩溶区（云贵高原区）是以石灰岩母质及土状物为优势地面组成物质的区域，位于横断山脉以东，四川盆地以南，雪峰山及桂西以西广大地区，主要分布有横断山山地、云贵高原、桂西山地丘陵等，总面积约 70 万 km$^2$。具体分区情况和分区方案如表 14-7所示。

**表 14-7　西南岩溶区分区方案**

| 一级区代码及名称 | 二级区代码及名称 | 三级区代码及名称 |
|---|---|---|
| Ⅶ西南岩溶区 | Ⅶ-1 滇黔桂山地丘陵区 | Ⅶ-1-1 t 黔中山地土壤保持区 |
| | | Ⅶ-1-2 tx 滇黔川高原山地保土蓄水区 |
| | | Ⅶ-1-3 h 黔桂山地水源涵养区 |
| | | Ⅶ-1-4 xt 滇黔桂峰丛洼地蓄水保土区 |
| | Ⅶ-2 滇北及川西南高山峡谷区 | Ⅶ-2-1 tz 川西南高山峡谷保土减灾区 |
| | | Ⅶ-2-2 xj 滇北中低山蓄水拦沙区 |
| | | Ⅶ-2-3 w 滇西北中高山生态维护区 |
| | | Ⅶ-2-4 tr 滇东高原保土人居环境维护区 |
| | Ⅶ-3 滇西南山地区 | Ⅶ-3-1 w 滇西中低山宽谷生态维护区 |
| | | Ⅶ-3-2 tz 滇西南中低山保土减灾区 |
| | | Ⅶ-3-3 w 滇南中低山宽谷生态维护区 |

#### 2. 水土保持方略

##### 1）主要问题及任务

西南岩溶区存在的水土流失主要问题包括：水土流失不断加剧，石漠化日益蔓延；人畜饮水困难，旱涝灾害频繁；人地关系失衡，贫困形势严峻；投入不足，治理速度缓慢（曹建华等，2011）。

该区根本任务是保护耕地资源，提高土地承载力，优化配置农业产业结构，保障生产生活用水安全，加快群众脱贫致富，促进经济社会持续发展。

2）防治策略

（1）在断陷盆地地区，加强水资源综合开发利用，强化周边山区水土流失综合治理；充分发挥该区域的光照优势，开发对光照条件有特别需求的产业。

（2）在岩溶峡谷地区，加强海拔较高部位的坡耕地综合整治，结合岩溶表层带发育状况，实施退耕还林还草，因地制宜发展特色农产品，提高耕地的利用率和经济产出。在海拔较低部位的干热河谷地区，提高坡面径流的工程调蓄，提高水资源的利用效率。

（3）在峰丛洼地地区，将坡面径流、岩溶表层泉水资源的高效开发利用放在首位。加强坡耕地综合整治，加强洼地、谷地的涝灾防治，充分利用本地区位于高原向盆地倾斜的斜坡地带的优势。

（4）在岩溶高原地区，注重在流域的上游封山育林、育草，提高植被覆盖率。中游是水土保持与经济开发的重点区域，应加强坡耕地改造。

（5）在峰林平原地区，注重地表水、地下水的联合开发，减少对地下水的开采量，封山育林育草。在地下河上游（尤其是脚洞汇水范围内），强化水土保持工程。

（6）在岩溶槽谷地区，重点加强工矿、交通设施工程的水土保持监督管理。加强水土保持，定向研究土壤改良措施，发展特色农村产业，提高植被覆盖率，遏制石漠化的扩展。

## 14.1.8　青藏高原区水土保持方略

### 1. 概述

青藏高原区是以高原草甸土为优势地面组成物质的区域，位于昆仑山—阿尔金山以南，四川盆地以西的高原地区，主要分布有祁连山、唐古拉山、巴颜喀拉山、横断山脉、喜马拉雅山、柴达木盆地、藏北高原、青海高原、藏南谷地（罗利芳等，2004），总面积约 219 km$^2$，涉及西藏、甘肃、青海、四川和云南 5 省（自治区）的 144 个县（市、区），该区包括 5 个二级区、12 个三级区，具体分区情况和分区方案如表 14-8 所示。

表 14-8　青藏高原区分区方案

| 一级区代码及名称 | 二级区代码及名称 | 三级区代码及名称 |
| --- | --- | --- |
| Ⅷ青藏高原区 | Ⅷ-1 柴达木盆地及昆仑山北麓高原区 | Ⅷ-1-1 ht 祁连山山地水源涵养保土区 |
| | | Ⅷ-1-2 wt 青海湖高原山地生态维护保土区 |
| | | Ⅷ-1-3 nf 柴达木盆地农田防护防沙区 |
| | Ⅷ-2 若尔盖—江河源高原山地区 | Ⅷ-2-1 wh 若尔盖高原生态维护水源涵养区 |
| | | Ⅷ-2-2 wh 三江黄河源山地生态维护水源涵养区 |
| | Ⅷ-3 羌塘—藏西南高原区 | Ⅷ-3-1 w 羌塘藏北高原生态维护区 |
| | | Ⅷ-3-2 wf 藏西南高原山地生态维护防沙区 |

续表

| 一级区代码及名称 | 二级区代码及名称 | 三级区代码及名称 |
|---|---|---|
| Ⅷ青藏高原区 | Ⅷ-4 藏东—川西高山峡谷区 | Ⅷ-4-1 wh 川西高原高山峡谷生态维护水源涵养区 |
|  |  | Ⅷ-4-2 wh 藏东高山峡谷生态维护水源涵养区 |
|  | Ⅷ-5 雅鲁藏布河谷及藏南山地区 | Ⅷ-5-1 w 藏东南高山峡谷生态维护区 |
|  |  | Ⅷ-5-2 n 西藏高原中部高山河谷农田防护区 |
|  |  | Ⅷ-5-3 w 藏南高原山地生态维护区 |

**2. 水土保持方略**

1）主要问题及任务

西南岩溶区存在的水土流失主要问题包括：草原退化，土壤侵蚀，荒漠化日趋严重；江河源区生态环境加速恶化，对下游的生态环境造成严重影响；自然灾害频发，人民生活和工农业发展受到严重影响。

该区根本任务是维护独特的高原生态系统，保障江河源头水源涵养功能；保护天然草场，促进牧业生产；合理利用水土资源，优化农业产业结构，促进河谷农业发展。

2）防治策略

（1）合理利用和保护现有草场，重点加强江河源地草场和湿地的保护与管理，实施生态移民，维护水源涵养功能，科学合理轮牧，采用自然修复和人工种草方式改良退化草场。做好防风固沙林工程建设，造林种草，设置沙障，保护沙生植被，防治土地荒漠化和沙化。

（2）加强对现有森林植被的保护，严格实施封禁；对森林植被破坏严重区域封山育林，改造次生林，退耕还林还草，大力营造水土保持林，促进生态修复。

（3）加强河谷农业区的水土流失综合治理，严禁陡坡开垦，对已开垦的以小流域为单元，采取坡改梯、营造水土保持林、修建小型水利水保工程等综合治理措施，防治水土流失。

（4）加强人口居住区域滑坡、泥石流灾害监测预警建设，防治灾害发生；加强水土保持监督管理工作，有效控制人为水土流失。

# 14.2　水土保持区域布局

## 14.2.1　东北黑土区布局

**1. 大小兴安岭山地区布局**

大小兴安岭山地区土地利用类型以林地为主，耕地、草地面积少，土地利用结构见表 14-9。

**表 14-9  大小兴安岭山地区土地利用结构**

| 土地利用类型 | 耕地 | 园地 | 林地 | 草地 | 其他 |
|---|---|---|---|---|---|
| 面积/万 hm² | 211.27 | 0.60 | 2305.03 | 158.63 | 175.79 |
| 比例/% | 7.41 | 0.02 | 80.84 | 5.56 | 6.17 |

该区的重点工作是保护与建设水源涵养林,加强大兴安岭林区天然林的保护与管理,小兴安岭地区森林资源的培育与管理;对农林镶嵌地区实施水土流失综合治理;加大自然保护区的管理力度。

2. 长白山—完达山山地丘陵区布局

长白山—完达山山地丘陵区土地利用类型以林地和耕地为主,草地面积少,土地利用结构见表 14-10。

**表 14-10  长白山—完达山山地区土地利用结构**

| 土地利用类型 | 耕地 | 园地 | 林地 | 草地 | 其他 |
|---|---|---|---|---|---|
| 面积/万 hm² | 928.10 | 13.64 | 1759.49 | 50.09 | 283.46 |
| 比例/% | 30.58 | 0.45 | 57.98 | 1.65 | 9.34 |

该区北部为三江平原及完达山地区,是国家重要粮食生产基地,分布大面积的湿地草原,重点是营造农田防护林和推行水土保持耕作制度,保护和合理利用水土资源,对湿地保护区域和兴凯湖周边地区加强植被保护与建设、增强水源涵养能力。中部长白山地区为松花江、鸭绿江、图们江三大水系的发源地,也是松辽平原的生态屏障,重点是加强水源涵养林预防保护工作。中部农林镶嵌地区应加强侵蚀沟、坡耕地的治理,大力营造水土保持林,加强封山育林,做好退耕还林工作;中北部鸡西、七台河和鹤岗等矿区,加强水土流失预防监督与管理工作;南部地区是大连等城市的水源地,也是人参种植基地,重点是做好水源地的水源涵养林的保护及人参种植区的水土流失治理工作。

3. 东北漫川漫岗区布局

东北漫川漫岗区土地利用类型以耕地和林地为主,耕垦指数 0.59,土地利用结构见表 14-11。

**表 14-11  东北漫川漫岗区土地利用结构**

| 土地利用类型 | 耕地 | 园地 | 林地 | 草地 | 其他 |
|---|---|---|---|---|---|
| 面积/万 hm² | 1043.47 | 2.10 | 316.53 | 128.81 | 284.95 |
| 比例/% | 58.76 | 0.12 | 17.82 | 7.25 | 16.05 |

　　该区北部漫川漫岗地区为粮食生产区，重点是保护黑土资源，加强坡耕地综合治理，大力推行水土保持耕作制度，结合水源工程和小型水利水保工程建立高标准基本农田，通过营造坡面水土保持林和采取水保工程措施控制侵蚀沟发育。南部漫岗丘陵地区，加强以坡改梯为主的小流域综合治理，保护和营造水土保持林，加强城市和工矿开发区的水土保持监督管理。

　　4. 松辽平原风沙区布局

　　松辽平原风沙区土地利用结构见表 14-12。

**表 14-12　松辽平原风沙区土地利用结构**

| 土地利用类型 | 耕地 | 园地 | 林地 | 草地 | 其他 |
|---|---|---|---|---|---|
| 面积/万 hm² | 327.96 | 1.29 | 118.69 | 169.29 | 194.21 |
| 比例/% | 40.42 | 0.16 | 14.63 | 20.86 | 23.93 |

　　该区重点工作是加强农田防护体系建设和推广缓坡耕地水土保持耕作措施，结合水利工程建设高标准基本农田，提高农业综合生产能力；加强湿地保护和滨湖及河漫滩地区的风蚀防治；加强油气开发和重工业基地的水土保持监督管理工作。

　　5. 大兴安岭东南山地丘陵区布局

　　大兴安岭东南山地丘陵区土地利用结构见表 14-13。

**表 14-13　大兴安岭东南丘陵区土地利用结构**

| 土地利用类型 | 耕地 | 园地 | 林地 | 草地 | 其他 |
|---|---|---|---|---|---|
| 面积/万 hm² | 366.37 | 1.25 | 505.51 | 558.21 | 117.33 |
| 比例/% | 23.66 | 0.08 | 32.64 | 36.04 | 7.58 |

　　该区为森林草原过渡地带。北部呈农林镶嵌分布格局，农业开发强度相对较大，坡耕地比例大，水土流失问题突出，重点工作是治理坡耕地，控制沟道侵蚀，大力推进封山育林、退耕还林，营造水土保持林；南部农牧交错区，重点加强农田保护和草场管理，大力实施封育保护，恢复林草植被，防治土地沙化。

　　6. 呼伦贝尔丘陵平原区布局

　　呼伦贝尔丘陵平原区土地利用类型以草地和林地为主，耕垦指数为 0.02，土地利用结构见表 14-14。

**表 14-14　呼伦贝尔丘陵平原区土地利用结构**

| 土地利用类型 | 耕地 | 园地 | 林地 | 草地 | 其他 |
|---|---|---|---|---|---|
| 面积/万 hm² | 15.04 | 0.01 | 89.43 | 618.59 | 107.97 |
| 比例/% | 1.81 | 0.00 | 10.76 | 74.44 | 12.99 |

该区草原生态系统脆弱，草场过度开发，沙化严重，湿地萎缩，重点工作是合理开发和利用草地资源，加强草场管理，严禁超载放牧和开垦草场，退牧还草，防止草场退化沙化，保护现有湿地和毗邻大兴安岭林区的天然林。

## 14.2.2　北方风沙区布局

### 1. 内蒙古中部高原丘陵区布局

内蒙古中部高原丘陵区土地利用类型以草地为主，耕地和林地面积少，以缓坡耕地为主，土地利用结构见表 14-15。

**表 14-15　内蒙古中部高原丘陵区土地利用结构**

| 土地利用类型 | 耕地 | 园地 | 林地 | 草地 | 其他 |
|---|---|---|---|---|---|
| 面积/万 hm² | 137.05 | 0.38 | 130.66 | 2642.06 | 227.25 |
| 比例/% | 4.37 | 0.01 | 4.16 | 84.21 | 7.24 |

该区东南部是科尔沁沙地、浑善达克沙地，重点工作是加强防风固沙工程建设，推进退耕还林还草和草场管理，促进植被恢复，加强西辽河、滦河和永定河上游的水源涵养林的保护与建设；西北部为锡林郭勒草原，重点工作是合理利用草场资源，加强草场轮封轮牧管理和草库伦建设，促进牧业发展，加强阴山、大青山封山禁牧和植被保护；做好煤炭、稀土和铁矿等工矿区的水土保持监督管理，加强土地恢复和植被建设。

### 2. 河西走廊及阿拉善高原区布局

河西走廊及阿拉善高原区土地利用类型以草地为主，耕地、林地及园地较少，坡耕地少，以缓坡耕地为主，土地利用结构见表 14-16。

**表 14-16　河西走廊及阿拉善高原区土地利用结构**

| 土地利用类型 | 耕地 | 园地 | 林地 | 草地 | 其他 |
|---|---|---|---|---|---|
| 面积/万 hm² | 105.00 | 2.72 | 145.35 | 1495.30 | 2719.56 |
| 比例/% | 2.35 | 0.06 | 3.25 | 33.47 | 60.87 |

该区南部山前冲洪积扇地区疏勒河、黑河、石羊河等流域绿洲众多，农业开发强度

大，重点是加强河西走廊绿洲保护，合理配置水资源，加强节水节灌，保障生态用水，保护湿地，加强祁连山-阿尔金山山麓小流域综合治理，加强金昌等工矿区水土保持监督管理；北部大部分以沙漠、戈壁为主，生态脆弱，水资源缺乏，河流尾闾湿地萎缩，重点是加强防风固沙工程和植被建设，控制沙漠南移，保护黑河下游湿地，加强马鬃山地区的草场管理。

### 3. 北疆山地盆地区布局

北疆山地盆地区土地利用类型以草地为主，耕地和林地较少，耕垦指数为 0.05，土地利用结构见表 14-17。

表 14-17　北疆山地盆地区土地利用结构

| 土地利用类型 | 耕地 | 园地 | 林地 | 草地 | 其他 |
|---|---|---|---|---|---|
| 面积/万 hm² | 296.41 | 14.24 | 458.06 | 3004.56 | 2198.18 |
| 比例/% | 4.96 | 0.24 | 7.67 | 50.32 | 36.81 |

该区北部是北疆地区重要的供水水源地，重点是加强阿尔泰山森林草原以及额尔齐斯河、乌伦古河和湖泊周边植被带的保护和建设，加强草场管理，维护水源涵养功能，加强戈壁地区的输水输油管道工程的保护；南部地区绿洲农牧业开发规模大，城市和工矿企业集中，风沙危害问题突出，河谷地带冲蚀严重，重点是加强天山北坡、伊犁河谷及准噶尔盆地南段的绿洲农业防护，加强天山森林植被保护与建设，提高水源涵养能力，改善城市和工矿企业集中区人居生态环境。

### 4. 南疆山地盆地区布局

南疆山地盆地区土地利用类型以草地为主，耕地和林地较少，耕垦指数为 0.02，土地利用结构见表 14-18。

表 14-18　南疆山地盆地区土地利用结构

| 土地利用类型 | 耕地 | 园地 | 林地 | 草地 | 其他 |
|---|---|---|---|---|---|
| 面积/万 hm² | 215.89 | 48.84 | 439.61 | 2009.76 | 7630.30 |
| 比例/% | 2.09 | 0.47 | 4.25 | 19.43 | 73.76 |

该区东部主要为吐鲁番盆地，重点是加强绿洲农田防护，推进节水灌溉，发展特色林果产业；北部加强天山南麓、塔里木河源头及沿岸和博斯腾湖周边的植被保护和建设，建设北部防沙生态屏障，加强塔里木河的水资源合理配置，保障下游生态用水，保护与建设绿洲农田防护林网，发展节水生态农业；南部加强昆仑山—阿尔金山北麓植被保护和水资源合理利用，建设南疆地区特色林果产业，加强塔里木盆地和哈密地区油气资源开发区水土保持监督管理。

### 14.2.3　北方土石山区布局

#### 1. 辽宁环渤海山地丘陵区布局

辽宁环渤海山地丘陵区土地利用以耕地和林地为主，耕垦指数为 0.42。土地利用结构见表 14-19。

**表 14-19　辽宁环渤海山地丘陵区土地利用结构**

| 土地利用类型 | 耕地 | 园地 | 林地 | 草地 | 其他 |
| --- | --- | --- | --- | --- | --- |
| 面积/万 hm² | 297.23 | 32.03 | 165.37 | 38.19 | 180.27 |
| 比例/% | 41.68 | 4.49 | 23.19 | 5.36 | 25.28 |

该区重点工作是加强东部山地水源涵养和水源地保护，保护和建设水源涵养林；中北部平原区加强农田防护，控制风蚀，加快城市人居环境的综合整治和采矿区的土地整治；南部辽西走廊和辽东半岛重点加强以坡改梯为主的小流域综合治理，发展特色产业；沿海地区重点是保护滨海湿地和构建沿海防护林，改善城镇人居环境。

#### 2. 燕山及辽西山地丘陵区布局

燕山及辽西山地丘陵区土地利用类型以草地和林地为主，耕垦指数为 0.18，土地利用结构见表 14-20。

**表 14-20　燕山及辽西山地丘陵区土地利用结构**

| 土地利用类型 | 耕地 | 园地 | 林地 | 草地 | 其他 |
| --- | --- | --- | --- | --- | --- |
| 面积/万 hm² | 302.72 | 60.94 | 675.44 | 473.35 | 168.63 |
| 比例/% | 18.01 | 3.62 | 40.18 | 28.16 | 10.03 |

该区南部为燕山山地，是海河水系的发源地之一，分布有密云、潘家口、桃林口等水库，是京津冀优化开发区的重要水源地，重点是维护水源地水质、保护与建设水源涵养林，加强水土流失综合治理，建设清洁小流域；燕山山地矿产丰富，是我国传统的钢铁、水泥、煤炭等生产地，重点是加强工矿区土地整治和生态恢复；北部丘陵台地风蚀危害严重，植被稀少，重点是加强退耕还林还草及风沙治理工程；东南部低山丘陵区农业开发规模大，重点是加强小流域综合治理，发展特色产业。

#### 3. 太行山山地丘陵区布局

太行山山地丘陵区位于太行山地区，土地利用以耕地、草地和林地为主，耕垦指数为 0.26，土地利用结构见表 14-21。

表 14-21　太行山山地丘陵区土地利用结构

| 土地利用类型 | 耕地 | 园地 | 林地 | 草地 | 其他 |
|---|---|---|---|---|---|
| 面积/万 hm² | 349.60 | 31.56 | 342.75 | 354.64 | 157.12 |
| 比例/% | 26.17 | 2.36 | 25.67 | 26.55 | 19.25 |

该区西北部为永定河上游，是北京地区的水源地和风沙源区，是山西省重要的煤炭生产基地，水蚀风蚀并存，生态环境脆弱。该区分布有较大面积的防风固沙林，重点是加强水源地水土保持和防沙治沙工作，以坡耕地治理为主的小流域综合治理，以及矿区土地整治和生态恢复；中东部、南部是冀中南地区的重要水源地，分布有黄壁庄、岗南、西大洋和岳城等水库，区内水土流失严重，局部易发生滑坡、泥石流等山地灾害，重点是加强水源地水土保持，保护和营造水源涵养林；加强南北水调中线工程左岸沿线小流域综合治理和山地灾害防治工作；加强坡耕地综合整治工作，发展特色产业；加强大中型矿区综合整治和水土保持监督管理。

4. 泰沂及胶东山地丘陵区布局

泰沂及胶东山地丘陵区土地利用类型以耕地和林地为主，耕垦指数为 0.44，土地利用结构见表 14-22。

表 14-22　泰沂及胶东山地丘陵区土地利用结构

| 土地利用类型 | 耕地 | 园地 | 林地 | 草地 | 其他 |
|---|---|---|---|---|---|
| 面积/万 hm² | 439.44 | 67.94 | 128.22 | 41.73 | 329.92 |
| 比例/% | 43.63 | 6.75 | 12.73 | 4.14 | 32.75 |

该区泰山和沂蒙山低山丘陵区耕地资源短缺，农业综合生产能力有待进一步提高，需推进封山育林，加大土地综合整治，建设生态清洁小流域，发展生态旅游和特色农业生产。胶东半岛及东部沿海地区为国家重要的优化开发区，重点加强小流域综合治理，促进特色产业发展，建设沿海生态走廊和宜居环境，加强引黄济青、南水北调东线及海岸沿线水土保持监督管理。

5. 华北平原区布局

华北平原区土地利用类型以耕地为主，耕垦指数为 0.59，土地利用结构见表 14-23。

表 14-23　华北平原区土地利用结构

| 土地利用类型 | 耕地 | 园地 | 林地 | 草地 | 其他 |
|---|---|---|---|---|---|
| 面积/万 hm² | 1650.20 | 62.45 | 104.09 | 19.14 | 939.81 |
| 比例/% | 59.45 | 2.25 | 3.75 | 0.69 | 33.86 |

该区重点工作是大力营造农田防护林，推行保护性耕作制度和盐碱地改造，合理保护和利用水土资源，改善农业产业结构（李昱和李问盈，2004）；加强滨河滨海植被带的保护与建设；黄淮平原内黄泛区重点是做好防风固沙工程及植被恢复建设；城市群及工业开发区（园）开发建设强度大，重点是做好生产建设项目的水土保持监督管理。

6. 豫西南山地丘陵区布局

豫西南山地丘陵区土地利用类型以林地和耕地为主，耕垦指数为0.34，土地利用结构见表14-24。

**表 14-24　豫西南山地丘陵区土地利用结构**

| 土地利用类型 | 耕地 | 园地 | 林地 | 草地 | 其他 |
| --- | --- | --- | --- | --- | --- |
| 面积/万 hm² | 189.81 | 9.21 | 193.55 | 45.82 | 134.44 |
| 比例/% | 34.40 | 1.67 | 35.07 | 8.30 | 20.56 |

该区伏牛山土石山区耕地资源短缺，土层薄，农业综合生产能力有待提高，重点是推进伏牛山的封育治理和天然次生林保护，营造水土保持林和水源涵养林；加强山丘区以坡改梯为主的小流域综合治理，发展节水灌溉农业，促进区域特色产业发展；加强对工矿区的土地整治、生态恢复和水土保持监督管理。

## 14.2.4　西北黄土高原区布局

1. 宁蒙覆沙黄土丘陵区布局

宁蒙覆沙黄土丘陵区土地利用类型以草地为主，耕垦指数为0.15，土地利用结构见表14-25。

**表 14-25　宁蒙覆沙黄土丘陵区土地利用结构**

| 土地利用类型 | 耕地 | 园地 | 林地 | 草地 | 其他 |
| --- | --- | --- | --- | --- | --- |
| 面积/万 hm² | 218.12 | 6.16 | 145.00 | 743.80 | 298.35 |
| 比例/% | 15.40 | 0.44 | 10.59 | 52.51 | 21.06 |

黄河北岸和银川中卫平原地区工农业开发强度大，经济相对发达，重点是加强河套平原、银川平原地区农田防护和保护性耕作，注重水资源高效利用，大力发展节水灌溉，提高农业综合生产能力；加强包头、呼和浩特和银川等城市和工业开发区水土保持监督管理，加强黄河湿地与山地植被保护与建设。东部地区加强毛乌素沙地、库布齐沙漠的防风固沙工程建设、退耕还林还草和草场管理，防治土地沙化和沙漠南移，防止风沙淤积黄河河道和危害灌渠，构建沿黄生态涵养带。

2. 晋陕蒙丘陵沟壑区布局

晋陕蒙丘陵沟壑区土地利用类型以草地、林地、耕地为主，耕垦指数为 0.20，土地利用结构见表 14-26。

表 14-26　晋陕蒙丘陵沟壑区土地利用结构

| 土地利用类型 | 耕地 | 园地 | 林地 | 草地 | 其他 |
|---|---|---|---|---|---|
| 面积/万 hm² | 249.23 | 34.84 | 413.82 | 452.40 | 116.15 |
| 比例/% | 19.68 | 2.75 | 32.68 | 35.72 | 9.17 |

该区西部受毛乌素沙地影响较大，水蚀风蚀并存，农牧交错，重点是加强多沙粗沙集中来源区的拦沙工程建设，减少入黄泥沙；加强退耕还林还草和封山育林，营造水土保持林，长城沿线加强防风固沙工程建设；局部地区实施生态移民，控制土地沙化。东部梁峁起伏，沟壑纵横，水蚀强烈，重点是加强以坝系工程坡面治理和雨水集蓄利用为主的小流域综合治理，着力发展沿黄地区特色农林产业；加强吕梁山山区水源涵养林保护建设；加强晋陕蒙接壤区、延安石油工业区、晋西煤矿区的水土保持监督管理。

3. 汾渭及晋城丘陵阶地区布局

汾渭及晋城丘陵阶地区土地利用类型以林地和耕地为主，耕垦指数为 0.33，土地利用结构见表 14-27。

表 14-27　汾渭及晋城丘陵街地区土地利用结构

| 土地利用类型 | 耕地 | 园地 | 林地 | 草地 | 其他 |
|---|---|---|---|---|---|
| 面积/万 hm² | 278.85 | 50.56 | 286.20 | 99.42 | 136.34 |
| 比例/% | 32.75 | 5.94 | 33.62 | 11.68 | 16.01 |

该区的东部山地耕地资源短缺，盆地周边丘陵台塬区水土流失严重，盆地区城市工矿密集，土地与生态破坏严重，人居环境较差。东部中条山等山地是重要河流源头和水源地，重点做好水源涵养林的保护建设，加强以坡耕地整治为主的小流域综合治理，发展特色产业，做好矿山土地整治和生态恢复。北部加强汾河阶地水土流失综合治理，推进节水灌溉，发展规模特色产业，加强太原、临汾等城市群的人居环境整治，加强汾西和太原西山矿区的土地整治和生态恢复。西部加强渭北旱塬和秦岭北坡坡麓地带以坡改梯为主的土地综合整治，发展特色林果产业，结合文化旅游建设，加大植被建设，改善生态环境，加强西安-咸阳科技创新基地与文化旅游基地的生态环境治理和人居环境改善。

### 4. 晋陕甘高塬沟壑区布局

晋陕甘高塬沟壑区土地利用类型以林地、耕地、草地为主,耕垦指数为 0.20,土地利用结构见表 14-28。

**表 14-28　晋陕甘高塬沟壑区土地用结构**

| 土地利用类型 | 耕地 | 园地 | 林地 | 草地 | 其他 |
|---|---|---|---|---|---|
| 面积/万 hm² | 112.23 | 29.98 | 288.32 | 84.74 | 43.11 |
| 比例/% | 20.10 | 5.37 | 51.63 | 15.18 | 7.72 |

该区重点是做好塬面塬坡耕地综合治理和坝系工程,发展特色农业产业;加强子午岭地区的生态公益林保护建设工作及周边地区的退耕还林和封山育林工作;加强晋西南、延安以南和铜川等矿区水土保持监督管理。

### 5. 甘宁青山地丘陵沟壑区布局

甘宁青山地丘陵沟壑区土地利用类型以草地、耕地和林地为主,耕垦指数为 0.28,土地利用结构见表 14-29。

**表 14-29　甘宁青山地丘陵沟壑区土地利用结构**

| 土地利用类型 | 耕地 | 园地 | 林地 | 草地 | 其他 |
|---|---|---|---|---|---|
| 面积/万 hm² | 410.37 | 13.52 | 323.55 | 545.01 | 183.55 |
| 比例/% | 27.80 | 0.92 | 21.92 | 36.92 | 12.44 |

该区东部地区应加强以坡改梯和雨水集蓄利用为主的小流域综合治理,合理利用水土资源,发展特色农业产业,加强六盘山水源涵养林植被保护和建设。宁南、兰州至西宁一线为农牧交错区,应加强森林和草场的植被保护与建设,加强土地综合整治和节水灌溉,推广以砂田覆盖为主的保水耕作制度,提高农业综合生产能力。西南部地区为渭河、洮河等河流的源头,降水量相对较多,重点实施退耕还林还草和封山育林,保护和建设水源涵养林,提高水源涵养能力。加强兰州、西宁等城市及工业园区的水土保持监督管理。

## 14.2.5　南方红壤区布局

### 1. 江淮丘陵及下游平原区布局

江淮丘陵及下游平原区土地利用类型以耕地为主,耕垦指数为 0.42,土地利用结构见表 14-30。

**表 14-30　江淮丘陵及下游平原区土地利用结构**

| 土地利用类型 | 耕地 | 园地 | 林地 | 草地 | 其他 |
|---|---|---|---|---|---|
| 面积/万 hm² | 557.86 | 29.55 | 89.28 | 8.95 | 646.77 |
| 比例/% | 41.87 | 2.22 | 6.70 | 0.67 | 48.54 |

该区重点是加强农田保护与排灌系统的建设，控制面源污染，优化农业产业结构，加强海塘江堤、河岸边坡和堤防防护林建设及城市绿化，建设生态河道；加强长江沿岸及三角洲地区大城市群及周边地区人居生态安全，做好水源地、城市公园、湿地公园及风景名胜区预防保护工作；加强丘陵岗地、盐土区和沙土区水土流失综合治理，发展生态农业，建设高标准农田，减少农药使用；加强太湖、巢湖和洪泽湖地区的水土保持监督管理，促进经济可持续发展（张玉华等，2011）。

2. 大别山—桐柏山山地丘陵区布局

大别山—桐柏山山地丘陵区土地利用类型以耕地和林地为主，耕垦指数为 0.39，土地利用结构见表 14-31。

**表 14-31　大别山—桐柏山山地丘陵区土地利用结构**

| 土地利用类型 | 耕地 | 园地 | 林地 | 草地 | 其他 |
|---|---|---|---|---|---|
| 面积/万 hm² | 385.89 | 29.63 | 331.02 | 22.14 | 228.8 |
| 比例/% | 38.68 | 2.97 | 33.18 | 2.22 | 22.94 |

该区重点是做好西部农田防护林网建设，推行水土保持耕作制度，加强排灌系统的建设。中东部加强以坡改梯为主的小流域综合治理，建设生态清洁小流域，发展特色林果产业，改善山丘区农村生产生活条件，加强封禁治理和植被建设，提高山丘区水土保持和水源涵养功能，保护生态环境，构建以大别山及沿江丘陵为主体的生态格局。

3. 长江中游丘陵平原区布局

长江中游丘陵平原区土地利用类型以耕地为主，耕垦指数为 0.43，土地利用结构见表 14-32。

**表 14-32　长江中游丘陵平原区土地利用结构**

| 土地利用类型 | 耕地 | 园地 | 林地 | 草地 | 其他 |
|---|---|---|---|---|---|
| 面积/万 hm² | 280.43 | 15.97 | 85.75 | 3.74 | 271.63 |
| 比例/% | 42.65 | 2.43 | 13.04 | 0.57 | 41.31 |

该区重点是加强农田保护与排灌系统的建设，提高土地生产力，优化农业产业结构，加强山地、丘陵中上部和滨河滨湖植物建设与保护，控制面源污染，城市及工矿区加强水

土保持监督管理,加强山地及丘陵岗地水土流失综合整治,在湖区周边营造防风固沙林,提高武汉等大城市群及周边地区人居生态安全,加强洞庭湖地区的水土保持监督管理,促进经济可持续发展。

4. 江南山地丘陵区布局

江南山地丘陵区土地利用类型以林地为主,其次为耕地,耕垦指数为 0.19,土地利用结构见表 14-33。

表 14-33 江南山地丘陵区土地利用结构

| 土地利用类型 | 耕地 | 园地 | 林地 | 草地 | 其他 |
|---|---|---|---|---|---|
| 面积/万 hm² | 707.32 | 119.18 | 2157.20 | 66.16 | 602.33 |
| 比例/% | 19.37 | 3.26 | 59.07 | 1.81 | 16.49 |

该区西部雪峰山地区,岩溶石漠化严重,人地矛盾突出,重点是保护耕地资源,加强以坡改梯及坡面水系工程为主的小流域综合治理,发展特色林果产业,做好森林资源的培育和保护,加强河流源头水源涵养林的保护与建设。中部幕阜山-罗霄山地区,人口稠密,开发强度大,重点是加强山丘区以坡改梯及坡面水系工程为主的小流域综合治理,实施退耕还林和封山育林,调整农业产业结构,建设优质高效的现代农业生产体系;保护长株潭城市群人居生态环境,加强河湖水源地面源污染控制。东部天目山低山丘陵区,重点是保护好现有森林植被,结合自然保护区、风景区,发展特色农业,加强黄山、天目山等地区的清洁型小流域建设和开采山体的综合整治,做好有色金属矿区和城市开发区的水土保持监督管理工作。

5. 浙闽山地丘陵区布局

浙闽山地丘陵区土地利用类型以林地为主,其次为耕地,耕垦指数为 0.13,土地利用结构见表 14-34。

表 14-34 浙闽山地丘陵区土地利用结构

| 土地利用类型 | 耕地 | 园地 | 林地 | 草地 | 其他 |
|---|---|---|---|---|---|
| 面积/万 hm² | 222.75 | 103.36 | 1152.55 | 28.85 | 265.10 |
| 比例/% | 12.57 | 5.83 | 65.02 | 1.63 | 14.96 |

该区的沿海地区人口密度大,经济发达,重点是做好清洁型小流域建设,加强城镇产业园区水土保持监督。维护城市及周边地区人居环境,加强沿海防护林体系建设。北部地区是区内重要的水源涵养和植被保护区,重点是结合现有的自然保护区,加强封山育林和疏林地改造,提高水源涵养能力,强化溪岸整治,发展特色农业产业并做好小型水利水保工程配套工作。南部地区崩岗侵蚀剧烈,林下水土流失严重,局部存在花岗岩和红黏土侵

蚀劣地,重点是加强坡耕地整治和崩岗治理,保护耕地和生产生活设施,做好林下水土流失和侵蚀劣地的综合治理工作,以及河流上游水源涵养林的保护和建设工作,加强工矿区水土保持监督管理。

### 6. 南岭山地丘陵区布局

南岭山地丘陵区土地利用类型以林地为主,其次为耕地,耕垦指数为0.15,土地利用结构见表14-35。

**表 14-35　南岭山地丘陵区土地利用结构**

| 土地利用类型 | 耕地 | 园地 | 林地 | 草地 | 其他 |
|---|---|---|---|---|---|
| 面积/万 hm² | 384.54 | 119.30 | 1712.91 | 76.57 | 288.29 |
| 比例/% | 14.90 | 4.62 | 66.35 | 2.97 | 11.17 |

该区西部岩溶地区石漠化严重,重点是加强以坡改梯和坡面水系工程为主的小流域综合治理,抢救土壤资源,做好雨水集蓄和岩溶水利用,建设小型水利水保工程,提高农业生产能力,实施生态修复,提高岩溶景观、森林景观的观赏价值;加强退耕还林和生态移民,加强植被建设和保护,提高水源涵养能力。东部低山丘陵区,重点是加强崩岗治理,在崩岗区域栽植水土保持林或经济林果,将崩岗治理与林果产品发展有机结合;保护耕地,发展亚热带特色林果产业,通过封山育林、退耕还林等加强上游水源地水源涵养林保护和建设,理顺排洪体系,防治山地灾害,做好水土保持监督管理工作。

### 7. 华南沿海丘陵台地区布局

华南沿海丘陵台地区土地利用类型以林地为主,耕垦指数为0.20,土地利用结构见表14-36。

**表 14-36　华南沿海丘陵台地区土地利用结构**

| 土地利用类型 | 耕地 | 园地 | 林地 | 草地 | 其他 |
|---|---|---|---|---|---|
| 面积/万 hm² | 211.68 | 111.04 | 419.66 | 28.03 | 307.92 |
| 比例/% | 19.63 | 10.30 | 38.92 | 2.60 | 28.56 |

该区珠江三角洲地区及沿海地区是我国重要的经济中心区域,重点是建设清洁型小流域,维护人居环境,建设与保护滨河滨湖植物带。西部广西丘陵盆地区岩溶石漠化问题突出,重点是加强坡改梯,稳定现有耕地面积;开发利用坡面径流和岩溶表层泉水资源,缓解灌溉用水、人畜饮水问题;发展热带、亚热带特色农业产业;通过封山育林、人工造林种草,保护和增加林草面积,提高水源涵养能力;加强局部崩岗治理,保护耕地;加强有色金属、稀土矿产和城市工矿区水土保持监督管理。

8. 海南及南海诸岛丘陵台地区布局

海南及南海诸岛丘陵台地区土地利用类型以林地为主，园林和耕地次之，林果业占有一定比例，耕垦指数为 0.20，土地利用结构见表 14-37。

表 14-37　海南及南海诸岛丘陵台地区土地利用结构

| 土地利用类型 | 耕地 | 园地 | 林地 | 草地 | 其他 |
|---|---|---|---|---|---|
| 面积/万 hm² | 72.98 | 94.34 | 121.27 | 3.67 | 59.52 |
| 比例/% | 20.75 | 26.82 | 34.47 | 1.04 | 16.92 |

该区中西部山丘区重点是结合现有的自然保护区、生态旅游区等，加强五指山等区域水源涵养林的保护与建设，提高水源涵养功能，适度发展以水果和橡胶等经济林为主的特色林果业，并做好林下水土流失治理。东部地区结合生态旅游，提高水土保持建设标准，提升环境质量，加强河湖沟道整治，减少坡耕地和林下水土流失，维护综合农业生产环境，做好海口和三亚等城市及周边地区人居环境维护工作，强化城市及工矿区水土保持监督管理。

9. 台湾山地丘陵区布局

台湾山地丘陵区土地利用类型以林地为主，园林和耕地次之，林果业占有一定比例，耕垦指数为 0.20。

该区水土保持工作重点是山坡地的保育利用与管理；治山防灾，包括崩塌、滑坡、泥石流以及台风、暴雨、洪水灾害的预警和防治；以流域为单元开展植被建设、水库水源区与河道整治等。

## 14.2.6　西南紫色土区布局

1. 秦巴山山地区布局

秦巴山山地区土地利用类型以林地为主，耕地次之，耕垦指数为 0.14，土地利用结构见表 14-38。

表 14-38　秦巴山山地区土地利用结构

| 土地利用类型 | 耕地 | 园地 | 林地 | 草地 | 其他 |
|---|---|---|---|---|---|
| 面积/万 hm² | 311.37 | 38.90 | 1586.96 | 146.87 | 168.17 |
| 比例/% | 13.83 | 1.73 | 70.45 | 6.52 | 7.47 |

该区中北部地区是我国南水北调中线工程水源区，重点是加强以坡改梯及坡面水系工程为主的小流域综合治理，发展特色产业；推进封山育林和能源替代工程建设，营造水源涵养林；加强水源地面源污染控制。南部为三峡库区，重点是做好移民安置点、新

垦土地和城镇迁建区的水土保持，加强库滨消落带的综合整治和滑坡、泥石流防治。西部为嘉陵江上游，重点加强坡耕地和山洪、泥石流沟的综合整治，推进特色林果业发展，加强森林资源的保护和建设，提高水源涵养能力，做好水电及矿产资源开发的水土保持监督管理工作。

2. 武夷山山地丘陵区布局

武夷山山地丘陵区土地利用类型以林地为主，耕地次之，耕垦指数为 0.17，土地利用结构见表 14-39。

表 14-39　武陵山山地丘陵区土地利用结构

| 土地利用类型 | 耕地 | 园地 | 林地 | 草地 | 其他 |
|---|---|---|---|---|---|
| 面积/万 hm² | 130.40 | 23.82 | 512.80 | 22.29 | 68.34 |
| 比例/% | 17.21 | 3.14 | 67.68 | 2.94 | 9.02 |

该区东南部为澧水流域，重点是做好坡耕地综合整治和配套小型水利水保工程建设，稳步推进退耕还林工作，保护耕地资源，加强综合农业开发，促进农村经济发展；结合自然保护区和风景名胜区保护，推进封育治理，实施人工种草，发展特色畜牧业；发挥少数民族旅游产品的资源优势，促进生态旅游品牌开发，拓展收入渠道，保护生态环境。西北部重点是加强神农架地区森林资源的保护和建设，促进封山育林，提高森林覆盖率，增强水源涵养能力；以坡耕地综合治理为主，做好水土流失综合治理；结合特色农业产业发展布局和扶贫开发规划，实施特色、优质经果林基地建设，发展区域生态经济；加强水电开发建设的水土保持监督管理。

3. 川渝山地丘陵区布局

川渝山地丘陵区土地利用类型以林地为主，耕地次之，耕垦指数为 0.34，土地利用结构见表 14-40。

表 14-40　川渝山地丘陵区土地利用结构

| 土地利用类型 | 耕地 | 园地 | 林地 | 草地 | 其他 |
|---|---|---|---|---|---|
| 面积/万 hm² | 695.88 | 76.75 | 838.60 | 43.27 | 420.09 |
| 比例/% | 33.54 | 3.70 | 40.42 | 2.09 | 20.25 |

该区东部为三峡库区，重点是做好以坡改梯和坡面水系工程为主的小流域综合治理，加强山丘区水源涵养林保护和库滨植被带建设。中部嘉陵江中下游和沱江流域重点是做好以坡改梯和坡面水系工程为主的小流域综合治理，加强沟道治理，控制入河（库）泥沙；发展特色经济作物和林果产业，改善农村生产生活条件。西部成都平原重点是加强农田防护，保护耕地，促进成渝经济区现代农业发展；山丘区做好泥石流、滑坡综合防治工程建

设，加强封禁措施和植被建设，提高水源涵养能力和水土保持功能，加强水电开发等建设的水土保持监督管理。

### 14.2.7　西南岩溶区布局

**1. 滇黔桂山地丘陵区布局**

滇黔桂山地丘陵区土地利用类型以林地为主，耕地次之，耕垦指数为0.23，土地利用结构见表14-41。

**表 14-41　滇黔桂山地丘陵区土地利用结构**

| 土地利用类型 | 耕地 | 园地 | 林地 | 草地 | 其他 |
|---|---|---|---|---|---|
| 面积/万 hm² | 877.51 | 69.31 | 2006.28 | 287.22 | 565.55 |
| 比例/% | 23.06 | 1.82 | 52.72 | 7.55 | 14.85 |

该区西部地区，重点实施坡耕地改造，结合表层泉水利用，修建坡面水系工程；发展特色农业，平坝地区加强农田防护和灌溉设施建设，改善农业生产条件，提高粮食产量，加强陡坡地区封山育林、育草。北部和东部地区，加强坡耕地整治，做好小型水利与雨水集蓄工程建设，提高农业基础设施质量和农民生产生活水平，注重沟道治理，开展陡坡地的生态修复，加强山洪等灾害的预警和综合防治。南部山地丘陵地带是国家的重要生态屏障，重点是加强坡耕地综合整治，大力实施坡面水系工程和表层泉水引蓄灌工程，加强落水洞治理，减轻洪涝灾害，发展亚热带农业特色产业，结合现有的天然林和国家岩溶地质公园等保护与建设，实施退耕还林和封山育林，大力营造水土保持林，加强矿产和水电开发地区水土保持监督管理。

**2. 滇北及川西南高山峡谷区布局**

滇北及川西南高山峡谷区土地利用类型以林地为主，耕地和草地次之，耕垦指数为0.14，土地利用结构见表14-42。

**表 14-42　滇北及川西南高山峡谷区土地利用结构**

| 土地利用类型 | 耕地 | 园地 | 林地 | 草地 | 其他 |
|---|---|---|---|---|---|
| 面积/万 hm² | 242.02 | 37.29 | 1046.14 | 240.80 | 163.35 |
| 比例/% | 13.99 | 2.16 | 60.48 | 13.92 | 9.45 |

该区中北部为高山峡谷地带，重点是加强退耕还林，大力营造水土保持林，加强坡改梯综合整治和完善坡面水系建设，结合流域治理进行山区小型水利工程建设，推广水土保持耕作制度，促进农业产业化发展，改善农村生产生活条件，加强矿产开采、水电开发和基础设施建设等的水土保持监督管理。东部地区，重点是做好以坡改梯和坡面水

系工程为主的小流域综合治理,加强对岩溶区泉水的利用,加大小型蓄水工程建设力度,加强滑坡、崩塌和泥石流灾害发育区的综合整治,推进生态移民,实施退耕还林和封山育林,加强疏林地改造和干热坝子四周造林种草;加强水电开发的水土保持监督管理。西部为重要的河源湖泊区和旅游区,重点是结合旅游景观建设和产业发展,加强水源地生态保护,促进高原生态脆弱湖泊野生动物栖息地的生态维护,提高水土保持和水源涵养能力,加强以坡改梯和坡面水系工程为主的小流域综合治理,发展茶叶、烟叶等特色产业。

3. 滇西南山地区布局

滇西南山地区土地利用类型以林地为主,耕地和园地次之,耕垦指数为 0.14,土地利用结构见表 14-43。

表 14-43　滇西南山地区土地利用结构

| 土地利用类型 | 耕地 | 园地 | 林地 | 草地 | 其他 |
| --- | --- | --- | --- | --- | --- |
| 面积/万 hm² | 208.31 | 125.90 | 911.15 | 71.71 | 122.42 |
| 比例/% | 14.47 | 8.75 | 63.30 | 4.98 | 8.50 |

该区北部为高山区,重点是实施坡改梯工程,发展用材林和特色经果林,加强水源地的预防保护,结合现有的自然保护区、风景区建设,实施封山育林,退耕还林还草,做好泥石流等灾害的预警和综合防治。南部地区重点是加强对自然保护区和天然林的保护,维护生物多样性,利用自然条件优势,优化农业产业结构,发展高效种植业,加强中低产田改造,推广先进农业耕作措施,加大退耕还林力度,发展热带特色经济林,加强农村基础设施和农村替代能源建设,大力推进沼气池及节柴灶,禁止毁林开荒,加强矿产等开发区的生态恢复和水土保持监督管理。

## 14.2.8　青藏高原区布局

1. 柴达木盆地及昆仑山北麓高原区布局

柴达木盆地及昆仑山北麓高原区土地利用类型以草地为主,林地次之,耕垦指数为0.01,土地利用结构见表 14-44。

表 14-44　柴达木盆地及昆仑山北麓高原区土地利用结构

| 土地利用类型 | 耕地 | 园地 | 林地 | 草地 | 其他 |
| --- | --- | --- | --- | --- | --- |
| 面积/万 hm² | 25.97 | 0.50 | 144.55 | 1589.49 | 2094.66 |
| 比例/% | 0.67 | 0.01 | 3.75 | 41.23 | 54.33 |

该区东北部为祁连山地区,重点是加强祁连山及周边地区水源涵养林建设,做好水源

地、高山草原及自然保护区的植被保护，提高水源涵养能力，加强黄河干流和湟水河、大通河流域生态保护，加强泥石流、滑坡的综合防治（王一博等，2005）。西南部为柴达木盆地，重点是合理保护和开发水土资源，保护绿洲，推进农田防护林建设和推行水土保持耕作制度，加强自然保护区和草场管理，防治土地沙化，做好冻融侵蚀及其引发的滑坡、泥石流灾害的预警预报，保护公路、铁路等基础设施，加强水电开发和工矿区水土保持监督管理。

### 2. 若尔盖—江河源高原山地区布局

若尔盖—江河源高原山地区土地利用类型以草地为主，未利用地也占了很大比重，耕地面积少，土地利用结构见表 14-45。

**表 14-45　若尔盖—江河源高原山地区土地利用结构**

| 土地利用类型 | 耕地 | 园地 | 林地 | 草地 | 其他 |
| --- | --- | --- | --- | --- | --- |
| 面积/万 hm² | 11.35 | 0.01 | 223.34 | 3491.68 | 517.36 |
| 比例/% | 0.27 | 0.00 | 5.26 | 82.28 | 12.19 |

该区西部重点是加强三江源地区及其周边唐古拉山的草场和湿地的保护与管理，实施生态移民，维护水源涵养功能，合理轮牧，限制暖季草场的过度利用，建立割草场以备冬用，禁止滥挖虫草、贝母等药材，防治土地沙化。东部地区加强旱作农地水土流失治理，发展区域农业产业和生态旅游业，加强草场管理，适当建立人工草地，促进牧业生产。

### 3. 羌塘—藏西南高原区布局

羌塘—藏西南高原区土地利用类型以草地为主，未利用地也占了很大比重，耕地面积少，土地利用结构见表 14-46。

**表 14-46　羌塘—藏西南高原区土地利用结构**

| 土地利用类型 | 耕地 | 园地 | 林地 | 草地 | 其他 |
| --- | --- | --- | --- | --- | --- |
| 面积/万 hm² | 0.36 | 0.01 | 51.12 | 5538.32 | 1186.10 |
| 比例/% | 0.01 | 0.00 | 0.75 | 81.74 | 17.50 |

该区重点是发展冬季草场，加强草场管理，实行轮牧，控制载畜量，力求草畜平衡；以保护天然草地为主，注意防止大风和干旱的危害，结合现有保护区加强湿地及周边植被建设，维护水源涵养功能，重点解决好人畜饮水问题，禁止滥挖虫草、贝母和砂金矿等人为活动，防止草场沙化和湿地萎缩。

### 4. 藏东—川西高山峡谷区布局

藏东—川西高山峡谷区土地利用类型以林地和草地为主，其次是未利用地，耕地面积少，耕垦指数 0.009，土地利用结构见表 14-47。

表 14-47　藏东—川西高山峡谷区土地利用结构

| 土地利用类型 | 耕地 | 园地 | 林地 | 草地 | 其他 |
|---|---|---|---|---|---|
| 面积/万 hm² | 30.98 | 1.93 | 1562.05 | 1579.49 | 248.06 |
| 比例/% | 0.88 | 0.05 | 44.34 | 44.84 | 9.88 |

该区北部地区，重点是做好森林资源保护和草场管理，实施生态移民，加强高山草甸区合理轮牧，发展人工草场、扩大饲料用地，以草定畜，防止过度放牧，防治鼠、虫害对草地的破坏，禁止滥挖虫草等药材，防止水土流失。南部地区，重点是合理利用水土资源，加强人口集中区域的坡耕地综合整治和发展中小型水电及水利灌溉，搞好基本农田建设，稳定耕地；发展区域特色农业产业和生态旅游业，加强山地森林地带水源涵养林保护建设，维护生物多样性，合理采集利用和保护中药材资源；在地震多发区加强坡面综合治理，利用生态自我修复和人工促进修复相结合的方式，以防护林建设为主，适当发展用材林和经济林；加强泥石流等灾害的预警与防治，做好水电开发的水土保持监督管理工作。

5. 雅鲁藏布河谷及藏南山地区布局

雅鲁藏布河谷及藏南山地区土地利用类型以林地和草地为主，其次是未利用地，耕地面积少，耕垦指数 0.01，土地利用结构见表 14-48。

表 14-48　雅鲁藏布河谷及藏南山地区土地利用结构

| 土地利用类型 | 耕地 | 园地 | 林地 | 草地 | 其他 |
|---|---|---|---|---|---|
| 面积/万 hm² | 36.16 | 0.13 | 1102.78 | 1748.55 | 604.11 |
| 比例/% | 1.04 | 0.00 | 31.58 | 50.08 | 17.30 |

该区中部为河谷农业区，农田面积占西藏全区的 60%，主要分布于一江两河的谷地及其两侧，樵采导致植被破坏严重，生态脆弱，土地沙化；重点是加大投入，发展灌溉和局部地区的坡耕地整治，提高土地生产力，推进能源替代工程建设，改变原有耕作樵采习惯，控制水土流失。西部高原草甸区以牧业为主，重点是加强高山草场管理，保护和恢复草场，加强农牧区的封育保护，防治土地沙化，进行退耕还草和流域综合治理，提高生态安全。东部地区，推进小水电代燃料工程建设，加强森林资源保护与管理，维护生物多样性和生态安全。

## 14.3　区域水土保持功能

### 14.3.1　东北黑土区水土保持功能

东北黑土区中大兴安岭、小兴安岭及长白山地是区内黑龙江、松花江、辽河、兴凯湖等众多江河湖沼的源头，发挥着强大的水源涵养功能和生态屏障作用（解运杰等，2005）。

区内分布着众多的国家级森林公园、国家级自然保护区，物种丰富，同时区内湿地湖沼众多，水域与周围沼泽、湿地的江湖通道畅通，对维持河湖生态健康具有重要作用。大面积黑土覆盖是该区的重要特点，是维护和提高粮食生产能力的重要基础，保护黑土资源和防治水土流失是该区的主要任务。

东北黑土区中涉及水土保持主导基础功能的三级区为土壤保持功能的 4 个，生态维护功能的 4 个，水源涵养功能的 2 个，农田防护功能的 2 个，防风固沙功能的 2 个，水质维护功能的 1 个，防灾减灾功能的 1 个。按功能统计的面积比例如图 14-1 所示。总体而言，该区的主要水土保持功能是生态维护、土壤保持、水源涵养和防风固沙。

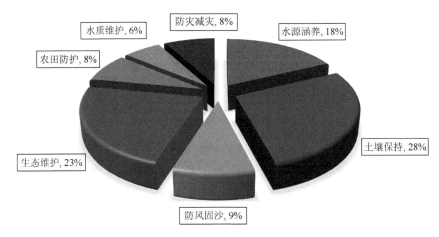

图 14-1　东北黑土区水土保持功能面积比例

### 1. 大小兴安岭山地区

大小兴安岭山地区包括大兴安岭山地水源涵养生态维护区和小兴安岭山地丘陵生态维护保土区 2 个三级区。

大兴安岭山地水源涵养生态维护区是我国重要的森工基地，是东北乃至华北地区的天然生态屏障，是国家生态安全的重要保障区，是国家主体功能区规划确定的重点生态功能区。该区水土保持主导基础功能为水源涵养和生态维护。

小兴安岭山地丘陵生态维护保土区是我国东北地区天然屏障的重要组成部分，是涉及国家主体功能区规划确定的重要生态功能区。该区水土保持主导基础功能为生态维护和土壤保持。

### 2. 长白山—完达山山地丘陵区

长白山—完达山山地丘陵区包括江平原—兴凯湖生态维护农田防护区、长白山山地水源涵养减灾区和长白山山地丘陵水质维护保土区 3 个三级区。

江平原—兴凯湖生态维护农田防护区是我国重要的粮食生产基地，是涉及国家主体功能区规划确定的重要生态功能区。该区水土保持主导基础功能为生态维护和农田防护。

长白山山地水源涵养减灾区是国家重要的生态屏障，为国家重要的水源涵养区，是涉及国家主体功能区规划确定的重要生态功能区。该区水土保持主导基础功能为水源涵养和防灾减灾。

长白山山地丘陵水质维护保土区是水库集中区域，关系东北老工业基地振兴的用水安全。该区水土保持主导基础功能为水质维护和土壤保持。

### 3. 东北漫川漫岗区

东北漫川漫岗区包括东北漫川漫岗土壤保持区 1 个三级区。东北漫川漫岗土壤保持区是东北黑土区的核心地带，是国家重点开发区域（范昊明等，2004；崔明等，2007）。该区水土保持主导基础功能为土壤保持。

### 4. 松辽平原风沙区

松辽平原风沙区包括松辽平原防沙农田防护区 1 个三级区。松辽平原防沙农田防护区部分地区已纳入国家千亿斤粮食生产基地，是涉及国家主体功能区规划确定的重要生态功能区。该区水土保持主导基础功能为防风固沙和农田防护。

### 5. 大兴安岭东南山地丘陵区

大兴安岭东南山地丘陵区包括大兴安岭东南低山丘陵土壤保持区 1 个三级区。大兴安岭东南低山丘陵土壤保持区是东北地区重要的农牧业生产基地，是涉及国家主体功能区规划确定的重要生态功能区。该区水土保持主导基础功能为土壤保持。

### 6. 呼伦贝尔丘陵平原区

呼伦贝尔丘陵平原区包括呼伦贝尔丘陵平原防沙生态维护区 1 个三级区。呼伦贝尔丘陵平原防沙生态维护区是我国东北地区的重要生态屏障，对维护我国东北地区的生态平衡起着重要作用，是涉及国家主体功能区规划确定的重要生态功能区。该区水土保持主导基础功能为防风固沙和生态维护。

## 14.3.2　北方风沙区水土保持功能

北方风沙区是我国戈壁、沙漠和沙地的主要集中分布区，是我国沙尘暴发生的策源地，阴山北麓草原生态功能区、塔里木河荒漠化防治生态功能区等构筑的北方防沙带发挥着重要的农田防护和防风固沙功能（康宏亮等，2016）。区内广泛分布着天然草地和山地森林，植物种类丰富，对草原和绿洲开发、生态环境保护和经济发展具有较高的生态价值。

北方风沙区中涉及水土保持主导基础功能的三级区为农田防护功能的 5 个，防风固沙功能的 4 个，生态维护功能的 4 个，土壤保持功能的 3 个，蓄水保水功能的 3 个，水源涵养功能的 2 个，防灾减灾功能的 2 个，人居环境维护功能的 1 个。按功能统计的面积比例如图 14-2 所示。总体而言，该区主要水土保持方向是农田防护、防风固沙和生态维护，即绿洲农区防护、沙地及退化草原治理和现有森林草原的保护。

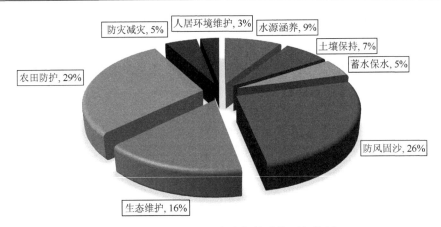

图 14-2　北方风沙区水土保持功能面积比例

### 1. 内蒙古中部高原丘陵区

内蒙古中部高原丘陵区包括锡林郭勒高原保土生态维护区、蒙冀丘陵保土蓄水区和阴山北麓山地高原保土蓄水区 3 个三级区。

锡林郭勒高原保土生态维护区是国家京津风沙源重点治理区之一。水土保持基础功能有土壤保持、生态维护、蓄水保土、拦沙减沙等，主导功能是土壤保持和生态维护。

蒙冀丘陵保土蓄水区是国家京津风沙源重点治理区之一和重要的绿色畜产品基地。水土保持基础功能有土壤保持、蓄水保水、防风固沙、生态维护等功能，主导功能是土壤保持和蓄水保水。

阴山北麓山地高原保土蓄水区以种植业为主，土地生产力低下，是国家京津风沙源重点治理区之一。水土保持基础功能有土壤保持、蓄水保水、防风固沙、生态维护等功能，主导功能是土壤保持和蓄水保水。

### 2. 河西走廊及阿拉善高原区

河西走廊及阿拉善高原区包括阿拉善高原山地防沙生态维护区和河西走廊农田防护防沙区 2 个三级区。

阿拉善高原山地防沙生态维护区属于典型生态经济型土地利用区域。水土保持基础功能有防风固沙、生态维护、蓄水保水、土壤保持等功能，主导功能是防风固沙和生态维护。

河西走廊农田防护防沙区是甘肃省农业中心地带，也是西北地区主要的商品粮基地和经济作物集中产区之一。水土保持主导基础功能为农田防护和防风固沙。

### 3. 北疆山地盆地区

北疆山地盆地区包括准噶尔盆地北部水源涵养生态维护区、天山北坡人居环境维护农田防护区、伊犁河谷减灾蓄水区和吐哈盆地生态维护防沙区 4 个三级区。

准噶尔盆地北部水源涵养生态维护区水土保持主导基础功能是水源涵养、生态维护。

天山北坡人居环境维护农田防护区水土保持主导基础功能是人居环境维护、农田防护。

伊犁河谷减灾蓄水区水土保持主导基础功能是防灾减灾、蓄水保水。

吐哈盆地生态维护防沙区内自然条件恶劣，植被稀少，风蚀严重，水资源短缺，生态环境非常脆弱，耕地沙化。该区水土保持基础功能有生态维护、防风固沙、蓄水保水、农田防护等，水土保持主导功能是生态维护、防风固沙。

### 4. 南疆山地盆地区

南疆山地盆地区包括塔里木盆地北部农田防护水源涵养区、塔里木盆地南部农田防护防沙区和塔里木盆地西部农田防护减灾区 3 个三级区。

塔里木盆地北部农田防护水源涵养区水土保持基础功能有农田防护、水源涵养、防风固沙、防灾减灾等，水土保持主导功能是农田防护、水源涵养。

塔里木盆地南部农田防护防沙区风力侵蚀覆盖了整个绿洲，水资源分布不均。该区水土保持基础功能有农田防护、防风固沙、生态维护、蓄水保水，水土保持主导功能是农田防护和防风固沙。

塔里木盆地西部农田防护减灾区土地沙化严重，生态环境脆弱，洪水灾害时有发生。该区水土保持基础功能有农田防护、防灾减灾、蓄水保水、水源涵养，水土保持主导功能为农田防护和防灾减灾。

## 14.3.3　北方土石山区水土保持功能

北方土石山区的水土流失无论是面积、强度，还是绝对量，在全国都不是很大，但其造成的危害和威胁却十分严重，尤其是对于人口密集、缺乏土地后备资源、土层厚度薄、石漠化和砂砾化日趋严重的区域，轻度水土流失就可能导致土地丧失农业生产能力（王忠科等，2008）。水土保持工作既要加强综合治理和管护，又要发挥生态的自我修复能力，通过大面积的封育保护，加强管理，尽快改善生态环境（李秀彬等，2008）。

北方土石山区中涉及水土保持主导基础功能的三级区为土壤保持功能的 9 个，水源涵养功能的 5 个，农田防护功能的 4 个，蓄水保水功能的 3 个，人居环境维护功能的 3 个，生态维护功能的 2 个，防风固沙功能的 2 个，拦沙减沙功能的 1 个，防灾减灾功能的 1 个。按功能统计的面积比例如图 14-3 所示。总体而言，该区水土保持功能是土壤保持、农田防护和水源涵养，山丘区土地资源保护、植被建设与保护、农田防护林网建设是该区水土保持的主要方向。

### 1. 辽宁环渤海山地丘陵区

辽宁环渤海山地丘陵区包括辽海平原人居环境维护农田保护区、辽宁西部丘陵保土拦沙区和辽东半岛人居环境维护减灾区 3 个三级区。

辽海平原人居环境维护农田保护区是我国重要的老工业基地、商品粮基地，也是我国的优化开发区域。该区水土保持主导基础功能为人居环境维护和农田防护。

辽宁西部丘陵保土拦沙区水土保持主导基础功能为土壤保持和拦沙减沙。

辽东半岛人居环境维护减灾区城镇集中、人口密集，是我国优化开发区域，也是东北地区山洪灾害易发区域。该区水土保持主导基础功能为人居环境维护和防灾减灾。

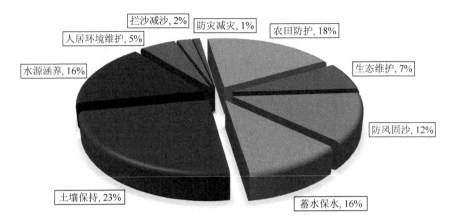

图 14-3　北方土石山区水土保持功能面积比例

### 2. 燕山及辽西山地丘陵区

燕山及辽西山地丘陵区包括辽西山地丘陵保土蓄水区和燕山山地丘陵水源涵养生态维护区 2 个三级区。

辽西山地丘陵保土蓄水区是辽河泥沙的来源区和东北、华北地区风沙的策源地，做好土壤保持、提高蓄水保水能力成为改善农业生产条件的首要任务。该区水土保持主导功能为土壤保持和蓄水保水，还具有防风固沙、生态维护、水源涵养和农田防护等水土保持基础功能。

燕山山地丘陵水源涵养生态维护区的密云、潘家口、桃林口等水库是北京、天津、唐山、秦皇岛等大中城市的重要水源地，水源涵养和生态维护是该区水土保持工作的首要任务。该区水土保持主导功能为水源涵养和生态维护，同时有蓄水保水、土壤保持、农田防护、防风固沙等水土保持基础功能。

### 3. 太行山山地丘陵区

太行山山地丘陵区包括太行山西北部山地丘陵防沙水源涵养区、太行山东部山地丘陵水源涵养保土区和太行山西南部山地丘陵保土水源涵养区 3 个三级区。

太行山西北部山地丘陵防沙水源涵养区气候干旱，降水少，水资源短缺，风沙灾害明显，防风固沙和水源涵养是该区水土保持工作的首要任务。该区水土保持主导功能为防风固沙和水源涵养，同时有蓄水保水、土壤保持和农田防护等水土保持基础功能。

太行山东部山地丘陵水源涵养保土区为海河流域重要水源区和下游洪水主要来源区。该区水土保持主导功能是水源涵养和土壤保持，同时有人居环境维护、蓄水保水、防灾减灾、水质维护等水土保持基础功能。

太行山西南部山地丘陵保土水源涵养区是革命老区。该区水土保持主导功能为土壤保持和水源涵养，同时有蓄水保水、水质维护、生态维护、人居环境维护等水土保持基础功能。

### 4. 泰沂及胶东山地丘陵区

泰沂及胶东山地丘陵区包括胶东半岛丘陵蓄水保土区和鲁中南低山丘陵土壤保持区2个三级区。

胶东半岛丘陵蓄水保土区水资源短缺、土地砂砾化制约了区域农业经济发展,蓄水保水和土壤保育成为改善农业生产条件的首要任务。该区水土保持主导功能为蓄水保水和土壤保持,同时有水源涵养、生态维护、农田防护、人居环境维护等水土保持基础功能。

鲁中南低山丘陵土壤保持区水土保持主导功能为土壤保持,同时有水源涵养、蓄水保水、生态维护、水质维护等水土保持基础功能。

### 5. 华北平原区

华北平原区包括京津冀城市群人居环境维护农田防护区、津冀鲁渤海湾生态维护区、黄泛平原防沙农田防护区和淮北平原岗地农田防护保土区4个三级区。

京津冀城市群人居环境维护农田防护区水土保持主导功能为人居环境维护和农田防护,同时有水质维护、土壤保持、蓄水保水、防灾减灾等水土保持基础功能。

津冀鲁渤海湾生态维护区水土保持主导功能是生态维护,同时有农田防护、人居环境维护、水质维护、防风固沙等水土保持基础功能。

黄泛平原防沙农田防护区水土保持主导功能为防风固沙、农田防护,同时有人居环境维护、水质维护、土壤保持、蓄水保水等水土保持基础功能。

淮北平原岗地农田防护保土区水土保持主导功能为农田防护和土壤保持,同时有水质维护、人居环境维护、蓄水保水等水土保持基础功能。

### 6. 豫西南山地丘陵区

豫西南山地丘陵区包括豫西黄土丘陵保土蓄水区和伏牛山山地丘陵保土水源涵养区2个三级区。

豫西黄土丘陵保土蓄水区水土保持主导功能为土壤保持和蓄水保水,同时有水源涵养、生态维护、水质维护等水土保持基础功能。

伏牛山山地丘陵保土水源涵养区水土保持主导功能为土壤保持和水源涵养,同时有蓄水保水、防灾减灾、生态维护等水土保持基础功能。

## 14.3.4 西北黄土高原区水土保持功能

西北黄土高原区是我国水土流失最为严重的地区,以发育塬、梁、峁等沟间地及切沟、冲沟、干沟、河沟等沟谷地为特征,形成独特的黄土沟壑景观地貌,是黄河泥沙的主要来源地。由于黄土高原地区水土流失严重,耕地减少、土地退化、沙尘暴频繁发生、河道泥沙淤积、生态环境恶化,严重影响着社会进步、发展与国计民生。因此,严重的水土流失是黄土高原地区乃至黄河流域的头号生态环境问题,坡耕地及侵蚀沟道综合治理、入黄泥沙控制、小型水利水保设施建设是该区水土保持的主要任务（冯磊等，2012；王白春等，2016）。

西北黄土高原区中涉及水土保持主导基础功能的三级区为土壤保持功能的 13 个，蓄水保水功能的 9 个，拦沙减沙功能的 5 个，防风固沙功能的 2 个，生态维护功能的 1 个。按功能统计的面积比例如图 14-4 所示。总体而言，该区主要水土保持功能是土壤保持、蓄水保水和拦沙减沙。

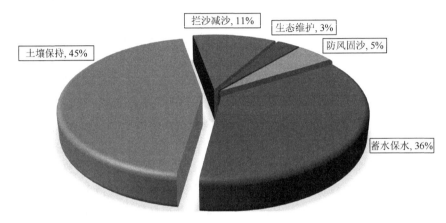

图 14-4　西北黄土高原区水土保持功能面积比例

### 1. 宁蒙覆沙黄土丘陵区

宁蒙覆沙黄土丘陵区包括阴山山地丘陵蓄水保土区、鄂乌高原丘陵保土蓄水区和宁中北丘陵平原防沙生态维护区 3 个三级区。

阴山山地丘陵蓄水保土区是内蒙古自治区的粮仓，该区自然条件差异较大，人口较集中，以粮食生产为主，对维护粮食安全有着非常重要的作用。该区水土保持主导功能定位为蓄水保水和土壤保持。

鄂乌高原丘陵保土蓄水区水土流失严重，沙害频发。该区水土保持主导功能为土壤保持和蓄水保水。

宁中北丘陵平原防沙生态维护区自然条件差异大，人口密度较大，季节性缺水严重，旱地面积比例大，耕垦指数高，种植业产值比重大。该区水土保持主导功能为防风固沙和生态维护。

### 2. 晋陕蒙丘陵沟壑区

晋陕蒙丘陵沟壑区包括呼鄂丘陵沟壑拦沙保土区、晋西北黄土丘陵沟壑拦沙保土区、陕北黄土丘陵沟壑拦沙保土区、陕北盖沙丘陵沟壑拦沙防沙区和延安中部丘陵沟壑拦沙保土区 5 个三级区。

呼鄂丘陵沟壑拦沙保土区是黄河粗泥沙主要来源地之一，自然条件差异大，人口密度大，缺水严重，旱地面积比例大。该区水土保持主导功能定位为拦沙减沙和土壤保持。

　　晋西北黄土丘陵沟壑拦沙保土区水土流失严重,是黄河多沙粗沙的集中来源区,区内坡耕地多,土地生产力低下,粮食产量低,农业、林业、牧业矛盾较突出。该区水土保持主导功能为拦沙减沙和土壤保持。

　　陕北黄土丘陵沟壑拦沙保土区是黄河多沙粗沙集中来源区域,是国家治理水土流失的重点区域。该区水土保持主导功能是拦沙减沙和土壤保持。

　　陕北盖沙丘陵沟壑拦沙防沙区是风沙区和丘陵沟壑区的过渡地带,是黄土高原上以粗沙多沙为主的严重水土流失区,国家治理水土流失的重点区域。其水土保持主导功能是拦沙减沙和防风固沙,减少河湖库淤积,保障粮食生产,提高土地生产力。

　　延安中部丘陵沟壑拦沙保土区内渠峁起伏,坡陡沟深,沟壑纵横,以水蚀为主,受自然因素的影响,水土流失严重。其水土保持主导功能是拦沙减沙和土壤保持。

### 3. 汾渭及晋城丘陵阶地区

　　汾渭及晋城丘陵阶地区包括汾河中游丘陵沟壑保土蓄水区、晋南丘陵阶地保土蓄水区和秦岭北麓—渭河中低山阶地保土蓄水区。

　　汾河中游丘陵沟壑保土蓄水区水土保持主导功能为土壤保持和蓄水保水,提高土地生产力,保护饮水安全,保护河湖沟渠边岸,减少河库淤积。

　　晋南丘陵阶地保土蓄水区内水土流失较为严重,耕地多,土地生产力低下,粮食产量低;降水集中,形成较大洪水,破坏交通,冲田漫地,淤塞水库、河道和渠道,降低水利设施的蓄水能力。该区水土保持主导功能为土壤保持和蓄水保水。

　　秦岭北麓—渭河中低山阶地保土蓄水区水土保持主导功能是保护土地生产力,蓄水保水,保护饮水安全,保护河湖沟渠边岸,减少河库淤积。

### 4. 晋陕甘高塬沟壑区

　　晋陕甘高塬沟壑区包括晋陕甘高塬沟壑保土蓄水区 1 个三级区。

　　晋陕甘高塬沟壑保土蓄水区地处黄土高原的中部,部分地区是国家主体功能区确定的重要生态功能区,是黄河的主要泥沙来源区之一,同时,区内干旱缺水,多为旱作农业。该区水土保持主导功能为土壤保持和蓄水保水。

### 5. 甘宁青山地丘陵沟壑区

　　甘宁青山地丘陵沟壑区包括宁南陇东丘陵沟壑蓄水保土区、陇中丘陵沟壑蓄水保土区和青东甘南丘陵沟壑蓄水保土区 3 个三级区。区内自然条件差异大,人口密度较大,季节性缺水严重,旱地面积比例大,种植业产值比重大。三区水土流失背景相似,水土保持主导功能为蓄水保水和土壤保持。

## 14.3.5　南方红壤区水土保持功能

　　南方红壤区森林覆盖率高,物种资源丰富,河流水域广布,湿地湖沼众多,是我国生态环境相对较好的区域,也是我国重要的粮食、经济作物、水产品、速生丰产林和水果生产基地。但该区人口密度大，人均耕地少，农业开发强度大，坡耕地比例大，坡耕地水土流失严重；山丘区经济林和速生丰产林分布面积大，林下水土流失严重，局部地区崩岗危害突出；水网地区河岸坍塌，河道淤积，水体富营养化严重。因此，防治坡耕地、崩岗及林下水土流失，改善城镇人居环境和农村生产生活条件，保护水源地是该区水土保持的主要任务（孙佳佳等，2013）。

南方红壤区中涉及水土保持主导基础功能的三级区为土壤保持功能的 15 个，人居环境维护功能 11 个，水质维护功能的 9 个，生态维护功能的 8 个，农田防护功能的 7 个，水源涵养功能的 4 个，防灾减灾功能的 3 个。按功能统计的面积比例如图 14-5 所示。总体而言，该区主要水土保持功能为人居环境维护和土壤保持。

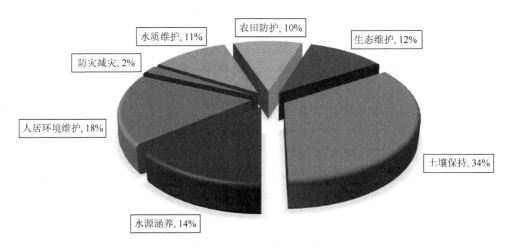

图 14-5　南方红壤区水土保持功能面积比例

### 1. 江淮丘陵及下游平原区

江淮丘陵及下游平原区包括江淮下游平原农田防护水质维护区、江淮丘陵岗地农田防护保土区、浙沪平原人居环境维护水质维护区、太湖丘陵平原水质维护人居环境维护区和沿江丘陵岗地农田防护人居环境维护区 5 个三级区。该区水土保持主导功能为农田防护和水质维护，同时有人居环境维护、防风固沙、蓄水保土等水土保持基础功能。

### 2. 大别山—桐柏山山地丘陵区

大别山—桐柏山山地丘陵区包括桐柏大别山山地丘陵水源涵养保土区和南阳盆地及大洪山丘陵保土农田维护区 2 个三级区。

桐柏大别山山地丘陵水源涵养保土区是淮河中游和长江下游的重要水源补给地，多数水库为城市重要水源地。该区水土保持主导功能为水源涵养和土壤保持，同时有生态维护、水质维护、蓄水保水等水土保持基础功能。

南阳盆地及大洪山丘陵保土农田维护区部分岗地水土流失严重，农田面积所占比例较大，是重要的粮食生产基地。该区水土保持主导功能为土壤保持和农田防护，同时有水质维护、蓄水保水、生态维护、水源涵养等水土保持基础功能。

## 3. 长江中游丘陵平原区

长江中游丘陵平原区包括江汉平原及周边丘陵农田防护人居环境维护区和洞庭湖丘陵平原农田防护水质维护区 2 个三级区。该区水土保持主导基础功能为农田防护、水质维护、人居环境维护。

## 4. 江南山地丘陵区

江南山地丘陵区包括浙皖低山丘陵生态维护水质维护区、浙赣低山丘陵人居环境维护保护区、鄱阳湖丘岗平原农田防护水质维护区、幕阜山九岭山山地丘陵保土生态维护区、赣中低山丘陵土壤保护区、湘中低山丘陵保土人居环境维护区、湘西南山地保土生态维护区和赣南山地土壤保持 8 个三级区。水土保持主导基础功能主要为生态维护、水质维护、人居环境维护、土壤保持、农田防护。

## 5. 浙闽山地丘陵区

浙闽山地丘陵区包括浙东低山岛屿水质维护人居环境维护区、浙西南山地保土生态维护区、闽东北山地保土水质维护区、闽西北山地丘陵生态维护减灾区、闽东南沿海丘陵平原人居环境维护水质维护区、闽西南山地丘陵保土生态维护区 6 个三级区。水土保持主导基础功能为水质维护、人居环境维护、土壤保持、生态维护、防灾减灾等。

## 6. 南岭山地丘陵区

南岭山地丘陵区包括南岭山地水源涵养保土区、岭南山地丘陵保土水源涵养区和桂中低山丘陵土壤保持 3 个三级区。

南岭山地水源涵养保土区是湘江、北江、桂江的源头区域，是国家重点生态功能区。其水土保持基础功能有水源涵养、土壤保持、生态维护、防灾减灾等，主导基础功能是水源涵养和土壤保持。

岭南山地丘陵保土水源涵养区内的西江干流是珠江三角洲的主要取水地。区域水土保持功能定位中，有土壤保持、水源涵养、人居环境维护等功能需求，主导基础功能为土壤保持、水源涵养。

桂中低山丘陵土壤保持区是广西主要的农产品提供区域之一。水土保持功能定位中，土壤保持、水质维护、蓄水保水、人居环境维护均有一定需求，主导基础功能为土壤保持。

## 7. 华南沿海丘陵台地区

华南沿海丘陵台地区包括华南沿海丘陵台地人居环境维护区 1 个三级区。

华南沿海丘陵台地人居环境维护区属国家优化发展和重点发展区域，有人居环境维护、土壤保持、水质维护、蓄水保水等水土保持基础功能需求，主导基础功能为人居环境维护。

### 8. 海南及南海诸岛丘陵台地区

海南及南海诸岛丘陵台地区包括海南沿海丘陵台地人居环境维护区、琼中山地水源涵养区和南海诸岛生态维护区 3 个三级区。

海南沿海丘陵台地人居环境维护区在全国生态功能区划中属海南环岛平原台地农产品提供功能区。水土保持功能定位中，主导基础功能为人居环境维护。

琼中山地水源涵养区是海南岛重要水源地，是国家重点生态功能区中的热带雨林与季雨林生物多样性保护功能区。区域有水源涵养、生态维护、土壤保持等水土保持功能需求，主导基础功能为水源涵养。

南海诸岛生态维护区为珊瑚礁地貌，陆域面积小，水土保持主导基础功能为生态维护。

### 9. 台湾山地丘陵区

台湾山地丘陵区包括台西山地平原减灾人居环境维护区和花东山地减灾生态维护区 2 个三级区。水土保持主导基础功能为防灾减灾和人居环境维护。

## 14.3.6　西南紫色土区水土保持功能

西南紫色土区内秦巴山地是嘉陵江与汉江等河流的发源地，水资源丰富，是长江上游重要水源涵养区，区内三峡水库和丹江口水库是我国重要的水源地保护区（尹忠东等，2009）。该区人口密集，人均耕地少，坡耕地广布，森林过度采伐，水电、能源和有色金属等开发建设强度大，水土流失严重，地质灾害频发。因此，控制山丘区水土流失，提高水源涵养能力，防治面源污染是该区的主要任务（杨香华，2016）。

西南紫色土区中涉及水土保持主导基础功能的三级区为土壤保持功能的 9 个，水源涵养功能的 3 个，生态维护功能的 2 个，人居环境维护功能的 2 个，防灾减灾功能的 2 个，水质维护功能的 1 个。按功能统计的面积比例如图 14-6 所示。总体而言，该区主要水土保持功能是土壤保持、生态维护和水源涵养。

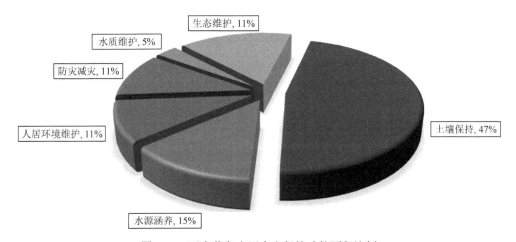

图 14-6　西南紫色土区水土保持功能面积比例

1. 秦巴山山地区

秦巴山山地区包括丹江口水库周边山地丘陵水质维护保土区、秦岭南麓水源涵养保土区、陇南山地保土减灾区和大巴山山地保土生态维护区 4 个三级区。

丹江口水库周边山地丘陵水质维护保土区地貌以中低山为主,部分地区是国家主体功能区规划中确定的秦巴生物多样性生态功能区,也是南水北调中线工程的水源地水质安全保障区。水土保持主导基础功能是水质维护和土壤保持。

秦岭南麓水源涵养保土区是国家主体功能区规划确定的秦巴生物多样性生态功能区,是国家南水北调中线工程水源地水质影响控制区和水源涵养生态建设区。该区是我国天然林保护工程、退耕还林工程、坡耕地水土流失综合治理工程重点实施区域。水土保持主导基础功能为水源涵养、土壤保持。

陇南山地保土减灾区是国家主体功能区规划确定的秦巴生物多样性生态功能区。水土保持主导基础功能为土壤保持和防灾减灾。

大巴山山地保土生态维护区水土保持主导基础功能为土壤保持和生态维护。

2. 武夷山山地丘陵区

武夷山山地丘陵区包括鄂渝山地水源涵养保土区和湘西北山地低山丘陵水源涵养保土区 2 个三级区。

鄂渝山地水源涵养保土区和湘西比山地低山丘陵水源涵养保土区属国家主体功能区划确定的武陵山区生物多样性与水土保持生态功能区,是少数民族聚集地和革命老区。水土保持主导基础功能为水源涵养和土壤保持。

3. 川渝山地丘陵区

川渝山地丘陵区包括川渝平行岭谷山地保土人居环境维护区、四川盆地北中部山地丘陵保土人居环境维护区、龙门山峨眉山山地减灾生态维护区和四川盆地南部中低丘土壤保持区 4 个三级区。

川渝平行岭谷山地保土人居环境维护区是我国天然林保护工程、退耕还林工程和坡耕地水土流失综合治理工程的重点实施区域。水土保持主导基础功能为土壤保持和人居环境维护。

四川盆地北中部山地丘陵保土人居环境维护区包括成都平原和川中紫色丘陵地带。水土保持主导基础功能为土壤保持和人居环境维护。

龙门山峨眉山山地减灾生态维护区属国家主体功能区规划中确定的川滇森林及生物多样性生态功能区。水土保持主导基础功能为防灾减灾和生态维护。

四川盆地南部中低丘土壤保持区地貌以中低丘为主。水土保持主导基础功能为土壤保持。

## 14.3.7 西南岩溶区水土保持功能

西南岩溶区位于我国西南部,岩溶地貌发育,降水量大,生物资源、水资源、矿产资源均较为丰富,是我国水电资源蕴藏最丰富的地区之一,也是我国重要的有色金属及稀土等矿产基地。该区岩溶石漠化严重，耕地资源短缺，陡坡耕地比例大，工程性缺水严重，农村能源匮乏，贫困人口多，山区滑坡、泥石流等灾害频发。因此，保护耕地资源、林草植被的恢复与保护、小型水利水保设施的建设是该区水土保持的主要任务（蒋忠诚等，2008）。

西南岩溶区中涉及水土保持主导基础功能的三级区为土壤保持功能的 6 个，生态维护功能的 3 个，蓄水保水功能的 3 个，防灾减灾功能的 2 个，水源涵养功能的 1 个，人居环境维护功能的 1 个，拦沙减沙功能的 1 个。按功能统计的面积比例如图 14-7 所示。总体而言，该区主要水土保持功能是土壤保持、蓄水保水和防灾减灾（苏维词，2002）。

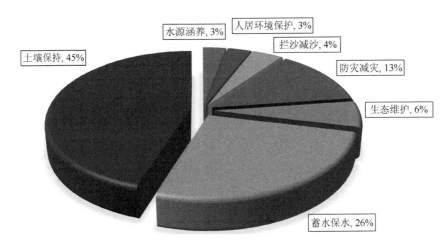

图 14-7　西南岩溶区水土保持面积比例

### 1. 滇黔桂山地丘陵区

滇黔桂山地丘陵区包括黔中山地土壤保持区、滇黔川高原山地保土蓄水区、黔桂山地水源涵养区和滇黔桂峰丛洼地蓄水保土区 4 个三级区。

黔中山地土壤保持区石漠化问题突出，潜在危险程度高，生态环境脆弱，农田抵御自然灾害能力弱，饮水安全保障不足。在水土保持功能定位中，主导基础功能为土壤保持。

滇黔川高原山地保土蓄水区地处长江水系和珠江水系的分水岭地区。区域存在土壤保持、蓄水保水、水源涵养、防灾减灾等多种水土保持功能需求，主导基础功能为土壤保持、蓄水保水。

黔桂山地水源涵养区水土流失程度较轻，在全国生态功能区划中属于水源涵养区。水土保持功能定位中，主导基础功能为水源涵养。

滇黔桂峰丛洼地蓄水保土区在水土保持功能定位中，主导基础功能为蓄水保水、土壤保持。

### 2. 滇北及川西南高山峡谷区

滇北及川西南高山峡谷区包括川西南高山峡谷保土减灾区、滇北中低山蓄水拦沙区、滇西北中高山生态维护区和滇东高原保土人居环境维护区 4 个三级区。

　　川西南高山峡谷保土减灾区为滑坡、泥石流等地质灾害多发地区。水土保持主导基础功能为土壤保持、防灾减灾。

　　滇北中低山蓄水拦沙区水土保持主导基础功能为蓄水保水和拦沙减沙。

　　滇西北中高山生态维护区属全国主体功能区规划确定的川滇森林及生物多样性生态功能区。水土保持主导基础功能为生态维护。

　　滇东高原保土人居环境维护区有多处湿地公园和国家级自然保护区，是天然林保护工程、退耕还林工程的重要实施区域。水土保持主导基础功能为土壤保持和人居环境维护。

### 3. 滇西南山地区

　　滇西南山地区包括滇西中低山宽谷生态维护区、滇西南中低山保土减灾区和滇南中低山宽谷生态维护区 3 个三级区。

　　滇西中低山宽谷生态维护区是天然林保护工程、退耕还林工程的重要实施区域。水土保持主导基础功能为生态维护。

　　滇西南中低山保土减灾区是西南国际河流、珠江流域水土保持重点工程的实施区域。水土保持主导基础功能为土壤保持、防灾减灾。

　　滇南中低山宽谷生态维护区属全国主体功能区规划中川滇森林及生物多样性生态功能区，也是岩溶石漠化治理工程重点实施区域。水土保持主导基础功能为生态维护。

## 14.3.8　青藏高原区水土保持功能

　　青藏高原区中三江源地区是我国长江、黄河和西南诸河的发源地，发挥着强大的水源涵养功能和生态屏障作用。区内分布着大面积的自然保护区，高原珍稀物种丰富，植被类型多样，同时分布有众多的湖泊、大面积湿地和冰川，是中华民族的"水塔"，维护青藏高原生态平衡和资源的可持续利用是该区的主要任务。

　　青藏高原区中涉及水土保持主导基础功能的三级区中有生态维护功能的 9 个，水源涵养功能的 5 个，农田防护功能的 2 个，土壤保持功能的 2 个，防风固沙功能的 2 个。按功能统计的面积比例如图 14-8 所示。总体而言，该区主要水土保持功能是生态维护、水源涵养，森林草原保护、涵养水源是该区水土保持的主要方向。

### 1. 柴达木盆地及昆仑山北麓高原区

　　柴达木盆地及昆仑山北麓高原区包括祁连山山地水源涵养保土区、青海湖高原山地生态维护保土区和柴达木盆地农田防护防沙区 3 个三级区。

　　祁连山山地水源涵养保土区是河西走廊的绿色屏障，是重要的水源涵养林区，是河西灌区水源的发源地。水土保持主导基础功能是水源涵养和土壤保持。

　　青海湖高原山地生态维护保土区水土保持主导基础功能是生态维护和土壤保持。

　　柴达木盆地农田防护防沙区位于三北戈壁沙漠及沙地风沙区。水土保持主导基础功能是农田防护和防风固沙。

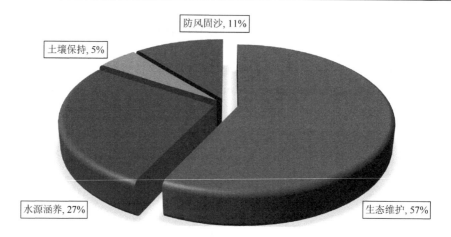

图 14-8　青藏高原区水土保持面积比例

### 2. 若尔盖—江河源高原山地区

若尔盖—江河源高原山地区包括若尔盖高原生态维护水源涵养区和三江黄河源山地生态维护水源涵养区 2 个三级区。

若尔盖高原生态维护水源涵养区是长江与黄河的分水岭，是我国主体功能区规划中重要的湿地生态功能区。水土保持主导功能是生态维护和水源涵养。

三江黄河源山地生态维护水源涵养区是三江源生态保护和建设工程的实施区域。水土保持主导功能是生态维护和水源涵养。

### 3. 羌塘—藏西南高原区

羌塘—藏西南高原区包括羌塘藏北高原生态维护区和藏西南高原山地生态维护防沙区 2 个三级区。

羌塘藏北高原生态维护区是全国主体功能区规划中的藏西北羌塘高原荒漠国家重点生态功能区。水土保持主导功能是生态维护和防风固沙。

藏西南高原山地生态维护防沙区是雅鲁藏布江、森格藏布江等国际河流的发源地。水土保持主导功能是生态维护和防风固沙。

### 4. 藏东—川西高山峡谷区

藏东—川西高山峡谷区包括川西高原高山峡谷生态维护水源涵养区和藏东高山峡谷生态维护水源涵养区 2 个三级区。

川西高原高山峡谷生态维护水源涵养区是国家重要生态功能区的重要组成部分，是长江上游重要的生态屏障，是我国天然林保护工程的重点实施区域，其水土保持基础功能有生态维护、水源涵养、防灾减灾、土壤保持等功能，主导功能是生态维护和水源涵养。

藏东高山峡谷生态维护水源涵养区水土保持基础功能有生态维护、水源涵养、防灾减灾、土壤保持等功能，主导功能是生态维护和水源涵养。

5. 雅鲁藏布河谷及藏南山地区

雅鲁藏布河谷及藏南山地区包括藏东南高山峡谷生态维护区、西藏高原中部高山河谷农田防护区和藏南高原山地生态维护区 3 个三级区。

藏东南高山峡谷生态维护区是我国重要的生态功能区，水土保持主导功能是生态维护。

西藏高原中部高山河谷农田防护区水土保持主导功能是农田防护、防风固沙。该区的水土保持功能定位为农田防护（廖纯艳等，2002）。

藏南高原山地生态维护区生态功能十分重要。水土保持主导功能是生态维护和水源涵养。

# 14.4　区域水土流失防治途径与技术体系

## 14.4.1　东北黑土区防治途径与技术体系

根据东北黑土区水土流失防治分区，因害设防，制定相应的水土流失综合防治体系。东北黑土区适宜配置的高效水土保持植物见表 14-49。

**表 14-49　东北黑土区适宜配置的高效水土保持植物**

| 二级区 | | 省（区、市） | 高效水土保持植物 |
|---|---|---|---|
| 代码 | 名称 | | |
| I-1 | 大小兴安岭山地区 | 黑龙江、内蒙古 | 核桃楸、接骨木、榛子、蒙古沙棘、山刺玫、蓝莓、刺五加、山莓、欧李、树锦鸡儿、山葡萄 |
| I-2 | 长白山—完达山山地丘陵区 | 黑龙江、吉林、辽宁 | 红松、核桃楸、东北红豆杉、接骨木、榛子、毛樱桃、蓝靛果、树锦鸡儿、山刺玫、山葡萄 |
| I-3 | 东北漫川漫岗区 | 黑龙江、吉林、辽宁 | 辽东栎木、接骨木、花红、毛樱桃、蒙古沙棘、刺五加、山莓、蓝靛果、黑果茶藨、红茶藨子、长白栎木、黄花菜、紫花苜蓿、芦笋 |
| I-4 | 松辽平原风沙区 | 黑龙江、吉林、辽宁 | 桑、花红、山杏、毛樱桃、蒙古沙棘、欧李、中麻黄、黄花菜、紫花苜蓿、沙打旺 |
| I-5 | 大兴安岭东南山地丘陵区 | 黑龙江、内蒙古 | 文冠果、花红、毛樱桃、蒙古沙棘 |
| I-6 | 呼伦贝尔丘陵平原区 | 内蒙古 | 榛子、花红 |

1. 漫川漫岗区综合防治技术体系

根据本区地貌特征表现为陡坡林荒地、宽谷滩地和旱地农田（陈光，2008），确定了陡坡林荒地、旱地农田和侵蚀沟三大综合防治技术体系。

1）陡坡林荒地综合防治技术体系

在高岗阶地与宽谷滩地交错地带，毁林后遗留的不宜农耕的荒坡地，水土流失十分严重，沟壑纵横，土地破碎。综合防治技术体系为：山顶种植乔灌结合的水源涵养林；坡度较小、朝阳、地力较好的荒地种经果林；坡度较大，地力非常低下的荒地，配置工程与生物措施，改善坡面水分条件，促进后期植树造林和生态修复；在林草地与农地之间挖截水沟，防止冲刷农田。

2）旱地农田综合防治技术体系

本区坡耕地主要为坡度在8°以下，根据坡度，在一定距离内挖截水沟，修筑水平梯田和地埂，埂坎栽植固埂植物，拦蓄水土冲刷。耕作措施采取横垄、深松、增施有机肥，提高地力。

3）侵蚀沟综合防治技术体系

主要治理侵蚀活跃的干支毛沟，在侵蚀沟的沟头修筑围埝及跌水是沟头防护、遏制溯源侵蚀的有效措施，沟底布设土谷坊群，巩固并抬高沟床，遏制沟底下切，沟坡和沟底种植乔、灌木或生态自然修复。

**2. 低山丘陵沟壑区防治技术体系**

似"金字塔"从上到下层层设防，25°以上坡耕地实行退耕还林，严禁森林砍伐。在荒山荒坡上就地筑埝，栽植灌木带，带间植树种草或封育保护，增加林草覆盖度。在林草与耕地结合部位挖截水沟，沟埝上栽植灌木，减免对坡下冲刷。15°以下农地建设梯田，8°以下农田内筑土埝，并栽植固埂植物，5°以下坡耕地改等高耕作。侵蚀沟治理技术与漫川漫岗区相同，由于沟道落差较大，谷坊常以抗冲击的石谷坊群为主。

**3. 农牧交错区防治技术体系**

农牧交错区地貌起伏不大，过度开发利用，造成土地沙化、盐碱化、草场退化。水土流失防治应以遏制土地沙化、草场退化为重点，主要通过建设农田防护林、防风固沙林，建立草库伦基地，推行舍饲养畜，实行轮封、轮牧促进生态自然修复，实现"小开发、大保护"的水土流失治理模式。

### 14.4.2　北方风沙区防治途径与技术体系

北方风沙区水土流失防治分区，因害设防，制定相应的水土流失综合防治体系。北方风沙区适宜配置的高效水土保持植物见表14-50。

表14-50　北方风沙区适宜配置的高效水土保持植物

| 二级区代码 | 名称 | 省（区、市） | 高效水土保持植物 |
|---|---|---|---|
| Ⅱ-1 | 内蒙古中部高原丘陵区 | 河北 | 山杏、中国沙棘、木贼麻黄、紫花苜蓿 |
| | | 内蒙古 | 蒙古扁桃、中国沙棘、木贼麻黄、紫花苜蓿 |
| Ⅱ-2 | 河西走廊及阿拉善高原区 | 甘肃 | 沙枣、蒙古扁桃、玫瑰、葡萄、柳枝稷、木地肤、啤酒花、紫花苜蓿 |
| | | 内蒙古 | 沙枣、蒙古扁桃、木地肤、紫花苜蓿 |
| Ⅱ-3 | 北疆山地盆地区 | 新疆 | 新疆野苹果、山楂、杏、山杏、沙枣、文冠果、蒙古沙棘、枸杞、梭梭、红砂、沙拐枣、木地肤、薰衣草、紫花苜蓿 |
| Ⅱ-4 | 南疆山地盆地区 | 新疆 | 核桃、枣、香梨、苹果、山楂、阿月浑子、扁桃、桑、杏、山杏、沙枣、文冠果、中亚沙棘、枸杞、黑果枸杞、红砂、沙拐枣、白刺、罗布麻、无花果 |

### 1. 内蒙古中部高原丘陵区

加强草原管理，发展资源节约型畜牧业，固沙保土，加强水土流失预防管理，维护草地生态健康；加强丘陵区水土流失综合治理，提高林草覆盖率，防治土地沙化，发展节水工程，保障群众生产生活用水；减少坡面侵蚀沟危害，改善农牧业生产条件，人工治理与封禁治理相结合，沟坡兼治，工程措施、植物措施和耕作措施有机结合，水源及节水灌溉工程相配套，建立丘陵区水土综合防护体系。

### 2. 河西走廊及阿拉善高原区

防治风力侵蚀，减少风沙危害，加强荒漠植被及水资源的利用与保护，维护荒漠生态稳定性。加强预防保护，强化对生产建设项目及人类活动的监测、监督管理，有效控制新增人为水土流失。开展农田防护，维护绿洲稳定，控制风蚀沙化，固沙保土，加强水资源利用与保护，提高土地生产力。

### 3. 北疆山地盆地区

加强天然林保护和草场管理，涵养水源，维护生态系统健康；控制风蚀，减少风沙危害，保护绿洲农业，促进畜牧业发展，改善生产生活条件；保障粮食生产，保护自然景观、生物多样性，提高土地生产力，打造宜业宜居、生态良好的环境；防护城镇道路工矿企业，减少河库淤积，保护河湖沟渠边岸饮水安全，重点建设特色优势产业。

### 4. 南疆山地盆地区

控制风蚀拦沙减沙，减轻风沙对绿洲的侵袭，强化对生产建设项目的监测、监督管理，有效控制新增人为水土流失；保护天然植被，建立农田防护林，加强水资源管理与利用，减少河道淤积，提高土地生产力，保障粮食生产，改善生产、生活条件。

## 14.4.3　北方土石山区防治途径与技术体系

北方土石山区水土流失防治分区，因害设防，制定相应的水土流失综合防治体系（和继军等，2010）。北方土石山区适宜配置的高效水土保持植物见表 14-51。

表 14-51　北方土石山区适宜配置的高效水土保持植物

| 二级区 | | 省（区、市） | 高效水土保持植物 |
|---|---|---|---|
| 代码 | 名称 | | |
| III-1 | 辽宁环渤海山地丘陵区 | 辽宁 | 黄连木、麻栎、板栗、核桃、花红 |
| III-2 | 燕山及辽西山地丘陵区 | 内蒙古、辽宁、北京、天津、河北 | 油松、黄连木、白蜡树、板栗、核桃、柿、山杏、枣、山楂、榛子、花红、楸子、欧李、紫花苜蓿 |
| III-3 | 太行山山地丘陵区 | 北京、河北、河南、内蒙古、山西 | 油松、漆树、黄连木、杜仲、白蜡树、板栗、核桃、柿、山杏、枣、山楂、接骨木、樱桃、毛樱桃、欧李、山桃、花红、楸子、花椒、油用牡丹、紫花苜蓿 |

续表

| 二级区 | | 省（区、市） | 高效水土保持植物 |
|代码|名称| | |
| III-4 | 泰沂及胶东山地丘陵区 | 江苏、山东 | 黄连木、杜仲、白蜡树、银杏、麻栎、板栗、核桃、枣、山楂、桃、忍冬、花椒、欧李、油用牡丹 |
| III-5 | 华北平原区 | 北京、天津、河北 | 核桃、柿、石榴、枣、山楂、樱桃、花椒、欧李、留兰香、薰衣草 |
| III-6 | 豫西南山地丘陵区 | 河南 | 黄连木、杜仲、油桐、核桃、黄连木、杜仲、核桃、柿、石榴、枣、花椒、油用牡丹 |

### 1. 辽宁环渤海山地丘陵区

完善农田防护林网，加强城市水土保持和生产建设项目管理，提升区域生态质量；加强生产建设项目的水土保持监督管理工作，防止人为水土流失的发生；以坡面和侵蚀沟道治理为重点，减少河道水库淤积，对禁垦坡度以上的坡耕地有计划地还林还草，对禁垦坡度以下坡耕地采取修筑梯田和建地埂植物带的措施；增加林草植被盖度，维护和改善人居环境，强化水土流失综合治理，加强泥石流和山洪灾害防治。

### 2. 燕山及辽西山地丘陵区

加强蓄水保土，实施防风固沙，提高土地生产力，保障粮食生产，发展畜牧业，改善生产生活条件，建设生态屏障；通过建设三道防线，调节径流、涵养水源、改善水质、控制面源污染、保护水源，以生态修复和预防保护为主，减少人为活动干扰，提高林草覆盖率。

### 3. 太行山山地丘陵区

控制风蚀，减少风沙危害；涵养水源、控制面源污染、增强入库水量、改善入库水质，保障供水安全；大力开展小流域综合治理，加强节水灌溉和水源工程建设，加强水土流失预防监督和矿区生态恢复；保护耕地资源、维护和提高土地生产力，提高粮食生产和综合农业生产能力；保护水源地，提高调节径流能力。

### 4. 泰沂及胶东山地丘陵区

培植林草植被、涵养水源、调整种植结构；防治矿产资源开发、城市建设等导致的人为水土流失；进行土壤保育和发展特色产业，积极搞好径流拦蓄、重要水源地面源污染防治、节水灌溉工程，开展小流域综合治理。

### 5. 华北平原区

改善区域生态环境，提高人居环境质量，保障生态安全；发挥水土保持农田防护功能，减轻农田所受水旱、风沙等自然灾害的影响，维护和提高土地生产力，保障农业生产；改造盐碱地，保护和建设沿海防护林，加强区域水网改造，实施湿地保护与恢复，加强生产建设项目水土保持监督管理；减轻古河道、引黄灌区、滨河滨湖等地带风沙对群众生产生活的侵袭；以综合农业生产为主，控制水土流失、保护土地资源、维护土地生产力、维系水土资源可持续利用。

### 6. 豫西南山地丘陵区

保护植被，拦蓄地表径流，发展特色林果业，积极搞好泥沙拦截、节水灌溉；开展以小流域为单元的水土保持综合治理，防治矿产资源开发导致的水土流失；保育砂砾化土壤，实施坡耕地治理，保护和建设水源涵养林，发展特色林果产业；重点改造浅山丘陵地带坡耕地、柞蚕坡林地和"四荒"地，建设沟道拦蓄工程。

## 14.4.4 西北黄土高原区防治途径与技术体系

西北黄土高原区水土流失防治分区，因害设防，制定相应的水土流失综合防治体系。西北黄土高原区适宜配置的高效水土保持植物见表 14-52。

**表 14-52 西北黄土高原区适宜配置的高效水土保持植物**

| 二级区 代码 | 二级区 名称 | 省（区、市） | 高效水土保持植物 |
| --- | --- | --- | --- |
| Ⅳ-1 | 宁蒙覆沙黄土丘陵区 | 内蒙古、宁夏 | 文冠果、长柄扁桃、中国沙棘、紫花苜蓿、沙打旺 |
| Ⅳ-2 | 晋陕蒙丘陵沟壑区 | 山西、内蒙古、陕西 | 枣、花红、山杏、山桃、文冠果、长柄扁桃、中国沙棘、紫花苜蓿、沙打旺 |
| Ⅳ-3 | 汾渭及晋南丘陵阶地区 | 山西、陕西 | 柿、核桃、苹果、枣、翅果油树、山杏、核桃、花椒、紫花苜蓿 |
| Ⅳ-4 | 晋陕甘高塬沟壑区 | 山西、陕西、甘肃 | 核桃、苹果、枣、桑、山杏、山桃、翅果油树、文冠果、毛樱桃、花红、楸子、花椒、中国沙棘、扁核桃、黄花菜、紫花苜蓿 |
| Ⅳ-5 | 甘宁青山地丘陵沟壑区 | 甘肃、宁夏、青海 | 核桃、杜梨、枣、山杏、山桃、文冠果、毛樱桃、紫斑牡丹、玫瑰、枸杞、紫花苜蓿 |

### 1. 宁蒙覆沙黄土丘陵区

在不同区域分别通过加强预防保护，开展治沟和坡面截流工程，建设高产稳产农田，实施封禁，营造水土保持林，修筑防洪堤，建设以带、片、网为主要形式的农田防护林体系等措施，加强水土流失区重点治理；加强预防保护，通过沟道工程、林草及封禁治理措施建立工程措施、生物措施和耕作措施有机结合的沟坡综合防治体系，防风固沙，有效控制水土流失；营造防风固沙林，发展小型水利工程，节水灌溉，减少风沙危害，提高土地生产力，发展综合农业和特色产业。

### 2. 晋陕蒙丘陵沟壑区

治理黄河粗泥沙，减少河、湖、库淤积，保护土地生产力，保障农牧业和综合农业生产发展；强化对生产建设项目及人类活动的监测、监督管理，有效控制新增人为水土流失；控制沟蚀，加强预防保护；通过淤地坝工程及林草植被措施的建设来减少入黄泥沙，提升区域内的拦沙减沙和土壤保持的功能，达到拦沙保土的目的；大力恢复林草植被，控制风蚀和沙地南移；封山禁牧，建立人工草场。

### 3. 汾渭及晋城丘陵阶地区

加强河谷阶地和丘陵区的坡面和沟道的综合治理，防治山前丘陵山洪灾害，改善城市群人居环境；加强丘陵阶地和土石山区的蓄水保土工作，增强河源区的水源涵养能力，防治山洪灾害；开展退耕还林还草，营造农田防护林；以蓄水保土、节水灌溉为重点，提高土地生产力，发展棉油等特色产业，严格监督管理，减少人为水土流失；以小流域为单元，进行综合治理。

### 4. 晋陕甘高塬沟壑区

维护和提高土壤保持和蓄水保土功能，加强坡面与沟道治理，做好径流调控，加强雨水集蓄利用；高塬沟壑地带修筑梯田埝地及沟头防护工程；塬面建设蓄水工程，修建水平梯田，营造防护林网；塬坡修防护围埝，建设经济林，加强坡改梯；沟坡造林种草；沟道修谷坊群，营造沟底防冲林，修建淤地坝。

### 5. 甘宁青山地丘陵沟壑区

加强蓄水保水，控制沟道溯源侵蚀和坡面水蚀；加强预防保护，强化对生产建设项目及人类活动的监测、监督管理；实施坡耕地改造，兴修水平梯田，修建涝池、水窖、塘坝等小型蓄水工程；黄土丘陵沟壑区实施坡改梯，兴修水平梯田，配置涝池、水窖等小型蓄水工程，主沟道修建骨干坝，辅以沟头防护、谷坊群等工程；土石山区实施退耕还林还草，荒山坡地造林种草，封山育林。

## 14.4.5　南方红壤区防治途径与技术体系

南方红壤区水土流失防治分区，因害设防，制定相应的水土流失综合防治体系。南方红壤区适宜配置的高效水土保持植物见表 14-53。

表 14-53　南方红壤区适宜配置的高效水土保持植物

| 二级区 | | 省（区、市） | 高效水土保持植物 |
|---|---|---|---|
| 代码 | 名称 | | |
| V-1 | 江淮丘陵及下游平原区 | 上海、江苏、浙江、安徽 | 香榧、银杏、柿、温州蜜柑、梅、茶、樱桃、竹 |
| V-2 | 大别山—桐柏山山地丘陵区 | 湖北、河南、安徽 | 杜仲、厚朴、乌桕、漆树、油桐、油茶、油橄榄、山茱萸、薄壳山核桃、板栗、锥栗、柿、桑、花榈木、茶、苦丁茶、花椒、灰毡毛忍冬、黄栀子、茅栗、郁李、竹、猕猴桃、蓖麻、苎麻 |

续表

| 二级区 | | 省（区、市） | 高效水土保持植物 |
|---|---|---|---|
| 代码 | 名称 | | |
| V-3 | 长江中游丘陵平原区 | 湖北、湖南 | 黄樟、厚朴、漆树、油茶、薄壳山核桃、板栗、锥栗、柿、宜昌橙、杨梅、枇杷、灰毡毛忍冬、竹、苎麻 |
| V-4 | 江南山地丘陵区 | 浙江、江西、安徽 | 黄樟、樟、重阳木、黄连木、银杏、香榧、山核桃、薄壳山核桃、锥栗、柚、甜橙、温州蜜柑、黄皮、杨梅、枇杷、石榴、郁李、茶、竹、猕猴桃 |
| V-5 | 浙闽山地丘陵区 | 浙江、福建 | 樟、肉桂、厚朴、银杏、香榧、柿、龙眼、荔枝、华南忍冬、广东山胡椒、胡椒、草豆蔻、白豆蔻、益智、砂仁、枫茅 |
| V-6 | 南岭山地丘陵区 | 广西 | 油茶、岭南山竹子、茶、余干子、竹 |
| V-7 | 华南沿海丘陵台地区 | 广东、广西 | 黄樟、香叶树、红润楠、石栗、华南青皮木、卵叶桂、酸豆、油棕、金鸡纳树、龙眼、荔枝、华南忍冬、广东山胡椒、胡椒、草豆蔻、白豆蔻、益智、砂仁、枫茅 |
| V-8 | 海南及南海诸岛丘陵台地区 | 海南 | 紫檀、降香黄檀、土沉香、橡胶树、油棕、大粒咖啡、可可、金鸡纳树、澳洲坚果、腰果、榴莲、胡椒、草豆蔻、白豆蔻、益智、砂仁、枫茅 |
| V-9 | 台湾山地丘陵区 | 台湾 | |

### 1. 江淮丘陵及下游平原区

保护水土资源，维护和提高土地生产力，增强农田防护功能；加强河、湖、沟岸边的防护，加强水质维护，保障供水安全；开展多种模式的综合治理，营造林草，优化农地，整治沟壑，健全灌排，拦蓄径流，防护农田，保育土壤；加强水源地及湿地保护和生产建设项目监督管理工作，结合农业产业结构调整，积极实施径流拦蓄和重要水源区面源污染防治；开展生态清洁型小流域建设，营造水源涵养林，建设库塘提高径流调节能力；开展丘岗小流域治理，因地制宜开展植树种草工作，整治沟壑，健全灌排，防护农田；加强河湖沟渠边岸生态防护带建设。

### 2. 大别山—桐柏山山地丘陵区

改造水蚀林地，积极开展面源污染防治、坡面径流调控、河岸维护等工作；保护重要水源地现有良好植被，建设城郊、城市绿色屏障，建设清洁型和生态观光型小流域。山坡上部：25°以上坡面至分水岭地带对杂灌木林封禁治理，山坡上部由山洼向山脊水平阶整地营造乔木混交林；山脚：缓坡建设高标准水平梯田，林粮间作发展茶叶、板栗、食用菌等，5°～25°坡面进行经济林改造；中下部缓坡地带配套修建排水沟、石岸护埂，并栽植经济林；沟道营造基本农田和经济林地，配套截排水沟，并修建谷坊、塘堰等。

### 3. 长江中游丘陵平原区

加强基本农田保护，完善农田灌排渠系，建设农田防护林；加强植被建设和保护，促进湖区恢复森林植被；加强坡耕地综合治理，减少坡面水土流失，防治洪涝灾害，控制面源污染；开展以小流域为单元的水土流失综合治理工作，建设生态清洁型小流域。

#### 4. 江南山地丘陵区

改造坡耕地，保持土壤，维护和提高土地生产力；整治溪沟，采取水土保持综合措施，发展复合农林经济；平原地带：完善农田灌排渠系，大力营造农田防护林，防止平原农田区风害的侵袭；丘陵地带：加强坡耕地改造，配套完善坡面水系；保护森林植被，对林地进行科学改造、抚育，采用封山育林、补植造林等措施扩大森林植被；加强城市水土保持工作；加强沼泽湿地保护；人口集中的区域，以综合治理为主，加强小型集水工程建设，加大坡耕地治理和改造力度，推行保土耕作，大力营造水土保持林。

#### 5. 浙闽山地丘陵区

重点实施重要水源地预防保护措施，控制面源污染；加强村、镇及周边雨水集蓄利用，建设坡面小型水利水保工程；加强清洁小流域建设及生产建设项目的水土保持监测管理；实施林区预防保护措施、坡面小型水利水保工程、沟道治理和坡耕地水土流失综合治理；实施经果林地水土流失综合治理，实行沟、渠统一规划治理；实施闽江上游预防措施，严禁乱砍滥伐、过量采伐森林和毁坏开荒；实施低丘缓坡地综合治理，实施坡改梯工程。

#### 6. 南岭山地丘陵区

加强预防保护工作，保护现有森林植被，开展荒山造林、疏林补植；土质山地以沟道治理为重点，石漠化地区以解决生活和生产用水为重点和核心；加大矿山修复力度；开展崩岗专项治理，预防毁坏农田、淤积沟道、山洪和地质灾害；加强水土保持林及水源涵养林建设，对山坡地进行严格的大规模农林开发；重点实施坡耕地综合整治，做好灌溉和排水工程；积极开展生态清洁型小流域治理。

#### 7. 华南沿海丘陵台地区

控制人为水土流失，加强城市水土保持生态环境建设；加强城市水源林建设，营造混交林，封育补阔改造现有纯林和低效林。沿海城市加强生产建设项目科学管控，在山体缺口和施工迹地修建休憩场所、湿地公园，在水源地和生态绿地建造植物隔离带和人工湿地，河湖渠道进行边岸美化绿化、生态护岸；丘陵台地进行崩岗治理，对生态屏障及水源涵养地进行封禁管护，在适宜造林的坡耕地和坡林地进行植树种草。

#### 8. 海南及南海诸岛丘陵台地区

加大沿海防护林体系建设力度，完善和提高防护林体系的质量和功能；加强丘陵台地的崩岗、沟蚀治理；重视林下水土流失治理；完善坡耕地的机耕道路和田间道路的排水体系。保护原始植被，提高水源涵养功能，营造水土保持林，减少面源污染，发展特色林果业；保护现有植被和土壤，严格禁止破坏岛屿的一草一木，加强雨水的集蓄利用，严格限制生产建设项目。

#### 9. 台湾山地丘陵区

加强山坡地监测工作，建立泥石流灾害监测与应变管理机制，强化城市水土保持建设，推动治山防灾整体治理规划及整治工程，加强坡地保育基础建设，加强水土保持教育倡导。

## 14.4.6　西南紫色土区防治途径与技术体系

西南紫色土区水土流失防治分区，因害设防，制定相应的水土流失综合防治体系。西南紫色土区适宜配置的高效水土保持植物见表 14-54。

**表 14-54　西南紫色土区适宜配置的高效水土保持植物**

| 二级区 | | 省（区、市） | 高效水土保持植物 |
|---|---|---|---|
| 代码 | 名称 | | |
| VI-1 | 秦巴山山地区 | 甘肃 | 华山松、核桃、油橄榄、花椒、猕猴桃、蓖麻 |
| | | 河南 | 漆树、杜仲、油桐、核桃、板栗、柿、枣、桑、油茶、茶、花椒、忍冬、茅栗、猕猴桃 |
| | | 湖北 | 香叶树、黄樟、乌桕、杜仲、厚朴、漆树、山茱萸、油桐、核桃、板栗、锥栗、柿、枣、桑、油橄榄、油茶、茶、苦丁茶、花椒、茅栗、灰毡毛忍冬、苎麻 |
| | | 陕西 | 华山松、杜仲、油桐、油茶、油橄榄、花椒、猕猴桃、柠檬马鞭草、蓖麻 |
| | | 四川 | 华山松、香叶树、乌桕、杜仲、厚朴、山茱萸、漆树、油桐、核桃、板栗、柿、枣、油橄榄、油茶、桑、茶、茅栗、花椒、灰毡毛忍冬、黄栀子、猕猴桃、蓖麻、苎麻 |
| | | 重庆 | 华山松、香叶树、乌桕、油桐、板栗、锥栗、油橄榄、油茶、柿、枣、茶、桑、花椒、灰毡毛忍冬、猕猴桃、蓖麻、苎麻 |
| VI-2 | 武陵山山地丘陵区 | 湖南、湖北、重庆 | 香叶树、黄樟、油桐、乌桕、杜仲、厚朴、漆树、山茱萸、板栗、锥栗、油橄榄、柿、枣、油茶、茶、苦丁茶、桑、花椒、灰毡毛忍冬、茅栗、苎麻 |
| VI-3 | 川渝山地丘陵区 | 四川、重庆 | 华山松、香叶树、黄樟、油桐、乌桕、杜仲、厚朴、漆树、山茱萸、板栗、油橄榄、柿、枣、油茶、茶桑、花椒、灰毡毛忍冬、菰腺忍冬、茅栗、苎麻、黄花菜 |

### 1. 秦巴山山地区

加强预防保护，保护现有林草植被，开垦荒山造林、疏林补植和封育管护；实施以坡改梯为主的小流域综合治理，完善坡面截排水系统；加强溪沟整治，保护沟道两边农田，加强封禁管护，在山腰坡地营造水土保持林；实施沟道治理，防治水土流失和泥石流、山洪等灾害，提高水源涵养功能。在远山地带保护现有林草植被，实施封禁治理，在荒坡地营造水土保持林，疏林地补植补种，加快植被恢复，必要的地方进行退耕还林；中山地带实施天然林保护，并人工营造水土保持林和水源涵养林；浅丘及水库周边实施坡改梯，并配套坡面水系，加强人工种草和植物篱营建，水库周边建立生态保护区，并进行沟道防护，加强农村生活污水和垃圾处理，控制面源污染。

### 2. 武夷山山地丘陵区

低山丘陵地带实施坡改梯，配套坡面水系、完善田间道路，实施保土耕作措施，增加地面覆盖；加强植被保护与建设；加强集中连片坡耕地的治理，配套建设小型水利水保工程；加强石漠化地带的土壤保护，注重坡面径流拦蓄和利用，营造水土保持林；实施水土流失综合治理，发展综合农业。高山地带保护现有植被和生物多样性，营造水土保持林和水源涵养林，并加强山洪泥石流灾害监测预警。

### 3. 川渝山地丘陵区

加强水土流失综合治理，减少坡面水土流失，防治山洪、泥石流等石质灾害；加强植被保护与建设，减少面源污染；开展以小流域为单元的山、水、田、林、路综合防治，加强坡耕地水土流失综合治理；实施松散山体综合治理；加强上游植被保护，荒山荒坡营造水土保持林，保护优良生态和旅游资源；加强矿产资源等开发区的生态恢复和水土保持监督管理；建设基本农田，保障粮食生产和生活安全，发展经果林，提高土地利用率。

## 14.4.7　西南岩溶区防治途径与技术体系

西南岩溶区水土流失防治分区，因害设防，制定相应的水土流失综合防治体系。西南岩溶区适宜配置的高效水土保持植物见表 14-55。

表 14-55　西南岩溶区适宜配置的高效水土保持植物

| 二级区 | | 省（区、市） | 高效水土保持植物 |
|---|---|---|---|
| 代码 | 名称 | | |
| VII-1 | 滇黔桂山地丘陵区 | 广西 | 肥牛树、蒜头果、滇刺枣、黄连木、油桐、核桃、板栗、油茶、麻风树、灰毡毛忍冬、余甘子、剑麻、蓖麻 |
| | | 贵州 | 猴樟、漆树、杜仲、乌桕、黄连木、油桐、核桃、板栗、银杏、杨梅、油茶、麻风树、忍冬、黄褐毛忍冬、灰毡毛忍冬、清风藤、刺梨、竹、猕猴桃、蓖麻、艾纳香 |
| | | 四川 | 杜仲、厚朴、乌桕、黄连木、漆树、猴樟、银杏、灰毡毛忍冬、竹、猕猴桃、蓖麻 |
| | | 云南 | 红豆杉、猴樟、漾濞核桃、油桐、黄连木、漆树、蒜头果、铁刀木、肉豆蔻、板栗、油茶、麻风树、灰毡毛忍冬、草果 |
| VII-2 | 滇北及川西南高山峡谷区 | 四川 | 漆树、油桐、光皮树、核桃、板栗、油茶、麻风树、无患子、山鸡椒、西蒙得木、花椒、蓖麻 |
| | | 云南 | 黄樟、红豆杉、豆腐果、滇刺枣、漆树、光皮树、铁刀木、漾濞核桃、油桐、肉豆蔻、麻风树、无患子、山鸡椒、青刺果、西蒙得木、余甘子 |
| VII-3 | 滇西南山地区 | 云南 | 黄脉钓樟、黄樟、琴叶风吹楠、豆腐果、红豆杉、漆树、油朴、油棕、铁刀木、油桐、澳洲坚果、滇刺枣、核桃、板栗、咖啡、胡椒、肉豆蔻、油茶、麻风树、余甘子 |

### 1. 滇黔桂山地丘陵区

加强坡耕地综合整治,减少入河泥沙,积极实施小流域综合治理、石漠化综合治理等工程;山区实施坡耕地改造、坡面水系工程、沟道治理工程等措施;在荒坡地和退耕地上大力营造水源涵养林、水土保持林;加强现有森林保护,积极推行退耕还林还草;完善水系配置,发展高效农业,配套相应的水利水保工程。

### 2. 滇北及川西南高山峡谷区

加强河谷地带的坡耕地治理,工程措施与植物措施相结合,治坡与治沟相结合;加强林草植被建设与保护,搞好封育管护;加强坡耕地治理和坡面水系工程建设,提高蓄水保土能力;石漠化地带,加强基本农田和配套小型水利工程建设,抢救土地资源;保护现有植被,加强封山育林和退耕还林,禁止陡坡开荒,实施生态移民;调整产业结构,发展林果等特色产业。

### 3. 滇西南山地区

保护现有森林植被,提高生态稳定性;加强农村基础设施和农村替代能源建设;以小流域为单元,控制坡耕地水土流失,建设基本农田;发展热带特色经济林果;加强防护林体系建设和天然林保护,禁止陡坡开垦;加强坡地果园的水土流失综合治理,改善区域的生产生活环境,促进农业经济可持续发展。

## 14.4.8　青藏高原区防治途径与技术体系

在青藏高原区进行水土流失防治分区,因害设防,制定相应的水土流失综合防治体系。青藏高原区适宜配置的高效水土保持植物见表 14-56。

**表 14-56　青藏高原区适宜配置的高效水土保持植物**

| 二级区代码 | 二级区名称 | 省（区、市） | 高效水土保持植物 |
|---|---|---|---|
| Ⅷ-1 | 柴达木盆地及昆仑山北麓高原区 | 甘肃、青海 | 沙枣、红砂、柽柳、多枝柽柳、梭梭、沙拐枣、白刺、枸杞、黑果枸杞、中麻黄 |
| Ⅷ-2 | 若尔盖—江河源高原山地区 | 甘肃、青海、四川 | 西藏沙棘 |
| Ⅷ-3 | 羌糖—藏西南高原区 | 西藏 | |
| Ⅷ-4 | 藏东—川西高山峡谷区 | 四川、西藏、云南 | 山鸡椒、木姜子、苍山越橘 |
| Ⅷ-5 | 雅鲁藏布河谷及藏南山地区 | 西藏 | 核桃、苹果、桃、西藏桃、藏杏、西藏木瓜、江孜沙棘、砂生槐 |

### 1. 柴达木盆地及昆仑山北麓高原区

加强预防保护，强化对生产建设项目及人类活动的监测、监督管理，有效控制新增人为水土流失；高原区，结合退耕还林、退牧还草、草原配套建设，开展综合治理工程；环青海湖营造防风固沙林、水源涵养林；黄土丘陵区，以小流域为单元，工程措施、植物措施相结合，开展综合治理；围绕绿洲农业区，开展农田防护工程建设，造林种草，建设防风固沙林；在水土流失严重区域开展综合治理。

### 2. 若尔盖—江河源高原山地区

加强现有森林草场保护，避免过度放牧，修复和治理退化沙化草场，加强湿地保护，严格生产建设项目水土保持管理，在城镇周边开展小流域综合治理及灌草植被建设，在草场退化的地方进行植被恢复，加强水土流失预防监督管理，完善源区水土保持监测网络。

（1）牧区以草定畜，科学放牧，避免过度或超载，实行禁牧或轮封轮牧，防止草场沙化，保护草场；适宜地区发展舍饲养畜，建立人工饲料基地，改良牧草；禁止乱砍滥伐，禁止滥挖虫草、贝母和砂金矿等，保护现有森林和草场。

（2）在退化、沙化草场实施封育治理、防沙治沙措施，修复草场；加强宣传教育，保护各项治理措施；保护湿地，防止湿地退化和沙化。

（3）在人口集中的传统农耕区域，对陡坡耕地实施退耕还林，适宜地区进行坡地改造，建设高标准农田；开展荒山造林、疏林补植。

（4）受山洪灾害威胁的城镇村庄结合山洪灾害防治工程建设，采取沟道治理措施，同时加强山洪灾害监测预警，防治山洪、泥石流灾害。

### 3. 羌塘—藏西南高原区

加大水土保持生态建设宣传力度，提高农牧民水土保持意识；禁止过度放牧，防止草场、湿地退化和沙化；加大生产建设项目监管力度；对风蚀沙化土地采取植物和工程措施进行综合治理。

（1）健全和完善各级水土保持机构和管理体系，开展各种宣传教育和培训工作，减少不必要的人类活动影响范围，提高各阶层水土保持、生态保护意识。

（2）加强草场管理，禁止滥挖虫草、贝母和砂金矿等人为活动，合理控制载畜量，禁止过度放牧，保护天然草地和湿地，防止草场进一步沙化和湿地萎缩。

（3）适宜地区建设人工草场，发展冬季草场，实行轮牧和舍饲养畜。采取封禁、轮牧和人工改良牧草等方式，结合工程和生物防沙治沙措施，修复和治理退化沙化草场。

（4）加强城镇及周边植被建设，解决人畜饮水问题，预防和治理城镇建设及生产建设项目引起的水土流失。

### 4. 藏东—川西高山峡谷区

加强对现有森林资源的保护，合理利用和保护中药材资源；禁止毁林开荒，开展小流域综合治理；加强草场管理，防止退化；加强山洪灾害监测及预警预报；陡坡耕地退耕还林还草；加大监督管理工作。

针对森林植被区域、草场区、人口及坡耕地集中区、光热资源丰富的河谷地带进行分区治理，采取不同措施以达到水源涵养、防风固沙的目的。

对区域内分布广泛的现有丰富森林资源加强保护，同时做好营林更新工作，加快火烧迹地、采伐迹地的更新，迅速恢复森林植被。在营造防护林为主的前提下，建立合理的林种结构，适当发展用材林和经济林，扩大水源涵养林比例，做到多林种、多树种、乔灌草相结合。河谷地带可充分利用丰富的光热资源，结合退耕还林，发展经济林和果树，发展区域特色农业和生态旅游业。

加强草场牧业管理，科学放牧，以草定畜，防止过度放牧，舍饲养畜，合理轮牧，休牧育草，发展人工草场，种植优良牧草，改良草地，禁止滥挖虫草、川贝等药材，保护天然草场，防止草场退化。

人口集中区域禁止毁林开荒，实行退耕还林（草），以小流域为单元，工程措施与植物措施相结合，进行水土流失综合治理。小流域综合治理以坡改梯、疏幼林补植、封禁和保土耕作为主，配以坡面水系和作业便道建设，同时采取谷坊群、拦沙坝、溪沟整治等沟道治理措施。人口集中区域 25°以上的陡坡耕地退耕还林还草，发展经济林或牧草，25°以下的坡耕地加强梯地建设，搞好基本农田建设，采取横坡耕作等水土保持耕作法，改变广种薄收的不良耕种习惯。加快绿化宜林荒山，以提高森林覆盖率。重要居民点和城镇周边水土保持工作与山洪灾害防治相结合，加强山洪、泥石流灾害监测预警，在泥石流危害严重的沟道采取修建谷坊、护岸、铅丝笼石坝等措施，防治山洪、泥石流灾害。

### 5. 雅鲁藏布河谷及藏南山地区

加强森林资源的保护与管理；对水蚀坡地和风蚀滩地开展综合治理；保护天然草场，防治退化；加强自然灾害的监测和预警预报工作；实施坡耕地改造和沟道治理，加强农田防护林网和林带建设；加大水土保持监督管理工作；优化和调整农业发展模式，防止过度放牧。

健全各级水土保持机构，加大水土保持宣传力度，提高当地农牧民和施工人员水土保持意识，保护天然植被和草场。控制过度放牧，适当采取围栏封育和轮牧，推行舍饲养畜，提高舍饲率，以草定畜，控制载畜量，防止草场退化。适宜地区建设人工草场，发展冬季草场，减轻风雪灾害的影响，保护草场。对退化植被实行封禁治理，利用生态自我修复能力修复林地和草场，制定"乡规民约"保护封禁成果。沙化草场采取工程防沙和植物固沙措施进行治理。防止旅游业过度开发，加强生产建设项目的水土保持监督管理；滑坡、泥石流高风险地段的坡地冲沟沟头、季节性小支沟沟口沿沟布设谷坊群和拦沙坝，巩固沟床，稳定沟坡，减少滑坡、泥石流等自然灾害，控制重力侵蚀，加强滑坡、泥石流等山洪灾害监测预警系统建设。

（余新晓，路伟伟）

# 参 考 文 献

曹建华，鲁胜力，杨德生，等.2011.西南岩溶区水土流失过程及防治对策.中国水土保持科学，9（2）：52-56.

陈光.2008.东北黑土区水土流失综合防治技术体系.水土保持应用技术，（1）：33-34.

崔明，蔡强国，范昊明.2007.东北黑土区土壤侵蚀研究进展.水土保持研究，14（5）：28-32.

范昊明，蔡强国，王红闪.2004.中国东北黑土区土壤侵蚀环境.水土保持学报，18（2）：66-70.

冯磊，王治国，孙保平，等.2012.黄土高原水土保持功能的重要性评价与分区.中国水土保持科学，10（4）：16-21.

和继军，蔡强国，王学强.2010.北方土石山区坡耕地水土保持措施的空间有效配置.地理研究，（6）：1017-1026.

蒋忠诚，曹建华，杨德生，等.2008.西南岩溶石漠化区水土流失现状与综合防治对策.中国水土保持科学，6（1）：37-42.

康宏亮，王文龙，薛智德，等.2016.北方风沙区砾石对堆积体坡面径流及侵蚀特征的影响.农业工程学报，32（3）：125-134.

李秀彬，马志尊，姚孝友，等.2008.北方土石山区水土保持的主要经验与治理模式.中国水土保持，（12）：57-62.

李昱，李问盈.2004.冷凉风沙区机械化保护性耕作技术体系试验研究.中国农业大学学报，9（3）：16-20.

梁音，杨轩，潘贤章，等.2008.南方红壤丘陵区水土流失特点及防治对策.中国水土保持，（12）：50-53.

廖纯艳，左长清，李凤.2002.西藏水土保持考察报告.中国水土保持，（1）：10-11.

刘畅，满秀玲，刘文勇，等.2006.东北东部山地主要林分类型土壤特性及其水源涵养功能.水土保持学报，20（6）：30-33.

刘震.2013.我国水土保持情况普查及成果运用.中国水土保持科学，11（2）：1-5.

罗利芳，张科利，孔亚平，等.2004.青藏高原地区水土流失时空分异特征.水土保持学报，18（1）：58-62.

沈波，王念忠，张锋，等.2015.东北黑土区和北方土石山区部分地区水土保持三级区划及其水土流失防治措施.中国水土保持，（12）：38-41.

苏维词.2002.中国西南岩溶山区石漠化的现状成因及治理的优化模式.水土保持学报，16（2）：29-32.

孙保平，王治国，赵岩，等.2011.中国水土保持区划目的、任务与特点//中国水土保持学会水土保持规划设计专业委员会2011年年会论文集.北京：中国水土保持学会.

孙佳佳，王志刚，张平仓，等.2013.植被结构指标在南方红壤丘陵区水土保持功能研究中的应用.长江科学院院报，30（9）：27-32.

王白春，刘雅丽，舒怡，等.2016.新时期西北黄土高原区水土流失防治思路.中国水土保持，（9）：16-18.

王白春，许林军，朱莉莉，等.2011.北方风沙区水土保持三级区划分//中国水土保持学会水土保持规划设计专业委员会2011年年会论文集.北京：中国水土保持学会.

王一博，王根绪，沈永平，等.2005.青藏高原高寒区草地生态环境系统退化研究.冰川冻土，27（5）：633-640.

王治国，张超，纪强，等.2016.全国水土保持区划及其应用.中国水土保持科学，14（6）：101-106.

王忠科，和继军，蔡强国.2008.北方土石山区小流域综合治理措施及效应研究.水土保持通报，28（4）：11-16.

解运杰，王岩松，王玉玺.2005.东北黑土区地域界定及其水土保持区划探析.水土保持通报，25（1）：48-50.

杨香华.2016.宁化县紫色土区域水土流失现状及治理模式效益的研究.福州：福建农林大学.

尹忠东，李余波，刘伟泽.2009.西南紫色土区水土流失调控原理与范式.人民长江，40（3）：25-26.

于磊，张柏.2004.中国黑土退化现状与防治对策.干旱区资源与环境，18（1）：99-103.

张玉华，冯明汉，任洪玉，等.2011.长江流域片水土保持三级区划分与功能定位探讨//中国水土保持学会水土保持规划设计专业委员会2011年年会论文集.北京：中国水土保持学会.

赵岩.2013.水土保持区划及功能定位研究.北京：北京林业大学.